新编农技员丛书

葡萄生产配套技术手册

刘凤之　段长青　主编

中国农业出版社

主　编　刘凤之　段长青

编　者（以姓名笔画为序）

王　军（中国农业大学）

王世平（上海交通大学）

王忠跃（中国农业科学院植物保护研究所）

王振平（宁夏大学）

王海波（中国农业科学院果树研究所）

田淑芬（天津市林果研究所）

白先进（广西农业科学院）

刘凤之（中国农业科学院果树研究所）

刘延琳（西北农林科技大学）

杨国顺（湖南农业大学）

吴　江（浙江省农业科学院）

张　平（国家农产品保鲜中心）

张振文（西北农林科技大学）

赵胜建（河北省农林科学院昌黎果树研究所）

段长青（中国农业大学）

徐海英（北京农林科学院林业果树研究所）

陶建敏（南京农业大学）

董雅凤（中国农业科学院果树研究所）

翟　衡（山东农业大学）

潘明启（新疆农业科学院）

穆伟松（中国农业大学）

前言

葡萄在我国栽培广泛，是重要的果树经济作物，在农业经济中占有重要地位。截至 2009 年底，全国葡萄栽培面积达 49.3 万公顷，占世界葡萄栽培总面积（744 万公顷）的 6.63%，居世界第五位；产量达 794.06 万吨，占世界葡萄总产量（6 693.5 万吨）的 11.86%，居世界第二位；其中鲜食葡萄的栽培面积和产量已持续多年居世界第一位。

我国地域辽阔，南北横跨寒温带、温带、亚热带、热带几个气候带，气候的多样性和地形的复杂性为葡萄种植提供了丰富多样的自然条件，形成了多个极具特色的葡萄种植区域。随着种植业结构的不断调整，葡萄与葡萄酒产业布局逐步趋于集中，已基本形成了六大产区，即：新疆产区（鲜食、制干、酿酒葡萄）、西北黄土高原干旱半干旱产区（鲜食、酿酒葡萄）、环渤海湾产区（鲜食、酿酒葡萄）、黄河中下游产区（鲜食葡萄）、南方葡萄产区（鲜食、少量酿酒葡萄）、东北山葡萄产区（酿酒葡萄）。近年来我国葡萄种植品种结构逐步优化，鲜食葡萄中，巨峰、红地球、玫瑰香、藤稔、夏黑无核、无核白鸡心和无核白等优良品种栽培面积已经占到葡萄栽培总面积的 70%以上，而且巨玫瑰、早黑宝、醉金香、火焰无核、克瑞森无核等品种也发展很快；酿酒葡萄中，赤霞珠、霞多丽和西拉等优良品种已成为主栽品种，栽培面积约占到全国酿酒葡萄的80%，同时我国山葡萄等特色资源开发利用也取得重要进展。栽培模式多样化是我国葡萄产业的重要特点，栽培方式已从传统的露地栽培模式向现代高效设施栽培模式发展，如设施促成栽培、延迟栽培和避雨栽培，休闲观光高效栽培等多种模式，致使葡萄栽培区域不断扩大，延长了果品上市供应期，显著提高了葡萄产业的经济效益和社会效益。

近十年来，虽然我国葡萄产业发展取得了产业规模稳步扩大、种植范围广、优势特色区域凸显、栽培模式多样、加工规模显著增长、科技支撑逐步强化、产品质量进一步提升、经济效益与社会效益大幅度提高等业绩，但我国葡萄产业仍面临下述问题：一是品种结构不尽合理，主要表现为鲜食葡萄多以巨峰和红地球为主，其他品种比例过小，酿酒葡萄主要为赤霞珠，导致葡萄酒同质化现象严重、典型风格缺乏，市场竞争激烈。二是无病毒优质良种苗木繁育体系建设滞后，苗木生产流通不规范。表现为我国葡萄苗木繁育以个体经营为主，缺乏正规的、规模化的葡萄苗木生产企业，出圃苗木质量参差不齐；苗木多为自根苗，对抗性砧木嫁接苗木推广重视不够。三是生产标准化程度低，果品质量较差。葡萄生产标准化程度低，缺乏区域性统一的技术操作规范，仍未建立起优质、稳产、安全、高效的标准化生产技术与管理体系。四是劳动力密集产业特征突出、生产机械化应用程度较低。五是病虫害防控压力大、灾害性天气等自然灾害威胁产业发展。部分地区病虫为害逐年加重，并且易遭受外来生物入侵，加大防控难度；部分地区葡萄产业发展受到低温冻害、冰雹、大风等灾害天气侵扰，表现为葡萄园抗自然风险能力弱，防灾减灾综合水平低。六是果品采后商品化处理落后，深加工效益低。葡萄商品化处理程度低，占总产量的8%～10%，贮藏保鲜量仅占总产量的6%～7%，采后处理不当，每年造成损失15%～20%；以酿酒为主的葡萄加工业近年快速发展，但因原料质量问题，葡萄酒品质提升慢，生产效益低。

国家葡萄产业技术体系针对我国葡萄产业发展存在的上述主要问题和技术需求，“十二五”期间组织开展“鲜食葡萄标准化生产技术研究与示范”、“酿酒葡萄与葡萄酒生产全程质量控制与示范”、“葡萄病虫害规范化防控技术研发与示范”、“设施葡萄产期调控关键技术研究与示范”、“葡萄园土肥水高效利用关键技术研究与示范”和“鲜食葡萄贮运防腐烂关键技术研发与示范”等专题研究，目的是为我国现代葡萄产业发展提供核心技术和配套技术，为实现葡萄优质、稳产、高效、安全和生态的生产目标提供技术支撑。为加速体系阶段性研究成果的示范和推广，在国家现代农业产业技术体系（CARS-30）专项资金支持下，国家葡萄产业技术体系组织相关岗位和综合试验站专家编写了《葡萄生产配套技术手册》。该书编写工作由国家葡萄产业技术体系首席科学家段长青教授和体系栽培研究室主任刘凤之研究员负责，概述和其他各章节内容由体系岗位专家、综合试验站站长及有关团队成员编写完成。

本书编写内容充分反映现代葡萄生产理念和阶段性成熟技术及成果，将最新科技成果汇集成规范化配套技术。主要内容包括葡萄现代生产的基础知识，葡萄主要优良品种及抗性砧木选择，葡萄优质苗木繁育技术，葡萄建园技术，葡萄整形修剪技术，葡萄园土肥水高效管理技术，葡萄花果管理技术，植物生长调节剂安全使用技术，葡萄病虫害综合防控技术，葡萄园灾害防御与抗灾减灾技术，葡萄设施栽培技术，葡萄一年两熟栽培技术，葡萄采后贮运保鲜技术与葡萄加工技术等，综合提出了我国东北区、华北区、西北区、华东及华南区、华中及西南区葡萄栽培管理技术规范和酿酒葡萄栽培技术规范。

本书在编写过程中，注重把现代葡萄科技知识与应用技术融为一体，具有一定的科学性、先进性和实用性，适合作为现代农业产业技术体系推广人员和科技示范户的培训教材，亦可作为葡萄科技工作者、种植户和有关企业的技术参考用书。

由于笔者水平所限，书中错误和不足之处在所难免，敬请广大读者批评指正。

编　者

2012年3月

目　录

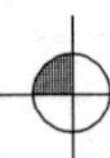

第一章

概　述

第一节　葡萄产业现状与发展动态

一、世界葡萄产业现状与发展动态

（一）世界葡萄生产现状与动态

1. 世界葡萄产业生产概况　葡萄是世界上最重要的水果之一，种植面积和产量在世界水果中都居前列，近年来世界葡萄生产基本保持平稳发展态势，没有大起大落现象。截至 2009 年，世界葡萄园总面积为 743.71 万公顷，占世界果园总面积的 12.25%；世界葡萄总产量 6 693.52万吨，占世界水果总量的 9.35%；葡萄单产达到 9 000 千克/公顷，在世界水果家族中，葡萄的地位突出。

如表 1-1 所示，近 10 年来世界葡萄园的面积基本稳定在 740 万公顷左右，2003 年达到最高值 749.97 万公顷，随后几年有升有降，近 3 年葡萄面积连续增长，至 2009 年达到 743.71 万公顷，比 2008 年增长 1.40%，比 2000 年增长 1.27%。全球葡萄产量有增有减，整体变化趋势比较平稳。葡萄产量在 2004 年达到近 10 年的峰值 6 761.59 万吨（由于葡萄为多年生果树，产量变化与面积相比具有滞后性），接着连续降低 3 年，在 2008 年开始止跌回升，2009 年产量达到 6 693.52 万吨，比 2008 年增长 0.44%，比 2000 年增长 3.26%。

表 1-1　2000—2009 年世界葡萄产业生产基本情况

年份	面积（万公顷）	产量（万吨）	单产（千克/公顷）	年份	面积（万公顷）	产量（万吨）	单产（千克/公顷）
2000	734.36	6 481.93	8 826.60	2001	740.92	6 138.32	8 284.70

（续）

年份	面积（万公顷）	产量（万吨）	单产（千克/公顷）	年份	面积（万公顷）	产量（万吨）	单产（千克/公顷）
2002	744.06	6 190.48	8 319.90	2006	748.62	6 717.83	8 973.60
2003	749.97	6 378.39	8 504.80	2007	725.57	6 513.05	8 976.40
2004	741.67	6 761.59	9 116.70	2008	733.74	6 664.34	9 082.70
2005	738.03	6 727.35	9 115.30	2009	7 43.71	6 693.52	9 000.10

葡萄单产在2009年为9 000千克/公顷，比2008年略有降低，比2000年有所增长，近10年的葡萄单产最高为2004年的9 116.70千克/公顷。随着优质生产理念的普及，高产不再是葡萄生产所追求的目标，生产者意识到控产提质的重要性，不再盲目追求单位面积的产量增长，而是注重效益和品质。

2. 世界葡萄生产区域布局 世界葡萄生产区域集中特征明显，世界前10位主产国的葡萄园总面积和总产量分别占世界总量的65.2%和69.7%。欧洲是世界上最大的葡萄产地，但其占世界总量的比例在逐渐下降，2009年欧洲葡萄园面积占世界的54.1%，亚洲占24.3%，美洲占12.7%；欧洲产量占世界的40.8%，亚洲占28.8%。

全球葡萄种植面积前6位的国家依次是西班牙、法国、意大利、土耳其、中国和美国；产量居前6位的则是意大利、中国、美国、法国、西班牙和土耳其，其中西班牙面积最大和意大利产量最多的领先地位一直保持。

3. 世界葡萄种植的品种结构 全世界的葡萄品种数以千计，但只有极少数真正用于商业性栽培，其用途包括酿酒、鲜食、制干，以及制汁、果酱、果醋等。

全世界用于鲜食的主要葡萄品种大概几十个，不同的国家（产区）一般都有其主栽品种。按照颜色可以分为红葡萄品种，白（绿）葡萄品种及黑（蓝）葡萄品种，还可以按照有无葡萄籽分为有核葡萄和无核葡萄。在世界广泛种植的比较著名的绿色有核品种有Calmeria、Italia或Italian Muscat（意大利），绿色无核品种有Thompson Seedless（无核白)、Superior Seedless (优无核) Perlette;红色有核品种有 Cardinal, Catawba, Christmas Rose, Delaware, Emperor, Flame Tokay, Red Globe, Red Malaga, Rouge 等,红色无核品种有 Crimson Seedless (克瑞森无核), Flame Seedless (火焰无核), Ruby Seedless (红宝石无核), Superior Seedless (优无核) 等;比较著名的黑色有核品种有 Concord, Ribier, Niabell, 巨峰,黑色无核品种有 Autumn Royal, Beauty Seedless, Fantasy Seedless, Marroo Seedless 等。

全世界用于酿酒的主要葡萄品种有数百个,包括一些明显带有地域性的酿酒品种,其中霞多丽、梅鹿辄、赤霞珠等品种在全球各国都有种植。

全世界用于制干的葡萄品种主要是 Thompson Seedless (无核白),其他用于制干的老品种有 White Muscat, Zante Currant, Muscat of Alexandria, Monukka 等。新品种 Fiesta 和 Dovine 的种植面积逐年增多,尤其是在美国加利福尼亚州。其他的鲜食无核品种如 Ruby Seedless, Flame Seedless 和 Perlett 等也有一部分用来制干。

(二) 世界葡萄主要加工品状况

葡萄是世界上加工比例最高、产业链最长、产品最多的水果之一。从全球情况来看,近 70%的葡萄用于酿酒,25%用于鲜食,5%用于制干、制汁或制醋。欧美国家用于酿酒的葡萄比例更高,有近 80%的葡萄用于酿酒,而仅有 10%用于鲜食,10%用于制干、制汁或制醋等。

葡萄酒是最重要的葡萄加工产品。据国际葡萄与葡萄酒组织 (OIV) 统计,2000—2009 年全球葡萄酒产量最高的年份是 2004 年,当年葡萄酒产量为 297 亿升,最低产量为 2002 年的 257 亿升。近几年世界葡萄酒生产量在 270 亿升以下徘徊。世界葡萄酒生产以欧洲和美洲为主,意大利、法国、西班牙、美国是最主要的葡萄酒生产国,中国、澳大利亚、阿根廷、南非等非欧美国家也逐渐成为葡萄酒主产国。

葡萄干是另外一种重要的葡萄加工品。根据 OIV 的资料,2000 年以来,世界葡萄干的产量在 120 万吨左右波动,最高产量为 2000 年的 128.21 万吨,之后几年葡萄干产量连续降低,2005 年开始又有所增长,至 2008 年达到 127.70 万吨。美国农业部 (USDA) 统计数据显示,

2009 年度世界葡萄干主产国产量为 104.01 万吨，2010 年主产国产量为 101.75 万吨。世界葡萄干主产地集中在亚洲和美洲，前 3 位主产国分别是土耳其、美国和伊朗，其次是智利、希腊、南非等，其中 2008 年土耳其和美国占世界葡萄干产量的 28%以上，伊朗约占 17%，由于土耳其和伊朗这两大主产国的贡献，亚洲占世界葡萄干产量的 50%以上。

葡萄汁也是一种重要的葡萄加工品，在国际贸易统计口径中将葡萄汁分为糖度值≤20 白利度和其他葡萄汁。

（三）世界葡萄国际贸易形势

1. 贸易总体情况 虽然很多国家都种植葡萄，但各国在葡萄产业上的优势和竞争力并不尽相同，欧洲国家的葡萄加工业尤其是葡萄酒工业历史悠久、技术先进、产品丰富，是传统葡萄产业强国；美国、澳大利亚则是迅速崛起的葡萄酒新兴世界；中国已连续十多年蝉联世界鲜食葡萄产量第一的宝座，但是中国的葡萄加工业相对落后，鲜食葡萄在国际贸易中的竞争优势并不突出。

葡萄酒贸易是葡萄产业国际贸易的主体，其贸易额远远超过鲜食葡萄、葡萄干和葡萄汁 3 项贸易量的总和。2009 年世界鲜食葡萄、葡萄酒、葡萄干、葡萄汁 4 种主要产品的进出口贸易总额达到 5 816 997 万美元，比 2008 年小幅下降。其中，鲜食葡萄进口量 355.22 万吨，进口额 630 184 万美元，分别比 2008 年降低了 3%和 6%，出口量 360.52 万吨，出口额 522 257 万美元，均比 2008 年降低了 11%；贸易单价有所降低。葡萄酒进出口量分别为 1 062 316 万升和 822 983 万升，进出口额分别为 2 150 895 万美元和 2 122 796 万美元，除进口量外，出口量、进出口额均比 2008 年有所下降。葡萄干进出口总量分别为 74.91 万吨和 71.50 万吨，进出口额分别为 12.36 亿美元和 12.15 亿美元。葡萄汁进出口量分别为 58.53 万吨和 66.89 万吨，进出口额分别为 7.16 亿美元和 7.41 亿美元，均比 2008 年下降 23%左右。

2. 主要出口国贸易状况 世界鲜食葡萄的主要出口国有智利、美国、意大利等，智利的出口额和出口量均为世界最大，美国的出口量居第三而出口额居第二，意大利的出口量略大于美国，而出口额低于美国，可见美国出口葡萄的单价较高。2009 年世界前 10 位主要出口国占世界总出口量的比例达到77.5%，出口贸易额占出口总额的80%以上，可见主要出口市场所占的份额很大，贸易市场集中度较高。

法国、意大利、西班牙、澳大利亚是世界葡萄酒出口的主要国家。2009年意大利的葡萄酒出口量最大；出口价值居于第二，次于法国；而法国的葡萄酒出口量为世界第三，可知法国出口的葡萄酒以高档、高价酒为主。出口量超过10亿升的国家有3个，为意大利、西班牙和法国，这3个国家出口葡萄酒的量占世界葡萄酒出口总量的50%以上，出口价值也占到55.24%，优势非常突出。世界前10个主要出口国贸易总量和贸易总额均占全世界总数的88%，主要出口国基本垄断市场，欧洲国家的出口优势显著。其中法国、意大利、西班牙为传统的葡萄酒大国和强国，而澳大利亚、智利、美国则为新兴的葡萄酒世界。

相比鲜食葡萄和葡萄酒，葡萄干的贸易规模要小很多。土耳其是最大的葡萄干出口国，2009年的葡萄干出口量超过世界的1/3，出口额也基本占到约1/3。其次是美国和智利。葡萄干出口国以亚洲和美洲国家为主，欧洲国家很少。

葡萄汁的贸易规模最小。意大利、西班牙和阿根廷是重要的出口国，3国葡萄汁出口量占世界总量的近70%，出口额达到60%以上。除了南非，十大葡萄汁出口国都是欧美国家，葡萄汁出口市场以欧洲和美洲为主，亚洲国家表现弱势，与葡萄酒贸易局势呈现类似特点。

3. 主要进口国贸易状况 美国是最大的鲜食葡萄进口国，其次是荷兰、德国、英国等。美国既是世界第二大鲜食葡萄进口国，进口了全世界大约17%的鲜食葡萄，也是第一大出口国；其他主要进口国以欧洲国家为主，并且进口量远大于出口量。

葡萄酒是葡萄及其加工品中最大宗的贸易产品，其进出口的贸易量和贸易额都远超鲜食葡萄、葡萄干和葡萄汁。美国、英国、德国是世界三大葡萄酒进口市场，三大进口国的进口量占世界总进口量的1/3，其进口贸易价值占到世界总额的44%之多，可见欧美发达国家进口的葡萄酒也呈现高价值、高品质的趋势。十大葡萄酒进口国中只有一个亚洲国家日本，表明亚洲国家的葡萄酒文化和饮用习惯较弱。对比葡萄酒的主要进口国和出口国可以发现，这些国家都以欧洲国家居多，葡萄酒国际贸易在欧洲最为活跃，其次是美洲。

葡萄干进口大国有英国、德国、俄罗斯、荷兰等，以欧洲国家为主，亚洲国家日本为第六大葡萄干进口国。世界前十大进口国的贸易量占世界葡萄干进口量的比例超过60%，进口价值达到总体的63.73%。

美国、日本、德国是三大葡萄汁进口国家，三国合计进口世界总进口量的近40%。美国的进口贸易额最高，而德国的进口量最大，相比较而言，德国进口的葡萄汁单价低于美国和日本，日本进口的葡萄汁单价最高。进口价格与该国进口的葡萄汁的产品结构有关。

（四）世界葡萄产业动态与趋势

总体来看，世界葡萄生产最近10年来基本保持稳定，虽然相比20年前，世界葡萄种植面积有所减少，但葡萄产量维持上升趋势，这是葡萄单产大幅度提高的原因。

葡萄育种技术不断提高，在葡萄遗传改良与品种选育方面成就显著，葡萄生物信息学、分子标记辅助育种、葡萄转基因研究等获得突破与进展。在葡萄生产技术方面，栽培品种优良化，布局区域化，生产市场化；苗木生产标准化，无毒化；选择优良砧木，提倡嫁接栽培；土肥水管理科学化、经济化；栽培管理规范化、专业化、精细化；葡萄生产数字化、智能化、精准化；葡萄种植有机化、生态化；葡萄设施栽培发展迅速；病虫害管理朝着绿色无害、规范防控、综合防控方向发展。

随着经济全球化进程的加快，世界葡萄产业国际贸易也将更加一体化和全球化。欧洲作为传统的葡萄强国，保持了在种植栽培技术、品种、葡萄加工、品牌、营销方面的优势，因此，欧洲主产国将依然保持在世界葡萄产业发展中的领先地位，尤其在葡萄酒和葡萄汁方面，他们的竞争优势会很明显。

由于葡萄产业的进口市场以欧美发达国家为主，相比较而言，这些国家的消费者对价格的敏感度比较低，而对产品的安全性、卫生检疫、质量等方面的要求较高，因而要想在未来的葡萄国际贸易中占据主动和优势，必须提高葡萄的品质，走优质优价的发展路线。

二、我国葡萄产业现状与发展动态

（一）我国葡萄生产现状

1. 我国葡萄生产概况 截至2009年底，我国葡萄栽培面积达49.3万公顷，占世界葡萄栽培总面积（744万公顷）的6.63%，居世界第五位；产量达794.06万吨，占世界葡萄总产量（6 693.5万吨）的11.86%，居世界第二位；其中我国鲜食葡萄的栽培面积和产量已持续多年居世界第一位。葡萄生产在我国发展很快，栽培面积仅次于柑橘、苹果、梨、桃和荔枝，居于第六位；产量也处于第六位，次于苹果、柑橘、梨、桃和香蕉。

30年来，我国葡萄种植面积虽然有所反复，但总体趋势呈现增长势头；葡萄总产量一直呈上升趋势，单产总体也在增长。尤其在2009年，葡萄的产量再创历史新高，接近800万吨，葡萄单产亦达到16 000千克/公顷以上。

2. 我国葡萄生产区域布局 我国葡萄栽培区域在快速扩大，目前全国除香港和澳门外，每个省份都已经发展了葡萄种植产业。传统的葡萄产区，如新疆产区、渤海湾产区、黄土高原产区、黄河故道产区等，凭借着比较优越的自然条件、丰富的栽培经验及雄厚的科技研发力量，葡萄与葡萄酒产业继续快速发展；随着葡萄新品种的选育和现代设施栽培技术的研发，长江流域及其以南地区的葡萄产业也在以较快的速度发展，一批新兴的葡萄产区如上海、浙江、江苏、广西等产区已经基本形成。

我国地域辽阔，南北横跨寒温带、温带、亚热带、热带，气候的多样性和地形的复杂性为葡萄的种植提供了有力的自然条件，形成了多个极具特色的葡萄种植区域。随着种植业结构的不断调整，葡萄与葡萄酒产业布局逐步趋于集中，已基本形成了六大产区，即新疆产区（鲜食、制干、酿酒葡萄），甘肃、宁夏干旱产区（鲜食、酿酒葡萄），黄土高原干旱半干旱产区（鲜食、酿酒葡萄），环渤海湾产区（鲜食、酿酒葡萄），黄河中下游产区（鲜食葡萄），以长江三角洲地区为主体的南方葡萄产区（鲜食、少量酿酒葡萄），吉林长白山周围山葡萄产区（酿酒葡萄）。

新疆一直居于我国葡萄栽培面积和产量的首位，2009年中国农业统计资料显示，新疆占全国葡萄种植面积的23.25%和产量的24.33%，其次是河北、山东、辽宁和河南。其中新疆、河北、山东、辽宁和河南5省（自治区）的葡萄栽培面积和产量分别约占全国的55.21%和63.24%，说明我国葡萄产业具有较高的集中水平，主产区优势明显。长江流域及其以南产区13个省、直辖市、自治区（上海、江苏、浙江、福建、江西、湖南、湖北、安徽、广西、重庆、四川、贵州、云南），栽培面积和产量分别约占全国的25.48%和24.16%。

3. 我国葡萄生产的品种结构 我国种植的鲜食葡萄品种主要有巨峰、红地球、无核白鸡心。巨峰在我国各地均有栽培，是鲜食品种的第一主栽品种，据国家葡萄产业技术体系调查，巨峰占我国鲜食葡萄栽培面积的50%以上，主要以露地栽培为主。红地球在调查范围内占鲜食葡萄栽培面积的20%以上，河南、河北、山东、山西、陕西、新疆等地以露地栽培为主，甘肃、内蒙古和东北地区以设施栽培为主，南方产区以避雨栽培为主。无核白鸡心，东北产区以设施促成栽培为主，南方地区以避雨栽培为主，西北和华北以露地栽培为主。其他主要品种还有藤稔、京亚、巨玫瑰、夏黑、玫瑰香、醉金香、无核白、维多利亚、美人指等。

酿酒葡萄主要栽培品种有：赤霞珠，占酿酒葡萄栽培总面积的60%左右；蛇龙珠，占酿酒葡萄栽培总面积的8%左右；梅鹿辄，占酿酒葡萄栽培总面积的7%左右；山葡萄系占酿酒葡萄栽培总面积的5.6%左右。其他主要品种还有毛葡萄及其杂种、刺葡萄、霞多丽、品丽珠、威代尔、雷司令、贵人香、烟73、西拉等。

（二）中国葡萄采后贮运现状

我国鲜食葡萄长期贮藏保鲜量每年为40多万吨，占鲜食葡萄总产量的10%～15%。我国鲜食葡萄长期贮藏保鲜的品种主要有巨峰、红地球、龙眼、玫瑰香、马奶子和木纳格等。

环渤海湾是我国最大的鲜食葡萄长期贮藏保鲜区，2010年贮量为20万吨；中西北地区是最具发展潜力的鲜贮葡萄地区，贮量为5万吨；

南方地区近几年葡萄采后贮藏保鲜发展速度很快。

我国85%～90%的鲜食葡萄采后经过预冷，立即经物流运输投放市场。85%经过公路运输，15%经过铁路运输，公路运输的80%用的是简易保冷技术，20%是集装箱冷藏运输，铁路冷藏运输主要用于新疆葡萄向我国南方沿海地区的物流。我国用于鲜食葡萄物流冷藏库容量达70万吨，前期用于葡萄预冷并立即运输，后期一部分贮藏库用于长期贮藏。鲜食葡萄物流保鲜是我国果蔬低温物流冷链保鲜做得最成功的果蔬产品之一。

（三）我国葡萄市场与消费现状

1. 市场供消概况

（1）市场供给量　在开放的市场条件下，国内市场的供给一方面来源于国内的生产，另一方面来源于从国际市场的进口。根据美国农业部（USDA）的统计数据，2010年，我国鲜食葡萄市场供给总量达到627.5万吨，比2009年度显著增长。我国鲜食葡萄的市场供给量在持续增长，这主要取决于我国国内鲜食葡萄生产量的持续显著增长。

（2）市场消费量　我国鲜食葡萄市场供给的主体是国内生产，因而我国消费者所消费的鲜食葡萄也以国产葡萄为主。据USDA统计，随着我国国内供给总量的增长，消费者对葡萄的消费量也在显著增长，2010年，我国国内鲜食葡萄消费总量达到616.5万吨。

2. 市场供给和消费结构　在各种葡萄产品中，我国市场供给和消费都以鲜食葡萄为主，接下来依次为葡萄酒、葡萄干、葡萄汁，其他产品的量很少。长期以来我国消费者习惯于将葡萄作为一种鲜食水果食用，鲜食葡萄占我国葡萄总产量的比例约在70%。葡萄酒在我国正从宴会、饭局等节日性、偶然性消费走向日常性、经常性消费，随着居民保健、营养意识的加强和生活水平的提高，葡萄酒文化日益形成，葡萄酒的消费人群和消费频率、消费量都将进一步扩大。我国葡萄干市场也是主要依靠国内市场生产。

在我国鲜食葡萄市场供给中，以中国自产葡萄为主，进口葡萄所占的比重较低；而且由于近几年我国鲜食葡萄出口量不断增长，而进口量有所减少，因而国内市场中的国产葡萄份额在增加，进口葡萄的份额在减少，进口葡萄的冲击也逐渐弱化。

根据国家葡萄产业技术体系对北京、天津、南京等主要大型水果批发市场的调研情况，进入我国的进口鲜食葡萄主要以智利、美国的红提、青提为主。进口葡萄多采用单穗包装，保护性强，流通环节的破损率低，销售单价较高。

3. 市场价格 2008年中国葡萄的生产者价格为758.4美元/吨，远远低于价格最高的法国1 923.3美元/吨。根据国家葡萄产业技术体系的调研情况，我国葡萄的市场售价大多数在6～16元/千克；经济发达地区售价高于经济欠发达地区；销地市场价格高于产地市场价格。售价较高的有促早或延迟栽培从而错季节销售的设施葡萄，以及带有观光、采摘、休闲活动的采摘园；而低价葡萄要么地处偏僻，物流、营销水平受限，要么产品质量较差，不能得到大众市场的接受。

我国鲜食葡萄的销售单价普遍高于酿酒葡萄的单价。国内市场上葡萄的售价规范性欠缺，没有统一的指导价格或定价规范等价格形成机制，一般按照随行就市的策略定价。酿酒葡萄由于产业化和规模化程度较高，很多酿酒工厂建立了种植基地、酿酒工厂等，与种植户、种植基地之间有合同、订单等契约关系存在，很多地方在合同中签订了“保底价”、“保护价”等契约价格，对酿酒葡萄的售价有一定的指导和规范作用。

（四）中国葡萄国际贸易现状

1. 进出口贸易总量 我国葡萄产业的贸易由鲜食葡萄、葡萄酒、葡萄干、葡萄汁4种产品构成。中国鲜食葡萄出口量占世界的比重较小。2010年，鲜食葡萄的进出口量分别为8.17万吨和8.94万吨，比2009年分别降低了9%和10.7%；2010年进出口额分别为18 932万美元和10 494万美元，比2009年分别增长了11%和22%。

葡萄酒贸易以进口为主，进口量快速增长。2010年全年进出口量分别为28 336万升和136万升，进出口额分别为77 004万美元和2 378万美元，与2009年相比，出口量变化不大，而进口量大幅度增长。

葡萄干国际贸易一直保持贸易顺差。2010年葡萄干出口量达3.98万吨，出口金额6 996万美元，居世界第四（仅次于土耳其、美国、智利）；而进口量仅为 1.39 万吨，进口金额为 2 301 万美元；葡萄干进出口价格基本持平。

葡萄汁贸易量和贸易额都比较少。2010 年我国葡萄汁进口 16 671.77吨，进口额 3 042 万美元，出口 1 348.09 吨，出口额 190.23 万美元，存在明显的贸易逆差。

2. 进出口贸易的产品结构 在我国葡萄产业贸易中，不同的产品在总体贸易中的比例各不相同；即使是同一种加工品，不同的规格也有差异。长期以来，我国葡萄及其制品的销售以国内市场为主，进出口贸易存在较大逆差。总体来说，近几年我国鲜食葡萄、葡萄干出口量显著增加，尤其是鲜食葡萄的出口增长率更为显著，葡萄酒的出口则增长一直很缓慢，而进口却大幅度增长。

我国葡萄产业进口贸易中，葡萄酒进口贸易额占葡萄产业进口额的比重达到 76%；鲜食葡萄占进口贸易额的 19%，其次为葡萄汁和葡萄干，贸易额较小，两者占进口额的 5%。而在出口贸易中，鲜食葡萄的出口额最大，2010 年突破 1 亿美元，虽然还明显低于鲜食葡萄的进口额，但已经占据葡萄产业出口额中的 52%；其次为葡萄干，出口额占总出口额的 35%；葡萄酒出口额只占总体的 12%；葡萄汁的比例非常低。

3. 进出口贸易的市场结构 在我国的葡萄产业贸易市场中，不同的产品其贸易市场结构也有所不同。

（1）进口市场结构 鲜食葡萄主要进口自智利、美国、秘鲁、墨西哥等国，其中智利和美国一直是我国最大的鲜食葡萄进口市场，2010 年从这两国的进口量分别为 4.36 万吨和 2.94 万吨，占我国鲜食葡萄进口量的近 90%。我国葡萄酒最大的进口市场是法国，2010 年从法国进口各种葡萄酒共计 7 366 万升，其次是澳大利亚、智利、西班牙等。2 升以下包装的葡萄酒主要进口自法国、澳大利亚、意大利，而 2 升以上包装的主要从智利、澳大利亚、西班牙等国进口。葡萄干的进口市场主要有美国、土耳其、乌兹别克斯坦、吉尔吉斯斯坦等，2010 年从美国进口葡萄干 1.2 万吨，占葡萄干总进口量的 86%。葡萄汁进口主要来自于西班牙、美国、以色列、阿根廷等国，年进口量都在 2 000 吨以上，糖度大于 20 白利度及其他葡萄汁也主要从以上 4 国进口。糖度值

20白利度以下的葡萄汁进口量很少，主要进口市场为马来西亚和澳大利亚，进口量在200万吨左右。

（2）出口市场结构　鲜食葡萄主要的出口去向有越南、泰国、马来西亚、印度尼西亚等周边的亚洲国家和俄罗斯，2010年出口到越南、泰国和俄罗斯的鲜食葡萄都在1万吨以上，越南的量最大，达到2.64万吨。葡萄酒主要出口至法国、中国香港、缅甸、荷兰等地，其中2升以下包装的葡萄酒出口中国香港最多，法国次之，而2升以上包装的葡萄酒出口法国的最多。葡萄干主要出口到日本、英国、澳大利亚、波兰、比利时、荷兰等国。2010年出口日本葡萄干超过1万吨，占我国出口葡萄干总量的25%。葡萄汁的出口市场主要有中国香港、泰国、中国台湾等地。

第二节　我国葡萄产业存在的主要问题与发展对策

一、我国葡萄产业存在的主要问题

我国葡萄产业稳步发展，形成了种植范围广、优势特色区域凸显、栽培模式多样、效益显著等格局，优质酿酒葡萄基地不断扩大，加工规模迅速增加，产品质量进一步提升，产业化程度大幅度提高。同时也存在各种问题，主要有：

（一）品种区域化工作滞后，品种结构欠合理

因我国在葡萄品种区划方面从未开展过全国性的系统研究，无法科学地给葡萄种植者提供正确指导。加之新品种苗木炒作或盲目“追风”种植，许多地区常常一哄而上，不能适地适栽，致使品种单一、结构不合理问题突出，鲜食葡萄多以巨峰和红地球为主，其他品种比例过小；酿酒葡萄主要为赤霞珠，导致葡萄酒同质化现象严重、典型风格缺乏，市场竞争激烈。

（二）无病毒优质良种苗木繁育体系建设滞后，苗木生产流通不规范

长期以来，我国葡萄苗木繁育以个体经营为主，缺乏正规的、规模

化的葡萄苗木生产企业，出圃苗木质量参差不齐，苗木市场混乱，假苗案件时有发生，生产流通缺乏有效管理与监督；葡萄检疫性病虫害——葡萄根瘤蚜和葡萄病毒病有逐步蔓延之势；苗木多为自根苗，抗砧嫁接重视不够。

（三）生产标准化程度低，果品质量较差

葡萄生产标准化程度低，缺乏区域性统一的规范操作，仍未建立起优质、稳产、安全、增效的标准化生产技术与管理体系。有机、绿色果品生产刚刚起步，滥用激素和农药现象时有发生，部分产地仍存在安全隐患。

（四）劳动力密集产业特征突出、生产机械化应用程度较低

葡萄用工量很大，北方地区冬季埋土、春季出土作业，短时间内需要大量劳动力投入，新疆等地出现严重葡萄用工荒。葡萄生产机械化水平较低，各地普遍反映没有先进、适用的埋土防寒等田间作业机械设备。

（五）病虫害防控压力大、灾害性天气等自然灾害威胁产业发展

部分地区病虫为害逐年加重，并且遭受外来生物入侵，防控难度加大。部分地区葡萄产业发展受到低温冻害、冰雹、大风等灾害天气侵扰，体现出葡萄园抗自然风险能力弱，防灾减灾综合水平低。

（六）果品采后商品化处理落后，深加工效益低

葡萄商品化处理程度低，占总产量的8%～10%，贮藏保鲜量仅占总产量的6%～7%，采后处理不当，每年造成损失15%～20%；以酿酒为主的葡萄加工业近年快速发展，但因原料质量原因，葡萄酒品质提升慢，生产效益低。

（七）产业化、组织化程度有待提高

我国葡萄产业的组织化程度低，基本上是以家庭为单位，规模小，投入不足，缺乏组织性，小生产与大市场矛盾突出。龙头企业或专业合作社规模小、数量少，市场竞争能力不足，对产业的带动能力不够。

二、我国葡萄产业发展的对策建议

根据党的十七届三中全会提出的“积极发展现代农业、大力推进农

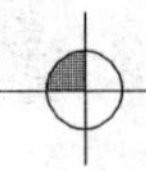

业结构战略性调整，实施蔬菜、水果等园艺产品集约化、设施化生产”要求，我国葡萄产业未来发展的总体对策是依靠科技创新和新技术推广，实行规模化、标准化生产，大力提升我国葡萄产品的市场竞争力，促进农民增收，农业增效，实现我国由葡萄生产大国向产业强国的转变。主要发展对策建议有：

（一）加强葡萄新品种的引选育与推广，实施优势区域发展战略

加强新品种的引选育与推广，克服品种单一化问题。开展大规模的品种区域化试验，充分研究不同产区的生态优势和资源优势，制定实施葡萄优势区域发展规划，进而形成我国葡萄优势产区，并使我国葡萄品种及产品结构逐步趋于合理。同时注意适度控制发展规模。

（二）启动无病毒优质良种苗木繁育体系建设，建立良种苗木补贴政策与机制

依托国家葡萄产业技术体系建立我国葡萄良种苗木繁育体系和国家葡萄病毒检测中心，对国内主要品种和砧木进行脱毒，建立无病毒原种圃和采穗圃，扶持现代化苗木企业的建设；实施“苗木生产许可证”和“植检许可证”制度，建立苗木生产流通档案，加强监管；加强抗砧嫁接的研究与利用；逐步建立良种无病毒嫁接苗木补贴政策与监管机制。

（三）研发推广优质、稳产、安全、高效的标准化生产技术体系，建立重大疫情预警体系

研究提高产品质量的关键技术；建立全国和地区性葡萄病虫害监测和防治网络，进行病虫害预测、预报，加强病虫害综合防治技术的研究与推广；建立优质、稳产、安全、高效的标准化生产技术体系，制定与国际接轨的生产技术标准与产品质量标准；建立重大疫情预警体系和快速反应机制，配套相应的疫区隔离政策与补偿机制，遏制危险性病虫草害的入侵和传播。

（四）研发推广简易省力化栽培模式与提高机械化生产水平

开展省力化栽培管理研究，加快研究易学、易操作、省力化葡萄生产技术；开展葡萄园管理机械化研制开发，尤其是解决埋土防寒问题，提高劳动效率、减轻劳动强度、节本增效。

（五）加强葡萄采后商品化处理与加工技术的研究与应用

强化葡萄果品采后商品化处理技术的研究与应用，包括研发推广经济高效的葡萄保鲜剂和贮藏保鲜设施、冷链物流系统和分级包装标准与技术等，保持葡萄果实的优良品质，提高产品商品价值。促进葡萄深加工特别是葡萄酒、葡萄汁和葡萄干等研究成果转化应用，延伸葡萄产业链，提高产品的附加值。

（六）积极培育龙头企业，加强对葡萄专业合作组织政策与资金支持

创造有利环境，培育壮大龙头企业。进一步完善企业与生产者的利益联结机制，鼓励企业与科研单位、生产基地建立长期的合作关系。积极发展经济合作组织和葡萄专业协会，加强对葡萄专业合作组织政策与资金支持，不断提升产业水平和果农的组织化程度。

（七）重视葡萄产业技术研发中心与技术推广体系的有效对接

重视国家葡萄产业技术研发中心与技术推广体系的有效对接，保证基层果树生产技术人员掌握葡萄现代生产技术，加快葡萄新品种、新技术等信息的进村入户和推广，为葡萄产业的可持续健康发展提供科技支撑。

（本章撰稿人：段长青　穆伟松）

第二章

葡萄现代生产的基础知识

第一节　葡萄树的各部器官及其生长发育特性

一、根

（一）根的种类及形态结构

1. 根的种类　因繁殖方法不同，根系的形成有明显的差异，由种子繁殖的植株有主根，并分生各级侧根，称实生根系；由枝条扦插和压条繁殖的植株没有主根，只有若干条粗壮的骨干根，称不定根或称茎生根系，生产栽培植株的根系均为茎生根系。

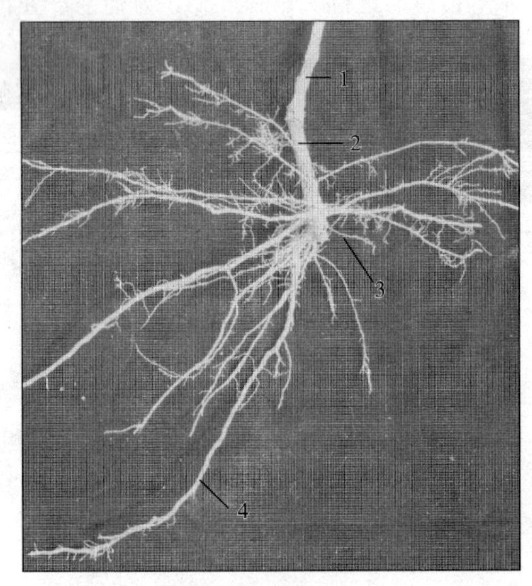

图 2-1　葡萄根系

1. 茎　2. 根干　3. 细根　4. 侧根

2. 根的形态结构　葡萄根系为肉质根，贮藏有大量的营养物质，由根干、根颈、侧根、细根和根毛等部分组成（图 2-1）。其中根干主要起固定植株的

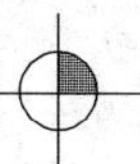

作用，同时具有贮藏营养物质，输送水分和养分的功能；侧根、细根把吸收的矿物质通过水分输送到根干，并把土壤中吸收的无机氮、无机磷等物质转化为有机氮化物和有机磷化物。葡萄根的吸收作用主要靠刚发生的幼根来进行，这些幼根在形成初期呈肉质状、白色或嫩黄色。幼根的白色部分着生根毛，根毛利用根压、渗透压和地上蒸腾拉力，吸收水分和养分供给植株各部分的需要。同时幼根还具有与土壤真菌菌丝体营共生的作用，产生内生菌根和外生菌根，这些菌根具有很强的吸收功能。当新老根系交替之际，水分和养分的吸收主要靠菌根。

葡萄种间根系结构有一定的差异，因此其抗性不同。如抗根瘤蚜的北美种群的根系细而坚硬，幼根的外皮层为双层细胞、细胞小而排列紧密，受伤后能迅速形成木栓保护组织隔离伤口，并且，根中含有较多的单宁类物质防止伤口腐烂；而欧洲葡萄根系肉质化程度高，组织疏松，导管粗大，对根瘤蚜抗性差。

（二）根的生长

葡萄根系的年生长期比较长，如果土温常年保持在13℃以上、水分适宜的条件下，可终年生长而无休眠期。在一般情况下，每年春夏季和秋季各有一次发根高峰，而且以春夏季发根量最多。研究表明，巨峰葡萄当土温达到5℃以上时，根系开始活动，地上部分进入伤流物候期；当土温上升到12～14℃，根系开始生长；土温达到20℃时，根系进入活动旺盛期，土温超过28℃时，根系生长受到抑制，进入休眠期；9～10月气候较凉，当土壤的温湿度适宜时，根系再次进入活动期，形成第二次发根高峰，随冬季土壤温度不断降低，根系生长缓慢，逐渐停止活动。

葡萄根系的生长与新梢的生长交替进行，当新梢生长通过高峰转为下降时，根系进入第一次生长高峰；根系从生长高峰开始下降时，新梢进入第二次生长；当新梢生长基本停止时，根系又进入第二次生长高峰。根系第一周期的生长量大于第二周期的生长量。

葡萄根系的周期生长动态，随季节的气候（温度、光照、降雨）、地域、土壤和品种的不同而表现出差异。

在园地深翻，土层深厚疏松、肥沃，地下水位低的条件下，葡萄根系生长强大，分布深度可达1～2米；相反，在土层浅、土质黏重、肥力低、地下水位高的情况下，根系分布浅窄，一般深度 20～40 厘米。因此，建园时，凡是深翻 1m 以上，深施肥料，土壤 pH 6～7，葡萄每株的根量比未深翻施肥和 pH 偏低的土壤增加 50%～80%，根系分布深度增加 30cm 左右。在管理上，周年偏重于浅施肥、浅耕锄，根系常分布在表土层，北方易受冻害，南方容易受旱，从而引起生长、结果不良。

葡萄根系在土壤中的分布，因生产中所采用的架式不同而有很大的差异。采用篱架栽培，根系在架面的两侧均匀分布，并且主要分布于 20～50 厘米的土层；如采用棚架，根系在架面的两侧呈不均匀分布：在架面下，由于夏季架面的遮阴作用，使土壤的温度和湿度相对稳定，有利于根系的生长，因此根系的分布量大而密集，其分布量可占根系总量的 70%以上；而架面的下面土壤，由于没有架面的遮盖作用，土壤温湿度变化较大，根系受气温的影响较大，因此根系生长量较小，其分布量仅占总根量的 40%以下。这种根系的分布规律，为架面下施肥提供了有利的依据。

葡萄根系切忌积水，因此，雨季无论是苗圃或生产园都要注意及时排水，采用深沟高畦，开好排水沟，使根群不致因渍水缺乏氧气而引起根部腐烂。

二、茎

（一）茎的类型和形态结构

1. 茎的类型 葡萄的茎是蔓生的，具有细长、坚韧、组织疏松、质地轻软、生长迅速的特点，着生有卷须供攀缘，通常称为“枝蔓”或“蔓”。葡萄的枝蔓由主干（也有的无主干）、主蔓、侧蔓、结果母蔓（母枝）和新梢组成，其中主干、主蔓、侧蔓和结果母蔓共同构成葡萄树冠的

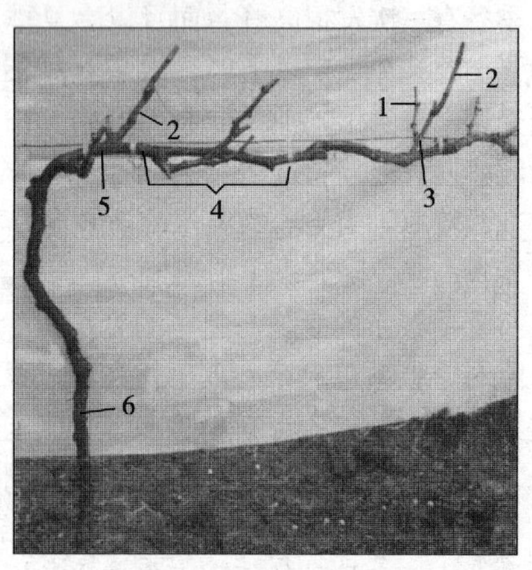

图 2-2 葡萄骨干蔓

1. 预备枝 2. 结果母蔓 3. 侧蔓 4. 枝组 5. 主蔓 6. 主干

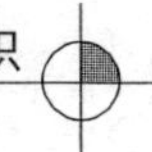

骨架，因此成为骨干蔓（图2-2）。着生于侧蔓上的结果母蔓（母枝）和预备枝，构成结果枝组，结果枝组生长健壮，比例适当，分布合理，是构成植株丰产稳产的基础。

新生枝条到落叶之前，称为新梢。从外部形态上，是由叶、芽、卷须、花序或果穗、节和节间组成。葡萄的叶互生，每节着生一片叶，在叶腋处着生一个冬芽和一个夏芽；从新梢基部3～5节开始，在叶的对面节的部位着生卷须或花序（果穗）（图2-3）。

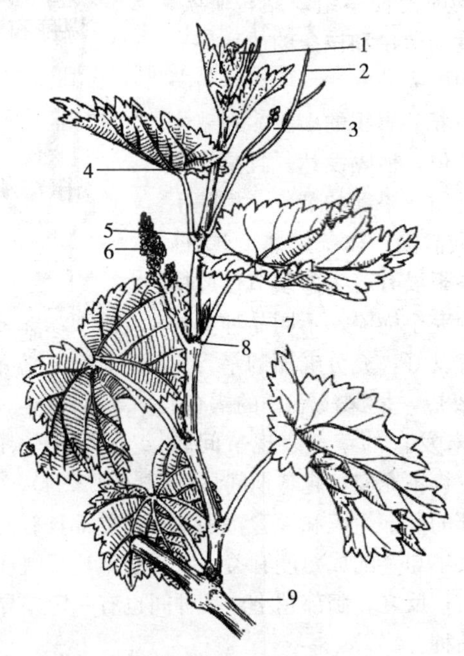

图2-3　葡萄新梢各部分名称

1. 梢尖　2. 卷须　3. 卷须状花序　4. 叶片
5. 冬芽　6. 花序　7. 副梢　8. 节　9. 结果母枝

枝蔓上的芽眼当年所抽生的新梢，带有花穗的称结果枝，不带花穗的称发育枝。新梢叶腋中的夏芽或冬芽萌发的梢，分别称为夏芽副梢或冬芽副梢，依其抽生的先后，分一次副梢、二次副梢、三次副梢等。副梢上也可能发生花序，开花结果，这种现象称为多次结果。

凡生长强旺、枝梢粗壮、节间长、芽眼小、节位表现出组织疏松现象的当年生枝蔓，称为徒长蔓。靠近地表的主干或主蔓上的隐芽萌发成的新梢称为萌蘖枝，在一般情况下对这类新梢应及早除去，但必要时可用来培养新的枝蔓，补充空缺或更新老蔓。

2. 茎的形态结构　葡萄茎是由节和节间组成。茎的节间有横隔，横隔有贮藏养分的作用，同时能使茎组织结构坚实，横隔的发达程度与节位和枝条的成熟度有关，因此，可用横隔的发达程度表示枝条的成熟度和贮藏养分累积的多少。在着生卷须或果穗的节位，横隔发达，且是完全横隔；而没有卷须或果穗的节位，横隔不发达且是不完全横隔。枝条成熟度越好，横隔越发达，甚至没有着生卷须节位的横隔，也会发育为完全横隔。不同品种茎的颜色不同。发育良好，充分老熟的茎，入冬前表现节间较短，呈深浅不一的褐色；结果过量或秋末发育的茎，表现节间较长，颜色浅，发育不充实，越冬期间易枯死（图 2-4）。

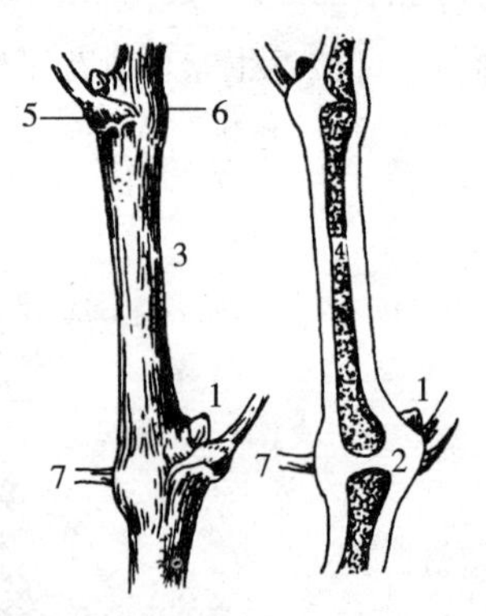

图 2-4　葡萄茎的形态与纵切面

1. 芽　2. 横隔　3. 节间　4. 髓部　5. 叶柄　6. 节部　7. 卷须

葡萄茎内部的髓部组织和导管特别发达，髓部具有贮藏养分和水分的功能，髓部大小与茎的成熟度有关，常用髓茎比反映成熟度。成熟度越差，髓部越大；反之，髓部越小。品种间也有一定差异，二倍体品种常小于多倍体品种。

（二）新梢的生长

葡萄新梢生长迅速，一年中能多次抽梢，但依品种、气候、土壤和栽培条件而不同。一般新梢年生长量可达 1～2 米以上，在江南的自然条件下，生长势旺的品种一年可生长 3～5 米。

年生长期中，新梢一般具有 2 次生长高峰，第一次新梢生长高峰是以主梢为代表，从萌芽展叶开始，至开花前，随气温、土温的升高，根

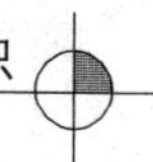

系活动旺盛，新梢也随之加速生长，进入第一次生长高峰，在江南地区每昼夜可长1片叶。第一次新梢生长的强弱，对当年花芽分化、产量的形成有密切关系，长势过强过弱对开花、坐果都是不利的。此后，随果穗的生长至果实着色，新梢生长速度减缓。新梢第二次生长高峰是以副梢为代表，当浆果中种子胚珠发育结束和果实采收后才表现出来，这次生长量一般小于第一次（但在设施促早栽培条件下，新梢第二次生长高峰生长量超过第一次生长高峰生长量，称为补偿性旺长现象）。在江南高温、秋雨多的地区，8～9月还可能出现第三次副梢生长高峰。9月下旬以后，气温逐渐下降，生长趋慢，直到10月上中旬才停止生长，至12月落叶进入休眠期。新梢生长强弱的因子，取决于树体养分的贮藏量，养分贮藏充足则生长势强；土壤瘠薄，树体贮藏养分不足，则新梢生长势弱。一般在第一次新梢生长高峰减弱时，正值开花前夕，应追施适量的复合性肥料，促进生殖生长，以缓和生殖生长与营养生长的矛盾。在浆果采收后，根系第二次生长高峰来临之前，应增施基肥并及时施用适量的氮肥，同时采取保叶措施，以利于新梢的健壮发育，为第二年新梢生长、花芽分化奠定物质基础。

在葡萄果实开始成熟前1～2周，新梢由基部开始向上逐渐成熟。新梢在成熟过程中，其形态结构和生理生化上都发生明显的变化。首先，枝条的颜色发生明显变化。由基部到新梢，颜色由绿色逐渐转变为浅黄色至深褐色，表皮发生木栓化，并最终表现出该品种特有的颜色。同时，枝条节部明显增粗，芽眼发育得更为饱满。组织内部，形成木栓形成层，并向外分化周皮；木质部木质化加快，髓部变小，髓细胞死亡。在枝条成熟过程中，水分含量逐渐下降，与此同时，枝条中的干物质迅速积累，木质部薄壁细胞中形成大量的淀粉粒，而糖的含量则相应减少。因此，新梢的成熟过程，实际上也是贮藏养分的积累过程。

三、叶

（一）叶的类型和形态结构

栽培葡萄的叶为单叶，互生，由叶柄、叶片和托叶3部分组成，着生于新梢节的部位，它的各种特征是区别品种的重要标志。叶柄不仅支撑叶片，使叶片处于容易获得光照的最佳位置，而且上连叶脉，下连新梢维管束，与整个输导组织相连，起着输送养分的作用。叶片由栅栏组织和海绵组织构成，表面有角质层及表皮，主要功能是制造养分、蒸腾水分和进行呼吸作用。托叶着生于叶柄基部，对刚形成的幼叶起着保护作用，展叶后即自行脱落，在叶柄基部的两侧留下新月形的痕迹（图2-5）。

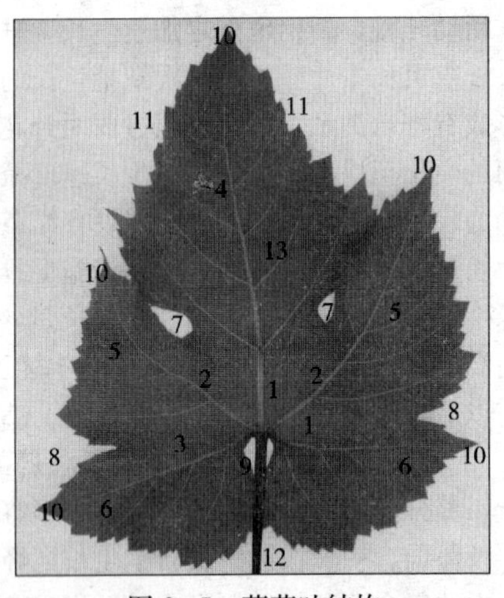

图2-5 葡萄叶结构

1. 中主脉 2. 上侧主脉 3. 下侧主脉 4. 中央裂片 5. 上侧裂片 6. 下侧裂片 7. 上侧裂刻 8. 下侧裂刻 9. 叶柄洼 10. 裂片顶端叶齿 11. 边缘叶齿 12. 叶柄 13. 侧脉

葡萄的叶片有心脏形、楔形、五角形、近圆形和肾形（图2-6），通常表现为3裂、5裂、7裂、多于7裂或全缘（图2-7）。如为5裂叶片，位于叶片中部的称为中央裂片，位于两侧的称为上侧裂片和下侧裂片。裂片与裂片之间凹入的部分称为裂刻，裂刻的深度有极浅、浅、中、深和极深，不同品种的叶片裂刻深度是用上侧裂刻深度表示的，上裂刻基部形状有U形和V形（图2-8）。叶柄和叶片连接处称为叶柄洼，分为极

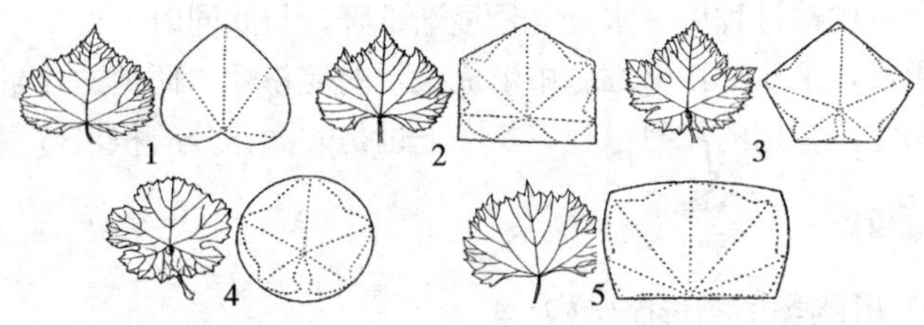

图2-6 葡萄叶片形状

1. 心脏形 2. 楔形 3. 五角形 4. 近圆形 5. 肾形

开张、开张、半开张、轻度开张、闭合、轻度重叠、中度重叠、高度重叠、极度重叠，形状有U形和V形（图2-9和图2-10）。维管束通过叶柄进入叶片，在二者的结合处分出主脉，分为中主脉和侧主脉，每个裂片均有1条主脉，多数葡萄品种具5条主脉，各主脉的长短，决定叶片的形状。主脉之间的夹角称为脉序角，脉序角的大小，是品种的特征之一。从每条主脉上又明显地分出侧脉。葡萄叶背面的表皮细胞常衍生出各种类型的茸毛，栽培品种分为丝状毛（平铺）、刺毛（直立）和混合毛（丝毛与刺毛并存），叶片着生茸毛的类型、浓密度和颜色，是鉴别种和品种的重要性状。葡萄的叶缘

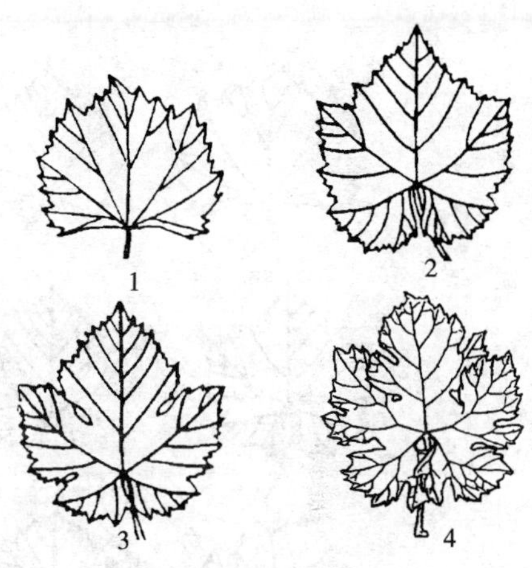

图2-7 成龄叶片裂片数

1. 全缘 2. 3裂 3. 5裂 4. 7裂

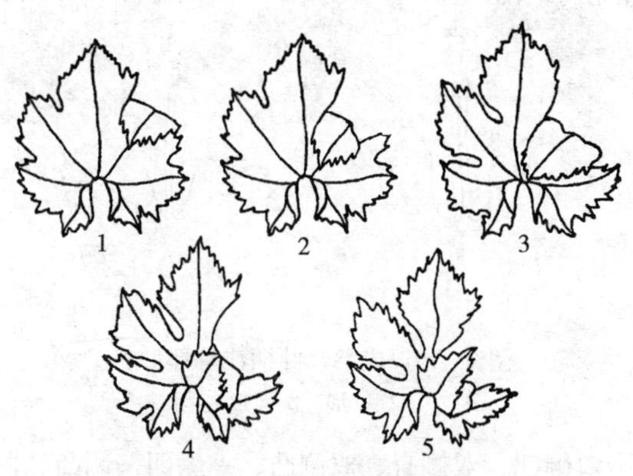

图2-8 成龄叶上裂刻深度

1. 极浅 2. 浅 3. 中 4. 深 5. 极深

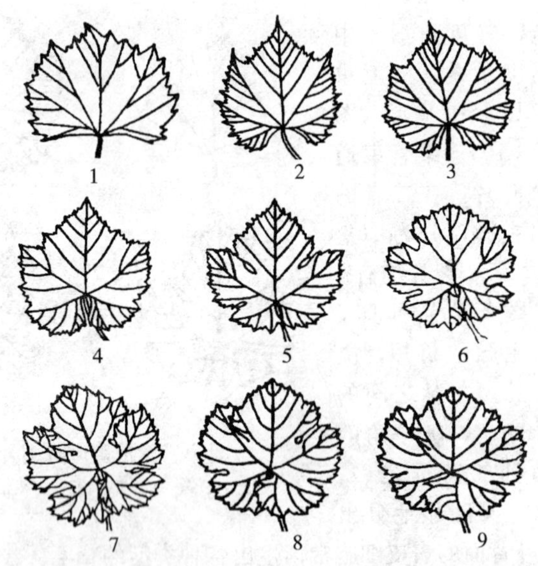

图 2-9　叶柄洼开张程度

1. 极开张　2. 开张　3. 半开张　4. 轻度开张
5. 闭合　6. 轻度重叠　7. 中度重叠　8. 高度重叠　9. 极度重叠

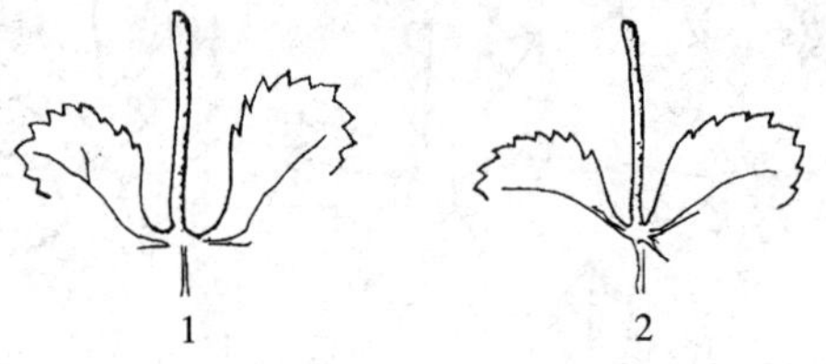

图 2-10　成龄叶叶柄洼基部形状

1. U形　2. V形

有锯齿，分为双侧凹、双侧直、双侧凸、一侧凹一侧凸、两侧直与两侧凸皆有等形状（图 2-11）。需要强调指出的是，同一新梢上不同节位的叶片，由于发生的时期不同，其大小和形状也不完全一致，在描述和区

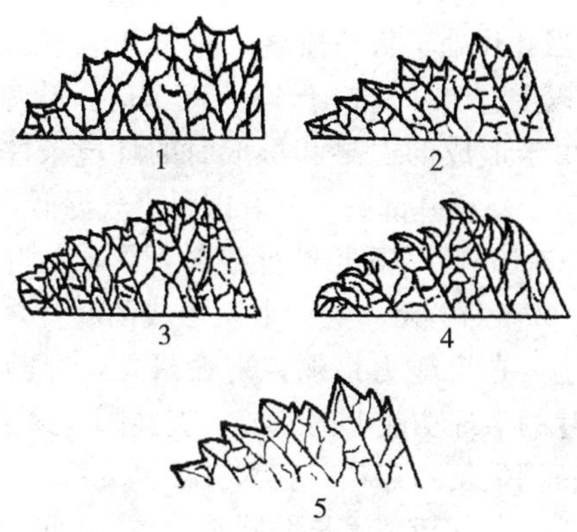

图 2-11　成龄叶锯齿形状

1. 双侧凹　2. 双侧直　3. 双侧凸

4. 一侧凹一侧凸　5. 两侧直与两侧凸皆有

别品种时，以选取自基部向上第 7～9 节位上的叶片为适宜。

叶片的解剖结构表明，新梢中部的叶片肥大，含叶绿体多，光合作用能力强；新梢上部的叶片尚幼嫩，下部的叶片渐老化，光合作用能力均较弱，同化产物往往还不能抵消本身呼吸的消耗，这就需要对整株叶片的同化产物进行必要的调节。在正常的光照条件下，葡萄光合作用最适宜的温度为 28～30℃，温度降低同化作用减弱，当温度低于 6℃时，光合作用几乎不能进行。

（二）叶片的生长与衰老

葡萄叶片来源于冬芽或夏芽，是进行光合作用制造有机养分的主要器官，叶片的正常生长活动，是葡萄生长发育和形成产量的基础。叶片色泽的深浅能反映出葡萄的营养水平和光合能力的强弱，故现代栽培上常用叶分析营养诊断法指导合理施肥。在葡萄栽培中，采取各种有效措施增加叶片数，扩大叶面积，提高叶片质量，对葡萄高产优质持续稳产具有重要意义。

1. 叶片的生长　叶片的生长为单 S 形曲线，一般单叶的生长期为 2～6 周，比相应的节间生长期长 1～3 周。叶片的生长依在新梢上的节位不同而处于不同的发育时期，叶从梢尖分离后的6～9天内生长非常缓慢，15天后，当叶片处于新梢顶端6～8节时生长最快，叶片可达到最大面积的50%以上；当叶片处于13～15节时，叶片停止生长。在同一植株上的叶片由于形成的迟早和形成时的环境条件不同，其寿命不同。年生长初期位于新梢基部的叶片，因早春气温低，叶片较小，寿命较短，叶龄为120～150天；新梢旺盛生长期形成的叶片最大，光合能力最强，叶龄为160～170天；生长末期形成的叶片，因气温下降，组织不充实，叶片小，光合能力最弱，寿命最短，叶龄为120～140天。这种不同部位叶片的生理功能上的差异，直接影响到芽的形成及其充实程度，对第二年新梢生长和开花结实都有很大关系。

单株叶片的生长期与新梢生长期同步。在生产园中，前期叶面积的扩大，是主梢叶面积的增加，新梢叶面积可达全年总叶面积的60%以上；生长后期（一般在坐果后）叶面积的增加，则主要是副梢叶面积的扩大。因此，副梢叶面积的多少，对芽眼的发育、花芽分化、新梢的成熟、果实的产量和品质有重要的影响。

从叶龄来说，幼嫩叶片因叶绿素含量低、光合能力弱、呼吸能力强，其净光合速率很低，甚至是负值。随着叶龄的增长，叶色加深，叶面平展，光合能力增强，一般当葡萄叶片达到成龄叶面积的1/3时，它所制造的营养就可以超过消耗的营养，叶片开始向外输出光合产物供植株的其他部分利用。当叶片达到最大时（展叶30～40天），光合作用最旺盛。叶片进入衰老阶段，光合作用便显著降低。据观察，葡萄展叶后30天左右，光合作用进入最佳期。

葡萄进入结果期，要注意控制合理的叶果比指标，不同品种的合理叶果比不同，栽培技术措施就是要使叶果比保持最佳值，从而达到提高葡萄的产量和品质的目的。

葡萄栽培研究中，常用叶面积指数来表示绿叶厚度，或称叶面积的多少。叶面积指数是指总叶面积÷单位土地面积，或单株叶面积÷营养面积（行距×株距），即果树总叶面积相当于土地面积的倍数。叶面积指数高，表明叶片多，反之，则少。由于栽培葡萄品种不同，架式和树型各异，故很难确定一个共同的叶面积指数。栽培实践表明，叶片数和

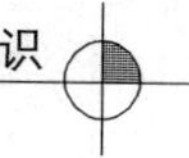

叶面积总量并不是越多越好，密植也有一个合理的程度，在生产上有由于过度密植而间伐不及时、修剪量过重、氮素过多等原因而导致叶面积指数过高、树体郁闭、产量低、品质差，究其原因，主要是对葡萄叶的生长特点缺乏了解。

2. 叶片的衰老 叶片的衰老主要受细胞激动素的调节，生长素和赤霉素也有类似作用。细胞激动素可能促进核酸或蛋白质的合成，因为叶片的衰老首先表现为蛋白质分解为氨基酸，叶绿素也随之解体。脱落酸（ABA）可以加速叶片的衰老，环境条件及栽培措施可影响衰老过程。在生产中，常常采取喷施叶面肥（如中国农业科学院果树所研制的以延缓叶片衰老为主要目的的专用叶面肥可使叶片脱落时间推迟 20～40 天）和增施氮肥等技术措施延缓单叶叶片的衰老，而采取利用冬芽或夏芽副梢叶技术推迟整株葡萄叶片的脱落时间。

四、芽

（一）芽的类型和形态结构

葡萄枝梢上的芽，实际上是新梢的茎、叶和花的过渡性器官，着生于叶腋中，根据萌发的时间和结构特点，分为冬芽和夏芽。

1. 冬芽 冬芽是着生在结果母枝各节上的芽，体型比夏芽大，外被鳞片，鳞片上着生茸毛，保护芽体免受冬季低温的伤害。冬芽具有晚熟性，一般经过越冬后，翌年春萌发生长，但在强烈刺激下，如去除所有副梢和剪梢或配合石灰氮、破眠剂 1 号（中国农业科学院果树所研制）等具有破眠作用的化学试剂处理，冬芽可当年萌发，在生产中常采用这种方法迫使冬芽萌发实现二次结果。休眠期芽眼和生长期芽眼见图 2－12 和图 2－13。

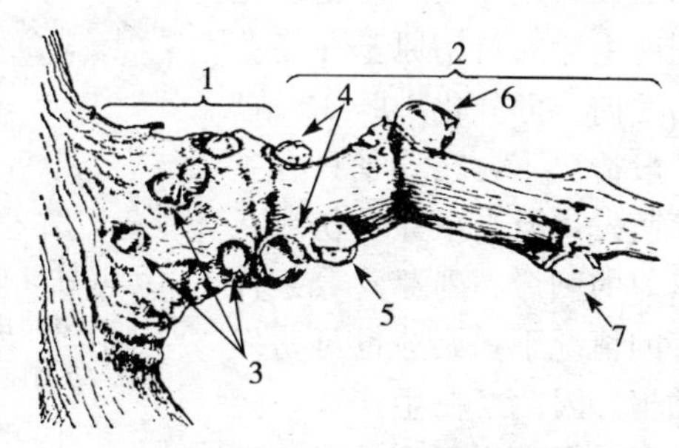

图 2－12 休眠期芽眼

1. 芽座 2. 结果母枝 3. 隐芽 4. 基芽 5. 第一芽眼 6. 第二芽眼 7. 第三芽眼

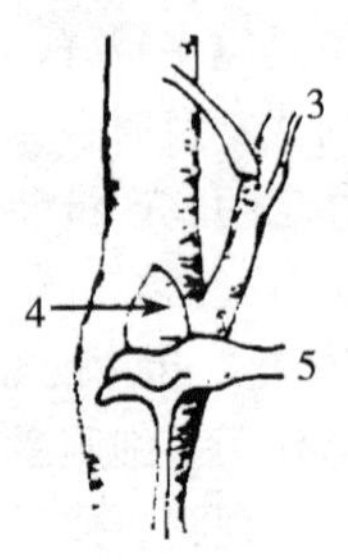

图 2-13　生长期芽眼

1. 萌发中的主芽　2. 萌发中的副芽
3. 夏芽副梢　4. 冬芽　5. 叶柄

从冬芽解剖结构看（图 2-14），良好的冬芽一般由 3～8 个单芽组成，其中芽眼中央发育最好最大的单芽称为主芽，其余周围的单芽称为副芽，主芽与副芽均是压缩的新梢原基，其上有节、节间、叶原基、芽原基、花原基或卷须原基，依据发育程度主芽的新梢原基在冬芽萌发前，可分化 10～13 节。一般情况下，在春季只有主芽萌发，但当主芽受伤或在修剪的刺激、副芽营养条件好的情况下，副芽也可萌发抽梢。因此，在生产中，经常可以观察到双生枝或三生枝的现象，为节省贮藏养分，

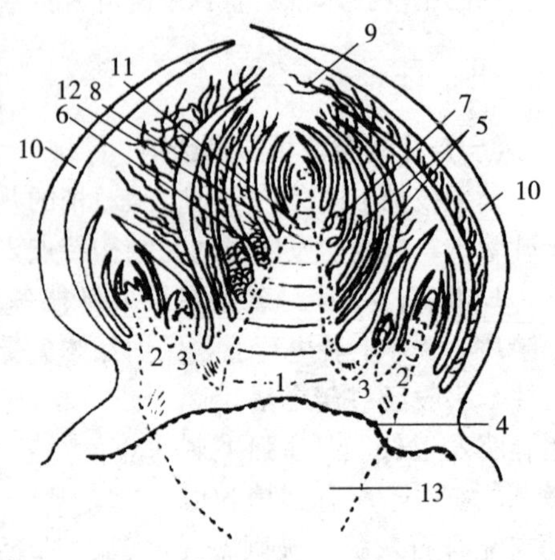

图 2-14　葡萄冬花芽剖面

1. 主芽　2. 预备芽　3. 二级预备芽
4. 芽垫层　5. 叶原基　6. 花序原基
7. 卷须原基　8. 鳞片状托叶　9. 毛被
10. 外鳞片　11. 胚胎新梢的节
12. 节间　13. 芽迹（内部薄壁组织）

应及时将副芽萌芽的多余新梢抹除。冬芽越冬后，不一定每个冬芽都能

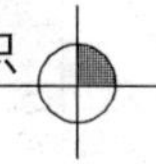

在第二年萌发，其中不萌发者呈休眠状态，随着枝蔓逐年增粗，潜伏于表皮组织之间，成为潜伏芽，又称隐芽。当枝蔓受伤或内部营养物质突然增长时，潜伏芽随之萌发，成为新梢，往往带有徒长性，在生产上可以用做更新树冠。葡萄隐芽的寿命很长，因此葡萄恢复再生能力很强。主芽与副芽共同着生于芽垫上，芽垫与新梢的节相连。在芽与芽垫之间，有一单层深绿色的细胞，称之为芽垫层，具有很强的分化能力，在特殊条件下，当主芽和副芽均受到伤害的情况下，芽垫层可分化出新的芽来延续枝条的生命。

2. 夏芽　夏芽着生在新梢叶腋内冬芽的旁边，无鳞片保护，不能越冬。夏芽具有早熟性，在当年夏季自然萌发成新梢（通称副梢），有些品种如巨峰、玫瑰香、黄意大利、魏可和美人指等的夏芽副梢结实力较强，因此，在生产中，常利用夏芽的早熟性加快葡萄的成型或进行多次结果以延长葡萄鲜果的供应期。

夏芽抽生的副梢同主梢一样，每节都能形成冬芽和夏芽，副梢上的夏芽也同样能萌发成2次副梢，2次副梢上又能抽生3次副梢，这就是葡萄枝梢具有一年多次结果的原因。

（二）花芽分化

葡萄的花芽分化可分为生理分化和形态分化两个阶段。待芽的生长点分裂4～5个叶原基时，生长点转位即进入形态分化期。

决定花芽良好分化的前提，首先是营养状况和外界条件（光照、温度、雨量）的充分满足。花芽形成的最适温度为20～30℃，而光照充足、新梢生长健壮、叶面积大、叶片质量好，葡萄花芽分化的强度和质量也高。新梢第一节至第三节的芽，是新梢开始生长时形成的，这时正值早春季节，气温不高，新梢生长缓慢，芽体秕小呈三角形，节间极短，通常不能分化为花芽。当新梢进入第一生长高峰时，平均气温在20℃以上，是幼芽形成和花芽分化的良好条件，这时新梢第四节到第五节位的芽发育最好，花芽分化率也高。由于葡萄的花芽分化与萌芽、新梢生长、开花坐果、浆果发育交叉重叠进行，因此，从萌芽至开花前后及浆果膨大期，需要供应充足的营养物质，同时也要进行夏季修剪（抹芽、疏枝、摘心、疏花、疏果及处理副梢），通过开源节流的措施来促进花芽分化。如营养条件不足，有的花芽甚至退化为卷须，有的则产生不完整的花穗原基，开花后造成落花落果或无核小粒果，或卷须与花穗的中间产物；当营养充分时，卷须可能转化为花序，开花后果穗及果粒能正常发育。

葡萄的花芽有冬花芽和夏花芽之分，一般一年分化一次，也可一年分化多次。

1. 冬花芽的分化 葡萄冬花芽分化和发育的时间比较长，主梢开花始期也是冬芽分化始期。在中国大部分地区，5 月下旬至 6 月上旬靠近主梢下部的冬芽最先开始分化，随着新梢的生长，新梢上各节冬芽从下而上逐渐开始分化，但最基部 1～3 节上的冬芽分化稍迟或分化不完全，这可能与内在生理特性和外界环境条件有关。中国黄河、长江流域以 6～8 月为分化盛期，其后逐渐减缓，至 10 月暂停分化。冬季休眠期间，芽内的花穗原始体在形态上不再出现明显的变化，到第二年萌芽和展叶后，在上一年已形成的花穗原始体的基础上又继续进行分化。随着新梢生长，花序上每朵花依次分化成花萼、花冠、雄蕊、雌蕊等各个部分。因此，树体贮藏养分的多少，对早春花芽的继续分化至关重要。

葡萄生长过程中要创造一些良好的栽培措施，如主梢摘心、控制夏芽副梢生长等，能促进冬花芽分化的过程，使在短期内形成花穗原基。故生产上也可利用逼主梢冬花芽或副梢冬花芽当年萌芽开花，实现 2 次或 3 次结果。

2. 夏花芽的分化 葡萄在自然生长状态下，夏芽萌发的副梢一般不形成花穗结果，如对主梢进行摘心，则能促进夏花芽的分化。据原北京农业大学黄辉白等的研究，玫瑰香在自然状态下，主梢花序上第四节的夏芽内只有卷须原基，而未发现花芽原基；主梢经摘心后第二天，于生长点的圆柱体上，开始出现花芽第二个分枝，第四天出现第三、四个分枝。由于分化形成的时间短，故副穗花穗较小。因此，花穗发育的大小还与夏芽萌发前的孕育时间长短有关。夏花芽的分化、结实力还因品种而异。巨峰一般约有 15%的夏芽副梢有花穗，白香蕉在 20%以上，龙眼仅 3%左右。

3. 芽的异质性 葡萄芽的异质性，是指由于品种、枝蔓强弱、芽

在枝蔓上所处的位置和芽分化早晚等的不同，造成结果母枝上各节位不同芽之间质量的差异。一般主梢枝条基部1～2节的芽质量差，中上部芽的质量好，例如生长势较旺的巨峰和夏黑等品种，中部5～10节的芽眼发育完全，大多为优质的花芽，下部或上部的芽眼质量较次。距中部向上或向下的芽眼，越远则质量越差。巨峰幼树一般在10节以上才能形成良好的花芽，但如果栽培措施得当，巨峰和夏黑等品种枝条基部1～2节也能形成良好的花芽，因此在生产上应根据不同品种、不同树龄及采取的栽培措施确定优质芽着生的位置进而确定剪取枝条的长度。

副梢枝上的冬芽以基部第一个花芽质量最好，越往上质量越差，这一点与主梢枝不同。因此，为利用副梢结果，在冬季修剪时，应对其做短梢或中梢修剪，这对早期丰产有着重要意义。

五、花序、卷须及花

（一）花序和卷须

1. 花序　葡萄的花序和卷须均着生在叶片的对面，在植物学上是同源器官，都是茎的变态。

通常欧亚种群的品种第一花序多生于新梢的第五节和第六节，一个结果枝上有花序1～2个；而欧美杂交种和美洲种则普遍着生于新梢的第三节和第四节。花序形成与营养条件极为密切，营养条件好，花序形成也好，营养不良则花序分化不好。

葡萄的花序属于复总状花序，呈圆锥形，由花序梗、花序轴、支梗、花梗和花蕾组成，有的花序上还有副穗（图2-15）。葡萄花序的分枝一般可达3～5级，基部的分枝级数多，顶部的分枝级数少。正常的花序，在末级的分枝端，通常着生3个花蕾。发育完全的花序，一般着生花蕾200～1 500个。

2. 卷须　主梢一般从3～6节起开始着生卷须，副梢一般从第二节开始着生。卷须与叶片对生在新梢的节上，卷须的排列方式与所属种有关。真葡萄亚属的种和品种的卷须，除美洲种为连续性外，其他种均为非连续性（间歇性），即连续出现两节，中间间断一节；欧美杂交种的卷须在节位上常不规则出现。卷须形态有不分叉和分叉（双叉、三叉和

图 2-15　葡萄的花序

1. 副穗　2. 花序梗　3. 花序轴　4. 枝梗　5. 花梗　6. 花蕾

四叉），分枝很多和带花蕾的几种类型，欧亚种葡萄卷须多为双叉或三叉。卷须每一分叉处着生有鳞片状的小叶，在卷须的生长过程中自然脱落，营养条件好或新梢生长发育好的情况下，鳞片状小叶也可以发育成为正常的叶片；甚至卷须也可以发育为正常的新梢，并开花和结果，如金手指葡萄。由此可见，卷须和新梢属同源器官。

通常情况下，卷须如不能攀附在其他物体上，生长非常细弱并随着新梢的生长发育而逐渐枯萎。一旦附着在其他物体上，可迅速生长、加粗和木质化，牢固地缠绕物体之上。在生产中，为了减少养分的消耗，避免给管理带来困难，常将卷须摘除。

（二）花的类型及构造

1. 花的类型　不同的种、品种和生态类型，葡萄的花发育程度和类型不同。一般可将葡萄花分为 3 种类型。

（1）完全花或两性花　雌蕊和雄蕊发育正常，雄蕊直立，花丝高于雌蕊，能自花授粉结实。生产中绝大部分的品种均为两性花，如玫瑰香、巨峰、红地球等。

（2）雌能花　雌蕊发育正常，雄蕊比柱头短，花丝向外弯曲，花粉粒没有发芽孔，花粉败育，必须配置授粉品种才能结实。如白鸡心和 426（山欧杂交种）等。

(3) *雄性花或雄花* 在花朵中雌蕊退化，但雄蕊及花粉发育正常，不能结实。此类花仅见于野生种如山葡萄和刺葡萄等。

2. 花的构造 葡萄的花很小，完全花由花梗、花托、花萼、蜜腺、雄蕊（花药和花丝）、雌蕊（柱头和子房）等构成（图 2-16）。葡萄的花冠呈绿色、帽状，上部合生，下部分裂为五花瓣；雌蕊有 1 个 2 心室的上位子房，每室各有 2 个胚珠，子房下有 5 个蜜腺。雄蕊由花药和花丝组成，雄蕊环列于子房四周。

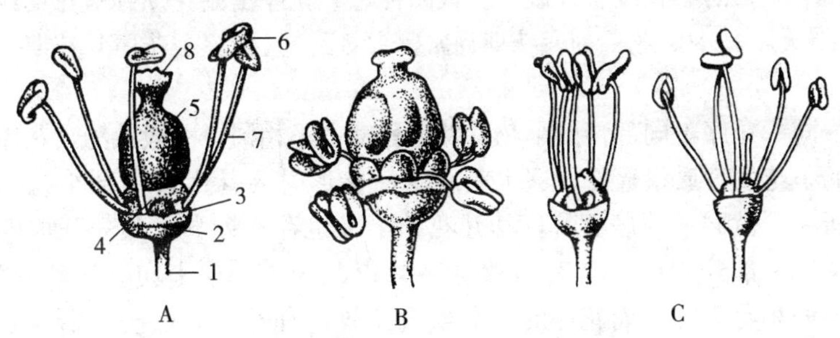

图 2-16　葡萄花型与构造

A. 完全花：1. 花梗　2. 花托　3. 花萼
4. 蜜腺　5. 子房　6. 花药　7. 花丝　8. 柱头　B. 雌能花　C. 雄花

（三）开花与授粉受精

1. 开花 葡萄的开花就是花冠脱离。开花前，首先在花冠的基部形成层，花冠变黄，在外界环境的作用下，沿花瓣间的结合处纵向开裂，花瓣向外翻卷。在花丝生长向上推动力的作用下，花冠逐渐被花丝顶开，花冠呈帽状脱落，花朵开放。在花冠的脱落过程中，花药随即开裂并散出花粉。

不同品种花药开裂的时间有一定的差异，有些品种花药在花冠脱落前就已经开裂，称之为闭花裂药型，如巨峰和莎巴珍珠等；有些品种的花药是在花冠脱落后开裂的，称之为开花裂药型，如玫瑰香、底拉洼和葡萄园皇后等。还有些品种介于两者之间，即在花冠脱落前 0.5～2 小时花药开裂或与花冠脱落同时进行，称之为轻微闭花裂药型，如京早晶和无核紫等。

不同的品种、地区、气候条件，葡萄的开花期也不相同。通常低需冷量品种开花较早，开花时如果环境温度较高，则进入开花期较快，如果遇阴雨天气则延迟开花。另外，即使同一株葡萄，花序所处的位置不同，开花时间也稍有差别，第一花序通常比第二花序早开花 2～3 天。大多数品种的开花起始温度为 16～25℃，最适开花温度为 20～25℃。

开花期又分为始花期、盛花期和落花期 3 个阶段。始花期是指有 5%的小花开放；盛花期是指有 50%的小花开放；落花期是指还剩 25%～30%的小花没有开放。多数品种每一花序由始花期到落花期约需要 10 天，其中始花期到盛花期通常需要 3～5 天。单个花序开花期一般为 4～9 天。

同一花序不同部位的小花其发育程度也不相同。一般认为，花序中部的小花发育质量最好，这也是在花序整形时为什么留中部小花的原因所在。就同一花序而言，其开花的早晚也存在差异。最先开放的是从花序上部开始往下 1/3～1/2 处，并以此为中心向上向下逐渐开放，副穗的小花后开，而花序的先端最后开放，有一些品种甚至不开放而脱落。

开花期间，每日开花最多的时间是 7:00～10:00，占总花数的 81.1%～93.9%；10:00～12:00 开花数急剧减少；12:00～14:00 仅有很少量花开放；14:00 以后一般不开花或仅有个别小花开放；夜间不开放。单花开放时间一般需要 15～30 分钟，最快的 7～8 分钟，最慢可以超过 1 小时。

2. 授粉受精 花粉发芽最适宜温度为 26～28℃，低于 14℃会引起受精不良。花粉落到柱头后，在柱头分泌液中开始萌发，并通过萌芽孔长出花粉管。花粉管到达胚珠的时间因品种而异。康拜尔早生需 24 小时，巨峰需 72 小时。一般授粉后 2～4 天完成受精过程。

授粉受精后，子房迅速膨大形成果实，这一过程称为坐果。绝大多数品种的坐果与授粉受精和种子的发育有关，但有些品种形成无核果，其坐果机理与有核果不同。无核果的形成，因机理不同可分为两种类型。

第一种类型：单性结实型。即不经过受精过程形成的果实。如科林

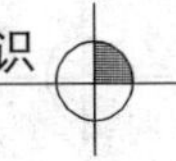

斯在形态上是两性花且花粉可育，但胚囊发育有缺陷或退化，不能进行正常的受精过程。当花粉管伸入花柱后，释放出生长素类物质刺激子房的膨大而形成无核果。这类品种称为专性单性结实品种。

第二种类型：种子败育型。授粉受精正常进行，但合子在发育过程中畸形、退化或发育中途停止而形成无核果。如无核白和火焰无核等。

（四）落花落果与大小粒

落花落果是葡萄生活周期中正常的生理现象，一般葡萄在盛花后3～15天出现落花落果高峰，如巨峰在盛花后5天。自然条件下，一般仅有部分花在受精后可发育成为果实（20%～50%），而多数花在授粉受精前后于花柄处产生离层而自行脱落。但如花果过度脱落，将使果穗变得松散，造成减产。在生产中还经常见到果粒大小不一、果穗不整齐、成熟度不一致等现象，也严重影响了葡萄的产量和品质。

造成葡萄严重落花落果和果粒不整齐的原因如下：

1. 花器官发育不全 生产中，许多品种都存在花器官发育不全的现象。一些雌能花品种如黑鸡心和426等，花粉粒的生殖核与营养核退化，在缺乏正常花粉授粉的情况下，常表现出严重的落花落果和大小粒现象。两性花也常有败育的花粉，但一般不影响正常的授粉受精。有些品种的胚珠发育畸形，仅有外珠被、珠心肥大、无胚囊，或没有卵细胞及助细胞等，对坐果和果实的发育都有不良的影响。许多四倍体品种如巨峰系这种缺陷常有发生。

2. 植株营养不良和养分的竞争 与营养生长相比，幼果是较弱的“库”。在植株生长势较弱的情况下，贮藏营养和光合产物供应不足时，首先满足新梢和根系的生长，从而造成幼果营养匮乏而落果。在生产中更为常见的是由于品种特性或不适当的管理措施，如氮肥施用过多、新梢负载量过大、土壤湿度过大及光照不足等，造成新梢生长过旺和徒长，营养生长与生殖生长同样会发生剧烈的营养竞争，是生产中落果和大小粒现象的主要原因。

3. 不良的环境条件 如花期的阴雨天气、低温天气、大风天气或高温干旱天气等，均可以导致授粉受精不良，从而影响坐果和果实的整齐度。

六、果穗、浆果及种子

（一）果穗、浆果及种子的形态

1. 果穗 葡萄受精坐果后，花朵的子房发育成浆果，花序形成果穗。果穗由穗梗、穗轴和果粒组成（图2-17）。自新梢着生果穗部位到果穗第一分枝的一段称为果穗梗。穗梗上有节称为穗梗节。浆果成熟时，节以上的部位，一般均已木质化。果穗的全部分枝称为穗轴。第一分枝特别发达，常形成副穗，故有时在一个果穗上有主穗和副穗之分。

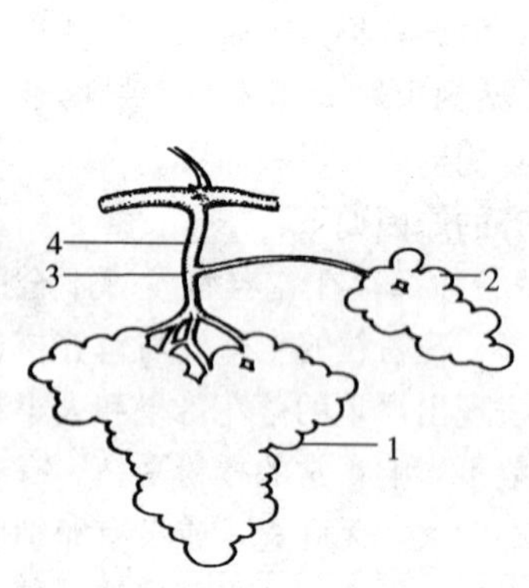

图2-17 葡萄果穗
1. 主穗 2. 副穗 3. 穗梗节 4. 穗梗

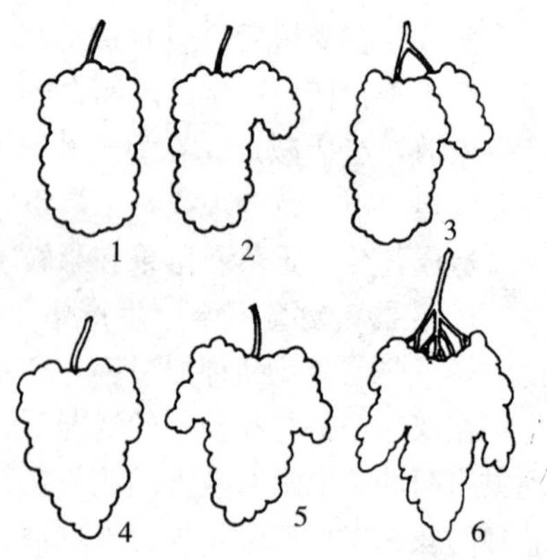

图2-18 葡萄果穗形状
1. 圆柱形 2. 单肩圆柱形 3. 圆柱形带副穗 4. 圆锥形 5. 双肩圆锥形 6. 分枝形

果穗的形状因品种不同而异，基本穗形为圆柱形、圆锥形和分枝形（图2-18）。果穗的大小，最好用穗长×穗宽之积表示。为计算方便，也可用穗长表示，分为极小（穗长10厘米以下，适用于野生种）、小（穗长10～14厘米）、中（穗长14～20厘米）、大（穗长20～25厘米）、极大（25厘米以上）。重量表示，可分为极小（100克以内）、小（100～250克）、中（250～450克）、大（450～800克）、极大（800克以上）。

果穗上果粒着生的密度，通常分为极紧（果粒之间很挤，果粒变形）、紧（果粒之间较挤，但果粒不变形）、适中（果穗平放时，形状稍有改变）、松（果穗平放时，显著变形）、极松（果穗平放时，所有分枝

几乎都处于一个平面上）。果粒的大小和紧密度对鲜食品种较为重要，要求果穗中等稍大，松紧适中。

2. 浆果 葡萄的果粒由果梗（果柄）、果蒂、外果皮、果肉（中果皮）、果心（内果皮）和种子（无种子）等组成。果梗与果蒂上常有黄褐色的小皮孔，称为疣，其稀密、大小和色泽是品种分类特征之一；果刷，即中央维管束与果粒处分离后的残留部分，果刷的长短与鲜果贮运过程中的落粒程度有一定关系，果刷长的一般落粒轻，常用拉力计测果刷坚实程度的数值，以判断果实耐贮运的程度；果皮，即外果皮，由子房壁的一层表皮厚壁细胞和10～15层下表皮细胞组成，上有气孔，木栓化后形成皮孔，称为黑点；大部分品种的外果皮上被有蜡质果粉，有减少水分蒸腾和防止微生物侵入的作用；果肉，即中、内果皮，由子房隔膜形成，与种子相连，是主要的食用部分，葡萄的外、中和内果皮没有明显的分界。

浆果的形状、大小、色泽，因品种而千差万别。果粒的形状可分为圆柱形、长椭圆形、扁圆形、卵形、倒卵形等（图2-19）。果粒的大小是从果蒂的基部至果顶的长度（纵径）与最大宽度（横径）平均值表示的，分为极小（8毫米以内）、小（8～13毫米）、中（13～18毫米）、大（18～26毫米）和极大（26毫米以上）。果粒大小，也可用重量表

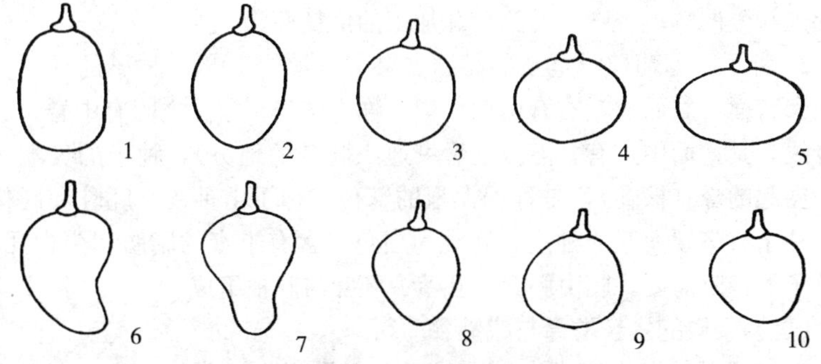

图2-19 葡萄浆果的形状

1. 圆柱形 2. 长椭圆形 3. 椭圆形 4. 圆形 5. 扁圆形
6. 弯形 7. 束腰形（瓶形） 8. 鸡心形 9. 倒卵形 10. 卵形

示：极小（0.5克以内）、小（0.5～2.5克）、中（2.5～6.0克）、大（6.0～9.0克）、极大（9.0克以上）。但果粒形状、大小，常因栽培条件和种子多少而有所变化。无核葡萄深受市场欢迎，但大多数情况下，单性结实的无籽葡萄果粒较小，应用植物生长调节剂是促进果粒膨大的最好技术之一。

果皮色泽有白色、黄白色、绿白色、黄绿色、粉红色、紫红色和紫黑色等。果皮颜色主要是由果皮中的花青素和叶绿素含量的比例所决定的，也与浆果的成熟度、受光程度，以及成熟期大气的温湿度有关。果皮的厚度可分为薄、中、厚3种，果皮厚韧的品种耐贮运，但鲜食时不爽口。果皮薄的品种鲜食爽口，但成熟前久旱遇雨，易引起裂果。果肉的颜色大部分品种为无色，但少数欧洲种及其杂交品种的果汁中含有色素，有软有脆，香味有浓有淡。欧亚种群品种果肉与果皮难以分离，但果肉与种子易分离；美洲种及其杂种具有肉囊，食之柔软。一般优良的鲜食葡萄品种要求肉质较脆而细嫩，酿酒或制汁用的品种，要求有较高的出汁率。

葡萄浆果的品质主要取决于含糖量、含酸量、糖酸比、芳香物质的多少，以及果肉质地的好坏等。

葡萄的香味分为玫瑰香味和狐臭味（草莓香味）。美洲葡萄具有强烈的狐臭味；欧美杂交种也具有这一特性，一般不易酿酒。欧洲葡萄具有令人喜爱的玫瑰香味，是鲜食和加工的优良性状。

3. 种子 葡萄种子呈梨形，约占果实重量的10%。种子的外形分腹面和背面。腹面的左右有两道小沟，称为核洼，核洼之间有中脊，为缝合线，其背面中央有合点（维管束通入胚珠的地方），种子的尖端部分为突起的喙（核嘴），是种子发根的部位。种子由种皮、胚乳和胚构成，种子有坚硬而厚的种皮，胚乳为白色，含有丰富的脂肪和蛋白质，供种子发芽时需要。胚由胚芽、胚茎、胚叶与胚根组成。

（二）浆果的生长发育与成熟

1. 浆果的生长发育期 葡萄从开花着果到浆果着色前为止，属浆果的生长发育期。早熟品种为35～60天，中熟品种为60～80天，晚熟品种为80～90天。一般在开花后一周，果粒约绿豆粒大时，由于有些

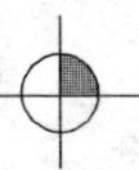

花朵子房因发育异常，或授粉不良、缺乏养分，常出现生理落果现象。落果后留下的果实，无论是正常有种子的果实或是单性结实的果粒，一般需经历快速生长期、生长缓慢期和第二次生长高峰期3个阶段，整个果实生长发育呈双S曲线形。

（1）浆果快速生长期　是果实的纵径、横径、重量和体积增长的最快时期，这期间浆果绿色，肉硬、含酸量达到高峰，含糖量处最低值。以巨峰品种为例，需持续35～40天。

（2）浆果生长缓慢期（硬核期）　在快速生长期之后，浆果发育进入缓慢期，外观有停滞之感，但果实内的胚在迅速发育和硬化。这阶段，早熟品种的时间较短，而晚熟品种时间较长。在此期间浆果开始失绿变软，酸度下降，糖分开始增加。巨峰这段时间需15～20天。

（3）浆果最后膨大期　是浆果生长发育的第二个高峰期，但生长速度次于第一期，这期间浆果慢慢变软，酸度迅速下降，可溶性固形物迅速上升，浆果开始着色。这一时期通常持续半个月到2个月。

2. 浆果的成熟期　从浆果开始着色到浆果充分成熟，称浆果成熟期，持续时间20～40天。由于果胶质分解，果肉软化，其软化程度因品种而异，因而成熟后肉质的特性就产生差异。如欧洲葡萄中，酿造用的西欧群品种，一般质地柔软；而供鲜食、制干的东方群品种，则表现为肉质硬脆的特点。

葡萄果粒中的糖，在生长第二期之前很少产生，一到第三期成熟期便急剧增加，直至果实生理成熟时为止。葡萄果实中的糖几乎全为葡萄糖与果糖，两者含量大体相等，但在果实成熟初期，葡萄糖蓄积增多，成熟过程中则果糖增加，最后通常是果糖略多于葡萄糖。果糖、葡萄糖的比例与浆果生长第三时期的树体温度高低有关，浆果在30℃以上的高温条件下成熟时，含糖量降低，但果糖比例却相对增加，所以鲜食时滋味有甜感。

酸的变化与成熟度也有密切关系，人们舌感的酸为游离酸，葡萄中的游离酸多为酒石酸与苹果酸，酸的含量在生长的第二期开始时增加，第二期结束时最多，进入第三期就急剧减少。酒石酸和苹果酸的比例因品种不同而有差异，通常在未成熟时苹果酸居多，成熟后则酒石酸变多。随着浆果的成熟，酸的含量减少，主要是苹果酸的减少，而酒石酸变化不大。酸的含量还受成熟时的温度高低影响，气温低则酸含量多，气温较高则酸含量少。

葡萄的着色与糖分含量有密切关系，无论是欧洲种的甲州，还是美洲种的康可，其糖度超过8%才开始着色，着色既受温度又受光照的影响。有关专家对以巨峰品种进行研究，从葡萄浆果开始着色时，把树体温度调节至25～30℃，并把果实温度也调节为20℃与30℃，经过一定时期，分析了花青素的含量，结果表明，树体温度30℃比20℃的花青素含量明显减少；果实温度若高于15℃，花青素含量也随之减少。若植株与果实均保持在30℃，则不形成色素，在温度过高的条件下，即使浆果糖度高，着色也不充分。

浆果着色时对光照度的反应也不同，通常把葡萄品种分为强光照和一般光照两类，亦称直光着色品种和散光着色品种。散光着色品种受光量多时或在良好的生态环境中，光照充足，树体与浆果温度不太高的情况下，均着色良好，糖度高。

综上所述，葡萄果实的成熟过程，无论糖的积累、酸的减少、肉质的软化、香气的出现、着色的增进等任何一种特征均不能单独成为明确判断成熟的依据。通常是根据果实糖酸度、品种固有的色度和种子变褐来判断浆果成熟期。

3. 影响浆果成熟的因素　从某种意义上说，果实成熟的过程，乃是浆果物质发生一系列变化的过程。由于浆果物质代谢变化所受影响因素很多，所以影响果实成熟的因素也是多方面的，可以概括如下：

（1）品种特性　不同品种浆果内各种物质的代谢变化速率不同，特别是早熟与晚熟品种之间差异更大，因此不同品种成熟期差异极大，如极早熟品种从开花到成熟只需积温1 600～2 000℃，而晚熟品种则需要积温3 000℃或更高。

（2）气候条件　在气候条件中，以温度的积温因素对果实发育变化速率影响最为显著。在冷凉的气候条件下，热量累积缓慢，所以浆果糖分累积及成熟过程变慢，一般品种的采收期比其正常采收期将推迟。相反，在热的年份采收期将提早。

（3）栽培管理措施　果实负载量是影响果实成熟的最重要因素之一，负载超过树体一般结果量时，将会使成熟期推迟，因而控制合理的果实负载量将是影响成熟的一项重要管理技术措施。架式及整形方式对成熟的影响也很明显，合理的架式与整形，可使叶片光照改善，从而提高光合产物累积，加快果实成熟。葡萄专用叶面肥的喷施对果实成熟的影响也很明显，如中国农业科学院果树研究所研发的葡萄专用叶面肥可将果实成熟期提前5～10天。

（4）病虫害　病害和虫害，为害叶片和枝蔓，降低光合作用和阻止营养物质的有效传导，对成熟有抑制作用；另外特别指出的是，一些病毒病，对果实成熟影响极大，如葡萄感染扇叶病毒后，可延迟成熟1～4周，浆果含糖量及品质显著下降。

（5）生长调节剂　葡萄属非呼吸跃变型果实，脱落酸（ABA）是葡萄成熟的主导因子，在果实开始着色期喷施ABA可显著促进果实成熟。目前生产中，通过喷施ABA代替乙烯利促进果实成熟正作为一项重要措施进行推广。

第二节　葡萄的年生长发育周期

葡萄起源于亚热带气候条件地区，在长期的进化过程中，既保持了亚热带植物周年生长的特点，又适应了温带气候季节性生长周期。因此，栽培在温带地区的葡萄，在年生长发育周期中呈现明显的季节性变化。

一、树液流动期（伤流期）

在春季芽膨大之前及膨大时，从葡萄枝蔓新剪口或伤口处流出许多无色透明的液体，即为葡萄的伤流（bleeding）。伤流的出现说明葡萄根系开始大量吸收养分、水分，为进入生长期的标志。

不同种葡萄的伤流发生早晚不同。一般欧洲种葡萄在根系分布层土温上升至7～9℃时开始出现伤流；美洲种葡萄和河岸葡萄是7～8℃，山葡萄是4.5～5.2℃，山欧杂交种为4～4.5℃，欧美杂交种为

5～5.2℃。

伤流与根系的活动密切相关，根系生理活动会产生使液流从根部上升的压力，称之为根压（root pressure），伤流是由根压引起的。葡萄根压约为 1.5×10^5 帕，据 Winkler 等的观察，在一个枝蔓的新鲜伤口处可以收集到 4 升以上的伤流液。若在一个枝蔓上隔一天剪一次，总共可以收集 18.9～26.5 升的伤流液。当土壤温度骤然回降时，伤流便暂时停止。当根系受伤过重（如移栽苗），或土壤过于干燥时，伤流也会减少或完全停止。可见，伤流液的多少，可作为根系活动能力强弱的指标。

伤流期间葡萄根系尚未发生新的吸收根，此时其吸收作用主要是靠上年发生的有吸收功能的细根和根上附生的菌根。

伤流液主要是水，干物质的含量极少，每升中有 1～2 克，其中 60％以上是糖和含氮化合物，其余是矿质元素如钾、钙、磷、锰等和微量的植物激素，所以在伤流不大的情况下，它对葡萄几乎没有害处。虽然如此，在栽培上仍需避免造成不必要的伤口而增加过多的伤流。当然，伤流在展叶后即可逐渐停止。

枝蔓在伤流期变得柔软，可以上架、压条；在露地越冬地区必要时尚可继续修剪，埋土防寒区可出土后修剪。

二、萌芽与花序生长期

萌芽与花序生长期又称之为萌芽和新梢生长期。此期从萌芽至开花始期，需 35～55 天。

当昼夜平均气温稳定达 10℃以上时，欧洲葡萄开始萌芽。由于生长点的活动使芽鳞开裂，幼叶向外生长。枝条顶端的芽一般萌发较早。萌芽除受当年温湿度的影响外，植株的生长势对其影响极大。如上年叶遭受病虫为害、结果过多、采收过晚等都会导致萌芽推迟。冬季受冻，也会导致萌芽推迟，且不一致。

在萌芽前后，花序继续分化，形成各级分枝和花蕾，植株在这一时期的营养状况如何，对花序的质量有重要影响。

在生长初期，新梢、花序和根系的生长主要依靠植株体内贮藏的有

机营养，在叶片充分生长之后，才能逐渐变为依靠当年的光合作用产物。这个时期如果营养不足或遇干旱，就会严重影响当年产量、质量和翌年的生产。新梢开始生长较慢，以后随着温度升高而加快，至高峰时每昼夜生长量可达 4～6 厘米或更多。

三、开花期

从开始开花至开花终止为开花期，花期持续 1～2 周，也是决定葡萄产量的重要时期。

当日平均温度达 20℃时，葡萄开始开花，一般在始花后的第 2～3 天，进入盛花期，这时枝条生长相对减缓。温度和湿度对开花影响很大，高温、干燥的气候有利于开花，能够缩短花期。相反，若花期遇到低温和降雨天气，会延长花期。持续低温还会影响坐果和当年产量。另外，树势衰弱、贮藏营养不足或新梢徒长等都会影响花器的发育、授粉受精及坐果。一般在盛花后 2～3 天还出现落花落蕾现象。开花期冬芽开始花芽分化。

四、浆果生长期

从花期结束至浆果开始成熟前为葡萄的浆果生长期。在此期间，当幼果直径 3～4 毫米时，有一个落果高峰。此期间果实增长迅速；新梢的加长生长减缓而加粗生长变快，基部开始木质化，到此期末即开始变色。浆果生长期冬芽中开始了旺盛的花芽分化。

根系在这一时期内生长逐渐加快，不断发生新的侧根，到 7 月达到全年的生长高峰，这时根系的吸收作用也达到了最旺盛的程度。

五、浆果成熟期

浆果成熟期是指浆果从开始成熟到完全成熟的一段时期。成熟期开始的外部标志是：果粒变软而有弹性，无色品种的绿色变浅，有色品种开始着色，果粒的生长又迅速加快，进入第二个生长高峰。在果粒内部发生一系列复杂的生化变化，如含糖量急剧增加，含酸量下降，果皮内芳香物质逐渐形成，单宁则不断减少等。种子由绿色变为棕褐色，种皮变硬。

主梢的加长生长由缓慢而趋于停止，加粗生长仍在继续旺盛进行；副梢的生长比新梢生长延续的时期较长。花芽分化主要在新梢的中上部进行，冬芽中的主芽，开始形成第二、第三花序原基，以后停止分化。

浆果成熟期持续天数因品种而不同，一般20～30天或以上。

六、枝蔓老熟期

枝蔓老熟期又称新梢成熟和落叶期，是指从采收到落叶休眠的一段时期，新梢老熟始期因品种不同而异，多数品种与果实始熟期同步或稍晚。当果实采收后，叶片的光合作用仍很旺盛，因此产物大量转入枝蔓内部，使枝条内的淀粉和糖迅速增加，水分含量逐渐减少。同时木质部、韧皮部和髓射线的细胞壁变厚或木质化，外围形成木栓形成层，韧皮部外围的数层细胞变为干枯的树皮。

新梢的成熟和越冬前的锻炼是紧密结合的。新梢成熟得越好，便有可能更好地通过冬前锻炼而获得较强的抗寒力。枝蔓的锻炼是在地上部的生长完全终止和降温时期进行的。锻炼的过程分为两个阶段：在第一个阶段中，淀粉迅速分解为糖，积累于细胞之内成为御寒的保护物质，这一阶段所需的外界温度为0℃以上。第二阶段是细胞脱水阶段，细胞脱水后，原生质才具有高度的抗寒力，这一阶段所需的温度则在0℃以下。因此秋季稳定逐渐降温是良好锻炼的必要条件。相反，若在高温下突然降温，枝条不能顺利完成锻炼，极易受冻，如2009年辽宁兴城等地出现了突然降温的天气，葡萄植株冻害严重，对生产造成巨大影响。另外，新梢的成熟度对植株的耐旱力也有显著影响。成熟良好的枝条，保护组织发达，蒸腾量小，失水少，冬春季抗抽条能力强。成熟度差的枝条，保护组织较弱，蒸腾量大，失水多，在冬季及早春受旱而发生抽条现象。

在枝蔓老熟初期，绝大多数新梢和副梢的加长生长已经基本停止，芽眼内花序原基也不再形成。此时根系生长又出现一个高峰。据研究，在北京地区玫瑰香和龙眼根系的此次生长高峰出现于9月中旬至10月中旬，但比前一个生长高峰弱得多。另外此次生长高峰因年份不同，出

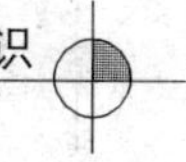

现时期和强度也有所不同。

随着气温的降低，在叶柄基部逐渐形成离层，叶片逐渐老化，在叶内大量累积钙，而氮、磷、钾的含量减少。此时叶面呈现出固有的秋色，大部分白色品种的叶片变黄，有色品种变红。叶片从枝条基部向上部逐渐脱落，但在中国北方地区，一些品种叶片常常因早霜而提前脱落，难以见到自然落叶。另外也有因突然降温使离层来不及形成，而不能正常落叶。

七、休眠期

从秋天落叶开始至翌年春季萌芽之前，为葡萄的休眠期，分为自然休眠（生理休眠）期和被迫休眠期两个阶段。一般在习惯上将落叶作为自然休眠开始的标志。但实际上葡萄新梢上的冬芽进入自然休眠状态要早得多。在7～8月间新梢中下部充实饱满的冬芽即已开始休眠诱导进入自然休眠始期，此时可借助一定技术措施如剪梢配合破眠剂处理能让冬芽从休眠状态逆转萌发副梢，利用冬芽进行二次果生产；9月下旬至10月下旬处于自然休眠中期进入深度休眠状态，此期任何处理均不能逼迫冬芽萌发；至落叶前后开始进入自然休眠解除期，12月底至翌年2月，不同品种陆续结束自然休眠，此时如温度适宜，植株可萌芽生长，否则转入被迫休眠状态。

自然休眠的解除需要一定时间的有效低温累积，如果有效低温累积不足，植株出现萌芽延迟且不整齐，甚至花期也随之延迟且新梢生长减弱；而有效低温累积越多，萌芽开花越快且新梢生长越健壮。据中国农业科学院果树研究所测定，辽宁兴城地区，大多数葡萄品种的需冷量（指解除自然休眠所需的有效低温累积值）介于500～1 200小时（0～7.2℃和≤7.2℃模型）和500～1 400冷温单位（C·U，犹他模型）之间。

我国北方各省，均可满足葡萄对有效低温的要求，但进入设施栽培时，必须先满足品种的需冷量才能扣棚揭帘升温。目前，随着避雨栽培技术的推广，我国南方各省葡萄面积大增，有些地方如广东、云南和广西等地的许多葡萄品种的需冷量不能满足，必须采取化学措施如芽涂抹石灰氮、单氰胺或破眠剂1号完全打破休眠才能实现葡萄的正常生长发育。

第三节　葡萄对生态环境条件的要求

葡萄广泛分布于世界各地，其对各种环境条件有很强的适应能力。但在不同的环境条件下，各种气候因子对其生长发育都有较大的影响。

一、温度

热量是植物生存的必要条件，葡萄是喜温植物，对热量要求高。温度不但决定葡萄各物候期的长短及通过某一物候期的速度，并在影响葡萄的生长发育和产量品质的综合因子中起主导作用。

葡萄属温带落叶果树，对极端气温和平均气温都有一定的要求。葡萄经济栽培区的活动积温（≥10℃日均温的累积值）一般不能少于2 500℃，即使在这样的地区，也只能栽培极早熟或早熟品种。根据许多科学家大量的研究，不同品种从萌芽至浆果成熟所需的≥10℃活动积温不同，极早熟品种需2 100～2 500℃，早熟品种需2 500～2 900℃，中熟品种需2 900～3 300℃，晚熟品种需3 300～3 700℃，极晚熟品种需3 700℃以上。

葡萄生长和结果最适宜的温度为20～25℃，葡萄的生育期不同对温度的要求也不同。一般开花期气温不宜低于14～15℃，适宜温度为20～25℃，低于14℃时将影响开花，引起受精不良，子房大量脱落。浆果生长期不宜低于20℃，适宜温度为25～28℃，此期积温对浆果发育速率影响最为显著，在冷凉的气候条件下，热量累积缓慢，所以浆果糖分累积及成熟过程变慢，一般品种的采收期比其正常采收期将推迟。浆果成熟期不宜低于16～17℃，最适宜的温度为28～32℃，低于14℃时果实不能正常成熟，昼夜温差对养分积累有很大的影响，温差大时，浆果含糖量高，品质好，温差大于10℃以上时，浆果含糖量显著提高。

低温不仅延迟植株的生长发育进程，而且温度过低会造成植株的冷害甚至冻害，在冬季极端气温低于－15～－14℃的地区，葡萄需要埋土

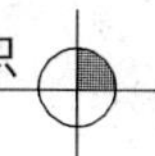

防寒越冬。生产中常见的低温危害主要是早春的晚霜危害，芽眼萌发后，气温低于－1℃就会造成梢尖和幼叶的冻伤，0℃时花序受冻，并显著抑制新梢的生长；在秋季，叶片和浆果在－5～－3℃时受冻；冬季气温过低或低温持续时间过长以及防寒措施不利，会造成芽眼冻伤，影响萌芽率及翌年的植株生长和产量。一般欧亚种在通过正常的成熟和锻炼过程之后，成熟良好的一年生枝可耐－15～－10℃的低温，－18℃的低温持续 3～5 天就会造成芽眼冻害，美洲种葡萄可忍受－22～－18℃的低温。通常认为葡萄一年生枝条的木质部比芽眼抗寒力稍强，健壮的多年生枝蔓比一年生蔓抗寒力强。根系的抗寒力很弱，大部分欧亚种葡萄的根系在－5～－4℃时即受冻，某些美洲种如贝达能忍受－11℃左右的低温，山葡萄根系最抗寒，可抗－15～－14℃的低温，山欧杂交种根系抗寒性介于山葡萄和欧亚种之间，如 426（左山一×白马拉加）根系可抗－12℃左右的低温。

同样，高温也不利于葡萄的生长和结果。在生长季当气温高于 40℃时抑制新梢的生长；在 41～42℃条件下，由于细胞酶系统被钝化，各种代谢活动严重受阻，致使新梢停止生长，叶片变黄，果实着色差，果实发生日烧，造成减产，并且影响翌年植株生长发育和结果。

温度对浆果着色有显著影响。在南方酷热地区很多红色及黑色品种色素的形成受到抑制。在较冷凉地区，有些鲜食品种如红地球和克瑞森无核等往往变成深色品种，在寒冷地区着色不良往往是由于浆果不能正常成熟，如辽宁朝阳的红地球葡萄。

二、水分

土壤水分状态对葡萄的生长发育有明显的影响。葡萄的不同发育时期，对水分的需求不同。

萌芽和新梢快速生长（花序生长）期，土壤水分充足，新梢生长速度快，有利于新梢的生长和叶面积的扩大及叶幕的形成，可为花芽分化及开花坐果提供充足的有机营养。但在开花前后，水分供应充足，新梢生长过旺，往往会造成营养生长与生殖生长的养分竞争，不利于花芽分化和开花坐果。因此，开花前适当的干旱，可适当抑制新梢生长，有利于花芽分化和开花及坐果，此期水分胁迫程度以坐果期果穗小青粒萎蔫脱落为宜。

果实快速生长期，充足的水分供应，可促进果实的细胞分裂和膨大，有利于产量的提高，此期土壤水分以新梢梢尖呈直立状态为宜。

浆果成熟期，充分的水分供应往往会导致浆果晚熟、糖分积累缓慢、含酸量高、着色不良，造成果实品质下降。同时，由于水分充足，新梢生长旺盛，停长晚，贮藏营养积累不足，造成枝条成熟不良，影响枝条的越冬。而此时，适当控制水分的供应，可促进果实的成熟和品质的提高，有利于新梢的成熟和越冬，此期果穗尖端果粒比肩部果粒软时至多果穗尖端穗轴出现轻微坏死斑时需立即灌溉。

同样，空气湿度对植株的生长发育和结果也有显著的影响。在新梢快速生长和果实快速生长期，适当的空气湿度有利于新梢的生长发育和果实的膨大。但湿度过大，会造成新梢的徒长，有利于真菌病害的大量发生。在开花期，阴雨天和空气湿度过大，往往会导致花冠不脱落而形成闭花受精，并造成坐果率下降。同时，新梢的旺长，使生殖生长与营养生长形成激烈的养分竞争，而加剧落花落果。

由此可见，葡萄最适宜的栽培区的气候特点是在植株发育的前期降水充足，而果实成熟期干旱；生长季气温冷凉，休眠期相对温暖。如世界著名的葡萄原产地和优质葡萄的生产地——地中还沿岸的气候特点就属此类型。我国多数的葡萄产区属大陆季风型气候，春季干旱少雨，夏季高温多雨，冬季严寒少雪，都是葡萄生长的不利因素。

三、光照

葡萄是喜光植物，对光的反应很敏感。光照充足时，枝叶生长健壮，树体的生理活动增强，营养状况改善，有利于新梢的成熟和贮藏养分的积累，有利于花芽的分化、果实的成熟，有利于果实产量和品质的提高、色香味增进。光照不足时，新梢生长减弱、节间细长、叶片大而薄、叶色变淡、光合能力下降，导致枝条成熟不良、越冬能力差、芽眼分化不良、花芽少而质量差、果实小、成熟晚、着色差、味酸和失去芳

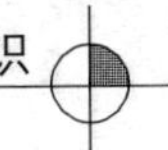

香。在生产中，由于栽培措施不当，经常出现由于新梢负载量过大造成的通风透光不良的现象。

不同的种和品种对光周期的响应不同，例如欧洲葡萄对光周期不敏感，而美洲葡萄在短日照条件下的新梢生长和花芽分化受到抑制，枝条成熟快，但对果实的成熟和品质无明显的影响。

光照不仅影响葡萄的开花和授粉受精，而且影响葡萄的坐果和果实发育。光照主要通过影响葡萄树体的光合营养水平而间接影响开花授粉。设施栽培条件下，设施内光照度较弱，部分叶片处于光补偿点以下，光合作用降低，尤其是花前 4 周内，如果光照度过低，光合产物合成过少，贮藏水平过低，花粉将不能正常发育，甚至造成花粉败育或花粉生活力低，发芽率下降，或胚囊败育，雌蕊退化，影响授粉和受精。Keller 和 Koblet 对葡萄的遮阴试验表明，在花期结束时，由于光照较弱，花穗脱落、坏死，无法开花授粉。

弱光妨碍葡萄植株体内糖类的蓄积，影响坐果，使坐果率下降，当光照度低于 $1\times10^3\sim2\times10^3$ 勒克斯时会发生大量落花落果。葡萄果粒的生长发育，除极少量的有机物来自自身的光合作用外，主要利用其附近当年生新梢叶片的同化产物。弱光使新梢叶片光合产物蓄积较少，运输到果粒中的糖类减少，不能满足果粒的生长需要，果粒细胞数目减少，细胞体积缩小，从而抑制了果粒的增大。已有研究证明葡萄果粒膨大中期到成熟期受光照度充足的果粒和果穗发育良好，重量大，果粒着色好，成熟期提前；光照度不足的果粒，则不仅重量小，着色不良，成熟期延后，而且浆果中 pH 和苹果酸含量提高，可溶性固形物含量下降。

光对葡萄果皮色素形成的影响机理并不十分清楚，浆果着色对光照度的要求，不同品种之间有很大差异。Weaver 等发现，增芳得、瑞比尔和红马拉加等品种的果穗在黑袋中和自然光照条件下一样着色；而皇帝、苏珊玫瑰和粉红葡萄等品种，没有光就根本不能着色。即使同一类品种对光的反应也不一样，如在黑暗条件下能够正常着色的品种，有的果实中某种或某几种色素合成减慢。Naito 研究了光照度对底拉洼和蓓蕾玫瑰着色的影响，他发现光照度对黑色品种的着色几乎没有什么影响，而红色品种在低光照度下着色较差。但 Kiiewer 的试验却表明，如果定量测定黑比诺的色素浓度时会发现，低光照度（5 380～10 760 勒克斯）下成熟的果实比高光照度（26 900～53 800 勒克斯）下成熟的果实着色程度大大降低。光照对着色的另一个影响是光照度可以影响光合作用，从而间接地影响着色。菊池调查了设施栽培的黑汉，着色良好果粒的含糖量为 18.6%，而着色差的果粒含糖量为 14.3%。中川等指出，甲州葡萄只有当还原糖含量达到 8%左右时才开始着色。浆果需要光线直接照射才能充分着色的品种称为直光着色品种，如粉红葡萄、黑汉和玫瑰香等；浆果不需要直射光也能正常着色的称为散光着色品种，如康克、巨峰等。因此，从浆果着色需光特性的角度出发，不同品种架面枝叶的密度，可以有所差别，即散光着色品种可以稍密，直光着色品种宜稍稀。

第四节　现代葡萄生产的概念、内涵及特征

一、现代葡萄生产的概念及内涵

（一）概念

现代葡萄生产是现代农业的有机组成部分，以现代科学技术、现代工业提供的生产资料和装备为支撑，用现代组织管理方法来经营，用高效便捷的信息系统和社会化服务体系服务，用良好的生态环境支持的生产效率达现代先进水平的社会化、商品化葡萄产业。

（二）内涵

实现葡萄的现代生产主要包括两方面的内容：一是葡萄生产的物质条件和技术的现代化，利用先进的科学技术和生产要素装备农业，实现葡萄生产的机械化、电气化、信息化、生物化和化学化；二是葡萄生产组织管理的现代化，实现葡萄生产的专业化、社会化、区域化和企业化。设施葡萄产业是现代葡萄生产的显著标志。

二、现代葡萄生产的特征

（一）具备较高的综合生产率，包括较高的土地产出率和劳动生

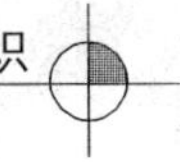

产率

葡萄成为一个有较高经济效益和市场竞争力的产业，这是衡量现代葡萄生产发展水平的最重要标志。

（二）葡萄产业成为可持续发展的产业

葡萄产业发展本身是可持续的，而且具有良好的区域生态环境。广泛采用生态农业、有机农业、绿色农业等生产技术和生产模式，实现淡水、土地等农业资源的可持续利用，达到区域生态的良性循环，农业本身成为一个良好的可循环的生态系统。

（三）葡萄产业成为高度商业化的产业

葡萄主要为市场而生产，具有很高的商品率，通过市场机制来配置资源。商业化是以市场体系为基础的，现代葡萄产业要求建立非常完善的市场体系，包括农产品现代流通体系。离开了发达的市场体系，就不可能有真正的现代葡萄产业。农业现代化水平较高的国家，农产品商品率一般都在 90％以上，有的产业商品率可达到 100％。

（四）实现葡萄生产物质条件的现代化

以比较完善的生产条件，基础设施和现代化的物质装备为基础，集约化、高效率地使用各种现代生产投入要素，包括水、电力、农膜、肥料、农药、良种、农业机械等物质投入和农业劳动力投入，从而达到提高葡萄生产效率的目的。

（五）实现葡萄生产科学技术的现代化

广泛采用先进适用的葡萄生产科学技术、生物技术和生产模式，改善葡萄果品的品质、降低生产成本，以适应市场对葡萄果品需求优质化、多样化、标准化的发展趋势。现代葡萄产业的发展过程，实质上是先进科学技术在葡萄产业领域广泛应用的过程，是用现代科技改造传统葡萄产业的过程。

（六）实现管理方式的现代化

广泛采用先进的经营方式、管理技术和管理手段，从葡萄生产的产前、产中、产后形成比较完整的紧密联系、有机衔接的产业链条，具有很高的组织化程度。有相对稳定，高效的产品销售和加工转化渠道，有高效率地把分散的农民组织起来的组织体系，有高效率的现代农业管理体系。

（七）实现葡萄生产者素质的现代化

具有较高素质的农业经营管理人才和劳动力，是建设现代葡萄产业的前提条件，也是现代葡萄产业的突出特征。

（八）实现葡萄生产的规模化、专业化、区域化

通过实现葡萄生产经营的规模化、专业化、区域化，降低公共成本和外部成本，提高葡萄产业的效益和竞争力。

（九）建立与现代葡萄产业相适应的政府宏观调控机制

建立完善的农业支持保护体系，包括法律体系和政策体系。

三、发达国家和地区实现现代葡萄生产的经验

政府对产业的支持对于实现葡萄生产的现代化至关重要；土地制度的变革是葡萄生产现代化的前提；充分发挥资源优势，以市场为导向，搞好产业规划和建设，是推进葡萄产业建设的普遍方法；葡萄产业合作经济组织是葡萄产业现代化的根基；完整的农业技术推广体系是葡萄产业实现现代化的基本保障；专业化、一体化和社会化是现代葡萄生产发展的基本方向。

（本章撰稿人：刘凤之　王海波　王孝娣　王宝亮　魏长存）

第三章

葡萄主要优良品种及抗性砧木选择

第一节　鲜食品种

一、有核鲜食品种

（一）香妃

1. 特征特性　欧亚种。北京市农林科学院林业果树研究所育成的大粒早熟鲜食葡萄新品种，2001 年审定。果穗短，圆锥形，带副穗，平均重 322.5 克，紧密度中等；果粒近圆形，平均重 7.58 克，最大 9.7 克；果皮绿黄色至金黄色、薄、质地脆、无涩味，果粉厚度中等；果肉硬，质地脆、细，有极浓郁的玫瑰香味，含糖量 14.25%，总酸含量 0.58%，品质极佳。树势中庸，成花力强，坐果率高，早果性强，丰产；抗病力较强，多雨年份近成熟期有裂果；北京地区 8 月上旬完全成熟。适于设施栽培，露地栽培适栽区为干旱半干旱地区。

2. 栽培技术要点　生长势中等偏旺，节间较短，棚、篱架栽培均可，中短梢修剪。每果枝留 1～2 个花序，每果穗留果粒 60 粒左右，亩①产 1 500 千克左右为宜。成熟期多雨地区，坐果后 25 天以内套袋，前期干旱时注意适当灌水，尤其在果实开始软化期前应灌一次水，灌水后地面覆盖地膜，防止裂果。注意防治霜霉病和炭疽病。

（二）京秀

1. 特征特性　欧亚种。中国科学院北京植物园育成的优质极早熟

① 亩为非法定计量单位，1 亩＝1/15 公顷。——编者注

葡萄品种。果穗圆锥形，平均穗重500克左右，最大穗重1 250克；果粒着生紧密，椭圆形，平均粒重6.3克，最大粒重11克，玫瑰红或鲜紫红色；果皮中等厚，肉厚特脆，味甜酸低，可溶性固形物含量14%～17.6%，含酸0.3%～0.47%，品质上等。植株生长势中等或较强，枝芽成熟好，花序大，坐果率高；抗病力较强，不裂果，不掉粒，耐存，在树上挂果可到10月中旬。在北京地区7月下旬或8月初成熟。

2. 栽培技术要点 栽培比较容易，在露地栽培中，应注意疏花疏果，每一个结果枝上只留一个花序，每一个果穗留60～70个果粒即可。产量过高时易发生水罐子病。定植当年要培养一根粗壮的主蔓，以保证第二年能结果。注意防治白腐病。

（三）瑞都香玉

1. 特征特性 欧亚种。北京市农林科学院林业果树研究所育成的早熟品种。果穗长圆锥形，有副穗或歧肩，平均单穗重432克，果粒着生较松；果粒椭圆形或卵圆形，平均单粒重6.3克，最大单粒重8克。果皮黄绿色，薄至中厚，较脆，稍有涩味，果粉薄。果肉质地较脆，硬度中至硬，酸甜多汁，有玫瑰香味，香味中等，可溶性固形物含量16.2%；每果粒有3～4粒种子，种子外表无横沟，长度中等，种脐稍可见；果梗抗拉力中等。树势中庸或稍旺，丰产性强，葡萄成熟不裂果，抗病性较强。北京地区一般4月中旬萌芽，5月下旬开花，8月中旬果实成熟。适宜在我国华北、西北和东北地区栽培。

2. 栽培技术要点 注意控制产量，合理密植。篱架栽培中短梢混合修剪，棚架栽培短梢修剪。注意提高结果部位，增加底部通风带，以减少病虫害发生。适当疏花疏果，每穗留果粒70～80粒为宜。

（四）瑞都脆霞

1. 特征特性 欧亚种。北京市农林科学院林业果树研究所育成的早熟品种。果穗圆锥形，平均穗重408克，果粒着生中等或紧密；果粒椭圆形或近圆形，平均粒重6.7克，最大粒重9克。果皮紫红色，薄，稍有涩味；果粉薄。果肉脆、硬，酸甜多汁，可溶性固形物16.0%。果粒有1～3粒种子。北京地区4月中旬萌芽，5月下旬开花，8月上中旬果实成熟。抗病性较强，适宜在我国华北、西北和东北地区栽培。

2. 栽培技术要点　注意控制产量，合理密植，适当进行疏花疏果和果实套袋，每穗留果粒60～70粒即可。果实转色后注意补充磷、钾肥并及时防治白腐病和炭疽病等果实病害。

（五）早黑宝

1. 特征特性　欧亚种。山西省果树研究所1993年以瑰宝为母本、早玫瑰为父本杂交后代经秋水仙碱处理加倍而成的四倍体品种，2001年通过山西省农作物品种审定委员会审定。果穗圆锥形带歧肩，平均穗重430克；果粒短椭圆形，平均粒重7.5克，最大粒重10克，果皮紫黑色，较厚而韧。果肉较软，可溶性固形物含量15.8%，完全成熟时有浓郁的玫瑰香味。品质上。在山西晋中地区7月底成熟。树势中庸，节间中等长，副梢结实力中等，丰产性及抗病性强，适于我国北方干旱地区栽培。

2. 栽培技术要点　树势中庸，适宜中短梢混合修剪，以中梢修剪为主。花序多，果穗大，坐果率高，应控制负载量，粗壮结果枝留双穗，中庸结果枝留单穗，弱枝不留穗。因果粒着生较紧，应进行疏花与整穗。另外，该品种在果实着色阶段，果粒增大特别明显，因此要注意着色前的肥水管理以防治裂果。

（六）早康宝

1. 特征特性　欧亚种。山西省果树研究所以瑰宝为母本、以无核白鸡心为父本杂交育成，于2008年通过山西省农作物品种审定委员会审定。果穗圆锥形带歧肩，穗形整齐，平均穗重216克，最大穗重417克；果粒着生紧密，大小均匀，倒卵形，平均粒重3.1克，最大粒重5.8克。果皮紫红色，薄，脆；果肉脆，具清香和玫瑰香味，酸甜爽口、品质上等，可溶性固形物含量15.1%，总糖含量13.8%，总酸含量0.375%；无种子，或有1～2粒残核。山西晋中地区，4月中旬萌芽，5月下旬开花，7月上旬开始着色，8月上旬果实完全成熟。树体生长中庸，丰产性好，抗病性中等，是适应性强的早熟无核葡萄新品种。

2. 栽培技术要点　早康宝成花容易，极易丰产，应根据各地气候和热量状况控制产量；花序坐果率极高，果粒着生紧密，果穗过紧，生产上必须疏花整穗；为提高果实外观品质需套袋，套袋前喷施药剂以防治白腐病和灰霉病。为增大果粒，提高果实商品性，需在盛花期和花后10天，分别用30毫克/千克赤霉素处理1次。

（七）夏至红

1. 特征特性 欧亚种，又名中葡萄2号。中国农业科学院郑州果树研究所以绯红为母本、以玫瑰香为父本杂交育成的大粒、极早熟优良葡萄新品种。果穗圆锥形，无副穗，平均穗重750克，最大穗重1 300克以上；果粒椭圆形，着生紧密，紫红色，平均粒重8.5克，最大粒重15克。果皮中等厚，无涩味，果粉多；果肉绿色，脆，硬度中，无肉囊；果汁绿色，汁液中等，果实充分成熟时为紫红色到紫黑色，可溶性固形物含量16.0%～17.4%，风味清甜可口，具轻微玫瑰香味，品质极上；果梗短，抗拉力强，不脱粒，不裂果，耐贮运性好。抗病性中等偏强。河南省郑州地区，果实7月上旬成熟。树势中庸偏强，早果丰产性好，应疏花疏果。

2. 栽培技术要点 篱架栽培适宜长中短梢混合修剪，棚架栽培适宜短梢修剪；夏至红成花容易，极易丰产，因此，要根据各地气候条件、热量分布和管理水平合理控制负载量。

（八）京蜜

1. 特征特性 欧亚种。中国科学院植物研究所以京秀为母本、以香妃为父本杂交育成的极早熟品种。果穗圆锥形，平均穗重373.7克，最大穗重617.0克；果粒着生紧密，扁圆形或近圆形，黄绿色，平均粒重7.0克，最大粒重11.0克；果皮薄，果肉脆，有2～4粒种子，可溶性固形物含量17.0%～20.2%，味甜，有玫瑰香味，肉质细腻，品质上等。北京地区4月上旬萌芽，5月下旬开花，7月下旬果实充分成熟，成熟后延迟采收45天不掉粒，不裂果。抗病性强。

2. 栽培技术要点 棚架和篱架栽培均可，中短梢混合修剪。早果性好，极丰产，应疏花疏果。适宜北京、河北、山东、辽宁、新疆等露地栽培，多雨潮湿地区避雨栽培。

（九）京香玉

1. 特征特性 欧亚种。中国科学院植物研究所以京秀为母本、以

香妃为父本杂交选育而成的早熟品种。果穗圆锥形，平均穗重463.2克，最大穗重1 000克；果粒着生中等紧密，椭圆形，黄绿色，平均粒重8.2克，最大粒重13克。果皮中等厚，肉脆，可溶性固形物含量14.5%～15.8%，可滴定酸含量0.61%，甜酸适口，有玫瑰香味，品质上等；种子1～3粒。北京地区4月上旬萌芽，5月下旬开花，8月上旬果实成熟。抗病性较强。适宜北京、河北、山东、辽宁、新疆等地露地栽培，多雨潮湿地区避雨栽培。

2. 栽培技术要点 棚架和篱架栽培均可，中长梢混合修剪。副梢结实力中等，早果丰产，应疏花疏果，将产量宜控制在2.3千克/米^{2}左右。

（十）红双味

1. 特征特性 欧亚种。山东省酿酒葡萄研究所从山东早红中选出的极早熟葡萄品种，由于具有香蕉味和玫瑰香味两种香型而得名。果穗中等大，圆锥形，有副穗和歧肩，平均穗重600克；果粒椭圆形，着生中等紧密，成熟一致，紫红至紫黑色，平均粒重6.5克。果皮中等厚，肉软多汁，兼具香蕉和玫瑰香风味，可溶性固形物含量17.4%～21%，品质上。济南地区4月初萌芽，5月上中旬开花，7月中旬成熟。抗病力强。

2. 栽培技术要点 生长势中庸，适宜中短梢混合修剪；栽培中重点防治白腐病、炭疽病、霜霉病、白粉病、红蜘蛛和葡萄斑叶蝉（浮尘子）等病虫害。

（十一）贵妃玫瑰

1. 特征特性 欧亚种。山东省葡萄科学研究所1985年以红香蕉为母本、以葡萄园皇后为父本杂交育成。最大穗重800克，平均穗重700克；果实黄绿色，圆形，着生紧密，平均粒重9克，最大粒重11克。果皮薄，果肉脆，味甜，有浓玫瑰香味，含可溶性固形物含量15%～20%，含酸量0.6%～0.7%，品质极佳。济南地区4月初萌芽，5月上中旬开花，7月中旬成熟。植株生长势强，丰产，抗病。

2. 栽培技术要点 适宜棚架、篱架栽培，中短梢混合修剪。

（十二）京玉

1. 特征特性　欧亚种。中国科学院北京植物园用意大利与葡萄园皇后杂交育成的早熟品种。果穗圆锥形带副穗或双歧肩圆锥形，平均穗重684.7克，最大1 400克；果粒椭圆形，绿黄色，着生中等紧密，平均单粒重6.5克，最大粒重16克；果皮薄，果肉脆，可溶性固形物含量13%～16%，含酸量0.48～0.55%，酸甜适口，品质上等。北京地区8月上旬果实充分成熟。植株生长势强，抗病力较强，坐果率高，副梢结果能力强，丰产，不裂果，较耐贮运。在我国长江以北大部分地区都可以栽培。

2. 栽培技术要点　棚、篱架均可栽培。花后15天左右疏果，每一果穗留果60～80粒为宜。栽培比较容易。

（十三）绯红

1. 特征特性　欧亚种，原产美国。果穗圆锥形，无副穗，平均穗重374.4克，最大穗重600克；果粒椭圆形，着生中等紧密，紫红至红紫色，平均粒重7.73克，最大粒重11.2克；果皮薄，较脆，无涩味，果粉薄，果肉较脆，味酸甜，无香味，可溶性固形物含量15.2%，鲜食品质中上等。北京地区，8月上旬浆果成熟，从萌芽至浆果成熟所需天数为118天。植株生长势较强，丰产，抗病力中等，果实成熟期裂果较重。适于在干旱半干旱地区或设施栽培。

2. 栽培技术要点　棚篱架栽培、长中短梢修剪均可。生长季多雨时注意防治霜霉病，果实成熟期注意防治裂果，可采取铺地膜、滴灌等方法改善土壤水分供应状况。花期前后适当疏花疏果。

（十四）矢富罗莎

1. 特征特性　欧亚种，又名粉红亚都蜜、亚都蜜罗莎。原产日本。果穗圆锥形，平均穗重500克以上；果粒长椭圆形，单粒重9～12克，紫红色；果皮薄，不易剥皮；肉质为溶质，稍软、多汁，含酸量低，可溶性固形物含量为16%～18%，无香味，但很爽口。北京7月下旬至8月上旬成熟，略晚于京秀。树势较强，不裂果、不脱粒、丰产性强，着色均匀鲜艳。二次结果能力很强。抗性较强，栽培容易。

2. 栽培技术要点　应适当控制产量，注意多留叶片，以保证果实

品质。由于副梢结果能力强，应注意主梢果和副梢果量的搭配，并适当疏果。

（十五）87-1

1. 特征特性　欧亚种。从辽宁省鞍山市郊区发现，来源不详。果穗圆锥形，平均穗重600克，最大穗重800克；果粒短椭圆形，着生中密，平均粒重5.5克，最大8克；果皮紫黑色，果肉硬而脆，汁中味甜，含可溶性固形物13%～14%，有浓玫瑰香味，品质佳。北京地区8月上旬浆果完全成熟。生长势强，抗病、适应性强。

2. 栽培技术要点　适宜排水良好，土壤肥沃的沙壤土栽植。以基肥为主，追肥为辅；磷钾肥为主，氮肥为辅的原则施肥。控制产量在每亩1 500～1 700千克。适宜设施栽培。

（十六）奥古斯特

1. 特征特性　欧亚种，原产罗马尼亚。果穗圆锥形，平均穗重580克，最大穗重1 500克；果粒短椭圆形，着生较紧密，平均粒重8.3克，最大粒重12.5克；果粒大小一致，浆果绿黄色，充分成熟金黄色，着色均匀一致；果皮中厚，果粉薄；果肉硬而脆，稍有玫瑰香味，味甜可口，品质极佳，可溶性固形物含量为15.0%，含酸量0.43%；果实不易脱粒，耐贮运。北京8月上旬成熟。植株生长势较强，枝条成熟度好，丰产。抗寒性中等，抗白粉病和霜霉病能力中等。

2. 栽培技术要点　适宜篱架及小棚架栽培，中短梢修剪，成熟期多雨时注意防裂果。

（十七）维多利亚

1. 特征特性　欧亚种，原产罗马尼亚。果穗圆锥形或圆柱形，平均穗重507克；果粒长椭圆形，绿黄色，着生中等紧密，平均粒重7.9克，最大粒重15克；果肉硬而脆，味甜爽口，可溶性固形物含量16%，含酸量0.4%；成熟后不易脱粒，挂树期长，较耐贮运。北京8月上中旬果实成熟。生长势较旺，丰产性强；抗白粉病和霜霉病能力较强，抗旱、抗寒力中等。适宜干旱半干旱地区种植。

2. 栽培管理技术要点　篱架或小棚架栽培均可，中、短梢混合修剪。易过产，需严格控制负载量。

(十八) 玫瑰香

1. 特征特性 欧亚种，原产英国。果穗圆锥形或分枝形，平均穗重350克；果粒近圆形，着生中等紧密，平均重4.5～5.1克；果皮紫红色，中等厚，易剥皮；果粉厚，果肉较脆，味酸甜，有浓郁的玫瑰香味，可溶性固形物含量15%～19%，品质上等。北京地区，8月下旬浆果成熟，从萌芽至浆果成熟所需天数为140天左右。植株生长势中等，成花能力极强，丰产性强，抗性中等。

2. 栽培技术要点 适于中短梢混合修剪。适当控制产量，每一果枝留一穗果，每一果穗留果60～70粒。花前要进行果枝摘心（花序以上留5～8片叶）和花序整形（掐去副穗和穗尖），坐住果后疏去多余果粒，尤其要注意疏除小果粒，使果粒大小整齐。

近年来，由于过于追求高产、长期无性繁殖以及病毒感染等原因，有品质退化现象。所以在今后的玫瑰香栽培中，应注意引进优质种苗，并注意科学的标准化生产栽培。

(十九) 里扎马特

1. 特征特性 欧亚种，又名玫瑰牛奶。原产前苏联。果穗圆锥形分枝状，平均穗重600～1 000克，最大穗重1 500克；果粒着生疏松，垂挂，平均粒重10～12克，最大粒重19克，长圆柱形；果皮极薄，无涩味，可食，浅红至暗红色；果肉较脆，含糖量11%～12%，含酸量0.57%，风味佳，不裂果。树势强，北京地区8月下旬成熟，抗病性较弱，尤其不抗白腐病，宜在干旱半干旱地区栽培。

2. 栽培技术要点 适于棚架栽培，主要是控产和防病（白腐病等），最好套袋栽培。

(二十) 克林巴马克

1. 特征特性 欧亚种，原产乌兹别克斯坦。果穗圆锥形，无副穗，平均穗重340.97克，最大穗重600克；果粒绿黄色，长椭圆或弯形，着生中等紧密，平均粒重5.87克，最大粒重9.5克。果皮薄，脆，无涩味；果粉薄，果肉溶质，味甜，无香味，可溶性固形物含量17.7%，鲜食品质上等。北京地区8月下旬至9月上旬浆果成熟，从萌芽至浆果成熟所需天数为140天。植株生长势强，抗性中等，对白腐病的抗性较

弱。适宜在干旱半干旱地区栽培。

2. 栽培技术要点　宜采用棚架，中长梢修剪。注意病害的防治，除适时进行化学防治外，可采取套袋等物理方法隔离果穗，以防止果实病害蔓延。

（二十一）牛奶

1. 特征特性　欧亚种，别名马奶子、宣化白葡萄、玛瑙、脆葡萄。在我国已有很久的栽培历史。果穗长圆锥形或分枝形，平均穗重 300～800 克；果粒圆柱形，着生中等紧密或较松散，平均粒重 4.5～6.5 克，最大粒重 9 克；果皮薄，黄绿或黄白色，果肉脆，可溶性固形物含量 15%～22%，含酸量 0.25%～0.3%，口感很甜，品质上等。河北宣化 8 月下旬浆果成熟，从萌芽至浆果成熟所需天数为 130～140 天。植株生长势强，抗病抗寒能力较差。宜在干旱少雨、热量充足地区栽培。

2. 栽培管理技术要点　适于棚架栽培，多雨年份要防裂果。注意病虫害的防治。栽植地要求土壤疏松。

（二十二）美人指

1. 特征特性　欧亚种，原名意指“涂了指甲油的手指”。根据其果粒形状和中国人的习惯，译为“美人指”，又名染指、脂指、红指，原产日本。果粒长椭圆形，先端尖，最大粒重 13 克，纵径是横径的约 2.2 倍，果粒基部（近果梗处）为浅粉色，往端部（远离果梗）逐渐变深，到先端为紫红色，恰似年轻女士在手指甲处涂上了红色指甲油的感觉，非常美丽，故而得名。果实 9 月中下旬成熟，可溶性固形物含量 18%～19%，到 10 月可达 19%；无香味，酸甜适度，口感甜爽、肉质脆硬；果皮较韧，不裂果、不脱粒。树势强，植株生长结果习性近似于中国的“牛奶”，但生长更旺；抗病性较差。适宜在干旱半干旱地区栽培。

2. 栽培技术要点　适宜棚架，应适当控制树体的营养生长，必要时可采用生长抑制剂进行生长调控，以提高植株成花率。栽培上应注意对白腐病等病害的防治。

（二十三）秋红宝

1. 特征特性　欧亚种。1999 年以瑰宝为母本、以粉红太妃为父本杂交育成，2007年通过山西省农作物品种审定委员会审定。果穗圆锥形双歧肩，平均穗重508克，最大700克；果粒着生紧密，短椭圆形，平均粒重7.1克，最大粒重9克；果皮紫红色，薄、脆，果皮与果肉不分离；果肉致密硬脆，味甜、爽口，具荔枝香味，风味独特，品质上等，可溶性固形物含量21.8%，总糖含量19.27%，总酸含量0.25%，每果粒种子数2～6粒，一般为2～3粒，种子较小。耐贮性能优异。山西晋中地区，4月上中旬萌芽，5月下旬开花，7月23日左右果实开始着色，9月中下旬果实完全成熟。植株生长势强，抗病性中等，适应性强，适宜在我国华北、西北地区栽培。

2. 栽培技术要点　萌芽率84.9%，结果枝占萌芽眼总数的57.0%，每果枝平均花序数为1.5个，注意适当控制产量；坐果率高，果粒着生紧密，必须疏花整穗。

（二十四）泽香

1. 特征特性　欧亚种，别名大泽山2号。平度市洪山园艺场邵纪远、周君敏于1956年用玫瑰香×龙眼杂交育成，并于1979年发表。果穗圆锥形，无副穗，大小较整齐，平均穗重533克，最大穗重1 500克；果粒卵圆形至圆形，着生紧密，黄色，着色一致，成熟一致，平均粒重6克，最大粒重10克；果皮中等厚，较韧，无涩味；果粉中等厚；果肉较脆，无肉囊，果汁多，绿色，味极甜，有较浓的玫瑰香味，可溶性固形物含量19%～21%，总糖含量18.44%，可滴定酸含量0.39%，出汁率78%～81%，鲜食品质上等，果实耐贮存；每果粒含种子1～4粒，多为3粒。种子椭圆形、中等大，棕褐色，外表无横沟，种脐突出；种子与果肉不易分离；无小青粒。山东平度地区4月10日萌芽，5月25日开花，9月25日果实成熟。抗寒、抗旱、抗高温和抗盐碱能力均强，抗涝性中等；抗白腐病、黑痘病、灰霉病、穗轴褐枯病能力强，抗霜霉病、白粉病能力弱，尤其不抗炭疽病；抗虫性中等。

2. 栽培技术要点　植株生长势极强。隐芽萌发力中等，副芽萌发力强，早果性强。结果母枝适合长中短梢修剪，以中梢修剪为主。留梢密度以棚架8～10梢/米^2，篱架10～12梢/米^{2}为宜。新梢上留单穗果为主，为了提高鲜食品质，进行果穗整形和果粒疏除，每穗果粒宜留

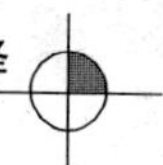

80～100 粒，穗重保持在 500 克左右。

（二十五）红地球

1. 特征特性 欧亚种，原产美国，又名晚红、大红球、红提等。果穗长圆锥形，穗重 800 克以上；果粒圆形或卵圆形，着生中等紧密，平均粒重 12～14 克，最大粒重 22 克；果皮中厚，暗紫红色；果肉硬、脆，味甜，可溶性固形物含量 17%。北京地区 9 月下旬成熟。树势较强，丰产性强，果实易着色，不裂果，果刷粗长，不脱粒，果梗抗拉力强，极耐贮运。但抗病性较弱，尤其易感黑痘病和炭疽病。适于干旱半干旱地区栽培。

2. 栽培技术要点 适于小棚架栽培，龙干形整枝。幼树新梢不易成熟，在生长中后期应控制氮肥，少灌水，增补磷钾肥。开花前对花序整形，去掉花序基部大的分枝，并每隔 2～3 个分枝掐去一个分枝，坐果后再适当疏粒，每一果穗留果 50～60 粒。注意病虫害的防治。

（二十六）意大利

1. 特征特性 欧亚种，原产意大利。果穗圆锥形，无副穗或有小副穗，平均穗重 511.6 克，最大穗重 1 250 克；果粒椭圆形，着生中等紧密，绿黄色，粒重 7.05～15.3 克；果皮中等厚，脆，无涩味；果粉厚；果肉脆，味酸甜，有玫瑰香味，可溶性固形物含量 17%，总糖含量 16.05%，可滴定酸含量 0.48%～0.69%；鲜食品质上等；果实极耐贮运，在室温条件下可贮存至翌年 4 月而品质不变。北京地区 9 月下旬浆果成熟。植株生长势中等或较强；抗逆性较强，抗白腐病、黑痘病能力均强，但易受葡萄霜霉病为害，有时还易染白粉病。适于在温暖、生长期长而干旱的地区栽培；近年栽培面积在逐年增加，作为晚熟耐贮黄色品种，利用前景看好。

2. 栽培技术要点 喜肥水，棚、篱架栽培均可。抗病力强，但要注意防治霜霉病。坐果后适当疏果，以免果穗太大而影响其商品性。

（二十七）塔米娜

1. 特征特性 欧亚种，原产罗马尼亚。平均穗重 560 克，最大穗重 1 100 克；果粒圆形或短椭圆形，着生紧密，平均粒重 8.5 克，最大粒重 14.5 克；果皮紫红色，中厚，果粉厚；果肉硬度中等，具浓郁的

玫瑰香味，品质极佳，可溶性固形物含量16.5%。河北昌黎地区9月中旬果实充分成熟。植株生长势中等，结实力强，极丰产。

2. 栽培技术要点 该品种抗病性较强，果实耐贮运。宜采用篱架、小棚架整形，以中短梢混合修剪为主。

（二十八）奥山红宝石

1. 特征特性 欧亚种，别名红意大利，原产巴西，1984年在日本注册发表。果穗圆锥形，无副穗，平均穗重485.31克，最大穗重756.5克；果粒椭圆形，着生中等紧密，紫红色，平均粒重7.66克，最大粒重11.8克；果皮薄，较脆，无涩味，果粉薄；果肉和果皮不易分离，可带皮吃；果肉较脆，味酸甜，略有玫瑰香味，可溶性固形物含量17.0%；耐贮存，鲜食品质上等。北京地区9月下旬浆果成熟。植株生长势中等，抗性中等，适应性中等，在欧亚种中属于抗病性较强类；成熟始期若逢降雨，则在果梗部周围发生月牙形裂果。

2. 栽培技术要点 适于中短梢混合修剪，常规防治病虫害。注意坐果后适当疏果，每穗留果55～60粒（成熟时单穗重为400～600克）。在多雨地区或年份，可能会有裂果发生，应注意采取相应的栽培措施加以预防。

（二十九）亚历山大

1. 特征特性 欧亚种。果穗圆锥形，平均穗重530克；果粒椭圆或倒卵形，平均粒重8.3克，着生中度紧密；果皮中等厚，较脆，稍有涩味，黄白色，果粉薄；果粒含种子2～4粒；果肉脆，硬度中，味酸甜，可溶性固形物含量17.5%，有玫瑰香味，香味浓；品质佳。北京地区果实9月底成熟。树势中等；抗病力中等，有轻微的毛毡病和白腐病；副梢结实力强，果实成熟一致，为优良的生食与酿酒品种。

2. 栽培技术要点 夏季修剪过重时易得日烧病；注意及时摘心、除副梢，可提高产量和质量。

（三十）秋黑

1. 特征特性 欧亚种，原产美国。果穗长圆锥形，平均穗重520克，最大可达1 500克；果粒着生紧密，鸡心形，平均重8克；果皮厚，蓝黑色，着色整齐一致，果粉厚，果肉硬脆可切片，味酸甜，无香

味；可溶性固形物含量17.5%；果刷长，果粒着生牢固，不裂果，不脱粒，耐贮运。北京地区9月底至10月初浆果完全成熟。生长势极强，早果性和结实力均很强；抗病性较强，枝条成熟好。

2. 栽培技术要点　宜棚架栽培，栽培较容易。有报道认为秋黑对石灰敏感，所以在生产中应慎用波尔多液。

（三十一）秋红

1. 特征特性　欧亚种，原产美国，又名圣诞玫瑰。果穗大，果粒长椭圆形，平均粒重7.5克，着生较紧密；果皮中等厚，深紫红色，不裂果；果肉硬脆，味甜，可溶性固形物含量17%，品质佳；果刷大而长，特耐贮运；北京地区9月底10月初果实成熟，果实易着色，成熟一致。树势强，栽后两年见果，极丰产；抗病能力较龙眼葡萄强，抗黑痘病能力较差。

2. 栽培技术要点　棚架栽培为宜。结果后树势显著转弱，主蔓不宜太长；花序大，果穗也大，应疏花疏果，每一果穗留果80粒左右即可；早期注意防治黑痘病。

（三十二）摩尔多瓦

1. 特征特性　欧亚种，原产摩尔多瓦，1997年引入。果穗大，平均穗重650克；果粒短椭圆形，着生中等紧密，平均粒重9克；果皮蓝黑色，果粉厚；果肉柔软多汁，无香味，可溶性固形物含量16%，品质上。河北昌黎地区9月底果实成熟。抗病性较强，尤其高抗霜霉病；果实成熟后耐贮运；特别适合用做观光栽培和长廊栽培。

2. 栽培技术要点　宜棚架和T形篱架栽培。

（三十三）京亚

1. 特征特性　欧美杂交种，四倍体。中国科学院北京植物园从黑奥林的实生后代中选出的大粒早熟品种。果穗圆锥形或圆柱形，少有副穗，平均穗重478克，最大1 070克；果粒椭圆形，着生中等或紧密，平均粒重10.84克，最大粒重20克。果皮中等厚，紫黑色，果粉厚；果肉较软，味酸甜，果汁多，微有草莓香味；有1～2粒种子；可溶性固形物含量13.5%～19.2%，含酸量0.65%～0.90%，品质中等。北京地区8月上旬果实成熟。生长势较强，抗病力强，丰产，果实着色好，不裂果，经赤霉素处理可获得100%的无核果。

2. 栽培技术要点 棚、篱架栽培均可，栽培容易。喜肥水；由于上色快、退酸慢，应在着色以后30天左右再采收。

（三十四）申丰

1. 特征特性 果穗圆柱形，平均穗重400克，最大穗重600克。果粒椭圆形，着生中等紧密，平均粒重800克，最大粒重11克。果皮厚，紫黑色，果粉厚度中等；果肉较软，质地致密细腻，成熟时有草莓香味，酸度低，含糖量14%～16.5%，品质上等；每果粒通常含种子2粒；浆果容易上色，不易裂果和脱粒，抗病性与巨峰相似。上海地区3月15日左右开始萌芽，5月13日左右开花，7月上旬果实开始上色，8月上旬浆果完全成熟。

2. 栽培技术要点 长江流域及其以南的巨峰葡萄种植区为适栽区，露地和设施栽培均可。棚架或篱棚架栽培，中长梢修剪为主。每果枝留1穗果穗，产量控制在18 750千克/公顷左右。

（三十五）申宝

1. 特征特性 欧美杂交种，四倍体，是从巨峰实生后代中选出，2008年通过上海市农作物品种审定委员会审定。果穗自然穗重200克左右；果粒椭圆形，平均粒重4.0克，果皮绿色，可溶性固形物含量17.0%。无核化栽培后，果穗长圆锥形或圆柱形，平均穗重476克；果粒长椭圆形，果粒着生中等紧密，平均粒重9克，最大粒重10.5克。果皮中厚，果粉中等，果皮通常绿色至绿黄色；果肉软，可溶性固形物含量15%～17%，可滴定酸含量0.7%～0.8%，风味浓郁，无核率100%，品质上等，不裂果。上海地区栽培7月下旬至8月上旬果实成熟。树势中庸。

2. 栽培技术要点 采用棚架、篱架栽培均可；整形修剪采用长中短梢混合修剪，结果母枝适合中长梢修剪。花前一周左右花序整形，以保证果穗紧凑整齐；在盛花末期用20～25毫克/升赤霉素处理花穗，10天左右后再用赤霉素处理果穗，浓度不宜超过50毫克/升；南方地区需加强对黑痘病、炭疽病、霜霉病等的防治，设施栽培加强对白粉病和灰霉病的防治。

（三十六）醉金香

1. 特征特性　果穗圆锥形，紧凑，平均穗重 800 克，最大可达 1 800克；果粒倒卵形，平均粒重 13.0 克，最大粒重 19.0 克；果皮中厚，充分成熟时金黄色，果粉中多；果皮与果肉易分离，果肉与种子易分离；果汁多，无肉囊，香味浓，含糖量 16.8%，含酸量 0.61%，品质上等。辽宁沈阳地区 5 月上旬萌芽，6 月上旬开花，9 月上旬浆果充分成熟，成熟一致，大小整齐，从萌芽到果实充分成熟约 126 天，需有效积温 2 800℃。对霜霉病和白腐病等真菌性病害具有较强抗性。

2. 栽培技术要点　适宜棚架或篱架栽培，中短梢混合修剪。幼树期要使树势强健而不徒长，促进营养生长与生殖生长的平衡；结果后要保持肥水充足，特别要重视秋施有机肥，氮肥要适量，多施磷肥和钾肥。

（三十七）巨玫瑰

1. 特征特性　欧美杂交种，四倍体，大连农业科学院园艺研究所用沈阳大粒玫瑰香和巨峰杂交育成。果穗圆锥形，平均穗重 514 克，最大 800 克；果粒椭圆形，平均粒重 9 克，最大粒重 15 克；果皮中等厚，紫红色，果粉中等厚；果肉柔软多汁，果肉与种子易分离，无明显肉囊，具有较浓的玫瑰香味，可溶性固形物含量 18%，品质上；每果粒含种子 1～2 粒。辽宁省大连地区 9 月上旬果实成熟。植株生长势强，抗病，品质优良。

2. 栽培技术要点　适于棚架栽培，中短梢修剪。幼树期要培养健壮树势，调整好生长与结果的关系，进入结果期后要注重秋施基肥，合理控制产量，以维持健壮的树势。套袋栽培以提高果品质量。

（三十八）金手指

1. 特征特性　欧美杂交种，2007 年通过山东省科技厅组织的专家鉴定。果穗长圆锥形，着粒松紧适度，平均穗重 445 克，最大 980 克；果粒长椭圆形至长形，略弯曲，呈菱角状，黄白色，平均粒重 7.5 克，最大可达 10 克；每果含种子 0～3 粒，多为 1～2 粒，有瘪籽，无小青粒；果粉厚，极美观，果皮薄，可剥离，可带皮吃，含可溶性固形物含量 21%，有浓郁的冰糖味和牛奶味，山东大泽山地区 4 月 7 日萌芽，5

月23日开花，8月上中旬果实成熟，比巨峰早熟10天左右。生长势中庸偏旺，新梢较直立。

2. 栽培技术要点 适宜篱架、棚架栽培，特别适宜Y形架和小棚架栽培，长中短梢混合修剪。注意合理调整负载量，防止结果过多影响品质和延迟成熟；由于含糖量高，应重视鸟、蜂的危害。

（三十九）霞光

1. 特征特性 果穗圆锥形，平均穗重530克；果粒近圆形，着生中等紧密，平均粒重11.8克，最大粒重20.5克；果皮中等厚，紫黑色，着色一致，果粉较厚；果实肉质较脆，风味甜，可溶性固形物含量17.5%，品质上等。河北昌黎地区8月下旬成熟。植株生长势中等，抗霜霉病、白腐病和炭疽病能力与巨峰相当。适宜在河北昌黎县、卢龙县、深泽县及生态条件类似地区栽培。

2. 栽培技术要点 与贝达、SO4、5BB等抗性砧木绿枝嫁接，亲和力强。适于小棚架或篱架种植。结实力强，需合理控产，一般亩产1 500千克左右为宜。套袋栽培，花后25天果穗整形和疏粒，果粒大豆大小时即可套袋。副梢容易萌发，应及时夏季修剪。

（四十）红富士

1. 特征特性 欧美杂交种，原产日本。平均穗重510克，果粒着生中等紧密；果粒倒卵圆形，平均粒重9.4克；果皮厚，粉红色至紫红色，果粉厚；果皮与果肉易分离，有肉囊，汁多，香甜味浓，可溶性固形物含量16%～17%，品质优良；果刷短，易落粒，耐贮运性差。陕西关中地区8月中下旬果实成熟。抗病性强。适合在城市近郊和庭院栽植。

2. 栽培技术要点 该品种生长旺盛，宜棚架或高篱架栽培。

（四十一）藤稔

1. 特征特性 欧美杂交种，原产日本。果穗圆锥形，平均穗重300～400克，果粒着生较疏松；果粒近圆形，平均粒重16～22克；果皮厚，紫黑色，易与果肉分离；肉质较紧，果汁多，可溶性固形物含量15%左右，略有草莓香味，品质一般。北京地区8月下旬成熟，裂果少，不脱粒。

2. 栽培技术要点　该品种主要在我国南方作巨大粒栽培，已获成功，人称“乒乓葡萄”。于坐果后幼果大豆粒大小时用赤霉素等植物生长调节剂浸蘸果穗，可得到近30克的巨大型果，但同时需花序整形，坐果后每一果穗只留果30粒，同时加强肥水。自根苗生长较缓慢，应选择发根容易、根系大、抗性强的砧木进行嫁接栽培。

（四十二）巨峰

1. 特征特性　欧美杂交种，原产日本。果穗大，最大可达2 000克以上；果粒椭圆形，平均重9～12克；果皮厚，紫黑色，易剥皮，果粉中等厚；肉软多汁，有肉囊，味酸甜，有草莓香味，可溶性固形物含量17%～19%，果实耐贮不耐运。树势强，副梢结实力强。北京地区9月初充分成熟。抗病能力强，抗性强，可栽植区域广，是目前我国栽培面积最大的品种。

2. 栽培技术要点　栽培不当时落花落果严重，所以栽培上提高坐果率是成功与否的关键。①当新梢直径超过1.5厘米时不易形成花芽、坐果差，所以首先要控制氮肥的施用，防止树体生长过旺；②摘心，开花前对果枝进行摘心，摘心不宜过重或过轻，过重容易产生大小粒，过轻则起不到提高坐果率的作用，以果穗以上留5片叶左右为宜；③花序整形，去掉副穗和花序基部的2～4个小分枝，掐掉2～3厘米的穗尖只留7～8厘米的中段，这样能使开花时营养供应集中，提高坐果率，并使果穗紧凑；④疏粒，坐果后，再进行适当疏果，疏去小粒和果穗内部的果粒，每一果穗留果30～40粒即可。

（四十三）峰后

1. 特征特性　欧美杂交种，四倍体，北京市农林科学院林业果树研究所从巨峰的实生后代中选育而成。果穗圆锥形或圆柱形，平均穗重418.08克；果粒着生中等紧密，短椭圆或倒卵形，平均粒重12.78克，最大粒重19.5克；果皮紫红色，厚；果肉质地脆，略有草莓香味，可溶性固形物含量17.87%，含糖15.96%，含酸0.58%，口感甜度高，品质极佳。果实不裂果，果梗抗拉力强，耐贮运性强。北京地区9月上中旬果实完全成熟，成熟后果实能挂树保存至9月底，不脱粒。树势强，丰产性中等，抗性强。

2. 栽培技术要点 注意控制氮肥，多补充钾肥，适于棚架或篱架栽培，长梢修剪。花前在果穗以上留5～8片叶摘心。套袋者采收前一周摘袋为宜，以使果面充分接受光线，以利于充分着色。冬季修剪剪口粗度1厘米以下。花期前后及坐果后注意穗轴褐腐病和炭疽病的防治。

（四十四）红瑞宝

1. 特征特性 欧美杂交种，原产日本。果穗分枝形或圆锥形，果粒中等紧密；果粒椭圆形，平均粒重8～10克；果皮中等厚，浅红色，易剥皮；肉软多汁，含糖量可达20%以上，有草莓香味，风味香甜。树势强，极丰产。果实成熟后易落粒，不耐贮运，可在城市近郊区适量发展。

2. 栽培技术要点 该品种为直光着色品种，枝叶过密或产量过高时果实着色不良，所以要注意树体通风透光和疏花疏果，每亩产量控制在1 250千克左右为宜。

（四十五）高妻

1. 特征特性 欧美杂交种，四倍体，原产日本。平均穗重400～600克；果粒短椭圆形，极大粒17～20克，最大可达22克；果皮纯黑色至紫黑色，着色容易，不易剥皮；肉质硬而脆，果实可溶性固形物含量18%～21%，含酸量低，有草莓香味，果汁多。北京9月下旬成熟。树势强，不徒长、无落花落果、不裂果，在高温地区也可以良好着色；进入结果早，抗病性强。

2. 栽培技术要点 栽培容易，棚、篱架栽培均可；栽培中注意控制氮肥使用量，合理施肥，防止徒长。

二、无核鲜食品种

（一）爱神玫瑰

1. 特征特性 欧亚种，北京市农林科学院林业果树研究所育成的极早熟品种。果穗圆锥形，有副穗，平均穗重220.3克，最大穗重390克，果粒着生紧密度中等；果粒椭圆形，红紫或紫黑色，平均粒重2.3克，最大粒重3.5克。果皮厚度中，果皮韧；肉质中等，无肉囊，果汁中，味酸甜，有玫瑰香味，可溶性固形物含量17%～19%，鲜食品质

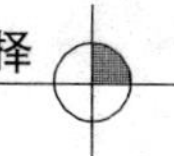

上等。无种子。北京地区 7 月下旬成熟。植株生长势较强，早果性强，抗病性较强，抗逆性中等。

2. 栽培技术要点　适宜微酸性沙壤土，喜钾肥；长中短梢混合修剪，棚架、篱架栽培均可；多雨季节注意防治霜霉病；开花期至花后两周用赤霉素处理可增大果粒，同时消除残核。

（二）京早晶

1. 特征特性　欧亚种，中国科学院北京植物园用葡萄园皇后与无核白杂交育成的早熟无核品种。平均穗重 427.6 克，最大 1 150 克，果粒着生中等紧密；果粒椭圆形或卵圆形，平均单粒重 2.5～3 克，最大粒重 5 克。果皮薄而脆，绿黄色；果肉脆，无核，果汁多，酸甜适口，充分成熟后略有玫瑰香味，可溶性固形物含量 16.4%～20.3%，含酸量为 0.47%～0.62%，品质上等，果刷较短，挂树期不宜过长。不仅可供鲜食，而且也可作制干和制罐的原料。北京地区 8 月初果实充分成熟。植株生长势强，抗病力中等。宜在干旱半干旱地区发展。

2. 栽培技术要点　宜棚架栽培，中长梢混合修剪；由于花序大，坐果好，易形成大果穗，因此宜花后摘心，花后 15 天左右疏粒；注意防病；适时采收。

（三）火焰无核

1. 特征特性　欧亚种，别名早熟红无核、红珍珠、弗雷无核、红光无核，原产美国，美国 FRESNO 园艺试验站杂交选育，1973 年发表，1983 年由美国引入辽宁沈阳。果穗长圆锥形，平均穗重 400 克，浆果着生中等紧密；平均粒重 3.0 克，用赤霉素处理可增大至 6 克左右；果皮薄，果皮鲜红色或紫红色，果粉中；果肉硬而脆，果汁中等多，味甜，含糖量 16%，含酸量 1.45%。无种子。河北涿鹿地区 4 月底至 5 月上旬萌芽，6 月上旬开花，8 月上旬成熟，生长期 115 天。植株生长势强，早熟，品质优。耐贮运和商品货架期长。是很有发展前途的无核早熟鲜食品种。植株生长势强，芽眼萌芽率高，抗病力和抗寒力较强。

2. 栽培技术要点　宜小棚架或 Y 形、篱架栽培，以中短梢混合修剪为主。注意控制负载量，适量施用氮肥，并重视磷钾肥和微量元素肥料的施用，以促进早熟和提高果实品质。

（四）无核白鸡心

1. 特征特性　欧亚种，原产美国。果穗圆锥形，一般穗重500克以上；果粒略呈鸡心形，平均粒重5～6克，若用赤霉素处理，粒重可增大至10克左右；果皮薄而韧，淡黄绿色，很少裂果；果肉硬而脆，略有玫瑰香味，香甜爽口，含糖量15%左右，果实耐贮运。北京8月上旬果实成熟。树势强，丰产性也强，抗病力中等，果实制干性能较好。

2. 栽培技术要点　宜棚架栽培，适当稀植，注意肥水均衡供应，少施氮肥；注意白腐病的防治。

（五）无核白

1. 特征特性　欧亚种，原产中亚和近东一带，在我国已有非常悠久的栽培历史。果穗中长圆锥形或分枝形，有歧肩，平均穗重350克，果粒着生中等紧密；果粒椭圆形，平均粒重1.4～1.8克；果皮薄，黄绿色，不易与果肉分离；果肉脆，味甜，可溶性固形物含量21%～24%，品质上等。无核，食用非常方便，制干率23%～25%。新疆吐鲁番地区8月下旬浆果成熟，从萌芽至浆果成熟所需天数为140天左右。植株生长势强，抗寒性和抗病性均较差。目前主要在西北干旱地区大量栽培，用于鲜食和晾制葡萄干。

2. 栽培技术要点　宜棚架栽培。

（六）丽红宝

1. 特征特性　果穗圆锥形，平均穗重300克，最大穗重460克；果粒着生紧密，大小均匀，果粒鸡心形，平均粒重3.9克，最大粒重5.6克；果皮紫红色，薄而韧；果肉脆，具玫瑰香味，味甜，果皮与果肉不分离，可溶性固形物含量19.4%，总糖含量16.6%，总酸含量0.47%，无核，品质上等。山西晋中地区，4月中旬萌芽，5月下旬开花，7月中旬开始着色，8月下旬果实成熟，从萌芽到果实成熟约130天。植株长势中庸。

2. 栽培技术要点　亩产量一般应控制在1 000千克左右，产量过大会影响果实品质和上色；花后1周用适宜浓度赤霉素处理一次，套袋前

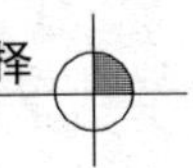

疏粒整穗，提高果实的商品性；出土后浇水应配施尿素，花前、花后浇水配施磷酸二铵，果粒开始着色时浇水配施磷酸二氢钾或硫酸钾，果实采收后应及时施入有机肥。

（七）瑞都无核怡

1. 特征特性　北京农林科学院林业果树研究所以香妃为母本、以红宝石无核为父本杂交获得，2009 年通过北京市林木品种审定委员会的审定。果穗圆锥形，有副穗，单歧肩较多，平均穗重 459.0 克，果粒着生密度中等；果粒近圆形，平均粒重 6.2 克，最大粒重 11.4 克；果皮紫红至紫色，薄，果皮较脆，无涩味，果粉薄；果肉质地较脆，硬度中至硬，可溶性固形物含量 16.2%；无种子；果梗抗拉力中等。北京地区一般 4 月下旬萌芽，5 月下旬至 6 月上旬开花，9 月中下旬果实成熟。树势中，丰产和抗病性均较强，栽培容易。露地适栽区为华北及东北、西北温暖地区。

2. 栽培技术要点　注意合理密植，注重树势调控。篱架栽培宜中短梢混合修剪；棚架栽培以短梢修剪为主。果穗大小松紧度适中，只需适当疏果，每穗留果 70～90 粒。果实套袋栽培，果实转色后注意补充磷钾肥并及时防治白腐病和炭疽病等果实病害。

（八）红宝石无核

1. 特征特性　欧亚种，原产美国，1987 年引入我国。平均穗重 850 克，最大穗重 1 500 克；果粒卵圆形，平均粒重 4.2 克，果粒大小整齐一致；果皮亮红紫色，果皮薄；果肉脆，可溶性固形物含量 17%，味甜爽口。华北地区 9 月中下旬果实成熟，适应性较强，对土质、肥水要求不严，耐贮运性中等。

2. 栽培技术要点　该品种生长旺盛，宜采用棚架或 Y 形篱架整形，中短梢混合修剪；可用赤霉素及环剥来增大果粒。

（九）克瑞森无核

1. 特征特性　欧亚种，原产美国，别名绯红无核、淑女红，1998 年引入我国。果穗圆锥形有歧肩，平均穗重 500 克；果粒椭圆形，果皮中厚，红色至紫红色，具白色较厚的果粉，平均粒重 4 克，可溶性固形物含量 19%，品质上，不易落粒。北京地区 9 月下旬成熟，果实耐贮运。适合在无霜期超过 165 天以上管理条件良好的干旱和半干旱地区栽培。

2. 栽培技术要点 该品种宜用棚架或 T 形宽篱架栽培，中短梢结合修剪。结果后可采用环剥与赤霉素处理等方法促进果粒增大。

（十）夏黑

1. 特征特性 三倍体品种，欧美杂交种，原产日本。自然状态下落花落果重，果穗中等紧密，果粒近圆形，粒重 3 克；赤霉素处理后坐果率提高，果粒着生紧密或极紧密，平均穗重 608 克，最大穗重 940 克，平均粒重 7.5 克，最大粒重 12 克。果皮厚而脆，无涩味，紫黑到蓝黑色，颜色浓厚，着色容易；果粉厚，果肉硬脆，无肉囊，可溶性固形物含量 20%～22%，味浓甜，有浓郁草莓香味。无核。北京地区 8 月中旬成熟。树势强，抗病力强，不裂果。

2. 栽培技术要点 盛花和盛花后 10 天用 25～50 毫克/升赤霉素处理 2 次，栽培容易。

（十一）月光无核

1. 特征特性 河北农林科学院昌黎果树研究所育出的新优无核品种。果穗整齐度高，果粒大小均匀；果粒为紫黑色，色泽美观，果穗、果粒着色均匀一致；果肉较脆，甜至极甜，可溶性固形物含量 18.2%，极易着色，品质上等。河北昌黎 8 月下旬成熟。结实力强、产量高，抗病性、适应性强。

2. 栽培技术要点 适宜棚架或篱架栽培，中短梢混合修剪。

（十二）沪培 1 号

1. 特征特性 三倍体品种，上海农业科学院育成，无核。果穗圆锥形，平均穗重 400 克左右，果粒着生中等紧密；果粒椭圆至长椭圆形，平均粒重 5.0 克，最大粒重 6.8 克；果皮中厚，上海地区通常为淡绿色或绿白色，冷凉条件下表现出淡红色，果粉中等多；果肉中等硬，肉质致密，可溶性固形物含量 15%～18%，风味浓郁；品质优。不脱粒、不裂果。

2. 栽培技术要点 生长强健，结果节位较高，采用棚架整形，长梢修剪为主。生长季节宜进行多次摘心，培养副梢结果母枝，以缓和树

势，并提高花芽形成和结实能力。三倍体品种，必须采用赤霉素处理，第一次在盛花至盛花末用25～30毫克/升赤霉素浸花穗；第二次在花后10～15天，用相同浓度的赤霉素再浸果穗1次，或处理时可加入1～2毫克/升吡效隆，增大果粒。

（十三）瑞锋无核

1. 特征特性 欧美杂交种，北京市农林科学院林业果树研究所育成的最新大粒无核葡萄新品种。果穗圆锥形，自然状态下果穗松，200～300克；果粒近圆形，平均单粒重4～5克，果皮蓝黑色，果肉软，可溶性固性物含量17.93%，可滴定酸含量0.615%，无核或有残核。用赤霉素处理后坐果率明显提高，果穗紧，平均穗重753.27克，最大穗重1 065克；果粒大幅度增大，近圆形，平均粒重11.17克，最大粒重23克；果肉变硬，果粉厚，果皮韧，紫红色至红紫色，中等厚，无涩味，易离皮。果肉硬度中等，较脆，多汁，风味酸甜，略有草莓香味，可溶性固形物含量16%～18%，平均16.77%，可滴定酸含量0.516%。果实不裂果，无核率100%。抗病性强，着色好，风味和肉质良好；丰产；适栽区广。

2. 栽培技术要点 注意加强肥水管理，培养强旺树势，后期多补充磷钾肥，以利枝条成熟充实。棚架、篱架栽培均可，长中短梢混合修剪。花前在果穗以上留5～8片叶摘心，盛花后3～5天和10～15天用赤霉素类果实膨大剂两次处理。坐果后进行果穗整理，每一果穗留果50～60粒较合理。在北京常规管理基本无病虫为害。适栽区同巨峰，能在我国大江南北广泛栽培。

（本节撰稿人：徐海英）

第二节 加工品种

一、酿酒品种

（一）赤霞珠

1. 特征特性 欧亚种，原产法国，属西欧品种群，最早于1892年引入我国山东烟台。在世界上主栽葡萄的国家都有栽培，我国在山东、河北、陕西、河南、山西等地有栽培。

两性花。果穗中等大，平均穗重150～170克，圆锥形，有的具副穗，中紧或松，穗柄长。果粒中等大，平均粒重1.4～2.1克，圆形，紫黑色，果粉厚；果皮中厚；肉软多汁，出汁率73%～80%，含糖量16%～20%，含酸量0.6%～0.8%。每果实有种子1～2粒。

该品种是世界各地广为栽培的酿酒良种。成熟时单宁含量高，颜色深，其酒体结构中或酒体丰满，具强烈及复杂的香气。在不同条件下香气表现不同，可表现出黑莓、黑茶藨子的果香或薄荷、青菜、青叶、青豆、青椒、破碎的紫罗兰的香气或烟熏味。未成熟时具典型的使人愉快的青椒味。酿制的葡萄酒呈红宝石色，具独特风味，清香幽郁，醇和协调，酒质极佳，可陈酿。可适应热的气候条件，但酒质不够精致。常与梅鹿辄、品丽珠、马耳拜克或西拉勾兑。

2. 农业生物学特性　树势中等。萌芽率84.9%，果枝率69.7%，每果枝平均1.5～1.9穗，坐果率52.0%。在陕西杨凌4月中旬萌芽，5月中下旬开花，7月中旬开始着色，8月下旬果实充分成熟。由萌芽至果实充分成熟需要140～150天，为晚熟品种。产量较低或中等，抗霜霉病、白腐病和炭疽病的能力较强。

(二) 品丽珠

1. 特征特性　欧亚种，原产法国，与赤霞珠为姊妹种，在我国西北、华北等地有栽培。

两性花。果穗中等大，平均穗重240克，圆锥形；果粒着生中等紧密，果粒中等大，平均重1.5～2.0克，圆形；紫黑色，果粉厚；果肉多汁，味酸甜，有青草味。含糖量18%～21%，含酸量0.75%～0.80%，出汁率67%。每果粒含种子1～2粒，以2粒较多。

该品种为优良的酿制红葡萄酒品种。结构感与单宁含量均比赤霞珠、梅鹿辄低，但具浓郁的果香，可增添葡萄酒香气的复杂性，使酒具悬钩子的香气。酒质良好，味浓厚，柔和爽口，酒体醇厚。

2. 农业生物学特性　树势中等。萌芽率72.2%，果枝率72.6%，坐果率50.0%，每果枝平均1.6穗，副梢结实力中等。在山东烟台4月中下旬萌芽，6月上旬开始开花，8月中旬开始着色，9月中旬果实完

全成熟。从萌芽到果实充分成熟需要130～160天，为晚熟品种。抗病力及对风土的适应性均强。产量中等。

（三）蛇龙珠

1. 特征特性 在山东省胶东半岛栽培较多，同时也作为重点发展品种之一；在华北、渤海湾及适当地区可大量发展，是酿造优质红葡萄酒的良种。

两性花。果穗中，圆锥形，果粒着生中，粒中，圆形，紫黑色。百粒重200～250克，每果有种子2～3粒，汁多，味酸甜，具解百纳香型。浆果含糖量160～195克/升，含酸量5.5～7.0克/升，出汁率75%～78%，所酿之酒宝石红色。酒体丰满，柔和爽口，酒质稍粗糙。

2. 农业生物学特性 植株生长势强，芽眼萌发率高，结实力中，幼树开始结果晚，产量中至高，耐瘠薄，抗病、抗旱力较强，适于篱架栽培。生长日数150天左右，活动积温3 300～3 400℃。

（四）梅鹿辄

1. 特征特性 欧亚种，原产法国，最早于1892年由西欧引入我国山东烟台。别名梅鹿特、美乐、梅尔诺等。在山东、河北、河南、陕西、宁夏、甘肃等省有栽培。

果穗中大，平均重110～225克，圆柱或圆锥形，带副穗，中紧或松散。果粒中大，平均重1.4～3.3克，圆形，蓝黑色，果粉中厚，果皮中等厚，肉软多汁，味酸甜，含糖量17.4%～18.8%，含酸量0.64%～0.80%。

该品种是酿造干红葡萄酒的优良品种。结构感不如赤霞珠强，其单宁含量低而果香味浓，具解百纳典型性，有时有李果香气。

2. 农业生物学特性 生长势中，萌芽率87.3%，果枝率90.1%，坐果率49.0%，每果枝平均1.8穗。由萌芽至果实充分成熟需要140～150天。丰产，较抗霜霉病、炭疽病和白腐病，抗寒力中等。

（五）黑比诺

1. 特征特性 欧亚种，原产法国的古老品种，属西欧品种群。1936年最先由日本引入辽宁兴城，在华北、黄河故道、陕西等地有栽培。别名黑彼诺、黑美酿。

两性花。果穗小，52～150克，圆锥形，有的具副穗，紧密或极紧密。果粒中等大，平均重1～1.8克，近圆形，紫黑色，果粉中厚；果皮薄，出汁率70%～75%，含糖量16%～20%，含酸量0.6%～1.0%，味酸甜，每果粒有种子1～3粒。

黑比诺酿造的干红和桃红葡萄酒，果味浓，口味清爽柔和，回味优雅，也是酿造香槟酒和起泡葡萄酒的优良品种。黑比诺是冷凉地区品种，在最冷凉的地区，能保持高的酸含量及浓郁的果香，含糖量及酚类物质含量低，适合生产起泡葡萄酒，在稍暖的地区可生产陈酿型的高档红酒，但其自然的色素及单宁含量不如赤霞珠高。在温暖地区种植，色深，香气浓郁，但简单。其香气有花香、浆果（草莓、黑莓、黑樱桃）香味、薄荷香味特征。陈酿酒可具李子、李子干及巧克力味。

2. 农业生物学特性　树势中等。果枝率75%～85%，每果枝平均1.5～1.8穗。在山东济南4月上旬萌芽，5月上旬开花，7月上中旬开始着色，8月中旬果实充分成熟。从萌芽至果实成熟需要128～150天，活动积温2 800℃以上。本品种较抗炭疽病，但易感霜霉病，产量中等。适应性较窄。

（六）西拉

1. 特征特性　欧亚种，原产法国，1980年从法国引入中国。现在北京、河北、陕西、山东青岛、新疆吐鲁番等地有栽培。

两性花。果穗中等大，平均重275克，圆锥形，有副穗。果粒着生较紧密，平均粒重2.5克，圆形，紫黑色，果皮中等厚，肉软汁多，味酸甜，可溶性固形物含量18.6%，含酸量0.7%。

西拉是酿制干红葡萄酒的良种，由它酿成的酒，深宝石红色，澄清透明，总体特征以丰满、柔和、芳香、辛香、黑莓和青椒味为主，酒质上等。随着酒的陈酿，其巧克力、甘草、咖啡特征增加。

2. 农业生物学特性　植株生长势强或较强。结果枝占芽眼总数的60%，每一结果枝上的平均果穗数为1.9个，丰产。从萌芽到果实充分成熟的生长日数为130～140天，活动积温为2 600～2 700℃，在北京8月下旬、河北昌黎9月上旬成熟，为中熟品种。抗病力较强或强。宜篱架栽培，中短梢修剪。可在中国北部地区发展。黄河故道地区可试栽。

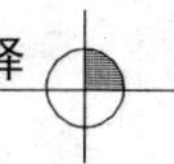

（七）佳美

1. 特征特性　欧亚种，起源于法国保祖利（Beaujolais）地区，1957年从保加利亚引入。

果穗中等大，平均重225克，圆锥形，果粒着生中等紧密。果粒中等大，平均重3.1克，椭圆形；黑色，果粉厚；皮中等厚；肉质软，多汁，味酸甜。含糖量16.8%，含酸量1.2%。种子大，每果粒含种子2～3粒，与果肉易分离。

佳美适于酿造成熟快、果香浓的干红葡萄酒，酒质中等。

2. 农业生物学特性　树势中等，结果枝占总芽眼数的22%，结果系数为1.28。第一果穗着生于第四、第五、第六节，第二果穗着生于第六七节。副梢与副芽结实力均弱。在辽宁兴城4月下旬开始萌芽，6月上旬开花，7月底开始着色，9月底果实成熟。从萌芽至果实成熟需要160天，活动积温3 400℃。佳美较丰产，抗病力中等。

（八）增芳德

1. 特征特性　原产地不详，欧亚种。我国1980年后从美国、澳大利亚先后引入，目前河北沙城、昌黎以及其他科研单位有少量栽培。

果穗中，圆锥至圆柱形，果粒着生极紧，成熟不太一致，粒中，近圆形，紫黑色。百粒重200～250克，每果粒有种子1～2粒，味酸甜、清香。浆果含糖量170～190克/升，含酸量8～10克/升，出汁率70%左右。

增芳德是酿造红葡萄酒的良种，所酿之酒浅宝石红色，果香浓郁，酒体较醇厚，贮存中易老化。它与赤霞珠、品丽珠等勾兑，可制成优良的干红、起泡红葡萄酒。

2. 农业生物学特性　植株生长势中，芽眼萌发率中，结实力较强，产量高，抗病性中至弱，适于篱架栽培，中短梢修剪。生长日数130～140天，活动积温3 000～3 200℃。在我国华北等有条件的地区可适量栽培。

（九）晚红蜜

1. 特征特性　欧亚种，原产苏联，1957年由苏联引入我国。在东北、西北、华北、西南、华中、华东及黄河故道等地有栽培。

果穗中等大，圆锥形，平均重420克，果粒中等大，椭圆形，平均重2.6克，蓝黑色，果粉厚，皮厚；果肉多汁，味酸甜。含糖量19%，含酸量1.17%，出汁率76.7%。种子中等大，每果粒含种子1～3粒，多为1粒。

晚红蜜是酿造红葡萄酒及葡萄汁的优良品种。酒色宝石红，澄清，香气完整。

2. 农业生物学特性　树势中等。结果枝占总芽眼数的42.5%，结实系数1.27。果穗着生于结果枝的第五、第六节。副梢结实力弱。在山西太谷4月中旬开始萌芽，5月底开花，8月上中旬开始着色，9月上旬果实充分成熟。从萌芽至果实充分成熟需要150～160天，活动积温3 200℃以上，晚熟品种。抗病力强，产量较高。

（十）宝石

1. 特征特性　欧亚种，原产美国。1948年美国加利福尼亚州大学以佳利酿×赤霞珠杂交育成，我国于1980年后多次从美国、澳大利亚引入。河北沙城、昌黎，新疆鄯善，河南郑州和山东有少量栽培。

果穗中，圆锥至圆柱形，果粒着生极紧，粒小，近圆形，蓝黑色。百粒重180～210克，每果有种子2～3粒，味酸甜，具解百纳香型。浆果含糖量160～180克/升，含酸量6～9克/升，出汁率68%～72%。

宝石是酿造干红葡萄酒有希望发展的良种，该品种具典型“解百纳”的特性，它的栽培性状优于本类型其他品种，所酿之酒深宝石红色，味醇厚，酒体完整，回味绵延。酒质优，若与赤霞珠、品丽珠勾兑，可制成优质的干红葡萄酒。

2. 农业生物学特性　植株生长势较强，芽眼萌发率中，结实力强，产量高，较抗病，但易患灰霉病，适于篱架栽培，中短梢修剪。生长日数145～160天，活动积温3 500～3 800℃。适宜我国华北、西北等地栽培。

（十一）法国蓝

1. 特征特性　欧亚种。原产奥地利，20世纪50年代由匈牙利引入我国。在山东、河南、河北、陕西等地有栽培。别名法兰西、蓝法兰西、玛瑙红。

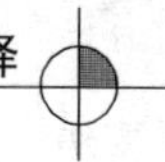

果穗中等或大，平均重180～420克，圆锥形或多歧肩圆锥形，紧密或极紧密。果粒中等大，圆形或近圆形，蓝黑色，果粉厚；果皮中等厚；出汁率75%～78%，可溶性固形物17%～20%，含酸量0.7%～0.9%，味酸甜。每果粒含种子3～4粒。

该品种酿制的葡萄酒宝石红色，香气完整，回味绵延，成熟较快。去皮发酵，亦可酿制白葡萄酒，是优良的酿酒品种。

2. 农业生物学特性 树势较旺。果枝率70%～94%，每果枝平均1.6～1.9穗，果实成熟一致。在河北昌黎4月上中旬开始萌芽，5月下旬开花，8月中旬开始着色，8月下旬果实完全成熟。从萌芽至果实充分成熟需要130～140天，活动积温2 900℃以上，中熟品种。高产，稳产，抗病性和抗寒性较强，果实成熟期间糖分积累较快，酸度降低缓慢。

（十二）桑娇维赛

1. 特征特性 意大利著名红葡萄品种，欧亚种，原产意大利。两性花。果穗中等大，圆锥形。果粒着生中等紧密，中等大，圆形，紫红色，汁多，味酸甜。所酿之酒桃红色，澄清透明，清馨果香，滋味协调，酒体丰满，回味可口。

2. 农业生物学特性 生长势中等。在北京地区8月下旬成熟，为中熟品种。产量中等。抗病性中等。

（十三）佳利酿

1. 特征特性 欧亚种。原产西班牙。在意大利、法国、北非栽培较广。我国在华北、黄河故道等地区有栽培，且占有较大面积。

果穗中等大，平均重270～630克，圆锥形，有歧肩。果粒中等大，重1.6～2.7克，椭圆形，紫黑色，极紧密，果粉中等；果皮中等厚；果肉多汁，出汁率81%～88%，含可溶性固形物14%～17%，含酸量1.1%～1.8%，味酸甜。每果实含种子2～4粒。

佳利酿酿造的葡萄酒宝石红色，味醇正，回味良好，香气亦佳；去果皮发酵亦可酿造中档的白葡萄酒。

2. 农业生物学特性 生长势强。果枝率67%～82%，每果枝平均1.4～2穗。在北京4月中旬开始萌芽，6月下旬开花，9月下旬开始着色，10月上旬完全成熟。由萌芽至果实充分成熟需要150～155天，活动积温3 500℃左右，晚熟品种。适应性强，易栽培，极丰产。但该品种易感黑痘病和蔓割病，果实成熟不一致，青粒较多，越冬性较差。

（十四）华葡1号

1. 特征特性 中国农业科学院果树研究所1979年以左山一为母本、以白马拉加为父本杂交育成的酿酒、抗寒砧木兼用品种，原代号42-6，2011年10月通过辽宁省种子管理局审定备案。雌能花。果穗歧肩圆锥形，平均穗重214.4克，最大穗重270.4克，果穗大小整齐；果粒着生中等紧密，果粒圆形，黑色，无小青粒和采前落粒现象；平均粒重3.1克，最大粒重3.4克；果粉厚，果皮厚而韧，果肉软，有肉囊，汁多，绿色，味甜酸，略有山葡萄香味，可溶性固形物含量22.3%，可滴定酸含量1.34%；每果粒含种子2～4粒，多为3粒，种子与果肉较易分离。与山葡萄不同，果粒有两次生长高峰，生长曲线呈S形。

该品种酿造的干红葡萄酒，色泽诱人，宝石红色，澄清，幽雅，果香浓郁，醇和爽口，余香绵长；酿造的冰红葡萄酒，深宝石红色，具浓郁的蜂蜜和杏仁复合香气，果香和酒香具典型的品种特性。

2. 农业生物学特征 植株生长势极强，副芽萌发力强，结果系数2.81，隐芽萌发的新梢结实力强，早果丰产。辽宁兴城，4月下旬萌芽，6月上旬盛花，9月中下旬果实成熟。与红地球、巨峰、夏黑、黄意大利、金手指、无核白鸡心、早黑宝、京蜜、瑞都香玉、87-1、克瑞森无核、秋黑、巨玫瑰、藤稔和大粒玫瑰香等品种嫁接亲和力好。极抗霜霉病，基本不发生炭疽病、白腐病、穗轴褐枯病、灰霉病和黑痘病等病害，个别年份发生白粉病；较抗锈壁虱；抗寒性极强，在辽宁兴城经31年露地越冬，在未下架埋土防寒条件下，根系和枝条未发生冻害(2008年贝达发生严重冻害)；抗旱性和抗高温能力强；抗涝性中等。适宜在无霜期大于150天的地区栽培。

（十五）梅郁

1. 特征特性 原产中国，欧亚种。1957年山东省酿酒葡萄科学研究所用梅鹿辄×味儿多杂交育成。1979年定名。山东烟台、青岛、济南栽培较多，陕西、山西、河南和北京等地试栽。

果穗中等大，圆锥或圆柱形，果粒着生紧，粒中，近圆形，紫黑色，百粒重250～280克，每果粒有种子2～4粒，肉软多汁，清香，浆果含糖量160～180克/升，含酸量7～9克/升，出汁率70%～75%，所酿之酒宝石红色，酒香、果香优雅，柔和爽口，回味绵延，具梅鹿辄品种酒的典型性。

2. 农业生物学特征　植株生长势强，芽眼萌发率高，结实力强，幼树开始结果早，产量高，适应性及抗病性均较强，喜肥水，适于立架栽培，中短梢修剪。生长日数124～131天，活动积温2 900～3100℃。该品种适应性强，易栽培，产量高，早熟。在华北地区可以推广，其他地方可试栽。

（十六）烟74

1. 特征特性　原产中国，欧亚种。1966年烟台张裕葡萄酒公司用紫北塞×汉合麝香杂交育成。1981年定名。山东胶东半岛栽培较多，其他地方也有栽培。

果穗中，单歧肩圆锥形，果粒着生中，粒中，椭圆形，紫黑色，百粒重220～240克，每果粒含种子2～3粒，肉软，汁深紫红色，无香味。浆果含糖量160～180克/升，含酸量6～7.5克/升，出汁率70%。

该品种是优良的调色品种，不仅颜色深而且鲜艳，长期陈酿后不易沉淀。栽培性状良好，是当前推广的重要调色良种。所酿之酒浓紫黑色，色素极浓，味正，果香、酒香清淡。此外，烟73号是它的姊妹品种，基本相似。

2. 农业生物学特性　植株生长势强，芽眼萌发率高，结实力中，产量中至高，幼树开始结果较晚，适应性与抗病力均强。适于棚、篱架栽培，长中短梢修剪。生长日数120～125天，活动积温2 800～2 900℃。

（十七）北醇

1. 特征特性　山欧杂交种。中国科学院北京植物园于1954年以玫瑰香为母本、以山葡萄为父本杂交育成。曾在北京、河北、吉林、山东等地有较大面积栽培。

果穗中等大，平均重259克，最大达350克，圆锥形带副穗，果粒着生中等紧或较紧。果粒中等大，平均重2.56克，近圆形；紫黑色；果皮中等厚；果肉软，果汁淡紫红色，甜酸味浓，含糖量19.1%～20.4%，含酸量0.75%～0.97%，出汁率77.4%。

该品种酿造的葡萄酒，酒色宝石红，质量中下等。适于在东北、华北露地栽培和在山东、黄河故道地区栽培。

2. 农业生物学特性 树势强。结实力强，进入结果期早，结果枝占新梢总数95.7%，每果枝多着生2穗，有时三四穗。亩产平均1 500～1 750千克。在北京地区4月8日萌芽，5月17日开花，7月22日枝条开始成熟，9月11日果实充分成熟。生长期约156天，活动积温3 481℃。对肥水要求不严，适于中短梢修剪，棚、篱架均可。抗寒力强，在北京可露地越冬；抗病力强，多雨潮湿地区喷一二次药，即可保证丰收。

（十八）公酿一号

1. 特征特性 山欧杂交种。吉林省农业科学院果树研究所于1951年以玫瑰香为母本、以山葡萄为父本杂交育成。在吉林公主岭、通化，黑龙江齐齐哈尔有栽培。

两性花。果穗中等大，平均重150克，圆锥形，略有歧肩，果粒着生中等紧密。果粒小，平均重1.57克，近圆形，蓝黑色，果汁红色，味甜酸，含糖量15.2%，含酸量2.19%，出汁率66.2%。酿制红酒的酒色艳、味厚重，质量中下等。

2. 农业生物学特性 树势强，幼树新梢生长量可达3～5米。果枝率86%～96%，每果枝平均着生2.6穗。副梢萌发力强。在吉林公主岭5月上旬开始萌芽，6月上旬开花，8月中旬着色，9月上旬果实完全成熟，从萌芽到果实完全成熟需生长日数为129天，活动积温为2 614℃。

结果早，产量中等。枝蔓9月初开始木质化，降霜前成熟良好，抗寒力强，在东北中北部稍加覆土即可安全越冬，适于吉林以北栽培。

（十九）公酿二号

1. 特征特性 山欧杂交种。吉林省农业科学院果树研究所于1960年以山葡萄为母本、以玫瑰香为父本杂交育成。在吉林通化等地有少量

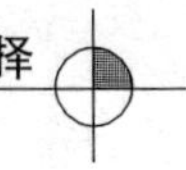

栽培。

果穗中等大，平均重153克，圆锥形，有歧肩或副穗，果粒着生较紧密。果粒小，平均重1.16克，圆形，蓝黑色，果汁淡红色，味酸甜。含糖量17.6%，含酸量1.98%，出汁率73.64%。两性花。酒质中等，淡宝石红色，有类似法国蓝香味，酸度适当，较爽口，回味良好，适于在寒地发展。

2. 农业生物学特性　树势中等。结果早，产量较高，第三年株产即达6.5千克，果枝占新梢总数的95.7%，每果枝平均着生1.75穗。副梢少，易于管理。在吉林公主岭5月7日开始萌芽，6月10日开始开花，8月15日果实开始着色，9月8日果实完全成熟。生长日数125天，活动积温2 533℃。枝蔓成熟良好，抗寒力强，1964—1965年冬在吉林公主岭露地越冬后仍能结果。

（二十）双优

1. 特征特性　吉林农业大学1983年从中国农业科学院特产研究所提供的山葡萄试材中选出，1986年定名。在吉林省集安县有较大面积栽培。

果穗小，平均重92.5～109.8克，圆锥形或带副穗，松散。果粒小，圆形，平均重1.06克，紫黑色，果粉厚，果皮中等厚，果汁紫红色，出汁率61.6%～66.9%，可溶性固形物含量14%～15%，含酸量1.1%～2.3%，味酸，每果粒平均有种子1粒。所酿酒为深宝石红色，具浓厚的果香，酒质中等，柔和，醇厚爽口。

2. 农业生物学特性　果枝率82%～96%，每果枝平均1.9～2.8穗，在集安县于9月上旬成熟。由萌芽至果实充分成熟125～130天。极抗寒，是所有山葡萄品种中产量最高的。

（二十一）媚丽

1. 特征特性　欧亚种。西北农林科技大学葡萄酒学院选育。陕西、山西、河北、宁夏、四川有栽培。

果穗小，单穗平均重187克，最大穗重212克；分枝形带副穗，双歧肩，紧密度中。果粒小，平均重2.1克，最大2.9克，圆形，紫红色，果粉中，果皮厚度中，果肉软，稍有肉囊，微香味，多汁，味甜酸，果梗抗拉力中，每果粒含种子1～2粒，种脐不突出。在杨凌气候条件下，果实可溶性固形物含量18.6%，含糖量168.2克/升，含酸量6.3克/升，出汁率70%。

该品种酿制的干红葡萄酒酒体红宝石色，果香、酒香浓郁，醇和协调，丰满完整，结构感强，典型性好。亦可作为桃红葡萄酒品种。

2. 农业生物学特性 萌芽率为85.2%，结果枝百分率为97.5%，每果枝平均果穗数2.0，在杨凌条件下（1997年），4月11日开始萌芽，5月16日为始花期，5月28日为终花期，花期持续13天，7月10日果实进入转色期，8月21日果实成熟。从葡萄萌芽到果实成熟需要120～140天，活动积温2 600～2 700℃以上。对霜霉病抗性强，较抗白粉病、黑痘病。抗寒性强。适宜在我国华北、渤海湾、西北地区及南方适宜地区种植。

（二十二）霞多丽

1. 特征特性 欧亚种，原产法国。1951年首次从匈牙利引入我国。河北、北京、山东、陕西等省（直辖市）有栽培。

果穗小，平均重110～125克，圆锥形，常带副穗，果粒着生紧密或极紧密。果粒中小，平均重1.3～2.0克，近圆形，黄绿色，果皮中厚，含糖量17%～19.6%，含酸量0.57%～0.88%。

产量中等，成熟过程中糖度增加较快，酸度降低较慢，果实抗黑痘病和白腐病能力中等。所酿的酒呈黄绿色，澄清透亮，果香浓郁，具甜瓜、无花果、水果沙拉的香气，陈酿后可具奶油糖果香及蜜香。味醇和协调，回味幽雅。酒质极佳。该品种适应性广，在法国北部可生产高档干酒和著名的起泡葡萄酒（常用黑比诺及白山坡勾兑）。在最冷凉地区，表现为轻质、辛香及果味特征，在冷凉地区，酒体丰满，复杂，具有长时间陈酿潜力。在温暖的地区，表现为高酒度及浓重的果香。

2. 农业生物学特性 树势弱。果枝率84%～95%，每果枝平均1.5～1.8穗，在陕西关中于9月中旬成熟。由萌芽至成熟需125～130天。

（二十三）雷司令

1. 特征特性 欧亚种。原产德国，起源于莱茵河流域，1892年引

入我国。在山东、山西、陕西、河南等地有栽培。别名白雷司令(WhiteRiesling)、莱茵雷司令。

果穗小，平均重96～122克，圆柱形，有的带有副穗，果粒着生紧密或极紧密。果粒中等大，平均重1.3～1.5克，近圆形，黄绿色，充分成熟时阳面浅褐色，果面有黑色斑点，果皮薄，出汁率75%，含糖量18%～19%，含酸量0.7%～0.88%，味甜，每果粒含种子2～4粒。

酿制的白葡萄酒浅黄绿色，澄清发亮，香气浓郁、复杂，具柑橘类果实的典型香气，醇和爽口，回味绵延，是酿制干白葡萄酒的优良品种。

2. 农业生物学特性　树势中等。果枝率85%～90%，每果枝平均1.7～2.3穗，着生于第四、第五节，较丰产。果实于8月下旬（陕西关中）至9月中旬（山东烟台、辽宁兴城）成熟。由萌芽至果实充分成熟需要140天左右。雷司令含糖量高，在欧洲葡萄品种中抗寒性较强，但果皮薄，易感病。

（二十四）意斯林

1. 特征特性　欧亚种。原产意大利，最早于1892年引入我国山东烟台。在山东烟台、河北、天津、山西、河南、陕西等地有栽培。别名贵人香、意大利雷司令。

果穗小或中等大，平均重150～230克，圆柱形，有副穗，紧密或极紧密，穗梗短。果粒中等大，平均重1.3～2.2克，圆或近圆形，黄绿色，阳面黄褐色，果面有黑色斑点，果皮薄，肉软多汁，出汁率70%～80%，含可溶性固形物16%～23%，含酸量0.5%～0.9%，味酸甜。每果粒有种子3～4粒，种子小，灰褐色，合点大。

酿造的白葡萄酒禾秆黄色，清香爽口，丰满完整，回味绵延，酒质优。意斯林也是酿造起泡葡萄酒和白兰地的优质原料。

2. 农业生物学特性　树势中等。发芽率60%，果枝率73%～80%，每果枝平均1.7～2.1穗。在北京4月中旬开始萌芽，5月下旬开花，7月下旬着色，9月中旬果实完全成熟，从萌芽到果实完全成熟需要140～155天，活动积温3 400℃以上。晚熟品种。适应性强，较抗寒，抗病力中等，幼叶、嫩梢对黑痘病抗性较弱，湿度过大时易感炭疽病。产量中等至较高。

(二十五) 白诗南

1. 特征特性 欧亚种。原产法国的古老品种，远在 845 年已有栽培。1980 年由德国引入我国，1985 年又从法国引入陕西省丹凤县。在山东、陕西、河北、新疆等地有栽培。

两性花。果穗中等大，平均重 280～290 克，圆锥形或单、双歧肩圆锥形，极紧密。果粒中等大，椭圆形，平均重 1.6～1.8 克，黄绿色，充分成熟时金黄色，果皮薄，肉软多汁，糖酸含量较高，含糖量17%～19.3%，含酸量 0.75%～1.3%，味酸甜。是生产干白、甜型和起泡葡萄酒的优良品种。酿造的葡萄酒浅绿黄色，澄清透明，具浓郁的果香和优雅的蜂蜜香气，味醇和协调。

2. 农业生物学特性 丰产，果枝率 70%～80%，每果枝平均 1.6 穗。在陕西关中果实于 9 月上中旬成熟。由萌芽至果实充分成熟需要 140～150 天，为中晚熟品种。树势中庸，较抗寒。抗病力中等。

(二十六) 赛美蓉

1. 特征特性 欧亚种，原产法国。1980 年由德国引入我国。

两性花。果穗中等大，平均重 150～170 克，圆锥形，果粒着生紧密。果粒中等大，平均重 1.7～1.8 克，圆形，黄绿色，果皮中等厚，肉软多汁，含糖量 18%～21%，含酸量 0.7%～0.8%，每果粒有种子 1～3 粒。

酿制的葡萄酒黄绿色，澄清透明，以丰满、馥郁的果香及辛香为特征，味纯、协调、爽口，是生产干白葡萄酒和甜葡萄酒的优良品种。瓶贮陈酿后香气十分复杂。

2. 农业生物学特性 树势中等。果实 8 月中旬至 9 月上旬成熟。由萌芽至果实充分成熟需要 130～140 天，为中熟品种。产量中等或较高，抗病性中等。

(二十七) 缩味浓

1. 特征特性 欧亚种。原产法国。1892 年由西欧引入我国。在山东烟台栽培多年。现在辽宁、北京、山东、山西、宁夏、甘肃和陕西等

地的科研单位及生产也有栽培。别名长相思。

果穗小，平均重132克，圆柱或圆锥形，果粒着生紧密。果粒中等大，平均重1.8克，近圆形，绿黄色，果粉少，皮薄，汁多，味酸甜，有青草味。含糖量17.7%～18.9%，含酸量0.83%～0.94%，出汁率69.5%。每果粒含种子1～2粒，种子与果肉易分离。

所酿之酒浅黄色，果香浓，在法国常与赛美蓉（Semillon）和麝香葡萄（Muscadelle）共酿成著名的索丹（Sartarnes）葡萄酒。适当早采用来酿起泡酒。是典型的具青草香的品种，香气以生青果叶味、青豆、芦笋和热带水果味为特征。是我国有希望发展的良种之一。

2. 农业生物学特性　树势强。结果枝占总芽眼数的45.4%，每果枝结2穗果，着生于第五、第六节。在山东烟台4月中旬开始萌芽，6月上旬开花，8月上旬着色，9月中旬果实完全成熟，从萌芽到果实完全成熟需要148天，活动积温3 000℃。品质较好，产量中等。抗病力弱，但对风土适应性较强。该品种抗性较强，较耐低温，栽培性状一般。

（二十八）琼瑶浆

1. 特征特性　欧亚种。是中欧（德国南部、奥地利及意大利北部）的古老品种。于1892年由西欧引入。在山东烟台栽培多年，现在黑龙江绥棱、辽宁兴城、陕西等地有栽培。

果穗中等大，平均重120克，圆锥形，果粒着生紧密。果粒小，平均重1.67克，近圆形；粉红至紫红色，果粉多，皮中等厚；果肉多汁，味甜。完全成熟时糖分可达20%或更高，一般含糖量12.2%～15.9%。每果粒含种子1～4粒；种子中等大或小，褐色，喙长。为优良的酿造品种，所酿酒果香味浓郁，具荔枝、薰衣草、玫瑰香水味及辛香，酒质极上，唯产量较低。果实有黄色及粉红色两个变种，生产上以粉红色果穗较多。

2. 农业生物学特性　树势较弱。结果枝占总芽眼数的47.3%，每果枝结二三穗果。副梢有结实力。在山东烟台4月中旬开始萌芽，6月上旬开花，7月底着色，8月底果实完全成熟，从萌芽到果实完全成熟需要140天。中晚熟品种。抗病力较强，风土适应性良好。

（二十九）灰比诺

1. 特征特性 欧亚种。原产法国。1892 年由西欧引入我国。在黑龙江绥棱、辽宁兴城和江苏南京等地有栽培。别名灰彼诺、李将军。

两性花。果穗中等大，平均重 267 克，圆柱形，果粒着生紧密。果粒中等，平均重 1.6 克，椭圆形；紫褐色，果粉厚；皮薄，果汁中或多，味甜。含糖量 16%～19.2%，含酸量 0.7%～1.0%。每果粒含种子 1～2 粒；种子较大，与果肉易分离。含糖量高，酸度适中，原酒清香，滋味完整，柔和爽口。能酿制出优质香槟酒、干白葡萄酒。与黑比诺和白比诺搭配可得高贵的酒质。

2. 农业生物学特性 树势中等。结果枝占总芽眼数的 63.1%，每果枝结 2 穗果，着生于第四、第五节。副梢结实力强。果实成熟完全一致。在山东烟台 4 月中旬开始萌芽，6 月上旬开花，7 月底着色，8 月底果实完全成熟，从萌芽到果实完全成熟需要 133 天，活动积温 2 693.3℃。风土适应性较强。但抗病力弱，产量不高。

（三十）白比诺

白比诺是黑比诺的芽变品种，其产量界于霞多丽和黑比诺之间，含糖量和含酸量均较高，除可用于生产起泡葡萄酒外，还可用于生产干白葡萄酒和葡萄汽酒。白比诺表现型的稳定性较霞多丽低。

（三十一）米勒

1. 特征特性 别名，米勒—吐尔高。欧亚种，1892 年瑞士人 Herman Muller 用雷司令与西万尼杂交育成。1980 年初从德国引入我国。河北、北京、天津、陕西等省（直辖市）有栽培。

果穗小，平均重 100 克以上，圆锥形，有副穗，果粒着生紧密；果粒小，平均重 1.4 克，椭圆形，黄白色；果皮中等厚，多汁，含可溶性固形物 18%～21%，含酸量 0.58%～0.7%。

所酿的葡萄酒黄色微带绿，澄清发亮，香气完整，味醇和柔顺，为优质白葡萄酒品种。

2. 农业生物学特性 树势中等。果枝率 85%～94%，每果枝平均 2.5 穗。在陕西关中于 8 月中旬果实成熟。由萌芽至果实成熟需 125～130 天，为早熟品种。抗寒性中等，果实成熟早，但易感染霜霉病与白

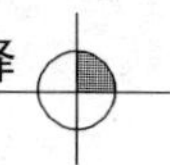

腐病。

（三十二）白玉霓

1. 特征特性 欧亚种。原产法国，1957 年由保加利亚引入我国，20 世纪 80 年代又从德国、法国引入我国。北京、河北、山东、陕西、新疆等省（直辖市、自治区）有栽培。

果穗大，平均重 293～442 克，长圆锥形，有副穗，紧密。果粒中等大，平均重 2.6 克，黄绿色；果皮中厚，肉软多汁，出汁率 70%，含可溶性固形物 15%～18%，含酸量 0.8%～1.2%。除酿造较好的白葡萄酒外，更是加工白兰地的优质原料。

2. 农业生物学特性 树势强。每果枝平均 1.8 穗。在陕西杨凌（关中地区）于 8 月下旬至 9 月上旬果实成熟。萌芽至果实充分成熟需要 140～150 天。丰产，抗寒，抗病性较强。

（三十三）小白玫瑰

1. 特征特性 别名，白布苏依奥卡、塔米扬卡。欧亚种。原产地中海东部沿岸，是 Muscat 系统中最古老的品种之一。最早由日本引入我国，1955 年又从罗马尼亚引入我国。世界葡萄主产国均有栽培。我国东北、西北、华北和华东等地有栽培。

果穗中等大，平均重 300 克，长 17.3 厘米，宽 11.3 厘米，圆柱形带副穗，果粒着生极紧密。果粒中等大，平均重 2.8～3.6 克，纵径 18 毫米，横径 17 毫米，近圆形，绿黄色，皮薄，果肉多汁，肉质中等，味甜。有浓郁的玫瑰香味。含糖量 20%，含酸量 0.5%～0.77%，出汁率 78%。适于酿白甜酒，酒质优良，果香和酒香浓郁，酒体醇厚。

2. 农业生物学特性 树势中等。结果枝占总芽眼数的 44.7%，每果枝多结两穗果，分别着生于第四、第五节或第五、第六节。副芽结实力强，副梢结实力中等。在山东济南 4 月上旬开始萌芽，5 月中旬开花，7 月上旬着色，8 月中旬果实完全成熟，从萌芽到果实完全成熟需要 135 天。产量较高，抗病力弱，易受白腐病为害。喜高温干燥，对土壤要求不严，山地、平地均宜，棚、篱架整枝均可。

（三十四）白佳美

1. 特征特性 别名，白格美。欧亚种。1957 年由保加利亚引入我国。在辽宁兴城有栽培。

果穗小，平均重 253 克，圆柱形，果粒着生极紧密。果粒中或小，平均重 137 克，卵圆形，绿黄色，果粉薄，皮薄，肉质软，多汁，味酸甜，含糖量 21.2%，含酸量 0.75%。种子中等大，每果粒含种子 2～3 粒，种子与果肉易分离。

2. 农业生物学特性　树势中等。结果枝占总芽数的 31.6%，结果系数为 1.4。副芽结实力强，副梢结实力中等。在辽宁兴城 4 月 26 日开始萌芽，6 月 7 日开始开花，8 月 13 日果实开始着色，9 月 25 日果实完全成熟。生长日数为 153 天，活动积温为 3 312.5℃。8 月 21 日新梢开始成熟。产量较高，抗病力较弱。

（三十五）爱格丽

1. 特征特性　欧亚种。西北农林科技大学葡萄酒学院选育，1998 年审定通过。陕西、甘肃、山西、河北、宁夏有栽培。

果穗中等大，平均重 180～220 克，分枝形带副穗，紧密度中。果粒中等大，平均重 2.5 克，圆形，绿黄色，果皮中等厚，果粉中，汁黄绿色，有玫瑰香味。适合酿造干白葡萄酒和甜型葡萄酒，酒禾秆黄色，澄清、爽口，具热带水果香味，香气浓郁，口味醇和协调，酒体丰满。

2. 农业生物学特性　树势强。果实于 8 月中下旬成熟（陕西杨凌），萌芽至果实成熟 120～130 天，中熟。一年生成熟枝条浅红色。果实可溶性固形物含量 18.0%～22.0%，含酸量 0.63%～1.10%，出汁率 67.0%。对霜霉病、白粉病和黑豆病的抗病性强。

二、制汁品种

（一）康可

1. 特征特性　别名康克、黑美汁。美洲种，原产北美，是从野生的美洲葡萄（Vitis Labrusca）实生苗中选出的。1963 年从日本引入中国。

果实着生中等紧密，平均粒重 2.3～2.8 克，近圆形，蓝黑色，果粉厚，有肉囊，出汁率 70%左右，可溶性固形物含量 15%，含酸量 0.65%～0.9%。由它制成的葡萄汁，紫红色，甜酸，具浓郁的美洲种

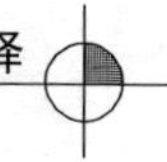

香味，适合欧美人士口味。康可是加工出口高级葡萄汁的良种。为世界上有名的制混汁的优良品种。

2. 农业生物学特性　植株生长势较强。结果枝百分率高，每一结果枝的平均果穗数在2穗以上，较丰产。从萌芽到果实充分成熟的生长日数为130～135天，活动积温为2 800～2 900℃，在北京8月中旬、兴城9月上旬成熟，为中熟品种。适应性强。抗寒、抗病、抗湿能力均强，不裂果，无日烧，易于栽培。宜篱架栽培，中短梢修剪。

（二）康早

1. 特征特性　别名康拜尔早生。美洲种，原产美国，1937年引入我国。沈阳和南方一些地方有栽培。

两性花。果穗中等大，平均重154克，圆锥形，带副穗，紧密。果粒大，平均重4.2克，近圆形，紫黑色；果皮厚，肉软，多汁，有肉囊；出汁率30%，含可溶性固形物13.8%，含酸量0.67%，味酸甜，有很浓的美洲种味。葡萄原汁紫红色，味酸甜，新鲜适口，回味深长，品质较佳，稳定性良好。

2. 农业生物学特性　树势中庸。果枝率90.5%，每果枝平均1.7穗。在上海市，果实8月上中旬成熟。由萌芽至果实充分成熟需要132天，为中熟品种。抗寒、抗病、抗湿力强，产量高而稳定。

（三）黑贝蒂

1. 特征特性　欧美杂交种。果穗中等大，平均重263克，圆锥形，带副穗，松散。果粒大，平均重3.6克，近圆形，紫红色，果皮中等厚；含可溶性固形物14.4%，含酸量0.66%，味酸甜，有肉囊，具美洲种味，每果实有种子2～5粒。果汁紫红鲜艳，均匀混浊，少有果肉沉淀，味酸甜爽口，具有该品种香味，是优良的制汁品种。

2. 农业生物学特性　树势中庸。果枝率85%～90%，每果枝平均2.2穗。在河南郑州8月上旬果实成熟，为早熟品种。抗寒、抗病力强，产量较高，一年生成熟枝条红褐色。

（四）蜜而紫

1. 特征特性　别名蜜紫。欧美杂交种。原产美国。1870年用玫瑰香×Creveling杂交育成。1936年由日本引入我国。在黑龙江绥棱、齐齐哈尔、哈尔滨，吉林公主岭，辽宁鞍山、兴城，河北昌黎，陕西武功、眉县，安徽合肥，山东青岛，湖北武汉和江苏南京等地的科研单位有栽培。

果穗中等大，平均重310克，圆锥形，间或带大副穗，果粒着生极紧密。果粒大，平均重3.2～3.8克，椭圆形；黑紫色，果粉厚，皮极厚，果肉透明，味甜，有玫瑰香味，含糖量21%～23%，含酸量0.4%～0.7%，出汁率60%。种子大，每果粒含1～3粒，以2粒较多。为较好的生食和制汁品种。

2. 农业生物学特性 树势中等。结果枝占总芽眼数的40.7%，结果系数为1.66，第一、第二果穗分别着生于第五、第六节。副芽、副梢结实力均中等。果实成熟一致。在河北昌黎4月18日萌芽，9月6日果实成熟，生长日数142天，活动积温3 200℃。丰产。抗病力强，适于多雨地区栽培。棚架、篱架整枝均可。不耐贮藏，采后贮10天左右即开始落粒。其主要特征是果穗极紧密，果皮特厚、韧，有草莓香味。

（五）卡托巴

1. 特征特性 美洲种。原产美国。在北京，黑龙江绥棱，山东济南、青岛、泰安，江苏南京，湖北武汉和陕西等地的科研单位有栽培。

果穗小，平均重150克，圆柱或圆锥形，带副穗，果粒着生中等紧。果粒大，平均重2.7克，椭圆或卵圆形；紫红色，果粉中等厚；皮中等厚；果肉有肉囊，透明，味酸甜，有草莓香味。含糖量18%，含酸量0.9%，出汁率72.6%。种子大，每果粒含种子2～3粒，种子与果肉难分离。为生食和制汁品种。

2. 农业生物学特性 树势强。结果枝占总芽眼数的47.9%～57.0%，每果枝结二三穗果，也有四穗果的，分别着生于第三、第四、第五、第六节。副芽结实力强，副梢结实力中等。在北京地区，从萌芽至果实完全成熟需要170天，活动积温3 650℃。产量中等，品质较好。抗病、抗旱、抗寒、抗涝力均较强，唯有轻微的黑痘病。

（六）蜜汁

1. 特征特性 欧美杂交种。原产日本，是泽登晴雄以奥林匹亚为母本、以弗雷多尼亚四倍体为父本杂交育成。1981年引入我国。东北、

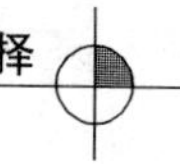

河北、北京等地有栽培。

果穗中等大，平均穗重250克，圆锥形或圆柱形。果粒着生中等紧密或紧密，平均粒重7.73克，扁圆形，红紫色，果皮厚，肉质较软，有肉囊，果汁多，味酸甜，具美洲种味，可溶性固形物含量17.6%，含酸量0.61%，品质中上等。蜜汁为优良的制汁品种，生食风味亦佳。中国各地均可试栽。

2. 农业生物学特性　植株生长势中等或较弱。结果枝百分率中等，产量中等。从萌芽到果实充分成熟的生长日数约130天，在北京8月中旬成熟，为中熟品种。适应性强。抗寒、抗湿、抗病能力均强，不裂果，无日烧。宜篱架栽培，中短梢修剪。副梢萌发力不强，易于管理。

（七）玫瑰露

1. 特征特性　别名低拉注。欧美杂交种。原产美国。1937年由日本引入我国。是日本的主栽品种，栽培面积约占其总面积的40%。在我国的一些科研生产单位有零星栽培。

果穗小，重108～150克，圆柱形或圆柱圆锥形，副穗大。果粒着生紧密，粒重1.33～1.8克，近圆形，玫瑰红色，皮中等厚，肉软汁中，有肉囊，味浓甜，有草莓香味，可溶性固形物含量18.4%～20.4%，含酸量0.55%～0.69%。品质中上等。玫瑰露除鲜食及制汁外，还可酿制甜白葡萄酒，也是葡萄酒的调味调香品种。日本山梨县发现玫瑰露四倍体品种（芽变），果穗平均重200克，粒平均重4克，产量提高。

2. 农业生物学特性　植株生长势较弱。结果枝占芽眼总数的42.0%～53.2%，每一结果枝的平均果穗数为2.6～3.2穗，副梢结实力弱。产量较低。从萌芽到果实充分成熟的生长日数为133～145天，活动积温为2 912.7～3416.9℃，在北京8月下旬至9月上旬成熟。为中熟品种。适应性强，抗寒、耐湿，抗白腐病能力强，无日烧，稍有裂果。宜篱架栽培，中短梢修剪。经赤霉素处理可形成无核果，果粒果穗增大。

（八）紫玫康

欧美杂交种。果穗圆锥形，平均穗重102.1克，果粒重3.7～4.3

克，果皮紫红色，果肉柔软多汁，有肉囊，含糖量 14%，含酸量 1.26%，味酸甜，有玫瑰香味，稍涩，鲜食品质中下，产量中等。出汁率 73%。汁紫红色，果香味浓、酸甜适口，风味醇厚，有新鲜感，汁液超过黑贝蒂，是我国南方制汁的优良品种。

（九）柔丁香

1. 特征特性 别名安尔威因。似欧美杂交种。在河北、陕西、辽宁等地有少量栽培。

果穗中等大，平均重 230 克，果粒着生疏。果粒中等大，椭圆形；绿黄色，果粉厚，果皮中等厚，稍有肉囊，味甜，草莓香味浓，含糖量 17.2%。为优良的制汁品种，生食品质也较好，香气浓郁。

2. 农业生物学特性 树势中等。每果枝结两穗果，着生于第四、第五节。果实成熟一致，成熟前不易落粒。在辽宁兴城 5 月初开始萌芽，6 月上中旬开始开花，新梢于 8 月上旬开始成熟，9 月上旬果实开始成熟。生长日数为 130 天左右。产量中等。抗黑痘病强。适应性强，容易栽培，在夏季多雨地区栽培表现好。宜及时采收，不能存放，否则果粒易萎缩。

（十）尼力拉

1. 特征特性 别名奈格拉、绿香蕉。欧美杂交种。原产美国。是康可×Cassady 杂交种。在我国东北、华北、华东、华中、西北和西南等地均有栽培。

果穗中等大，平均重 209 克，圆柱形，或带小副穗，果粒着生密或中等紧密。果粒中等大，平均重 1.9 克，近圆形；浅黄绿色，果粉中等厚，皮中厚，果肉多汁，软，味甜，有草莓香味，含糖量 16%，含酸量 0.6%，出汁率 60.5%。每果粒含种子 1～4 粒，以 2 粒较多；种子中等大，褐色。为生食与制汁兼用品种。

2. 农业生物学特性 树势中等。结果枝占总芽眼数的 64.8%，每果枝多结两穗果，分别着生于第四、第五节。副梢结实力强，副芽结实力弱。果实成熟一致。在辽宁兴城 5 月 3 日萌芽，9 月 7 日果实成熟，生长日数 128 天，活动积温 2 664.0℃。品质较好，产量较高，抗病、抗湿力强，易于栽培。在东北中部、北部表现良好，适于多雨地区

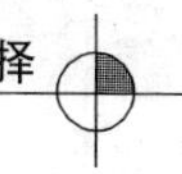

栽培。

三、制干品种

（一）无核白

1. 特征特性 别名阿克基什米什。欧亚种。原产中亚和近东一带。约3世纪中叶传入新疆。我国栽培面积最多的是新疆吐鲁番地区和塔里木盆地，其他地区有少量栽培。

两性花。果穗中或大，平均重210～360克，长圆锥或歧肩圆锥形，中紧。果粒中等大，平均重1.4～18克，椭圆形，黄绿色；果皮薄，肉脆，汁少，含可溶性固形物21%～24%，含酸量0.4%～0.8%，味酸甜。制干率23%～25%，无种子。无核白皮薄，肉脆，无籽，含糖量高，是全世界生产葡萄干的最主要品种，约占新疆葡萄种植面积的40%，也是品质极佳的鲜食、制罐品种。在干旱少雨，热量充足，年活动积温在3 500℃以上的地区能生产出优质葡萄干。值得一提的是，当前甚为重视推广的青提，原名也是Thompson Seedless（无核白），粒重7克左右，显著大于我国栽培的无核白。

2. 农业生物学特性 树势强。果枝率36%～47%，每果枝平均1.2穗。在吐鲁番盆地，果实于8月下旬充分成熟。由萌芽至果实充分成熟需要140天左右，为中熟品种。一年生成熟枝条浅褐色。抗病性及抗寒性差。

（二）无核红

1. 特征特性 别名无核紫、马纽卡。欧亚种，东方品种群。原产中亚。1870年传入欧洲。1937年引入我国。现在新疆各地均有栽培。

两性花。果穗大，平均重655克，圆锥形，果粒着生中等紧密。果粒中等大，平均重2.4克，椭圆形，黑紫色，果粉薄，果皮薄，果肉黄白色，脆，味甜，汁中多，含糖量24%，无种子。为优良的制干与生食品种，品质极上。

2. 农业生物学特性 树势极强。结果枝占总芽眼数的34.4%，结果枝少，每果枝结一穗果，着生于第五节。在河北昌黎4月22日萌芽，8月18日果实成熟，生长日数为119天，活动积温2 500℃。

产量较高。果实耐贮运。进入结果期晚。适于干旱高温地区栽培，在多雨地区易得黑痘病及白腐病，产量很低。喷波尔多液过重易发生药害，浓度以200～240倍石灰少量式波尔多液较安全。适于棚架整枝。

（三）无核白鸡心

1. 特征特性 欧亚种。是Goid×Q25-6杂交育成。1983年从美国加利福尼亚州引入。在我国东北、华北、西北等地均有栽培，表现较好，很有发展前途。

果穗圆锥形，平均穗重829克，最重1 361克，果粒着生紧密。果粒长卵圆形，平均粒重5.2克，最大重9克。用赤霉素处理可达10克。果皮黄绿色，皮薄肉脆，浓甜，含可溶性固形物16.0%，含酸0.83%。微有玫瑰香味，品质极佳。是适合华北、西北和东北地区发展的大粒无核，是鲜食和制罐的优良品种。

2. 农业生物学特性 树势强，枝条粗壮。结果枝率74.4%，每个结果枝着生1～2穗果穗，双穗率达30%以上。3年生株产12.8千克。丰产。果实成熟一致，抗霜霉病强，易染黑痘病。在辽宁省朝阳地区5月上旬萌芽，6月上旬开花，8月中旬成熟。在沈阳地区9月上旬成熟。该品种果粒着生牢固，不落粒、不裂果。

（四）牛奶

1. 特征特性 别名马奶子、宣化葡萄、白牛奶。欧亚种。原产中国。在河北宣化为主栽品种，新疆吐鲁番也有大面积栽培。

果实黄绿色。果粒大，长椭圆形。果穗大，圆锥形。果皮薄，果肉多汁，脆甜爽口，无香味。

2. 农业生物学特性 晚熟品种。品质上等。抗病性较弱，易患黑痘病、白腐病和霜霉病。有裂果现象，不耐贮运。

（本节撰稿人：张振文）

第三节 抗性砧木

一、山葡萄

山葡萄原产我国东北及前苏联远东等地，属东亚种群，是培育抗寒

砧木的良好亲木，果实可酿酒。

植株生长势强，抗寒力特强，是葡萄属抗寒性最强的种，枝条可耐－50～－40℃低温，根系可抗－16～－15℃低温；不耐盐碱，较耐瘠薄；不抗线虫与根瘤蚜，不抗根癌病。扦插发根力差，生根较困难。实生苗发育缓慢，根系不发达，须根少，移栽成活率较低，制约了山葡萄砧木的应用。与巨峰系多数栽培品种嫁接亲和力有一定问题，“小脚”现象严重。

二、贝达

贝达原产美国，亲本为河岸葡萄×康可，原产美国。植株生长势强。抗寒力强，根系能抗－12.5℃的低温，抗旱性中等，耐盐性中等，耐石灰性土壤中等。我国东北、西北、华北地区主要用做抗寒砧木。扦插生根容易，与多数品种嫁接亲和力好，有明显“小脚”现象。在东北、西北和华北地区主要用作抗寒砧木。近年来发现很多母树已感染扇叶病、卷叶病、斑点病、栓皮病等病毒病。在西北部分地区表现黄化较重。

三、SO4

原名 Selection Oppenheim No. 4，SO4 原产德国，亲本为冬葡萄和河岸葡萄。抗根瘤蚜，高抗根癌病，抗根结线虫，抗旱性较强，耐湿性强，很耐酸，耐石灰性土壤（活性钙含量达 17%～18%），耐缺铁失绿症，耐盐能力可达 0.32%～0.53%，根系耐低温－9℃。抗真菌病害很强。长势旺盛，根系发达，初期生长极迅速。产条量大，易生根，利于繁殖。嫁接状况良好，有明显“小脚”现象。SO4 对磷具有良好的吸收能力，对镁吸收能力较差。接穗品种早结果，促进果实成熟。

四、5BB

5BB 原产奥地利，源于冬葡萄实生。抗根瘤蚜能力极强，对根结线虫有较强抗性，抗旱性强，耐湿性较强，耐石灰性土壤（活性钙含量达 20%），耐盐性较强，耐盐能力达 0.32%～0.39%，耐缺铁失绿症较强，根系可忍耐－8℃的低温。抗真菌病害强。长势旺盛，根系发达，入土深，生活力强，新梢生长极迅速。产条量大，易生根，利于繁殖，嫁接状况良好。有明显“小脚”现象。

五、5C

5C原产法国，亲本为冬葡萄×河岸葡萄。具有5BB的许多特性。抗根瘤蚜，抗线虫病，抗旱，耐寒，耐湿，耐石灰性土壤能力强。长势中等旺盛，根系分布中深，新梢生长快。扦插生根能力中等。嫁接品种早熟，着色好，糖度高。嫁接状况良好，有明显“小脚”现象。

六、420A

420A亲本为冬葡萄×河岸葡萄。抗根瘤蚜，较耐湿，耐石灰性土壤（活性钙含量20%），对线虫有一定抗性，耐缺铁失绿症。生长势弱，喜肥沃土壤，不适应干旱条件。扦插生根率为30%～60%。与欧亚种品种嫁接亲和力好，“小脚”现象不严重。可提早成熟。

七、110R

110R原名110Richter，亲本为冬葡萄×沙地葡萄。极抗根瘤蚜，抗线虫中等，抗旱，耐石灰性土壤（活性钙含量17%）。生长势旺盛。生根率中等，田间嫁接效果良好，室内床接效果中等。产枝量相对较少。与多数品种嫁接亲和力良好。110R对磷具有良好的吸收能力，对镁吸收能力较弱。

八、140Ru

140Ru原名140Ruggeri，亲本为冬葡萄×沙地葡萄，原产意大利。根系抗根瘤蚜，但可能在叶片上面携带有虫瘿，抗线虫较强，耐石灰性土壤（活性钙含量可达20%），抗旱性中等，不耐湿，较耐酸。140Ru生长势极旺盛。插条生根较难，田间嫁接效果良好。

九、41B

欧美杂交种，是欧亚种葡萄沙斯拉和美洲种群冬葡萄的杂交种，原产

法国。抗根瘤蚜，极耐石灰性土壤（活性钙含量可达40%，在雨季有所降低），不抗线虫，抗旱性较强，不耐湿，不耐盐。易感霜霉病。生长势中等，生长周期短。嫁接树初期生长缓慢，但成龄树坐果好、产量高。生根率15%～40%。生根缓慢或困难，降低了床接的成功率，但田间嫁接效果良好。

十、3309C

3309C原名3309 Couderc，亲本为河岸葡萄和沙地葡萄，原产法国。抗根瘤蚜性能优良，抗根癌病也强，根系抗寒力中等，耐石灰性土壤中等（活性钙含量11%），耐盐力中等，当盐分大于0.3%时易受害。抗旱性中等，不适合潮湿、排水不良的土壤。在产量过高的幼龄黏土葡萄园有缺钾的倾向。生长势中庸，在土层深厚肥沃、湿润的土壤中生长势较旺盛。易生根，易嫁接，“小脚”现象较轻。

十一、101-14

101-14亲本为河岸葡萄和沙地葡萄，原产法国。抗根瘤蚜能力强，抗根癌病中等，抗线虫病中等，耐湿性好，较耐寒；抗旱能力弱，耐石灰性土壤能力弱（活性钙含量7%）。生长势中等，根系浅，扦插发根能力中等，嫁接容易，嫁接亲和力好，有“小脚”现象。嫁接品种早熟，着色好，品质优良。适于在微酸性土壤中生长。对钾吸收能力较好，而对磷吸收能力差。

十二、99R

99R原名99Richter，亲本为冬葡萄和沙地葡萄。根系对根瘤蚜有较好的抗性，但叶片常携带虫瘿，对线虫稍有抗性，耐石灰性土壤（活性钙含量17%），不耐盐，较抗干旱。生长势旺盛，发枝量中等。常推迟成熟，不适于生长期短的地区利用。与多数品种嫁接亲和力良好。

十三、1103P

1103P原名1103Paulsen，亲本为冬葡萄和沙地葡萄，原产意大利。抗根瘤蚜，较抗旱，耐石灰性土壤（活性钙含量17%～18%），耐湿，对盐抗性达0.5%。生长势旺，生根和嫁接状况良好，产枝量中等。

十四、道格里吉

道格里吉原名Dog Ridge，别名狗脊，原产美国。抗根瘤蚜中等，抗线虫能力良好，耐石灰性土壤中等，较抗旱，耐瘠薄土壤。道格里吉生长势极旺盛，气生根较多，扦插极难生根。常应用于疏松、沙质、可灌溉的土壤。该砧木对酿酒、制干品种影响良好。

十五、8B

8B原名8B Teleki，亲本为冬葡萄和河岸葡萄。较抗根瘤蚜，抗旱性强，比5BB抗旱，但仍低于冬葡萄和沙地葡萄杂种的抗旱能力，抗线虫，土壤中石灰含量大于17%时有缺绿症状。生长势中等，根系中深，产条量大，不易生根，嫁接状况良好。8B能提高接穗品种品质，提高糖度，着色良好，促进早熟。

十六、5A

5A亲本为冬葡萄和河岸葡萄，原产意大利。5A属多抗性砧木。高抗根瘤蚜，抗旱性强，对石灰性土壤耐性强，根系可抗−8.7℃低温，对根癌病抗性较差。

十七、和谐

和谐原产美国。抗根瘤蚜和线虫能力较强，抗根癌病强，根系抗寒力中等（−8℃）。该品种生长势中庸，扦插生根容易，嫁接亲和性良好。在美国适用于作鲜食品种砧木，特别适宜作制干无核品种的砧木。

十八、抗砧3号

中国农业科学院郑州果树研究所2009年育成，亲本为河岸580×SO4。极抗葡萄根瘤蚜，抗根结线虫，抗病性强，对土壤的适应性强；植株生长势强，枝条生长量大，嫁接亲和力强。

（本节撰稿人：赵胜建）

第四章

葡萄优质苗木繁育技术

葡萄的繁殖方法分为无性繁殖（营养繁殖）和有性繁殖。有性繁殖是播种受精的种子而发育成新的植株，称之为实生苗。实生苗具有非常大的变异，不能保持亲本品种的优良特性，而且进入结果期晚。因此，有性繁殖除了用于杂交育种外，现在已很少在苗木生产上使用。无性繁殖是用某一品种植株的营养器官繁育成新的植株，称为营养苗或无性苗。营养苗不仅能保持母本品种的优良特性，而且进入结果期早。所以在葡萄生产上都采用无性繁殖。营养苗可进一步分为自根苗和嫁接苗。近年来，采用组织培养技术繁育的组培苗（包括脱毒苗）也属于无性繁殖的营养苗。本章只论述葡萄苗木的无性繁育技术。

第一节　自根苗繁育技术

一、硬枝扦插育苗

（一）插条准备

选择品种纯正、植株健壮、无病虫害的采穗母株，在秋冬季修剪时剪取充分成熟、节间长度适中、直径在8～13毫米、芽眼饱满的枝条为繁殖的种条，剪除副梢、卷须，将种条6～8节截为一段，50～100根为一捆，用绳捆好，并系上品名标签，防止混杂。剪取的种条要及时用湿沙暂时培在阴凉的地方，待土壤结冻时进行贮藏。

（二）扦插种条贮藏

贮藏种条可以采用沟藏，也可利用冷藏库、果菜窖、山洞贮藏。冷藏库、果菜窖或山洞贮藏便于贮藏期间的检查和管理。无论采取何种贮藏方式，贮藏环境温度应保持在1～3℃、相对湿度保持在95%以上。

沟藏的方法：选择背风向阳、地势稍高地段挖贮藏沟，沟深1.5～2.0米，沟宽1.5米左右，沟长根据种条数量多少而定，贮藏沟的四周要挖好排水沟，以防雪水、雨水灌入贮藏沟内。当气温降至－5℃时进行贮藏。将种条用5波美度石硫合剂或多菌灵500～800倍液浸泡3～5分钟后，取出阴干。在挖好的贮藏沟底平铺10～15厘米厚的过筛河沙，沙子湿度以手握沙子能成团、振动能散开为宜（绝对含水量为6%～7%），然后水平摆上成捆的种条，在种条捆与捆之间及种条与种条之间，都要用湿沙填充。每层成捆的种条上面应铺5～10厘米厚的湿沙。最后一层种条距地面20～30厘米时，在种条上面覆盖一层10厘米厚的湿沙，然后回填沟土，回填土应高出地面20～30厘米。回填土前，每隔1～2米插一个秫秸把作为通气孔。早春温度回升后，要及时撤除覆盖的土和沙子，取出种条，以防种条霉烂。

（三）种条剪截

2～3月（根据不同地区的气候条件以及育苗条件而定）将种条从贮藏场所取出，在插条催根前30天左右，将种条一层层取出，按每插条留3～4个芽眼（20～25厘米）剪截，同时剔除基部芽眼。上端剪口距芽1厘米平剪，下端靠近芽1厘米处斜剪成马蹄形。剪后每30～50根蹾齐捆成一捆。

（四）催根处理

将剪好的种条，放入清水中浸泡12～24小时。用酒精溶解萘乙酸或吲哚丁酸，加水稀释成50～100毫克/千克。倒入平地大水池中。把经水浸泡后的种条基部理齐，一捆捆立放在药池中，药液浸没插条基部5～6厘米，浸泡12～24小时。也可将ABT生根粉用酒精溶解后，加水稀释至100～200毫克/千克，浸泡插条基部8～12小时。

选择背阴处，在火炕或温床上均匀平铺5～6厘米的湿河沙或锯末，将用清水浸泡和药剂处理过的插条，一捆挨一捆立放排好，插条间隙用湿沙或锯末填充，厚度8～10厘米，加温催根，使插条基部温度保持在25～28℃，不超过30℃为宜，过干时补水。经过15～20天，插条基部即可形成愈伤组织，生出白色幼根，此时要停止加温，使插条锻炼3～

5天备用。

（五）扦插与管理

在选好的育苗地，按每亩施腐熟有机肥4 000千克，翻入25厘米左右土层，耙平做垄，覆黑色地膜。采用大垄双行扦插苗，垄宽60～80厘米，高10～15厘米，每垄小行距25～30厘米，株距15～20厘米。待地膜下20厘米土层温度达10℃左右时开始扦插。先用扎眼器按一定的行株距在垄背上扎好插条孔，把催好根的插条插入孔中，顶芽要露在地膜外，一致朝南，用沙土封孔，灌足底水。

每株小苗选留一条健壮的新梢，新梢长到25～30厘米时，要及时插竹竿或拉细铁丝引绑。在立秋前后，对苗木新梢进行摘心，顶部1～2个副梢留2片叶反复摘心，促进苗木加粗和枝蔓成熟。

二、压条繁殖育苗

压条繁殖是把未脱离母体的枝条压入土中，待生根后再与母体分离，成为独立的植株。在脱离母体前，所需养分和水分均由母体供应。压条繁殖的苗木，成苗率高，生长快。压条繁殖育苗的目的主要有两个：一是补植缺株；二是少量繁殖苗木。

（一）新梢压条法

用于压条的新梢长至1米左右时，进行摘心并水平引缚，以促使发生副梢。副梢长约20厘米时，将新梢平压于深15～20厘米的沟中，上覆10厘米厚的土，待副梢半木质化，高50～60厘米时，用土将压条沟填平。夏季对压条副梢进行搭架，立秋前后对新梢进行摘心。秋末冬初起出压下的枝条，与母体分割后，剪成若干带根的苗木。

（二）二年生枝压条法

春季葡萄出土萌芽前，将植株基部留做压条的一年生枝条平放于地表，待其上萌发的新梢高15～20厘米时，再将母枝平压于沟中，露出新梢。如果是不易生根的品种，在压条前先将母枝的每一节进行环割或环剥处理，以促进生根。压条后，先浅覆土，待新梢半木质化后逐渐培土，以利增加不定根数量。秋末冬初将压下的枝条挖出，与母体分割后，剪成若干带根的苗木。

（三）多年生枝压条法

在中国一些葡萄老产区，也有用压老蔓的方法更新葡萄园和育苗。压老蔓多在冬季修剪时进行。先挖20～25厘米的深沟，将老蔓平压于沟中，其上1～2年生枝蔓露出沟面，再覆土越冬。在第二年老蔓生根过程中，分2次或3次切断老蔓，促发新根。秋末冬初挖出老蔓，剪成若干带根的苗木。

第二节　嫁接苗繁育技术

一、嫁接苗的特点及应用

嫁接苗是由接穗和砧木两部分组成，能发挥各自的优点。接穗采自性状稳定的优良品种或无性系，因而能保持接穗品种的优良性状；利用砧木的各种抗性，可增强接穗品种的抗旱、寒、涝、盐碱和病虫的能力，以扩大葡萄的栽培范围。如在我国北方采用抗旱和抗寒力强的砧木，可大大提高欧洲葡萄的越冬能力；发生或可能发生葡萄根瘤蚜的地区，可采用抗根瘤蚜的砧木繁殖苗木，以避免造成葡萄园的毁园。

二、嫁接时期和方法

（一）绿枝嫁接法

1. 砧木选择与扦插　根据建园地区的气候和土壤条件，选用合适的砧木品种，种条采集与贮藏、插条剪截、扦插前处理及扦插同本章第一节。扦插后要加强肥水管理，用0.1%～0.3%尿素进行叶面喷肥5～6次。

2. 嫁接时间　砧木和接穗均达到半木质化时开始嫁接。

3. 接穗选择与采集　从品种纯正、生长健壮、无病虫害的葡萄植株上采集，苗圃附近可随采随接，外地采集的接穗要及时将剪下的绿枝叶片去掉，用湿毛巾包好，快速运到目的地嫁接。接穗过多时，要将多余的接穗放入3～5℃冰箱或地窖保存。

4. 嫁接方法　采用劈接嫁接。先将接穗用锋利的芽接刀或刀片在每个接芽节间断开，芽上留1～2厘米，放在凉水盆中保存。嫁接时，

在砧木基部留3～4片叶子，在节上4～5厘米处截断，去掉砧木上的腋芽眼，在断面中间垂直劈开，长2.5～3厘米。选用与砧木粗度、成熟度相近的接穗，在芽下两侧削成长2.5～3厘米的楔形斜面，斜面刀口要平滑。削好的接穗立即插入砧木的切口中，使两者形成层对齐。用1～1.5厘米宽的薄塑料条，从砧木接口下边向上缠绕，只将芽露出外边，一直缠到接穗的上刀口，封严后再缠回下边打个活结即可。嫁接后，及时灌透水，一周内保持土壤水分充足，地面潮湿。

5. 嫁接苗管理　嫁接后，应及时、多次除掉砧木上的萌蘖，保证嫁接苗迅速生长。在嫁接后30天左右，新梢迅速生长期，应及时将接口处的塑料条解开或去除，防止塑料条影响苗木生长。同时，在苗木迅速生长期，恰逢北方地区的雨季，嫁接苗容易感染各种病害，要及时喷施药剂和搭架。

6. 优质绿枝嫁接苗的培育　在北方大部分地区，由于无霜期较短，为了培育优质绿枝嫁接苗，可以提前将砧木和接穗扦插于温室或塑料小拱棚内，以提早嫁接时间，延长苗木的生长期。

也可以将去年繁育的砧木苗提前定植于露地或温室内，当粗度和木质化程度达到绿枝嫁接的要求时，进行绿枝嫁接。

（二）硬枝嫁接法

1. 枝接法

（1）*砧木及接穗的采集、贮藏*　根据建园地区的气候和土壤条件，选用相应的砧木品种。选品种纯正、植株健壮、无病虫害的丰产母株，在冬剪时剪取充分成熟、节间适中、芽眼饱满的枝条作接穗，采集与贮藏同本章第一节。

（2）*砧木及接穗的剪截*　选粗度相近的枝条，用清水浸泡24小时后剪截。接穗在饱满芽上方1～2厘米处平剪，在芽下方4～5厘米处平剪。砧木枝条在顶芽的上方4～5厘米处平剪，下端在砧木节附近1厘米处斜剪。

（3）*嫁接方法*　采用劈接法嫁接。砧木长25～30厘米，接穗长5厘米左右，嫁接前接穗进行蘸蜡处理。在砧木上断面中间垂直劈开，长2.5～3厘米。选用与砧木粗度相近的接穗，在芽下两侧削成长

2.5～3 厘米的楔形斜面，斜面刀口要平滑。削好的接穗立即插入砧木的切口中，使两者形成层对齐，如果砧木和接穗粗度不一致，至少保证一侧的形成层对齐。用 1～1.5 厘米宽的薄塑料条将接口部分包严。

（4）扦插与管理　同本章第一节。

（5）土肥水管理　当新梢长度达 10 厘米以上时，每隔 5～7 天用 0.1%～0.3%尿素进行叶面喷肥，追施尿素及磷酸二铵各一次，每次每亩施用 15 千克，追肥后灌水；8～9 月叶面喷施 0.3%磷酸二氢钾 5～6 次，或根施其他复合磷钾肥，每亩施肥 15～20 千克，追后灌水。生长季节要经常除草和灌水，保持土壤疏松。同时，当新梢长至 40 厘米以上时，要及时搭架。

2. 就地硬枝劈接法　也可利用去年未出圃的砧木苗，于翌年早春伤流期过后，就地硬枝嫁接。嫁接方法同枝接法。

第三节　组织培养繁育技术

一、组织培养技术概述

植物组织培养（plant tissue culture）也称为离体培养（culture in vitro），是指在无菌条件下，将植物体的离体器官（根、茎、叶、花、果实、种子等）、组织（形成层、花药组织、胚乳、皮层等）、细胞（体细胞和生殖细胞）以及原生质体，置于人工培养基上，在适宜的培养条件下，使其长成完整植株的过程。该技术已应用于苗木快繁、脱毒、育种、种质资源保存、次生代谢物生产等多个领域。葡萄组织培养技术研究开始于 1944 年，1978 年 Kurl 从杂种葡萄花药愈伤组织上诱导出大量不定胚，并在美国马里兰州建立了世界上第一个组培苗葡萄园。1979 年曹孜义等在国内最先报道了葡萄组培快繁技术，并于 1980 年在我国建立了第一个组培苗葡萄园。“七五”、“八五”期间，国家把“葡萄脱毒及无毒苗试管快繁技术”列入攻关计划，使葡萄组培快繁技术得到了良好的发展。

目前，葡萄苗木的繁育主要采用扦插和嫁接的方法，一个单株 1 年

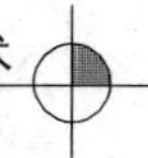

仅能繁殖几十株至几百株，采用组培快繁的方法，1～1.5个月即可繁殖一代，增殖系数以3～4倍计，1株试管苗一年可繁殖3^8～4^8（即6 561～65 536）株，且不受季节、地区、气候、病虫等因素的影响，可以周年生产，大大提高了繁殖速度。另外，葡萄组培快繁过程中，主要采用侧芽和顶芽进行分离培养，建立无菌繁殖体系，不需要经过脱分化、再分化的过程，能够很好地保持品种特性，还具有根系多、长势强、生长整齐等优点。

葡萄是受病毒为害最为严重的果树之一，目前已报道侵染葡萄的病毒多达58种。病毒侵染葡萄后，利用寄主的营养物质生长繁殖，干扰葡萄正常代谢活动，造成树体衰退、产量降低、品质下降、经济寿命缩短、嫁接成活率降低、抗逆性减弱等。目前，防控葡萄病毒病最有效的措施就是培育和栽植无病毒苗木。研究表明，采用茎尖培养与热处理相结合的技术可有效脱除多种葡萄病毒，培育获得无病毒植株，试管苗快繁则可加速无病毒苗木生产，及时满足市场对葡萄优新品种无病毒苗木的巨大需求。经过多年研究，我国葡萄大规模工厂化育苗技术已逐渐成熟和完善，可广泛地应用于葡萄无病毒苗木的快速繁育。

二、接种材料的采集和接种

（一）培养基的准备

1. 常用溶液配制　除特别说明外，均用蒸馏水溶解和定容，配好后置4℃冰箱保存。制备培养基用的母液和植物生长调节剂溶液配好后应尽快使用，保存期最好不要超过4个月，如发现沉淀，则应丢弃。

（1）MS母液

Ⅰ号母液（溶解定容至1 000毫升）：

NH_4NO_3	82.5克
KNO_3	95.0克
KH_2PO_4	8.5克

Ⅱ号母液（溶解定容至500毫升）：

H_3BO_3	310.0毫克
$MnSO_4 \cdot H_2O$	845毫克

$ZnSO_4 \cdot 7H_2O$　430.0毫克

KI　41.5毫克

$Na_2MoO_4 \cdot 2H_2O$　12.5毫克

$CuSO_4 \cdot 5H_2O$（0.25毫克/毫升）5毫升

$CoCl_2 \cdot 6H_2O$（0.25毫克/毫升）5毫升

Ⅲ号母液（溶解定容至500毫升）：

$CaCl_2 \cdot 2H_2O$　22.0克

Ⅳ号母液（溶解定容至500毫升）：

$MgSO_4 \cdot 7H_2O$　18.5克

Ⅴ号母液（溶解定容至500毫升）：

Na_2-EDTA　1.865克

$FeSO_4 \cdot 7H_2O$　1.39克

Ⅵ号母液（溶解定容至500毫升）：

肌醇　5.0克

维生素B_6　25.0毫克

烟酸　25.0毫克

维生素B_1　5.0毫克

甘氨酸　100.0毫克

（2）生长调节剂　一般配成0.1毫克/毫升的贮存溶液，IAA、GA_3、IBA、NAA等先用少量酒精溶解，BA先用少量1摩/升盐酸溶解，再加蒸馏水定容。

（3）1.0摩/升盐酸和1.0摩/升NaOH（调pH用）

1.0摩/升盐酸：取8.4毫升浓HCl，定容至100毫升。

1.0摩/升NaOH：称4克NaOH溶解后定容至100毫升。

2. 制备培养基

（1）培养基种类

分化增殖培养基：1/2MS（每升取Ⅰ号母液10毫升，取Ⅱ、Ⅲ、Ⅳ、Ⅴ、Ⅵ号母液各5毫升）附加GA_3 0.1～0.5毫克/升、IBA 0.1～0.5毫克/升、BA 0.5～1.0毫克/升、蔗糖30克/升、琼脂5克/升。

生根培养基：1/2MS（每升取Ⅰ号母液10毫升，取Ⅱ、Ⅲ、Ⅳ、

Ⅴ、Ⅵ号母液各5毫升）附加IBA 0.1～0.3毫克/升（或NAA 0.05～0.2毫克/升、IAA 1.0～1.5毫克/升）、蔗糖15克/升、琼脂5克/升。

（2）培养基制备

①根据所需培养基种类和数量依次吸取Ⅰ～Ⅵ号母液，例如配1/2 MS培养基2升，则加入Ⅰ号母液20毫升，Ⅱ～Ⅵ号母液各10毫升。

②加入生长调节剂。例如，BA的使用浓度为1.0毫克/升，则配2升培养基加入20.0毫升0.1毫克/毫升BA溶液。

③加蒸馏水定容，充分混匀，用1.0摩/升盐酸或1.0摩/升NaOH调pH至5.6～5.8。

④稍加热，即放入琼脂，待其融化后，加入蔗糖，充分搅拌溶解。

⑤分装培养基。150毫升的三角瓶，每瓶可装40～50毫升，1升培养基可灌20～25瓶。使用其他培养容器时，也应保持培养基的厚度为1.0～1.5厘米，以确保试管苗有足够的生长空间，且1～2个月内培养基不干裂。

⑥将三角瓶封口包扎后放入高压灭菌锅内，121℃、1.1千克/厘米^{2}消毒15～20分钟。消毒完毕，放尽消毒锅中的热空气，趁热取出平放，冷却后即可接种试管苗。

培养基制好后，应尽快用完（保存期最好不要超过2周），如一时用不完可置于冰箱冷藏室中黑暗保存，以减缓营养物质和植物生长调节剂的分解。葡萄组培快繁时，培养基中激素的浓度和种类应根据品种和试管苗生长情况进行适度调整，以获得最佳效果。

（二）接种材料的采集

分离培养是建立无菌繁殖体的第一步，十分关键。为了获得较高的成活率，在培养前应针对需要培养的葡萄品种，查阅相关文献资料，确定比较适合的培养基及激素浓度。取材时要选择生长旺盛、无病虫为害的植株。取材时间最好为春季，这时顶芽和腋芽均有较大生长潜势，且新生嫩梢带菌少，培养成活率较其他时期高。采集外植体时，应选择生长旺盛的嫩梢，去掉大叶，剪成3～5厘米长的茎段，用于分离培养。

（三）接种

将采集的葡萄茎段用自来水冲洗干净后，在超净工作台上进行消毒处理：先将嫩梢放入75%酒精中浸泡0.5分钟，后用0.1%升汞消毒5～8分钟，也可用5%次氯酸钠消毒10～15分钟或10%次氯酸钙消毒5～10分钟。消毒后置于灭菌水中浸洗3～4次，切掉接触药剂的剪口，将0.5～1厘米长的带芽茎段或顶芽，接种到分化增殖培养基上（芽要露出培养基，以利生长发育）。

（四）培养

1. 芽的增殖　将接种好的培养瓶置于温度20～25℃，光照度1 500～2 000勒克斯，每天光照10～12小时的条件下诱导分化。每个月转接一次，2～3个月后，待其伸长形成丛生苗，即可进行继代繁殖。葡萄试管苗一般每隔30～45天转接一次，为了加快繁殖速度，也可根据试管苗生长状况，缩短转接周期。转接时，先将试管苗基部愈伤组织切除，再切割成带1个腋芽的茎段，接种在增殖培养基上，每瓶接4～5株，一般葡萄品种的繁殖系数为3～4倍。葡萄试管苗适宜的增殖培养条件为，培养温度25～28℃，光照时间10～12小时/天，光照度1 000～2 000勒克斯。不同的葡萄品种对培养基和培养条件可能有不同的要求，有时需要加以研究改进。

2. 生根培养　将带有1～2个芽的茎段切下，接种在生根培养基中。一般7～10天后生根，10～15天抽茎，一个月后可长成具有3～8条根和4～5片叶的小苗。研究表明，诱导生根培养基采用1/2MS附加IBA（0.1～0.3毫克/升）或IAA（1.0～1.5毫克/升），多数品种的生根率达90%以上，根量在5条以上，而且苗基切口处产生的愈伤组织很少，有利于移栽成活。

三、试管苗的移栽

（一）炼苗

由于长期生长在高湿度、低光照度、恒温条件下，试管苗很幼嫩，移栽时，突然改变环境条件，容易造成大量死亡。为此，生根试管苗移栽前先要将培养瓶从培养室中取出，置于自然光照条件下（温室或大棚中），闭瓶炼苗1～2周，经自然光照锻炼的试管苗，叶片转为深绿色，幼茎出现紫红色，有利于提高移栽成活率。另外，在移栽前1天，可打

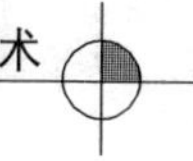

开瓶盖进行开瓶炼苗，并在瓶中加少量水使培养基软化。

（二）容器过渡

影响葡萄试管苗移栽成活率因素除苗本身质量外，还与环境温度和湿度关系密切。为了有效提高移栽成活率，应先在温室、大棚等保护设施中进行移栽过渡。栽时，从瓶中取出幼苗，将苗基部及根部附着的培养基洗干净（注意不要伤根和折断叶片），栽入装有蛭石、河沙、泥炭、腐殖土等基质的苗床、营养钵或穴盘中。先用小棍在基质中挖小穴或划小的条沟，将苗的根顺好，再用手指轻压根茎部的介质，使苗固定。栽好后，用喷雾方法浇透水，避免水流太大将苗冲倒。浇水完毕，小苗如有倒伏，应及时扶正、固定。小苗移栽的前期，要保持80%以上的空气湿度和20～28℃的温度，并加盖塑料薄膜和遮阳网保湿、遮阴。10天左右，小苗挺立后，逐渐通风透光。春季是生根试管苗的移栽适期，成活率可达80%以上。

（三）苗圃定植

成活的试管苗从温室或大棚移入苗圃时，需先放到室外炼苗1～2周。选择疏松肥沃、排灌水方便、光照良好的地块作为苗圃地，圃地开沟打垄，施入腐熟基肥。试管苗带土团移栽，栽后浇透水。移栽到苗圃地的试管苗，与普通苗一样管理。

第四节　苗木出圃

一、起苗与分级

（一）起苗

起苗时间一般在自然落叶之后、土壤封冻之前。如苗圃地过干，可浇水后起苗。起苗前，苗木地上部留4～6个芽眼（嫁接苗从嫁接口上数起）剪截。根据苗圃地规模的大小和苗木在苗圃地的定植方式，起苗采用特制的犁，由拖拉机牵引，犁刀将苗木根系铲断后，由人工将苗木拔出。

（二）分级

自根苗和嫁接苗的分级参照《葡萄苗木》（NY 469—2001）进行。对于葡萄组培苗，目前尚无统一的分级标准，也可参照《葡萄苗木》

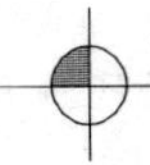

（NY 469—2001）中对于扦插苗的规定，在粗度上降低一个等级。

苗木修整分级后，每 20 株一捆，挂上标签，打捆。标签内容见《葡萄苗木》（NY 469—2001）的附录 A。苗木出圃应有苗木生产许可证、苗木标签和苗木质量检验证书。

二、检疫与消毒

苗木检疫是用法律的形式防止危险性病虫害传播的重要措施，各地苗圃和育苗单位必须严格执行。检疫由法定的检疫部门（植保站）执行，苗木必须有检疫部门签发的检疫证方可向外运销。当前我国已明文规定的国内葡萄检疫性病虫害为葡萄根瘤蚜、美国白蛾和葡萄根癌病。近年来，国家间的葡萄引种和种质材料的交换日益频繁，为了防止引进危险性有害生物，我国于 2007 年颁布实施了《进境葡萄繁殖材料植物检疫要求》（SN/T 1992—2007），对多种葡萄病毒、线虫、植原体、细菌、真菌等的检疫进行了详细规定。

苗木消毒是为了防止病虫害随苗木远距离传播。因此，苗木不但要检疫，而且在运销前要进行消毒。许多葡萄病原菌和害虫都是潜伏在枝梢、芽、叶痕、根等处越冬。例如，葡萄白腐病菌以分生孢子器和菌丝体潜伏在带病的校条上；炭疽病菌以菌丝体潜伏在一年生枝的皮层内和卷须、穗柄上；白粉病病菌和黑痘病病菌以菌丝体潜伏在病枝、芽鳞片及叶痕等处；葡萄短须螨、葡萄锈壁虱、介壳虫等潜伏在翘皮下或芽鳞内越冬。对苗木或插条如不进行严格的检查和消毒，这些潜伏的病菌和害虫就随着引种由一地传播到另一地。这不仅影响到栽植葡萄当年的成活率，也会给本地区带来新的病虫害。因此，苗木、插条在定植前用药剂进行集中处理，是防治这类病虫害经济有效的措施。由于防治对象不同，用药浓度、种类、处理时间和方法也不相同。最常用的方法是用3～5 波美度的石硫合剂，把捆好的苗木整株浸泡 3～5 分钟，取出晾干。

三、苗木的包装、运输、贮藏

（一）包装

远途运输苗木，在运输前应用麻袋、尼龙编织袋、纸箱等材料包装

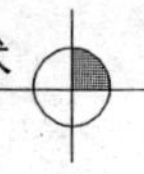

苗木。将成捆的苗木放入包装材料内，包内要填充保湿材料（锯末、沙子、苔藓等），以防失水，并包以塑料膜。每包装单位应附有苗木标签，以便识别。

（二）运输

不宜在严冬季节运输苗木。如果苗木在秋末初冬或早春时节远距离运输，运输期间应及时刻关注天气变化。如果运输期间气温（低于－3℃或高于5℃）变化剧烈，在运输过程中要加盖棉被或草帘，以防苗木受到高低温的伤害。

（三）贮藏

冬季苗木的贮藏同扦插种条贮藏。

（本章撰稿人：王军　董雅凤）

第五章

葡萄建园技术

第一节　园地选择

一、前期考察

（一）产地环境

按照《农产品安全质量无公害水果产地环境要求》（GB/T 18407.2—2001）对产地环境进行考察。该标准要求无公害水果产地应选择在生态环境良好，无或不受污染源影响或污染物限量控制在允许范围内，生态环境（土壤、空气和灌溉水）良好的农业生产区域。

（二）地形地貌

葡萄是生态适应性较强的树种，但充足的光照有利于提高果实品质，远离低洼湿地可减少病害，减轻冻害和霜害，因此温暖向阳的山坡丘陵地是首选，其次是沙壤平地，再次是黏土平原地。

（三）前作调查

前作调查的目的是调查前茬种植的作物是否与葡萄有忌避或重茬。例如长期种植花生、甘薯、芹菜或者番茄、黄瓜等容易感染根结线虫的作物，要察看作物根系上是否有根结或腐烂；再有如果长期种植葡萄等果树也容易产生重茬障碍或毒害，最好先种两年豆科作物或其他绿肥进行土壤改良。此外，还要调查周边的防风林或自然植被，看是否有与葡萄共生的病虫害等的发生。

（四）土壤调查

利用园地自然剖面或挖掘1米深的剖面察看成土母质的结构、土层厚度、有无黏板层或沙层等。如果面积很大，需选择几个典型地块，多点分层取土化验，检测土壤酸碱度、有机质含量、各种矿质营养元素含

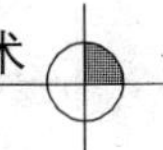

量。酸性土壤特别需要测定钙、镁、硼含量；偏盐碱土壤则需测定钠、钙含量是否超标，有效铁和有效锌含量是否不足，以便确定土壤是否适宜葡萄生长以及是否需要改良校正。土壤耕层厚度 50 厘米以上，土壤有机质含量 1%以上，pH 6.0～7.5 的土壤较适宜葡萄生长。

二、园地基础设施规划建设

（一）道路规划

大规模葡萄园以及观光采摘园需要通畅的道路系统，一方面需要配置与交通大道相通的干路，另一方面园内需要配置支路和各设施相通，一般是居中或围绕全园，宽 6～8 米，运输车和拖拉机可方便通行。支路与干路垂直设置，作业路与支路垂直设置。随着标准化种植管理水平的提高和人工成本的节节攀升，机械化作业是发展大趋势，因此，无论支路还是作业路都不宜太窄，最好宽 4 米以上，为了提高利用效率，可设置大棚架，占天不占地，给拖拉机留足转弯半径，以便能配套各种机械进行行间作业。小区形状一般为长方形，行长 80～100 米，面积视地形而定，以方便作业为准。

（二）排水系统

随着全球气候变暖，异常天气事件频繁发生，旱和涝瞬间转换，因此大规模葡萄园既需要设置灌溉系统也需要设置排水系统。排水系统可与支路和作业路结合，顺路边明沟排水或覆盖暗沟排水；南方地下水位高，需要修台地，可利用明沟或埋暗管排水。在水资源短缺地区，可在低洼处修建池塘或水窖拦截存积雨水，流经过葡萄园的雨水携带大量速效氮磷钾元素，有时候可占施肥量的 1/3，因此利用雨水灌溉一举两得。

（三）灌溉系统

葡萄园灌溉可利用的水源包括井水、河水和雨水等。灌溉渠分为主渠、支渠、小渠，主、支渠比降一般为 0.1%，与道路同步走向配置。实施节水灌溉应将管道铺设到地头。大水漫灌是最浪费水、对土壤质地破坏最大、肥料流失最多的灌溉方式，应该避免。

1. 滴灌　滴灌是用水泵从水源提水，将灌溉水过滤处理后，通过干管、支管、毛管，最终到达毛管上的滴头，在低压下向土壤缓慢地滴水，直接向土壤供应水和肥料或其他化学剂等的一种灌溉系统。因为灌溉湿润的土壤面积小，直接蒸发损耗的水量少，杂草生长也少；滴灌不打湿叶面，空气湿度小，病虫害较轻；滴灌可比普通灌溉技术节省30%～70%的水，适宜于干旱地区特别是沙地、黄土塬地等水资源缺乏的地区。

在效益高、投入有保障的观光葡萄园、设施葡萄园以及严重缺水的地区，可采用滴灌方式，进行肥水精确灌溉。由于滴灌范围小，浅层根系较多，介于埋土临界区的地区滴灌时需要注意灌溉深度，滴灌不足容易导致根系上浮，影响越冬性。应由供应商进行安装设计和售后服务。

2. 喷灌　喷灌是利用水泵和管道系统在一定压力下把水经过喷头喷洒到空中。此项技术的优点是节水，灌溉效率高，水的有效利用率一般为 80%以上，对地形无要求，喷灌均匀度可达到 80%～85%，不容易产生深层渗漏和地表径流，在透水性强、保水能力差的土地如沙质土上，省水可达 70%以上，但受风的影响较大，3～4 级风力时应停止喷灌。

喷灌有利于改善果园小气候，适宜于干旱地区，特别是高温与大气干旱叠加区，或容易发生季节性高温热伤害的葡萄园。大部分葡萄园由于喷灌提高了大气湿度有利于霜霉病等病害的发生而较少应用。

3. 低压管道输水灌溉　目前许多集约化葡萄园采用了管道代替水渠，将灌溉水低压直接输送到田间地头的灌溉方式。低压管道输水避免了沿途损失、水分蒸发和污染，节水作用明显。它是由于管道具有一定的水压，不但可以直接进行畦灌或沟灌，也可直接利用 PE 软管进行微喷灌或渗灌。

（1）*微喷*　微喷又称为多孔管喷灌、微喷灌管，简称带喷或喷灌带、滴灌带。其灌溉方式是把水加压后送到 PE 管软管内，再由管壁上的小孔喷出，喷洒于田间。软管带喷所需的水压力较低，一般不超过 1.01×10^5 帕，软管管壁较薄，堵塞率较低，易于卷绕，可随地形机动配置，操作简单，管带喷每亩投资只有 100～200 元，使用寿命一般为 3 年，软管带喷技术在一些果园、菜地得到了越来越广泛的应用。

(2) 渗灌　渗灌系统是山丘干旱区利用高地建立蓄水池，设立干、支、毛三级输水管，毛管即渗水管直径2厘米，每隔40厘米在管的左右和下侧各打一个孔并安装过滤网以防堵塞，深埋在20厘米以下的土层中。在低压管道到安装地头的情况下，如果水质洁净，也可采用硬管深埋的这种渗灌方式，减少每年地面软管卷放的操作。

(3) 畦灌　在水资源丰富或起垄栽培的地区，还有大量葡萄园采用畦灌。畦灌最好采用60厘米的窄畦或浅沟，许多葡萄园图省事不另外修畦，不管行多宽直接灌溉，不但耗水量大，容易造成土壤板结和氮磷钾肥料的流失，而且容易促进葡萄新梢的旺长。对于树势强旺、容易落花落果的品种最好采取隔行交替灌溉的方式，一侧根系水分胁迫有利于抑制新梢特别是副梢的生长，促进果实发育和新梢冬芽的花芽分化。

(四) 防护林

防护林或防风林，其主要作用一是防风，减少季风、台风的危害；二是阻止冷空气，减少霜冻的危害；三是调节小气候，减少土壤水分蒸发，增加大气湿度；四是增加葡萄园多样性，增加有益生物的同时减少有害生物的侵染。因此在绿色果品特别是有机栽培的葡萄园，要求至少有5%的园区面积是天然林或种植其他树木。一般按照作业区的大小设置防护林，主林带与主风向垂直，栽植4～6行高大的乔木，内侧可栽植2～3行灌木；副林带垂直于主林带，种植2～3行乔木。防风距离是树高的25倍左右。可种植的树木包括杨、榆、松、泡桐等，灌木包括花椒、紫穗槐、荆条等。需要注意避免种植易招引葡萄共同害虫的树木，如在斑衣蜡蝉发生严重的地区，需要刨除斑衣蜡蝉的原寄主臭椿，也避免种植易招惹的香椿、刺槐、苦楝等。

第二节　建园技术

一、园地设计与整地

(一) 行向

篱架栽培葡萄园以南北行向为主。因为南北行向比东西行向受光较为均匀。东西行的北面全天一直受不到直射光照射，而南面则全天受到太阳直射光的照射，两侧叶片生长不一致，果实质量也不均匀。山丘岭地修筑梯田，则按照等高线设置。

（二）架式与株行距

酿酒葡萄产区为了便于机械化作业，一般采用单立架；鲜食葡萄根据树势采用立架或棚架。目前生产上存在种植密度过大，苗木投入大，实际效益不高的问题。目前的关键是建议加大行距，单立架应该在 2 米以上，随着埋土厚度的增加而增加，西部地区 3 米以上；棚架栽培的行距 4～6 米，大棚架可到 8 米；株距不应小于 0.8 米，树势旺的可到 4 米。不同架式的株行距分别为单立架 1～1.5 米×2～3 米；双立架 1.5～3 米×2.5～3 米，棚架 1～4 米×4～8 米。

（三）深翻

北方在前一年秋季，南方在栽前 1～2 个月先行耕翻整地。不同地区整地区别很大。北方干旱半干旱区需要深翻，深沟浅埋；而南方地下水位浅，要求起台田或起宽垄，不能深翻深沟深埋。

1. 北方　深翻是土壤改良的重要方法，苗木根系能否深扎，能否抗旱、抗寒与深翻有很大关系。

前作系精耕细作的田地，且土地平整、土层较厚的，可用 D-85 拖拉机深耕 50～60 厘米，加深活土层；如果土层瘠薄或有黏板层需要用小型挖掘机或人工开沟。开沟深度一般应达到 80 厘米以上，宽度至少 80 厘米。将原耕作层（地表约 30 厘米）放在一边，生土层放在另一边。将准备好的作物秸秆（最好铡碎）施入沟内底层，压实成约 5 厘米厚；将准备好的腐熟有机肥（羊粪最好，其次是鸡鸭鹅等禽粪，或兔牛猪等畜粪，以及腐熟的人粪尿等，每亩用量 5 000～10 000 千克）部分与生土混匀，如果土壤偏酸则视情况加入较大量的生石灰或石膏，如果土壤偏碱则加入大量的酒糟、沼渣等能获得的酸性有机物料，混匀后填回沟内；剩下的有机肥与熟土混匀，适当加入钙镁磷肥等，填回沟内。如果土壤瘠薄，底层土壤较差，可将包括行间的熟土层全部铲起，和有机肥混匀后全部填回沟内，而将生土补到行间并整平。对回填后的定植沟进行充分灌溉、沉实，促进有机肥料的腐熟。

2. 南方　关键制约条件是地下水位高，土壤黏重，容易积涝，因

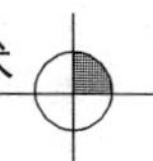

此搞好排水是基础；改良土壤，多施有机肥是优质丰产的关键。一般采取高垄栽培，垄高 40～50 厘米，垄顶宽 50～80 厘米；或浅沟高垄栽培：沟宽 80～100 厘米，沟深 30～40 厘米，垄高 30～40 厘米，垄顶宽 50～80 厘米。地下水位浅的可以实施限根栽培（具体见第十二章第五节根域限制栽培）。

二、苗木准备

（一）预定苗木

建园前需要严密细致的规划，因此需要的品种和苗木也需要在前一年预定。有些单位到建园时才临时起意，到处收集苗木枝条，结果导致建园质量差，留下无穷后患，可谓欲速不达。

（二）苗木种类选择

1. 自根苗和嫁接苗

（1）自根苗　目前生产上使用的苗木大多还是品种自根苗。合格的自根苗木要求有 5 条以上完整根系，根系直径 2～3 毫米。苗木剪口粗度 5 毫米以上，完全成熟木质化，有 3 个以上饱满芽，无病虫害。

自根苗繁殖容易，成本低，欧亚种的自根苗对盐碱和钙质土适应能力强，但大部分主栽品种的自根抗寒、抗旱能力比嫁接苗差很多，有些品种如藤稔以及其他多倍体的品种发根能力差，或根系生长弱。更重要的是品种自根苗不抗根瘤蚜，也不抗根结线虫及根癌等，因此自根栽培仅适宜于无上述生物逆境、生态逆境胁迫的地区使用。

（2）嫁接苗　在我国北方由于抗寒需要长期使用贝达进行嫁接。随着葡萄根瘤蚜在我国多个省份的蔓延，使用能够抗根瘤蚜的抗性砧木嫁接已经成为首选，但是埋土防寒区选择抗性砧木时首先要考虑其抗寒性。需要抗涝的地区可以选择河岸葡萄为主的杂交砧木，如促进早熟的 101－14M、3309C，生长势中庸的 420A 或中庸偏旺的 SO4、5BB；在干旱瘠薄及寒冷的地区，建议选择深根性的偏沙地葡萄系列，如 110R、140Ru、1103P 等。

2. 选择种植苗木类型

（1）营养钵苗　为了“多快好省”建园，许多地方采用短枝扦插或嫁接的营养钵苗，当年夏天即下地种植，营养钵苗对育苗环节十分有利，但对种植环节多有不利。一是营养钵苗当年生长量较小，根系弱，抗旱能力差，新梢对霜霉病等十分敏感，要求管理精细；二是营养钵苗在北方枝条成熟度往往不足，根系浅，抗寒性差，需要冬季严密保护；三是从管理角度看非常浪费，定植营养钵苗的管理费用远远大于集中在苗圃培养大苗的费用。因此营养钵苗只适合南方或北方个体家庭小规模建园。

（2）成品嫁接苗　成品嫁接苗是一年生嫁接苗。砧木长度是选择嫁接苗的关键。不同产区要求的砧木长度不同，南方没有寒害，砧木长度20厘米即可，北方越是寒冷地区要求的砧木长度越高，目前进口的嫁接苗砧木长度在40厘米；一般地区推荐30厘米。检查嫁接苗要看嫁接愈合部位是否牢固，可用手掰看嫁接口是否完全愈合无裂缝，至少有3条发达的根系并分布均匀，接穗成熟至少8厘米长。

（3）砧木自根苗　国外根据枝条的粗度将收获的砧木枝条分成两部分，直径在6～12毫米的用于生产嫁接苗，较细或较粗的枝条则用于扦插繁殖为砧木苗。这些砧木苗可提供给葡萄园种植者，定植在田间，待半木质化后进行绿枝嫁接。有些国家为了充分利用砧木的抗性而采用70厘米甚至1米长的砧木进行高接，从而解决主干的抗寒及抗病问题。北方用砧木苗建园的优点一是砧木苗抗霜霉病；二是大部分砧木抗寒性强，在泰安（最低温度－15℃）冬季一年生的砧木苗不下架可安全越冬，因此管理简便省心；三是第二年嫁接时根系生长量大，可以较快的速度促进接穗的生长，非常有利于长远的优质丰产目标。

三、定植

（一）处理苗木

1. 修剪苗木　栽植前将苗木保留2～4个壮芽修剪，基层根一般可留10厘米，受伤根在伤部剪断。如果苗木比较干，可在清水中浸泡一天。苗木准备好后要立即栽植，若不能很快栽完，可用湿麻袋或草帘遮盖，防止抽干。

2. 消毒和浸根　为了减少病虫害特别是检疫害虫的传播，提倡双

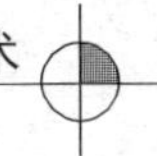

向消毒，即要求苗木生产者售苗时或使用者种植前均对苗木进行消毒，包括杀虫剂（如辛硫磷）、杀菌剂（根据苗木供应地区的主要病害选择针对性药剂或广谱性杀菌剂）；较高浓度浸泡半小时，其后在清水中浸泡漂洗；也可以使用 ABT-3 生根粉浸沾根系，提高生根量和成活率。

（二）定植

1. 定植时间 在不需要埋土防寒的南方可在秋冬季进行定植。在北方一般宜在春季葡萄萌芽前定植，即地温达到 7～10℃时进行。如果土壤干旱可在定植前一周浇一次透水。

2. 定植技术

（1）定点 按照葡萄园设计的株行距（行距与深翻沟中心线的间距一致）及行向，用生石灰画十字定点。

（2）挖穴 视苗木大小，挖直径 30～40 厘米、深 20～40 厘米的穴，如果有商品性有机肥每穴添加 1～2 锹，土壤如果偏酸或偏碱，可适当添加校正有机物料或各种大量和中微量复合肥。

（3）栽植 将苗木放入穴内，边填土边踩实，并用手向上提一提，使其根系舒展。嫁接苗定植时短砧也要至少露出地面 5 厘米左右，避免接穗生根。

（4）灌溉 栽完后应立即灌一次透水，以提高成活率。

（5）封土 待水下渗后，用行间土壤修补平种植穴，或覆黑地膜，保湿并免耕除草。

（本章撰稿人：翟衡 杜远鹏）

第六章

葡萄整形修剪技术

葡萄是藤本植物。在人工栽培条件下，为了便于管理、获得更好的产量和品质，都要设架，某种相应的树形攀附于架上，并通过修剪调控生长与结果的关系，调控叶幕合理均匀分布，以保证葡萄拥有良好的生长环境，实现葡萄的丰产、稳产、优质、安全。

第一节　整形修剪的作用与依据

一、整形修剪的作用

（一）调整葡萄生长与结实的关系

保持合理的营养生长与生殖生长是葡萄获得较高产量和果实品质的基础。虽然，枝蔓和叶片等营养器官为葡萄果实提供营养，但是，如果枝蔓长势过强，枝蔓和果实的养分竞争使果实得不到充足的养分补充，轻者降低果实品质，重者会引起落花落果，严重影响产量。因此，生产中要使营养枝和结果枝的比例保持合理，使树体生长中庸，保持中庸的树相、梢相，而整形修剪是最有效的措施之一。一般而言，夏季修剪就是通过对结果枝和营养枝及副梢的疏除或摘心，达到促进葡萄花芽分化、开花坐果和提高果实品质的目的；冬季修剪则是在夏季修剪控制树势和培养树形的基础上，剪除大量地上部分（70%～90%），彻底改变根冠比，将养分集中在根系和成熟枝条内，促进翌年枝条的正常萌发和开花坐果。

（二）实现适度丰产和优质

随着科技发展、社会进步以及消费者认知程度的不断提高，对果实品质的要求也在不断上升，“控产提质”成为多数葡萄种植区的主流。从树上管理角度，就是遵循“控制产量、保证品质”的原则，通过冬剪

控制留枝量和留芽量，夏剪控制留梢量和留果量，协调产量和品质的关系，达到“适度丰产”和优质的目的。

（三）形成合理的叶幕结构

叶幕是葡萄叶片群体的总称，分为个体水平上的叶幕和群体水平上的叶幕。个体水平上的叶幕是指一株树所形成的叶片群体的总称；群体水平上的叶幕是指整个葡萄园个体叶幕的总和。

1. 葡萄的主要叶幕形

（1）*水平叶幕形*　水平棚架如南方X树形、H树形和一字树形等在水平棚架面上构成的叶幕形均属此类。

（2）*垂直叶幕形*　单篱架如规则扇形、自然扇形、单古约特L树形、有干水平树形等在篱架面上构成的叶幕形均属此类。

（3）*倾斜式叶幕形*　倾斜式棚架如龙干树形在倾斜式棚架面构成的叶幕形属此类。

（4）*混合叶幕形*　由直立叶幕和倾斜或水平叶幕在棚架面与篱架面形成棚篱构成的叶幕形，或由Y形架有干水平树形、L树形形成的半直立、半倾斜的叶幕形或飞鸟式叶幕、吉瓦尼树形等构成平行与下垂的叶幕形均为此类。

2. 篱架的叶幕形　葡萄新梢在篱架上以不同形式和密度绑缚于篱架上，形成篱壁式叶幕。通常情况下，利用篱架架形的葡萄园采用南北行向的定植方法，使架面叶片两面受光，以提高其光合产能。最近几年国内广泛应用Y形架、飞鸟式叶幕，采用有干水平树形，这些树形下部叶幕呈篱壁形，但上部的叶片则呈Y形或飞鸟形，叶幕与地面垂直或倾斜，也将其归属于篱架叶幕范畴，这样的叶幕则能增加葡萄叶片的受光面积。

3. 棚架的叶幕形　在我国北方棚架葡萄园，多利用倾斜与立面同时结果，这样便形成了倾斜式、直立倾斜式叶幕形。南方地区或设施栽培中，利用水平棚架的葡萄园，其叶幕形则为水平式。

二、整形修剪的依据

（一）依据立地生态条件，因地制宜

在土层较厚、土质肥沃、肥水充足的地区，葡萄枝蔓的年生长量

大、枝蔓数量多、长势旺，修剪时可适当多疏枝，少短截；相反，在土层薄、肥力低的丘陵山地，葡萄枝蔓年生长量总体偏小、数量少，长势偏弱，修剪时应注意少疏多截，产量也不宜过高。

（二）依据选择的葡萄架式和栽植密度

高宽垂、平棚架等整形葡萄主蔓定干高，而篱架定干低；密植早期丰产，初期枝蔓留量宜多，以后间疏减少。

（三）依据品种、树势和树龄

不同品种对修剪的反应是不一样的，幼龄树和盛果期树长势旺，对其应适当轻剪，多留枝蔓，促进快长，及早结果，对盛果期树修剪量宜适当加重，维持优质、稳产，对衰老树，宜适当重剪，更新复壮。

第二节　葡萄的主要架式与架设方法

一、葡萄的主要架式

（一）篱架

篱架是一种利于早期丰产和机械化操作的架式。由于其架面和地面垂直或是有一些倾斜，使得整体树形像是一个篱笆造型而得名，一般的篱架叶幕形为Ⅰ形、Ⅴ形和Ｙ形等。篱架由于利于机械化作业，在欧美及日本这些劳动力比较缺乏的地区普遍使用，特别是在酿酒葡萄生产中应用很广。

1. 单篱架　沿葡萄行向每隔几米栽一根立柱，并在立柱间拉3～5条铅丝。我国多数葡萄产区属于雨热同季，所以架面高度普遍偏高，一般架的高度在1.5～2.0米，叶幕高度1.7～2.2米（图6-1）。应用这种架式应根据品种和不同地区的气候、环境、地形以及土壤特点来调节架面高度和铅丝密度。一般来说，在气候条件好、土壤肥沃的地区或是长势较旺的葡萄品种，架面可以适当加高；而

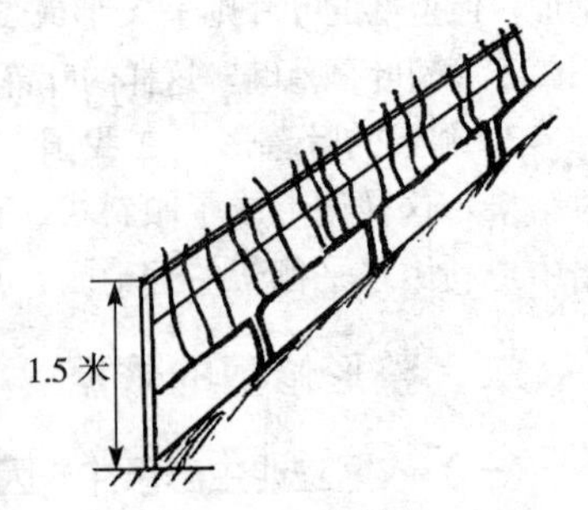

图6-1　单篱架

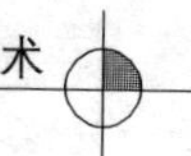

对于降水较少、土壤瘠薄的地区，长势较弱的葡萄品种，则可以降低架面。铅丝密度因栽培模式不同有很大差异。在我国，普遍采用3～4条铅丝，第一道铅丝一般在40～50厘米处，现在很多地区的第一道铅丝可能拉在更高位置，这样可以有效调节架面的微气候环境，对葡萄架面的下部通风有很大好处，可以很好地减少葡萄旺盛生长期病害的发生。

在国外很多地区，出于对简易修剪、节省人工的考虑，将两道铅丝绑在立柱同一位置，然后将葡萄的枝蔓挤在铅丝形成的通道中，一般形成厚约30厘米的叶幕横剖面，使叶幕呈正规的I形，这样的架面可以减少绑缚的工序，节省用工量。这种篱架拉线方法在山东和河北等酒用葡萄产区亦有应用，并有进一步发展的趋势。

单篱架的优点是通风透光良好，作业方便，利于机械化操作，同时也利于防寒地区的埋土越冬工作，而且易于控制树形，利于早期丰产；其缺点是行距宽、影响有效架面与果实负载量。在北方地区，行距偏窄易引起冬季冻害，同时，结果部位偏低，易发生各种病害；新梢在架面上大多直立生长，易徒长，增加夏剪用工量。

2. Y形架　这种架式和T形架有些相似之处，一般架高1.8～2.0米，在距离地面1.0～1.4米处拉第一条铅丝，在第一道铅丝上方0.5米和1.0米处的立柱上再固定1个或2个横杆，下面的横杆长0.5米，上面的横杆长约1.0米，并分别在横杆两头固定两条铅丝，然后将葡萄主蔓绑在第一道铅丝上，主蔓的延长头顺着一个方向沿铅丝绑缚，主蔓上萌发的结果枝交替固定在第二道铅丝上，其上长出的副梢固定在第三

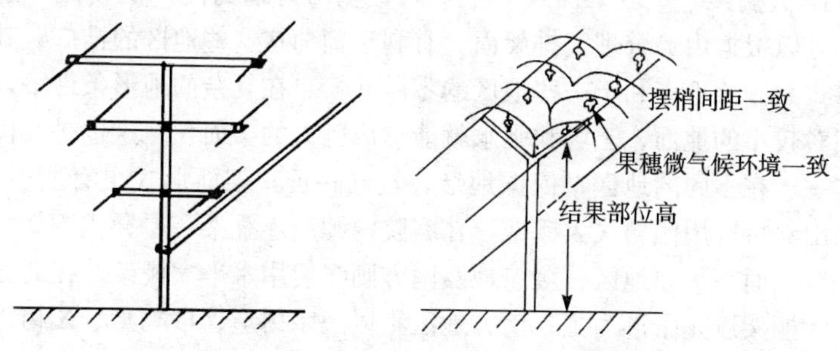

图6-2　Y形架

道铅丝上，这样这个架面就自然形成了通风带、结果带和光合带3部分（图6-2）。这种架式利于机械化操作，利于等距离规范绑梢，各功能区域分工明确，并且适合于北方埋土地区的越冬防寒，是现代所提倡的“高、宽、垂”的首推架式。

3. T形架 在单篱架2.0～2.5米处加一个横干，横杆长约0.8米，使架的横剖面为T形。这种架式很适合生长势强的品种，一般留一个1.2～1.5米的主干，在第一道铅丝上固定结果母枝形成双臂或单臂，然后将结果枝绑在上面横杆引出的铅丝上，结果枝上生出的新梢也引缚在两条铅丝上，然后任其自然下垂生长，形成两条下垂的叶幕。T形架的高度、横杆宽度因品种和生长势的不同有所变化，如有些葡萄园在上面横杆中间拉两条铅丝，将长出的结果枝绑在内侧的铅丝上，而副梢则放在外面的铅丝上任其生长。该架式有利于缓和新梢长势，减少夏剪用工量，其叶幕是T形架平面的叶幕与两边下垂的立面叶幕相结合的混合叶幕类型，也有将其归为棚架类型。

（二）棚架

棚架架式由于其植株的栽培空间大，充分突出了葡萄占天不占地的优势，由于这种架式方便埋土防寒，因此在我国新疆、甘肃敦煌、河北张家口地区和东北中北部等埋土防寒区有广泛应用，对那些缺土、缺水、缺肥地区发展葡萄更有意义。但也存在着一些缺点，如小棚架，特别是倾斜式小棚架不利于机械化作业和人工操作，若夏季修剪不当，架面容易郁闭。

1. 大棚架 一般架面长8～10米，在山区葡萄园广泛使用，这种架形可以根据山势合理安排架面，有利于葡萄在这些地区的推广，其中倾斜式大棚架也有利于一些地区的零散栽培。在复杂的地形条件下，利用相对较小的地面、土壤和肥水就能形成巨大的架面积，这也是其优越性之一。在不同的地区，依据地形、气候特征，架面形式也有所变化，依照山势可以用倾斜式大棚架，在庭院内则用连叠架、屋脊式棚架、漏斗架等，而在平原地区、缓坡地及南方则多使用水平大棚架。在北方地区，大棚架以龙干形为主；南方地区则以一字树形、H树形、X树形或星状树形为主。

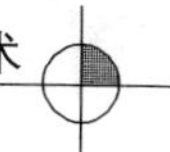

2. 小棚架　架面长4～7米，适合用独龙干或多龙干整形，相比大棚架而言单位面积的株数有所增加，株行距减少，从而更有利于早期丰产，所以小棚架在北方很多产区得到广泛应用。该架式的缺点是盛果期后若不注意适当疏株，容易引起树势转旺、郁闭，人工操作不方便。小棚架架式主要应用在北方，有倾斜式小棚架、连叠式小棚架和屋脊式小棚架等，主要采用龙干树形，以独龙干为主。

二、葡萄架的架设方法

葡萄定植后，在第一年可以利用主干作为简单的支撑。冬剪后，无论有干整形还是规则大扇形，无论埋土越冬防寒还是冬季不下架，在第二年葡萄萌芽后都要建造适合于当地的葡萄架。

（一）篱架的架设方法

1. 边柱的设置和固定　一行篱架的长度为50～100米。每行篱架两边的边柱要埋入土中60～80厘米，甚至更深；边柱可略向外倾斜并用地锚固定，在边柱靠道边的一侧1米处，挖深60～70厘米的坑，埋入重约10千克的石块，石块上绕3.251～4.064毫米（8号铅丝ϕ4.064毫米，10号铅丝ϕ3.251毫米）的铅丝，铅丝引出地面并牢牢地捆在边柱的上部和中部。

边柱也可从行的内侧用撑柱（直径8～10厘米）固定。有的葡萄园在制作水泥柱的时候，即在边柱内侧做一突起，以便撑柱固定。有园区小道隔断的葡萄行，其相邻的两根边柱较高时，可以将它们的顶端用粗铅丝拉紧固定，让葡萄爬在其上形成长廊。

由于边柱的埋设呈倾斜状态，加上拉有固定地锚的铅丝，使葡萄行两头的利用不大经济。为此，也可将葡萄行两端的第二根支柱设为实际受力的倾斜边柱，而将两端的第一根边柱直立埋设（入土50～60厘米），与中柱相似。这样一来，葡萄行两端第一根支柱的受力不大，只需负荷两端第一和第二支柱之间的几株葡萄树即可。

2. 中柱的设置和固定　行内的中柱相距4～6米，埋入土中深约50厘米。一行内的中柱和边柱应为统一高度，并处于行内的中心线上。带有横杆的篱架（T形架等），要注意保持横杆牢固稳定。离地高度和两侧距离要平衡一致。

3. 铅丝的引设 篱架上拉铅丝时，下层铅丝宜粗些，可用 ϕ3.251 毫米（10 号）铅丝；上层铅丝可细些，可用 ϕ2.642 毫米（12 号）铅丝。在某些高、宽、垂整形的葡萄园内，支架下部第一道铅丝离地面较高，承载龙干或枝蔓的负荷较大，这时需用较粗的铅丝。在设架和整形初期可先拉下部的 1～2 道铅丝，以后随着枝蔓增多再最后完成。

拉铅丝时，先将其一端的边柱固定，然后用紧线器从另一端拉紧。拉力保持在 490～690 牛，不可过小。先拉紧上层铅丝，然后再拉紧下层铅丝。一般铅丝有两种，一种为镀锌铁丝，一种为钢丝，后者不易生锈，但拉线较费劲，需要专用工具。

（二）棚架的架设方法

棚架的架设比篱架复杂，设置单个的分散棚架比较灵活和容易调整，而设置连片的棚架就必须严格要求，从选材到设架的各个环节都要按照一定的标准高质量地完成。

1. 角柱和边柱的设置固定 葡萄棚架架面高 1.8～2.1 米（以普通身高的人能直立操作为准），呈四方形的平棚架，每块园地的四角各设一根角柱，园地四周设边柱，边柱之间相距约 4 米。在地上按 45°角斜入 45 厘米的坑（与地面的垂直深度约 35 厘米），距边柱基部外 1.5～2.0 米处挖深约 1 米的坑穴，将重 15～20 千克的地锚埋入土中，地锚预先用 ϕ3.251～4.064 毫米铅丝或细钢丝绑紧，用以固定边柱。角柱的设置：以较大的倾斜度埋入土中，一般为 60°，深 50～60 厘米。由于角柱从两个方向收到的拉力更大，可用 3～4 股铅丝或钢丝绑紧打地锚（重约 20 千克），从两侧加以固定，角柱的顶端定位于相互垂直的两行边柱顶端连线的交点。

2. 拉设周线和干线，组成铅丝网格 将葡萄园四周的边柱连同角柱的顶端，用双股的 ϕ3.251～4.064 毫米铅丝或是钢丝相互联系，拉紧并固定，形成牢固的周线；相对的边柱之间，包括东西向和南北向的边柱之间，用 ϕ4.064 毫米铅丝拉紧，形成干线；在架柱之间 ϕ4.064 毫米铅丝形成的方格上空，再用 ϕ1.829～2.642 毫米（12～15 号）铅丝拉设支线，纵横固定成宽 30～60 厘米的小方格，形成铅丝网格。

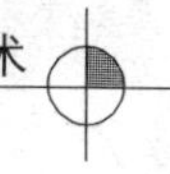

3. 中柱的设立 在拉设好干线、初步形成铅丝网格后，在干线的交叉点下将中柱直立埋入土中，底下垫一砖块，深 20～30 厘米。中柱的顶端预留有约 5 厘米长的钢筋或设有十字形浅沟，交叉的干线正好嵌入其中，再以铅丝固定，注意保持中柱与地面的高度并处于垂直状态。

第三节 葡萄的主要树形

一、规则扇形

规则扇形（图 6－3）树形适于篱架架式，株行距 0.8 米×2～3 米，架面高度 1.5 米左右，每株留 2～4 个主蔓，根据相邻葡萄的空间大小确定每株葡萄的主蔓数，并根据长势情况选留结果枝组和结果母枝。定植当年，将选留的新梢在 0.8～1.2 米处进行摘心。待第二年主蔓上萌发出新梢，将顶端强壮枝作为主蔓延长枝，其余新梢根据空间合理配比枝蔓，培养侧蔓和枝组，注意边整形边结果。冬剪时，主蔓长度一定控制在最上层铁线以下，其余枝条根据空间情况，进行长中短梢修剪或疏除，翌年可利用长梢作为侧蔓，中短梢作为枝组培养。规则扇形栽植密度较大，每亩 350 株左右，早期丰产性好，但由于其顶端优势很强，对于长势旺的品种容易造成疯长，影响花芽分化。

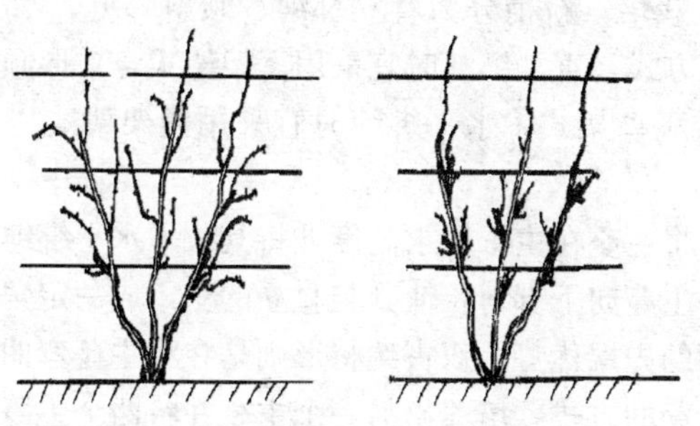

图 6－3 规则扇形

二、L 树形

L 树形（图 6－4）又称为古约特形或单层水平形，是适于长梢修剪

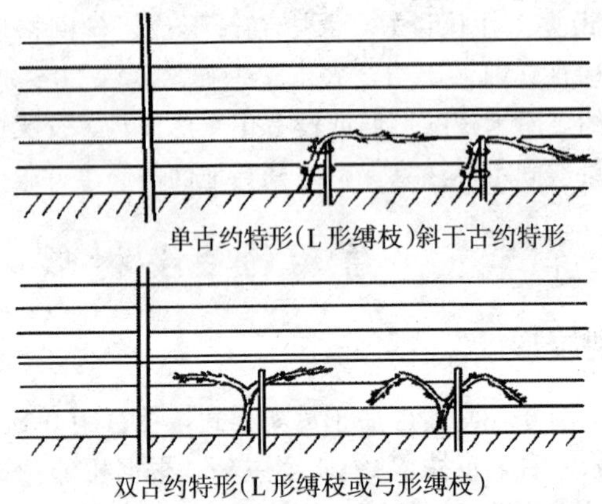
单古约特形(L形缚枝)斜干古约特形

双古约特形(L形缚枝或弓形缚枝)

图 6-4 L树形

品种常用的一种树形。根据结果母枝数目分为有单古约特形（又称单枝组树形）和双古约特形（又称双枝组树形）两种形式；根据主干是否倾斜又分为斜干古约特（主干倾斜，适于冬季下架埋土防寒地区）和直干古约特（主干直立，适于冬季不下架地区）两种形式。

适于篱架（新梢直立或倾斜绑缚时主干高度0.8～1.0米，新梢自由下垂时主干高度1.8～2.0米）或棚架（新梢水平绑缚，主干高度1.8～2.0米）栽培；新梢分为直立绑缚、倾斜绑缚、水平绑缚和自由下垂几种绑缚方式，直立绑缚时宜采用篱架架式，V形倾斜绑缚时宜采用Y形架式或飞鸟架式，水平绑缚时宜采用棚架架式，自由下垂时宜采用T形架式。

整形时，将主蔓在主干要求高度处将其拉平水平绑缚在铁线上；斜古约特形则将主蔓向下绑缚，使其与直立的主干成一定角度，这样可以更加抑制葡萄的先端优势。双古约特形则是在将主蔓弯曲后，利用夏芽副梢或是憋冬芽的方式，培养出另一个主蔓并将两个主蔓均水平或呈一定角度对称绑缚在第一道铁线上。

三、单层水平龙干树形

单层水平龙干树形（图6-5）是适于中短梢混合修剪或短梢修剪品种

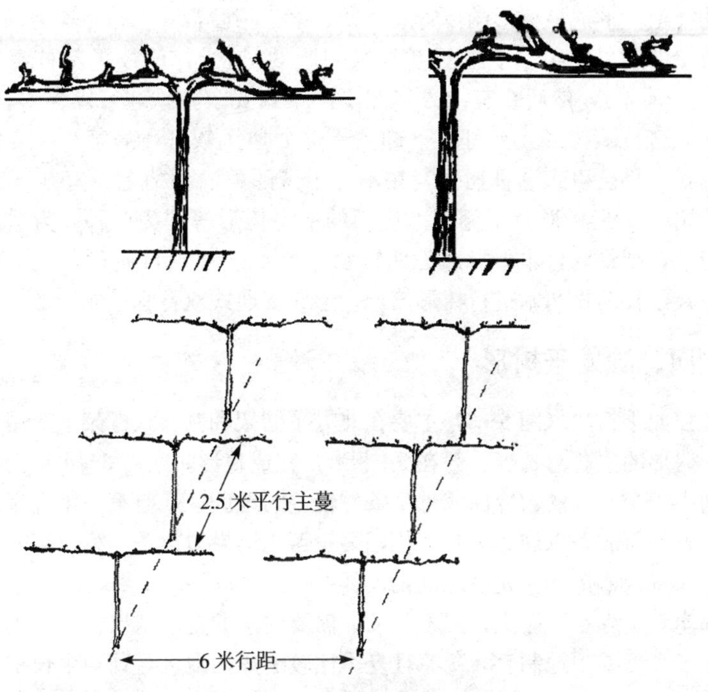

图 6-5　单层水平龙干树形

常用的一种树形。根据臂的数目分为单层单臂水平龙干形和单层双臂水平龙干形两种形式；根据主干是否倾斜又分为斜干水平龙干形（适于冬季下架埋土防寒地区）和直干水平龙干形（适于冬季不下架地区）两种形式。

适于篱架（新梢直立或倾斜绑缚时主干高度 0.8～1.0 米，新梢自由下垂时主干高度 1.8～2.0 米）或棚架（新梢水平绑缚，主干高度 1.8～2.0 米）栽培。新梢分为直立绑缚、倾斜绑缚、水平绑缚和自由下垂几种绑缚方式，直立绑缚时宜采用篱架架式，V 形倾斜绑缚时宜采用 Y 形架式或飞鸟架式，水平绑缚时宜采用棚架架式，自由下垂时宜采用 T 形架式。

定植当年，在主干要求高度处进行冬剪定干。第二年萌发后，选择主干顶端 1 个或两个壮芽萌发的新梢，冬剪时作为结果母枝，水平绑缚在铁线上，形成该树形的单臂或双臂。第三年后，臂上始终均匀保留一定数量的结果枝组（双枝更新枝组间距 30 厘米，单枝更新枝组间距 15～20 厘米），然后在其上方按照不同架式要求拉铁线，以绑缚新梢。整体而言，该树形光照好，下部主干部分通风较好，病害少，夏剪省工。我国早已引入这种树形，在不埋土区的酿酒葡萄上、南方 Y 形架上应用的 T 形树形及平棚架上应用的一字树形等即为此种。为适度提高产量，则将双臂水平形改为四臂水平形，很似小 H 树形，也可以利用一穴定植两株苗木进行树形培养，形成变通式双臂水平龙干形树形。

四、独龙干树形

独龙干树形（图 6-6）主要在北方平棚架和倾斜式棚架上应用。独龙干树形的主蔓总长度一般在 5～8 米，完成整形时间需 3～4 年。在无霜期小于 160 天的较冷凉或土壤条件较差的地区，栽苗第一年宜完成壮苗，第二年放条以加速主蔓生长，第三年边结果边放条，第四年完成整形，即进入盛果期。龙蔓之间的间距拉大到 2.0～2.5 米，使两组的新梢都均匀平绑在平棚上，互不交叉。需要注意的是，结果枝组在龙蔓上的起步高度要因地制宜，冷凉且夏季比较干燥的地区，葡萄生长季节畦面需要见到太阳直射光，以提高土壤温度，故需在棚面上留出较宽的光道，为不影响产量，增加亩有效架面，龙蔓结果枝组培养高度可定在 1 米；北方暖温带且夏季雨水偏多地区，龙蔓结果枝组高度应提高到 1.5 米，待完成独龙干树形后，宜保留棚面部位的结果枝组，篱面部位不留

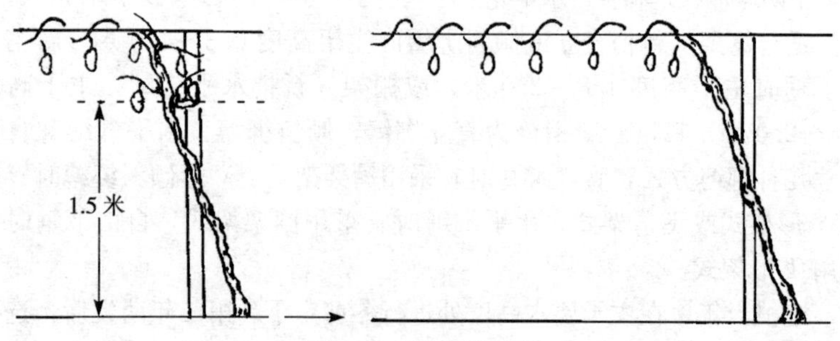

图 6-6　独龙干树形

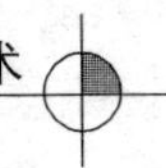

结果枝组，以利改善葡萄园微气候环境，降低病虫害滋生条件，提高葡萄食品安全性。

五、X 树形

X 树形（图 6-7）是日本水平连棚架普遍采用的树形。根据园地地形、地势的不同，可分成平坦地主蔓均衡 X 形，缓坡地主蔓不均衡 X 形，陡坡地双主蔓半 X 形。平坦地主蔓均衡 X 形整枝，已在我国江苏镇江市被广泛应用。

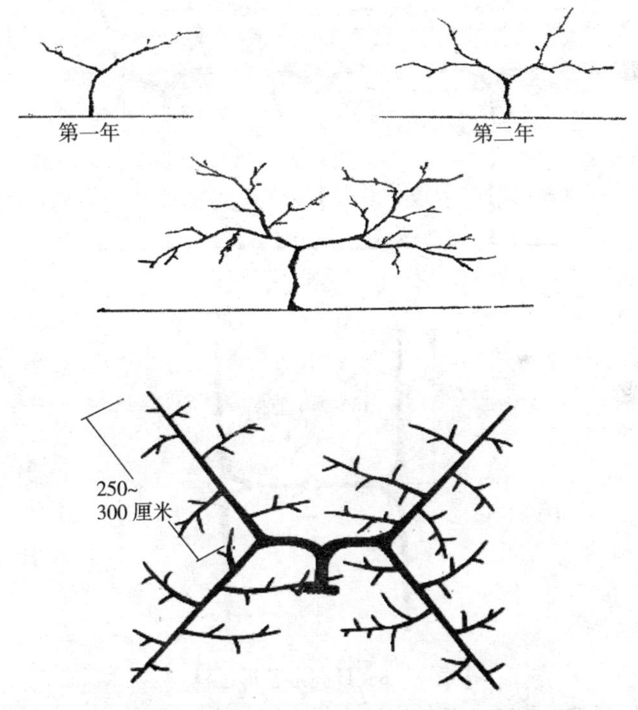

图 6-7　X 树形整形过程

倾斜缓坡地非均衡 X 形整枝的主蔓选留方法和平坦地面相同，第一、第二主蔓往坡上爬，适当放长，其上可选留 1～2 个亚主蔓；第三、

第四主蔓往坡下爬，短一些，可以不留亚主蔓，适当选留一些小侧蔓。在陡坡地上进行X形整形时，只选留向坡上爬的第一、第二主蔓，再依据空间大小决定是否选定亚主蔓或小侧蔓。

六、H树形

H树形（图6-8）是日本近年在水平连棚架上推出的最新葡萄树形，一般用于平地葡萄园。

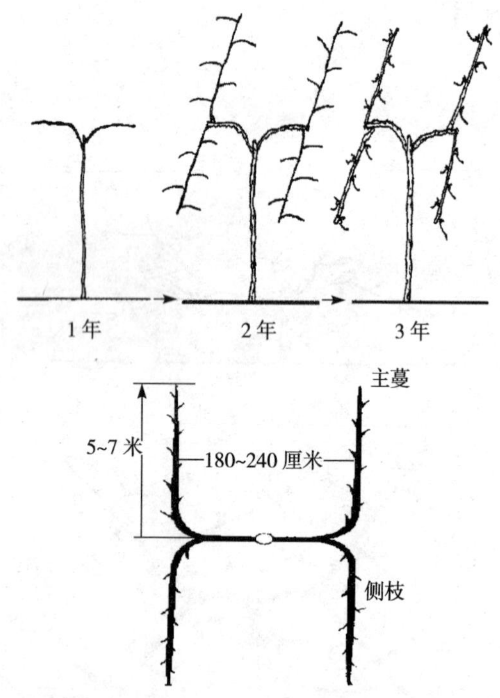

图6-8　H树形整形过程

该树形整形规范，新梢密度容易控制，修剪简单，易于掌握；结果部位整齐，果穗基本呈直线排列，利于果穗和新梢管理。定植苗当年要求选留1个强壮新梢作主干，长度达2.5米以上，否则当年培育不出第一亚干，需第二年继续培养。主干高度基本与架高相等，在到达架面

时，培养左右相对称的第一、第二亚干，亚干总长度1.8～2.0米，然后从亚干前端各分出前后2个主蔓，共4个平行主蔓，与主干、亚干组成树体骨架，构成H形。主蔓上直接着生结果母枝或枝组，可以在1米长的主蔓上着生12～14个新梢。冬剪时，作为骨干枝的各级延长枝，根据整形需要和树势强弱剪截，要求剪口截面直径达1厘米以上，以加速整形；结果母枝一般留2～3芽短截，遇到光秃带部位可适当增加结果母枝留芽量，以补足空缺。

七、星状树形

星状树形（图6-9）属于网状水平棚架树形。葡萄定植时株行距方

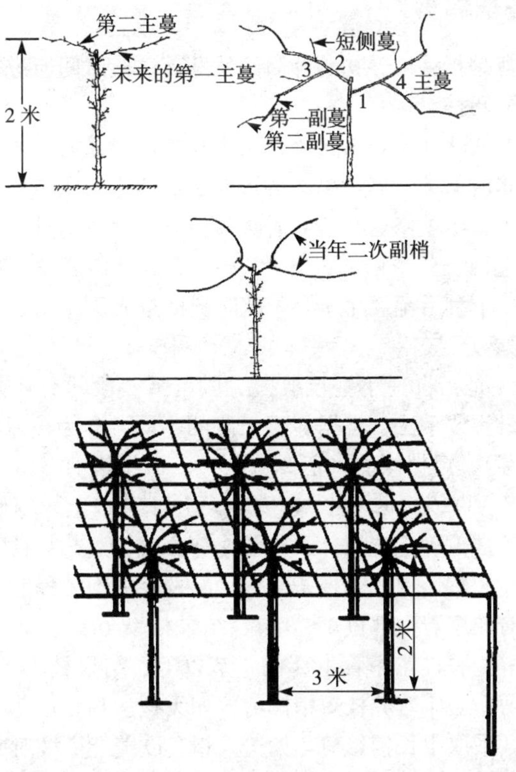

图6-9　星状树形整形过程

向呈正方形，一般定为 3 米×3 米。定植时培养一个高约 2 米的主干，此时可以依靠木桩或竹竿直立绑缚直达棚面，再从主干顶端向四周呈星状（放射状）分出 5～8 条主蔓，每条主蔓上分布侧蔓和结果母枝，新梢也分布在棚面上，果穗自然下垂。这种架形与 X 形树和 H 树形非常相似，很适合于连栋避雨栽培；由于其架面很高，架面下的空间可以供人员活动、嬉戏，果穗自然下垂，到果实成熟时，整个果园的累累硕果一览无余，因此非常适合葡萄观光园应用。

第四节　葡萄修剪

一、冬季修剪

冬季修剪是指秋末冬初落叶后到发芽前这段时间所进行的修剪。

（一）修剪时期

冬季修剪从落叶后到第二年开始生长之前，任何时候修剪都不会显著影响植株体内糖类营养，也不会影响植株的生长和结果。在北方冬季埋土越冬地区，冬季修剪在落叶后必须抓紧时间及早进行为宜；在南方非埋土越冬地区，冬季修剪可落叶 3～4 周后至伤流前进行，时间一般在自然落叶 1 个月后至翌年 1 月，此时树体进入深休眠期。

（二）修剪方法

1. 短截　是指将一年生枝剪去一段留下一段的剪枝方法，是葡萄冬季修剪的最主要手法，根据剪留长度的不同，分为极短梢修剪（留 1 芽或仅留隐芽）、短梢修剪（留 2～3 芽）、中梢修剪（留 4～6 芽）、长梢修剪（留 7～11 芽）和极长梢修剪（留 12 芽以上）等修剪方式。根据花序着生的部位确定选取什么样的修剪方式，这与品种特性、立地生态条件、树龄、整形方式、枝条发育状况及芽的饱满程度息息相关。一般情况下，对花序着生部位 1～3 节、结果枝率 70%以上品种采取中短梢修剪，如醉金香；花序着生部位 4 节以上、结果枝率 50%左右品种采取中梢修剪，翌年营养枝短梢修剪，如无核白鸡心；花序着生部位不确定的品种，采取中长梢修剪，如美人指。欧美杂交种对剪口粗度要求不严格，欧亚种葡萄剪口粗度则以 0.8～1.0 厘米以上为好，如红地球、

无核白鸡心等。

2. 疏剪　把整个枝蔓（包括一年和多年生枝蔓）从基部剪除的修剪方法，称为疏剪，具有如下作用：疏去过密枝，改善光照和营养物质的分配；疏去老弱枝，留下新壮枝，以保持生长优势；疏去过强的徒长枝，留下中庸健壮枝，以均衡树势；疏除病虫枝，防止病虫为害和蔓延。

3. 缩剪　把二年生以上的枝蔓剪去一段留一段的剪枝方法，称为缩剪，主要作用有：更新转势，剪去前一段老枝，留下后面新枝，使其处于优势部位；防止结果部位的扩大和外移；具有疏除密枝，改善光照作用，如缩剪大枝尚有均衡树势的作用。

以上3种修剪方法，以短截法应用最多。

4. 枝蔓的更新

（1）*结果母枝更新*　结果母枝更新的目的在于避免结果部位逐年上升外移和造成下部光秃，修剪手法有：

①双枝更新。结果母枝按所需要长度剪截，将其下面邻近的成熟新梢留2芽短剪，作为预备枝。预备枝在翌年冬季修剪时，上一枝留做新的结果母枝，下一枝再行极短截，使其形成新的预备枝；原结果母枝于当年冬剪时被回缩掉，以后逐年采用这种方法依次进行。双枝更新要注意预备枝和结果母枝的选留，结果母枝一定要选留那些发育健壮充实的枝条，而预备枝应处于结果母枝下部，以免结果部位外移（图6-10）。

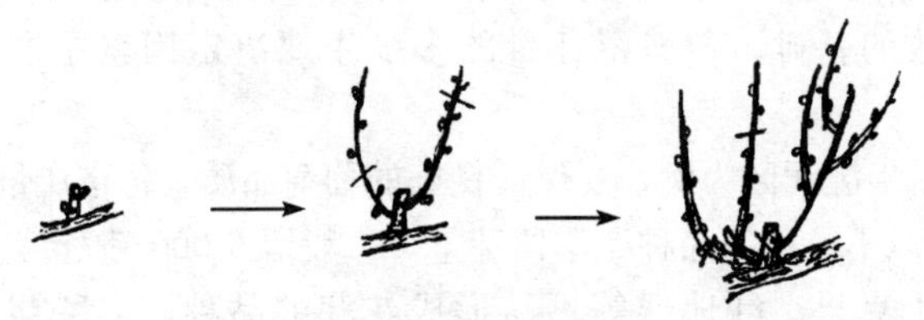

图6-10　双枝更新

②单枝更新。冬季修剪时不留预备枝，只留结果母枝。翌年萌芽后，选择下部良好的新梢，培养为结果母枝，冬季修剪时仅剪留枝条的

下部。单枝更新的母枝剪留不能过长，一般应采取短梢修剪，不使结果部位外移（图 6-11）。

图 6-11 单枝更新

(2) *多年生枝蔓的更新* 经过年年修剪，多年生枝蔓上的“疙瘩”、“伤疤”增多，影响输导组织的畅通；另外对于过分轻剪的葡萄园，下部出现光秃，结果部位外移，造成新梢细弱，果穗果粒变小，产量及品质下降，遇到这种情况就需对一些大的主蔓或侧枝进行更新。

①大更新。凡是从基部除去主蔓，进行更新的称为大更新。在大更新以前，必须积极培养从地表发出的萌蘖或从主蔓基部发出的新枝，使其成为新蔓，当新蔓足以代替老蔓时，即可将老蔓除去。

②小更新。对侧蔓的更新称为小更新。一般在肥水管理差的情况下，侧蔓 4～5 年需要更新一次，一般采用回缩修剪的方法。

（三）单位面积产量与冬剪留芽量

在树形结构相对稳定的情况下，每年冬季修剪的主要剪截对象是一年生枝。修剪的主要工作就是疏掉一部分枝条和短截一部分枝条。单株或单位土地面积在冬剪后保留的芽眼数被称为单株芽眼负载量或单位土地面积芽眼负载量。适宜的芽眼负载量是保证翌年适量的新梢数和花序、果穗数的基础。冬剪留芽量的多少主要决定因素是产量的控制标准。

以温带半湿润区为例，要保证良好的葡萄品质，每亩产量应控制在 1 500 千克以下。巨峰品种冬季留芽量，一般留 6 000 芽/亩，即每 4 个芽保留 1 千克果；红地球等不易形成花芽的品种，亩留芽量要增加 30%。南方亚热带湿润区，年日照时数少，亩产应控制在 1 000 千克或以下，但葡萄形成花芽也相对差些，通常每 5～7 个芽保留 1 千克果。因此，冬剪留芽量不仅需要看产量指标，还要看地域生态环境、品种及

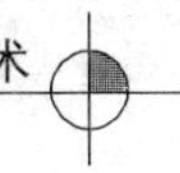

管理水平。

二、夏季修剪

夏季修剪，是指萌芽后至落叶前的整个生长期内所进行的修剪，修剪的任务是调节树体养分分配，确定合理的新梢负载量与果穗负载量，使养分能充足供应果实；调控新梢生长，维持合理的叶幕结构，保证植株通风透光；平衡营养生长与生殖生长，既能促进开花坐果，提高果实的质量和产量，又能培育充实健壮、花芽分化良好的枝蔓；使植株便于田间管理与病虫害防治。

（一）抹芽、疏梢与绑缚

抹芽和疏梢是葡萄夏季修剪的第一项工作，根据葡萄种类、品种萌芽、抽枝能力、长势强弱、叶片大小等进行。春季萌芽后，新梢长至3～4 厘米时，每 3～5 天分期分批抹去多余的双芽、三生芽、弱芽和面地芽等；当芽眼生长至 10 厘米时，基本已显现花序时或 5 叶 1 心期后陆续抹除多余的枝，如过密枝、细弱枝、面地枝和外围无花枝等；当新梢长至 40 厘米左右时，根据栽培架式，保留结果母枝上由主芽萌发的带有花序的健壮新梢，而将副芽萌生的新梢除去，在植株主干附近或结果枝组基部保留一定比例的营养枝，以培养第二年结果母枝，同时保证当年葡萄负载量所需的光合面积。北方地区，在土壤贫瘠条件下或生长势弱的品种，亩留梢量 4 000～6 000 为宜；反之，生长势强旺、叶片较大及大穗型品种或在土壤肥沃、肥水充足的条件下，每个新梢需要较大的生长空间和较多的主梢和副梢叶片生长，亩留梢量 3 000～4 000 为宜。定梢结束后及时进行绑蔓，使得葡萄架面枝梢分布均匀，通风透光良好，叶果比适当。

（二）摘心

1. 主梢摘心　一般在葡萄开花前 1～7 天对主梢进行摘心。为达到主梢摘心促进坐果的效果，多以花前 1～3 天对主梢摘心；对个别强旺新梢，为促其坐果，可将摘心时间提前至花前 7～15 天；对个别坐果极紧的品种如红地球和黄意大利等需在花后摘心，以达到使部分果粒脱落减轻疏粒工作的目的。

2. 副梢摘心

(1) *反复摘心法* 花前主梢摘心后，花序以下副梢抹除，保留花序以上副梢，留 1～3 片叶反复摘心控制。主梢摘心口下面的先端 1～2 个副梢留 3～4 片叶反复摘心控制。

通常在花前主梢摘心时便可看到新梢基部数节的夏芽已经萌动，应及早抹除。此法在葡萄幼龄阶段架面新梢量不足时，有利增加副梢叶量，有利主梢各节花芽分化。其缺点是夏季修剪用工量过大。

(2) *"一条龙"夏剪法* 花前主梢摘心后，随时抹除主梢上的所有夏芽副梢，只保留先端一个夏芽副梢，先端夏芽一次副梢延长 5～6 节后，对一次延长副梢进行摘心，仍抹除所有二次夏芽副梢，只留先端一个二次夏芽副梢。到立秋后（8 月上旬），应抹除所有幼嫩副梢、幼叶，停止一切副梢生长。此法对多数品种均适用，但对于红地球、夏黑等强控易引起先端冬芽"爆破"的品种，不宜采用或只对中弱新梢应用；强旺枝可以改用"二条龙"、"三条龙"夏剪法，即留先端 2～3 个副梢延长。

(3) *憋冬芽夏剪法* 花前主梢轻摘心后，对所有主梢两侧夏芽副梢分两次全部抹除。约在主梢摘心后半个月，直立生长的新梢顶端冬芽发育完全并萌发。一般旺壮梢顶端 2～4 个冬芽将"爆破"，中庸梢 1～2 个顶端冬季"爆破"。此法对巨峰、玫瑰香强旺结果新梢的坐果、防止大小果有明显的效果，在天津滨海盐碱地篱架玫瑰香葡萄上被广泛应用。

(4) *副梢"绝后"夏剪法* 花前主梢摘心后，抹除花序以下的所有副梢，花序以上副梢均留 1～2 片叶摘心，并同时用手指甲抠掉一次副梢叶腋萌发的夏芽、冬芽。这样除保留一次副梢叶外，其他可能要萌发的夏芽、冬芽全被抠掉。该方法被广泛用于生长期相对较短的河北张家口牛奶葡萄上。

(5) *免摘心夏剪法* 在棚架面上，新梢多处于水平生长或新梢水平生长先端略呈下垂状态，新梢先端优势与顶端优势均受到一定抑制。本着简化夏季修剪，省工栽培的原则，提出如下简化夏季修剪方法供参考。

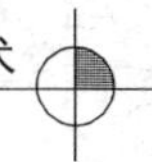

花前主梢不摘心，花后副梢也不摘心，即免摘心夏剪。较适应该法的品种、架式及栽培区：棚架、T形架、Y形架栽植的酿酒、制汁品种；对夏剪反应不敏感（不摘心也不会引起严重落花落果、不会产生大小果）的品种、新疆南疆产区（气候干热）生长势中等偏弱的鲜食品种；通过枝展调控、肥水调控及限根等措施，树相达到中庸的葡萄园；同一葡萄园中生长势中庸或偏弱的新梢可考虑免摘心夏剪，而少数生长势强旺的新梢仍需在花前提前进行主梢摘心或采取其他抑制新梢的办法。

（三）环剥

环剥的作用是在短期内阻止上部叶片合成的糖类向下输送，使养分在环剥口以上的部分贮藏。环剥有多种生理效应，如花前1周进行能提高坐果率，花后幼果迅速膨大期进行增大果粒。软熟着色期进行提早浆果成熟期等。环剥以部位不同可分为主干环剥、结果枝、结果母枝环剥，环剥宽度一般3～5毫米，不伤木质部。

（四）除卷须、摘老叶

卷须是葡萄借以附着攀缘的器官，在生产栽培条件下卷须对葡萄生长发育作用不大，反而会消耗营养，缠绕给枝蔓管理带来不便，应该及时剪除。葡萄叶片生长呈缓慢到快速再到缓慢的过程，即呈S形曲线生长。葡萄成熟前为促进上色，可将果穗附近的2～3片老叶摘除，以利光照，但长势弱的则不宜摘叶。

三、葡萄夏剪中的控—放—控

总结葡萄年生育周期的夏季修剪，可将其归纳为控—放—控3个阶段。

（一）控

从萌芽到开花坐果，以控制新梢的营养生长为主的夏季修剪作业，包括抹芽、疏枝、花前摘心，都是围绕控制营养生长，调控树势均衡，使营养向花序发育、坐果上集中；其肥水措施为稳施催芽肥。

（二）放

从果实第一次生长高峰果实硬核到上色前，适量放任副梢生长，形成“老”（主梢叶）“中”（一次副梢叶）“青”（二次副梢叶）三结合的合理的叶龄光合营养“团队结构”；此阶段肥水措施为重施催果肥。

（三）控

从上色到果实成熟。此阶段应集中营养于果实成熟和枝条成熟。在夏季修剪上应摘除所有嫩梢、嫩叶，打掉无光合能力的老叶，在控制葡萄营养生长的同时，也必须依树势强弱，酌施上色肥，一般是只施磷钾肥，少施氮肥。从叶色上看，第一阶段叶色为黄绿，第二阶段为绿，第三阶段为深绿并要求新梢基本停止生长。

第五节　葡萄主栽品种的整形修剪特点

葡萄生产中，应根据不同品种选择不同的架式与树形。生长势较强的品种，如克瑞森无核、红地球等适宜采用棚架，使其枝条能够充分舒展，能够容纳较多的芽眼和果实负载量，还可以利用架面的空间，延缓其生长势；对于生长势较中庸或偏弱的品种，则可以选择架面中小树形，生产中使用较重的修剪方法，有意识地增强其新梢生长势。

一、红地球

（一）架型选择

红地球葡萄生长势较旺，宜采用棚架栽培，如倾斜式棚架或水平棚架。而树形北方多用龙干形，南方多用 H 树形、一字树形和 X 树形等。

（二）整形修剪特点

1. 确定适宜的留芽量　红地球葡萄生长势较旺，萌芽成枝率高，修剪时要根据产量，确定留芽量。

2. 防止结果部位外移　红地球基部花芽分化不好，要根据实际情况，进行弓形绑蔓或是利用修剪进行更新。

3. 适度控制夏芽副梢　一般在花前主梢摘心后，抹除花序以下的所有副梢，花序以上副梢均留 1～2 片叶摘心，这样可以保护冬芽不“爆破”，或对中弱副梢适量免摘心。

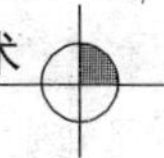

4. 注意花穗整形和疏花疏果　红地球是大穗品种，为了提高其市场竞争力，在花前和坐果后应进行疏花疏果，使其果穗达到标准穗，即每穗40～80粒。

二、巨峰

（一）架型选择

巨峰作为四倍体葡萄，树势较旺，适宜采用棚架栽培，如辽宁南部的巨峰产区。

（二）整形修剪特点

①巨峰容易形成花芽，在北方地区宜以短梢修剪为主，南方地区则要注意中短梢混合修剪；在抹芽疏枝时，注意保留靠近主蔓萌发的隐芽，若出现主蔓秃裸，可以适当轻剪；中长结果母枝，弓形绑蔓，保持主蔓均衡挂果，并注意及时更新老蔓。

②对树势较旺的单株，不宜大量疏枝疏果，可以在花前采用早摘心、早控制或采用憋冬芽夏剪法，促进其成花坐果。

③由于巨峰容易落花落果、着色不良，所以花前一定要注意整理花序，以每个果穗40粒上下为宜。

④夏季修剪时，要注意控制叶果比，叶：果（穗）＝15～20：1为宜。

三、龙眼

（一）架型选择

龙眼具有较强的生长势，一般新梢生长粗壮，节间长，果穗需要较大的叶果比，需要较多的发育枝，适合棚架栽培。

（二）整形修剪特点

龙眼的花芽一般多着生在4～12节。一般情况下，适宜采用双枝更新修剪方法，中长梢留作结果母枝，短梢修剪留作更新枝；生产中若使用中短梢修剪，往往会造成产量下降。在我国龙眼葡萄最大的产区河北张家口的怀（来）涿（鹿）盆地的龙眼多采用短梢修剪，甚至超短梢修剪，这种修剪方法技术简便、省工省力，但使用这项技术的前提条件是拥有一套综合的配套技术，最主要的方法就是弓形绑蔓，即在开花前1周，但新梢长至50～60厘米时，将新梢均匀分布在架面上，使新梢延长头朝下，对旺壮梢实行扭梢、拿枝，弓形绑缚在架面上。这样，有利于营养物质向基部芽眼积累，促进基部花芽分化。

（本章撰稿人：田淑芬　吴江）

第七章

葡萄园土肥水高效管理技术

第一节　葡萄园的土壤管理

土壤是葡萄生长和结果的基础，土壤的结构及其理化特征供应和协调着葡萄生长发育必要的水分和营养条件，与葡萄生长发育有着密切的关系；土壤状况在很大程度上决定了葡萄生产的性质、植株寿命、果实产量、质量以及葡萄酒的质量与风味。不同的土壤类型、土壤耕作方式及土肥水管理都对葡萄生长和果实品质产生重要影响。要达到葡萄的稳产、优质、高效益，需要有较高的栽培管理技术，其中葡萄园的土壤管理是关键技术基础。

一、葡萄对土壤的适应性

土壤是葡萄栽培的基础。葡萄生长发育需要从土壤中吸收水分和养分，以保证其正常的生理活动。因此，土壤的基本物理性质和化学性质如土壤质地、土壤结构、土层厚度、土壤酸碱度、土壤养分含量、土壤水分和热量的运移传导等，都对葡萄的根系以及地上部分的生长发育具有重要的影响。

良好的葡萄园土壤应具有下列特征：具有深厚熟化的耕层；养分含量较丰富；具有良好的土壤物理性质：容重降低，土壤中的大孔隙（非毛管孔隙）明显增加，土壤的水、气关系比较协调；供肥保肥能力较强；土壤的生物活性较强；土壤障碍因素少（无）次生盐渍化危害，不受干旱和洪涝胁迫。

葡萄可以生长在各种各样的土壤上，如沙荒、河滩、盐碱地和山石坡地等，但是不同的土壤条件对葡萄的生长和结果有不同的影响。同样的葡萄品种，在同样的气候条件下，因为土质的关系可以表现出完全不同的风味。葡萄对土壤的适应性很强，除含盐量较高的盐土外，在各种土壤上都可正常生长，在半风化的含沙砾较多的粗骨土上也可正常生长，并可获得较高的产量。虽然葡萄的适应性较强，但不同品种对土壤酸碱度的适应能力有明显的差异；一般欧洲种在石灰性的土壤上，生长较好，根系发达，果实含糖量高、风味好，在酸性土壤上长势较差；而美洲种和欧美杂交种则较适应酸性土壤，在石灰性土壤上的长势就略差。此外，山坡地由于通风透光，往往较平原地区的葡萄高产、品质也好。

（一）成土母岩及心土

在石灰岩生成的土壤或心土富含石灰质的土壤上，葡萄根系发育强大，糖分积累和芳香物质发育较多，土壤的钙质对葡萄酒的品质有良好的影响。但土层较薄且其下常有成片的砾石层，容易造成漏水漏肥。

（二）土层厚度和机械组成

土层厚度（即从表土至成土母岩之间的厚度）越大，则葡萄根系吸收养分的体积越大，土壤积累水分的能力越强。葡萄园的土层厚度一般以 80～100 厘米以上为宜。

土壤的机械组成，影响土壤的结构和水、气、热状况。沙质土壤的通透性强，夏季辐射强，土壤温差大，葡萄的含糖量高，风味好，但土壤有机质缺乏，保水保肥力差；黏土的通透性差，易板结，葡萄根系浅，生产弱，结果差，有时产量虽高但质量差，一般应避免在重黏土上种植葡萄。在砾石土壤上可以种植优质的葡萄，经过改良后，葡萄生长很好。

（三）地下水位

在湿润的土壤上葡萄生长和结果良好。地下水位高低对土壤湿度有影响，地下水位很低的土壤蓄水能力较差；地下水位高、离地面很近的土壤，不适合种植葡萄。比较适合的地下水位应在 1.5～2 米以下。在排水良好的情况下，在地下水位离地面 0.7～1 米的土壤上，葡萄也能

良好生长和结果。

（四）土壤结构及土壤通气状况

土壤结构及土壤通气状况与土壤含水量密切相关，而土壤通气性好坏直接影响着根系的活动和吸收。沙壤土和粗沙土通气状况良好，土壤中含氧量较高，根系发育正常；黏土则通气状况不良，土壤含氧量低，影响根系的呼吸和吸收，地上枝蔓生长也不好。在同期不良的土壤上，好气微生物的活动受到影响，树体容易出现缺素症状，严重时还可能导致早期落叶甚至整株死亡。一般情况下，土壤含氧量在12%以上时，根系才能进行正常活动并形成新根。因此，对结构不良、质地黏重、通气状况不良、地下水位过高或地表容易积水的土壤，在建园前都必须进行改良。

（五）土壤化学成分

土壤化学成分对葡萄植株营养有很大意义。由植物残体分解形成的土壤有机物质可促进形成良好的土壤结构，并是植物氮素供应的主要来源，由于化学成分的不同，土壤具有不同的酸碱度。土壤有机质和养分的分解矿化都与土壤酸碱性密切相关。葡萄对pH5.1～8.5的土壤都能适应，但生长势不同。一般在pH6～6.5的微酸性环境中，葡萄的生长结果较好。在酸性过大（pH接近4）的土壤中，生长显著不良，在比较强的碱性土壤（pH8.3～8.7）上，开始出现黄叶病。因此酸度过大或过小的土壤需要改良后才能种植葡萄。土壤中的矿物质，主要是氮、磷、钾、钙、镁、铁及硼、锌、锰等，均是葡萄的重要营养元素，这些元素以无机盐的形态存在于土壤溶液中时才能为根系吸收利用。此外，在土壤溶液中还存在一些对植物有害的盐分，包括碳酸钠、硫酸钠、氯化钠及氯化镁等，这些盐分积累的多少不同，而决定土壤盐碱化的程度。土壤总盐分在1.4～2.9克/千克均能正常生长，但盐分超过3.2～4.0克/千克时，表现受害症状。

二、葡萄园的土壤管理

土壤耕作的目的之一是为葡萄生长发育创造良好的土壤水、肥、气、热环境，满足葡萄对温度、空气、水分和养分的需要，从而促进速生、高产、优质，同时还要做到以最少的投入获得最佳的效益。因此，葡萄园土壤管理在葡萄周年管理中占有重要的地位。

葡萄园的土壤管理首先指葡萄园的土壤耕作制度安排；其次，我国大部分地区葡萄新栽培区域沿用“上山下滩不与粮食作物争地”的指导思想建园，葡萄园的土壤管理自建园起直到盛果后期，始终伴随着低产园的土壤改良培肥问题。

（一）葡萄园土壤耕作制

土壤耕作制度又称土壤管理系统，主要有以下几种方式：清耕法、生草法、覆盖法、免耕法和清耕覆盖法等。目前运用最多的是清耕法和生草法两种。在我国北方埋土防寒区，由于每年秋季需要取土防寒，春季要出土，所以绝大多数葡萄园土壤都保持清耕状态；而在南方不埋土区，除了清耕外还可采用行间生草或种植绿肥或覆膜等方法。

1. 清耕法 清耕法指在植株附近树盘内结合中耕除草、基施或追施化肥、秋翻秋耕等进行的人工或机械耕作方式，常年保持土壤疏松无杂草的一种果园土壤管理方法。全园清耕有很多优点，如可提高早春地温，促进发芽；清耕能保持土壤疏松，改善土壤通透性，加快土壤有机物的腐熟和分解，有利于葡萄根系的生长和对肥水的吸收；清耕还能控制果园杂草，减少病虫害的寄生源，降低果树虫害密度和病害发生率，同时减少或避免杂草与果树争夺肥水。但全园清耕也有一些缺陷，如清耕把表层20厘米土壤内的大量起吸收作用的毛根破坏，养分吸收受限制，影响花芽的形成和果实的糖度及色泽；清耕还会促使树体的徒长，导致晚结果、少结果、产量降低；清耕使地面裸露，加速地表水土流失；此外，清耕比较费工，增加了管理成本。

尽管有一些不足的方面，清耕法至今仍是我国采用最广泛的果园土壤管理方法。主要因为葡萄园各项技术操作频繁，人在行间走动多，土壤易板结，所以清耕是目前较常用的葡萄园土壤管理制度。

土壤清耕的范围可根据行间的大小和根系分布范围进行。篱架行距较小，可隔行分次轮换进行，离开植株50厘米以外；棚架行距较大，可在根系分布范围附近进行深翻，离开植株80厘米以外，深翻应结合施肥进行。春季可选择萌芽前进行中耕，深度为10～15厘米，结合施

催芽肥，全园翻耕。

2. 生草法　葡萄园生草法是指在葡萄园行间或全园长期种植多年生植物的一种土壤管理办法，分为人工种草和自然生草两种方式，适于在年降水量较多或有灌水条件的地区，生草一般在葡萄行间进行。

人工种草草种多用豆科或禾本科等矮秆、适应性强、耗水量少的草种，如毛叶苕子、三叶草、鸭茅草、黑麦草、百脉根和苜蓿等；自然生草利用田间自有草种即可。当草高20～30厘米时，留茬8厘米左右割除，割除的草可覆盖在树盘或行间，使其自然分解腐烂或结合畜牧养殖过腹还田，增加土壤肥力。人工种草在秋季或春季深翻后播种草种。生草初期仍存在滋生杂草的问题，需注意及时清除。为解决葡萄园生草与树体争夺肥水，在草旺长期进行适当补肥补水。

葡萄园生草的优点：减少土壤冲刷，增加土壤有机质，改善土壤理化性状，使土壤保持良好的团粒结构，防止土壤暴干暴湿，保墒，保肥，提高品质；改善葡萄园生态环境，为病虫害的生物防治和生产绿色果品创造条件；减少葡萄园管理用工，便于机械化作业，生草果园可以保证机械作业随时进行，即使是在雨后或刚灌溉的土地上，机械也能进行作业，如喷洒农药、生长季修剪、采收等，这样可以保证作业的准时，不误季节；经济利用土地，提高果园综合效益。当然，生草果园也存在和覆草管理相似的缺点，如果园不易清扫、增加病原虫源等问题，针对这些缺点，应相应地加强管理。

3. 覆盖法　覆盖栽培是一种较为先进的土壤管理方法，适于在干旱和土壤较为瘠薄的地区应用，利于保持土壤水分和增加土壤有机质。葡萄园常用的覆盖材料为地膜或麦秸、麦糠、玉米秸、稻草等。一般于春夏覆盖黑色地膜，夏秋覆盖麦秸、麦糠、玉米秸、稻草或杂草等，覆盖材料越碎越细越好。

覆草多少根据土质和草量情况而定，一般每亩平均覆干草1 500千克以上，厚度15～20厘米，上面压少量土，每年结合秋施基肥深翻。果园覆盖法具有以下几个优点：保持土壤水分，防止水土流失；增加土壤有机质；改善土壤表层环境，促进树体生长；提高果实品质；浆果生长期内采用果园覆盖措施可使水分供应均衡，防止因土壤水分剧烈变化而引起裂果；减轻浆果日烧病。覆盖栽培也有一些缺点，如葡萄树盘上覆草后不易灌水，另外，由于覆草后果园的杂物包括残枝落叶、病烂果等不易清理，为病虫提供了躲避场所，增加了病虫来源，因此，在病虫防治时，要对树上树下细致喷药，以防病虫为害加剧。

在具体生产中，应该根据不同地区的土壤特点、气候条件、劳动力情况和经济实力等各种因素因地制宜灵活运用不同的土壤管理方法，以在保证土壤可持续利用的基础上最大限度地取得好的经济效益。

（二）中低产葡萄园土壤改良

针对土壤的不良性状和障碍因素，采取相应的物理或化学措施，改善土壤性状，提高土壤肥力，增加作物产量，以及改善人类生存土壤环境的过程称之为土壤改良。土壤是树体生存的基础，葡萄园土壤的理化性质和肥力水平等影响着葡萄的生长发育以及果实产量和品质。土壤贫瘠、有机质含量低、结构性差、漏肥漏水严重、保温保湿性差、土壤强碱性导致磷及金属微量元素强烈固定、氮磷钾养分供应能力低等是我国葡萄稳产优质栽培的主要障碍，因此持续不断地改良和培肥土壤是我国葡萄园稳产栽培的前提和基础。

土壤改良工作一般根据各地的自然条件和经济条件，因地制宜地制定切实可行的规划，逐步实施，以达到有效地改善土壤生产性状和环境条件的目的。

1. 土壤改良过程

（1）保土阶段　采取工程或生物措施，使土壤流失量控制在容许流失量范围内。如果土壤流失量得不到控制，土壤改良亦无法进行。对于耕作土壤，首先要进行农田基本建设，实现田、林、路、渠、沟的合理规划。

（2）改土阶段　其目的是增加土壤有机质和养分含量，改良土壤性状，提高土壤肥力。改土措施主要是种植豆科绿肥或多施农家肥。当土壤过沙或过黏时，可采用沙黏互掺的办法。

2. 土壤改良技术途径　土壤的水、肥、气、热等肥力因素的发挥受土壤物理性状、化学性质以及生物学性质的共同影响，从而在土壤改良过程中可以选择物理、化学以及生物学的方法对土壤进行综合改良。

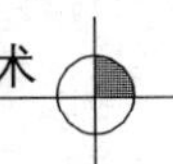

（1）物理改良　采取相应的农业、水利、生物等措施，改善土壤性状，提高土壤肥力的过程称为土壤物理改良。具体措施有：适时耕作，增施有机肥，改良贫瘠土壤；客土、漫沙、漫淤等，改良过沙过黏土壤；平整土地；设立灌、排渠系，排水洗盐、种稻洗盐等，改良盐碱土；植树种草，营造防护林，设立沙障、固定流沙，改良风沙土等。

（2）化学改良　用化学改良剂改变土壤酸性或碱性的技术措施称为土壤化学改良。常用化学改良剂有石灰、石膏、磷石膏、氯化钙、硫酸亚铁和腐殖酸钙等，视土壤的性质而择用。如对碱化土壤需施用石膏、磷石膏等以钙离子交换出土壤胶体表面的钠离子，降低土壤的 pH。对酸性土壤，则需施用石灰性物质。化学改良必须结合水利、农业等措施，才能取得更好的效果。

葡萄为多年生树种，因而，贫瘠土壤区最值得推崇的土壤改良方法是建园时的合理规划，包括开挖 80～100 厘米深，80 厘米宽的定植沟，将秸秆、家畜粪肥、绿肥、过磷酸钙等大量填入沟内，引导根系深扎，为稳产创造良好的基础条件。葡萄生长发育过程中，每年坚持在树干两侧开挖 30 厘米左右的施肥沟，或通过播肥机将有机肥均匀地施入土壤，能够促进新根的大量发生，增强葡萄根系吸收功能，为高产创造条件。

第二节　葡萄园的养分管理

众所周知，施肥作为葡萄栽培管理中的重要环节，对于提高葡萄产量，改善品质有重要作用。科学合理施肥是发展优质葡萄的重要保证，但目前葡萄施肥过程中存在很多问题，如有机肥料施用量过少，主要依靠化学肥料，降低了土壤的有机质含量，使土壤的物理、化学性状受到了严重破坏；注重氮肥施用，不注重氮磷钾的配合，造成树体营养不均衡，对产量、着色、品质影响过大；重根系追肥，轻叶面施肥；重常用元素施用，轻微量元素施用，造成树体果实发育不正常，这些都严重地制约了葡萄品质的改善与产量的提高。

一、大量元素的生理功能

（一）氮的生理功能

氮与葡萄枝叶生长和产量形成关系密切，适量供氮使幼树枝叶繁茂，树体生长迅速，并促使成年树的芽眼分化和萌发。氮素能促进蛋白质和叶绿素的形成，使叶面深绿，叶面积增大，光合效能增强，促进碳的同化，增加养分积累，提高坐果率，对果实产量形成起重要作用。

（二）磷的生理功能

磷是构成细胞核、磷脂等的主要成分之一，在植物体中积极参加糖类的代谢和加速多种酶的活化过程，调节土壤中可吸收氮的含量，有助于细胞分裂，促进幼嫩枝叶、新根的形成和生长，促进花芽分化、花器官和果实发育，并促进授粉受精和种子成熟、增加产量，使果实中可溶性总糖含量增加，总酸度降低，从而提高浆果品质，磷还能使果实成熟加速，着色好，耐贮藏，改进葡萄酒的风味，并促进新根的发生和生长，提高葡萄对外界环境的适应能力。

（三）钾的生理功能

钾能促进葡萄光合作用和糖分代谢，促进蛋白质合成、转运；提高抗寒、抗旱、耐高温和抗病虫能力；增强输导组织的生理机能，对于加快水肥和光合产物向各器官的运输有重要意义。大量研究证明葡萄施用钾肥具有增产作用，可提高葡萄产量，改善浆果品质，增施钾肥不仅使酿酒葡萄果穗整齐，而且早成熟，成熟度一致，适宜于一次集中采收。

二、葡萄的需肥特点

葡萄具有很好的早期丰产性能，一般如土壤较肥沃，在定植的第二年即可开花结果，第三年即可进入丰产期。由于葡萄为深根性植物，没有主根，主要是大量的侧根，为使葡萄较好地进入丰产期，种植前进行深翻施肥改土，提高中深土层中养分的含量，促进葡萄形成较发达的根系。葡萄与其他果树相比，对养分的需求既有共同之处，如都需要氮、磷、钾、钙、镁、硼等各种营养元素，但也有其自身的特点。充分了解葡萄的需肥特点，合理、及时、充分地保障植株营养的供给，是保证葡

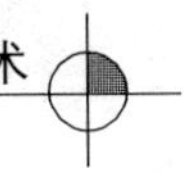

萄生长健壮、优质、稳产的重要前提条件。

（一）需肥量大

葡萄生长旺盛，结果量大，因此对土壤养分的需求也明显较多。在一个生长季中，每生产100千克果实，葡萄树需要从土壤中吸收0.3～0.6千克氮素、0.1～0.3千克五氧化二磷、0.3～0.65千克钾素。

（二）需钾量大

葡萄也称钾质果树，在其生长发育过程中对钾的需求和吸收显著超过其他各种果树，在一般生产条件下，其对氮、磷、钾需求的比例为1∶0.5∶1.2，若为了提高产量和增进品质，对磷钾肥的需求比例还会增大，生产上必须重视葡萄这一需肥特点，始终保持钾的充分供应。除钾元素外，葡萄对钙、铁、锌、锰等元素的需求也明显高于其他果树。

（三）需肥种类的阶段性变化

在一年之中，随着葡萄植株生长发育阶段的不同，对不同营养元素的需求种类和数量有明显的不同。从萌动、开花至幼果初期，需氮最多，约占全年需氮量的64.5%。磷的吸收则是随枝叶生长、开花坐果和果实增大而逐步增多，到新梢生长最盛期和果粒增大期达到高峰。钾的吸收虽从展叶抽梢开始，但以果实肥大至着色期需钾最多，此期如钾素不足，果实色差糖低味酸，严重时甚至不能成熟。开花期需要硼肥供应充足，浆果发育、产量品质形成、花芽分化需要大量的磷、钾、锌元素，而采收后还需要补充一定的氮素营养。

三、葡萄的营养需求规律

（一）氮素

当土温达到12～13℃时即萌芽前后开始氮的吸收，葡萄生长前期需氮量较大，花序出现起开始活跃，一直到果实膨大期都保持大量吸收；进入着色期后，枝叶对氮的需要量减少，果穗中含氮量增加；果实成熟后枝、叶、根等氮含量升高有利于贮藏养分的蓄积，因此，在葡萄采收后，结合施基肥可以适当施一些速效氮肥，对后期叶片的光合作用、树体营养积累和恢复树势有显著作用。

（二）磷素

葡萄在树液流动初期便开始吸收磷素，展叶后，随枝叶的生长、开花和果实膨大，对磷的需要量逐渐增大，在新梢伸长的最盛期和果实膨大期达到高峰，此时要及时适量地供应磷肥；果实膨大期后，叶片、叶柄和新梢中的磷向成熟的果粒转移；收获后，叶片、叶柄、茎和根中磷的含量增多；落叶前，叶片、叶柄中的磷向茎和根转移。

（三）钾素

葡萄素有钾质作物之称，在整个生育周期中对钾的需要量较大。钾在葡萄果穗和叶柄中含量最多。随着生长吸收，至果实完全成熟期以前一直吸收。果粒增大期至着色期叶柄和叶片中钾移运到果穗中，导致钾的含量减少，说明果粒增大期之后必须继续吸收和运转钾，果实才能完全成熟。

四、合理施肥

和许多植物一样，葡萄生长和结果也需要多种营养元素，它们主要包括碳、氢、氧、氮、磷、钾、钙、镁、硫、铁、锰、锌、氯等，除碳、氢、氧外，其他的元素都要来自于土壤。由于在葡萄栽培管理过程中（如喷药），会补充某些元素，因此，真正对施肥更为依赖的是氮、磷、钾、硼、锌、镁、铁、锰、钙等。其中，氮、磷、钾需要量较大，其余几种需要量较少。

而且，对于葡萄生长发育影响最大的不是那些供应充足的元素，而是最为缺乏的营养元素。当某一元素缺乏时，其他元素即使再多也不发挥作用，这就是德国科学家李比希提出的最小养分定律。所以，在施肥时，要掌握平衡施肥，要加入含有各种微量元素的肥料，即全元素肥料，而不是单施某种化肥，从而提高土壤中各种元素的供应水平，促进葡萄健壮生长。

（一）有机肥

在生长期根据葡萄长势情况，对施肥量、施肥时间可做适当调整。多施有机肥，培肥改良土壤，改善葡萄树生长的土壤条件，为持续高产优质打好基础。

（二）氮肥的施用

氮肥对葡萄树的生长和发育均有很大的影响。在一定范围内适当多施氮肥，有增加葡萄树的枝叶数量，增强葡萄的树势，协调树体的营养生长和生殖生长，促进副梢萌发，起到多次开花结实提高产量的作用。但若施用氮肥过量，则会引起枝梢徒长，导致大量落果，引起产量降低，而且还可引起新生枝条和根系木质化程度降低，影响越冬能力。

由于养分的流失和土壤的固定，有一部分肥料不能被根系吸收利用。因此，生产中，一般每亩的年氮肥施用量在12～18千克。施肥应以基肥为主，占全年施用量的40%～60%。施用时间最好是在采果后立即施入，此时根系的第二次生长高峰还没有结束，叶片尚未脱落，施入后即可有一部分肥料被根系吸收，参与代谢、制造合成大量的有机营养，增加树体的营养贮藏量，对恢复树势、促进花芽的分化有明显的作用。追肥的施用一般在萌芽前、开花前、开花后、浆果着色初期4个时期进行。

①萌芽前追施氮肥主要是对没有施用基肥的葡萄树，起到促进枝叶和花穗发育、扩大叶面积的作用。

②对花穗较多的葡萄树，在开花前追施氮肥并配施一定量的磷肥和钾肥，有增大果穗、减少落花的作用，用量为年施用量的1/5左右。

③开花后，当果实如绿豆粒大小的时候，追施氮肥有促进果实发育和协调枝叶生长的作用，用量根据长势而定，长势较旺时，用量宜少；长势较差时，施用量应大一些。一般为年施用量的1/10～1/5。

④在果实着色的初期，可适当追施少量的氮肥并配合磷钾肥，以促进浆果的迅速增大和含糖量的提高，增加果实的色泽，改善果实的内外品质，施肥以磷钾肥为主，氮肥用量约为年施用量的1/10。

（三）磷肥的施用

由于土壤的固定等因素，葡萄树对磷肥的利用率较低，一般丰产葡萄园的年施用磷肥量为每亩10～15千克五氧化二磷，相当于含磷量14%的过磷酸钙70～110千克。磷肥在施用上主要作基肥，一般占年施用量的60%～70%，应在果实采后尽早施入，因为此时葡萄根系的第二次生长高峰尚未结束，施入的磷肥被葡萄吸收后，参与代谢、制造合成大量的有机营养，增加树体的营养贮藏量，既可恢复树势、促进花芽的分化，又可提高葡萄的抗冻能力。其余的磷肥作追肥，在开花前期和幼果开始生长期、浆果着色初期配合氮钾肥追施，其中浆果着色初期追施的磷肥量应占年施用磷肥量的1/5，其他两期占1/10左右。

（四）钾肥的施用

充足的钾素供应可提高葡萄的含糖量，促进浆果的着色。一般丰产葡萄园年施用的钾肥量为每亩15～22千克氧化钾，相当于含钾量50%的硫酸钾30～44千克。钾肥施用以基肥为主，占年施用量的1/3左右，追施以浆果着色初期为主，占年施用量的1/3，其他两个时期追施的量约占1/6，施用时注意配合氮磷肥的施用。

（五）微肥的施用

葡萄施用硼肥可提高坐果率，改善营养状况，提高产量。缺硼土壤可在秋季施用基肥时，按每亩果园0.5～1.0千克的量施用硼砂，也可在开花前喷施0.05%～0.1%硼砂水溶液。

葡萄缺锌时，叶片变小、新梢节间变短，果穗形成大量的无核小果，产量显著下降。防止葡萄缺锌的方法：用10%硫酸锌溶液在冬剪后随即涂抹剪口；也可用0.2%～0.3%硫酸锌溶液在开花前2～3周和开花后的3～5周各喷施一次。对于已出现缺锌症状的葡萄，应立即用0.2%～0.3%硫酸锌溶液喷施，一般需喷施2～3次，时间间隔1～2周。

在石灰性土壤上和在含有效铁较少的其他土壤上，葡萄也易发生缺铁性叶片黄化现象，黄化现象的发生不仅影响葡萄的长势，还影响葡萄的产量和品质。由于硫酸亚铁施入土壤后很快就转化成果树不能吸收的形态，因此单独施用硫酸亚铁的效果较差，最好的方法是施用铁的螯合物，以氨基酸铁或Fe-EDDHA效果较好。也可将硫酸亚铁与饼肥（豆饼、花生饼、棉籽饼）和硫酸铵按1∶4∶1的重量比混合集中施于葡萄毛细根较多的土层中，以春季发芽前施入效果较好。也可在葡萄生长过程中喷施0.3%硫酸亚铁与0.5%尿素水溶液，但有效期较短，需要1～

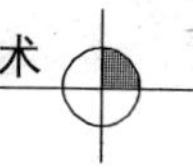

2周喷施一次。

五、施肥时期

施肥时间应结合葡萄不同生长发育阶段的要求，同时要把握住营养临界期和最大效率期。例如，幼果膨大期，充足的养分供应可明显促进坐果和幼果膨大，若错过这一时期，即使施用再多的肥料对促进坐果和幼果膨大也不明显，因此，这一时期就称为营养临界期，同时这一时期的养分供应对葡萄的产量、效益至关重要，也是最大效率期。在葡萄生长发育的各个阶段，对各种营养元素的需求是不一样的。以氮、磷、钾三元素为例，萌芽后，随着新梢的生长，叶面积增大，对氮肥的吸收量迅速增加，直到幼果膨大期，对氮肥的需求量达到最大。随后，浆果生长和发育对氮肥的需求量加大，植株对氮肥的吸收量明显增多。在新梢旺盛生长期和浆果迅速生长期吸收磷较多，开花、坐果后葡萄对磷的需求量稳步增加。而在浆果生长过程中钾的吸收量逐渐增加，以满足浆果的生长发育需要。

（一）基肥

秋末施用基肥必不可少，主要用有机肥料和部分化肥（氮、磷、钾肥等）。施基肥的深度应达根系主要分布层。有机肥在土壤中逐渐分解，可供翌年植株生长发育需要。在秋季，葡萄根系进入第二次生长高峰，此时施肥，断根的再生力和吸收作用均强。如果施用的有机肥料含有秸秆类的堆肥，则可适当掺入含氮多的人粪尿，以调节碳氮比值，有利于堆肥腐熟。秋施基肥和土壤深翻相结合，一举两得。由于有机肥是逐渐分解的，肥效较长，施基肥不应在同一位置上年年重复进行，应在不同位置轮换施肥。

（二）追肥

1. 萌芽前　以速效氮肥为主，如尿素、碳酸氢铵等，配合少量磷钾肥。进入伤流期，葡萄根系吸收作用增强，萌芽前追肥效果明显，可以提高萌芽率，增大花序，使新梢生长健壮，从而提高产量。

2. 新梢旺盛生长期　约在萌芽后20天。以速效性的氮磷肥为主，可适量配合钾肥。此时，新梢生长迅速，花序迅速长大，植株对养分需求量大，应以施速效性氮磷为主，配合施适量钾。但对易落花落果的品种，花前10天不宜追施氮肥，以免加重落花落果，应在开花后追施氮肥。

3. 幼果期 坐果后，幼果迅速膨大，新梢迅速生长，根系进入第一个旺盛生长期，花芽开始分化。此期是葡萄追肥的最重要时期，需平衡施用各种养分，不仅要补充氮、磷、钾，而且要补充微量元素。

4. 浆果成熟期 浆果着色变软以后，进入第二个膨大期，需钾量骤然增加。此次应以施钾肥为主，配合施磷肥，一般不施含氯肥料。除施用钾磷肥外，还可用草木灰等农家肥，或在浆果开始上色时施入大量的含钾磷为主的草木灰或腐熟的鸡粪等。此期一般不要施用多的氮肥，但在果穗太多或者在贫瘠沙砾土上的葡萄园，雨季后的浆果成熟期，应适当施用氮肥。

5. 果实采收后 采果后，葡萄根系进入第二次生长高峰，此时追肥，对促进根系生长，恢复树势，增加贮藏营养意义很大。采后肥可结合秋施基肥一起施用，最好在果实采摘后立即进行，施肥以有机肥和磷钾肥为主，根据树势配施一定量的氮肥（树势过旺的可不施氮肥，树势较弱的应适当多施氮肥）。

6. 叶面施肥 首先明确一点，叶面施肥仅仅是土壤施肥的补充。它是葡萄缺肥时的一种应急措施，特别是补充铁、锌、硼等微量元素肥料。不能用叶面施肥代替土壤施肥。葡萄需要氮钾肥较多，在葡萄的生长过程中需及时补充，在用氮钾肥作追肥时一般是开浅沟施入，施肥的时间为芽膨大期、开花前期、开花后果实发育至豆粒大小的时期、葡萄浆果着色初期。

六、施肥量

葡萄施肥量受植株本身和外界条件多方面的影响，如品种、产量、植株生长状况、土质、肥料性质及质量等，差别很大，很难确定统一的施肥标准。所以要因地制宜，根据产量和土壤营养状况作出判断，进行合理施肥，并根据情况不断进行调整。

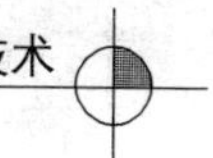

七、施肥方法

因各种肥料的性质不同，对其施肥的方法也有差别。氮肥要浅沟施入，覆土后再灌水；磷钾肥在土壤中移动性小，要施在根系密集处。合理的施肥方法是将肥料施在离根系集中分布区稍深、稍远的区域。

基肥的施用常用条沟法，将有机肥和适量化肥与表土同时回填入沟内，翻匀，最后用剩余土壤填满沟。条沟施肥一般每行都开沟，可隔年施一次。

追肥分土壤追肥和叶面追肥。土壤追肥常用穴施或浅沟施，通常在距树干 30～50 厘米或两株之间开沟，深度 20～30 厘米，施后盖土。

叶面追肥，是将肥料溶于水后，进行叶面喷雾。除氮、磷、钾外，微量元素更多是利用叶面追肥进行补充。在喷洒幼苗、新梢、幼果时，若中午气温高，宜用较低浓度。

八、营养诊断施肥

与农作物相比，葡萄生长不需要太多的养分，所以相对贫瘠的土地（如沙性土壤）也适合葡萄的种植，太过肥沃的土地徒使葡萄树枝叶茂盛反而生产不出优质的葡萄酒。在法国，沉积岩土、花岗岩土、砾石及卵石地被认为是生产优质酿酒葡萄的最佳土质。然而我国葡萄产区土壤有机质普遍较低，特别是经过夏秋雨季淋溶后葡萄植株缺肥现象比较常见，叶片后期萎蔫，枝条贮藏营养不足，表现枝条硬度小，髓心大，越冬性差，春季容易抽干，因此周年施肥非常必要。

但对营养期长的葡萄进行周年施肥，加上大水漫灌，极易造成水肥的浪费，并进一步引发环境问题。因此，有条件的地区通过营养诊断对葡萄进行动态管理，对实现葡萄的稳产、优质栽培至关重要。

营养诊断是通过一定手段对植株及土壤的营养状况进行分析判断，旨在指导葡萄园施肥或采用其他管理措施。这一过程包括各种典型缺素症状的外观表现及缺素判断、叶片指标的分析测定（诊断）、测定结果的解释及根据有关情况提出矫治措施（处方）3 个阶段。

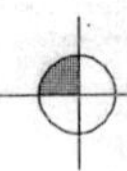

(一) 外观缺素症状诊断

氮：葡萄缺氮时叶片薄而发黄，甚至造成早期落叶，新梢花序纤细，节间短，落花落果严重，花序分化不良；如氮素过剩，会引起枝叶徒长，不利于坐果，延迟浆果成熟，着色不良，品质下降，香味较差。

磷：葡萄缺磷时叶片呈紫色，新梢细弱，花芽分化不良，果实着色差，种子发育不良，含糖量低，香味差；如磷过剩，则妨碍植株对氮铁等营养元素的吸收。

钾：葡萄缺钾时叶片先失绿，继而叶片边缘焦枯，向上或向下卷曲，严重时叶片产生坏死斑点，出现许多小洞，果实小，品质差。

钙：葡萄缺钙时表现为叶脉间和叶缘失绿，并有灰褐色斑点，顶梢枯死。

镁：葡萄缺镁时叶片由下向上开始失绿，叶片皱缩，枝条中部叶片脱落。

硼：葡萄缺硼时叶片呈扩散的黄色或失绿，顶端卷须产生褐色的水渍状区域，花冠不脱落，结实率低。

(二) 叶片分析诊断

叶片分析诊断技术主要应用在确定葡萄施肥种类、施肥时期、施用量及测定葡萄植株对肥料反应的研究等方面。现代化的葡萄施肥主要依靠对叶片内矿质元素的分析进行判断和决定，当葡萄叶内某元素成分低于适量范围的下限时就应该适当进行补充该种元素。此外，果树的结果数量、生长势、修剪措施以及土壤管理制度都会影响叶片分析的结果。

叶片分析是确定作物营养状态的有效技术。叶片分析可以快速地诊断树体营养水平，用于指导施肥，可使施肥合理化、标准化。叶片分析的基础是标准值的建立。标准值指生长良好，不出现任何症状时养分测定值的平均数。在营养可给性低的土壤上，叶片分析特别有用；在营养可给性较高的土壤上则不很灵敏。叶片分析应用在多年生植物比在一年生植物上容易确定临界水平。氮素营养在树体内的含量水平，体现了植株在某一时期对氮素营养的吸收和需要情况。叶片分析是作为诊断植株是否缺氮的常用手段，葡萄叶片内硝态氮含量标准值已有报道。葡萄叶柄适宜的硝态氮含量为500～1 200微克/克。诱导硝酸还原酶活性的方

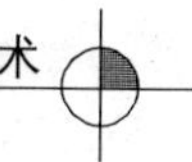

法可用来诊断植物的缺氮情况。用硝酸根来诱导缺氮植物根部或叶片中硝酸还原酶后做酶活性比较，诱导后酶活性较内源酶活性增高越多，则表明植物缺氮越严重。缺磷的植物，组织中的酸性磷酸酶活性高。磷酸酶的活性也可用于判断磷的缺乏程度。

总之，加强葡萄园土肥水管理，为根系的生长发育创造良好生长条件，是确保葡萄园高产、稳产、优质、高效的基础。

第三节　葡萄园的水分管理

葡萄是浆果类果树，葡萄果实中，水分含量高达80%以上，葡萄园的水分管理对葡萄的生长和结果有十分重要的作用，适量的土壤水分可以获得优质葡萄浆果和葡萄酒，水分过量或不足均降低浆果和葡萄酒的质量。

葡萄耐旱性较强，只要有充足、均匀的降雨，一般不需要灌溉。但我国大部分葡萄生长区降水量分布不均匀，多集中在葡萄生长中后期。而我国南方葡萄栽培季节常多雨，需要加强排水。因此，根据葡萄生长需要，进行适时适宜的水分管理，对葡萄正常的生长发育十分重要。

一、葡萄的需水特性

葡萄对水分需求最多的时期是在生长初期，快开花时需水量减少，开花期间需水量少，以后又逐渐增多，在浆果成熟初期又达到高峰，以后又降低。葡萄浆果需水临界期是在新梢第一次生长高峰的后半期和第二次生长高峰的前半期，而浆果成熟前一个月和停长期对水分不敏感。尤其在干旱年份，适量的供水常常增加果实的含糖量。在葡萄成熟期间，水分多少对果实品质影响较大，如果水分过多，将会延迟葡萄果实成熟，使品质变劣，并影响枝蔓成熟，成熟期土壤含水量应为田间持水量的60%～70%。因此，正确的灌水量不是葡萄在形态上显露出缺水状态（如叶片卷曲），而是根据葡萄物候期、土壤含水量及降水量的多少确定。一般在生长前期，要求水分供应充足，以利生长和结果，生产后期要控制水分，保证及时停止生长，使葡萄适时进入休眠期，作好越冬准备。

二、主要灌水时期

土壤水分与灌溉对葡萄果实风味的影响很大。春季时土壤需饱含水分，充足的水分供给能确保萌芽开花；在果实的成长和成熟的过程，必须减少水分的供应量，使得葡萄的甜度可以不受干扰，这种特性以砾质土和石灰质土表现得最为出色，孕育了许多别具特性的葡萄园。

北方雨水多集中在7～8月，常有早春和初夏大旱、大风。春季必须灌水，以保证葡萄正常生长和结果。南方春季和夏季雨水较多，水分充足，7～9月降水少，干旱多，容易干旱，应及时浇水，对葡萄新梢成熟和翌年结果枝的形成以及树势生长有重要作用。

葡萄灌水的次数和灌水量，因栽培方式、土壤特点和墒情，以及栽培品种不同而定。

（一）催芽水

北方当葡萄出土上架至萌芽前10天左右，结合追肥而灌一次水，称为催芽水，以促进植株萌芽整齐，有利新梢早期迅速生长。埋土区在葡萄出土上架后，结合施催芽肥立即灌水。灌水量以湿润50厘米以上土层即可，过深会影响地温的回升。埋土浅的区域，常因土壤干燥而引起抽条。因此，在葡萄出土前、早春气温回升后，顺取土沟灌一次水，能明显防止抽条。南方葡萄萌芽期、开花期，正是雨水多的季节，不缺水，要注意排水。

（二）促花水

北方春季干旱少雨，葡萄从萌芽至开花需44天左右，一般灌1～2次水，称为催穗水，以促进新梢、叶片迅速生长和花序的进一步分化与增大。花前最后一次灌水，不应迟于始花前1周。这次水要灌透，使土壤水分能保持到坐果稳定后。北方个别葡萄园忽视花前灌水，一旦出现较长时间的高温干旱天气，即会导致葡萄花期前后出现严重的落蕾落果，尤其是树势中庸或树势弱的植株较重。开花期切忌灌水，以防加剧落花落果。但对易产生大小果且坐果过多的品种，花期灌水可起到疏果

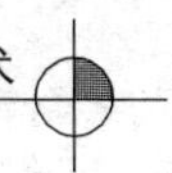

和疏小果的作用。

（三）幼果期（坐果后至浆果硬核末期）

结合施肥进行灌水，此期应有充足的水分供应。随果实负载量的不断增加，新梢的营养生长明显缓弱。此期应加强肥水，增强副梢叶量，防止新梢过早停长。灌水次数视降雨情况酌定。进入7月后，降雨增多，此时葡萄处于硬核后期，要加强灌水，防止高温干旱引起表层根系伤害和早期落叶。沙土区葡萄根群分布极浅，枝叶嫩弱，遇干旱极易引起落叶。试验结果表明，先期水分丰富、后期干燥区落叶最甚，同时影响其他养分的吸收，尤其是磷的吸收，其次是钾、钙、镁的吸收。土壤保持70%田间持水量，果个及品质最优。过湿区（70%～80%）则影响糖度的增加。

（四）浆果成熟期

此期雨量增多，一般不浇水，除非特殊干旱天气，应适量灌水，避免大水漫灌，以防止葡萄裂果。特别防止雨前充分灌溉，雨后极易导致田面滞水，引发一系列问题。

（五）采果后

采果后，结合施基肥灌水一次，促进营养物质的吸收，有利于根系的愈合及发生新根；遇秋旱时应灌水。

（六）封冻水

在葡萄埋土后土壤封冻前，应灌一次透水，以利于葡萄安全越冬。

以上各灌溉时期，应根据当时的天气状况决定是否灌水和灌水量的大小。强调浇匀、浇足、浇遍，不得跑水或局部积水，地块太顺的要求打拦水格，保证浇透。

而在南方避雨栽培区，夏季雨水比较集中，降雨强度大时，就易造成园田积水，土层中水分过多，空气就减少，葡萄根系呼吸困难，长期积水，土壤严重缺氧，根系进行无氧呼吸，引起中毒而死亡，从而密切注意排水。南方葡萄在梅雨季节更要注意及时排水。排水的方法，多采用明沟排水。明沟排水常与灌水沟结合，排灌两用。明沟一般分主沟渠、支沟渠、垄沟等。土壤黏重，主沟渠宽1米，深0.6米；支沟渠宽0.6米，深0.4米；垄沟宽0.3米，深0.2米，做到排水通畅。

三、灌水量

最适宜的灌水量，应在一次灌水中使葡萄根系集中分布范围内的土壤湿度达到最有利于生长发育的程度。多次只浸润表层的浅灌，既不能满足根系对水分的需要，又容易引起土壤板结和温度降低，因此要一次灌透。葡萄在不同时期对土壤水分的要求：

1. 发芽至开花 土壤含水量宜保持在田间持水量的65%～75%。

2. 新梢生长和幼果膨大期 土壤含水量宜保持在田间持水量的75%～85%。

3. 果实膨大期 土壤含水量宜保持在田间持水量的70%～80%。

4. 果实转色期至采收期 土壤含水量宜保持在田间持水量的60%～65%。

四、灌溉方法

葡萄园的灌水方法有环状灌、沟灌、漫灌、滴灌等。要注意灌水技术，防止急水急灌，株株灌透，灌后中耕松土锄草保水，灌水时可结合施肥。

（一）地面沟灌畦灌

该方法是各地葡萄园长期以来主要采用的灌溉方式，灌溉水通过设置在田间的渠道系统进入葡萄园，在葡萄园中顺栽植沟行向进行灌溉，这种灌溉方式投资少，灌溉也比较方便，并能与施肥相结合，但缺点是需水量大，灌溉水利用效率不高。

（二）葡萄园漫灌

即对全园进行大水漫灌，这是一种主要用于盐碱地葡萄园为减少耕层土壤中盐分时进行的一种特殊灌溉方法。

（三）喷灌

在葡萄园中专门设置固定或可移动的喷灌机械，灌溉水在人工加压的情况下，通过管道和喷头形成人工降雨的方式给葡萄植株供给水分，喷灌可节约用水30%左右，同时根外追肥可结合喷灌一并进行，在夏季高温时，喷灌还可降低葡萄园内的气温。最近几年，在喷灌的基础上

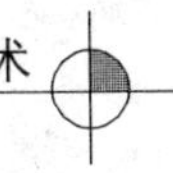

形成的微喷灌溉在北方一些葡萄园中也有应用。但喷灌时水分挥发较多，而且易使葡萄园小气候湿度过大，因此从节水和降低葡萄园空气湿气角度考虑，大多数葡萄园多采用滴灌。

（四）滴灌

在葡萄园架面上或地表面设置滴灌管道，在每株根系上方设置滴头，通过滴水方式慢慢渗入土壤之中，滴灌减少了水分的径流损失，节约用水 50%以上，并可与施肥相结合，同时可与计算机相配合进行自动调控，按植株生长结果需要合理供水。一些地区将地面覆膜与滴灌相结合，实行膜下滴灌，节约用水更为显著。从综合效益分析，滴灌可能将成为今后葡萄园采用的主要灌溉方式。

近年来，国际上广泛研究的葡萄园限水灌溉和葡萄非需水期减量灌溉等新的节水栽培技术，将葡萄园灌溉用水量减少到一般用水量的 1/2 左右，而且产量品质无明显变化，这一新的研究动向值得我们重视。

但是，应该注意葡萄开花期和果实成熟期应控制灌水，以防造成落花落果和导致裂果影响果实品质。

（本章撰稿人：王振平　孙权）

第八章 葡萄花果管理技术

第一节 花穗整形

一、花穗整形的主要作用

（一）控制葡萄果穗大小，利于果穗标准化

一般葡萄花穗有1 000～1 500朵小花，正常生产仅需50～100朵小花结果，通过花穗整形，可以控制果穗大小，符合标准化栽培的要求。例如日本商品果穗要求450～500克/穗，我国很多地方藤稔要求1 000克/穗。

（二）提高坐果率，增大果粒

通过花序（穗）整形有利于花期营养集中，提高保留花朵的坐果率，有利于增大果实。

（三）调节花期一致性

通过花穗整形可使开花期相对一致，对于采用无核化或膨大处理，有利于掌握处理时间，提高无核率。

（四）调节果穗的形状

通过花穗整形，可按人为要求调节果穗形状，整成不同形状的果穗，如利用副穗，把主穗疏除大部分，形成情侣果穗。

（五）减少疏果工作量

葡萄花穗整形，疏除小穗，操作比较容易，一般疏花穗后疏果量较少或不需要疏果。

二、无核化栽培的花穗整形

（一）花穗整形的时期

开花前1周至初开花为最适宜花穗整形的时期。

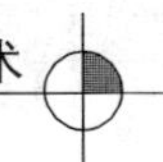

（二）花穗整形的方法

巨峰系品种如巨峰、藤稔、夏黑、先锋、翠峰、巨玫瑰、醉金香、信浓笑、红富士等品种一般留穗尖3～3.5厘米，8～10段小穗，50～55个花蕾（图8-1、图8-2）。

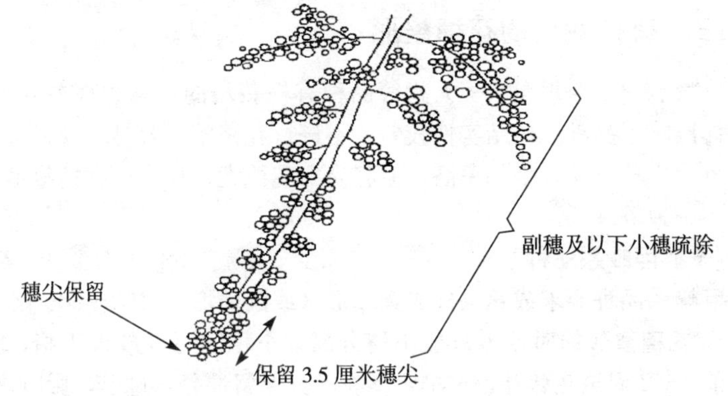

图8-1 巨峰（无核处理）花穗整穗的方法

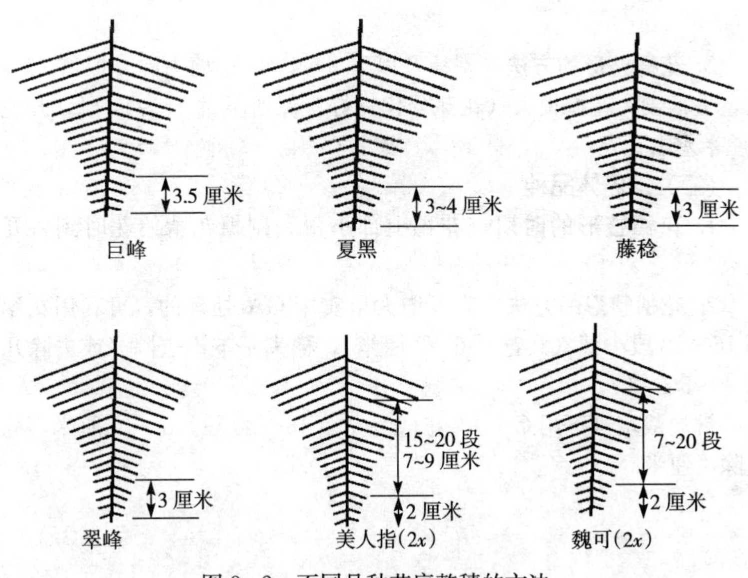

图8-2 不同品种花序整穗的方法

二倍体品种（包括3倍体品种），如魏可、红高、白罗莎里奥等品种一般留穗尖4～5厘米。

幼树、促成栽培的、坐果不稳定的适当轻剪穗尖（去除5个花蕾左右）。

三、有核栽培的花穗整形

巨峰、白罗莎里奥、美人指等品种有核栽培的花穗管理差异教大。四倍体巨峰系品种总体结实性较差，不进行花穗整理容易出现果穗不整齐现象。二倍体品种坐果率高，但容易出现穗大、粒小、含糖量低、成熟度不一致等现象。

（一）巨峰系品种

巨峰系品种要求成熟果穗成圆球形（或圆筒形），400～500克。

1. 花穗整形的时期 一般小穗分离，小穗间可以放入手指，大概开花前1～2周至花盛开。过早，不易区分保留部分，过迟，影响坐果。栽培面积较大的情况，先去除副穗和上部部分小穗，到时保留所需的花穗。

2. 花穗整形的方法 副穗及以下8～10段小穗去除，保留15～17段，去穗尖；花穗很大（花芽分化良好）保留下部15～17段，开花前5厘米左右。

（二）二倍体品种

1. 花穗整形的时期 花穗上部小穗和副穗花蕾始花时到盛开时结束。

2. 花穗整形的方法 为了增大果实用GA_3处理的，可利用花穗下部16～18段小穗（开花时6～7厘米），穗尖基本不去除（或去除几个花蕾～5毫米）。

常规栽培（不用GA_3），花穗留先端18～20段，8～10厘米，穗尖去除1厘米。

第二节　果穗的管理

一、疏果穗

（一）果实负载量的确定

葡萄单位面积的产量＝单位面积的果穗重×单位面积的果穗数，而果穗重＝果粒数×果粒重。因此，可以根据目标（计划）产量和品种特性就可以确定单位面积的留果穗数。品种的特性决定了该品种的粒重，可以依据市场对果穗要求的大小和所定的目标产量准确地确定单位面积的留果穗数。通常花前除花序的程度可以是预留目标产量的 2～3 倍。花后除果穗可以是 1.5～2 倍，最后达到 1.2 倍左右。目标产量过高，必将影响果粒的大小，从而降低品质。

根据单位面积的留穗数还可以确定单位面积的新梢数和至少需要的叶片数。以巨峰葡萄为例，适宜的产量在每 1 000 米^2 收获 1.6～2 吨，每 1 000 米^2 着穗数至少要有 4 000～5 000 个果穗，而负担一个果穗需要的叶片数为 30～40 片，新梢的平均叶片为 10～13 片，则梢果比要求为 3～4∶1（表 8－1）。

表 8－1　巨峰葡萄适宜的着穗数

品种	1 000 米^2 着穗数	1 000 米^2 产量（吨）	每果穗叶数(片)	新梢平均叶数（片）	每果穗新梢数（个）
巨峰	4 000～5 000	1.6～2.0	30～40	10～13	3～4

（二）疏穗的时期

坐果后疏穗越早越好，可以减少养分的浪费以便更集中养分供应果粒的生长。但是每一果穗的着生部位、新梢的生长情况、树势、环境条件等都对除穗的时期有所影响。除穗的时期在花后一般要进行一两次，对于生长势较强的树种来说，花前的除穗可以适当轻一些，花后的程度可以适当重一些。对于生长势较弱的品种花前的除穗可以适当重一些。

（三）疏穗的原则

疏穗由树的负担能力和目标产量。树体的负担能力与树龄、树势、地力、施肥量等有关；如果树体的负担能力较强，可以适当多留一些果穗；而对于弱树、幼树、老树等负担能力较弱的树体，应少留果穗。树体的目标产量则与品种特性和当地的综合生产水平有关，如果品种的丰产性能好，当地的栽培技术水平也较高，则可以适当多留果穗；反之，则应少留果穗。

（四）疏穗的方法

根据新梢的叶片数来决定果穗的留取，一般情况下可以将着粒过稀或过密的首先除去。选留一些着粒适中的果穗。

巨峰、藤稔等巨峰系四倍体品种，花穗整理后的新梢 40 厘米以上可留 2 个花穗，20～40 厘米 1 个，20 厘米以下不留花穗，但是有些生长势强旺的品种如白罗莎里奥、美人指等品种（以白罗莎里奥为例），白罗莎里奥与巨峰比相对用较强的枝条有利于果实增大，开花时新梢 100～120 厘米较好，40 厘米以下枝条不留花穗，40～100 厘米留 1 个大花穗，100 厘米以上的可留 2 个花穗。

鲜食品种一般新梢 100～150 厘米 10～15 片叶留 1～2 穗，150～200 厘米 15～20 片叶留 2 穗。

疏穗一般疏去基部的，留新梢前端的果穗。

二、疏果粒

疏粒是将每一穗的果粒调整到一定要求的一项作业，其目的在于促使果粒大小均匀、整齐、美观，果穗松紧适中，防止落粒，便于贮运，以提高其商品价值。

（一）疏粒的时期

通常与疏穗一起进行，如果劳动力可以安排也可以分开进行，对大多数品种在结实稳定后越早进行疏粒越好，增大果粒的效果也越明显。但对于树势过强且落花落果严重的品种，疏果时期可适当推后；对有种子果实来说，由于种子的存在对果粒大小影响较大，最好等落花后能区分出果粒是否含有种子时再进行为宜，比如巨峰、藤稔要求在盛花后

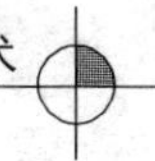

15～25 天完成这一项作业。

(二) 疏粒的原则

果粒大小除受到本身品种特性的影响外，还受到开花前后子房细胞分裂和在果实生长过程中细胞膨大的影响。要使每一品种的果粒大小特性得到充分发挥，必须确保每一果粒中的营养供应充足，也就是说果穗周围的叶片数要充分。另外，果粒与果粒之间要留有适当的发展空间，这就要求栽培者必须根据品种特性进行适当的摘粒。每一穗的果穗重、果粒数以及平均果粒重都有一定的要求。巨峰葡萄如果每果粒重要求在12 克左右，而每一穗果实重 300～350 克，则每一穗的果粒数要求在25～30 粒。在我国，目前还没有针对不同的品种制定出适合市场需求的果穗、果粒大小等具体指标。应该研究不同品种最适宜的果穗、果粒大小，使品种特性得以尽可能地发挥，同时还要考虑果穗形状以便提高其贮运性。

(三) 疏粒的方法

不同品种疏粒的方法有所不同，主要分为除去小穗梗和除去果粒两种方法（图 8－3），对于过密的果穗要适当除去部分支梗，以保证果粒增长的适当空间，对于每一支梗中所选留的果粒数也不可过多，通常果穗上部可适当多一些，下部适当少一些，虽然每一个品种都有其适宜的疏粒方法，但只要掌握留支梗的数目和疏粒后的穗轴长短，一般不会出现太大问题。

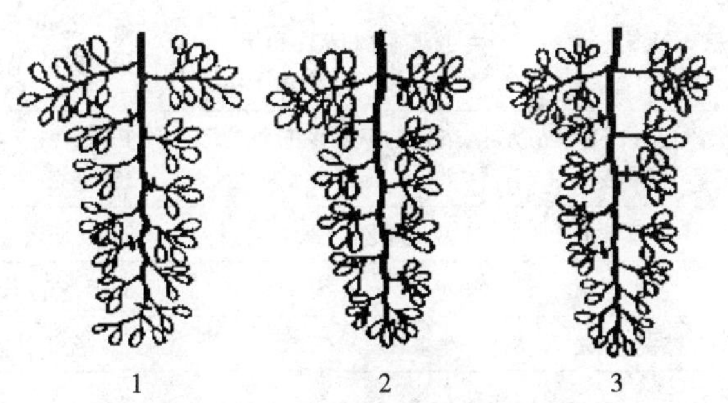

图 8－3 葡萄疏粒的两种方法

1. 除支梗 2. 除果粒 3. 除支梗和果粒

第三节　合理使用植物生长调节剂

幼果期膨大主要是通过果肉细胞分裂和细胞壁合成而实现增大的，成熟期膨大主要是通过果肉细胞吸水而实现细胞和细胞间隙增大。果实膨大必需原料是叶片生产的光合产物以及由根吸收的水分和养分。因此，在此过程中如果遇到树体和环境条件不适都会影响果实膨大。此外，在果实膨大期如果枝叶生长过旺，坐果过多，养分竞争激烈也会影响果实膨大。所以充分发挥枝叶机能，并使树体内各种营养分配趋于均衡，树势生长适中是广大栽培者的奋斗目标。另外，目前通过化学调控促进果实膨大技术也日趋完善，一部分已在生产中推广利用。

目前生产中促进果实膨大的生长调节剂主要有两类，赤霉素类和细胞激动素类，赤霉素类生产中普遍使用的是 GA_3（920）（表 8-2），细胞激动素类用得最多的是氯吡脲（CPPU）和赛苯隆（TDZ）（表 8-3）。

表 8-2　GA_3在葡萄生产中的主要使用方法

品种	使用目的	使用时期	使用浓度
果穗紧的品种	拉长花穗	开花前 15～20 天	3～5 毫克/升
玫瑰露	无核、早熟	花前 14 天和盛开后 10 天	第一次 100 毫克/升 第二次 75～100 毫克/升
巨峰、先锋、醉金香、巨玫瑰、藤稔	无核	开花前后和花后 10 天	第一次 10～25 毫克/升 第二次 25 毫克/升
蓓蕾玫瑰 A	早熟、果实膨大 果实膨大	花前 14 天和盛开后 10 天 花后 10～15 天	100 毫克/升 100 毫克/升
高尾	果实膨大	盛开到花后 7 天	50～100 毫克/升
康拜尔早生	拉长果穗	花前 20～30 天	3～5 毫克/升
希姆劳德	果实膨大	坐果后	100 毫克/升
巨峰、先锋、醉金香、巨玫瑰、藤稔	无核、果实膨大	开花前后和花后 10～17 天	第一次 10～25 毫克/升 第二次 25 毫克/升

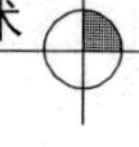

（续）

品种	使用目的	使用时期	使用浓度
翠峰	无核、果实膨大	开花前后和花后 10～15 天	第一次 12.5～25 毫克/升 第二次 25 毫克/升
夏黑	促进坐果、果实膨大	盛开和花后 10 天	50 毫克/升

表 8-3　部分葡萄品种 CPPU、TDZ 处理方法

品种	目的	处理时期与方法	浓度（毫克/升）
玫瑰露	扩大赤霉素的处理时期	第一次无核处理赤霉素液中加入，盛开前 2 周花穗处理	1～5
	防止落花落果	始花期至盛花期，花穗处理	5～10
	促进果粒膨大	盛花后 10 天，加入赤霉素液，果穗处理	3～5
巨峰、醉金香	防止落花落果	始花期至盛花期，花穗处理	2.5～5
巨峰、先锋、醉金香、巨玫瑰	促进果粒膨大	盛花后 10～15 天，加入赤霉素液，果穗处理	3～5
藤稔	促进果粒膨大	盛花后 10～15 天，加入赤霉素液，果穗处理	5～10
先锋	促进果粒膨大	盛花后 10～15 天，加入赤霉素液，果穗处理	5～10
夏黑	促进果粒膨大	盛花后 10～15 天，加入赤霉素液，果穗处理	2～5
翠峰	一次处理无核	盛花至盛开 3 天加入赤霉素液，花穗处理	5～10

花前和花期使用不同浓度的 GA_3 可以产生无核，使用浓度 12.5～100 毫克/升，花后使用可以促进膨大，使用浓度 GA_3 25～100 毫克/升，添加 CPPU 或 TDZ2～10 毫克/升。葡萄品种对生长调节剂反应差异很大，使用时必须谨慎。

第四节　套袋技术

一、纸袋选择

葡萄专用袋的纸张应具有较大的强度、较好的透气性和透光性，耐风吹雨淋、不易破碎，避免袋内温、湿度过高。不要使用未经国家注册的纸袋。

纸袋规格，巨峰系品种及中穗型品种一般选用 22 厘米×33 厘米和 25 厘米×35 厘米规格的果袋，而红地球等大穗型品种一般选用 28 厘米×36 厘米规格的果袋。

二、套袋时间与方法

（一）套袋时间

一般在葡萄开花后 20～30 天即生理落果后果实玉米粒大小时进行，在辽宁西部地区红地球葡萄一般在 6 月下旬至 7 月上旬进行套袋；如为了促进果粒对钙元素的吸收，提高果实耐贮运性，可将套袋时间延迟到果实刚刚开始着色或软化时进行，但多雨地区需注意加强病害防治。同时要避开雨后高温天气或阴雨连绵后突然放晴的天气进行套袋，一般要经过 2～3 天，待果实稍微适应高温环境后再套袋。

（二）套袋方法

在套袋之前，果园应全面喷布一遍杀菌剂，重点喷布果穗，蘸穗效果更佳，待药液晾干后再套袋。先将袋口端 6～7 厘米浸入水中，使其湿润柔软，便于收缩袋口。套袋时，先用手将纸袋撑开，使纸袋鼓起，然后由下往上将整个果穗全部套入袋中央处。再将袋口收缩到果梗的一侧（禁止在果梗上绑扎纸袋）。穗梗上，用一侧的封口丝扎紧。一定在镀锌钢丝以上要留有 1.0～1.5 厘米的纸袋，套袋时严禁用手揉搓果穗。套袋后，进行田间管理时要注意，尽量不要碰到果穗部位。

三、摘袋时间与方法

摘袋应根据品种及地区确定摘袋时间，对于无色品种及果实容易着

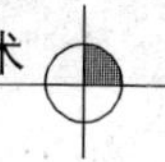

色的品种如巨峰等可以在采收前不摘袋，在采收时摘袋。但这样成熟期有所延迟，如巨峰品种成熟期延迟 10 天左右。红色品种如红地球一般在果实采收前 15 天左右进行摘袋，果实着色至成熟期昼夜温差较大的地区，可适当延迟摘袋时间或不摘袋，防止果实着色过度，达紫红或紫黑色，降低商品价值；在昼夜温差较小的地区，可适当提前进行摘袋，防止摘袋过晚果实着色不良。摘袋时首先将袋底打开，经过 5～7 天锻炼，再将袋全部摘除较好。去袋时间宜在晴天的上午 10:00 以前或16:00以后进行，阴天可全天进行。

四、果实套袋的配套措施

套袋后，每隔 10～15 天叶面交替喷施一次氨基酸钾和氨基酸钙，以促进果实发育和减轻裂果现象的发生。

（本章撰稿人：陶建敏）

第九章

植物生长调节剂安全使用技术

植物激素是指广泛存在于高等植物中的、以极其微量的浓度（剂量）调节植物生长发育过程的一些小分子化合物，目前普遍认可的植物激素有五大类，即生长素、赤霉素、细胞分裂素、乙烯和脱落酸。植物激素在植物体内含量少作用大，人们希望利用其来调控植物的生长过程，但其含量极低，难以提取出来应用于生产。

葡萄是我国应用植物生长调节剂最早的农作物，早在 1964 年我国新疆的无核白就已开始用赤霉素增大果粒。生长素类主要应用于扦插育苗，以 IBA 为主，20～100 毫克/升浸或蘸插穗下端，促进生根。乙烯利用于促进落叶和促进果皮上色，但易引起落粒。ABA 在植物体内含量极低，近年来由于发现了合成 ABA 的高产菌株，微生物发酵实现了工业化生产，S-ABA 的应用得到扩展，在调控葡萄生长、促进叶片光合产物向果实内的转运、促进着色等方面有积极作用，受到广泛重视，但生产应用远不够广泛。目前生产上应用最广泛的植物生长调节剂依然是赤霉素类和细胞分裂素类。本章就其安全使用作简要介绍。此外，在 20 世纪 80 年代中期，链霉素被偶然发现具有诱导葡萄无核结实的作用，可以扩展赤霉素诱导无核的处理时期，提高无核率，也在此就作者的研究结果作一简要介绍，供参考。

第一节　赤霉素

赤霉素是一类二萜类化合物，已知的至少有 38 种，葡萄应用的主

要是赤霉素 GA_3。1957 年美国加州大学戴维斯分校的 Robert J. Weaver 等发现了赤霉素促进无核白葡萄果粒膨大的作用，到 1962 年赤霉素处理果穗促进无核白果实膨大已成为加利福尼亚州产区的常规技术大规模应用。1958 年，日本山梨县果树试验场岸光夫先生在用赤霉素处理促进玫瑰露果粒膨大的试验中，发现了其诱导无核的效果，成为全球葡萄产业界的一次重大发现。

赤霉素是生物制剂，是通过赤霉菌在人工培养发酵后提取而获得，属生物体自身代谢的天然产物。GA_3 是应用最早、最广泛的一种赤霉素，以后又推出了赤霉素 GA_{4+7}，已作为梨树果实的膨大剂先后在日本和我国使用。由于 GA_3 不属化学合成，且与植物体内的内源赤霉素的结构一致，对人体十分安全，因此在欧美、日本和我国等广泛应用。人类利用赤霉菌廉价地生产出 GA_3 并广泛应用于农业，技术成熟，生产效果好，这是现代农业科技领域的一项重要进步。GA_3 在葡萄的应用有以下几个方面：拉长果穗；诱导无核；保果；促进果粒膨大。

一、赤霉素（GA_3）的应用方法

国内关于赤霉酸的应用有不少研究，用于穗轴拉长的浓度一般 5～7 毫克/升，在展叶 5～7 片时浸渍花穗即可。诱导无核一般用 12.5～25 毫克/升，大多数品种在初花期到盛花后 3 天内处理有效。无核处理时添加链霉素 200 毫克/升可提前或推后到花前至花后 1 周左右，处理适宜时间扩大、无核率更高。保果一般在落花时进行，一般用 12.5～25 毫克/升水溶液浸渍或喷布果穗，此期处理容易导致无核，若单单保果，可单用或添加氯吡脲 3～5 毫克/升保果效果更好。促进果粒膨大一般在盛花后 10～14 天进行，浓度一般用 25～50 毫克/升，浸渍或喷布果穗即可，此时添加 5～10 毫克/升氯吡脲膨大效果更好。日本关于赤霉素的应用技术研究更细致，在此简介于后，供参考。需要声明的是，日本的处理技术仅供参考，应用时一定要先行小面积试验，取得经验后再大面积使用。表 9-1 是依据日本协和发酵生物株式会社的资料整理的日本葡萄各种品种的 GA_3 应用方法。

表 9-1　适宜 GA_3 处理的葡萄品种、方法和范围

（2011 年 2 月 2 日更新登录，登录号：农林水产省登录第 6007 号）

作物名	使用目的	使用浓度	使用时期	使用次数	使用方法	含 GA_3 农药总使用次数
美洲种二倍体品种无核栽培（除希姆劳德外）	①诱导无核 ②膨大果粒	第一次：100 毫克/升 第二次：75～100 毫克/升	第一次：盛花期前 14 天前后 第二次：盛花期后 10 天前后	2 次，但因降雨等需再行处理时总计不得超过 4 次	第一次：花穗浸渍 第二次：果穗浸渍或果穗喷布	2 次，但降雨等需再行处理时总计不得超过 4 次
希姆劳德	膨大果粒	100 毫克/升	坐果后	1 次，但因降雨等需再行处理时总计不得超过 2 次	果穗浸渍	1 次，但因降雨等需再行处理时总计不得超过 2 次
玫瑰露无核栽培	①诱导无核 ②膨大果粒	第一次：100 毫克/升 第二次：75～100 毫克/升	第一次：盛花期前 14 天左右 第二次：盛花期后 10 天左右	2 次，但因降雨等需再行处理时总计不得超过 4 次	第一次：花穗浸渍 第二次：果穗浸渍或果穗喷布	2 次，但因降雨等需再行处理时总计不得超过 4 次
			第一次：盛花期前 14～18 天 第二次：盛花期后 10 天前后		第一次：花穗浸渍（加用 1～5 毫克/升 CPPU） 第二次：果穗浸渍或果穗喷布	
2 倍体美洲种葡萄有核栽培（除康拜尔早生外）	膨大果粒	50 毫克/升	盛花期后 10～15 天	1 次，但因降雨等需再行处理时总计不超过 2 次	果穗浸渍	1 次，但因降雨等需再行处理时总计不得超过 2 次

（续）

作物名	使用目的	使用浓度	使用时期	使用次数	使用方法	含 GA_3 农药总使用次数
康拜尔早生（有核栽培）	拉长果穗	3～5 毫克/升	盛花期前 20～30 天（展叶 3～5 片）	1 次	花穗喷布	2 次以内，但因降雨等需再行处理时总计不超过 3 次
2 倍体欧亚种葡萄无核栽培（除阳光玫瑰外）	①诱导无核 ②膨大果粒	第一次：25 毫克/升 第二次：25 毫克/升	第一次：盛花期至盛花期后 3 天 第二次：盛花期后 10～15 天	2 次，但因降雨等需再行处理时总计不超过 4 次	第一次：花穗浸渍 第二次：果穗浸渍	2 次，但因降雨等需再行处理时总计不超过 4 次
阳光玫瑰（无核栽培）	①诱导无核 ②膨大果粒	GA_3 25 毫克/升＋氯吡脲 10 毫克/升	盛花期后 3～5 天（落花期）	1 次，但因降雨等需再行处理时总计不超过 2 次	花穗浸渍	2 次，但因降雨等需再行处理时总计不超过 4 次
二倍体欧亚种葡萄有核栽培	膨大果粒	25 毫克/升	盛花期后 10～20 天	1 次，但因降雨等需再行处理时总计不超过 2 次	果穗浸渍	1 次，但因降雨等需再行处理时总计不超过 2 次
3 倍体品种（除金玫瑰露、无核蜜外）	①保果 ②膨大果粒	第一次：25～50 毫克/升 第二次：25～50 毫克/升	第一次：盛花期至盛花期 3 天后 第二次：盛花期后 10～15 天	2 次，但因降雨等需再行处理时总计不超过 4 次	第一次：花穗浸渍 第二次：果穗浸渍	2 次，但因降雨等需再行处理时总计不超过 4 次

（续）

作物名	使用目的	使用浓度	使用时期	使用次数	使用方法	含 GA_3 农药总使用次数
金玫瑰露	①保果 ②膨大果粒	第一次：50 毫克/升 第二次：50～100 毫克/升	第一次：盛花期至盛花期后 3 天 第二次：盛花期后 10～15 天	2 次	第一次：花穗浸渍 第二次：果穗浸渍或喷布	2 次
无核蜜	①保果 ②膨大果粒	100 毫克/升	盛花期后 3～6 天	1 次，但因降雨等需再行处理时总计不超过 2 次	花穗或果穗浸渍	1 次，但因降雨等需再行处理时总计不超过 2 次
巨峰系四倍体品种无核栽培（除阳光胭脂外）	①诱导无核 ②膨大果粒	第一次：12.5～25 毫克/升 第二次：25 毫克/升	第一次：盛花期至盛花期后 3 天 第二次：盛花期后 10～15 天	2 次，但因降雨等需再行处理时总计不超过 4 次	第一次：花穗浸渍 第二次：果穗浸渍	3 次以内，但因降雨等需再行处理时总计不超过 5 次
		GA_3 25 毫克/升＋氯吡脲 10 毫克/升	盛花期后 3～5 天（落花期）	1 次，但因降雨等需再行处理时总计不超过 2 次	花穗浸渍	
	诱导无核	12.5～25 毫克/升	盛花期至盛花期后 3 天	1 次，但因降雨等需再行处理时总计不超过 2 次	花穗浸渍（盛花后 10～15 天，使用 CPPU 促进果粒膨大）	
	拉长果穗	3～5 毫克/升	展叶 3～5 片时	1 次	花穗喷布	

（续）

作物名	使用目的	使用浓度	使用时期	使用次数	使用方法	含 GA_3 农药总使用次数
阳光胭脂无核栽培	①无核诱导 ②膨大果粒	第一次：12.5～25 毫克/升 第二次：25 毫克/升	第一次：盛花期至盛花期后 3 天 第二次：盛花期后 10～15 天	2 次，但因降雨等需再行处理时总计不超过 4 次	第一次：花穗浸渍 第二次：果穗浸渍	3 次以内，但因降雨等需再行处理时总计不超过 5 次
		GA_3 25 毫克/升＋氯吡脲 10 毫克/升	盛花期后 3～5 天（落花期）	1 次，但因降雨等需再行处理时总计不超过 2 次	花穗浸渍	
	诱导无核	12.5～25 毫克/升	盛花期至盛花期后 3 天	1 次，但因降雨等需再行处理时总计不超过 2 次	花穗浸渍（盛花后 10～15 天，使用 CPPU 促进果粒膨大）	3 次，但因降雨等需再行处理时总计不超过 5 次
	果穗拉长	3～5 毫克/升	展叶 3～5 片时	1 次	花穗喷布	
	减少果粒密度，促进果粒膨大	第一次：GA_3 25 毫克/升＋氯吡脲 3 毫克/升 第二次：25 毫克/升	第一次：盛花期前 14～20 天 第二次：盛花期后 10～15 天	2 次，但因降雨等需再行处理时总计不超过 4 次	第一次：花穗浸渍 第二次：果穗浸渍	

（续）

作物名	使用目的	使用浓度	使用时期	使用次数	使用方法	含 GA_3 农药总使用次数
巨峰、浪漫宝石有核栽培	膨大果粒	25 毫克/升	盛花期后 10～20 天	1 次，但因降雨等需再行处理时总计不超过 2 次	果穗浸渍	1 次，但因降雨等需再行处理时总计不超过 2 次
高尾	膨大果粒	50 ～ 100 毫克/升	盛花期至盛花期后 7 天	1 次，但因降雨等需再行处理时总计不超过 2 次	花穗浸渍 果穗浸渍	
东雫	膨大果粒	第一次：25～50 毫克/升 第二次：50 毫克/升	第一次：盛花期 第二次：盛花期后 4～13 天	2 次，但因降雨等需再行处理时总计不超过 4 次	果穗浸渍	2 次，但因降雨等需再行处理时总计不超过 4 次
福雫	膨大果粒	50 ～ 100 毫克/升	盛花期至盛花期后 7 天	1 次，但因降雨等需再行处理时总计不超过 2 次	花穗浸渍或果穗浸渍	1 次，但因降雨等需再行处理时总计不超过 2 次

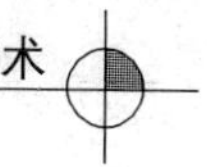

二、赤霉素（GA_3）的注意事项

（一）药液配制及处理注意事项

①市售的 GA_3 多为粉剂，20%含量的 1 克袋装粉剂，有效成分含量 200 毫克，配水量如表 9-2。

表 9-2　1 包 1 克袋装粉剂（含 GA_3 200 毫克）的配水量

GA_3浓度（毫克/升）	1	5	10	12.5	25	50	75	100	200	500	1 000
水量（升）	200	40	20	16	8	4	2.67	2	1	0.4	0.2

②药液要当天配当天用，并于避光阴凉处存放。

③不能与波尔多等碱性溶液混合使用。

④严格遵守使用浓度、使用剂量、使用时期和使用方法，初次使用时应咨询当地有关机构或专家。

（二）使用的注意事项

①不同的葡萄品种对 GA_3 的敏感性不同，使用前要仔细核对品种的适用浓度、剂量和物候期，并咨询有关专家和机构。

②对 GA_3 处理表中没有的葡萄品种可参照相近品种类型（欧亚种、美洲种、欧美杂交种）进行处理，但要咨询有关专家或专业机构使用。

③树势过弱及母枝成熟不好的树，GA_3 使用效果差，避免使用。树势稍强的树效果好，但树势过于强旺时，反而效果变差，要加强管理，维持健壮中庸偏强的树势。

④使用 GA_3 处理保果的同时会促进果粒膨大，着果过密，会诱发裂果、果粒硬化、落粒，为此，需在处理前整穗，坐果后疏粒。

⑤使用的 GA_3 浓度搞错会发生落花或过度着粒、有核果混入等，要严守使用浓度和使用时期（物候期）。

⑥诱导无核结实的处理，要注意药液匀布花蕾的全体。

⑦促进果粒膨大处理要避免过度施药，浸渍药液后要轻轻晃动葡萄枝梢及棚架上的铁丝，晃落多余的药液。

⑧对美洲种葡萄品种诱导无核结实和促进果粒膨大时，第二次须用

100毫克/升浸渍处理。若第二次用喷布处理时，浓度为75～100毫克/升，但喷布处理的膨大效果略差，要在健壮的树上进行，注意药液的均匀喷布。

⑨GA_3和链霉素混用，可提高无核率，但须严守链霉素的使用注意事项。

⑩诱导玫瑰露等无核结实时要在花前14天前后处理，容易引起落花落果，需添加氯吡脲混用。

⑪巨峰系四倍体葡萄果穗拉长时，必须只喷花穗，并喷至濡湿全体花穗为度，此时，大量的药液濡湿枝叶，第二年新梢发育不良，忌用动力喷雾机等喷施叶梢的大型喷药机械。

⑫东雫品种在开花后4～13天处理一次即可有良好效果，但依据栽培管理方法、树势等有时需在盛花时和盛花后4～13天进行2次处理。

⑬巨峰和浪漫宝石的有核栽培中，以促进果粒膨大为目的时，过早处理会产生无核果粒，要在确认坐果后再处理。

第二节　氯吡脲

细胞分裂素类化合物很多，目前在葡萄生产上用得最多的是氯吡脲(CPPU、吡效隆、KT-30)。氯吡脲是东京大学药学部的首藤教授等发明、协和发酵生物株式会社开发的植物生长调节剂，具有强力的细胞分裂素活性，1980年取得专利，并取了KT-30的试验品名，开始在日本范围内的试验，1988年3月用0.10%酒精液剂申请登录，1989年3月登录成功，开始在葡萄、猕猴桃、厚皮甜瓜、西瓜、南瓜上应用，由于活性高，微量应用就能发挥作用，在作物器官和组织中的残留量极低，对生物毒性低，对环境影响小。

一、氯吡脲的使用方法

氯吡脲在葡萄上主要用于保果和促进果粒膨大，一般保果的浓度为3～5毫克/升水溶液，在盛花期至落花期浸渍或喷布花、果穗。促进果粒膨大一般在盛花后10～14天使用，用5～10毫克/升水溶液浸渍或喷

表 9-3　葡萄品种使用氯吡脲的方法

（2011 年 2 月 2 日更新登录，登录号：农林水产省登录第 17247 号）

品　种	使用目的	使用浓度（毫克/升）	使用时期	使用方法	含氯吡脲农药的总使用次数
二倍体美洲种品种无核栽培	保果	2～5	盛花期前约 14 天	加在 GA_3 溶液中浸渍花穗（第二次 GA_3 处理按常规方法）	2 次以内，受降雨等影响，补施时需控制在合计 4 次以内
	膨大果粒	5～10	盛花期后约 10 天	加在 GA_3 溶液中浸渍果穗（第一次 GA_3 处理按常规方法）	
玫瑰露无核栽培（露地栽培）	膨大果粒	3～5	盛花期后约 10 天		
	膨大果粒	3～10	盛花期后约 10 天	加在 GA_3 溶液中喷布果穗（第一次 GA_3 处理按常规方法）	
	扩大赤霉素处理适宜期	1～5	盛花期前 18～14 天	加在 GA_3 溶液中浸渍花穗（第二次 GA_3 处理按常规方法）	
	保果	2～5	始花期至盛花期	花穗浸渍	
		5		花穗喷施	
玫瑰露无核栽培（设施栽培）	膨大果料	3～5	盛花期后 10 天左右	加在 GA_3 溶液中浸渍果穗（第一次 GA_3 处理按常规方法）	
		3～10		加在 GA_3 溶液中喷布果穗（第一次 GA_3 处理按常规方法）	

（续）

品　种	使用目的	使用浓度（毫克/升）	使用时期	使用方法	含氯吡脲农药的总使用次数
玫瑰露无核栽培（设施栽培）	扩大赤霉素处理适宜时期	1～5	花前 18～14 天	加在 GA_3 溶液中浸渍花穗（第二次 GA_3 处理按常规方法）	2 次以内，受降雨等影响，补施时需控制在合计 4 次以内
	保果	5～10	初花期至盛花期	花穗浸渍	
二倍体欧洲系品种无核栽培（除阳光玫瑰外）	保果	2～5	开花初期至盛花前或盛花期至盛花期后 3 天	初花期至盛花期处理时浸渍花穗（GA_3 第一次处理和第二次处理按照常规方法进行） 盛花期至盛花期后 3 天处理时，加在 GA_3 溶液中浸渍花穗，GA_3 的第二次处理按照常规方法进行	
	膨大果粒	5～10	盛花期后 10～15 天	加在 GA_3 溶液中浸渍果穗（第一次 GA_3 处理按常规方法）	
	促进花穗发育	1～2	展叶 6～8 片时	喷施花穗	
阳光玫瑰无核栽培	保果	2～5	初花期至盛花期或盛花期至盛花期后 3 天	初花期至盛花浸渍花穗，GA_3 第一、第二次处理照常；盛花期至盛花期后 3 天处理时，加在 GA_3 液中浸渍花穗，GA_3 第二次处理按照常规方法处理	

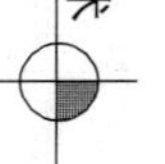

（续）

品　种	使用目的	使用浓度（毫克/升）	使用时期	使用方法	含氯吡脲农药的总使用次数
阳光玫瑰无核栽培	膨大果粒	5～10	盛花期后10～15天	加在GA_3溶液中浸渍果穗（第一次GA_3处理按常规方法）	2次以内，受降雨等影响，补施时需控制在合计4次以内
	诱导无核化膨大果粒	10	盛花期后3～5天（落花期）	加在GA_3溶液中浸渍花穗	
	促进花穗发育	1～2	原叶6～8片时	喷施花穗	
三倍体品种无核栽培	保果	2～5	初花期至盛花期或盛花期至盛花期后3天	初花期至盛花期浸渍花穗，GA_3第一、第二次处理照常；盛花期至盛花期后3天处理时，加在GA_3液中浸渍花穗，GA_3第二次处理按照常规方法	2次以内，受降雨等影响，补施时需控制在合计4次以内
	膨大果粒	5～10	盛花期后10～15天	加在GA_3溶液中浸渍果穗（第一次GA_3处理按常规方法）	
巨峰系四倍体品种无核栽培（除阳光胭脂外）	保果	2～5	初花期至盛花期或盛花期至盛花期后3天	初花期至盛花期浸渍花穗，GA_3第一、第二次处理按照常规方法；盛花期至盛花期后3天处理时，加在GA_3液中浸渍花穗，GA_3第二次处理按照常规方法	

（续）

品　种	使用目的	使用浓度（毫克/升）	使用时期	使用方法	含氯吡脲农药的总使用次数
巨峰系四倍体品种无核栽培（除阳光胭脂外）	膨大果粒	5～10	盛花期后 10～15 天	加在 GA_3 溶液中或氯吡脲液单独浸渍果穗（盛花期至盛花期后 3 天的 GA_3 诱导无核处理按照常规方法）	2 次以内，受降雨等影响，补施时需控制在合计 4 次以内
	诱导无核化膨大果粒	10	盛花期后 3～5 天（落花期）	加在 GA_3 液中浸渍花穗	
	促进花穗发育	1～2	展叶 6～8 片时	喷施花穗	
阳光胭脂无核栽培	保果	2～5	初花期至盛花或盛花期至盛花期后 3 天	初花期至盛花期浸渍花穗，GA_3 第一、第二次处理照常；盛花期至盛花期后 3 天处理时，加在 GA_3 液中浸渍花穗，GA_3 第二次处理按照常规方法	
	膨大果粒	5～10	盛花期后 10～15 天	加在 GA_3 溶液中或氯吡脲液单独浸渍果穗（盛花期至盛花期后 3 天的 GA_3 诱导无核处理按照常规方法）	
	无核化膨大果粒	10	盛花期后 3～5 天（落花期）	加入 GA_3 溶液中浸渍花穗	
	降低着粒密度膨大果粒	3	盛花期前 14～20 天	加入 GA_3 溶液中浸渍花穗（GA_3 第二次处理按照常规方法）	
	促进花穗发育	1～2	展叶 6～8 片时	花穗喷施	

（续）

品　　种	使用目的	使用浓度（毫克/升）	使用时期	使用方法	含氯吡脲农药的总使用次数
二倍体美洲系品种（有核栽培）	膨大果粒	5～10	盛花期后15～20天	浸渍果穗	1次，但受降雨等影响，补施时总次数不应超过2次
二倍体欧洲系品种有核栽培（除亚历山大）	促进花穗发育	1～2	展叶6～8片时	花穗喷施	2次以内，但受降雨等影响，补施时总次数不应超过4次
巨峰系四倍体品种（有核栽培）	膨大果粒	5～10	盛花期后15～20天	浸渍果穗	1次，但受降雨等影响，补施时总次数不应超过2次
亚历山大（有核栽培）	保果	2～5	盛花期	浸渍花穗	2次以内，但受降雨等影响，补施时总次数不应超过4次
	促进花穗发育	1～2	展叶6～8片时	喷施花穗	
东雫	膨大果粒	5	盛花期后4～13天	加在 GA_3 溶液中浸渍果穗（第一次 GA_3 处理按常规方法）	1次，但受降雨等影响，补施时总次数不应超过2次
高尾		5～10	盛花期至盛花期后7天	加在 GA_3 溶液中浸渍花穗或果穗	

注：氯吡脲只能使用一次，但受降雨等影响，需补施时总次数不应超过2次。

布果穗即可。日本作为氯吡脲的发明国，关于氯吡脲的使用技术有详细的研究，根据日本协和发酵株式会社公布的资料将各类品种上氯吡脲的使用方法辑录于表9-3，供参考。

二、氯吡脲的注意事项

（一）药液配制及处理注意事项

①稀释比例：0.1%10毫升装氯吡脲溶液的稀释比例见表9-4。

表9-4　氯吡脲稀释比例

氯吡脲浓度（毫克/升）	1	2	3	5	10	15	20	30	50	100	200	250	500
加入量（水）	10升	5升	3.3升	2升	1升	667毫升	500毫升	333毫升	200毫升	100毫升	50毫升	40毫升	20毫升
稀释倍数	1 000	500	333	200	100	67	50	33	20	10	5	4	2

②避免和GA_3以外的药剂混用，与GA_3混用时也要留意GA_3使用注意事项，并注意正确混配。

（二）使用的注意事项

①当天配置，当天使用，过期效果会降低。

②降雨会降低使用效果，雨天禁用，持续异常高温、多雨、干燥等气候条件禁用。

③注意品种特性：不同品种对氯吡脲的敏感性不同，应依据表9-3正确使用；尚未列入表9-3的品种，可参照品种类型（欧亚种、美洲种、欧美杂交种）使用，初次使用时请咨询有关机构或小规模试验后使用。

④使用氯吡脲后会诱发着粒过多，导致裂果、上色迟缓、果粒着色不良、糖分积累不足、果梗硬化、脱粒等副作用，使用时要履行开花前的疏穗、坐果后的疏粒及负载量的调整等。

⑤使用时期和使用浓度出错，有可能导致有核果粒增加、果面障害（果点木栓化）、上色迟缓、色调暗等现象，要严格遵守使用时期、使用浓度。

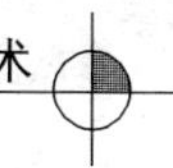

⑥避开降雨、异常干燥（干热风）时使用。

⑦处理后的天气骤变（降雨、异常干燥等）影响氯吡脲的吸收，在含氯吡脲的农药的总使用次数的控制范围内，可再行补充处理，处理时应咨询有关部门或专家进行。

⑧树势强健的可以取得稳定的效果，应维持较强的树势，树势弱的，效果差，应避免使用。

第三节 链霉素

日本广岛农业试验场的小笠原等在防治细菌性穿孔病喷布农用链霉素（SM）时偶然发现了链霉素诱导葡萄无核结实的现象，并于1985年发表了其研究结果，后来的许多试验证明其诱导无核的良好效果，与GA_3配合使用，可以扩大无核处理的适宜范围，特别是一些单用赤霉素诱导无核率较低的品种，配合以链霉素无核率可以显著提高，并使可诱导时间范围大大扩展，使无核处理可操作时间延长（表9-5）。

表9-5 链霉素处理葡萄花穗的无核诱导效果

（引自王世平等，2001—2003）

处理	处理时期(d)	高千岁无核率(%)	峰后无核率(%)	藤稔无核率(%)	绯红无核率(%)	玫瑰香无核率(%)	红伊豆无核率(%)	先锋无核率(%)	黑玫瑰无核率(%)	巨峰无核率(%)
链霉素200毫克/升+赤霉素50毫克/升	−6	100	100	80.0	—	—	—	—	—	—
	−3	66.67	100	86.67	—	—	—	—	—	—
	0	80	93.33	86.67	—	—	—	—	—	—
	3	100	93.33	80	—	—	—	—	—	—
	6	46.67	66.67	20	—	—	—	—	—	—
链霉素200毫克/升+赤霉素100毫克/升	−6	100	86.67	100	—	—	—	—	—	—
	−3	60	100	100	—	—	—	—	—	—
	0	60	100	73.33	—	—	—	—	—	—
	3	100	93.33	86.67	—	—	—	—	—	—
	6	46.67	40	0	—	—	—	—	—	—

（续）

处　理	处理时期 (d)	高千岁无核率 (%)	峰后无核率 (%)	藤稔无核率 (%)	绯红无核率 (%)	玫瑰香无核率 (%)	红伊豆无核率 (%)	先锋无核率 (%)	黑玫瑰无核率 (%)	巨峰无核率 (%)
链霉素 400 毫克/升＋赤霉素 50 毫克/升	−6	100	100	100	—	—	—	—	—	—
	−3	100	100	96.67	—	—	—	—	—	—
	0	86.67	100	100	—	—	—	—	—	—
	3	73.33	100	80	—	—	—	—	—	—
	6	60	46.67	33.33	—	—	—	—	—	—
链霉素 400 毫克/升＋赤霉素 100 毫克/升	−6	100	100	100	—	—	—	—	—	—
	−3	100	100	53.33	—	—	—	—	—	—
	0	86.67	100	100	—	—	—	—	—	—
	3	93.33	93.33	73.33	—	—	—	—	—	—
	6	66.67	33.33	6.67	—	—	—	—	—	—
链霉素 200 毫克/升	−9	—	—	—	100	98.3	100.0	100	—	65
	−6	80	100	66.67	98.3	95.0	91.7	99	—	63.3
	−3	33.33	73.33	73.33	93.3	89.2	78.3	98.3	—	71.7
	0	80	73.33	80	73.3	100	86.7	93.3	97.5	81.7
	3	73.33	73.33	73.33	57	98.3	68.3	92.5	90	55
	6	26.67	40	60	65	86.7	51.7	85.9	91.7	18.3
	9	—	—	—	43	—	—	—	40	—
	12	—	—	—		—	—	—	16.7	—
	14	—	—	—	58.8	—	—	—	—	—
链霉素 400 毫克/升	−6	80	86.67	73	—	—	—	—	—	—
	−3	86.67	93.33	20	—	—	—	—	—	—
	0	100	73.33	73.33	—	—	—	—	—	—
	3	73.33	100	26.67	—	—	—	—	—	—
	6	13.33	13.33	6.67	—	—	—	—	—	—

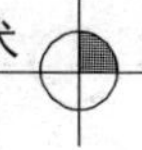

（续）

处　理	处理时期(d)	高千岁无核率(%)	峰后无核率(%)	藤稔无核率(%)	绯红无核率(%)	玫瑰香无核率(%)	红伊豆无核率(%)	先锋无核率(%)	黑玫瑰无核率(%)	巨峰无核率(%)
链霉素800毫克/升	−6	93.33	86.67	73.33	—	—	—	—	—	—
	−3	93.33	86.67	66.67	—	—	—	—	—	—
	0	100	93.33	73.33	—	—	—	—	—	—
	3	46.67	86.67	60	—	—	—	—	—	—
	6	13.33	46.67	13.33	—	—	—	—	—	—
赤霉素50毫克/升	−6	80	80	93.33	25	5	—	—	—	—
	−3	80	100	73.33	80	65	—	—	—	—
	0	100	100	66.67	35	40	—	—	—	—
	3	73.33	93.33	46.67	80	85	—	—	—	—
	6	93.33	20	26.67	—	—	—	—	—	—
赤霉素100毫克/升	−6	46.67	100	46.67	—	—	—	—	—	—
	−3	73.33	53.33	66.67	—	—	—	—	—	—
	0	93.33	100	66.67	—	—	—	—	—	—
	3	73.33	80	6.67	—	—	—	—	—	—
	6	100	73.33	0	—	—	—	—	—	—
赤霉素150毫克/升	−6	66.67	93.33	80	—	—	—	—	—	—
	−3	40	53.33	100	—	—	—	—	—	—
	0	100	100	86.67	—	—	—	—	—	—
	3	73.33	60	46.67	—	—	—	—	—	—
	6	40	53.33	26.67	—	—	—	—	—	—
对照		0	0	0	0	5	0	—	—	—

链霉素的作用机制与 GA_3 不同，GA_3 是通过抑制花粉管在子房中的伸长，进而使受精过程不能完成而实现无核的，但链霉素是通过抑制

细胞分裂，使种子败育而形成无核的。由此可见，链霉素对细胞的分裂具有较强的影响。众所周知，链霉素与青霉素同属于抗生素类药剂（钱之玉，2000），该药对第八对颅神经和肾脏可能产生损害，其毒性反应与剂量大小、用药时间、个体差异等因素密切相关，长期或大量应用易引起眩晕、恶心、呕吐、耳鸣、听力减退，也可出现口唇、面部指端麻木（严崇荣，1996）。链霉素在葡萄果实中的残留一直受到消费者的关注，作者的研究表明，链霉素处理开花前 3 天的玫瑰香的花穗后，10 天后约为处理当日的 1/10。其后随着果粒的发育，链霉素的浓度继续降低，采收时果粒中的链霉素浓度已不足 1 毫克/千克。据《中华人民共和国药典》（1995 版）记载，注射用硫酸链霉素的日最大剂量为 0.6 活性单位（内霉素），即体重为 60 千克的成年人，每日可接受链霉素的最大剂量为 0.5 克，只要不高于 0.5 克，对人体的健康不会构成威胁（李勇军等，2000）。也就是说，这一标准是采收时果粒中链霉素浓度的 500 倍。也即一个成人每日消费 543.5 千克的链霉素诱导的无核葡萄，才相当于一天的链霉素最大医疗使用剂量。可见链霉素在果粒中的残留不足以给消费者的健康带来危害。

（本章撰稿人：王世平）

第十章 葡萄病虫害综合防控技术

第一节 我国病虫害防治主要途径、基本原则和方法

一、病虫害发生的原因

（一）决定病虫害发生的因素

1. 病虫害的来源 害虫的来源被称为虫源；病原微生物的来源被称为侵染源。首先要有虫源和侵染源，也就是在葡萄园有病害、虫害。来源有两个层次的概念：以前没有，后来传播到葡萄园（人为传播、主动传播、随气流传播）；另一种是，在葡萄园已经存在的，如何越冬（春季的来源）。有来源、有病虫害存在，是病虫害发生、为害的第一个因素。

2. 葡萄园病虫害本身的特性 也就是病原微生物、害虫是怎样生存、发育、繁殖的，即它们的发生规律、生长繁殖特点、为害特点等。葡萄病虫害自身的特征，决定为害葡萄的时期、方式、轻重、潜在的威胁程度。也能从规律和特征中找到控制其的方法。

3. 寄主 在葡萄园，葡萄就是寄主。但是，这些病虫害是否还有其他寄主，这些寄主在葡萄园或葡萄园周围是否存在，寄主的哪些时期（生育期）是病虫害的为害时期，哪些时期最敏感，这些情况必须清楚、明白；可以通过了解寄主，找到病虫害的防控方法。

第一，葡萄作为寄主，对病虫害的抗性，是最重要的指标之一。在气象条件适合病虫害严重为害的地区种植葡萄，必须选择抗性品种。第二，其他寄主也是重要因素。葡萄园周围柏树的存在，为葡萄锈病的发

生、发展、为害提供了可能；葡萄园周围的荒山、荒坡、杂草等，为叶蝉、绿盲蝽等提供越冬场所，可能引发危害加重。第三，寄主的敏感时期（脆弱时期），比如前期的黑痘病和绿盲蝽、后期的褐斑病、花期的穗轴褐枯和灰霉等；在敏感时期，寄主容易受到病虫的攻击、侵染、取食等。

4. 与气象因子的关系 气象因子中的温度、湿度、光照、风等，对病虫害的生存、发育、繁殖、传播等产生影响。有利的气象因子，是其大发生、严重为害的条件。控制条件或在有利的气象因子出现的时期采取措施，是防治其为害的关键。

5. 果园生物因子和非生物因子对病虫害发生的影响 天敌（捕食性、寄生性）生物、竞争性生物等生物因子，影响小气候的因素、土壤条件、水分条件等环境因子，都对病虫害的发生产生影响。

以上5个方面，决定病虫害能否发生及影响发生程度，也可以根据生物和非生物因子制定生物防治或其他环境控制防治措施。

（二）病虫害发生的三角关系

从以上5个因素中，可以把病虫害的发生总结为三角关系，如图10-1。

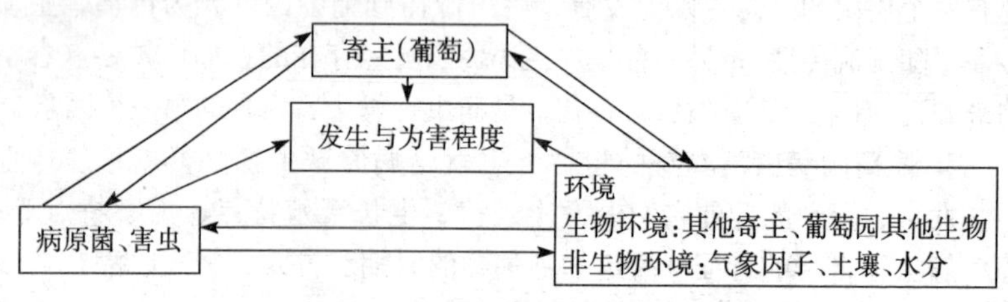

图10-1 病虫害发生的三角关系

二、防治病虫害的主要途径

从图10-1的三角关系中，就能找到控制病虫害的主要途径。

（一）控制病虫害种类和数量

1. 控制病虫害的种类 从病虫害的种类上，可以通过检疫、种子（种条、种苗）消毒，使某一葡萄园或某一产区，不会将本地没有的病

虫害带入本地区或本果园。也就是不会增加本地区、本葡萄园病虫害的种类。这种减少病虫害种类的措施，是防治病虫害最基础、最重要、最有效、最经济的方法。

2. 控制病虫害的数量　对于某一地区、某一果园已经发生的病虫害，防治的目的就是控制数量，把病虫害的数量控制在为害水平以下。利用综合措施，包括栽培方法、物理与机械方法、生物方法、化学方法，不能让病虫害的数量增加或把病虫害的数量压下去。

（二）寄主（葡萄）

通过选择合适的品种、合适的架式，通过科学的肥水管理，健康栽培，创造适宜葡萄健康生长而对病虫害发生和侵入、生长发育、繁殖不利的条件，防治病虫害。

（三）环境条件

环境条件方面有3个问题需要考虑。

1. 创造环境条件　针对某一区域或某一特定果园中的重要病虫害，创造适宜葡萄生长发育、减少或降低病虫害发生的条件。避雨栽培、套袋栽培、特定架式、肥水调节等，都属于创造环境条件的内容。

2. 改善环境条件　针对某种重要病虫害特点，改善环境条件，不利于某种病虫害发生。例如田间种草、覆草、覆膜栽培，可以减少葡萄白腐病的发生等。

3. 环境条件有利于病虫害发生、繁殖时，要采取其他防控措施进行干预　比如，雨季或频繁下雨时，需要使用农药控制霜霉病的发生。

第二节　葡萄病虫害的防治策略和理念

防治病虫害的目的非常明确：就是不要让病虫害的为害，对优质、安全食品造成影响。要想达到这个目的，首先要选择简单、经济（节约成本）的措施，其次，采取的措施必须及时、准确。要想采取简单、经济、及时、准确的措施，必须有正确的防治理念；不但要有效防治有害生物，还要保护我们赖以生存的环境。所以，要想正确、准确、科学防控葡萄病虫害，必须有科学的理念，包括：预防为主，综合防治的理念；安全食品理念；环境保护和生态平衡理念。

一、预防为主，综合防治的理念

（一）预防为主，综合防治的概念

“预防为主，综合防治”是我国的植物保护工作方针。

1. 我国的植物保护工作方针的发展 新中国成立以来，随着农业生产和社会的发展，我国的植物保护工作方针也发生了相应的变化。1955年前我国的植保工作，以人工措施为主，化学防治为辅，并采用“防重于治”策略；1955年提出了“依靠互助合作，采用主要以农业技术和化学药剂相结合的综合防治方法，加强预测并研究制造高效的农械，以便做到及时、彻底、全面防治，重点开展植物检疫工作，防止危险性病虫害的蔓延，并加强有益生物的研究与利用”的植保工作方针，1958年提出了“全面防治，土洋结合，全面消灭，重点肃清”的植保方针；1960年提出了“以防为主，防治结合”的方针；1975年，提出并形成了“预防为主，综合防治”的植物保护工作方针，并延续至今。

自1975年之后，尤其是经历的20世纪80和90年代的发展，在世界上形成了IPM、EPM、SPM等各种概念，尤其是IPM对我国的植保工作者影响很大。在这个过程中，我国的植保科技工作者也在努力寻找更为科学的植物保护工作方针；但通过研究、思考、比较，我国的“预防为主，综合防治”的方针，是最为科学、最为实际、最为实效的方针和方法。

2. “预防为主，综合防治”的概念 “预防”是贯彻植保总体的总体指导思想；在综合防治中，要以农业防治为基础，因地、因时制宜，合理运用化学防治、生物防治、物理防治等措施，达到经济、安全、有效地控制病虫为害的目的。

（二）“预防为主，综合防治”的理解

“预防为主、综合防治”可以用图10-2中的3道防线表示。

第一道防线是不让某些病虫害进入本地区。就是说，某一个地区没有某种病虫害，应该采取措施不要让这种病虫害传播到这个地区。例如，葡萄根瘤蚜、葡萄皮尔斯病、葡萄叶蝉等；有些是我国没有，有些

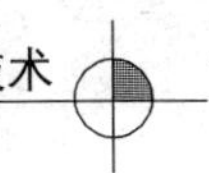

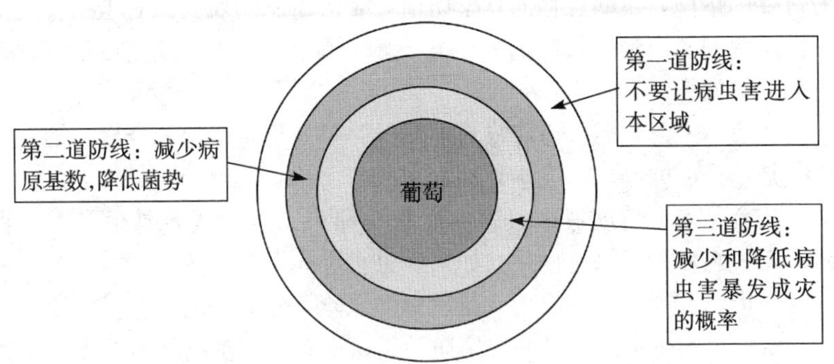

图 10－2　“预防为主，综合防治”的 3 道防线

是在某些地区没有，我们要采取措施不让它们传播过来。植物检疫、选择脱毒苗木、种苗种条消毒等，都属于第一道防线。第一道防线非常重要，是防治病虫害的基础。

第二道防线，是本地已经有的病虫害，要充分减少病原、虫源的基数，降低菌势、虫量。病原和虫源数量很少时，病虫害只能零星见到，对生产没有真正影响。清理果园、切实抓好栽培技术环节、在发病前或病虫害的防治关键期施用药剂，是第二道防线最为重要的内容。

在生产中，最实用、工作量最大、防治效果最理想、最有意义的防治工作是第二道防线的防治。预防是这道防线的最根本的观念；但第二道防线的预防和第一道防线的预防有本质区别，第二道防线的预防，是根据病虫害的发生规律，有效降低菌势、虫量，而不是等待普遍发生或大发生时再进行防治。不进行预防或预防措施不够或预防措施不对，是目前优质葡萄生产上的最大问题。如果让病虫害突破这道防线，就会导致大量施用农药，或者胡乱施用农药（也就是有病乱投医），这样做不但不能生产优质果品，对食品安全也会构成威胁。所以，第二道防线，对于葡萄园来说，是最实在、最根本、最重要的，是必须坚守的。

第三道防线，是减少和降低病虫害暴发成灾的概率。就是说，病虫害已经严重发生，或已经普遍发生且将要大发生，必须采取措施，不能让病虫害为害成灾（造成巨大损失，甚至颗粒无收）。第三道防线中最为重要的措施，是病虫害的化学防治，要大量施用农药。对于病害，保护性杀菌剂和内吸性杀菌剂的结合或配合施用，是第三道防线中科学、简单的措施。

从成本考虑，第一道防线成本最低，第二道防线比较合算，第三道防线是不得已的办法，成本最高。

从食品安全角度考虑，第一道防线和第二道防线容易生产安全食品、无公害食品、绿色食品。如果病虫害进入第三道防线，施用农药一定要谨慎，否则会存在农药残留超标的风险，威胁食品安全。

所以，第一道防线是病虫害防治的基础；第二道防线是病虫害防治的根本，是防治病虫害必须坚守的区域；对于第三道防线，是不能让病虫害进入的区域。如果让病虫害进入第三道防线，说明整个综合防治措施的失败，并且必须尽快采取挽救性措施。

总之，从图 10 - 2 中可以理解到“预防为主，综合防治”的精髓：第一，预防比防治更重要；第二，应该在防治病虫害关键点采取措施，而不是等到病虫害发生后再采取措施，做“该出手时就出手”。

二、食品安全理念

《中华人民共和国农产品质量安全法》和《中华人民共和国食品安全法》已先后施行，这些法律，要求每一位生产者，必须保证食品安全。

从道德层面讲，食品的生产者，有责任、有义务保证生产的食品是安全食品。

（一）食品安全

国际食品卫生法典委员会（CAC）对食品安全的定义是，消费者在摄入食品时，食品中不含有害物质，不存在引起急性中毒、不良反应或潜在疾病的危险性。

从植物保护角度上讲，食品安全最重要的环节就是在使用农药时，保证生产出来的葡萄是安全食品（农药残留符合国家安全食品的标准）。

（二）如何保证葡萄生产中的食品安全

葡萄生产过程，会遇到多种病虫为害，也可能受到自然或人为的影

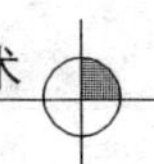

响，需要使用农用化学物质。农药，是葡萄园的外来物质，管理上把农药划归为有毒性的物质。所以葡萄园使用农药时，必须科学使用，保证食品安全。第一，是农药的选择，要使用葡萄上允许使用的农药、选择质量好的农药、选择安全性好的农药、选择对症的农药；第二，使用比较好的设备，比如选用质量好的喷雾器等；第三，要把农药使用到合适的位置，比如喷洒农药时要均匀、周到；第四，严格按要求使用农药（使用剂量、使用次数/生长季、安全间隔期等）。

所以，从生产环节讲，在清洁的环境中（没有污染），科学使用农用化学物质，就能生产出安全食品。

三、生态平衡和环境保护理念

要具有环境保护和生态平衡的理念，首先要了解几个概念。

（一）基本概念

1. 生态学 生物的生存、活动、繁殖需要一定的空间、物质与能量。生物在长期进化过程中，逐渐形成对周围环境比如空气、光照、水分、热量和无机盐类等的特殊需要；并且形成生物之间的各种关系，包括同种个体之间的互助关系；植物、动物、微生物之间的相生、相克、相互依存等关系。生态学就是研究生物与其周围环境相互关系的科学。

生态学概念中的生物是指各种形式的生命有机体，环境是指生物有机体生存空间及各种自然条件的总和（生物个体、种群、生物群落、生态系统、复合生态系统）。

2. 生态平衡 在没有受到外力的剧烈干扰的条件下，生态系统中的能量流和物质循环在通常情况下总是平稳地进行着；与此同时，生态系统的结构也保持相对的稳定状态，这称为生态平衡。所以，生态平衡是生态系统在一定时间内结构和功能的相对稳定状态，其物质和能量的输入输出接近相等，在外来干扰下能通过自我调节（或人为控制）恢复到原初的稳定状态。

在生态系统内部，生物个体、种群、生物群落和非生物环境之间，在一定时间内保持能量与物质输入输出动态的相对稳定状态；如果生态系统受到外界干扰超过它本身自动调节的能力，会导致生态平衡的破坏。

3. 环境保护 环境保护是人类有意识地保护自然资源，并使其得到合理的利用，防止自然环境受到污染和破坏；对受到污染和破坏的环境必须做好综合治理，以创造出适合于人类生活、工作的环境。环境保护是指人类为解决现实的或潜在的环境问题，协调人类与环境的关系，保障经济社会的持续发展而采取的各种行动的总称。其方法和手段包括科学技术的、行政管理的，法律的、经济的等。

（二）葡萄病虫害防治中的生态平衡和环境保护理念

从生态学角度上讲，农业生态系统，包括农田生态系统、果园生态系统等，都是比较脆弱的生态系统；从环境上讲，农田、果园，是人类生存环境的重要组成部分。病虫害的防控措施，是一种外来的干预措施；这种措施，应该能促进生态系统的稳定、促进生态系统向健康方向转化，而不能破坏生态系统的稳定性导致向不良方向发展。所以，应该对所采取的措施进行充分评估，尽量减少所采取的措施对农田、果园生态系统的不利影响。

从环境保护角度上讲，农业防治法、物理与机械防治法、生物防治法等被认为是环保的防治方法，化学防治法（使用化学药剂）被认为是对环境保护不利的措施。对于农业生态系统和整个环境来说，任何措施或物质的投入，都会对生态体系和环境造成影响。如果这种措施或投入能促进生态体系和环境向好的方向发展，应该鼓励这种措施和投入；如果采取的措施或投入对环境有不利影响，应该把这种措施控制在环境能尽快恢复的程度上。

从农药的使用角度上讲，任何农药的使用，不管这种农药是化学合成的还是天然提取物或利用生物手段得到的，对于葡萄园来说都是外来物质。这种物质的投入，都会对果园生态系统造成压力；这种压力应该为控制病虫害服务，在防治病虫害的基础上，对其他方面造成的环境压力应该尽量小，并且能尽快协调、恢复或向好的方向发展。

另外，病虫害的发生与为害，将要或已经对葡萄园生态体系的平衡状态造成破坏，人们利用农药等促使这种状态改变，使平衡恢复。在这个过程中，应充分对措施进行评估和选择，让措施体现或表现有利因

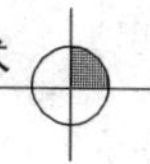

素，不表现或少表现不利因素，维护果园生态平衡，生产优质葡萄。所以，防治葡萄病虫害的措施的选择和使用，应该有生态平衡、环境保护的理念。

第三节 综合防治的方法

植物病虫害的防治方法，大致归纳为5个方面：植物检疫、农业防治、物理与机械防治、生物防治和化学防治。

一、植物检疫

植物检疫是由国家颁布法令，对植物及其产品，特别是种子和苗木管理和控制，防止危险性病、虫、杂草等传播蔓延为害，保证农业生产的一项重大措施。

（一）植物检疫的任务

可归纳为3个方面：

①禁止危险性病、虫、杂草随着植物及其产品由国外输入或由国内输出。

②将国内局部地区发生的危险性病虫害封锁在一定地区内，不让其传到没有发生的地区。

③一旦危险性病、虫、杂草被传入新区，则立即采取紧急措施，就地彻底消灭。

（二）我国植物检疫由进出境检疫（简称外检）和境内检疫（简称内检）两部分组成

植物检疫有一定范围，只能对政府法规中规定的检疫对象进行检疫，不能任意扩大或缩小。检疫对象的拟定是根据以下几个原则来考虑的：

①严重为害。

②主要由种苗或由农产品调运进行传播。

③未发生或局部发生。因此，检疫对象名单是根据各地区的病、虫、杂草发生的动态来制订，而且常常是随着病、虫、杂草发生发展的

情况进行修改和补充。

（三）植物检疫境内检疫的主要工作

①掌握国内和当地危险性病害种类分布、发生和为害及其变化动态。

②在全面调查的基础上，将检疫对象发生局部的地区划分为疫区，采取封锁、消灭的措施，防止传出；检疫对象发生地区已较普遍，将未发生检疫对象的地区划为保护区，防止检疫对象传入。

③凡属种子、苗木或其他繁殖材料，不论从何地运出或运往何地均需经过检疫，经检验未发现检疫对象的发给检疫证书；发现检疫对象的，按规定进行消毒处理；复查合格后发给检疫证书，无法消毒处理的，应停止调运。

④从国外引进，可能潜伏有危险性病害的种子、苗木或其他繁殖材料，组织隔离试种，经调查、观察、检疫，证明确实不带危险性病虫害的，方可分散种植。

我国葡萄上的检疫对象是葡萄根瘤蚜、皮尔斯氏病和一些病毒病等。

二、农业防治

农业防治，就是利用农业生产中的耕作栽培技术，创造有利于植物生长的不利于病虫生存的环境条件，从而达到控制病虫害的目的。

（一）耕作

耕作是改变植物土壤环境的一种措施，它直接影响土壤中的病原物，耕翻土壤可以把遗留在地面上的病残体、越冬病原物的休眠体结构等，翻入土中，加速病残体分解和腐烂，加速其体内病原物的死亡，或把菌核等深埋入土中后到第二年失去传染作用。另外，土壤翻耕后，由于土表干燥和日光直接照射，也能使一部分病原物或地下害虫等，暴露在日光下很快死亡或在短时间内失去活力或增加地下害虫被取食的几率。葡萄园在合适的时间中耕，被称为非常有益的农业措施。

（二）轮作

轮作防病、防虫，是控制土传病害、专性寄主的病虫害的一项经济

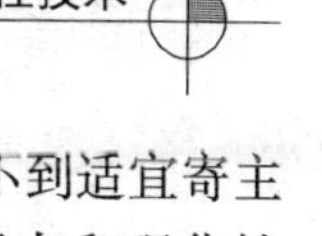

易行的有效措施。与非寄主植物轮作，使病原物、害虫得不到适宜寄主而失去生活力。同时，适宜的轮作措施还可以改善土壤肥力和理化性能，促使根际微生物对病原物的拮抗作用。各种病原物、害虫在土中存活的期限不同，因此轮作的期限要求也不同，如葡萄病毒病8～15年、葡萄根瘤蚜5年以上。

（三）栽培措施与田间管理

1. 掌握适宜栽培期和成熟期　调整栽培期和成熟期，可以使作物的感病期与病原物的侵染发病期错开，达到避开病虫的作用。比如，根据区域的气候特点，选择种植的葡萄品种，使其成熟期在本区域相对干燥的气候下成熟，是成功种植葡萄、减少果实腐烂的关键措施之一。

2. 合适的种植密度和架式，避免过密、过于疏松　过密，造成葡萄园郁闭，植株生长弱，有利于某些病虫害的发生，比如，葡萄生长郁闭会增加白粉病、灰霉病、叶蝉、粉蚧、远东盔蚧等发生的几率；过于疏松，不但浪费资源，而且也会导致一些病虫问题，比如，枝蔓、叶片过于疏松，会增加气灼病、日烧病的风险或发生几率。

3. 肥水管理　合理施肥和灌水，对作物的生长和病害的发生都有密切的关系。一般增施磷、钾肥有利于寄主抗病；偏施氮肥易造成植株徒长，组织柔嫩，往往抗病性差；中微量元素的合理使用，可以改善葡萄的机能和营养平衡，增加抗病虫能力。有机肥料腐熟前，其中存在大量的病原物，如果没有腐熟，易造成肥害，同时把大量的病原物带入田内。适时排灌是葡萄生产上一项特别重要的技术措施。一方面满足作物生长中对水的要求；另一方面，排灌对土壤中病原物以及小气候湿度有影响。很多葡萄病害都属于高湿病害，如土壤排水不良，地面潮湿，易发生根腐病、根系呼吸受阻；久旱骤雨，会增加裂果；积水造成根系呼吸受阻，导致水分吸收不足。灌水方式也与病害有密切的关系，如大水漫灌有利于葡萄根癌病的扩展蔓延。

葡萄园应该具有排水系统，不能造成积水；按照葡萄的需水规律，结合自然降水进行灌溉；根据葡萄的需肥规律，结合土壤肥力测定和产量设定，科学使用肥料。这些肥水管理措施是减少或减轻病虫害的基础性措施。

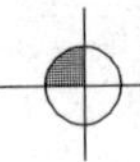

4. 除草、种草、覆草 田间杂草特别是多年生杂草，有些是病原物及害虫的主要栖息地，也有些是病毒病的毒源植物，还可作为病虫害的传播介体的寄主，因此，铲除田间杂草，可以减少某些病虫的来源，对病虫害的防控具有意义，比如除草是防控绿芒蟠、叶蝉、灰霉病的有效措施。另外，在行间种草（适宜的种类）可以改善葡萄园微气候，尤其是干旱、干燥地区，可以减少病虫为害，比如，种草可以减少白腐病的传播机会，是防控白腐病的有效措施。覆草是利用割除的田间杂草、草本作物的秸秆、叶片或作物的秸秆等，覆盖在葡萄主蔓的周围或行内，防控某些病虫害，比如，覆草可以减轻白腐病，有效防除杂草。

除草、种草、覆草，都是双刃剑，有时对某方面有利或对防治某些病虫害有利，但可能引发一些不利因子。所以，在使用前，根据生态条件、气候特点、地域特点等，综合评估措施的利弊，达到既能对防控病虫害有效（减少本地区的重要病虫害或次要病虫害的发生几率或为害机会），又能改善葡萄园环境和生态。

5. 田间卫生 田间卫生包括两个部分，一是在生长期，把病植株、病枝条、病果穗、病叶等病组织，清除，二是落叶后、冬季修剪后，把田间的叶片、枝条、卷须、叶柄、穗轴等清理干净，集中处理（深埋或沤肥、烧毁等）。保护地栽培，在清除病残体的同时，要对棚内进行消毒处理。因为许多病虫害，在病残体上越冬越夏，所以，田间卫生可以减少病原菌、害虫的数量，从而成为控制葡萄病虫害的重要措施。

（四）种植脱毒苗木

葡萄病毒病，是随种条、种苗传播的。目前，葡萄病毒病已经成为我国为害最严重的病害问题之一。选择和种植脱毒苗木，是防控病毒病的基础，也是最重要措施。离开这个措施，其他防控病毒病的措施免谈。

（五）抗病品种利用和品种的选择

1. 抗性品种的利用 选用抗性品种是病虫害防治的重要途径，是最经济有效的方法。因为寄主植物和有害生物在长期进化过程中，形成了协同进化的关系，有些寄主植物对一些病虫形成了不同程度的抗性。因此，利用种植抗病品种防治病虫害，简单易行、经济有效；特别是对

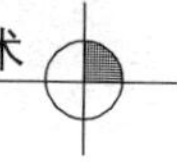

一些难以防治的病害，防控效果更理想。

但是，利用抗病品种也存在许多问题。一是抗病品种的选育，有许多病虫害到目前尚未找到抗病基因，再者有很多植物可遭受多种病虫害侵袭，要培育多抗品种是很难的；二是优质性状和抗病性状的矛盾，在抗病虫性状的选育中，经常存在抗病虫的品种品质不优秀，品质优秀的不抗病虫等问题；三是抗病虫品种的抗性也不是固定不变的，因为病虫是与葡萄协同进化的，种植抗性品种会使病原物、害虫群体组成等发生变化，使抗性品种存在抗性丧失的风险，抗性丧失会给生产带来很大损失。

2. 品种的选择 葡萄是多年生树木，不同于大田作物。在葡萄上，应用抗病虫品种的最重要的方法，是在发展葡萄园时的品种选择。要根据地区的气候、地域性的病虫害种类、土壤类型等，选择品种进行区试，并根据区试结果进行品种的选择；另外，品种的选育中，要合理利用品种的抗病抗虫特性。

三、生物防治

生物防治是利用对植物无害或有益的生物来影响或抑制病原物、害虫的生存活动，从而减少病虫害的发生或降低病虫害的发展速率。

人们对生物防治有亲近感，并且生物防治被认为对环境比较友好。近年来人们对生物防治技术倍加重视，生物防治研究取得较大进展，从以拮抗微生物为主的传统微生物防治扩大到非拮抗微生物的利用；从着眼于土传病害的防治扩大到植物地上部叶面和果实病害的防治；从控制初侵染源而减少病害的发生，到目前利用其降低病害流行速率；从寄生、捕食性天敌的应用，到天敌的释放等。虽然生物防治措施具有广阔的开发潜力，也有非常成功的事例，但在生产上的应用，目前总体仍处于起始阶段。

（一）病原微生物及其产物的利用

1. 拮抗微生物的利用 拮抗微生物是指某些分泌抗生素的微生物，主要是放线菌，其次是真菌和细菌。例如，近年来国外有用哈氏木霉（*Trichoclerma harzianum*）的孢子悬浮液，用于灰霉病的防治，可以推迟病害的流行；1979 年福建省武夷山区采土分离出链霉菌，经工业化生产的武夷菌素，用来防治葡萄上的真菌病害；5406 菌肥及工业化生产的细胞分裂素，抑制病原菌的生长发育，又能促进作物生长，增强其抗病性能；河北省农林科学院植物保护研究所研制的芽孢杆菌防治灰霉病、白粉病等。

2. 重寄生微生物的利用 重寄生物是指寄生于一种病原物上的非病原微生物。例如，我国从菟丝子上分离到一种寄生的炭疽菌（*Colletotrichum gloesoporiodes*）制成鲁保 1 号生物制剂，用于菟丝子的防治。

3. 弱致病株系交互保护的利用 交互保护作用原来是用于病毒病防控方面的一个术语，是指在植株中的病毒的弱株系可以保护植株避免同一病毒强株系的侵害，目前成功应用于生产的是防治烟草花叶病的弱毒株系。例如，有人用诱变剂处理野生型烟草花叶病毒后，选择到该病毒的一个弱毒株系（M11～16），这个弱毒株感染植株后，几乎不表现症状，将这一弱毒株制成商品制剂，并开发了能用于生产的喷枪接种法。英国和荷兰在温室番茄生产上，应用这个弱毒株，抑制了严重株系的危害，提高番茄产量 10%。近年发现，在真菌、细菌和线虫中也有类似情况。目前，作者没有查到在葡萄上应用的资料。

（二）寄生和捕食性天敌（昆虫、真菌、细菌、病毒、高等动物）**的应用**

利用农田或果园生态系中的天敌，或者释放这些天敌，防治病虫害（主要是虫害）。

欧洲有利用金小蜂、赤眼蜂等寄生性天敌，防治葡萄上的害虫事例；我国有葡萄园养鸡防治害虫、葡萄园养鹅除草等事例。

（三）利用昆虫激素防治害虫

昆虫的生长、发育、脱皮、变态、繁殖、滞育等功能和交配活动，受到体能产生的各种类型的激素进行调控。这些激素的平衡被打破或遭到破坏，昆虫正常的生长发育和繁殖就会受到影响，降低生命力、减少活动力、影响生殖率、增加死亡率。

可以利用性外激素诱杀、干扰交配，进行防治或测报；利用蜕皮激素、保幼激素，干扰蜕皮过程进行防治，一般用于鳞翅目害虫的防治。

在葡萄上，可以用仿生制剂灭幼脲1号、灭幼脲3号防治鳞翅目害虫。

（四）利用害虫不育技术防治害虫

利用辐射不育、化学不育等不育技术，大量繁殖雄性个体；在田间使用化学药剂把田间种群数量压低；释放不育雄虫，与自然界雌虫交配，产生不育后代或无效后代，从而达到防治害虫的目的。

四、物理与机械防治

物理与机械防治法是指利用物理或机械的方法来防治植物病虫害的措施，包括防控病害的枝条或种子的处理、土壤消毒、田间摘除感病组织、辐射保鲜等措施，防控害虫的捕杀措施、诱杀措施、阻隔分离、温湿度利用、射线或微波等新技术应用等措施。

（一）机械防治

1. 汰除 有些病原物的菌核、线虫的虫瘿、害虫为害的种子（在种子内越冬）和菟丝子的种子等混杂在作物种子中，如果将混有病原物、害虫的种子播种，这些病原物就会随种子传播病害，因此，在播种前可通过汰选处理减少或减轻病虫害。筛选的方法有风选、筛选和水洗（盐水、泥水或清水）等。这种措施一般是大田作物的防控措施。

2. 捕杀害虫 利用害虫的习性、活动规律，进行人工或机械捕杀。比如，利用金龟子的假死性，在葡萄园铺设塑料布、震动葡萄树、收集捕杀；利用斑衣蜡蝉在架杆上的产卵习性，捏杀卵块；田间捉天蛾类幼虫等。

3. 处理田间病组织 在葡萄园，人工去除病组织，是某些病害最有效的措施。比如毛毡病、褐纹病等，在田间发现后把病叶片摘除，集中处理，可以控制为害，是最有效的防治方法。

（二）温湿度的利用

不同的病虫害对温度有一定的要求，高于或低于其适宜的温度，就会影响其发育、繁殖、生存和为害。利用人工调控或自然温度的高或低，预防或防治病虫害的发生为害。

1. 热处理

（1）*温汤浸种* 有些病害的病原物黏附在种子表面或在种子里面越

冬，必须在播种前进行处理。最常用的方法是温汤浸种。温汤浸种是指把种子放入一定温度的热水里，保持一定的时间，直至种子里面的病原物受高温的影响而死亡，但对种子的正常生理功能没有阻碍。温汤浸种要注意安全和保证质量。浸种的水量要充足，水温要均匀，操作时要注意翻动，严格掌握处理时间。

（2）温浴处理　葡萄上利用温浴处理苗木或种条，杀灭枝条上的虫卵或幼虫，杀菌、抑制（或杀灭）病毒。具体方法是52～54℃温水浸泡10～15分钟。

热处理脱毒也是利用温度防治病虫害的事例。

2. 土壤的热力消毒　就是利用烧土、烘土、热水浇灌、土壤蒸汽、日晒等进行土壤灭菌，这些方面目前仅用于苗床或小规模的试验研究范围，大田应用尚未成熟。

3. 葡萄低温贮藏防止贮藏期病害的发生　利用低温冷库和冷链运输，减少或防止采收后贮藏或进入市场货架的果实病害。

4. 日晒　粮食的日晒，杀死贮粮害虫（夏日晒粮食，在50℃高温下，几乎杀死所有贮粮害虫）；土壤的翻耕和日晒，也是减少地下害虫、土传病害的有力措施。

（三）诱杀

利用害虫的趋性或其他特征，诱集和扑杀害虫。比如利用趋光性黑光灯诱杀、利用对糖醋液的趋性诱杀、利用越冬或产卵特性诱杀等。在葡萄上，可以使用糖醋液诱杀金龟子类害虫。

（四）阻隔分离

根据病虫害的传播规律、扩散规律、活动规律，设置合适的障碍，阻止扩散或直接杀灭。比如，葡萄星毛虫以2～3龄幼虫在枝蔓翘起的老皮下和植株基部的土块下结茧越冬，第二年葡萄萌芽后便迁移到芽上为害，可以在结果母枝基部涂黏胶或机油，阻止向上迁移；东方盔蚧以2龄在1～3年枝蔓、树皮、缝、叶痕处越冬，发芽时，开始活动，迅速变为3龄，虫体迅速膨大，5月底至6月初，介壳下产卵，6月底左右孵化，转移为当年的枝蔓、叶柄、叶片、穗轴、果实上为害，可以在当年基部涂黏胶或机油，阻止向上迁移。套袋栽培防治炭疽病的传播为

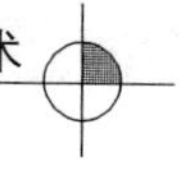

害也是阻隔分离的原理。

（五）射线的利用

利用^{60}Co的射线处理贮粮（杀灭害虫和病原菌）、果品和蔬菜（杀死病菌）；库房、保护地红外线或紫外线的应用，杀灭病菌和害虫等，都是使用新技术防治病虫害的事例。

五、化学防治

化学防治是指用化学药剂来防治病虫害，是综合防治中的一项重要措施。与其他防治措施相比，有独特的优点和优势，如见效快，防治效果好，应急救性强，用法简便，能够规模生产、规模使用等。但化学防治也有它的弊病，即如果施用不当，会造成公害问题，比如环境污染风险，人畜中毒，药害，抗药性，次要害虫的上升等。

所以，从病虫害综合防治上讲，尽量不使用化学农药或尽量少使用化学农药，如果使用化学农药，必须科学使用化学农药。这是使用化学农药的原则和指导思想。有关农药与农药使用的基础知识、葡萄上常用农药的特点和使用、农药的科学使用技术，请参阅有关章节的详细内容。

第四节　葡萄病虫害的规范化防治概念、方法、步骤

一、葡萄病虫害规范防治

葡萄病虫害的规范防治，是“预防为主，综合防治”的具体体现，是一个连续、规范并且根据气象条件调整的防治病虫害的过程。这个过程包括建立葡萄园前和建立过程中的脱毒苗木选择、苗木检疫、种苗消毒、土壤处理；葡萄园建立后的合理栽培技术和葡萄保健栽培措施；根据当地已经具有的葡萄病虫害种类及发生规律，利用简单、经济、有效、环保的方法，压低病虫害的数量（杀灭、抑制繁殖、阻止侵染或取食等），把病虫害的数量降低到没有实质性为害的水平。所谓“没有实

质性为害”，是指病虫害的存在，不影响正常的优质农产品生产。

表面上看，葡萄病虫害的规范防治是一个复杂的系统工程；从本质上讲，葡萄病虫害的规范防治，是分步骤、分阶段，操作简便、简单易行的一系列具体措施的链条。

二、葡萄病虫害规范防治的方法和步骤

葡萄病虫害规范防治是一系列技术措施和链条。包括根据地域土壤和气候特点，选择品种；选择脱毒苗木并进行检疫；苗木调运前后进行消毒处理；根据具体情况，是否进行栽植前的土壤处理或消毒；栽植后，结合葡萄的栽培技术，把健康栽培、农业防治措施、物理机械防治措施等，融入到具体栽培措施中，形成一套按照生长季节进行操作的技术规范；根据当地能造成为害损失的病虫害种类，并根据品种特点、气候特点、田间所有造成损失的病虫害发生规律，制订各生育期采取的药剂（生物的、化学的）防治措施，并根据气象条件和这些病虫害的种群数量变动，调整采取的措施。

葡萄病虫害规范防治中，栽植前，品种选择、苗木的检疫和消毒、土壤的处理或消毒是基础；栽植后，把健康栽培、农业防治措施、物理机械防治措施等融入到具体栽培措施之中，是日常工作；每个生长季，根据气候资料和病虫害的发生规律，形成规范的药剂防治具体措施方案，并根据气象条件的变化和病虫种群动态，对药剂防治措施进行调整，且实施这些措施，是防治病虫害的关键。

“根据气象条件的变化和病虫种群动态，对防治措施进行调整”是一个很笼统的说法。确定这些调整措施，需要科学方法和技术支撑，涉及病原菌（虫害）与作物、环境的互作和对应关系，作物品种间抗性差异，在此基础上建立起来的预测预报系统或体系，田间种群动态监测数据等。所以，确定调整措施是最艰巨、科技含量最高的工作。

确定调整措施，有3个层次：根据经验设定调整性措施；根据经验、作物的品质抗性、病虫种群动态与气象因子的关系，进行技术集成；在技术集成、田间动态监测、气象动态监控、病虫抗性监测等基础上，建立预测预报体系并根据该体系进行防控措施的调整

和优化。

所以，病虫害的规范防治方法，是以作物生态体系为对象，把各种防治方法具体化，按照作物栽种或栽培的时间序列进行排列和实施的防控方法。病虫害的规范防治方法，可以分为栽种（种植、移栽等）前的防治、栽培过程中的防控措施、生长季的规范化防治措施（农药的使用）与调整、特殊防控措施4部分内容。

（一）明确本地区葡萄病虫害的种类

调查和明确葡萄园种植的区域内所有病虫害的种类；并在此基础上，明确在本地区哪些种类是葡萄上重要的病虫害，必须进行防治；哪些是普遍存在，个别年份造成为害；哪些病虫害能在葡萄园发现，但没有实质性为害。明确种类和为害，是病虫害防控基础中的基础。

（二）明确这些病虫害的发生规律和有效措施

在明确种类的基础上，把造成为害和潜在威胁的病虫害的发生规律和有效措施弄清楚、搞明白，把防治这些病虫害的健康栽培、农业防治措施、物理机械防治措施、一些生物防治措施等融入到具体栽培措施中，形成简便易行的栽培管理规范。

（三）制订葡萄栽植前的病虫害防治措施

栽植前，根据气候条件、土壤、品种区试结果等，进行品种选择；对苗木进行检疫和消毒、对土壤进行消毒等。

（四）根据品种特点和地域特点，评估当地各种病虫害防治的压力

根据病虫害的种类、品种抗性、地域特点，评估各种病虫害的防治压力。

以下以辽宁西部和宁夏产区的巨峰和红地球为例，从品种抗性、地域特点举例介绍这方面的情况。

1. 品种差异　巨峰葡萄对霜霉病抗性中等、对灰霉病比较抗、对穗轴褐枯病感病，但红地球对霜霉病感病、对灰霉病感病、对穗轴褐枯病比较抗。

2. 地域特征

（1）辽宁西部产区　巨峰系品种必须使用药剂防治穗轴褐枯病，而灰霉病防控压力比较小，可以根据具体情况使用0～2次化学或生物防

治措施；霜霉病也是重要病害，一般以保护性药剂为基础，使用1～2次内吸性药剂。红地球葡萄的穗轴褐枯病基本没有风险，而灰霉病防控压力比较大，必须使用2～4次化学或生物防治措施；霜霉病是重要病害，以保护性药剂为基础，一般一个生长季节需要2～3次内吸性药剂。

(2) 宁夏产区　巨峰系品种虽然对穗轴褐枯病感病，但根据具体情况，可以不采取措施，而灰霉病防控压力更小，可以不使用化学或生物防治措施，霜霉病虽然也是重要病害，但以保护性药剂为基础，结合0～1次内吸性药剂；红地球葡萄的穗轴褐枯病在宁夏基本没有风险，可以不使用药剂，灰霉病防控压力虽然比较小，但也必须使用1～2次化学或生物防治措施，霜霉病是重要病害，以保护性药剂为基础，一般1～2次内吸性药剂。

从以上情况可以看出，不同品种在同一地区有不同的防控压力，而不同地区的同一品种也面临不同的情况。根据品种特点和地域特点，评估各种病虫害防治的压力，并根据病虫害的规律、习性、生活史、特征或特点，按照生育期制订措施。

(五) 制订规范的农药使用方案

每一个果园针对病虫害应具有一套完整的规范化的使用药剂方案，并根据农业生产方式（有机农业、绿色食品、无公害食品、GAP等）选择可以使用的农药种类。这个方案就是防治历，是根据品种特点、地域（土壤和气候）特点、病虫害发生规律等内容制订的防治方案。内容上包括：

1. 简表　即什么时期采取什么措施。

2. 调整措施　根据病原菌（虫害）与作物、环境的相互关系，在气候条件或种群动态发生变化时，对措施进行调整。

3. 救灾措施　即某种病虫害发生严重或发生压力比较大时的应急措施。

(六) 特殊防控措施

除融入到栽培措施中的防治措施、规范农药使用外的其他措施，比如利用糖醋液诱杀金龟子（物理防治），列入“特殊防控措施”内容，是规范防治内容的一部分。

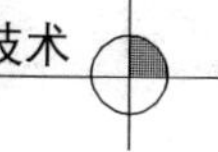

第五节　葡萄年生长发育周期中病虫害规范化防控技术

一、葡萄休眠期及萌芽前病虫害防治

（一）目的

减少害虫的数量、降低菌势（减少病菌的数量），从而为全年的病虫害防治打下基础。

（二）措施

包括清园措施、使用农药。

1. 清园措施（田间卫生）　秋天落叶后，清理田间落叶，沤肥或焚烧；集中处理修剪后的枝条。

（1）埋土防寒地区　出土上架前，清理田间葡萄架上的卷须、枝条、叶柄；出土上架后，剥除老树皮。

（2）非埋土防寒地区　伤流期前（或芽萌动前），清理田间葡萄架上的卷须、枝条、叶柄；剥除老树皮。

2. 使用农药　在休眠期、芽萌动后到发芽前，根据病虫害的种类和防控压力，可以使用农药，杀灭越冬的病菌和害虫。

（三）农药的使用

在休眠期或发芽前使用药剂，可以大大减少病菌和害虫的数量，这是全年防治中的重要内容。从使用时间上看，农药的使用分为落叶前后的使用、发芽前的使用两个时期。落叶前后使用的杀菌剂，一般为硫制剂或铜制剂或福美类药剂，针对落叶和枝条，杀灭休眠期病菌；杀虫剂一般选择内吸性或渗透性强的药剂。可以在开始落叶时、冬季修剪后，各使用一次；对于清园比较认真的田块，只使用一次，在冬季修剪后使用。

发芽前的药剂使用，比较复杂，不同的地区、不同的情况应区别对待。在芽萌动后的茸毛期至展叶前使用。萌芽后需要防治的重要病虫害包括白粉病、毛毡病，虫害中的绿盲蝽、叶蝉、红蜘蛛类、介壳虫等，埋土防寒地区的白腐病等。如果葡萄园中有这些病虫害，应采取措施。

使用药剂情况，有以下建议：一般情况下使用硫制剂，比如石硫合剂、硫的悬浮剂、硫黄等。建议使用3～5波美度的石硫合剂。在春季发芽前后干旱（雨水稀少的地区）时使用，效果明显。

发芽前后雨水比较多的地区，尤其是发芽前后枝蔓湿润时间比较长的葡萄园，使用铜制剂（如1∶0.7∶100倍波尔多液或80%水胆矾石膏200～300倍液等）。

避雨栽培的葡萄园，使用硫制剂，按一般情况执行；有特殊病虫害按照具体情况调整。

去年某些病害或虫害发生严重，需要进行特殊处理的葡萄园，进行针对性处理。

（四）常见的错误做法

在葡萄休眠期到发芽前，经常见到一些错误措施，总结如下：

1. 埋土防寒前，使用石硫合剂喷葡萄枝蔓，而后埋土防寒

（1）错误点　此措施几乎没有效果，浪费药剂、人力。

（2）原因　石硫合剂在有水分、潮湿的环境中，效果很差；石硫合剂对白粉病、介壳虫、红蜘蛛、蚜虫等有效，这个时期白粉病在芽鳞内越冬，介壳虫、红蜘蛛也是越冬体，杀灭难度比较大。

（3）正确做法　可以早使用，比如在落叶期使用石硫合剂喷葡萄枝蔓和落叶；埋土防寒前可以使用铜制剂，比如波尔多液等。

2. 出土上架后，使用石硫合剂或波尔多液喷洒地面

（1）错误点　此措施几乎没有效果，浪费药剂、人力。

（2）原因　石硫合剂喷洒地面，在有水分、潮湿的土壤环境中，效果很差；在干燥时，土中的病菌就不活动，石硫合剂没有办法发挥作用。在土壤中使用波尔多液或其他铜制剂，杀菌因子会与土壤中的有机质结合，形成微量元素肥料或被固定，失去杀菌作用。

（3）正确做法　如果需要土壤消毒，应选择使用其他农药，比如使用1∶50倍的福美双毒土等，或其他对应性措施。

3. 发芽前不使用药剂，认为没有用

（1）错误点　发芽前是非常重要的防治点，对整年的病虫害防治有重要作用。

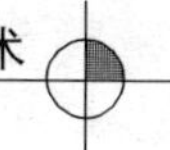

（2）原因　在农药使用的时间和药剂选择上不正确，导致防治效果不理想；或者后续的工作没有做好，导致整体防治效果差，从而对萌芽前使用药剂的效果产生疑问。需要提醒大家的是：病虫害的防治是很多措施综合、连续的结果，发芽前防治很有效。

（3）正确做法　在发芽前应使用一次药剂；要根据气候、葡萄园的具体情况，确定使用哪种药剂等。

（五）其他措施

落叶后，用石灰涂白主蔓；生物胶涂抹枝蔓防治星毛虫、粉蚧等；发芽前，结合田间作业，消灭葡萄架（包括桩）上的越冬卵块（比如斑衣蜡蝉）等，可以作为防治虫害的辅助性措施。

二、葡萄发芽后到开花前病虫害防治

（一）目的

杀灭、控制越冬后的病原虫源，把越冬后害虫的数量、病菌的菌势等，压低到很低的水平，即消灭越冬后病虫的初侵染来源的有生力量，从而保证在葡萄的生长前期，没有病虫害的威胁，而且为后期的病虫害防治打下基础。

（二）策略

“狠”或“重”。按照综合防治的理念，葡萄病虫害的防治，策略上应该是“前狠后保”，或“前重后保”。也就是说，前期的措施要狠、要重，从而把病虫害的基数压低到很低的水平；在后期，尤其是成熟期前后，以普通、安全性好的措施进行保护。所以开花前，是整年防治病虫害的重点之一。

（三）措施

一般情况下，开花前有 4 个防治时期，根据葡萄园的具体情况和气象条件，使用 1～4 次农药。有机葡萄园选择有机食品可以使用的药剂；规范化管理的葡萄园选择高效、低毒、安全的药剂。

1. 2～3 叶期

（1）确定防治措施因素

①从病虫害的防治点考虑，2～3 叶期是防治红蜘蛛、毛毡病、绿

盲蝽、白粉病、黑痘病、介壳虫等的非常重要的防治点。所以，有这些病虫害发生的地区、果园、地块，应采取措施进行防治。

②从气候上考虑，发芽前后干旱，或春季干旱地区，红蜘蛛、毛毡病、绿盲蝽、叶蝉、介壳虫、白粉病等是防治重点；气候湿润，雨水较多的地区，黑痘病、炭疽病、霜霉病等是防治重点。

③从葡萄园病虫害发生历史来考虑，去年（属于以上提到的病虫害）发生普遍或发生严重的病虫害，应在2～3叶期采取措施。

所以，采取什么措施、使用哪种农药，是从病虫害的发生特点、气候条件、病虫害在去年的发生历史等综合因素决定的。

（2）可以使用的药剂

①防治红蜘蛛、毛毡病，使用杀螨剂，比如阿维菌素、哒螨灵、苦参碱等。

②防治绿盲蝽，使用杀虫剂，比如2.5%联苯菊酯1 500倍液、吡蚜酮、高效氯氰、辛硫磷、吡虫啉、苦参碱等。

③防治白粉病，使用三唑杀菌剂和硫制剂，比如12.5%烯唑醇2 500倍液、10%嘧菌酯600～800倍液、50%保倍福美双1 500倍液、10%美铵600倍液、40%氟硅唑8 000倍液等。

④防治黑痘病，使用杀菌剂，比如80%水胆矾石膏（波尔多液）400～600倍液、亚胺唑、氟硅唑、烯唑醇、苯醚甲环唑等。

⑤防治炭疽病，使用杀菌剂，比如10%美铵600倍液、80%水胆矾石膏400～600倍液等。

⑥防治霜霉病，使用杀菌剂，比如80%水胆矾石膏400～600倍液、波尔多液、金科克等。

（3）具体措施

①北方产区葡萄园、西部产区葡萄园。一般情况，应重视白粉病、白腐病、毛毡病和红蜘蛛、绿芒蝽、叶蝉的防治。虫害、白粉病发生轻微的葡萄园，如果气候干燥可以不使用农药，但要注意摘除白粉病病梢。虫害、白粉病发生轻微的葡萄园，发芽后气候湿润，可以使用80%水胆矾石膏400倍液。有红蜘蛛、毛毡病为害的果园，使用杀螨剂，比如20%哒螨灵3 000倍液或0.3%苦参碱600倍液等。有绿盲蝽

为害的果园，使用杀虫剂，比如2.5%联苯菊酯1 500倍液或0.3%苦参碱600倍液等。有白粉病的果园，使用杀菌剂，比如10%美铵600倍液或40%氟硅唑8 000倍液或12.5%烯唑醇2 500倍液；结合摘除白粉病病梢。红蜘蛛、绿盲蝽、白粉病和黑痘病同时发生，可以使用杀虫杀螨剂与白粉病药剂混合使用，比如40%乙酰甲胺磷800～1 000倍液＋农抗120。有绿盲蝽、炭疽病为害的果园，使用杀虫剂＋杀菌剂，比如2.5%联苯菊酯1 500倍液＋80%水胆矾石膏400倍液。

②南方葡萄园（露地栽培一般为巨峰系品种）。一般情况，应重视白粉病（避雨栽培）、白腐病、溃疡病、炭疽病、毛毡病和红蜘蛛、绿盲蝽、介壳虫等的防治。避雨栽培，杀菌剂＋杀虫杀螨剂（比如20%苯醚甲环唑3 500倍液＋2.5%联苯菊酯1 500倍液）。露地栽培，一般葡萄园，可以选择使用铜制剂，比如80%水胆矾石膏400倍液；一般葡萄园，有绿盲蝽，可以选择80%水胆矾石膏400倍液＋2.5%联苯菊酯1 500倍液；绿盲蝽、白腐病、黑痘病比较重，可以使用20%苯醚甲环唑3 500倍液＋2.5%联苯菊酯1 500倍液；绿盲蝽、炭疽病、黑痘病比较重，使用80%水胆矾石膏400倍液＋2.5%联苯菊酯1 500倍液。

(4) *特殊措施*　根据植株生长情况、是否存在倒春寒风险等，采取对应措施。对于存在春季寒潮、倒春寒风险的地区或年份，可以在2～3叶期配合使用叶面肥料或生长调节剂（氨基酸类肥料、多肽类肥料、复硝酚钠、细胞分裂素等），促进葡萄健康和提高抵御极端气象条件的能力。

2. 花序展露期

(1) *在花序展露期防治病虫害*　花序展露期病虫害的防治点：花序展露期是防治炭疽病、黑痘病、斑衣蜡蝉、缺硼症的重要防治点。从气候上考虑，花序展露期干旱，或春季干旱地区，叶蝉、红蜘蛛、绿盲蝽、毛毡病、白粉病是防治重点；气候湿润，雨水较多的地区，黑痘病、炭疽病、霜霉病是防治重点。从葡萄园病虫害发生历史来考虑，去年发生严重的病虫害种类，如果花序展露期是这些病虫害的防治点，应采取措施进行防治。与葡萄园前期使用的药剂、采取的措施相配合，与2～3叶期采取的措施配合。所以，在花序展露期采取什么方法、措施，

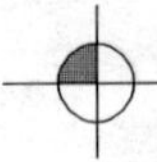

是从病虫害的发生特点、气候条件、发生历史、前面采取的措施相配合等综合因素决定的。

(2) *可以使用的药剂* 与2～3叶期药剂基本相同。

(3) *具体措施* 是2～3叶期措施的补充和配合。对于虫害，根据为害程度、气候、种群数量，决定是否需要再补充使用一次杀虫剂；对于病害，根据为害程度、气候、菌势，可以采取不使用药剂、使用保护性杀菌剂、对应重要病害使用药剂等措施。

①北方产区葡萄园、西部产区葡萄园。一般根据虫害情况，看是否需要补充使用一次杀虫剂；一般不使用杀菌剂；对于病害压力大的葡萄园，可以根据气象条件使用一次保护性杀菌剂。

②南方葡萄园（露地栽培一般为巨峰系品种）。避雨栽培，一般补充使用一次杀虫杀螨剂。露地栽培，一般葡萄园（虫害和病害比较轻）使用一次保护性杀菌剂。炭疽病比较重的葡萄园使用50%保倍福美双1 500倍液或80%福美双1 000倍液＋25%咪鲜胺800倍液。

黑痘病、白腐病、炭疽病比较重的葡萄园可以使用40%氟硅唑8 000倍液＋80%水胆矾石膏400倍液；黑痘病、炭疽病、霜霉病比较重的葡萄园使用80%水胆矾石膏400～600倍液（＋霜霉病内吸性药剂）；一般葡萄园有斑衣蜡蝉，应加入杀虫剂，如80%水胆矾石膏400～600倍液＋杀虫剂。

水胆矾石膏是波尔多液中起杀菌作用的主要成分；对现配波尔多液安全的品种，杀菌剂可以选择现配波尔多液或其他铜制剂。

3. 花序分离期

(1) *在花序分离期，防治病虫害的措施应考虑的方面* 从病虫害的防治点考虑，花序分离期是防治灰霉病、黑痘病、炭疽病、霜霉病、穗轴褐枯病的重要防治点，是开花前最为重要的防治点。有斑衣蜡蝉的葡萄园，结合使用杀虫剂；是补硼最重要的时期，有缺硼引起的大小粒、不脱帽、花序紧等问题的葡萄园，使用20%多聚硼酸（或盐）2 000～3 000倍液或硼砂。从气候上考虑，气候干燥、干旱，可以根据去年和前期的防治，酌情使用农药；如果气候湿润，或雨水较多，必须采取防治措施，而且要根据去年病害发生情况，调整防治措施。从葡萄园病虫

害发生历史来考虑，去年发生普遍或发生严重的病害，如果花序分离期是防治点，应采取措施并且要重点照顾。

（2）*可以使用的药剂*　一般使用高质量的保护性杀菌剂；根据去年田间情况、当年气象条件，配合使用对应的内吸性杀菌剂。

（3）*具体措施*　一般情况，使用高质量、广谱性保护性杀菌剂，比如50％保倍福美双1 500倍液＋20％多聚硼酸钠2 000～3 000倍液。

特殊情况或病虫害防控压力大的地区、品种、果园，根据去年病虫害的发生情况、气象条件，针对性处理。

4. 开花前2～3天

（1）*开花前，防治病虫害的措施应考虑的方面*　从病虫害的防治点考虑，开花前与花序分离期一致，是灰霉病、黑痘病、炭疽病、霜霉病、穗轴褐枯病等病害的防治点，是透翅蛾、金龟子等虫害的防治点，也是补硼最重要的时期之一。从气候上考虑，气候干燥、干旱，使用一次50％多菌灵600倍液；如果气候湿润，或雨水较多，要针对性处理。从葡萄园病虫害发生历史来考虑，根据去年发生病虫害的情况有所侧重。

（2）*可以使用的药剂*

①50％多菌灵600倍液或70％甲基硫菌灵800～1 200倍液。能同时防治灰霉病、黑痘病、炭疽病、穗轴褐枯病，广谱但药效普通，在关键期使用会有关键作用。

②50％异菌脲1 200～1 600倍液。对灰霉病、穗轴褐枯病有效。

③50％金科克3 500倍液。防治霜霉病特效。存在霜霉病早发时使用。

④40％嘧霉胺800～1 000倍液。防治灰霉病的优秀药剂。

⑤10％多氧霉素1 500倍液。防治穗轴褐枯病、灰霉病的药剂。

⑥50％啶酰菌胺1 200～1 500倍液。防治灰霉病。

⑦20％多聚硼酸钠2 000～3 000倍液。补硼，解决缺硼引起的大小粒、不脱帽等问题。

（3）*具体措施*　一般情况使用，50％多菌灵600倍液（或70％甲基硫菌灵800～1 200倍液）＋20％多聚硼酸钠2 000～3 000倍液。春季雨水多，炭疽病、黑痘病、霜霉病比较严重的地区使用70%甲基硫菌灵800倍液+50%金科克3 500倍液+20%多聚硼酸钠2 000～3 000倍液。灰霉病比较严重的葡萄园（比如避雨栽培）使用高质量保护性杀菌剂+50%啶酰菌胺1 500倍液，或高质量保护性杀菌剂+40%嘧霉胺1 000倍液或70%甲基硫菌灵1 000倍液+40%嘧霉胺1 000倍液。有透翅蛾、金龟子等虫害的，在以上措施中加入杀虫剂，如联苯菊酯，比如70%甲基硫菌灵1 000倍液+20%保倍硼3 000倍液+12.5%联苯菊酯1 500倍液。

（四）常见的错误做法

在葡萄发芽后到开花前的病虫害防治中，经常见到一些错误做法，总结如下：

1. 开花前，不使用农药

（1）错误点　没有看到病害或看到病害很轻，就放松防治，不采取措施。

（2）原因　发芽后到开花前，病害的数量在积累阶段，大家往往看不到病害或虫害严重为害。葡萄发芽后，各种病虫开始活动，白粉病、黑痘病、炭疽病、灰霉病等都必须采取措施，多雨年份的霜霉病开花前也要防治。病害的防治，是根据病害的发生规律进行；虫害的防治，在虫害最薄弱、没有造成为害的时期进行。

（3）正确做法　根据葡萄园的病虫害情况、天气状况，使用1～4次农药，并配合其他措施。

2. 选择农药失误，效果很差

（1）错误点　没有对症施药。

（2）原因　抓住了防治点，但是措施或药剂选择失误，或没有根据田间的病虫害状况对症选择和使用农药，这样，就不能达到预期效果。对于炭疽病，花序展露、花序分离、开花前3个防治点，至少应该在花序分离、开花前有对应措施，尤其是在开花前雨水多的时候。对于霜霉病，在开花前不是重要病害，但是，如果冬季潮湿泥泞（或大雪覆盖）、春季雨水比较多，花序分离和开花前是两个非常重要的防治点，并且注意喷施农药的位置，花序比叶片重要。对于黑痘病和白粉病，2～3叶

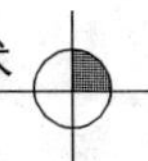

期是最重要的防治点，而后，在花前、花后的防治措施中，能够兼治黑痘病和白粉病就可以。所以，掌握葡萄园中重要病虫害种类、采取措施的时间，及采取措施时能够兼顾所有重要的病虫害，非常重要。花前一旦出现问题，会为花后病虫害防治造成压力或加大严重为害的风险。

（3）正确做法　花前防控病虫害，要根据葡萄园的具体情况采取措施或使用农药，是一个连续、兼顾所有病虫害的措施组合（不是依靠某种特效农药解决葡萄病虫害问题）。

3. 措施不到位

（1）错误点　使用农药不均匀、不周到。

（2）原因　选择农药后，一定要把农药施用到位置（喷到位置）。否则，防治效果会大打折扣。

（3）正确做法　选择合适的用药机械；喷洒农药，雾滴要细，要均匀、周到，并且要喷到位置。

三、葡萄花期病虫害防治

（一）目的

保证葡萄花序完整、授粉好。

（二）策略

花前采取措施、花期不使用农药，保证花期安全。如果花前的防治措施得当，花期就不会发生病害；花期不使用农药，因为花期喷洒农药会影响授粉，也会影响授粉昆虫的活动。如果花前防治病害的措施不力，或花前没有采取措施，会存在导致病害严重发生的风险。此外花期存在突发性虫害发生的风险，比如金龟子。当这些病虫害的发生对葡萄的优质、平稳生产造成威胁时，可以采取补救性措施，喷洒农药；选择对葡萄的花、小幼果、嫩梢、幼叶都非常安全的药剂，比如甲基硫菌灵、联苯菊酯、金科克等，作为花期突发性病虫害的救灾药剂。

（三）花期常遇到的问题与措施

1. 烂花序、烂花梗

（1）原因　花期出现烂花序或烂花梗，一般是灰霉病、穗轴褐枯病发生造成的为害。

（2）正确的措施　花序分离期、开花前2～4天，应采取有效措施。

（3）补救措施　立即使用药剂，如40%嘧霉胺800倍液＋10%多氧霉素1200倍液。

花期使用农药的利益，是能控制病害，减少或停止花序腐烂；使用农药的代价是影响授粉。

2. 大小粒

（1）原因　大小粒的问题虽然在葡萄生长的中后期表现，但与花前、花后的措施有直接关系。引起葡萄大小粒的原因比较复杂，总结归纳如下：

①授粉不好。授粉不好，不但造成大小粒，而且是大量落花落果的重要原因之一。授粉不好造成的大小粒，一般是有籽（有核）品种。授粉不好，主要有三方面的原因，一是缺硼，二是花芽分化不好和营养不良，三是花期雨水多、低温。所以，花前补充硼肥、在采收后保护好叶片，让枝条充分成熟和植株有充分的营养积累，是解决授粉不好的根本措施。

②缺锌。缺锌引起生长素合成不足，影响新梢生长和果粒膨大。应该在花前、花后补锌。在落叶前补锌或发芽前用高浓度锌肥涂抹枝蔓，也是补锌的重要形式。

③生长过旺。花前使用氮肥过量或土壤中氮肥过量，会导致新梢旺长。开花前后，枝条过旺，说明生殖生长和营养生长不协调，会造成花序营养不足，影响授粉，导致花序的营养供应不够，造成落花落果和大小粒。控制氮肥供应、调控新梢旺长，可以解决由于生长过旺引起的大小粒和落花落果。

④激素类药物中毒。去年赤霉素使用过量，会造成花芽分化出现问题，导致大小粒。

⑤病毒病为害。许多病毒病导致大小粒。

（2）正确的措施

①花序分离期、花前2～4天使用药剂，防治病虫害。根据田间生长状况和土壤肥力测定，使用硼肥（花前补硼）、锌肥（花前、花后补锌）。

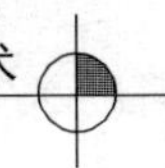

②控制枝条旺长。采取调控氮肥供应、化学药剂调控、绑梢等措施。

（3）补救措施　没有补救措施，发现落花落果或大小粒，再采取措施已没有作用！

3. 花梗、轴变黄、变脆、干枯

（1）原因　白粉病、霜霉病等发生，是花梗、轴等变黄、变脆、干枯的重要原因。

雨水少、湿度大（比如避雨栽培、干旱等）是白粉病的发病条件；白粉病的防治关键是2～3叶期使用药剂和摘除病梢，花序分离或开花前结合其他病害的防治，使用能够兼治白粉病的药剂。如果花前白粉病防治不力，白粉病在花期发生，花梗变黄、脆、干枯，有白色粉状物，对后期影响非常大。

冬季潮湿泥泞、春季多雨，是霜霉病发生早的条件。如果霜霉病发生早（花前、花期、花后小幼果期），霜霉病首先侵染花序、花梗、花、幼果和果梗，而后再侵染叶片。所以，在特殊天气条件下，花前防治霜霉病（花序分离、开花前）非常重要。在霜霉病有可能早发生的气候条件下，花序分离期和开花前应使用药剂防治；如果防治不好，不但会对产量和质量影响很大，还会导致后期霜霉病的大发生，增加防控难度。

（2）对策　花前，根据气象条件和病虫害的特点，准确、及时采取措施。

（3）具体补救措施

①发生霜霉病。42％代森锰锌400～600倍液＋50％金科克2 500倍液等。

②发生白粉病。50％保倍2 500倍液，或12.5％烯唑醇3 000倍液，或10％美铵600倍液等。

4. 突发性虫害：金龟子

（1）原因　金龟子一般在葡萄园外发生，开花期从外面飞入为害葡萄，一般葡萄园周围受害比较重。不同年份，发生情况不同。

（2）措施　发现金龟子为害，立即喷洒杀虫剂。比如使用2.5％联苯菊酯1 500倍液或10％高效氯氰乳油2 000～3 000倍液。也可以选择有驱避作用的药剂。

（四）常见的错误做法

在葡萄开花期，经常见到一些错误做法，总结如下：

1. 开花前不采取措施，花期使用农药

（1）错误点　违反了花期尽量不使用农药的原则。

（2）原因　花期喷洒农药影响授粉；应在开花前根据病虫害的防治点采取措施。

（3）正确做法　根据葡萄园的具体状况（去年病虫害发生情况）、气象因素等，在开花前采取措施。

2. 随意追施肥料

（1）错误点　肥料并不是越多越好。

（2）原因　花前氮肥的过量使用，会导致新梢旺长，导致落花落果和大小粒；花期需要磷肥比较多，配合钾肥；磷肥和钙肥有拮抗作用，互相抵制。所以，胡乱施用肥料是罪魁祸首。

（3）正确做法　根据葡萄对肥料的需求规律，科学施用肥料。花前谨慎施用氮肥，尤其是生长旺盛容易造成问题的品种，比如巨峰。

四、葡萄落花后到套袋前（或封穗前）病虫害防治

（一）目的

继续坚持减少害虫的数量、压低病菌菌势的策略；尽最大努力，不给病虫侵染果实的机会。对于套袋葡萄，让果实干干净净套袋；对于不套袋葡萄，让果实干干净净进入封穗期。

（二）策略

继续执行“前狠后保”，或“前重后保”的“狠”或“重”的策略，从而保证葡萄套袋前，果穗、果实基本没有病虫为害。

（三）措施

这个时期的措施，一种是配合套袋栽培的措施；另一个是适合不套袋葡萄的措施。

1. 套袋栽培经常遇到的问题

（1）套袋时间　从近几年的生产实践来看，不管品种如何，基本存

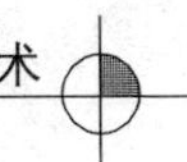

在两种观点，第一，在疏果到位后，越早套袋越好；第二，尽量晚套袋，在葡萄上色期前后套袋。

第一种观点认为，套袋后对防治病虫害有利，可以减少农药使用量，所以尽量早套袋。实践证明，这种观点是正确的，但是会遇到两个问题：气候急剧变化后，会加重气灼病（有人称日烧病或缩果病）的发生；套袋后，袋内的病虫为害发现比较晚，往往造成损失后才能发现。所以，对于早套袋的葡萄，套袋前病虫害的防治，必须严格、准确；根据气象条件，适时套袋。

第二种观点认为，早套袋会引起气灼病，袋内的病虫为害发现比较晚（损失大），持有这种观点的人认为，套袋的目的主要是改善果实的颜色和洁净度；这种套袋方式，减少农药的使用和减少农药残留的作用有限。

（2）*葡萄套袋会引发新的病虫害问题*　葡萄套袋后，果实存在的环境发生了变化，从而导致或增加某些病害的大发生风险，比如气灼病、灰霉病、粉蚧等。如何解决这些新问题，保证葡萄的正常生长和葡萄产业的健康发展，是一个艰巨的任务。目前成功的做法还是在套袋前的严格防治。

2. 落花后到套袋前（或封穗前）农药的使用

（1）*葡萄套袋前防治病虫害的药剂选择*　葡萄套袋前病虫害的防治是全年的重点。药剂要求，首先是安全性好，其次广谱高效或解决特殊问题。

（2）*套袋时间与农药的使用次数*　一般情况下，落花后到套袋前需要使用2～3次药剂，并且在套袋前处理果穗。套袋时间推迟，要增加药剂的使用次数。使用的药剂和次数，应根据区域气象条件、去年的病虫害发生情况、品种、开花前农药的使用、套袋时间等情况，灵活掌握。比如，有机栽培，可以选择武夷菌素、电位水、苦参碱等药剂；西部干旱或干燥区域，落花后可以使用一次药剂，然后处理果穗，而后套袋。

3. 落花后到套袋前（或封穗前）农药使用的具体措施

（1）*落花后第一次农药*

①影响农药使用的因素。从病虫害的防治点考虑，落花后，是防治灰霉病、黑痘病、炭疽病、白腐病、透翅蛾的防治点。对于多雨地区，霜霉病也是防治点；巨峰系品种要注意链格孢菌对果实表皮细胞的伤害；干旱地区，白粉病、毛毡病和红蜘蛛是防治点；避雨栽培，白粉病、灰霉病是防治点，还要注意防止杂菌污染。所以，要抓住病虫害的关键防治点，采取对应措施进行防治。采取什么措施、使用哪种农药，是从病虫害的发生特点、气候条件、品种、病虫害的发生历史等综合因素考虑的。气象因子与病虫害的发生有直接关系，应根据气候确定哪些病虫是防治重点；从葡萄园病虫害发生历史来考虑，去年发生普遍或发生严重的病虫害，再根据气象因子，确定采取哪些措施；从品种上考虑，巨峰等欧美杂交种品种比较抗病，红地球等欧亚种品种比较感病。所以，必须综合考虑品种的情况，采取措施。

②可以使用的药剂（略）。

③具体措施。一般情况应重视预防，防治病害以保护性杀菌剂为基础，根据具体情况配合使用内吸性杀菌剂。一般情况下使用50%保倍福美双1 500倍液；灰霉病发生严重的地块或品种，使用50%保倍福美双1 500倍液+40%嘧霉胺800倍液，或50%保倍福美双1 500倍液+70%甲基硫菌灵800～1 000倍液，或50%保倍福美双1 500倍液+50%啶酰菌胺1 500倍液。

干旱地区，使用70%甲基硫菌灵800～1 000倍液。

去年果穗腐烂比较严重的葡萄园可使用50%保倍福美双1 500倍液+40%嘧霉胺800倍液+20%苯醚甲环唑3 000倍液。

④特殊情况区别对待。

A. 白腐病、白粉病、黑痘病严重的葡萄园。50%保倍福美双1 500倍液+40%氟硅唑8 000倍液。

B. 炭疽病、白粉病发生严重的葡萄园。50%保倍福美双1 500倍液+70%甲基硫菌灵800～1 000倍液。

C. 霜霉病早发、炭疽病和黑痘病也发生严重的葡萄园。50%保倍福美双1 500倍液+70%甲基硫菌灵800～1 000倍液+50%金科克3 000倍液（80%乙膦铝600倍液或80%霜脲氰3 000倍液或25%精甲

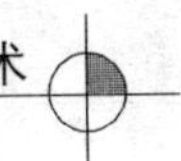

3 000倍液）。

D. 透翅蛾发生，叶蝉、介壳虫、蓟马等为害地区或葡萄园。50%保倍福美双1 500倍液+2.5%联苯菊酯1 500倍液（或吡蚜酮或联苯菊酯或吡虫啉）。

E. 红蜘蛛、毛毡病为害的地区或葡萄园。增加使用杀螨剂，比如50%保倍福美双1 500倍液+20%哒螨灵3 000倍液（或其他杀螨剂）。

(2) 葡萄落花后的第二、第三次农药的使用

①防治病虫害措施。此期病虫害的防治重点：落花后第二次用药，目的是防治炭疽病、黑痘病、白腐病、房枯病；在南方（或多雨）地区，霜霉病、缺硼症、补钙、果粒膨大、斑衣蜡蝉、叶蝉等是防治重点。落花后第三次用药，以白腐病、炭疽病、霜霉病等为防治重点。从气候因子、葡萄园病虫害发生历史、与葡萄园前期使用的药剂（或采取的措施）相配合等考虑。

②可以使用的药剂（略）。

③具体措施。

A. 落花后的第二次药剂。一般情况，使用42%代森锰锌600倍液+20%苯醚甲环唑3 000倍液（或40%氟硅唑8 000倍液或70%甲基硫菌灵1 000倍液）（红地球、克瑞森、美人指等）；或42%代森锰锌600倍液（巨峰系品种、无核白鸡心等品种）。西部干旱地区可以省略此次用药。长江流域及南方地区巨峰系品种，使用42%代森锰锌600倍液+50%金科克1 500～2 000倍液。气候比较湿润地区的红地球，使用50%保倍液福美双1 500倍液+70%甲基硫菌灵1 000倍液等。干燥地区的红地球，使用42%代森锰锌600倍液。避雨栽培，使用50%保倍液福美双1 500倍液+70%甲基硫菌灵1 000倍液+杀虫剂（或70%甲基硫菌灵1 000倍液+杀虫剂，或20%苯醚甲环唑3 000倍液+杀虫剂）。果穗腐烂、霜霉病比较重的地区或葡萄园，使用50%保倍液福美双1 500倍液+70%甲基硫菌灵1 000倍液+50%金科克3 000倍液。有斑衣蜡蝉、叶蝉的葡萄园，在以上药液中加入杀虫剂，比如0.3%苦参碱800倍液、高效氯氰菊酯2 000～3 000倍液、联苯菊酯、吡虫啉、吡蚜酮等。补硼、钙、锌等微量元素，可在以上药液中按微肥使用倍数

加入微量元素肥料。

B. 落花后的第三次药剂。一般葡萄园，使用一次安全性好的保护性杀菌剂，比如42%代森锰锌600倍液或50%保倍福美双1 500倍液等。西部干旱地区如果花后没有雨水，可以继续省略此次用药；避雨栽培，也可以省略此次用药。长江流域及南方地区巨峰系品种，使用保护性杀菌剂+霜霉病内吸性药剂，比如42%代森锰锌600倍液+80%霜脲氰2 000倍液。气候比较湿润地区的红地球，42%代森锰锌600倍液（或50%保倍福美双1 500倍液等）+40%嘧霉胺800倍液（或70%甲基硫菌灵1 000倍液）。干燥地区的红地球，可使用50%保倍福美双1 500倍液。

（3）第四次及后续防治措施

①套袋前的药剂使用考虑的方面。病虫害的防治点考虑，对于红地球葡萄，套袋前的防治重点为灰霉病、炭疽病、白腐病、杂菌；对于巨峰系葡萄，套袋前的防治重点为炭疽病、白腐病、链格孢造成的黑点。

②可以使用的药剂（略）。

③具体措施。一般情况，以使用保护性杀菌剂为主，或使用保护性杀菌剂+对应性内吸药剂。

4. 套袋前的果穗处理 一般情况下，主张在套袋前进行果穗处理，可以选择酸性电位水处理。也可以选择药剂处理。药剂处理的配方为50%保倍2 000倍液（+20%苯醚甲环唑2 000倍液+50%抑霉唑3 000倍液）。使用的种类和浓度，可以根据病害的压力进行调整。

5. 落花后到套袋前农药的使用次数 根据套袋时间、气候等因子，确定农药的使用次数，一般3次左右。

（1）早套袋 使用两次农药，按第一和第四次农药使用执行；使用3次农药按第一、第二和第四次农药使用执行。

（2）正常套袋 使用3次左右农药，按第一、第二和第四次农药使用执行。

（3）推迟套袋 葡萄落花后，是整个生长季节最重要的防治期，一般要8～10天使用一次农药，并且最好是雨前使用农药。如果推迟套袋，应根据推迟时间的长短确定使用农药的次数。

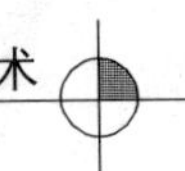

(4) 不同地区或不同栽培方式，落花后到套袋前农药的使用次数

①干旱地区。比如新疆哈密、吐鲁番，宁夏等地区，建议谢花后到套袋前至少使用一次农药。最好使用一次药剂，并且套袋前进行果穗处理。如果谢花后到套袋前需要使用 2 次农药，建议使用第一次农药，第四次农药，套袋前最好也要进行果穗处理。

②南方避雨栽培。比如沪宁沿线及长江三角洲地区，建议谢花后到套袋前使用 2 次农药。最好使用 2 次药剂，并且套袋前进行果穗处理。

③中部或相对干旱区避雨栽培。比如河南、河北、陕西、陕西及南方相对干旱地区，建议谢花后到套袋前至少使用一次农药。最好使用一次药剂，且套袋前进行果穗处理。如果谢花后到套袋前需要使用 2 次农药，建议使用第一次农药、第四次农药，套袋前最好也要进行果穗处理。

(5) 不套袋葡萄，落花后到封穗期的农药使用　酿酒葡萄、许多鲜食葡萄，包括避雨栽培下的葡萄种植，不使用套袋技术。这些葡萄落花后到封穗期病虫害防控的农药使用，与套袋葡萄的基本一致。

根据产区地域特点、品种、栽培模式，落花后到封穗期防控病虫害需要使用 1～4 次药剂。西部或其他地区的干旱区，使用一次，建议在落花后立即使用；避雨栽培、一般地区的抗性品种、比较干旱的北方葡萄产区，使用 2～3 次，建议在落花后（立即使用）、封穗前必须使用；病虫害防控压力大、雨水多、一般地区种植的感病品种，建议使用 3～4 次。

具体使用的农药品种，根据前面介绍的原则和方法、参考有关药剂的介绍，选择使用。

(四) 常见的错误做法　在葡萄谢花后到套袋前的病虫害防治中，经常见到一些错误做法，总结如下：

1. 药剂的选择失误

(1) 错误点　选择新名堂的药剂，没有效果；选择特效药剂，不能兼顾其他重要病害；选择的是有效药剂，但对果实有伤害。

(2) 原因　使用药剂，是使用药剂的特点；任何药剂不能解决所有问题，任何好的药剂不能解决所有时期的同一问题。

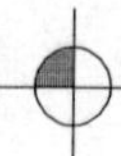

（3）正确做法　正确选择、合理混合、科学使用。

2. 药剂间配合失误

（1）错误点　没有了解农药的特性。

（2）原因　农药的配合或混合使用，是一门很深的学问。不能随意混合、随意配合使用。

（3）正确做法　根据农药的特点，能混合使用就混合使用，没有把握的可以试验后使用或分别喷洒。

3. 病虫害种类判断失误

（1）错误点　判断病害失误，造成药剂选择和使用失误。

（2）原因　不能正确识别病害。

（3）正确做法　多认识病虫害，互相学习。

4. 病虫害严重为害时寻找特效药剂，好药用在病虫发生后

（1）错误点　病虫害严重为害已经造成损失时，再好药剂也只能控制为害、阻止进一步发展，没有办法挽回损失。

（2）原因　药剂不能解决真正问题，药剂是手段之一。

（3）正确做法　按病虫害的发生规律和综合防治理念，使用药剂防治病虫害；把好药用在最重要的时期（关键点）上，而不是严重发生后再使用特效药剂。

五、套袋葡萄套袋后、不套袋葡萄中后期病虫害防治

（一）目的

在前期减少病虫数量的基础上，保证葡萄健康生长和成熟。

（二）策略

执行“前狠后保”或“前重后保”的“保”的策略。防治病害以保护性杀菌剂为主；防治虫害，使用没有内吸性、低毒、高效、低残留的杀虫剂；对于某些成灾性的病虫害，在关键期或防治点，给予特殊的防治或重点照顾。

（三）方法

1. 套袋葡萄套袋后病虫害防治　许多鲜食葡萄，包括红地球、巨峰、美人指、无核白鸡心等品种，都可以进行套袋栽培；在套袋前，采

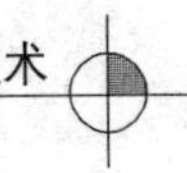

取严格的病虫害防控措施，让果实干干净净套袋，是套袋栽培最重要的内容；套袋后，面临的问题比较简单，就是保护好枝条和叶片，最突出的问题是防止霜霉病的流行、防治好酸腐病、预防黑痘病抬头。

（1）控制枝梢旺长、保持合适叶幕　控制夏季的枝蔓旺长和保持合适叶幕，是葡萄健壮生长的基础，同时，合适的叶幕有利于均匀、周到使用农药，提高农药的使用效率。

（2）使用以铜制剂为主的杀菌保护性措施，结合虫害的防治　套袋后，一般以铜制剂为主，15 天左右使用一次，保护叶片和枝蔓。水胆矾石膏、氢氧化铜等，都是可以选择的药剂（也可以交替使用）。根据需要，使用代森锰锌、福美双、电位水、苦参碱等，与铜制剂交替使用。

（3）防止霜霉病普遍发生或大发生　雨季，是霜霉病容易大发生的时期。在田间，一般首先发现发病中心，而后发生普遍，再大暴发。所以，对于发现霜霉病的发病中心和雨季来临时，给予重点防治。在长江流域，6 月初前后；北方产区（河北、河南的中部及北部、山东、辽宁等）、西部产区（陕西中部和北部、山西的南部、宁夏、甘肃等）在 7 月中旬前后，是霜霉病普遍或大发生的开始点，保护性与内吸性杀菌剂联合使用，是重要的防治措施。

（4）转色期前后防治酸腐病　转色期前后，是防治酸腐病的重要时期。酸腐病的防治包括三方面的内容：

①基础。落花后到套袋前使用对果实安全的药剂、果实生长的中后期搞好水分管理，控制裂果；在一个果园内，不要种植成熟期有差异的不同品种等，是防治酸腐病的基础；预防鸟害，减少果实伤害。

②用药。在转色期及之后的 10 天左右，使用两次 80%水胆矾石膏 400～600 倍液＋杀虫剂（比如第一次使用 2.5%联苯菊酯 1 500 倍液＋水胆矾石膏，第二次使用 40%辛硫磷 1 000 倍液＋水胆矾石膏）。

③紧急处理。发现湿袋（袋底部湿，简称“尿袋”），先摘袋，剪除烂果（烂果不能随意丢在田间，应使用袋子或桶收集到一起，带出田外，挖坑深埋），用 80%水胆矾石膏 400 倍液＋2.5%联苯菊酯 1 500 倍液（＋灭蝇胺 5 000 倍液），涮果穗或浸果穗。药液干燥后重新套袋

(用新袋)。可以地面使用熏蒸剂防治醋蝇。

(5) *监测黑痘病等病害* 对于生长旺盛的品种，比如红地球，夏季和秋季出现很多新梢，在雨季容易发生黑痘病，应监测黑痘病发生情况。如出现黑痘病感染秋梢，可使用12.5%烯唑醇3 000倍液（或10%苯醚甲环唑2 000倍液）+80%水胆矾石膏400倍液。

(6) *套袋葡萄应重视的新问题* 果实套袋，是非常好的优质、无公害栽培措施，但同时带来新的情况：比如硼、钙等营养缺乏导致的问题、气灼病等。解决这些问题，需在套袋前采取措施。

(7) *套袋葡萄的采收和摘袋时的农药使用* 套袋葡萄，一般使用专用葡萄袋，不用摘袋直接采收，所以不用特殊的处理。

套报纸袋的葡萄需要提前摘袋；有些葡萄需要在采收前摘袋促进上色。这些葡萄需要进行特殊照顾。一般情况，摘袋后立即使用一次药剂或酸性电位水（在确定摘袋后没有雨水、没有结露等情况下，可以不使用农药）。

假如套袋后果实出现问题（比如灰霉病、炭疽病、白腐病、气灼病引起的烧果、缺钙缺硼、果梗出现问题等），是套袋前防治措施有问题或栽培措施对应不到位。需要根据具体情况进行摘袋处理的，应对症进行处理。所有出现问题、经过处理的果穗，成熟后不能贮藏，采收后尽快处理。

2. 不套袋葡萄，果实生长的中后期病虫害的防治 不套袋的葡萄，在中后期遇到的问题比套袋葡萄复杂得多。套袋葡萄的前5个方面，同样是不套袋葡萄的问题。除这些问题外，还有防治灰霉病、炭疽病、白腐病的问题，还要注意后期使用农药对果实表面污染（药斑）影响果实表面形象等问题。

从农药的使用上，不套袋葡萄在这一时期（比套袋葡萄）复杂、成本高。

（四）套袋葡萄套袋后、不套袋葡萄封穗后病虫害防治的具体措施

1. 套袋葡萄套袋后的病虫害防治

(1) *一般情况* 套袋后，应立即使用一次保护性杀菌剂，一般使用50%保倍福美双1 500倍液，雨水少的年份使用80%水胆矾石膏600倍

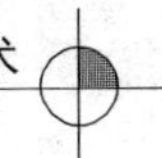

液或现场配制的波尔多液。之后，以铜制剂为主，可以选择波尔多液、王铜等，15 天左右一次，一直到果实采收。但注意进行以下调整：在霜霉病发生为害期（长江流域及南方产区在 6 月底前后，河北、河南、山东、陕西、山西在 7 月中旬左右等等），使用一次 42%代森锰锌 600 倍液＋50%金科克 2 000～3 000 倍液；在成熟期的始期，使用一次 80%水胆矾石膏 400～600 倍液＋2.5%联苯菊酯 1 500 倍液。发现醋蝇，全园使用一次高效、低毒、没有内吸性的杀虫剂。

（2）*套袋后气候干旱的地区*　套袋后，立即使用一次 200 倍波尔多液或 80%水胆矾石膏 400 倍液；在成熟期始期，使用一次 80%水胆矾石膏 400 倍液＋2.5%联苯菊酯 1 500 倍液（10%高效氯氰2 000～3 000 倍液）；发现醋蝇，全园使用一次高效、低毒、没有内吸性的杀虫剂。白粉病发生普遍的果园，套袋后首先使用 12.5%烯唑醇 3 000 倍液＋80%水胆矾石膏 400 倍液。

（3）*套袋后到摘袋前农药的使用次数*　套袋后到摘袋前农药的使用次数，同样与地域特征（气候、土壤等）、品种、栽培模式、病虫害种类与发生特点等紧密相关。一般情况下，西部或其他地区的干旱区使用 1～2 次药剂；避雨栽培、一般地区的抗性品种、比较干旱的北方葡萄产区，使用 2～3 次；病虫害防控压力大、雨水多、一般地区种植的感病品种，一般根据天气和发生压力 10～15 天使用一次药剂，一直到摘袋或采收。

2. 不套袋葡萄，果实生长期的病虫害防治　对于不套袋葡萄，落花后的前 3 次农药的使用，基本与套袋葡萄一致。之后可以根据具体情况进行调整，具体可参考以下情况。

（1）*一般情况，但病虫害防控压力比较大*　落花后的前 3 次农药的使用，与套袋葡萄一致。之后，以铜制剂为主，10～15 天使用一次（铜制剂要使用对果实和叶片没有污染的药剂，比如 30%王铜 800～1 000倍液等），可以交替使用代森锰锌、福美双等药剂。但在以下防治点进行调整：

封穗前，10%苯醚甲环唑 2 000 倍液（或 40%氟硅唑 8 000 倍液）＋80%水胆矾石膏 400 倍液；成熟期（开始成熟时），42%代森锰锌600倍液+2.5%联苯菊酯1 500倍液+70%甲基硫菌灵800倍液；成熟期（上次农药使用10～15天后），使用一次50%保倍福美双1 500倍液+40%嘧霉胺800倍液。

在霜霉病发生为害期（长江流域及南方产区在6月底左右，河北、河南、山东、陕西、山西在7月中旬左右等），在使用药剂时，混加50%金科克3 000倍液或80%霜脲氰或2 500倍液或25%精甲霜灵2 500倍液。

（2）一般情况，但病虫害防控压力比较小　重点抓住落花后、封穗前、转色期、开始转色后15天左右4个时期，并根据病虫害的种类、气候特点、品种抗性、栽培特点等，进行选择、使用、调整，在其他时间使用一般的保护性杀菌剂或对应性杀虫剂。

建议落花后立即使用一次药剂，药剂的选择和使用与套袋葡萄一致；封穗期重点照顾白腐病、炭疽病和灰霉病；转色期和开始转色后15天左右，重点照顾炭疽病、灰霉病和酸腐病。

（3）干旱地区　对于干旱地区，比如新疆的吐鲁番、哈密，甘肃的武威、敦煌等地区，白粉病、酸腐病、灰霉病、叶蝉、红蜘蛛等为害突出，作者认为，落花后到采收，使用3次药剂比较合适：

①落花后，以防治白粉病、叶蝉、红蜘蛛为重点，兼治灰霉病，可以采取50%保倍福美双1 500倍液（或50%多菌灵800倍液）+40%乙酰甲胺磷800倍液；红蜘蛛严重、没有叶蝉的地区，使用保倍福美双（或多菌灵）混加杀螨剂［比如，50%保倍福美双1 500倍液（或50%多菌灵800倍液）+1.8%阿维菌素5 000倍液等］；叶蝉严重、没有红蜘蛛的地区，使用保倍福美双（或多菌灵）混加吡蚜酮（或吡虫啉或辛硫磷或敌百虫或毒死蜱等）；白粉病特别严重、基本没有灰霉病的地区，10%苯醚甲环唑2 000倍液（或40%氟硅唑8 000倍液或12.5%烯唑醇3 000倍液，也可以使用三唑酮）+40%乙酰甲胺磷800倍液。

②封穗前，以防治叶蝉、灰霉病、酸腐病为重点，可以采取80%水胆矾石膏600倍液+2.5%联苯菊酯1 500倍液+40%嘧霉胺800倍液。

③成熟期（开始成熟时），以防治酸腐病为重点，可以单独使用

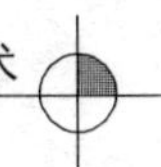

10%水胆矾石膏600倍液+25%吡蚜酮1 000倍液（或灭蝇胺等）。也可以使用50%保倍福美双1 500倍液+25%吡蚜酮1 000倍液（或灭蝇胺等）。

3. 套袋葡萄套袋后、不套袋葡萄果实生长中后期出现问题后的紧急处理

（1）*出现霜霉病的发病中心或霜霉病发生普遍* 发现霜霉病的发病中心，对发病中心进行特殊处理：42%代森锰锌600倍液+50%金科克2 000倍液；3～4天后80%霜脲氰2 500倍液；3～4天后80%水胆矾石膏400倍液+25%精甲霜灵2 500倍液，以后正常管理。霜霉病发生普遍，并且气候有利于霜霉病的发生，全园按照以上方案（3次药剂）处理。

（2）*发现酸腐病* 发现酸腐病（尿袋）：先摘袋，剪除烂果（烂果不能随意丢在田间，应使用袋子或桶收集到一起，带出田外，挖坑深埋），用80%水胆矾石膏400倍液+2.5%联苯菊酯1 500倍液（+灭蝇胺5 000倍液），涮果穗或浸果穗。药液干燥后重新套袋（用新袋）。对于葡萄品种混杂的果园，在成熟早的葡萄品种的转色期，用80%水胆矾石膏400倍液+2.5%联苯菊酯1 500倍液+灭蝇胺5 000倍液整树喷洒，并配合地面使用熏蒸性杀虫剂。

（3）*黑痘病发生普遍或大发生* 首先要尽量去除病组织，而后使用3次药调整。第一次用80%水胆矾石膏400倍液+40%氟硅唑8 000倍液；7天后（最好不要超过7天），使用80%水胆矾石膏400倍液+12.5%烯唑醇3 000倍液；7天后，50%保倍福美双1 500倍液。以后使用铜制剂正常管理。

（4）*白腐病发生普遍* 剪除病穗或病果粒，而后使用20%苯醚甲环唑2 000倍液（或40%氟硅唑8 000倍液）+42%代森锰锌600倍液喷洒病部位及周围；之后，以50%保倍福美双1 500倍液全园喷洒。以后使用铜制剂正常管理。

（5）*灰霉病发生普遍* 首先，摘除病果穗，而后全园喷洒防治灰霉病的药剂；对于有个别病粒的果穗，可以摘除病粒、保留果穗，摘除病粒后用防治灰霉病的药剂；对于套袋葡萄，病穗率超过3%～5%，全园摘袋，摘除病穗或病粒，而后喷洒防治灰霉病的药剂。防治灰霉病的药剂有70%甲基硫菌灵800倍液或50%多菌灵500～600倍液，40%嘧霉胺800～1 000倍液，10%多抗霉素600倍液或3%多抗霉素200倍液，50%乙霉威·多菌灵600～800倍液，50%啶酰菌胺1 500倍液。之后，按正常方法防治。

(6) 炭疽病发生普遍　发现炭疽病后，摘除病果穗或果粒，而后用对应性药剂重点喷洒果穗。之后，按正常方法防治。

(五) 常见的错误做法

在葡萄套袋后的病虫害防治中，经常见到一些错误做法，总结如下：

1. 发现病害着急，没有节制使用农药

(1) 错误点　没有按照病害的发生规律、虫害的防治适期（防治点）采取防治措施；出现病害或虫害后，没有救灾性的具体措施，导致胡乱使用农药。

(2) 原因　"该出手时就出手"是防治病虫害、控制病虫害的关键。如果失去防治适期，病虫已造成为害、防治难度更大（防治成本更高），容易胡乱使用农药（甚至威胁食品安全）。

(3) 正确做法　按照病害的发生规律、虫害的防治适期（防治点）采取防治措施；对于本地区能够造成严重为害的病虫害，有救灾性的具体措施和方案。

2. 药剂选择失误

(1) 错误点　农药功能了解得不足。你选择的农药有没有内吸性？是杀菌还是抑菌？杀菌率是多少？抑菌率是多少？单独使用能不能解决这个时期的田间的所有问题？如果需要混合使用，能与哪些农药混合使用？这些问题必须清楚。

(2) 原因　使用农药，是利用农药的特点，即要知道"好"农药是哪方面好；这些好，是否与田间的需要相对应。

(3) 正确做法　正确选择农药、科学使用农药、

3. 病虫害种类判断失误

(1) 错误点　不认识病虫害，比如把霜霉病当白粉病、把白粉病当

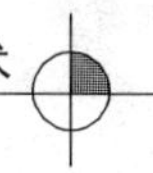

霜霉病、把酸腐病当炭疽病或白腐病、把果梗问题当白腐病等，都会造成选择农药的失误，不能准确解决问题。

（2）原因　不能正确识别病害！

（3）正确做法　正确辨认病虫害，进行对症施药。

六、葡萄采收后病虫害防治

（一）目的

保证大部分葡萄叶片健壮，让枝条充分老熟、冬芽饱满、根系健壮。

（二）策略

采用“保”和“杀”的策略。“保”是指保证大部分葡萄叶片健壮；“杀”是指尽量多地杀灭病原和虫源，减少病虫害的越冬数量。

（三）方法

1. 葡萄采收后病虫害防治的意义　葡萄采收后病虫害的防治往往被忽视。其实，采收后病虫害的防治非常重要。

首先，葡萄采收后，葡萄的枝条需要充分老熟，枝蔓和根系需要营养的充分积累。葡萄采收前，叶片制造的营养主要供给果实；果实采收后叶片制造的营养，用于枝条老熟、花芽分化、根系生长、根系营养的积累等。枝条老熟，是安全越冬的基础和条件；花芽的充分分化，是花序大和健壮、花完整和健康的条件和基础；根系的充分生长，是营养吸收的基础；根系营养的积累，用于第二年葡萄发芽到开花前的枝条、叶片、花序的生长，是“存款”。葡萄采收后，容易出现霜霉病、黑痘病、褐斑病、蛀食枝蔓的害虫、叶蝉等严重为害；如果不防治或防治不力，不但引起早期落叶，影响当年葡萄的生长、越冬，还对第二年的葡萄生长有严重影响。

其次，葡萄采收后病虫害的防治，会减少病虫害的越冬基数，为第二年的病虫害防治打下基础。葡萄采收后出现病虫严重为害，还会导致病虫害的越冬基数大，给第二年的病虫害防治增加困难和成本。

所以，果实采收后，应及时采取防治措施，防治、控制病虫害的发生。

有些品种，在落叶后采收（比如酿制冰葡萄酒的威代尔）；有些品种，采收后马上开始落叶。这些品种或栽培方式，在科学防控病虫害的同时，必须控制产量，确保果实成熟的过程中有充分的营养，保证葡萄植株的营养积累和花芽分化。对于这些品种或栽培方式，就没有所谓的“采收后的病虫害防治”。

2. 药剂的选择 采收后使用杀菌剂，以具有杀灭效果的杀菌剂为主，比如铜制剂、硫制剂等；防治虫害，使用内吸性、高效、低残留的杀虫剂。

3. 具体的方法

（1）防止霜霉病普遍发生或大发生 采收前及采收过程中，很长时间不使用农药，如果采收后雨水较多，容易引起霜霉病的大发生。如果在采收期出现比较严重的霜霉病，应在葡萄采收后，立即使用1～2次霜霉病内吸性杀菌剂，比如50％金科克、霜脲氰、甲霜灵、乙膦铝等，5天左右一次，之后使用波尔多液、代森锰锌、福美双等经济有效的杀菌剂。

（2）防止褐斑病大发生 葡萄的封穗期前后，是褐斑病的重要防治期。如果葡萄生长的中期雨水多，就会出现褐斑病病菌大量繁殖和积累，为后期的大发生创造了条件。如果后期（在雨水较多时）防治不力，造成严重发生，导致早期落叶。

所以，防治褐斑病，首先注意中期（封穗前后）的防治；其次，在雨季使用对褐斑病有效的药剂。如果果实采收后褐斑病发生比较严重，应首先使用一次10％多氧霉素1 000倍液或12.5％烯唑醇3 000倍液或戊唑醇等，而后使用EBDC类（如代森锰锌、福美双等）药剂。再根据葡萄生长情况决定是否使用一次铜制剂（如波尔多液、水胆矾石膏、氧氯化铜等）。

（3）防止黑痘病大发生 后期不是黑痘病的发生期和防治期，但对于生长旺盛的品种，比如红地球，秋季出现很多新梢，在我国中部或南方地区的秋季葡萄采收前后，容易发生黑痘病等。采收后如出现黑痘病感染秋梢和幼嫩叶片，可首先使用12.5％烯唑醇3 000倍液（或10％苯醚甲环唑1 500倍液）＋80％水胆矾石膏400倍液。而后，使用铜制剂

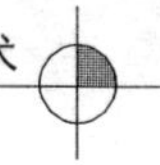

(如波尔多液、水胆矾、氧氯化铜等)。

(4) 防止虎天牛、透翅蛾的越冬基数高　有虎天牛为害的地区，在葡萄采收后必须使用一次内吸性强、高效、低残留的杀虫剂；防治透翅蛾的关键时期是花前和花后，如果透翅蛾数量比较多，果实采收后，结合剪除虫枝并补充使用一次内吸性强、高效、低残留的杀虫剂。

(5) 防止早期落叶　造成早期落叶的原因有3个：霜霉病大发生、褐斑病大发生和根系问题。霜霉病、褐斑病的情况上面已经提到，这里只介绍根系问题。根系问题造成的早期落叶有很多种：长时间根系被水浸泡出现的问题、烂根病害问题、根部的线虫病问题等。解决这些问题的关键是避免根系被浸泡和栽培上的壮根性措施。出现这些问题，应针对具体情况采取措施：避免根系被浸泡，改善排水条件；烂根病害问题可以浇灌氨基酸液体肥料，同时和药剂灌根相结合；根部的线虫病问题可以使用杀线虫的药剂等。

(四) 具体措施

1. 一般情况　采收后，应立即使用一次保护性杀菌剂，一般使用1∶0.7∶200倍波尔多液，也可以使用80%水胆矾石膏400～600倍液或30%氧氯化铜(王铜)悬浮剂800倍液。之后，以铜制剂为主，15天左右一次，一直到落叶。

2. 气候干旱的地区　干旱地区葡萄采收后，可以使用一次药剂：使用80%水胆矾石膏600倍液(200倍的波尔多液)＋杀虫剂；叶蝉为害严重地区，使用80%水胆矾石膏600倍液＋吡蚜酮或吡虫啉等；红蜘蛛为害严重的地区，使用80%水胆矾石膏600倍液＋杀螨剂；叶蝉、红蜘蛛为害都比较严重的地区，使用80%水胆矾石膏600倍液＋40%乙酰甲胺磷800倍液；没有虫害问题，使用一次200倍的波尔多液。

3. 特殊情况下的问题处理　如果出现以下情况，可以作如下调整：

霜霉病发生普遍，首先使用一次80%水胆矾石膏600倍液＋50%金科克3 000倍液(或80%水胆矾石膏600倍液＋80%乙膦铝400～600倍液；或25%精甲2 500倍液＋80%代森锰锌800倍液，或甲霜灵锰锌；或80%水胆矾石膏600倍液＋80%霜脲氰2 500倍液)，而后使用波尔多液等，正常防治。

褐斑病发生普遍，首先使用一次80%代森锰锌800倍液+10%多氧霉素1 500～2 000倍液（或42%代森锰锌600倍液+10%多氧霉素1 500～2 000倍液等），而后使用波尔多液等，正常防治。

霜霉病和褐斑病都发生普遍，首先使用50%金科克3 000倍液+10%多氧霉素素1 500～2 000倍液，而后使用波尔多液等，正常防治。

虎天牛、透翅蛾的越冬基数高，首先使用一次80%水胆矾石膏400～600倍液+40%乙酰甲胺磷800倍液，而后使用波尔多液等，正常防治。

（五）常见的错误做法

在葡萄采收后的病虫害防治中，经常见到一些错误做法，总结如下：

1. 葡萄采收后不使用农药

（1）错误点　葡萄采收后，病虫害的防治被忽视，或认为没有必要。

（2）原因　葡萄采收后，必须保证大部分叶片健康，从而保证葡萄的枝条充分老熟，同时枝蔓和根系需要营养的积累，这些都需要有足够的健康叶片；葡萄采收后病虫害的防治，会减少病虫害的越冬基数，为第二年的病虫害防治打下基础，是重要的防治时期。

如果葡萄采收后病害流行造成早期落叶，不但影响第二年的葡萄生产（产量和质量），严重的可能需要几年的恢复。

（3）正确做法　一般葡萄园应该使用农药，并且根据具体情况，调整措施。

2. 生长期比较长的品种（晚熟品种）采收后马上落叶，没有办法采取措施

（1）错误点　“没有时间采取措施”是托词。

（2）原因　落叶前两个月左右，是葡萄根系的迅速生长期。这个时期葡萄根系的生长，不但是防止冻害的基础，而且营养的充分积累，是第二年葡萄健康、健壮生长的条件。对于晚熟品种，成熟期的始期，措施要针对性强、应严格一些，从而保证平稳生产并且减少病原菌；采收后，同样是减少越冬菌源、虫源的重要时期，应根据果园的具体情况采

取措施。

(3) 正确做法　对于晚熟品种，应使用对应措施，保证葡萄的正常生长和生产，包括：

第一，降低产量（合理的负载量）。在葡萄的生长后期尤其是成熟期，叶片有足够的营养，不但保证葡萄的正常成熟，而且有足够的养分供枝条老熟、花芽分化、根系生长、根系营养的积累等。

第二，根据气候、病虫害发生情况，在葡萄开始成熟时（成熟期的开始）采取对应的防治措施，保证葡萄后期的安全。

第三，在葡萄采收后，立即使用一次铜制剂（比如1∶0.7∶100倍波尔多液），作为减少越冬病菌的数量的措施。

（本章撰稿人：王忠跃　孔繁芳　雷志强）

第十一章 葡萄园灾害防御与抗灾减灾技术

第一节　抗旱栽培

我国是一个水资源短缺的国家，人均水资源占有量不足世界人均水平的1/4。我国北方葡萄主产区属于大陆性季风气候，不但冬春严寒干旱，夏季高温干旱或秋旱也时常发生；特别是西北干旱地区，年降水量只有100～200毫米，而蒸发量则是其20倍以上，仅凭降水无法满足作物正常发育的需要。葡萄是肉质根系，从植物学上看是比较耐旱的果树树种。不同葡萄种类，以欧洲葡萄、沙地葡萄、冬葡萄、霜葡萄比较抗旱；同一欧亚种葡萄，起源于干旱地区的品种如地中海地区的佳利酿、歌海娜、神索等，比起源于北方湿润地区的赤霞珠、美乐、西拉等品种抗旱。

干旱对葡萄新梢生长影响最大，其次是坐果。新梢旺长期严重干旱3周，赤霞珠的新梢生长速率减为一半，节间缩短，近转色期开始干旱则使新梢提前停长。葡萄果实在膨大期对水分胁迫最为敏感，其次是开花期。干旱胁迫下葡萄在生理代谢、结构发育和形态建造等层次上均可表现系统适应性，因此抗旱栽培应该包括生物抗旱、工程抗旱及栽培管理技术抗旱3个方面。

一、砧木抗旱

1. 抗旱砧木的抗旱特征

（1）粗根多　深而发达的肉质根是抗旱砧木适应干旱的特征之一，

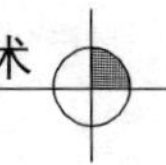

比较抗旱的沙地葡萄和冬葡萄根系以粗根为主，肉质、皮层厚，其杂交后代如140Ru、1103P等，也以粗根比例较高；而河岸葡萄的根细瘦，皮层附着紧实，其与冬葡萄的杂交砧木如SO4、161-49C等根系也较细瘦。

（2）根系分布深　根构型或根系的分布类型也直接影响到抗旱性。沙地葡萄和冬葡萄根系的分枝角度小，分别为20°和25°～35°，其杂交砧木的根系在土层中的构型呈现橄榄形分布，即表层少，中层多；而河岸葡萄的分根角度大，为75°～80°，水平斜向延伸明显，因此其后代砧木的根系在土层中呈漏斗形分布，即根系多集中分布在表层，越往下越少，与栽培品种的根系类似。

（3）根冠比大　在干旱胁迫下，光合产物优先分配给根系，使根冠比（R/S）加大。葡萄在地上部品种常规修剪的条件下，根冠比的变动主要受砧木的影响，不同砧木之间根系量差别非常大。干旱条件下建立合理的根冠比对于水分利用效率和产量提高具有重要的作用。

2. 抗旱砧木　生产实践和前人试验已证明，砧木的抗旱性普遍强于栽培品种，而不同基因型来源的砧木抗旱性也有很大区别。

目前生产上最常使用的砧木，以沙地葡萄和冬葡萄杂交育成的砧木如110R、140Ru、1103P抗旱性为强，河岸葡萄和冬葡萄杂交育成的砧木如SO4、5BB次之，而河岸葡萄或与沙地葡萄杂交育成的砧木如3309C、101-14M、光荣河岸等抗旱能力较弱。因此，在降水量少的地中海周边地区如西班牙、葡萄牙、阿尔及利亚、以色列等葡萄建园主要使用抗旱性强的砧木140Ru、110R及1103P等，而在降水量充足的地区如德国、法国及意大利北部等则多使用生长势中旺的砧木，如SO4、5C、5BB、3309C等。在灌溉的条件下用140Ru或1103P作砧木树势很旺，往往可获得相当高的产量但影响了果实品质和酒质。

二、栽培技术抗旱

（一）改良土壤

干旱条件下葡萄会出现根系加深的适应性反应，根的深扎（以根长或根量表示）被认为是抗旱的一个重要特征，而限制根系分布深度的因素包括土壤容重或紧实度、土层厚度和土层湿度，因此在干旱半干旱地区强调种植前进行深翻改土，打破黏板层，多施有机底肥；黏土层掺放秸秆、沙石；瘠薄土层则客土培肥、集中栽培等。生产上发现即使是没有黏板层的土壤，即使下层母质是酥石砂岩，如果不翻耕改良，葡萄的根系也难以深入下扎。

（二）生草与覆盖

1. 生草

（1）生草的意义　果园生草在欧美日等发达国家已被广泛应用，我国目前仍以清耕制为主。传统清耕锄草的主要缺点是果园行间地面裸露，造成果园尤其是坡地果园土壤侵蚀，导致水土流失，且不利于形成优良的果园小气候。特别是近年随着劳动力的短缺以及人工成本上升，很多地方以除草剂除草为主，葡萄发生除草剂药害的事件频频发生，对产量和果品安全都有影响。

（2）生草对抗旱的作用

①生草改善土壤物理性状。在葡萄园行间播种多年生黑麦草、紫花苜蓿、白三叶可降低土壤容重，提高孔隙度，且随着生草年限的增加，土壤物理性状改善越显著，土壤的入渗性能和持水能力越能得到较大幅度的提高。

②生草改善小气候。葡萄园行间生草可使地面最高温度降低5.7～7.3℃，地面温度日较差降低6.7～7.6℃。草的生长降低了地表的风速，从而减少了土壤的蒸发量；生草区的空气相对湿度一般高于清耕区；在雨季清耕果园土壤泥泞，人工和机械无法进地打药或采摘，而生草的果园则有优势。

③生草对土壤水分的影响。担心生草和葡萄等作物竞争水分是推广生草的障碍因素之一。在半干旱地区，生草可降低葡萄园表层主要是0～40厘米土层的水分含量，葡萄上层根系生长受到抑制，会诱导根系向深层发展，利用深层的水分和养分，从而发展了抗旱性。生草对40～80厘米土层均具有调蓄作用。

降水量大的地区水分竞争不明显，对生长量的影响也不明显。在降雨较多的季节，生草可以较快地排出土壤中较多的水分，促进葡萄根系

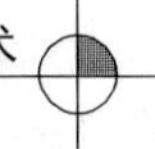

的生长和养分的吸收。但生草处理的土壤饱和贮水量、吸持贮水量及滞留贮水量都比清耕略高。

一般认为，在降水比较丰沛的地区，如年降水量达到500毫米以上，比较适宜生草；在干旱又无灌溉条件的地区不适宜人工生草。

(3) *草种选择与适宜生草的条件*　筛选适宜的草种是生草制的重点和难点，不同地区所结果也不相同，一般建议选择根系浅的草类，如白三叶、鸭茅和红三叶。在陕西杨凌对葡萄园行间生草研究表明，种植白三叶对0～60厘米土层含水量影响较大，而紫花苜蓿影响较小。然而，越来越多的研究者倾向于自然生草，因为与人工生草相比自然生草具有更丰富的植物群落，在生长发育时期上和降水基本一致；而且自然生草不用播种，节省开支，只要定期刈割管理，特别是在未结籽前进行刈割，不耐刈割的草种逐渐被淘汰，耐刈割的草种逐渐固定形成相对一致的草皮，对树体生长发育的不良影响较小。

2. 覆盖

(1) *覆草或有机物料*

①覆盖的作用。利用果园生草剪草直接覆盖或利用作物秸秆、植物加工下脚料如糠壳、茶叶末、锯末、酒渣、蘑菇棒、烟末沼气渣等进行全园覆盖或行内覆盖。覆盖一方面减少了杂草生长和除草作业；另一方面也能保湿，减少地表蒸发，降低夏季的地表温度，减少氮素化肥的挥发；同时控制了地表径流造成的水土肥料流失。由于植物秸秆含有大量的有机质和矿质元素（特别是钾），长期覆盖翻耕能不同程度地增加土壤有机质及矿质元素的含量；有些有机物料如养殖蘑菇的菌棒或烟草加工的下脚料或茶叶加工末对土壤病虫害还有一定抑制作用。

②覆盖技术。备料，麦秸、玉米秸、稻草等铡短，其他草一般可以直接覆盖。按亩用量1 000～1 500千克备料。整地，视果园土壤状况而定，若严重板结应翻松，如果干旱应先灌水，瘠薄果园需要在待覆盖的地面撒施一定量尿素，以免草料腐熟时与树体争氮。覆盖，秸秆的覆盖厚度一般在15～20厘米，亩用量约2 000千克。摊匀后的草要尽量压实，为防止风刮，要在草上撒土，近树处露出根颈。其他沉实的物料可覆3厘米左右。一年四季均可覆盖。管理，自然生草定期刈割覆盖，秋

冬翻耕，即夏季覆草，秋末施基肥时翻埋；也可利用秸秆不间断年年添补覆盖，保持一定厚度，3～4 年深翻一次，防止根系上浮。覆草后要严防火灾。覆草最适用于山丘果园，平地覆草应防止内涝，涝洼地不适宜覆草。

(2) 覆膜与穴贮肥水

①覆膜。地膜覆盖是调节土壤湿度和温度，调节树体生长节律的一个重要技术措施，已经在一年生经济作物和保护地栽培上普遍应用。除了白色地膜，还有黑色和其他颜色，其中黑色地膜控制杂草生长方面效果较好。不同生态条件应用地膜的时间和目标不同。

在干旱地区生长季节覆盖地膜后可有效减少地面蒸发和水分消耗，保持膜下土壤湿润和相对稳定，有利于树体生长发育。但在春霜冻频繁的地区，需要霜冻期过后覆膜，以免早覆膜后树体生长较快而受冻；覆膜后根系上浮，因此在冬季寒冷而又不下架的地区也不适宜覆膜。

在多雨的南方，起垄覆黑地膜，可使过量的降水流到排水沟内排走，可减少植株对水分的吸收，控制旺长并减少杂草和管理作业。

覆膜方法简单，关键是行内地面要平整或一致，覆盖宽度根据树体大小和行距确定，覆盖后用土压实、封严。

②穴贮肥水。是山东农业大学束怀瑞教授为沂蒙山区土层瘠薄、砾质、无灌溉条件的苹果园发明的抗旱施肥技术，适宜于干旱的山区丘陵或沙地、黄土塬地，特别适宜于大棚架，或非适宜土地进行客土集中栽培，即占天不占地的葡萄园。

具体方法是根据树体或种植区的大小，在树的周围挖 4 个深 50～70 厘米，直径 40～50 厘米的坑穴，其内竖填上用玉米或高粱等秸秆做成的草把，玉米秸秆需要拍裂，最好在沼液或液体肥料中浸泡，穴内可填充有机肥、枯枝杂草等各种有机物料，撒上复合肥，覆土，浇透水，使穴的中间保持最低，覆盖薄膜，并在薄膜的中间用手指抠一个洞，便于雨水流入穴内。当需要浇水施肥时掀开薄膜施入，即形成多个固定的营养供应点，局部改良树体的水肥气热，使根系集中到穴周边，优化植株的生存空间，有利于丰产稳产。

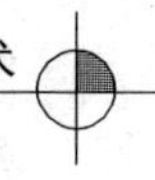

（三）交替灌溉

交替灌溉、调亏灌溉或部分根区干旱（PRD）技术是一种主动控制植物部分根区交替湿润和干燥，既能满足植物水分需求又能控制其蒸腾耗水的节水调控新思路，是常规节水灌溉技术的新突破。1996年澳大利亚学者Dry等在葡萄上试验发现，使部分根区干旱，旱区根系将通过分泌化学信号ABA诱导叶片气孔部分关闭，而得到充足水分供应的根系则使整株植物保持良好的水分供应状态。部分根区干旱处理的葡萄植株叶面积减少，深层根系分布比例增加，葡萄产量和果实大小并不受影响，而水分利用率大幅度提高，据此他提出了“部分根区干旱（PRD）理论”，很快引起了重视并在果树及农作物上得到推广利用。

简单来说，在葡萄上如果进行畦灌，可隔行灌溉，仅使一半的根系获得水分；该技术可减少行间土壤湿润面积，减少土面蒸发损失，也减少了灌溉水的深层渗漏。对于优化葡萄的水分利用效率，节约用水，提高葡萄的产量和品质无疑具有十分重要的理论和现实意义。

三、化学调控抗旱

（一）保水剂

近年来保水剂作为一种化学抗旱节水材料在农业生产中已得到广泛应用。保水剂是利用强吸水性树脂做成的一种超高吸水能力的高分子聚合物，可吸收自身重量数百倍的水分，吸水后可缓慢释放供植物吸收利用，且具有反复吸水功能，从而增强土壤的持水性，减少水的深层渗漏和土壤养分流失，特别是对土壤中的NO_3^--N有一定的保持能力。

田间试验结果提供，对于成年果树第一次使用保水剂，建议选用颗粒大的保水剂型号，每亩用量5千克随基肥施入沟内。保水剂寿命4～6年，其吸放水肥的效果会逐年下降，因此每年施化肥时还需要混施入1～2千克。然而也有试验结果表明，保水剂的持水力会因为磷钾等肥料的施入而明显降低，建议保水剂单独使用。

（二）抗蒸腾剂

抗蒸腾剂是指喷施于叶面后能够降低植物的蒸腾速率，减少水分散失的一类化学物质。通常把抗蒸腾剂分为3类，一类是代谢型抗蒸腾剂也称为气孔关闭剂，如一些植物生长调节剂、除草剂、杀菌剂等；第二类是成膜型抗蒸腾剂，由各种能形成薄膜的物质组成，如硅酮类、聚乙烯、聚氯乙烯和石蜡乳剂。这些物质能在植物表面形成一层薄膜，封闭气孔口，阻止水分透过，从而降低蒸腾；第三类是反射型抗蒸腾剂，这类物质中研究最多的是高岭土。

1. 脱落酸（ABA） 目前已证实 ABA 不但促进果实与叶的成熟与脱落，而且具有增强作物抗逆性的功能。四川龙蟒集团与中国科学院成都生物研究所合作，通过微生物发酵获得了高纯度、高生长活性、对人畜无毒害、无刺激性的外源 ABA，命名 S-诱抗素。其产品登记名称为 0.1%脱落酸 AS（福施壮），已经应用于各种经济作物。多种试验表明，前期喷布 1 500～2 000 倍的福施壮可促进侧根生长，提高植株的抗旱能力；阿根廷在赤霞珠葡萄发芽后 15 天间隔一周多次喷布中国产的 S-ABA（90%）250 毫克/升加 0.1%（体积分数）Triton X-100 展着剂，产量提高了 1.5～2 倍，节间长度和叶面积只有轻微减少，其他性能没有明显变化；美国加利福尼亚州的试验证明，在赤霞珠葡萄转色期后浸沾果实 300～600 毫克/升 20%（质量浓度）ABA 可显著提高花青素的含量，改善着色。

2. 黄腐酸 黄腐酸（FA）是一种既溶于酸性溶液，又溶于碱性溶液的腐殖酸，是一种天然生物活性有机物质，并含有铁、锰、硼、钙等营养元素。目前已经开发了黄腐酸抗旱龙或旱地龙，大田作物上使用黄腐酸能在一定程度上关闭气孔降低蒸腾，抗旱保水，促进植株粗壮，增产效果明显，作为抗旱辅助手段在我国北方得到较大面积的应用。在红地球葡萄上喷布黄腐酸 1 000 倍液或黄腐酸 1 000 倍液＋氨基酸钙肥 500 倍液 3～4 次，可明显降低红地球葡萄白腐病的发病率、改善生长发育状况、提高果实品质。黄腐酸对农药有缓释增效、减小分解速率、提高农药稳定性、降低农药毒性等作用。土壤施用还有改良土壤和增加土壤有机质的作用。

3. 羧甲基纤维素 越冬后如果发现枝条有轻度失水现象，葡萄园应尽快喷施抗旱剂，全园喷布 400 倍羧甲基纤维素（抗旱剂）1～2 次，间隔 10～15 天，可减轻旱情对葡萄的进一步影响。

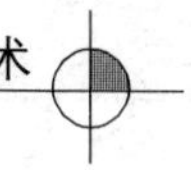

第二节　抗寒栽培

葡萄上发生的低温冻害类型主要是休眠期低于0℃的冻害和生长期低于0℃的霜害。随着全球气候变暖，极端温度事件频繁发生，低温冻害发生频率也越来越高。由于低温冻害往往波及范围大，对生产造成的损失也比较大，严重年份可造成巨幅减产甚至绝收，因此抗寒栽培成为我国北方葡萄生产的一个关键问题。

一、冻害与抗冻栽培

（一）葡萄抗寒性

1. 冻害成因　休眠季节当低温达到葡萄器官能忍受的临近点之后，细胞内开始结冰，细胞膜破裂，外观上经常可以看到芽组织或枝干皮层甚至木质部变褐，或呈水渍状；在显微镜下观察，当葡萄枝干从0℃降到－20℃，含水丰富的组织形成的冰晶可使体积膨胀8%～9%，冰晶将拉伸应力传导给树干组织，从而导致皮层以及韧皮部的细胞壁和筛管破裂，即生产裂纹。冰晶形成的数量与组织液含量和浓度有关，如果葡萄枝条能及时停长保持较低的水分，而且含有足量的淀粉和糖以及蛋白质营养，冰晶形成的数量和几率就会大为减少。

实际上冬季树木在冷缩热胀的物理原理下都会经历外部皮层和内部芯材遇冷收缩不同步而产生裂隙的现象，裂隙的弥合能力或冰晶是否形成是决定能否开裂的关键。葡萄木质疏松，在大气干旱的条件下，裂纹往往随着强劲的春风越来越明显，最终树体脱水形成生理干旱，导致枝蔓开裂干枯死亡。

2. 种性差别　不同种类葡萄的抗寒性有很大差别，东亚种山葡萄最抗寒，枝条芽眼可抗－40℃低温，其次是河岸葡萄，可抗－30℃左右，大部分欧洲种葡萄的芽眼在－15℃时就有可能发生冻害，欧美杂交种稍强，大部分种间杂交种能抗－20℃以上低温；而起源于温暖地区的葡萄种类如圆叶葡萄、华东葡萄、刺葡萄等则不抗寒。美洲种或偏向于美洲种的欧美杂交种如康克、康拜尔、白香蕉、红富士等品种的抗寒性强于偏欧亚种的杂交种，夏黑无核的抗寒性明显优于红宝石无核和早红无核。在欧亚种栽培品种中，起源于北方寒冷地区的品种如雷司令、霞多丽、黑比诺等比起源于温暖地区的品种如西拉、赤霞珠等抗寒；早熟及中熟品种比晚熟品种抗寒。

3. 器官差别 同一植株不同器官抗寒性有很大区别，以枝条比较抗寒，其次是芽眼，根系特别是细根最不抗寒，欧洲葡萄的根系在土温－5℃就会发生严重冻害，山葡萄的根系可抗零下十几摄氏度的低温。

（二）抗寒栽培技术措施

1. 抗寒嫁接苗 目前推广的抗根瘤蚜砧木抗寒性都优于欧亚种栽培品种自根系。不同类型砧木根系的半致死温度在－10～－7.3℃，能适应的土壤低温在－5℃以上。

不同类型砧木的抗寒性一方面与其遗传有关，如河岸葡萄抗寒性较强；也与其根系类型有关，如同一砧木粗根的抗寒性比细根高很多；同时也与砧木根系在土壤中的空间分布有关，田间试验发现，沙地葡萄—冬葡萄的杂交砧木，由于以粗根为主，而且扎根深土层，故而在同样温度下反而比浅层根系的河岸葡萄杂交砧木抗寒。因此，冬季寒冷地区建议选择深根性的砧木，如110R、140Ru、1103P，尽量避开根系主要分布在表层的砧木。

在冬季气温变化剧烈，容易发生裂干的地区，建议用砧木高接苗建园，即以砧木形成主干。气象学家研究发现，晴天果园地贴地气层内的温度以1.5米处为最高，0.1米处为最低，其次是0.5米，目前大部分嫁接苗根颈贴地表，此高度正处在温度最低、低温持续时间最长的气层内，不利于果树的避冻御寒。因此砧木的高度建议最好超过0.5米，新西兰高接部位在0.7米。

2. 覆盖防寒 我国处于大陆性季风气候区，北方漫长的冬季寒冷而干旱，在最低温度高于或临近－15℃的地区栽培的欧美杂交种葡萄冬季大部分都不进行埋土防寒，栽培的欧亚种葡萄过去大多数进行埋土防寒，随着暖冬和劳动力短缺现在越来越少埋土；在最冷月低温常年低于－15℃的严寒地区，大部分栽培品种都需要下架埋土防寒。

（1）防寒时间 埋土防寒时间应在气温下降到0℃以后、土壤尚未

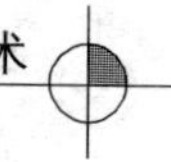

封冻前进行。埋土过早植株未得到充分抗寒锻炼，会降低植株的抗寒能力；埋土过晚根系在埋土时就有可能受冻，而且取土困难，不易盖严植株，起不到防寒作用。

（2）防寒方法

①地面埋土防寒法。适用于树龄较小或冬季不太严寒的地区。将枝蔓顺势放于地面，在枝蔓基部垫上些土以防止压断枝蔓，机械将行间的土扬盖到植株上，人工检查培严即可。埋土厚度一般 20 厘米以上。

②挖沟埋土防寒法。适用于树龄较大以及冬季严寒的地区，顺枝蔓攀爬的方向下挖一条沟，深度和宽度能埋住枝蔓为宜，近根部要浅挖，以防伤根。将预剪后的枝蔓下架，顺势放入沟内，捆绑或压实，取土培严，一般覆土厚度 20～40 厘米。为了减少覆土厚度和撤土时方便，可先覆 5～10 厘米的土，再覆盖一层无纺布或厚塑料布，上面再覆土。

③不下架埋土防寒法。干旱地区采用浅沟栽培方式，配套低矮的爬地龙或古约特即单干单臂倾斜上架的树型，埋土时仅撤掉第一道铁丝，不需要下架，先把土堆壅到主蔓底部，加盖无纺布等覆盖物，然后再覆土至高出水平枝蔓 15～20 厘米。春季出土时掀开覆盖物，清除覆土，仍保持沟深 20～25 厘米。

（3）撤土时间及方法　在埋藏处的温度达 10℃前完成出土，或在树液开始流动后至芽眼膨大以前撤除防寒土。出土过早根系未开始活动，枝芽易被风抽干；过晚则芽眼在土中萌发，出土上架时很容易被碰掉。一般出土时间是：华北地区葡萄的出土时间在 3 月末至 4 月上旬。一般情况下防寒物一次撤完，但较寒冷的地方，可根据气温条件分次撤出防寒土。

撤土时先用犁铧或锨镐去除防寒土堆两侧的土，然后人工再用钉耙、四齿类工具小心地将其余防寒土除去，最后将枝蔓扒出。出土后枝蔓要及时上架。

3. 抗寒种植方式

（1）宽行种植　在寒冷地区建议种植行距最好 3 米以上，以便于机械在行间取土而不伤及根系。品种自根系和分根角度小的砧木根系往往水平延伸根系到行间的 80 厘米左右，因此埋土区取土部位距离种植部位至少 80 厘米以外，取土越多距离根系就要越远，避免靠近根系取土造成根系主要分布区土层变薄或透风散气。

(2) 深沟浅埋　在寒冷地区提倡深沟浅埋种植法，沟的深度和宽度与需要取土的量有关，以方便取土掩埋或便于覆盖为准，同时还要兼顾生长季节的操作便利性。行距 3.0～3.5 米条件下，挖宽 60～80 厘米，深 70～100 厘米的定植沟，开沟时按每亩施 5～8 米^3 有机肥与表土混合放在定植沟一侧，心土放在另一侧，将混合土填入定植沟中，再填入部分心土使定植沟深度保留 20～25 厘米，灌水，沉实后可定植。

(3) 简约树形　埋土防寒区选择树形需要方便下架和出土上架，因此提倡简约树型，如单干单臂、倾斜上架，同时尽量减少对枝蔓的扭伤，以免导致开裂的枝干失水或诱发根癌病、白腐病等；此外，建议二次修剪，即冬季长剪，待春季出土后再定剪。

(4) 调控水分　秋后需要控制灌水，及时排水，促进枝条成熟，为了提高产量在果实成熟时大量灌溉的方法是不明智的。枝条越冬时含水量越高越容易遭受冻害。埋土防寒前视土壤墒情灌封冻水，封冻水在干旱地区葡萄园是不可或缺的，但要注意等表土干后再进行埋土防寒，防止土壤过湿造成芽眼霉烂。

春季葡萄从树液开始流动到发芽一般需 1 个月左右，出土前后根系已恢复活动。为了防止抽条，需要密切关注土壤水分和大气干旱情况，及时进行土壤灌溉。在不埋土地区，一般化冻后就陆续开始灌溉，一方面增加土壤和大气湿度；另一方面降低气温，推迟萌芽，预防春霜冻。有条件的地方建议配套地上软管微喷灌，增加枝蔓微环境的湿度，防止抽干，同时预防春霜冻的效果更好。

(三) 种植抗寒品种

在冬季严寒的地区，可选择抗寒的种间杂种。山葡萄、河岸葡萄及美洲葡萄是抗寒性很强的种，其杂交后代抗寒性大多数比较强。需要注意的是山葡萄萌芽所需要的温度低，比欧亚种葡萄萌芽早 20 天以上，在容易发生春霜冻的地区不适宜引种纯种山葡萄品种，可以试种山欧杂交种如华葡 1 号、熊岳白、左优红和北醇等。

国外育成的抗寒种间杂种很多，摩尔多瓦（Moldova）在我国已经广泛栽培。目前在寒区栽培较多的如法国育成的种间杂种威代尔(Vidal)、香百川（Chambourcin)、香赛罗（Chancellor)，美国育成河岸葡萄杂交品种 Frontenac，可抗－35℃低温。

德国在抗寒葡萄育种方面更趋向于培育欧亚种亲缘关系的品种，如育成的酿酒葡萄品种紫大夫（Dornfelder)、解百纳米特（Cabernet Mitos）等，其原产的欧亚种品种雷司令是欧亚种中最抗寒的品种。其次是意大利雷司令即贵人香、霞多丽、黑比诺等原产于北方的品种。

（四）冻害后的补救措施

1. 防止冻害加剧的措施　发现冻害后不要急着修剪或刨树，保持土壤适宜的墒情，等待其自然萌发和恢复，亦不必加大地面灌溉，以免降低低温推迟发芽。仅仅是裂干而无芽体枝条冻伤褐变的葡萄园，规模小的鲜食葡萄园可以对树干进行黑色薄膜包裹（鲜食葡萄园也可以在冬季来临前就进行包裹)，防止失水并促其愈合；规模大的葡萄园可以实施喷灌，像软管带喷，移动喷灌，以增加树体周围的湿度，防止进一步抽干；也可以结合病虫害防治喷布石硫合剂、柴油乳剂等，以及具有成膜作用物质，如喷施两次 200 倍的羧甲基纤维素、5～10 倍的石蜡乳液，以及撒施高岭土等，都对防止进一步抽干有一定作用。

2. 不同冻害程度区别对待

①萌芽后，对于地上部死亡、萌生根蘖的葡萄园，关键是采取控制树势、控制主梢徒长的技术措施，包括保留大量副梢以分散肥水供应势，前期不施氮肥，适当控水，叶面喷各种氨基酸肥或甲壳素类促进叶片厚实，也可以喷布生长延缓剂如 ABA；中后期增加叶面喷肥，除氮磷钾外，增加硅钙镁等中微量元素。进行病虫害防治时注意选择同时具有生长调节剂作用的药物，如三唑酮、烯唑醇、丙环唑等三唑类，不仅是高效广谱内吸杀菌剂，而且对植株生长有一定的调节作用，可延缓植物地上部生长，增加叶厚，提高光合作用，增加抗逆性，但有果的植株膨大之前不宜喷施，以免抑制果实膨大造成裂果。

②对于地上部结果母枝受一定冻害，主干及枝蔓基部的副芽、隐芽还可以萌发的葡萄园，以及枝蔓受轻微冻害，芽体发育不良，萌芽迟缓的葡萄园，需要加强肥水管理，除了结合灌水追施尿素和磷酸二铵，还

需要增加叶面喷肥和喷施生长调节剂，如喷0.2%～0.5%尿素与0.2%～0.5%磷酸二氢钾，喷天达2116、氨基酸肥等，喷10%复硝酚钠2 000倍液（可与肥料、农药等复配使用），促进枝叶生长。

③对于冻害后产量较低的鲜食葡萄园，采用二次结果弥补产量。于一茬果坐果期或稍后，诱发未木质化的第6～8节冬芽结二次果。受冻园需要加强病虫害综合防治，特别是要防控好霜霉病，防止早期落叶导致枝条成熟不良而再次影响越冬性，造成恶性循环。

二、霜冻与防霜栽培

（一）霜冻类型

霜冻是指发生在冬春和秋冬之交，由于冷空气的入侵或辐射冷却，使植物表面以及近地面空气层的温度骤降到0℃以下，导致植株受害或者死亡的一种短时间低温灾害。发生霜冻时如果大气中的水汽含量较高，通常会见到作物表面有白色凝结物出现，这类霜冻称为“白霜”，当大气中水汽含量较低时，无白霜存在，但作物仍然受到冻害的现象称为“暗霜”或“黑霜”。

根据霜冻的成因又可将其分为平流型霜冻、辐射型霜冻、混合型霜冻。平流型霜冻是由于出现强烈平流天气引起剧烈降温导致的霜冻，一般影响到地形突出的山丘顶以及迎风坡上；辐射型霜冻发生于在晴朗无风的夜间，地面和植物表面强烈辐射降温导致霜冻害，地势低洼的地块发生重；混合型霜冻则是由冷平流和强烈辐射冷却双重因素形成的霜冻。

霜冻发生于葡萄生长季节。发生在秋冬的称早霜冻或秋霜冻，秋季葡萄叶片尚未形成离层正常脱落时，温度突然下降到0℃以下，常把叶片冻僵在树上，单纯早霜对葡萄的影响不是很大，影响较大的是11月初突如其来的剧烈而持续的降温特别是伴随降雪，对埋土防寒地区的树体下架埋土造成了障碍，此时树体抗寒性较差，往往影响越冬性。晚霜冻俗称春霜冻或倒春寒，一般发生于晴好的天气，由于强冷空气入侵引起迅速降温，往往24小时降温超过10℃并降至0℃以下，葡萄新梢及花穗发生冻害，对全年的生长和结实影响较大。

（二）防霜技术

1. 品种及栽培生境的选择　在频繁发生晚霜冻的地区，需要避免选择发芽早的葡萄种类，如山葡萄的各种类型，而适当选择发芽晚的葡萄品种，如赤霞珠、雷司令、西拉；虽然大部分鲜食品种遭受霜冻后副梢及隐芽还会有相当的产量，但还是需要注意选择容易抽生二次果的品种，如巨峰、户太、夏黑无核、红双味、巨玫瑰、摩尔多瓦、玫瑰香等，以便遭受霜冻后有比较可观的产量补偿。

在容易发生春霜冻的地区需要格外重视防风林的设置，同时要避免把葡萄种植在谷底或低洼地等冷空气容易沉积的环境中。生产上发现越是埋土的葡萄发芽越早，越容易遭受霜冻。

2. 预测预报　准确预测预报霜冻是防止霜冻的先决条件，一方面是根据当地常年发生霜冻的时间，如胶东半岛为 4 月中下旬；另一方面，大的葡萄园最好安装小型气象监测系统进行实时监控，因为发生霜冻时田间温度往往低于天气预报的温度。

3. 防霜措施

（1）*灌溉*　在霜冻频发区，推迟萌芽期是预防霜冻的方法之一，除了延迟修剪可推迟萌芽以外，春季化冻后频繁灌溉，降低地温，也可推迟萌芽 3～5 天；萌芽后，在霜冻发生临界期保持地面湿润可明显减轻霜冻的危害，因此在剧烈降温的时候进行灌溉，特别是在霜冻发生的夜晚进行不间断的喷灌可明显减轻霜冻。

（2）*熏烟*　熏烟是果农常用的防霜方法。生烟方法是利用作物秸秆、杂草、落叶枝条以及牛羊粪等能产生大量烟雾的易燃物料，每亩至少 5～10 堆，或间距 12～15 米，均匀分布，堆底直径 1.5 米以上，高 1.5 米，堆垛时各部位斜插几根粗木棍，垛完后抽出作为透气孔，垛表面可覆一层湿锯末等以利于长久发烟，待温度降低到接近 0℃时，将火种从洞孔点燃内部物料生烟。生烟质量高的可提高果园温度 2℃，因此熏烟对－2℃以上的轻微霜冻有一定效果，如低于－2℃预防效果则不明显。对于小面积的葡萄园甚至可以点明火进行增温。近些年来，采用硝酸铵、锯末、柴油混合制成的烟雾剂代替烟堆熏烟，使用方便，烟量大，防霜效果较好。

(3) 覆盖　小规模的葡萄园在霜冻来临的夜晚用无纺布、塑料布等进行全园搭盖是抵御霜冻的有效方法；在非埋土防寒区，如果冬季采用无纺布等覆盖物进行防寒，可保留覆盖物在园内，当预测有霜冻的天气后搭盖到第二道铁丝上，直至霜冻解除后再撤。

(4) 风机搅拌　辐射霜冻是在空气静止情况下发生的，利用大型吹风机增强空气流通，将冷气吹散，可以起到防霜效果。日本试验表明，吹风后的升温值为1～2℃。美国、加拿大等葡萄园开始大面积使用可移动式高空气流交换机抵御霜冻。

(5) 防治冰核细菌　水从液态向固态转变需要一种称为冰核的物质来催化。国外发现了能使植物体内的水在－5～－2℃结冰的一类细菌，被称为冰核细菌。近年国内外大量研究证明，冰核细菌可在－3～－2℃诱发植物细胞水结冰而发生霜冻，而无冰核细菌存在的植物一般可耐－7～－6℃的低温而不发生或轻微发生霜冻。因此，防御植物霜冻的另外一条途径就是利用化学药剂杀死或清除植物上的冰核细菌。美国用一种羧酸酯化丙烯酸聚合物喷洒叶面形成保护膜，将叶片上的冰核细菌包围起来抑制其繁殖，对抵御果蔬霜冻效果明显；日本研制出的辛基苯偶酰二甲基铵（OBDA），能有效地使细菌冰核失活，用于茶树防霜；此外用链霉素（500×10^{-6}）和铜水合剂（1.25克/升）防除玉米苗期上的冰核细菌，用代森锰锌、福美双喷布茶叶也能有效清除冰核细菌，降低霜冻危害。因此葡萄园预防春霜冻可以考虑杀菌剂的配套应用。

(6) 提高植株抗性的其他方法　目前市场上有各种防冻剂销售，在获得预报12小时内将出现使果树冻害的低温天气时，对葡萄幼龄器官喷布防冻剂1～2次能够起到良好的保护作用；喷布氨基酸钙和绿丰源（多肽）等有机态液体肥料，能够提高细胞液浓度，从而提高结冰点；此外，人们发现一些与抗逆性相关的植物生长调节剂也表现出很好的抗寒效果，如喷布ABA能提高耐结冰能力。

4. 霜冻后的管理　如果霜冻发生的时期早，仅伤害了结果母枝上部已经萌发的芽，中下部还有冬芽未萌发，可直接剪掉已经萌发受冻的部分，促使下部冬芽萌发，对当年产量影响不大。

受害较轻的葡萄园不急于修剪，等树体有所恢复后将确定死亡的梢尖连同幼叶剪除，促使剪口下冬芽或夏芽萌发。

受害中等葡萄园，保留未死亡的所有新梢包括副梢，剪除死亡的部分，促使剪口下冬芽或夏芽尽快萌发。上部萌发后的副梢保留延长生长，中下部副梢保留 2～3 片叶摘心。

受害严重的葡萄园，将新梢从基部全部剪除，促使剪口下结果母枝的副芽或隐芽萌发。

采取促进生长的栽培管理措施，包括松土或覆膜提高地温，叶片喷布氨基酸以及氮磷钾叶面肥，加强病虫害防治等。

第三节　涝渍、高温、雹灾

一、涝渍

（一）葡萄抗涝性

涝渍不仅是南方葡萄栽培的制约因素，突如其来的台风大暴雨往往也在北方地区造成短时间涝害。轻度涝渍造成葡萄叶片生理性缺水萎蔫、卷曲；中等涝渍造成下部叶片脱落，冬芽萌发，重度涝渍则能造成根系窒息，全株死亡。

葡萄总体上是抗涝性较强的树种。我国南方众多野生种如刺葡萄、毛葡萄、华东葡萄等对湿涝均有较强的抗性，有些种如刺葡萄、毛葡萄在南方已经进行商业性规模栽培。

葡萄砧木中来自河岸葡萄亲缘关系的砧木比沙地葡萄的更抗涝，因此南方比较多用 SO4、5BB、101－14 及 3309C 等作为砧木。实践中发现浸泡在水中 4 天对所有砧木基本不构成明显伤害；栽培品种的抗涝性中等。

（二）抗涝栽培

1. 排水设施　建园时不但要选择不易积涝的地形，也要配套完善的排水设施和网络；不但要注意本葡萄园的排水系统，也要考虑大环境的洪水出路。

2. 涝后管理　淹水后土壤板结滞水，需要及时松土，增加土壤通透性，散发水分。较长时间淹水后葡萄根系处于厌氧呼吸状态，大量细根死亡，根系的吸收机能受到影响，应该相应减少枝叶量，清除部分新梢，达到地上和地下新的平衡。修剪的同时进行清园，清除感病的病枝叶、病果，遏制病原传播。及时进行病虫害防治，重点是防治霜霉病和果实病害，配合喷药进行根外追肥，在喷波尔多液时，加0.5%尿素。在喷酸性药时，加0.5%尿素和0.3%磷酸二氢钾。保肥力差的园片适量追施氮磷钾复合肥，以恢复树势，增加贮藏营养，增强越冬性。

二、高温

葡萄作为森林内蔓生匍匐性生长的浆果植物，其最适生长温度为25～30℃，超过30℃光合作用下降，35～40℃的高温往往能导致植株水分生理异常，叶片特别是果实发生不同程度的日烧病，严重影响生长发育。

（一）高温伤害类型及原因

1. 落花落果 花期高温往往发生于南方。花期也是新梢快速生长期，持续的高温后容易促进新梢的营养生长，如果叠加过多氮肥和水分，容易出现新梢徒长，和花穗竞争营养，引起落花。

2. 气灼病 气灼病也称为缩果病，多发生于幼果膨大硬核期，发生的气象条件为连续阴雨土壤饱和，或漫灌后土壤湿度大，果粒上有水珠，而后骤然闷热升温，几小时内就会出现症状，表现为失水凹陷、初为浅黄褐色小斑点，后迅速扩大，似开水烫状大斑，病斑表皮以下有些像海绵组织。最后逐渐形成干疤，从而导致整个果粒干枯。

气灼病是生理性水分失调症，根本原因是根系水分吸收和地上部新梢、果实水分蒸散不平衡，根系弱，吸收能力差，地上新梢生长旺盛，果实竞争能力差。果品薄的品种如红地球、龙眼、白牛奶等，气灼病发生比较严重；疏果晚（套袋前才疏果）以及套袋也容易发生气灼病。

3. 日烧病 高温干旱的盛夏由于强光照射特别是强紫外线照射，容易造成叶片和果实的灼伤，通常称为日烧病，叶片边缘表现大范围火烧状黄褐色斑，果实上也呈现火烧状洼陷褐斑；红地球、美人指、巨峰、温克等品种较重。产量过高、管理粗放的果园发生日烧病重。

一切使果实易受到直接照射的管理技术措施容易发生日烧病。如东

西行向比南北行向容易发生日烧病，篱架比棚架容易发生日烧病；果穗周边有副梢和叶片遮挡的不容易日烧病，套优质白色果袋的不容易发生日烧病。

（二）预防措施

1. 种植技术调整　光照强、容易发生高温伤害的葡萄园，采用南北行种植，新梢平缚或下垂的架式；疏粒应及早进行，太晚容易在高温天气增加果穗水分的蒸散，诱发果实日烧病；采用避雨栽培模式，或果穗用报纸打伞，或套透气性好的优质果袋。增加果穗周边的叶片数，采取轻简化副梢管理方式。

2. 平衡树势，控氮增钙　增施有机肥，改良土壤结构，保持土壤良好的通透能力，严格控制前期氮肥使用量，控制树势，养根壮树，避免新梢徒长。喷布氨基酸钙提高果实钙含量，增强保水抗高温能力；高温来临季节叶面喷布 0.3%～0.5% $CaCl_2$，或喷布 1 毫摩/升 $NaHSO_3$，提高叶片光合功能，减轻高温的伤害。

3. 科学灌溉　适时灌水，尤其是套袋前后要保持土壤适宜的水分含量。盛夏要注意灌溉时间，避免高温时段浇水，可在 17:00～18:00 至早晨浇水。生草或覆草等有利于降低小环境温度，保持土壤水分，减少气灼病或日烧病。

三、雹灾

（一）雹灾特征

冰雹是强对流天气过程产生的结果。春夏之交，气温逐渐升高，大气低层受热增温，当有较强的冷空气侵入时容易形成强烈的对流，有利于发展成积雨云，积雨云是冰雹天气的主要云系。

雹灾季节变化明显，春夏为全国降雹的主要时段，雹灾尤其集中出现在 5～7 月；降雹与成灾在空间分布上有明显的差异，北方雹灾多于南方。冰雹发生有很强的局地性，雹区呈带状，出现范围较小，时间短促；一天之中雹灾多出现于午后和傍晚；冰雹来势猛、强度大，常伴随狂风、强降水等阵发性灾害天气，冰雹对葡萄枝叶、茎秆和果实产生机械损伤，造成减产或绝收。

（二）雹灾后管理措施

1. 喷施杀菌剂 雹灾过后，葡萄果实和叶片破损受伤，容易引发病害的发生，因此应立即喷施保护性杀菌剂如波尔多液和代森锰锌等，并混加内吸性杀菌剂预防白腐病和灰霉病等果实病害。

2. 清理果园，降低负载 喷施杀菌剂后，及时清理果园，清除落地果、叶；对于叶片受损较重的果园，根据叶片受损程度相应疏穗降低负载，同时保留萌发的副梢叶进行补偿。

3. 叶面喷肥 雹灾过后增加叶面肥的喷施次数，可选择喷施氨基酸钙，以及尿素、磷酸二氢钾等叶面肥，提高叶片光合效能，促进花芽分化，促进枝条成熟，提高树体越冬性能。

（三）防雹网

在雹灾多发区利用防雹网防灾是葡萄生产中抵御自然灾害的有效方法，河北省农林科学院在怀来葡萄产区推广应用防雹网取得了良好效果，架网葡萄园比无网灾后管理园增收 6 600 元/亩。此外，防雹网还可以同时防鸟害，对减少葡萄损失效果明显。

1. 防雹网的选择 防雹网材质以尼龙网为主，一般分为三合一、六合一、九合一 3 种，其使用年限为 5～10 年。网眼边长以≤1.5 厘米，≥1.2 厘米为宜，越小防雹效果越好。

2. 防雹网的架设

（1）设置支架

①新建园。防雹网支架的设置与葡萄立柱合二为一，但要求作为防雹网的支架立柱，较原有设计长度增加 60 厘米，其中地下多埋 10 厘米，地上多留 50 厘米，以增加稳定性和防雹网承载能力。

②老园。已经建好的园子一般立柱高度不足 2 米，因此需要增高。可选取木杆，将表面刮光滑，顶部锯成平面，下边削成马蹄形，然后用直径 10～12 毫米的铁丝将木杆绑扎在原立柱上，木杆在支架上面留 50 厘米，下面留 30 厘米，与原支架绑紧。

（2）设置网架 支架（立柱）架好后，用已备好的 ϕ4.064 毫米的 8 号镀锌铁丝或 ϕ3.251 毫米的 10 号镀锌铁丝，或者钢丝架设网架。先架边线，葡萄园四周边线采用 ϕ8 毫米双股，然后从边线引横线竖线形成

2.5 米×6 米网架，网架要用紧线器拉紧。

(3) 布网　网架架好后，把已备好的防雹网平铺在网架上，拉平拉紧，在中间和边缘用尼龙绳或 ϕ0.9 毫米的 20 号细铁丝固定。

(4) 压网　防雹网架设好后上面用尼龙绳将防雹网固定。风大的地方需用细竹竿或细木棍与铁丝网架绑紧。

（本章撰稿人：翟衡　吴江）

第十二章 葡萄设施栽培技术

第一节 葡萄设施栽培的概念与类型

一、葡萄设施栽培的概念

葡萄设施栽培作为露地自然栽培的特殊形式，是指在不适宜葡萄生长发育的季节或地区，在充分利用自然环境条件的基础上，利用温室、塑料大棚和避雨棚等保护设施，改善或控制设施内的环境因子（包括光照、温度、湿度和二氧化碳浓度等），为葡萄的生长发育提供适宜的环境条件，进而达到葡萄生产目标的人工调节的栽培模式，是一种高度集约化、资金、劳力和技术高度密集的农业高效产业。葡萄设施栽培为其中的葡萄创造了适宜可控的小区环境，这些人为创造的环境条件对葡萄的生长发育产生全面而深刻的影响，因此，设施葡萄栽培技术体系在很大程度上区别于露地自然栽培。

二、葡萄设施栽培的类型

根据栽培目的不同，设施葡萄栽培分为促早栽培、延迟栽培和避雨栽培 3 种类型。

（一）促早栽培

促早栽培是指利用塑料薄膜等透明覆盖材料的增温效果，草苫、保温被等保温覆盖材料的保温效果，辅以温湿度控制，创造葡萄生长发育的适宜条件，使其比露地栽培提早萌芽、生长、发育，提早浆果成熟，实现淡季供应，提高葡萄栽培效益的一种栽培类型。根据催芽开始期和所采用设施的不同，通常将促早栽培分为冬促早栽培、春促早栽培和利用二次结果特性的秋促早栽培 3 种栽培模式。

冬促早栽培常用日光温室作为栽培设施，根据各地气候条件和日光温室的保温能力确定是否需要进行加温；根据不同葡萄品种的需冷量和日光温室的保温和加温能力确定升温催芽的起始时间，通常冬促早栽培升温催芽的起始时间在当地露地葡萄萌芽前90～130天。

春促早栽培常用塑料大棚作为栽培设施，由于该栽培方式保温能力差，所以开始升温催芽的时间比冬促早栽培延后，一般延后30～60天。

秋促早栽培模式是指利用葡萄可以一年多次结果的特性，通过栽培措施，促使葡萄主梢或者夏芽副梢的冬芽或夏芽提前萌发并形成花序，使果实成熟期提前到当年12月至翌年2月的栽培方式。

促早栽培模式在我国主要分布在辽宁、山东、河北、宁夏、广西、北京、内蒙古、新疆、陕西、山西、甘肃和江苏等地，分布范围广，栽培技术较为成功，亦是葡萄设施栽培的主要方向，其中以辽宁省面积最大。截至目前，全国促早栽培面积约20 000公顷。

（二）延迟栽培

延迟栽培是指在春天气温回升时利用人工措施（如利用草帘覆盖、添加冰块、安装冷风机等）保持设施内的低温环境（10℃以下），延迟葡萄萌芽和开花；生长后期覆膜防寒，尽量延长果实生育期，使葡萄延迟到常规季节之后成熟采收，实现新鲜果品的淡季供应，提高葡萄经济效益的一种栽培类型。

延迟栽培成功的关键：一是春季萌芽延迟时间的长短。根据浆果计划收获期确定延迟时间的长短，一般情况下延迟时间越长越好，但随着延迟时间的延长，保持低温的成本显著增加。二是秋季避霜保温覆盖（一般于初霜前10天左右覆膜避霜）后设施内的温湿度管理，此期温度不宜过高，一般白天不超过20℃，晚间不低于2℃即可；同时此期避免空气湿度过高，一般相对空气湿度保持在60%左右为宜，通常采用覆盖地膜的措施降低设施内湿度。三是延长叶片寿命，延缓叶片衰老，保持葡萄的良好品质。

该模式在我国主要集中在甘肃、河北、辽宁、江苏、内蒙古、新疆、青海和西藏等地，截至目前全国延迟栽培面积约1 000公顷，以甘肃省面积最大，占全国延迟栽培的90%以上，主要分布在河西走廊的张掖、武威、金昌和酒泉等地，逐渐成为当地农民增收的主要来源之一。

（三）避雨栽培

避雨栽培是一种特殊的栽培形式，一般是通过避雨棚（将塑料薄膜覆盖在树冠顶部的一种简易设施）减少因雨水过多而带来的一系列栽培问题，是介于温室栽培和露地栽培之间的一种集约化栽培方式，以提高品质和扩大栽培区域及品种适应性为主要目的。

避雨栽培适合于在南方多雨潮湿的生态条件下使用，以减少露地栽培中葡萄病虫害严重、产量低、品质差等弊端。近几年在我国北方的红地球等葡萄种植中，为了解决部分地区露地栽培红地球等葡萄的病虫害严重、产量低、品质差的问题，也进行了葡萄的避雨栽培。

葡萄的避雨栽培最初由日本西部的康拜尔早生等短梢修剪拱棚式栽培发展而来，具有减轻病害发生、提高坐果率、减少裂果、提高果品商品性等优点。目前，在高温高湿的日本、韩国以及我国台湾省等葡萄产区已经形成比较完备的生产体系和较大的规模。利于葡萄避雨的设施很多，有常规的玻璃温室、大棚以及简单的避雨棚等，可依各地自然条件、经济技术状况和生产目的选择使用，其中避雨棚是最简单实用的方法，符合中国国情和社会经济技术情况，在日本和我国台湾省等地区的葡萄生产中也最普遍。目前，上海、湖南、江苏及江西等地利用避雨栽培成功栽培了南方难以露地栽培的优良欧亚种鲜食葡萄，生产出了优质果品，取得了良好经济效益。避雨栽培在我国南方多雨地区已经成为引种欧亚种葡萄的关键技术之一。

避雨覆盖的时间一般是在开花前覆盖，落叶后揭膜，全年覆盖约7个月。最好采用抗高温高强度膜如EVA膜，可连续使用2年，而普通聚乙烯膜经高温暴晒后易老化，8～9月遇台风膜易被撕裂，一般仅能有效覆盖4个月左右。棚架、篱架栽培葡萄均可进行避雨覆盖，在充分避雨前提下，覆盖面积越小越好，水平棚架最好采用波形覆盖，而篱架和宽顶立架，枝叶水平伸展一般在1米以内，覆盖1.4米的水平宽度即可。为了避免薄膜在架面上形成高温以损伤叶片，一般要求覆盖架谷部离开葡萄架面20厘米，顶部离架面90厘米，膜上要用压膜线紧扣或用

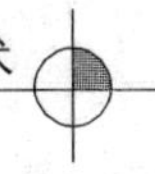

尼龙绳压膜固定。

在避雨栽培中要注意以下管理要点：①萌芽后至开花前为露地栽培期，适当的雨水淋洗，对防止长期覆盖所致的土壤盐碱化有益，此时须注意黑痘病对葡萄幼嫩组织的为害。②覆盖后白粉病为害加重，虫害也有增加趋势。白粉病的防治主要抓好合理留梢和及时喷药两个环节。可在芽眼萌动期喷1.014～1.021千克/升（3～5波美度）石硫合剂，落花后喷1.001～1.002千克/升（0.3～0.5波美度）石硫合剂，秋季喷粉锈宁、50%硫黄悬浮液或甲基硫菌灵。③覆盖后土壤易干燥，要注意及时灌水，而滴灌是避雨栽培最好的灌水方式。④夏季如覆盖设施内出现35℃以上的高温，须进行通风降温。

近几年我国长江以南地区以实现葡萄提早上市，降低病虫害，改善果实品质，增加栽培效益等为目的，将避雨栽培和促早栽培相结合衍生出一种新型避雨栽培模式即促早—避雨栽培。该栽培方式是促早栽培和避雨栽培的集合，即“前期促早，后期避雨”的栽培模式，是指早春封闭式覆膜保温，实现促成的目标，进入初夏之后揭膜开棚，但仍保留顶膜避雨直至采收。目前在我国的北部夏季多雨地区也有应用。

避雨栽培模式主要集中在长江以南的湖南、广西、江苏、上海、湖北、浙江和福建等夏季雨水较多的地区，截至目前全国避雨栽培面积约40 000公顷，是3种葡萄设施栽培形式中面积最大的一种形式。目前在我国北方的一些地区避雨栽培略有发展。

第二节　促早栽培

一、设施选择与建造

（一）设施选择

设施葡萄促早栽培设施的选择首先需要考虑设施栽培的目的，其次还要考虑种植者的经济水平和当地气候条件等因素。

目前，我国设施葡萄促早栽培常用的栽培设施主要有日光温室（图12-1）和塑料大棚。其中日光温室保温能力最强，适于进行葡萄的冬季生产，但建筑成本较高，适于经济条件较好的种植者；塑料大棚保温

能力差，只适于进行葡萄的春季或深秋生产，但建筑成本低，适于经济条件一般的种植者。

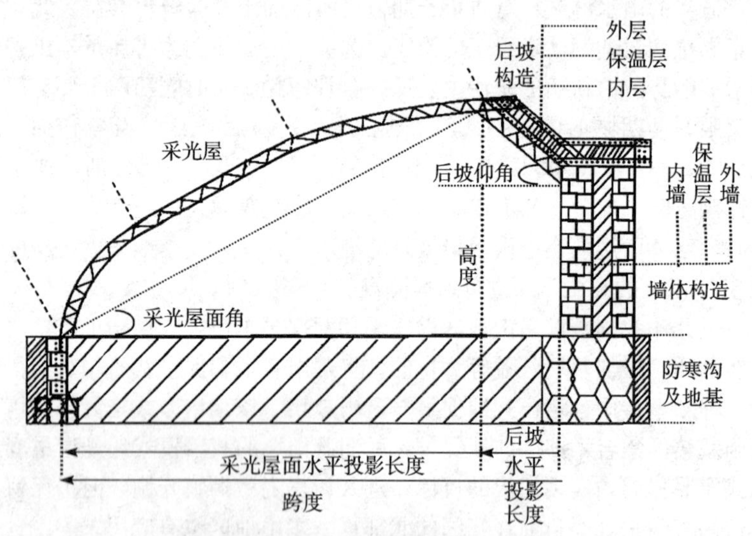

图 12-1 农业科学院中国果树研究所低碳节能高效日光温室结构示意

冬促早栽培宜采用日光温室作为栽培设施；春促早栽培宜采用塑料大棚作为栽培设施；秋促早栽培宜采用日光温室（提前到元旦至春节期间成熟）或塑料大棚（提前到 11～12 月）作为栽培设施。

（二）设施设计与建造

1. 采光参数

（1）日光温室（塑料大棚）建造方位　日光温室建造方位以东西延长、坐北朝南，南偏东或南偏西最大不超过 10°为宜，且不宜与冬季盛行风向垂直。

塑料大棚建造方位以东西方向、南北延长，大棚长边与真北线（子午线）平行为好。

（2）日光温室（塑料大棚）高度　在日光温室和塑料大棚内，光照度随高度变化明显，以棚膜为光源点，高度每下降 1 米，光照度便降低 10%～20%，因此，日光温室和塑料大棚高度要适宜，并不是越高越

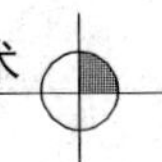

好，日光温室一般以2.8～4.0米为宜，而塑料大棚一般以2.5--3.5米为宜。

（3）**日光温室（塑料大棚）跨度**　实践表明，在使用传统建筑材料、透明覆盖材料并采用草苫保温的条件下，在暖温带的大部分地区（山东、山西南部、陕西、江苏、安徽北部、河南、河北、北京、天津和新疆南部等）建造日光温室，其跨度以8米左右为宜；暖温带的北部地区和中温带南部地区（辽宁、内蒙古南部、甘肃、宁夏、山西北部、新疆中部和东部等），跨度以7米左右为宜；在中温带北部地区和寒温带地区（吉林、新疆北部、黑龙江和内蒙古北部等）跨度以6米左右为宜。上述跨度有利于使日光温室同时具备造价低、高效节能和实现周年生产三大特性。

塑料大棚跨度和其高度有关，一般地区高跨比（高度/跨度）以0.25～0.3最为适宜，因此其跨度一般以8～12米为宜。

（4）**日光温室（塑料大棚）长度**　从便于管理且降低温室单位土地建筑成本和提高空间利用率考虑，日光温室长度一般以60～100米为宜；而塑料大棚主要从牢固性方面考虑，其长跨比（长度/跨度）以不小于5为宜，长度一般以40～80米为宜。

（5）**日光温室采光屋面角**　日光温室采光屋面角根据合理采光时段理论确定，由如下公式（中国农业科学院果树研究所提出）确定：

$$\mathrm{tg}\alpha = \mathrm{tg}\ (50^\circ - h_{10})\ /\cos t_{10}$$

$$\sin h_{10} = \sin\psi \cdot \sin\delta + \cos\psi \cdot \cos\delta \cdot \cos t_{10}$$

式中，h_{10}为冬至上午10:00的太阳高度角；ψ为地理纬度；δ为赤纬，即太阳所在纬度；t_{10}为上午10:00太阳的时角，为30°；α为合理采光时段屋面角（表12-1）。

表12-1　不同纬度地区的合理采光时段屋面角（α）

北纬	h_{10}	α	北纬	h_{10}	α	北纬	h_{10}	α
30°	29.23°	23.65°	33°	26.67°	26.47°	36°	24.09°	29.29°
31°	28.38°	24.59°	34°	25.81°	27.42°	37°	23.22°	30.23°
32°	27.53°	25.53°	35°	24.95°	28.36°	38°	22.35°	31.17°

（续）

北纬	h_{10}	α	北纬	h_{10}	α	北纬	h_{10}	α
39°	21.49°	32.10°	42°	18.87°	34.89°	45°	16.24°	37.67°
40°	20.61°	33.04°	43°	17.99°	35.82°	46°	15.36°	38.58°
41°	19.74°	33.97°	44°	17.12°	36.74°	47°	14.48°	39.49°

我国的东北和西北地区冬季光照良好，日照率高，因此日光温室的采光屋面角可在合理采光时段屋面角的基础上下调3°～6°。

塑料大棚因为建造方位为南北延长，所以不存在合理采光屋面角确定的问题。

（6）日光温室（塑料大棚）采光屋面形状　温室采光屋面形状与温室采光性能密切相关。当温室的跨度和高度确定后，温室采光屋面形状就成为日光温室截获日光能量多少的决定性因素，平面形（A）、椭圆拱形（B）和圆拱形（C）屋面三者以圆拱形（C）屋面采光性能为最佳。

在圆拱形采光屋面的基础上中国农业科学院果树研究所葡萄课题组（中国设施葡萄协作网建设团队）在不改变采光屋面角和温室高度的基础上将温室采光屋面形状由一段弧的圆拱形改为“两弧一直线”三段式曲直形（图12-2）（已申请国家发明专利），简称曲直形，将温室主要采光屋面的采光效果大大改善。

图12-2　“两弧一直线”三段式曲直形采光屋面

与日光温室不同，塑料大棚采光屋面形状与大棚采光好坏关系不

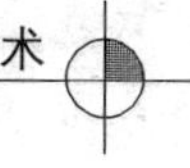

大，但与大棚稳定性密切相关。以流线型采光屋面的塑料大棚稳定性最佳，根据实际情况从塑料大棚的稳定性和可操作性两方面考虑，提出三圆复合拱形流线型采光屋面（图 12-3）。

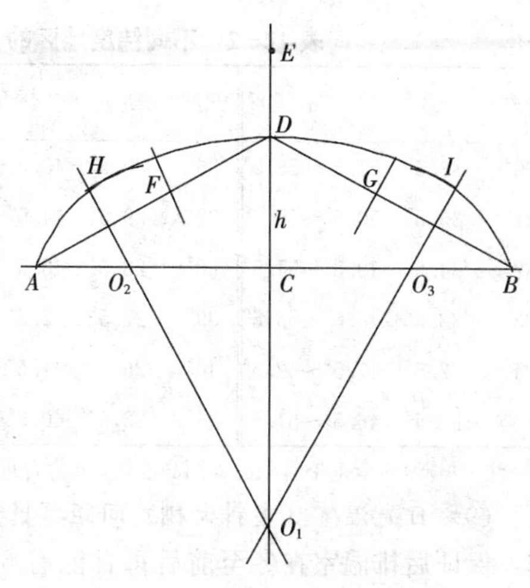

图 12-3　三圆复合拱形流线型采光屋面示意

首先确定跨度 L（米），然后设定高跨比，一般取高跨比 $h/L=0.25\sim0.3$；绘水平线和它的垂线，两者交于 C 点，点 C 是大棚跨度的中心点；将跨度 L 的两个端点对称于中点 C，定位在水平线上；确定高 h（$h=0.25L$），将长度由 C 点向上伸延到 D 点（$CD=h$）；以 C 为圆点，以 AC 为半径画圆交垂直轴线于 E 点；连接 AD 和 BD 形成两条辅助线，再以 D 为圆心，以 DE 为半径为圆，与辅助线相交于 F 和 G 点；过 AF 和 GB 线的中点分别作垂线交 EC 延长线于 O_1 点；同时与 AB 线相交于 O_2 和 O_3；以 O_1 为圆心，以 O_1D 为半径画弧线，分别交于 O_1O_2 和 O_1O_3 延长线的 H、I 点；分别以 O_2、O_3 为圆心，以 O_2A 和 O_3B 为半径画弧，分别与 H、I 点相交得到大棚基本圆拱形 $AHDIB$。

（7）日光温室后坡仰角　后坡仰角是指日光温室后坡面与水平面的夹角，其大小对日光温室的采光性能有一定影响。对后坡仰角中国农业科学院果树研究所葡萄课题组将以前的短后坡小仰角进行了调整，调整为长后坡高仰角，后坡仰角以大于当地冬至正午太阳高度角 15°～20°为宜，可以保证 10 月上旬至翌年 3 月上旬之间正午前后后墙甚至后坡接受直射阳光，受光蓄热，大大改善了温室后部光照。

（8）日光温室后坡水平投影长度　实践表明，日光温室的后坡水平投影长度一般以 1.0～1.5 米为宜。

表 12-2　不同纬度地区的合理后坡仰角

北纬	h_{12}	α	北纬	h_{12}	α	北纬	h_{12}	α
30°	36.5°	51.5°～56.5°	36°	30.5°	45.5°～50.5°	42°	24.5°	39.5°～44.5°
31°	35.5°	50.5°～55.5°	37°	29.5°	44.5°～49.5°	43°	23.5°	38.5°～43.5°
32°	34.5°	49.5°～54.5°	38°	28.5°	43.5°～48.5°	44°	22.5°	37.5°～42.5°
33°	33.5°	48.5°～53.5°	39°	27.5°	42.5°～47.5°	45°	21.5°	36.5°～41.5°
34°	32.5°	47.5°～52.5°	40°	26.5°	41.5°～46.5°	46°	20.5°	35.5°～40.5°
35°	31.5°	46.5°～51.5°	41°	25.5°	40.5°～45.5°	47°	19.5°	34.5°～39.5°

注：h_{12}为冬至正午时刻的太阳高度角，α为合理后坡仰角。

（9）日光温室（塑料大棚）间距　日光温室间距的确定根据如下原则：保证后排温室在冬至前后每日能有 6 小时以上的光照时间，即在 9:00～15:00（地方时），前排温室不对后排温室构成遮光。计算公式如下：

$$L=[(D_1+D_2)/\mathrm{tg}h_9]\cdot\cos t_9-(l_1+l_2)$$

式中，L 为前后排温室的间距；D_1 为温室的脊高；D_2 为草苫或保温被等保温材料卷的直径，通常取 0.5 米；h_9 为冬至 9:00 的太阳高度角；t_9 为 9:00 的太阳时角，为 45°；l_1 为后坡水平投影；l_2 为后墙底宽。

塑料大棚间距一般东西以 3 米为宜便于通风透光，但对于冬春雪大的地区至少 4 米以上；南北间距以 5 米左右为宜（表 12-3）。

表 12-3　不同纬度地区的合理日光温室间距

北纬	D_1(米)	h_9	L（米）	北纬	D_1(米)	h_9	L（米）	北纬	D_1(米)	h_9	L（米）
30°	3～4	21.24°	4.9～6.7	36°	3～4	16.88°	6.7～9.0	42°	3～4	12.42°	9.7～12.9
31°	3～4	20.51°	5.1～7.0	37°	3～4	16.13°	7.1～9.5	43°	3～4	11.67°	10.5～13.9
32°	3～4	19.79°	5.4～7.3	38°	3～4	15.40°	7.5～10.0	44°	3～4	10.92°	11.3～15.0
33°	3～4	19.07°	5.7～7.7	39°	3～4	14.66°	8.0～10.7	45°	3～4	10.17°	11.8～15.7
34°	3～4	18.34°	6.0～8.1	40°	3～4	13.92°	8.5～11.3	46°	3～4	9.42°	12.9～17.2
35°	3～4	17.61°	6.3～8.5	41°	3～4	13.17°	9.1～12.1	47°	3～4	8.66°	14.2～18.9

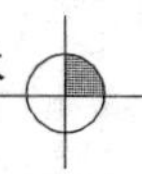

2. 保温参数

(1) 墙体

①三层夹心饼式异质复合结构。内层为承重和蓄热放热层，一般为蓄热系数大的砖或石结构（厚度以24～37厘米为宜），内面毛面并用黑色涂料涂抹为宜，为增加受热面积，提高蓄热放热能力，可添加穹形构造（图12-4）；中间为保温层，一般为空心或添加蛭石、珍珠岩或炉渣（厚度20～40厘米为宜）或保温苯板（厚度以5～20厘米为宜），以保温苯板保温效果最佳；外层为承重层或保护层，一般为砖结构，厚度以12～24厘米为宜（图12-5）。

图12-4 穹形构造

图12-5 三层异质复合结构墙体

②两层异质复合结构。内层为承重和蓄热放热层，一般为砖石结构（厚度要求24厘米以上），同样内面为毛面且用黑色涂料涂抹为宜，为增加受热面积，提高蓄热放热能力，可添加穹形构造；外层为保温层，一般为堆土结构，堆土厚度最窄处以当地冻土层厚度加20～40厘米为宜（图12-6）。

图12-6 两层异质复合结构（内层砖墙，外层土墙）墙体

③单层结构。墙体为土壤堆积而成，墙体最窄处厚度以当地冻土层厚度加60～80厘米为宜（图12-7）。

(2) 后坡

①三层夹心饼式异质复合结构。内层为承重和蓄热放热层，一般为水泥构件或现浇混凝土构造（厚度以 5～10 厘米为宜），并用黑色涂料涂抹为宜；中间为保温层，一般为蛭石、珍珠岩或炉渣（厚度以 20～40 厘米为宜）或保温苯板（厚度以 5～20 厘米为宜），以保温苯板保温效果最佳；外层为防水层或保护层，一般为水泥砂浆构造并做防水处理，厚度以 5 厘米左右为宜（图 12-8）。

图 12-7　单层结构（土墙）墙体

图 12-8　异质复合结构后坡

②两层异质复合结构。内层为承重和蓄热放热层，一般为水泥构件或混凝土构造（厚度以 5～10 厘米为宜）；外层为保温层，一般为秸秆或草苫、芦苇等，厚度以 0.5～0.8 米为宜，秸秆或草苫、芦苇等外面最好用塑料薄膜包裹，然后再用草泥护坡。

③单层结构。后坡为玉米秸、杂草或草苫、芦苇等堆积而成，厚度一般以 0.8～1.0 米为宜，以塑料薄膜包裹，外层常用草泥护坡（图12-9 至图 12-13）。

图 12-9　单层结构后坡

(3) 保温覆盖材料　在葡萄设施栽培中，除覆盖透明材料外，为了提高设施的防寒保温效果，使葡萄不受冻害，还要覆盖草苫和保温被等保温材料。

①草苫（帘）。用稻草、蒲草或芦苇等材料编织而成。草苫

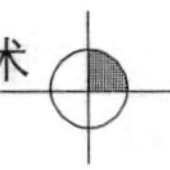

图 12-10　单层结构后坡内层芦苇板

图 12-11　单层结构后坡中间麦秸层

图 12-12　单层结构后坡中间塑料薄膜保护

图 12-13　单层结构后坡外层草泥护坡

（帘）一般宽 1.2～2.5 米，长为采光面之长再加 1.5～2 米，厚度为 4～7 厘米。盖草苫一般可增温 4～7℃，但实际保温效果与草苫的厚度、材料有关，蒲草和芦苇的增温效果相对较好一些，制作草苫简单方便，成本低，是当前设施栽培覆盖保温的首选材料，一般可使用 3～4 年。

②保温被。一般由 3～5 层不同材料组成，外层为防水层（塑料膜或无纺布或镀铝反光膜等），中间为保温层（旧棉絮或纤维棉或废羊毛绒或工业毛毡等），内层为防护层（一般为无纺布，质量高的添加镀铝反光膜以起到反射远红外线的作用）。其特点是重量轻、蓄热保温性高于草苫和纸被，一般可增温 6～8℃，在高寒地区可达 10℃，但造价较高。如保管好可使用 5～6 年。缺点是中间保温层吸水性强。针对这一

缺点目前开发出中间保温层为疏水发泡材料的保温被。

（4）防寒沟　在温室或塑料大棚的四周设置防寒沟（图 12－14），对于减少温室或塑料大棚内热量通过土壤外传，阻止外面冻土对温室或塑料大棚内土壤的影响，保持温室或塑料大棚内较高的地温，以保证温室或塑料大棚内边行葡萄植株的良好生长发育特别重要。据中国农业科学院果树研究所的测定：设置防寒沟的中国农业科学院果树研究所高效节能日光温室 2 月日平均 5～25 厘米地温比未设置防寒沟的传统日光温室 2 月日平均 5～25 厘米地温高 4.9～6.7℃。

防寒沟要求设置在温室四周 0.5 米内为宜，以紧贴墙体基础为佳。

防寒沟如果填充保温苯板厚度以 5～10 厘米为宜，如果填充秸秆杂草厚度以 20～40 厘米为宜；防寒沟深度以大于当地冻土层深度 20～30 厘米为宜。

（5）地面高度　建造半地下式温室（图 12－15）即温室内地面低于温室外地面可显著提高温室内的气温和地温，与室外地面相比，一般宜将温室内地面降低 0.5 米左右为宜。需要注意的是半地下式温室排水是关键问题，因此夏季需揭棚的葡萄品种如果在夏季雨水多的地区栽培不宜建造半地下式温室。

图 12－14　防寒沟

图 12－15　半地下式温室

（6）蓄水池　北方地区冬季严寒，直接把水引入温室或塑料大棚内灌溉葡萄会大幅度降低土壤温度，使葡萄根系造成冷害，严重影响葡萄生长发育和产量及品质的形成，因此在温室或塑料大棚内山墙旁边修建

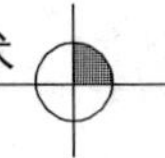

蓄水池以便冬季用于预热灌溉用水，这对于设施葡萄而言具有重要意义。

3. 配套设备

（1）卷帘机 卷帘机是用于卷放草苫和保温被等保温覆盖材料的设施配套设备。目前生产中常用的卷帘机主要有3种类型，一种是顶卷式卷帘机，一种是中央底卷式卷帘机，一种是侧卷式卷帘机。其中顶卷式卷帘机卷帘绳容易叠卷，从而导致保温被或草苫（帘）卷放不整齐，需上后坡调整，容易将人卷伤甚至致死；而侧卷式卷帘机由于卷帘机设置于温室一头，一边受力，容易造成卷帘不整齐，导致一头低一头高，容易损毁机器；中央底卷式卷帘机克服了上述两类卷帘机的缺点，操作安全方便，应用效果最好。

（2）卷膜器 卷膜器是主要用于卷放棚膜等透明覆盖材料以达到通风效果的设施配套设备，主要分为底卷式和顶卷式两种，底卷式卷膜器主要用于下面通风口棚膜的卷放，而顶卷式卷膜器主要用于上通风口棚膜的卷放。

二、品种选择

设施葡萄促早栽培成功与否的因素之一是品种选择，品种基础在设施葡萄促早栽培中显得尤为重要，不是任何品种都适合设施促早栽培；露地栽培表现良好的品种，不一定就适合高温、高湿、弱光照和二氧化碳浓度不足的设施环境。各地设施葡萄促早栽培生产都陆续栽植了不少新品种，由于选择不当，成花难、产量低的问题十分突出。因此，选择不同成熟期、色泽各异的适栽优良品种是当前设施葡萄促早栽培的首要任务。

（一）冬促早或春促早栽培良种

冬促早或春促早栽培良种有无核白鸡心、夏黑无核、早黑宝、瑞都香玉、香妃、乍那、87-1、京蜜、京翠、维多利亚、藤稔、奥迪亚无核、巨玫瑰、红旗特早玫瑰、火焰无核、莎巴珍珠、巨峰、金星无核、无核早红（8611）、红标无核（8612）、京秀、京亚、里扎马特、奥古斯特、矢富罗莎、香妃、红双味、紫珍香、优无核、黑奇无核（奇妙无核)、醉金香、布朗无核和凤凰51等。

其中无核白鸡心、瑞都香玉、香妃、乍那、87-1、京蜜、京翠、红旗特早玫瑰、无核早红(8611)、醉金香、莎巴珍珠、维多利亚和藤稔等品种耐弱光能力较强,在促早栽培条件下具有极强的连年丰产能力。

(二)秋促早栽培良种

无核白鸡心、香妃、瑞都香玉、巨玫瑰、夏黑无核、魏可、美人指、玫瑰香、克瑞森无核、大无核紫、安芸皇后、意大利、黄金指、蜜红、达米娜、香悦和巨峰等多次结果能力强,可利用其冬芽或夏芽多次结果能力进行秋促早栽培,使其果实提前到元旦至春节期间成熟上市。

三、高标准建园

(一)园地选择与改良

1. 园地选择 园地选择的好坏与温室或塑料大棚的结构性能、环境调控及经营管理等方面关系很大,因此园地选择需遵循如下原则:

①选择南面开阔、高燥向阳且避风、无遮阴且平坦、土壤质地良好、土层深厚、便于排灌的肥沃沙壤土地片构建设施,切忌在重盐碱地、低洼地和地下水位高及种植过葡萄的重茬地建园。

②离水源、电源和公路等较近,交通运输便利的地块建园,但不能离交通干线过近。同时要避免在污染源的下风向建园,以减少对薄膜的污染和积尘。

③在山区,可在丘陵或坡地背风向阳的南坡梯田构建温室,并直接借助梯田后坡作为温室后墙,这样不仅节约建材,降低温室建造成本,而且温室保温效果良好,经济耐用。

④为提高土地利用率,挖掘土地潜力,结合换土与薄膜限根栽培模式,可在河滩或戈壁滩等荒芜土地上构建日光温室或塑料大棚,如在中国农业科学院果树研究所的指导下,新疆等地在戈壁滩上构建日光温室,不仅使荒芜的戈壁滩变废为宝,而且充分发挥了戈壁滩的光热资源优势。

2. 园地改良 建园前的土壤改良是设施葡萄栽培的重要环节,直

接影响到设施葡萄的产量和品质，因此必须加大建园前的土壤改良力度，土壤改良的中心环节是增施有机肥，提高土壤有机质含量。有机质含量高的疏松土壤，不仅有利于葡萄根系生长，而且能吸收更多的太阳辐射能，使地温回升快且稳定，对葡萄的生长发育产生诸多有利影响。一般于定植前，每亩施入优质腐熟有机肥 5 000～10 000 千克并混加 500 千克商品生物有机肥，使肥土混匀。

（二）限根栽培

1. 起垄限根　该限根模式适于降水充足或过多地区的设施葡萄栽培，是防止积水成涝的有效手段，而且在设施葡萄促早栽培升温时利于地温快速回升，使地温和气温协调一致。具体操作如下：在定植前，按适宜行向和株行距开挖宽 80～100 厘米，深 40～60 厘米的定植沟，定植沟挖完后首先回填 20～30 厘米厚砖瓦碎块，其上回填 30～40 厘米厚秸秆杂草（压实后形成约 10 厘米厚的草垫），然后每公顷施入腐熟有机肥 75 000～150 000 千克与土混匀回填，灌水沉实，再将表土与 7 500～15 000 千克生物有机肥混匀，起 30～50 厘米高、80～100 厘米宽的定植垄。

2. 薄膜限根　该限根模式适于降水较少的干旱地区或漏肥漏水严重的地区或地下水位过高的地区设施葡萄栽培。在定植前，按适宜行向和株行距开挖宽 60～100 厘米，深 40～80 厘米的定植沟，定植沟挖完后首先于沟底和两侧壁铺垫塑料薄膜，然后回填 20～30 厘米厚的秸秆杂草（压实后形成约 10 厘米厚的草垫），再将腐熟有机肥与土混匀回填至与地表平，每公顷施入腐熟有机肥 75 000～150 000 千克和7 500～15 000千克生物有机肥，最后浇透水。

此外，将起垄限根和薄膜限根两种限根栽培模式结合形成起垄薄膜限根栽培模式，即能发挥起垄限根的优点，又能发挥薄膜限根的优点。

（三）适宜行向与合理密植

1. 适宜行向

①篱架栽培。以南北行向为宜。因为南北行向比东西行向受光较为均匀。在设施内篱架东西行的北面全天一直受不到直射光照射，而南面则全天受到太阳直射光的照射，所以篱架南面果穗成熟早、品质好，而

北面果穗成熟晚，品质差，甚至有叶片黄化的现象。

②棚架栽培。以东西行向为宜。与南北行向相比，东西行向棚架栽培叶幕为南北倾斜叶幕，光照均匀，光能利用率高，果实品质好，成熟期一致。

2. 合理密植 篱架栽培，株行距以0.5～1.0米×1.5～2.5米较好，详见四、合理整形修剪；棚架栽培，株行距以2.0～2.5米（双株定植）×4.0～4.5米较佳。

3. 苗木选择 苗木质量好坏直接影响到设施葡萄栽培的经济效益和成功与否，因此设施葡萄建园一定要选择健康无病优质健壮苗木。

四、合理整形修剪

目前，在设施葡萄生产中，树形普遍采用多主蔓扇形和直立龙干形，叶幕形普遍采用直立叶幕形（即篱壁形叶幕），存在如下诸多问题严重影响了设施葡萄的健康可持续发展，如通风透光性差，光能利用率低；顶端优势强，易造成上强下弱；副梢长势旺，管理频繁，工作量大；结果部位不集中，成熟期不一致，管理不方便；采摘期晚于6月中旬，难于更新修剪等。

中国农业科学院果树研究所葡萄课题组（中国设施葡萄协作网建设团队）开展了以解决上述问题为目的的设施葡萄高光效省力化树形和叶幕形研究，结果表明，在设施葡萄生产中，高光效省力化树形为单层水平形和单层水平龙干形，配合的高光效省力化叶幕形分别为短小直立叶幕、V形叶幕、水平叶幕和V+1形叶幕或半V+1形叶幕。

（一）高光效省力化树形

根据设施葡萄品种成花特性不同，采取不同的高光效省力化树形，如设施葡萄品种为成花节位高，需长梢或超长梢修剪的品种，则适宜树形为单层水平形（图12-16）；如设施葡萄品种为成花节位低，需短梢或中短梢混合修剪的品种，则适宜树形为单层水平龙干形（图12-17）。

1. 单层水平形

（1）主干 有1个倾斜（适于需下架埋土防寒的设施）或垂直（适于无需下架埋土防寒的设施）的主干。

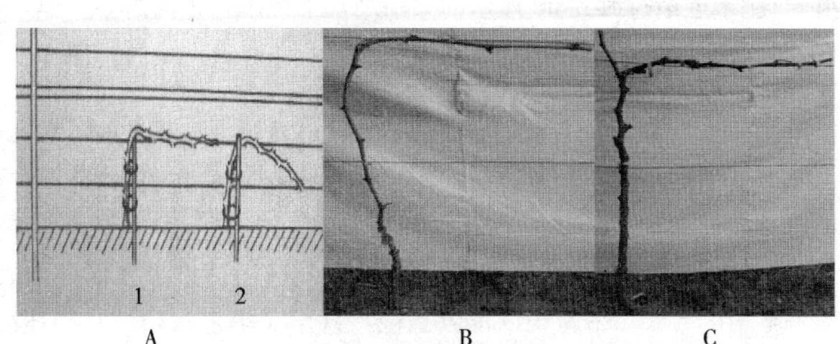

图 12-16　单层水平形模式图及示意

A. 模式图　B. 第二年　C. 第三年

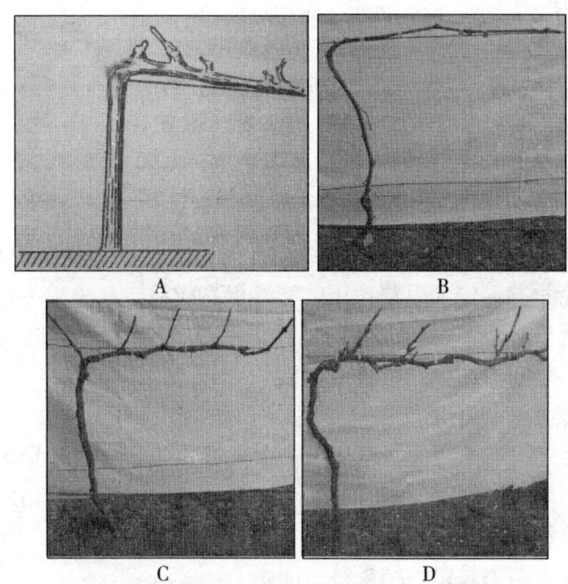

图 12-17　单层水平龙干形模式图及示意

A. 模式图　B. 第二年　C. 第三年　D. 第四年

（2）干高　在日光温室中由北墙向前底角（塑料大棚从中间向两侧）逐渐降低，并依采取的叶幕形不同而异。如采用短小直立叶幕，干高由60厘米逐渐过渡到30厘米；如采用水平叶幕，干高由200厘米逐渐过渡到100厘米；如采用V形叶幕或V+1形叶幕，干高则由100厘米逐渐过渡到40厘米。

(3) 枝组组成　在主干头部保留1个长的结果母枝和1个短的更新枝，其中结果母枝由北向南弯曲（便于结果母枝基部新梢萌发），因此该树形又称为单枝组树形。

(4) 株行距　株距以0.5～0.6米为宜，株间结果母枝部分重叠，即结果新梢区与非结果新梢区部分重叠，其中非结果新梢区新梢抹除。行距对于需下架埋土防寒者行距以2.5～3.0米为宜；而对于不需下架埋土防寒者，行距根据采取的叶幕形不同而异，一般为1.5～2.5米，如采用短小直立叶幕，行距一般以1.5米为宜，如采用V形叶幕或V+1形叶幕，行距一般以1.8～2.0米为宜，如采用水平叶幕，行距一般以2.0～2.5米为宜。

(5) 定植模式　采取单株定植还是双株定植应根据采用的叶幕形不同而异，如采用短小直立叶幕或半V+1形叶幕则须采用单株定植模式，如采用V形叶幕、V+1形叶幕或水平叶幕则须采用双株定植模式。

(6) 优点　该树形结果母枝弯曲度大，既抑制了枝条的顶端优势，又对养分输导有一定的限制作用，能够提高成枝率和坐果率，并改善果实品质；结果部位集中，成熟期一致，管理省工；整形修剪方法简易，便于掌握；早期丰产，产量易于控制。

2. 单层水平龙干形

(1) 主干　有1个倾斜（适于需下架埋土防寒的设施）或垂直（适于无需下架埋土防寒的设施）的主干，干高与单层水平形相同。

(2) 枝组组成　在主干顶部沿行向保留单臂，单臂由北向南弯曲，臂上均匀分布结果枝组，结果枝组间距20～25厘米。

(3) 株行距　株距以0.7～1.0米为宜；行距对于需下架埋土防寒者行距以2.5～3.0米为宜；而对于不需下架埋土防寒者根据采取的叶幕形不同而异，一般为1.5～2.5米，如采用短小直立叶幕，行距一般以1.5米为宜，如采用V形叶幕或V+1形叶幕，行距一般以1.8～2.0

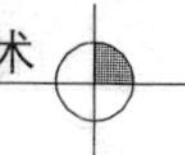

米为宜，如采用水平叶幕，行距一般以2.0～2.5米为宜。

(4) 定植模式　根据采用的叶幕形不同而异，如采用短小直立叶幕或半V+1形叶幕则须采用单株定植模式，如采用V形叶幕、V+1形叶幕或水平叶幕则须采用双株定植模式。

(5) 优点　该树形整形修剪容易，便于掌握；结果部位集中，成熟期一致，管理省工；早期丰产，产量易于控制。

(二) 高光效省力化叶幕形

根据设施葡萄品种成熟期和成花特性不同采取不同的高光效省力化叶幕形：①成熟期在6月10日之前的品种和棚内新梢花芽分化良好的品种，适宜叶幕为V形叶幕、短小直立叶幕和水平叶幕；②成熟期在6月10日之后且棚内新梢花芽分化不良的品种，适宜叶幕为V+1形叶幕和半V+1形叶幕。

1. 短小直立叶幕　新梢直立绑缚，新梢间距10～15厘米，叶幕高度0.8×行距；行距以1.5米为宜；适于生长势弱且不易发生日烧病的品种如维多利亚、藤稔、87-1等；架式以单篱架为宜；行向以南北行向为宜。该叶幕形叶幕光照及通风条件良好，有利于提高浆果品质；结果部位集中，成熟期一致；便于密植，利于早期丰产；便于田间管理，利于机械化作业。但同时具有果实容易发生日烧病的缺点(图12-18)。

图12-18　短小直立叶幕及模式图

2. V形叶幕　新梢垂直于行向并向两边倾斜绑缚，与水平面呈

30°～60°角，新梢间距10～15厘米，叶幕长度1.2米左右，行距以1.8米左右为宜。品种以生长势中庸的品种如矢富罗莎等为宜，架式以T形架为宜，行向以南北行向为宜。该叶幕形架面光照及通风条件良好，光能利用率高，有利于提高浆果品质；结果部位集中，成熟期一致；便于密植，利于早期丰产；果实不易发生日烧病（图12-19）。

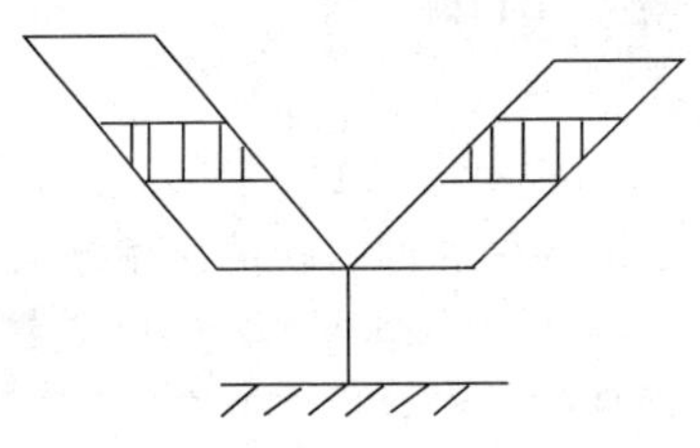

图12-19　V形叶幕及模式图

3. 水平叶幕　新梢垂直于行向并向两侧水平绑缚，新梢间距10～15厘米，叶幕长度1.2米左右，行距以2.0～2.5米为宜。品种以生长势中庸或强的品种如夏黑无核等为宜，架式以倾斜式棚架，行向日光温室以南北行向为宜，塑料大棚以东西行向为宜。该叶幕形架面光照及通风条件良好，光能利用率高，有利于提高浆果品质；结果部位集中，成熟期一致；便于密植，利于早期丰产；便于田间管理，利于机械化作业；果实不易发生日烧病；解决了光照与早期丰产的矛盾（图12-20）。

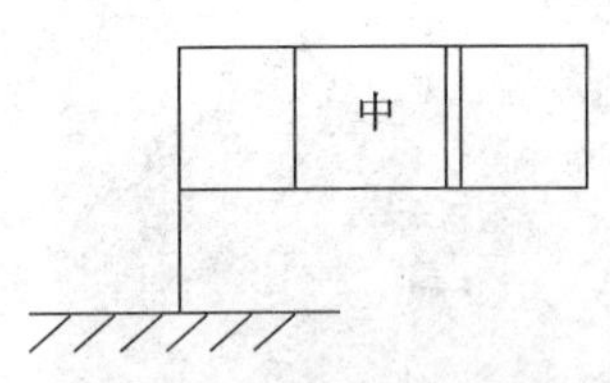

图12-20　水平叶幕及模式图

4. V+1形叶幕　该叶幕形由中国农业科学院果树研究所葡萄课题组创新性提出，解决了设施内新梢不能形成良好花芽且果实成熟期在6月10日之后的品种如红地球等存在的连年丰产措施之更新修剪和果实成熟发育不能兼顾的矛盾（图12-21）。

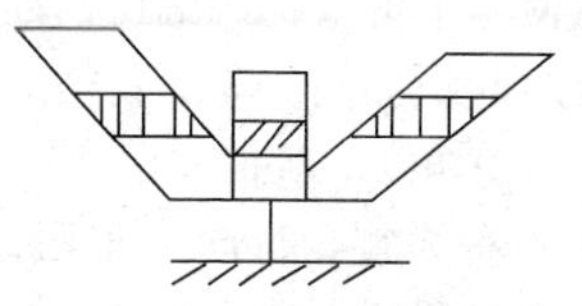

图 12-21 V+1 形叶幕及模式图

更新梢直立绑缚。树形采取单层水平形植株，每株于结果母枝基部留 1 个更新梢；单层水平龙干形植株，每结果枝组留 1 个更新梢，更新梢数量与结果枝组数量相同，更新梢间距与结果枝组间距相同。非更新梢垂直于行向并向两侧倾斜绑缚（与水平面呈 30°～60°角），新梢间距 10～15 厘米；叶幕长度 1.2 米左右。行距以 1.8 米左右为宜，架式以改良式 T 形架为宜，行向以南北行向为宜。该叶幕形架面光照及通风条件良好，光能利用率高，有利于提高浆果品质；结果部位集中，成熟期一致；便于密植，利于早期丰产；果实不易发生日烧病；尤其是解决了设施内新梢花芽分化不良的晚熟品种（果实成熟期在 6 月中旬以后）果实发育与更新修剪的矛盾，实现连年丰产；该树形缺点为更新预备梢和更新梢操作不便。

5. 半 V+1 形叶幕 该叶幕形由中国农业科学院果树研究所葡萄课题组在 V+1 形叶幕基础上创新性提出，不仅解决了设施内新梢不能形成良好花芽且果实成熟期在 6 月 10 日之后的品种如红地球等存在的连年丰产措施之更新修剪和果实成熟发育不能兼顾的矛盾；而且解决了 V+1 形叶幕更新预备梢和更新梢操作不便的问题（图 12-22）。

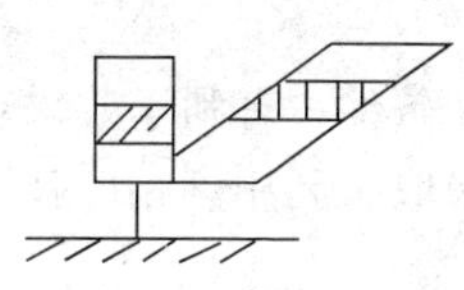

图 12-22 半 V+1 形叶幕及模式图

更新梢直立绑缚。单层水平形植株每株于结果母枝基部留 1 个更新梢；单层水平龙干形植株每结果枝组留1个更新梢，更新梢数量与结果枝组数量相同，更新梢间距与结果枝组间距相同。非更新梢垂直于行向并向一侧倾斜绑缚（与水平面呈30°～60°角），新梢间距10～15厘米；叶幕长度1.2米左右。行距以1.6米左右为宜，行向以东西行向为宜。该叶幕形架面光照及通风条件良好，光能利用率高，有利于提高浆果品质；结果部位集中，成熟期一致；便于密植，利于早期丰产；果实不易发生日烧病；解决了设施内新梢花芽分化不良的晚熟品种（果实成熟期在6月中旬以后）果实发育与更新修剪的矛盾，实现连年丰产；管理操作简便。

（三）科学修剪

1. 摘心或截顶 减少幼嫩叶片和新梢对营养的消耗，促进花序发育，提高坐果率。对生长势强坐果率低的品种如巨峰等于花前10天左右摘心以提高坐果率；而对于坐果率高的品种如红地球等则可采取延迟摘心的措施使部分果粒脱落以达到疏粒的目的，一般于花期或花后0～10天摘心。

2. 副梢管理 注意加强副梢叶片的利用，因为葡萄生长发育后期主要依靠副梢叶片进行光合作用，在设施葡萄栽培中更为明显。一般对于果穗以下副梢抹除，而其余副梢顶端副梢外均留1片叶绝后摘心，顶端副梢当长至7～10片叶时留5～7片叶及时进行摘心；待顶端二次副梢长至6～7片叶时留5～6片叶及时摘心，同样对其余副梢留1片叶绝后摘心；待顶端三次副梢萌发后留1～2片叶反复摘心。

3. 环割或环剥 于开花前后对主蔓或结果母枝基部环割或环剥可显著提高坐果率，增加单粒重；于果实着色前环割或环剥可显著促进果实成熟并改善果实品质。

4. 摘老叶 可明显改善架面通风透光条件，有利于浆果着色，但不宜过早，以采收前10天为宜，但如果采取了利用副梢叶技术，则老叶摘除时间可提前到果实开始成熟时。

5. 扭梢 对新梢基部进行扭梢可显著抑制新梢旺长，于开花前进行扭梢可显著提高葡萄坐果率，于幼果发育期进行扭梢可促进果实成熟和改善果实品质及促进花芽分化。

五、高效肥水利用

（一）肥料高效利用

1. 设施葡萄矿质营养吸收利用特点　与露地葡萄相比，设施葡萄具有如下特点：土壤温度低，根系吸收功能下降，导致根系对氮、磷、钾、钙、镁、硫、铁、锰、铜、锌、钼、硼等矿质元素的吸收速率变慢；叶片大而薄、质量差、光呼吸作用强、光合作用弱、气孔密度低；空气湿度高，蒸腾作用弱，矿质元素的主要运输动力——蒸腾拉力降低，导致植株体内矿质元素的运输速率变慢。上述三者相互作用导致设施葡萄对矿质营养的吸收利用效率低于露地葡萄，容易出现缺素症等生理病害。

根据设施葡萄的上述生理特点中国农业科学院果树研究所葡萄课题组（中国设施葡萄协作网建设团队）提出了减少土壤施肥量、强化叶面喷肥、重视微肥施用的设施葡萄施肥新理念；同时针对性地研制出设施葡萄专用系列叶面肥（已申请国家发明专利），喷施该系列叶面肥在补充设施葡萄植株矿质营养的同时，显著改善叶片质量（叶片变小、增厚、叶绿素含量显著增加），延长叶片寿命；增加叶片气孔密度，增强叶片蒸腾作用，提高矿质营养的运输效率；抑制光呼吸，增强光合作用，促进花芽分化，使果实成熟期显著提前；果实可溶性固形物含量显著增加，香味变浓，显著改善果实品质，改善果实的耐贮运性；同时提高设施葡萄植株的耐高温、低温、干旱等抗性和抗病性，促进枝条成熟。

2. 设施葡萄肥料使用量与方法

（1）*更新修剪前或不需更新修剪的植株*　重视萌芽肥（氮为主），追好膨果肥（氮、磷、钾合理搭配），巧施着色肥（钾为主），强化叶面肥（设施葡萄专用氨基酸系列螯合叶面肥，中国农业科学院果树研究所研制），施肥量要根据土壤状况、植株生长指标的需求来确定。一般情况下生产 1 000 千克葡萄所需的养分吸收量为：氮 5～10 千克，五氧化二磷 2～4 千克，氧化钾 5～10 千克。葡萄对氮、磷、钾三要素的吸收比率约为 1∶0.4∶1。

（2）更新修剪后

①对于采取平茬更新和完全重短截更新修剪的树体。在平茬和重短截的同时需结合进行断根处理，然后增施有机肥和以氮肥为主的化肥如尿素和磷酸二铵等，以调节地上地下平衡，补充树体营养，防止冬芽萌发新梢黄化和植株老化。待新梢长至20厘米左右时开始叶面喷肥，一般每7～10天喷施一次氨基酸叶面微肥。待新梢长至80厘米左右时施用一次以钾肥为主的复合肥并掺施适量硼砂，叶面肥改为氨基酸硼和氨基酸钾混合喷施，每10天左右喷施一次。

②对于采取压蔓更新超长梢修剪和选择性重短截更新的树体。一般于新梢长至20厘米左右时开始强化叶面喷肥，配方以氨基酸（展叶4片至花前10天）、氨基酸硼（盛花前后10天）、氨基酸钙（幼果发育期）和氨基酸钾（着色至成熟期）为宜；待果实采收后及时施用一次牛羊粪等农家肥或商品有机肥作为基肥并混加葡萄专用肥和一定量的硼砂及过磷酸钙等，以促进更新梢的花芽分化和发育。

（二）水分高效利用

葡萄植株需水有明显的阶段特异性，从萌芽至开花对水分需求量逐渐增加，开花后至开始成熟前是需水最多的时期，幼果第一次迅速膨大期对水分胁迫最为敏感，进入成熟期后，对水分需求变少、变缓。

1. 萌芽前后至开花期　萌芽前后正是葡萄开始生长和花序原基继续分化的时期，及时灌水可促进发芽整齐和新梢健壮生长。此期使土壤湿度保持在田间持水量的70%～80%。

花前如果干旱需浇一次小水，可促进葡萄开花整齐，促进坐果，但在花期不宜浇水（坐果率高的品种如红地球等除外），此次水一般应在花前一周进行。

2. 新梢生长和幼果膨大期　此期为葡萄的需水临界期。如水分不足，叶片和幼果争夺水分，常使幼果脱落，严重时导致根毛死亡，地上部生长明显减弱，产量显著下降。土壤湿度宜保持在田间持水量的70%～80%。

3. 果实迅速膨大期　此期既是果实迅速膨大期又是花芽大量分化期，及时灌水对果实发育和花芽分化有重要意义。土壤湿度宜保持在

65%～80%。此期保持新梢梢尖呈直立生长状态为宜。

4. 浆果转色至成熟期　在葡萄浆果成熟前应严格控制灌水，应于采前15～20天停止灌水。土壤湿度宜保持在55%～65%。

5. 更新修剪或采果后　更新修剪或采收后灌水，树体正在积累营养物质阶段，对翌年的生长发育关系很大。

6. 越冬水　葡萄落叶后必须灌一次透水，冬灌不仅能保证植株安全越冬，同时对翌年生长结果也十分有利。

进行水分管理时，催芽水、更新水和越冬水要按传统灌溉方式浇透水，其余时间灌溉时要采取根系分区交替灌溉方式灌溉。采取根系分区交替灌溉方式进行水分管理，不仅提高水分利用率，而且抑制营养生长，提早成熟，显著改善果实品质。

六、育壮促花

（一）促长整形

1. 抹芽、定梢　萌芽后及时抹除砧木萌蘖和细弱新梢，每株葡萄留一健壮新梢。当新梢长至30厘米时，及时对新梢加以引缚以利于培养健壮新梢，并及时摘除卷须。

2. 强化肥水管理　当新梢长至20～30厘米时，开始每7天叶面喷施一次氨基酸叶面肥（中国农业科学院果树研究所研制并申请国家发明专利），每半月每株土施一次25～50克尿素并浇透水，直到6月底为止。

3. 加强副梢管理　结合品种特性和整形要求，加强副梢管理，一般对顶端1～2个副梢以下的其余副梢留1片叶绝后摘心（绝后摘心即将副梢所留叶片叶腋处冬芽抹除防止再萌发新梢），促使新梢生长健壮和花芽分化。

（二）控长促花

1. 摘心控旺　当选留健壮新梢长至80厘米时摘心，摘心后顶端副梢继续延长生长，其余副梢留1片叶绝后摘心，促主蔓充分发育。当顶端保留的延长梢长至40～60厘米时，进行第二次摘心，副梢处理同上。依次类推，进行第三、第四次摘心。

2. 化学控旺 7月中旬开始时叶面喷施多效唑或PBO或烯效唑，控长促花，喷施次数视葡萄树势而定，一般喷施2～3次即可。设施葡萄一般不提倡进行化学控旺促花。

3. 控水控氮、增施磷钾肥 7月中旬开始每10天叶面喷施一次氨基酸硼和氨基酸钾叶面肥（中国农业科学院果树研究所研制并申请国家发明专利），直至10月上旬为止；7月下旬土施一次硫酸钾复合肥，亩用量30千克；8月下旬将硫酸钾化肥与腐熟优质有机肥混匀施入，每亩施腐熟优质有机肥5米^3，混加生物有机肥500千克，并适当掺施硼砂和过磷酸钙等，施肥后立即浇透水。此期应适当控水，若土壤墒情好，一般不浇水；雨季注意排涝。

七、休眠调控与扣棚升温

在设施葡萄促早栽培中，葡萄进入深休眠后，只有休眠解除即满足品种的需冷量才能开始加温，否则过早加温会引起不萌芽，或萌芽延迟且不整齐，而且新梢生长不一致，花序退化，浆果产量和品质下降等问题。因此，在促早栽培中，常采取一定措施使葡萄休眠提前解除，以便提早扣棚升温进行促早生产，在生产中常采用人工集中预冷等物理措施和化学破眠等人工破眠技术措施达到这一目的。

（一）设施葡萄常用品种的需冷量

葡萄解除内休眠（又称生理休眠、自然休眠）所需的有效低温时数或单位数称为葡萄的需冷量，即有效低温累积起始之日始至生理休眠解除之日止时间段内的有效低温累积。

1. 常用估算模型

（1）低于7.2℃模型

①低温累积起始日期的确定。以深秋初冬日平均温度稳定通过7.2℃的日期为有效低温累积的起始日期，常用5天滑动平均值法确定。

②统计计算标准。以打破生理休眠所需的≤7.2℃低温累积小时数作为品种的需冷量。

（2）0～7.2℃模型

①低温累积起始日期的确定。以深秋初冬日平均温度稳定通过

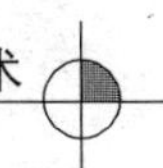

7.2℃的日期为有效低温累积的起始日期，常用5天滑动平均值法确定。

②统计计算标准。以打破生理休眠所需的0～7.2℃低温累积小时数作为品种的需冷量。

（3）犹他模型

①低温累积起始日期的确定。以深秋初冬负累积低温单位绝对值达到最大值时的日期即日低温单位累积为零左右时的日期为有效低温累积的起点。

②统计计算标准。不同温度的加权效应值不同，规定对破眠效率最高的最适冷温1小时为一个冷温单位，而偏离适期适温的对破眠效率下降甚至具有负向作用的温度其冷温单位小于1或为负值，单位为C・U（冷温单位）。换算关系如下：2.5～9.1℃打破休眠最有效，该温度范围内1小时为一个冷温单位（1C・U）；1.5～2.4℃及9.2～12.4℃只有半效作用，该温度范围内1小时相当于0.5个冷温单位；低于1.4℃或12.5℃～15.9℃则无效，该温度范围内1小时相当于0个冷温单位；16～18℃低温效应被部分抵消，该温度范围内1小时相当于－0.5个冷温单位；18.1～21℃低温效应被完全抵消，该温度范围内1小时相当于－1个冷温单位；21.1～23℃温度范围内1小时相当于－2个冷温单位。

上述需冷量估算模型均为物候学模型，因此其准确性受限于特定的气候条件和环境条件，究竟以何种估算模型作为我国设施葡萄品种需冷量的最佳估算模型有待深入研究。

2. 设施葡萄常用品种的需冷量（表12-4）

表12-4　不同需冷量估算模型估算的不同品种群品种的需冷量

（辽宁兴城）

品种及品种群	0～7.2℃模型(小时)	≤7.2℃模型(小时)	犹他模型(C・U)	品种及品种群	0～7.2℃模型(小时)	≤7.2℃模型(小时)	犹他模型(C・U)
87-1（欧亚）	573	573	917	布朗无核（欧美）	573	573	917
红香妃（欧亚）	573	573	917	莎巴珍珠（欧亚）	573	573	917
京秀（欧亚）	645	645	985	香妃（欧亚）	645	645	985

（续）

品种及品种群	0～7.2℃模型（小时）	≤7.2℃模型（小时）	犹他模型（C·U）	品种及品种群	0～7.2℃模型（小时）	≤7.2℃模型（小时）	犹他模型（C·U）
8612（欧美）	717	717	1 046	奥古斯特（欧亚）	717	717	1 046
奥迪亚无核（欧亚）	717	717	1 046	藤稔（欧美）	756	958	859
红地球（欧亚）	762	762	1 036	矢富罗莎（欧亚）	781	1 030	877
火焰无核（欧亚）	781	1 030	877	红旗特早玫瑰（欧亚）	804	1 102	926
巨玫瑰（欧美）	804	1 102	926	巨峰（欧美）	844	1 246	953
红双味（欧美）	857	861	1 090	夏黑无核（欧美）	857	861	1 090
凤凰 51（欧亚）	971	1 005	1 090	优无核（欧亚）	971	1 005	1 090
火星无核（欧美）	971	1 005	1 090	无核早红（欧美）	971	1 005	1 090

（二）促进休眠解除的技术措施

1. 物理措施

（1）*三段式温度管理人工集中预冷技术* 利用夜间自然低温进行集中降温的预冷技术是目前生产上最常用的人工破眠措施，即当深秋初冬日平均气温稳定通过 7～10℃时，进行扣棚并覆盖草苫。在传统人工集中预冷的基础上，中国农业科学院果树研究所葡萄课题组创新性地提出三段式温度管理人工集中预冷技术，使休眠解除效率显著提高，休眠解除时间显著提前，具体操作如下：人工集中预冷前期（从覆盖草苫始到最低气温低于 0℃止），夜间揭开草苫并开启通风口，让冷空气进入，白天盖上草苫并关闭通风口，保持棚室内的低温；人工集中预冷中期（从最低气温低于 0℃始至白天大多数时间低于 0℃止），昼夜覆盖草苫，

防止夜间温度过低；人工集中预冷后期（从白天大多数时间低于0℃始至开始升温止），夜晚覆盖草苫，白天适当开启草苫，让设施内气温略有回升，升至7～10℃后覆盖草苫（图12-23）。

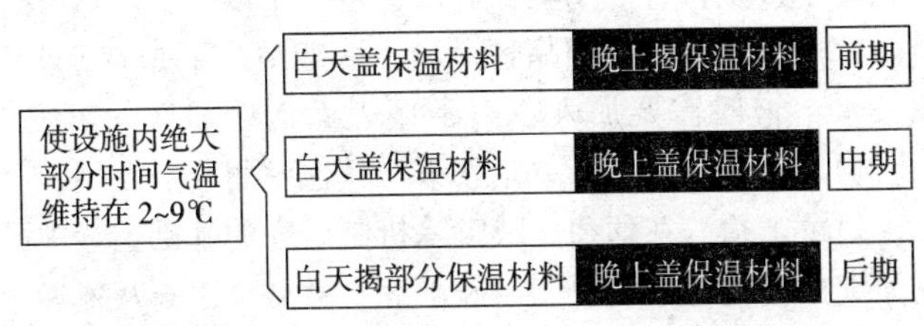

图12-23　三段式温度管理人工集中预冷技术

人工集中预冷的调控标准：使设施内绝大部分时间气温维持在2～9℃，一方面使温室内温度保持在利于解除休眠的温度范围内；另一方面避免地温过低，以利于升温时气温与地温协调一致。

（2）带叶休眠　中国农业科学院果树研究所葡萄课题组多年研究结果表明，在人工集中预冷过程中，与传统去叶休眠相比，采取带叶休眠的葡萄植株提前解除休眠，而且葡萄花芽质量显著改善。因此，在人工集中预冷过程中，一定要采取带叶休眠的措施，不应采取人工摘叶或化学去叶的方法，即在叶片未受霜冻伤害时扣棚，开始进行带叶休眠人工集中预冷处理。

2. 化学措施

（1）常用破眠剂

①石灰氮［$Ca(CN)_2$］。在使用时，一般是调成糊状进行涂芽或者经过清水浸泡后取高浓度的上清液进行喷施。石灰氮水溶液的一般配制方法是将粉末状药剂置于非铁容器中，加入4～10倍的温水（40℃左右），充分搅拌后静置4～6小时，然后取上清液备用。为提高石灰氮溶液的稳定性及其破眠效果，减少药害的发生，适当调整溶液的pH是一种简单可行的方法。在pH 8时，药剂表现出稳定的破眠效果，而且贮存时间也可以相应延长，调整石灰氮的pH可用无机酸（如硫酸、盐酸和硝酸等），也可用有机酸（如醋酸等）。石灰氮打破葡萄休眠的有效浓度因处理时期和品种而异，一般情况下是1份石灰氮兑4～10份水。

②单氰胺（H_2CN_2）。一般认为单氰胺对葡萄的破眠效果比石灰氮更好。目前在葡萄生产中，主要采用经特殊工艺处理后含有50%单氰胺（有效成分）的稳定单氰胺水溶液，在室温下贮藏有效期很短，如在1.5～5℃条件下冷藏，有效期至少可以保持一年以上。单氰胺打破葡萄休眠的有效浓度因处理时期和品种而异，一般情况下是0.5%～3.0%。配制单氰胺水溶液时需要加入非离子型表面活性剂（一般按0.2%～0.4%的比例）。一般情况下，单氰胺不与其他农用药剂混用。

（2）专用破眠剂　在葡萄休眠解除机制研究的基础上，中国农业科学院果树研究所葡萄课题组研制出破眠综合效果优于石灰氮和单氰胺的葡萄专用破眠剂（已申请国家发明专利）。

（3）注意事项

①使用时期。促进休眠解除，温带地区葡萄的冬促早或春促早栽培使休眠提前解除，促芽提前萌发，需有效低温累积达到葡萄需冷量的2/3～3/4时使用一次；亚热带和热带地区葡萄的露地栽培，为使芽正常整齐萌发，需于萌芽前20～30天使用一次；施用时期过早，需要破眠剂浓度大而且效果不好；施用时期过晚，容易出现药害。逆转休眠，葡萄的避眠栽培或两季生产（秋促早栽培），促使冬芽当年萌发，需于花芽分化完成后至达到深度自然休眠前结合剪梢、去叶等措施使用一次。

②使用效果。破眠剂解除葡萄芽内休眠使芽萌发后，新梢的延长生长取决于处理时植株所处的生理阶段，处理时期不能过早，过早葡萄芽萌发后新梢延长生长受限。

③使用时的天气情况。为降低使用危险性，且提高使用效果，石灰氮或单氰胺等破眠剂处理一般应选择晴好天气进行，气温以10～20℃最佳，气温低于5℃时应取消处理。

④使用方法。直接喷施休眠枝条（务必喷施均匀周到）或直接涂抹休眠芽；如用刀片或锯条将休眠芽上方枝条刻伤后再使用破眠剂破眠效果将更佳。

⑤安全事项。石灰氮或单氰胺均具有一定毒性，因此在处理或贮藏时应注意安全防护，要避免药液同皮肤直接接触，由于其具有较强的醇

溶性，所以操作人员应注意在使用前后1天内不可饮酒。

⑥贮藏保存。放在儿童触摸不到的地方；于避光干燥处保存，不能与酸或碱放在一起。

（三）科学升温

1. 冬促早栽培 根据各品种需冷量确定升温时间，待需冷量满足后方可升温。葡萄的自然休眠期较长，一般自然休眠结束多在12月初翌年1月中下旬。如果过早升温，葡萄需冷量得不到满足，造成发芽迟缓且不整齐、卷须多，新梢生长不一致，花序退化，浆果产量降低，品质变劣。

2. 春促早栽培 春促早栽培升温时间主要根据设施保温能力确定，一般情况下扣棚升温时间为在当地露地栽培葡萄萌芽时间的基础上提前2个月左右的时间。

3. 秋促早栽培 于早霜来临前升温，防止叶片受霜冻危害。

八、环境调控

（一）光照

葡萄是喜光植物，对光的反应很敏感，光照充足时，枝叶生长健壮，树体的生理活动增强，营养状况改善，果实产量和品质提高，色香味增进。光照不足时，枝条变细，节间增长，表现徒长，叶片变黄、变薄，光合效率低，果实着色差，或不着色，品质变劣。而光照度弱，光照时数短，光照分布不均匀，光质差、紫外线含量低是葡萄设施栽培存在的关键问题，必须采取措施改善设施内光照条件。

1. 从设施本身考虑，提高透光率 建造方位适宜、采光结构合理的设施，同时尽量减少遮光骨架材料并采用透光性能好、透光率衰减速度慢的透明覆盖材料（聚乙烯棚膜、聚氯乙烯棚膜和醋酸乙烯—乙烯共聚棚膜即EVA 3种常用大棚膜，综合性能以EVA为最佳；PO膜其透光性能更佳开始有所应用）并经常清扫。

2. 从环境调控角度考虑，延长光照时间，增加光照度，改善光质 正确揭盖草苫和保温被等保温覆盖材料并使用卷帘机等机械设备以尽量延迟光照时间；挂铺反光膜或将墙体涂为白色（冬季寒冷的东北、西北等地区考虑到保温要求墙体不能涂白)，以增加散射光；利用补光灯进行人工补光以增加光照度；安装紫外线灯补充紫外线（可有效抑制设施葡萄营养生长促进生殖生长，促进果实着色和成熟，改善果实品质；注意开启紫外线灯补充紫外线时操作人员不能入内)，采用转光膜改善光质等措施可有效改善棚室内的光照条件。

3. 从栽培技术角度考虑，改善光照 植株定植时采用采光效果良好的行向；合理密植，并采用高光效树形和叶幕形；采用高效肥水利用技术可显著改善设施内的光照条件，提高叶片质量，增强叶片光合效能；合理恰当的修剪可显著改善植株光照条件，提高植株光合效能。

（二）温度

栽培设施为其中的葡萄生长创造了先于露地生长的温度条件，设施内温度调节的适宜与否，严重影响栽培的其他环节，其主要包括两方面的内容即气温调控和地温调控。

气温调控，一般认为葡萄设施栽培的气温管理有 4 个关键时期，分别为休眠解除期、催芽期、开花期和果实生长发育期。

地温调控，设施内的地温调控技术主要是指提高地温，使地温和气温协调一致。葡萄设施栽培，尤其是早熟促成栽培中，设施内地温上升慢，气温上升快，地温气温不协调，造成发芽迟缓，花期延长，花序发育不良，严重影响葡萄坐果率和果粒的第一次膨大生长。另外，地温变幅大，会严重影响根系的活动和功能发挥。

1. 气温调控

（1）调控标准

①休眠解除期。温度调控适宜与否和休眠解除日期的早晚密切相关，如温度调控适宜则休眠解除日期提前，如温度调控欠妥当则休眠解除日期延后。调控标准：尽量使温度控制在 0～9℃。从扣棚降温开始到休眠解除所需日期因品种差异很大，一般为 25～60 天。

②催芽期。升温快慢与葡萄花序发育和开花坐果等密切相关，升温过快，导致气温和地温不能协调一致，严重影响葡萄花序发育及开花坐果。调控标准：缓慢升温，使气温和地温协调一致。第一周白天 15～20℃，夜间 5～10℃；第二周白天 15～20℃，夜间 7～10℃；第三周至

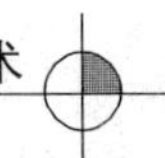

萌芽白天 20～25℃，夜间 10～15℃。从升温至萌芽一般控制在 25～30 天。

③新梢生长期。日平均温度与葡萄开花早晚及花器发育、花粉萌发和授粉受精及坐果等密切相关。调控标准：白天 20～25℃，夜间 10～15℃，不低于 10℃。从萌芽到开花一般需 40～60 天。

④花期。低于 14℃时影响开花，引起授粉受精不良，子房大量脱落；35℃以上的持续高温会产生严重日烧病。此期温度管理的重点是：避免夜间低温，其次还要注意避免白天高温的发生。调控标准：白天 22～26℃，夜间 15～20℃，不低于 14℃。花期一般维持 7～15 天。

⑤浆果发育期。温度不宜低于 20℃，积温因素对浆果发育速率影响最为显著，如果热量累积缓慢，浆果糖分累积及成熟过程变慢，果实采收期推迟。调控标准：白天 25～28℃，夜间 20～22℃，不宜低于 20℃。

⑥着色成熟期。适宜温度为 28～32℃，低于 14℃时果实不能正常成熟；昼夜温差对养分积累有很大的影响，温差大时，浆果含糖量高，品质好，温差大于 10℃以上时，浆果含糖量显著提高。此期调控标准：白天 28～32℃，夜间 14～16℃，不低于 14℃；昼夜温差 10℃以上。

（2）调控技术

①保温技术。优化棚室结构，强化棚室保温设计（日光温室方位南偏西 5°～10°，墙体采用异质复合墙体。内墙采用蓄热载热能力强的建材如石头和红砖等，并可采取穹形结构增加内墙面积以增加蓄热面积，同时将内墙涂为黑色以增加墙体的吸热能力；中间层采用保温能力强的建材如泡沫塑料板；外墙为砖墙或采用土墙等）；选用保温性能良好的保温覆盖材料并正确揭盖、多层覆盖，挖防寒沟，人工加温。

②降温技术。通风降温，注意通风降温顺序为先放顶风，再放底风，最后打开北墙通风窗进行降温；喷水降温，注意喷水降温必须结合通风降温，防止空气湿度过大；遮阴降温，这种降温方法只能在催芽期使用。

2. 地温调控

①起垄栽培结合地膜覆盖：该措施切实有效。

②建造地下火炕或地热管和地热线：该项措施对于提高地温最为有效，但成本过高，目前我国基本没有应用。

③在人工集中预冷过程中合理控温。

④生物增温器：利用秸秆发酵释放热量提高地温。

⑤挖防寒沟：防寒沟如果填充保温苯板厚度以5～10厘米为宜，如果填充秸秆杂草（最好用塑料薄膜包裹）厚度以20～40厘米为宜；防寒沟深度以大于当地冻土层深度20～30厘米为宜；防止温室内土壤热量传导到温室外。

⑥将温室建造为半地下式。

（三）湿度

空气湿度也是影响葡萄生育的重要因素之一。相对湿度过高，会使葡萄的蒸腾作用受到抑制，并且不利于根系对矿质营养的吸收和体内养分的输送。持续的高湿度环境易使葡萄徒长，影响开花结实，并且易发多种病害；同时使棚膜上凝结大量水滴，造成光照度下降。而相对湿度持续过低不仅影响葡萄的授粉受精，而且影响葡萄的产量和品质。设施栽培由于避开了自然雨水，为人工调控土壤及空气湿度创造了方便条件。

1. 调控标准

（1）催芽期　土壤水分和空气湿度不足，不仅延迟葡萄萌芽，还会导致花器发育不良，小型花和畸形花增多；而土壤水分充足和空气湿度适宜，则葡萄萌芽整齐一致，小型花和畸形花减少，花粉生活力提高。调控标准：空气相对湿度要求90%以上，土壤相对湿度要求70%～80%。

（2）新梢生长期　土壤水分和空气湿度不足，严重影响葡萄新梢正常生长，同时影响花序发育；而土壤水分充足和空气湿度过高，则葡萄新梢生长过旺，并且容易诱发多种病害。调控标准：空气相对湿度要求60%左右，土壤相对湿度要求70%～80%。

（3）花期　土壤和空气湿度过高或过低均不利于开花坐果。土壤湿度过高，新梢生长过旺，往往会造成营养生长与生殖生长的竞争，不利于花芽分化和开花坐果，导致坐果率下降；同时树体郁闭，容易导致病

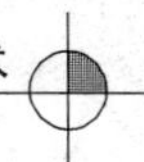

害蔓延。土壤湿度过低，新梢生长缓慢或停长，光合速率下降，严重影响授粉受精和坐果。空气湿度过高，树体蒸腾作用受阻，影响根系对矿质元素的吸收和利用；而且导致花药开裂慢、花粉散不出去、花粉破裂和病害蔓延。空气湿度过低，柱头易干燥，有效授粉寿命缩短，进而影响授粉受精和坐果。调控标准：空气相对湿度要求50%左右，土壤相对湿度要求65%～70%。

（4）浆果发育期　浆果的生长发育与水分关系也十分密切。在浆果快速生长期，充足的水分供应，可促进果实的细胞分裂和膨大，有利于产量的提高。调控标准：空气相对湿度要求60%～70%，土壤相对湿度要求70%～80%。

（5）着色成熟期　过量的水分供应往往会导致浆果的晚熟、糖分积累缓慢、含酸量高、着色不良，造成果实品质下降。因此，在浆果成熟期适当控制水分的供应，可促进浆果的成熟和品质的提高，但控水过度也可使糖度下降并影响果粒增大，而且控水越重，浆果越小，最终导致减产。调控标准：空气相对湿度要求50%～60%，土壤相对湿度要求55%～65%。

2. 调控技术

（1）降低空气湿度技术

①通风换气。是经济有效的降湿措施，尤其是室外湿度较低的情况下，通风换气可以有效排除室内的水汽，使室内空气湿度显著降低。

②全园覆盖地膜。土壤表面覆盖地膜可显著减少土壤表面的水分蒸发，有效降低室内空气湿度。

③改革灌溉制度。改传统漫灌为膜下滴（微）灌或膜下灌溉。

④升温降湿。冬季结合采暖需要进行室内加温，可有效降低室内相对湿度。

⑤防止塑料薄膜等透明覆盖材料结露。为避免结露，应采用无滴消雾膜或在透明覆盖材料内侧定期喷涂防滴剂，同时在构造上，需保证透明覆盖材料内侧的凝结水能够有序流到前底角处。

（2）增加空气湿度技术　喷水增湿。

（3）土壤湿度调控技术　主要采用控制浇水的次数和每次灌水量来

解决。

(四) 二氧化碳

设施条件下，由于保温需要，常使葡萄处于密闭环境，通风换气受到限制，造成设施内二氧化碳浓度过低，影响光合作用。研究表明，当设施内二氧化碳浓度达室外浓度（340 微克/克）的 3 倍时，光合速率提高 2 倍以上，而且在弱光条件下效果明显。而天气晴朗时，从 9:00 开始，设施内二氧化碳浓度明显低于设施外，使葡萄处于二氧化碳饥饿状态，因此，二氧化碳施肥技术对于葡萄设施栽培而言非常重要。

1. 二氧化碳施肥技术

(1) *增施有机肥* 在我国目前条件下，补充二氧化碳比较现实的方法是土壤中增施有机肥，而且增施有机肥同时还可改良土壤、培肥地力。

(2) *施用二氧化碳气肥* 由于对土壤和使用方法要求较严格，所以该法目前应用较少。

(3) *燃烧法* 燃烧煤、焦炭、液化气或天然气等产生二氧化碳，该法使用不当容易造成一氧化碳中毒。

(4) *干冰或液态二氧化碳* 该法使用简便，便于控制，费用也较低，适合附近有液态二氧化碳副产品供应的地区使用。

(5) *合理通风换气* 在通风降温的同时，使设施内外二氧化碳浓度达到平衡。

(6) *化学反应法* 利用化学反应法产生二氧化碳，操作简单，价格较低，适合广大农村的情况，易于推广。目前应用的方法有：盐酸—石灰石法、硝酸—石灰石法和碳酸氢铵—硫酸法，其中碳酸氢铵—硫酸法成本低、易掌握，在产生二氧化碳的同时，还能将不宜在设施中直接施用的碳酸氢铵，转化为比较稳定的可直接用于追肥的硫酸铵，是现在应用较广的一种方法，但使用硫酸等具有一定危险性。

(7) *二氧化碳生物发生器法* 利用生物菌剂促进秸秆发酵释放二氧化碳气体，提高设施内的二氧化碳浓度。该方法简单有效，不仅释放二氧化碳气体，而且增加土壤有机质含量，并且提高地温。具体操作如下：在行间开挖宽 30～50 厘米，深 30～50 厘米，长度与树行长度相同

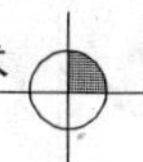

的沟槽，然后将玉米秸、麦秸或杂草等填入，同时喷洒促进秸秆发酵的生物菌剂，最后秸秆上面填埋10～20厘米厚的园土，园土填埋时注意两头及中间每隔2～3米留置一个宽20厘米左右的通气孔为生物菌剂提供氧气通道，促进秸秆发酵发热，园土填埋完后，从两头通气孔浇透水。

2. 二氧化碳施肥注意事项　于叶幕形成后开始进行二氧化碳施肥，一直到棚膜揭除后为止。一般在天气晴朗、温度适宜的天气条件下于上午日出1～2小时后开始施用，每天至少保证连续施用2～4小时以上，全天施用或单独上午施用，并应在通风换气之前30分钟停止施用较为经济；阴雨天不能施用。施用浓度以1 000～1 500微升/升为宜。

九、花果管理

（一）坐果率调控

1. 摘心　对生长势强的结果梢，在花前7～10天对花序上部进行扭梢，同时花序上部留5～6片大叶摘心可显著提高坐果率（巨峰等）。花期浇水、坐果后摘心可显著降低坐果率（红地球等）。

2. 喷布氨基酸硼和氨基酸锌等叶面肥　花前10天对叶片和花序喷布设施葡萄专用螯合氨基酸硼、螯合氨基酸锌叶面肥（中国农业科学院果树研究所研制）等，每隔7天左右喷一次，连续喷布2次。

3. 疏穗　一般在展叶4～6片时进行疏穗，原则是如穗重超过500克，中庸新梢1新梢对应1穗，强旺新梢1新梢对应2穗或2新梢对应3穗，弱新梢不留花穗，每新梢15～20片叶；如穗重低于500克，则中庸新梢1梢对应2穗或2新梢对应3穗，强旺新梢1新梢对应2～3穗。一般情况下中庸新梢留第一花穗，强旺新梢留第一和第二花穗或只留第二花穗。

4. 整穗　见第八章葡萄花果管理技术。

（二）果实品质调控

1. 疏粒　疏粒标准：果粒可以自由转动，单穗重量在400～600克（红地球除外）。疏掉果穗中的畸形果、小果、病虫果以及比较密集的果粒，一般在花后2～4周进行1～2次。第一次在果粒绿豆粒大小时进行，第二次在花生粒大小时进行。疏粒应根据品种的不同而确定相应的标准。自然平均粒重在 6 克以下的品种，每穗留 60～80 粒为宜；自然平均粒重在 6～7 克的品种，每穗留 50～70 粒；自然平均粒重在 8～10 克的品种，每穗留 40～60 粒；自然平均粒重大于 11 克的品种，每穗留 35～40 粒；红地球特殊，每穗需保留 80～100 粒。

在修果穗、疏粒的时候由于某些品种如红地球对伤及果穗穗轴及分枝梗都会影响果粒的生长，因此在疏除花序分枝时不要太靠近花序主轴、疏果粒时不要太靠近花序果穗分枝轴，注意保留一小段“桩”。

2. 套袋或打伞　套袋（图 12-24）能显著改善果实的外观品质。疏粒完成后即可套袋，纸袋的选择根据品种而定，一般着色品种选用白色纸袋，绿、黄色品种选用黄色纸袋。对于容易发生日烧病的品种最好采取打伞（图 12-25）栽培以减轻日烧病。

图 12-24　打伞栽培

图 12-25　打伞结合套袋栽培

3. 摘叶与疏梢　摘叶与疏梢可明显改善架面通风透光条件，有利于浆果着色，但摘叶不宜过早，以采收前 10 天为宜，但如果采取了利用副梢叶技术，则老叶摘除时间可提前到果实开始成熟时。

疏梢一般每亩新梢留量在 3 000～5 000 个为宜，这样即能保证足够的新梢留量，又能保证通风透光，疏梢一般在新梢展叶 5～7 片时进行。

4. 合理使用植物生长调节剂　见第九章植物生长调节剂的安全使用技术。

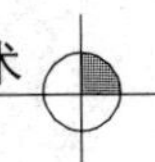

5. 环割或环剥　浆果着色前，在结果母枝基部或结果枝基部进行环割或环剥，可促进浆果着色，提前3～5天成熟，同时显著改善果实品质。

6. 挂铺反光膜　于地温达到适宜温度后挂铺反光膜，可显著改善果实品质，促进果实成熟。

7. 充分利用副梢叶　注意加强副梢叶片的利用，因为葡萄生长发育后期主要依靠副梢叶片进行光合，在设施葡萄栽培中更为明显。

8. 扭梢　于幼果发育期可显著抑制新梢旺长，促进果实成熟和改善果实品质及促进花芽分化。

9. 喷施氨基酸系列叶面肥　于幼果发育期至果实成熟期每10天一次喷施氨基酸钙（中国农业科学院果树研究所研制）叶面肥；在浆果着色期每隔10天喷布一次氨基酸钾（中国农业科学院果树研究所研制）叶面肥；该技术是提高果实品质的核心技术。

10. 合理负载　不同地区和管理水平合理负载量不同，按照兼顾品质和产量的要求，一般每亩产量控制在2 000千克左右。

（三）功能性保健果品（葡萄）的生产

中国农业科学院果树研究所在多年研究攻关的基础上，根据葡萄等果树硒和锌等元素的吸收运转规律，研发出氨基酸硒和氨基酸锌等富硒和富锌果树叶面肥（喷施该系列叶面肥不仅补充果品的硒和锌等元素生产富硒和富锌功能性保健果品而且能显著提高果树光合效率、促进果树花芽分化、提高果树抗性、显著改善果实品质），并已申请国家发明专利，同时建立了富硒和富锌功能性保健果品（葡萄）的生产配套技术。目前，富硒和富锌等功能性保健果品（葡萄）生产关键技术已经开始推广，富硒和富锌等功能性保健果品（葡萄）生产进入批量阶段。

富硒葡萄和富锌葡萄等功能性保健果品的生产方法如下：

1. 富硒葡萄　于幼果发育期至果实成熟前两周，每10～15天喷施一次中国农业科学院果树研究所研制的氨基酸硒富硒叶面肥。

2. 富锌葡萄　于花前10天左右至果实成熟前两周每10～15天喷施一次中国农业科学院果树研究所研制的氨基酸锌富锌叶面肥。

十、更新修剪

对于设施内新梢不能形成良好花芽的品种需采取恰当的更新修剪方法方能实现设施葡萄促早栽培的连年丰产。主要采取的更新修剪方法如下：短截更新、平茬更新和压蔓更新超长梢修剪3种更新修剪方法，其中短截更新又分为完全重短截更新和选择性重短截更新两种方法。

（一）重短截更新（根本措施）

1. 完全重短截　对于果实收获期在6月初之前的葡萄品种如夏黑无核等采取完全重短截与重回缩相结合的方法。于浆果采收后，根据不同树形要求将预留为更新梢的原结果新梢或发育新梢留1～2个饱满芽进行重短截，逼迫其基部冬芽萌发新梢，培养为翌年的结果母枝；而对于完全重短截时枝条和芽已经成熟变褐的品种如矢富罗莎和夏黑无核等需对所留的饱满芽用葡萄专用避眠剂（中国农业科学院果树研究所专利产品）涂抹以逆转冬芽休眠促其萌发；其余新梢或结果母枝疏除。

2. 选择性重短截　对于果实收获期在6月初之后的品种如红地球等采取选择性重短截的方法。在覆膜期间新梢管理时，首先根据不同树形要求选留部分新梢留5～7片叶摘心，培养更新预备梢。重短截更新时，只将更新预备梢留1～2个饱满芽进行重短截，逼迫冬芽萌发新梢，培养为翌年的结果母枝；而对于重短截时更新预备梢的枝条和芽已经成熟变褐的品种需对所留的饱满芽用葡萄专用避眠剂（中国农业科学院果树研究所专利产品）涂抹以逆转冬芽休眠促其萌发；其余新梢在浆果采收后对于过密者疏除，剩余新梢或原结果母枝落叶后再疏除或回缩。

采用此法更新需配合相应树形和叶幕形，树形以单层水平形和单层水平龙干形为宜；叶幕形以V+1形叶幕或半V+1形叶幕为宜，非更新梢倾斜绑缚呈V形或半V形叶幕，更新预备梢采取直立绑缚呈1形叶幕。如果采取其他树形和叶幕形，更新修剪后所萌发更新梢处于劣势位置，生长细弱，不易成花。

该方法系中国农业科学院果树研究所葡萄课题组（中国设施葡萄协

作网建设团队）首创，有效解决了果实收获期在6月初之后且棚内梢不能形成良好花芽的品种如红地球等的连年丰产问题。

3. 注意事项　重短截时间越早，短截部位越低，冬芽萌发形成的新梢生长越迅速，花芽分化越好，一般情况下重短截时间最晚不迟于6月初。

重短截时间的确定原则是揭膜时重短截逼发冬芽副梢长度不能超过20厘米并且保证冬芽副梢能够正常成熟。

重短截更新修剪所形成新梢的结果能力与母枝粗度关系密切，一般重短截剪口直径在0.8～1.0厘米以上的新梢冬芽所萌发的新梢结果能力强。

（二）平茬更新

浆果采收后，保留老枝叶1周左右，使葡萄根系积累一定的营养，然后从距地面10～30厘米处平茬，促使葡萄母蔓上的隐芽萌发，然后选留一健壮新梢培养为翌年的结果母枝。该更新方法适合高密度定植采取地面枝组形单蔓整枝的设施葡萄园，平茬更新时间最晚不晚于6月初，越早越好，过晚，更新枝生长时间短，不充实，花芽分化不良，花芽不饱满，严重影响翌年产量。因此，对于果实收获期过晚的葡萄品种不能采取该方法进行更新修剪。利用该法进行更新修剪对植株影响较大，树体衰弱快。

（三）压蔓更新，超长梢修剪（补救措施）

揭除棚膜后，根据树形要求在预备培养为翌年结果母枝的发育梢或结果梢上选择1～2个健壮新梢（夏芽副梢或逼发的冬芽副梢）于露天条件下延长生长，将其培养为翌年的结果母枝，待露天延长梢（即所留新梢的露天延长生长部分）长至10片叶左右时留8～10片叶摘心，为防止某些生长势强旺品种的新梢徒长，可于新梢中下部进行环割或环剥处理抑制新梢旺长。晚秋落叶后，将培养好的结果母枝棚内生长的下半部分压倒盘蔓或压倒到对面行上串行绑缚（如结果母枝萌发位置低可不需盘蔓），而对于其揭除棚膜后生长的上半部分根据品种特性采取中短梢或长梢修剪。待萌芽后，再选择结果母枝棚内生长的下半部分，靠近主蔓处萌发的新梢培养为预备梢继续进行更新管理，管理方法同去年，待落叶冬剪时将培养的结果母枝前面的已经结过果的枝组部分进行回缩修剪，回缩至培养的结果母枝处，防止种植若干年后棚内布满枝蔓，影响正常的管理，以后每年重复上述管理进行更新。该更新修剪方法不受果实成熟期的限制，但管理较烦琐。

（四）配套措施

1. 对于采取平茬更新或完全重短截更新修剪的植株 在平茬和完全重短截的同时需结合进行断根处理，然后增施有机肥和以氮肥为主的化肥如尿素和磷酸二铵等，以调节地上地下平衡，补充树体营养，防止冬芽萌发、新梢黄化和植株老化。待新梢长至20厘米左右时开始叶面喷肥，一般每7～10天喷施一次氨基酸叶面微肥。待新梢长至80厘米左右时施用一次以钾肥为主的复合肥并掺施适量硼砂，叶面肥改为氨基酸硼和氨基酸钾混合喷施，每10天左右喷施一次。

2. 对于采取压蔓更新超长梢修剪或选择性重短截更新的植株 一般于新梢长至20厘米左右时开始强化叶面喷肥，配方以氨基酸、氨基酸硼、氨基酸钙和氨基酸钾为宜；待果实采收后及时施用一次充分腐熟的牛羊粪等农家肥或商品有机肥作为基肥并混加葡萄专用肥和一定量的硼砂以及过磷酸钙等，以促进更新梢的花芽分化和发育。

3. 叶片保护 叶片好坏直接影响到翌年结果母枝的质量，因此叶片保护工作对于培育优良结果母枝而言至关重要，主要通过强化叶面喷肥提高叶片质量和病虫害防治保护好叶片达到目的。

其次棚膜揭除的方法对于叶片保护而言同样非常重要。在棚膜揭除时一定要逐渐揭除，使叶片逐渐适应自然条件，减轻自然强光对叶片造成的光氧化，减缓叶片衰老。

副梢叶片的利用对于增强揭棚后树体的光合作用至关重要，因此设施栽培葡萄副梢管理不同于露地栽培，对于摘心后萌发的顶端副梢应长至8～10片叶后摘心，以后依次类推，而不是将顶端副梢留1～2片叶反复摘心。揭棚后将衰老严重的老叶摘除，主要利用副梢叶进行光合作用制造营养。

（本节撰稿人：刘凤之　王海波　王孝娣
王宝亮　魏长存　郑晓翠）

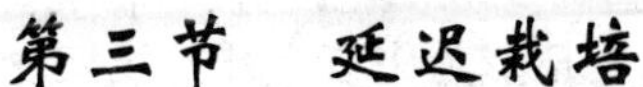

第三节　延迟栽培

一、延迟栽培的气候和环境因子要求

（一）自然条件

年日照时数2 500小时以上，12月至翌年1月没有连续3天降雪，年平均温度0～9℃，海拔1 000～2 800米，降水量500毫米以下。

（二）土壤条件

碱性较小的各种土壤均可通过改造种植，但以轻壤土和沙土为好。

（三）地点条件

选择在低积温冷凉地区、光照充足、空气干燥、有灌水或雨水积蓄条件、排水良好的山台地或荒漠区建日光温室。

二、品种选择

优质、耐贮运、晚熟或极晚熟的优良品种均可，如红地球、克瑞森无核、圣诞玫瑰（秋红）、意大利、红意大利、美人指、红宝石无核和秋黑等。

三、科学定植

（一）栽培密度

栽植密度因树形不同而异，①具主干棚架形（推荐T形架形），株距2～2.5米，每棚1行，定植密度为41～45株/亩。②采用南北行向、单壁篱架、小棚架，有干双臂或双主蔓扇形整枝，株行距0.8米×1.6～1.8米，定植密度为520～465株/亩。

（二）定植方式

1. 根域限制栽培　在离开后墙（北墙）50～80厘米开挖宽100厘米、深50厘米的栽培沟，用宽度2.8～3.0米的整张塑料膜铺盖沟底和沟壁，将优质有机肥与6～8倍量的熟土混合（有条件时掺入少量粗沙）填满铺覆塑料膜的沟，并高出地面15～20厘米。设置滴管管后灌透水，待根域表层15～20厘米土壤渗干时，按2.0米的间距定植一级成品葡萄苗。

2. 常规栽培 以定植点为中心，开挖浅穴，穴底呈馒头形，根系向四周均匀舒展地摆放在馒头形土堆上，四周填入表土踏实，定植深度在原扦插部位栽后立即灌水，根据墒情1～2天覆膜。覆膜时将苗茎穿出地膜，剪留2个饱满芽，然后用潮土盖住地上部分。栽后7～10天开始检查，芽在土中明显膨大时去除覆土，苗木见光。栽后保持高空气湿度，花帘控温在10～15℃；发芽后逐渐降低湿度、增加光照、将温度调控在20～25℃，成活率极高。

（三）定植时期

1. 已有棚的定植 利用旧日光温室栽植，可在前一年夏秋季开沟施肥，在秋冬茬蔬菜采收后定植，定植后当气温低于5℃时及时埋土保温保湿。未种蔬菜的大棚，秋栽可在11月中上旬进行定植，栽后浅埋土越冬。

2. 未建棚的定植 可根据建棚规划，先打好墙体位置，在确定的定植带内开沟、施肥、灌水。在春季地完全解冻后栽苗或外界平均气温稳定在10℃时栽植。

四、肥水管理

（一）肥料管理

1. 基肥 定植前，开挖60厘米×60厘米的沟，沟内施入腐熟的羊粪或农家肥60～75米^3/公顷、过磷酸钙1 500千克/公顷，与熟土混匀后填入沟底。

11月下旬或采收后在距植株一侧40～50厘米处开挖宽30厘米、深60厘米的施肥沟，随挖随施充分腐熟的有机肥、绿肥或高温发酵的堆肥，并混合施入过磷酸钙200千克/亩，碱性土壤可增施农用硫酸亚铁10千克/亩，施后立即顺沟浇一次小水并注意及时通风降低棚内空气湿度和有害气体。施肥沟每年轮换位置，施肥量逐年增加。

2. 追肥 定植当年，在棚膜不覆盖情况下，第一次追肥在苗高20～30厘米时，结合灌水在距植株20厘米左右处株施尿素10克左右；第二次追肥在第一次追肥后15～20天，结合灌水在距植株30厘米左右

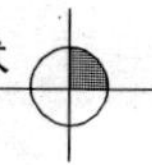

处株施尿素20克左右；第三次在第二次追肥后15～20天，将尿素和磷酸二铵等量混合，结合灌水在距植株30厘米左右处株施30克左右；第四次在7月中下旬将磷酸二铵和硝酸钾等量混合，结合灌水在距植株35厘米左右处株施40克左右。二年生以上植株每年土壤追肥3次，即萌芽期第一次追肥，每株开浅槽沟施尿素50克，并覆土掩埋后立即浇水；花前期第二次追肥，每株施入氮磷钾复合肥100～150克；幼果膨大期第三次追肥，每株施入磷酸二铵100～200克。追肥时将化肥压入植株一侧40厘米处土中，并及时灌水。果实成熟前期叶面喷施氨基酸钾液肥一次。产量较大的植株适当增加追肥量。7月中旬至8月中旬，连续2次结合灌水，株施氮磷钾复合肥100克。9月初在当地常年早霜出现前，浇水追一次磷钾复合肥或磷、钾混合肥，2～3天后上棚覆膜。

3. 根外追肥　一般在7月，结合叶面喷药防病，加入氨基酸叶面肥每隔10天喷一次；8月以后，结合叶面喷药防病，间隔10天，喷一次氨基酸钾叶面肥，连喷3～4次；11月中旬以后，每隔7天叶面喷施氨基酸钾叶面肥3次，以促进枝条老化。

（二）水分管理

中前期灌水结合追肥进行，后期覆盖棚膜后，要适度控水，后期补水以小水为好，有条件的地区最好安装滴灌带进行滴灌或渗灌。落叶后饱灌，以利安全越冬。

五、整修修剪及花果管理

（一）定植当年

新梢长到10厘米左右时开始抹芽，到20厘米左右时进行定梢，每株选留1个壮梢作主干或主蔓（双主蔓整形，强株可一次性选留2个新梢），其余芽抹除。当新梢长到60～70厘米时进行绑蔓，卷须应在绑蔓时随时去除。

苗木主梢摘心以粗度和时间而定，原则上直径1厘米以上主梢第一次摘心长度在100～120厘米时进行；直径0.8厘米左右的新梢第一次摘心长度在80～100厘米时进行，0.5厘米左右的新梢第一次摘心在长度50厘米时进行。一年生幼树营养蔓上的一次副梢留1片叶摘心，顶端2个新梢留3～5片叶反复摘心。秋季不准备覆膜延长生育期的植株，在7月底不论苗木生长高低全部开始摘心。摘心后上部长出的2个副梢留3～5片叶反复摘心，以促进枝条老化、成熟，提高越冬抗性。

定植第一年，生长良好的植株，即可选留好主蔓，常用的树形有F形双主蔓篱壁形叶幕、小棚架形叶幕和Y形叶幕3种。

（二）定植第二年及以后

1. 新梢管理

（1）抹芽与定梢、绑梢　设施内2～3年生结果株抹芽要早，一般在新梢生长到5厘米时，抹除萌发的并生芽、弱芽及过密芽，同时根据产量进行定梢。当新梢长到60～70厘米时进行绑蔓，卷须应在绑蔓时随时去除。

（2）新梢摘心　结果株的新梢进行花前摘心，结果蔓花序以上留6片叶摘心，营养蔓按粗度和叶数摘心，强蔓留10～12片叶、中庸蔓留7～9片叶、弱蔓留5～6片叶摘心。

（3）副梢摘心　幼龄结果蔓上的副梢，果穗以下留1片叶摘心，果穗以上留2片叶摘心，并采用一次性根除法，除去一次副梢上的夏芽，使二次副梢不能萌发。主梢摘心后，顶端萌发的2个一次副梢各留5片叶摘心。二次、三次副梢留3片叶反复摘心。

2. 花果管理

（1）定穗　二年生苗依据植株大小和树势强弱，确定每株负载量。按负载量和平均单穗重，确定每株留穗数，疏去多余的花序。积温长、土质好、有机肥充足的地区盛果期产量可控制在2 000～2 200千克/亩，反之积温短、土质差、有机肥料不足的地区，盛果期产量只能控制在1 500～2 000千克/亩；留果偏多会严重导致果实变小、品质下降，并且枝蔓成熟差，越冬发芽率低，影响翌年结果。

（2）整穗　花前5～7天在做好顺穗的同时，除去靠穗轴基部的1～2个副穗；花前3～5天根据果穗大小掐去1/4～1/3的穗尖，这是提高坐果和生产大果的关键措施之一；花后果粒直径在0.5～1厘米时，疏除小果、畸形果和密集果，调整果粒间距使全穗果粒分布均匀。定果时

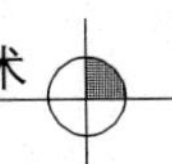

大穗保持70～80粒、中穗50～60粒、小穗30～40粒。在花序长6～8厘米时，用30～40毫克/升赤霉素浸花序一次；花后20天左右（果粒黄豆大小）用微型喷雾器均匀在果穗上喷雾40～50毫克/升赤霉素。10月中旬在温室后墙与行间地下铺设反光膜，改善葡萄植株中下部的光照条件，提高果实含糖量，改善品质。

（3）套袋 由于延后栽培在第一次早霜来临之前是露地生长，果实套袋时间在不同立地条件下差异很大，一般在果粒直径达到1厘米到初着色时进行；套袋时要剪除小果、病果，进行定果，并对全穗喷一次广谱性杀菌剂，待第二天药液干后选择阴天或早晚套袋；除袋时间一般在采前10～15天进行，先将袋下部打开成灯罩状，3～5天后全部取除。在冬季光照充足，果穗能在袋内良好着色的地区，果穗也可不去袋，保持果面良好的果粉，带袋采收。

（4）采收 根据果实成熟度以及市场需求决定采收期，冷凉地区在12月底到翌年元月上中旬；高寒地区在元月中下旬到2月初。果穗采下后要分级整理，按穗形、果粒大小、色泽、可溶性固形物含量分级包装。

（三）冬季修剪

葡萄采收后10～15天白天继续保持20℃以上温度、晚上最低保持在5℃以上，让养分回流。此后逐渐降温，撤除部分或全部草苫，使夜温降至0～5℃，白天加大风口，将昼温降至10℃左右，促使葡萄落叶，进入休眠期。植株叶片全部呈黄色或脱落后，根据确定的树形进行冬剪在春季解除自然休眠前修剪，并覆盖草帘越冬。冬剪主要采用双枝更新和单枝更新，中短梢混合修剪。盛果期植株根据树体结果部位上移和多年生蔓光秃情况及时进行局部或部分主蔓回缩、更新。

六、环境调控

（一）温湿度管理

1. 发芽前盖帘保冷，延迟发芽 栽植第二年开始，清明前后至葡萄萌芽前，通过白天盖帘不升温，晚间拉帘通风降温，延迟葡萄萌芽。每年5月下旬至6月上旬，当棚内树体鳞芽开始自然膨大，长至1厘米

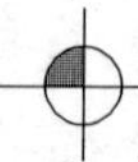

时，开始进行见光逐步升温。升温时，要交替轮换进行拉帘，第一周，白天温度控制在15℃，夜间8～10℃；第二周白天温度控制在20℃，夜间15℃；第三周白天控制在25℃，夜间15～18℃。湿度保持在60%～70%。

2. 发芽后露地栽培，利用冷凉气候资源，延缓生长 5月中下旬将日光温室的塑料膜和保温帘卷起或取掉，直至9月中下旬早霜前，让葡萄树在露地条件下生长，利用高海拔的冷凉气候资源，延缓葡萄果实的发育进程。

3. 早霜前扣棚蓄热保温，利用良好的光照条件，保持叶片的正常光合作用和果实发育，延长果实糖积累时间，提高品质 在当地早霜来临前要及时扣棚，一般因各地秋季温度下降幅度不同掌握在夜间温度下降到8℃时上棚膜。此时白天棚内温度较高，无霜冻时白天、夜间均打开上下通风口；白天最高温度控制在30℃左右，夜间温度保持在12～15℃；外界气温夜间下降到7～8℃时，注意夜间关闭通风口。扣棚后即果实着色期，此时外界白天气温还较高，棚内空气湿度急剧增高，特别要注意及时通风，调整果实二次膨大与空气湿度高易发病的矛盾，灌水时采用小水浅灌，将空气相对湿度调控在55%～65%，夜间盖帘保温，白天拉帘增温，白天温度控制在28℃以下，夜间控制在15℃。果实成熟期，白天温度控制在25℃以下，夜间8～10℃，使果实成熟后正常生长，延长葡萄生育期，达到延后上市的目的。

4. 果实采收后，温室内逐渐降温促使树体及时进入休眠 在果实采收20天左右，采取逐渐降温的方式进行苗木越冬前的调控。第一周白天温度控制在20～25℃，夜间8～10℃；第二周白天温度控制在15～20℃，夜间5～6℃；第三周白天温度控制在10～15℃，夜间2～3℃。湿度控制在70%左右。

5. 休眠期关闭温室通风口，严密覆盖保温帘，保持棚内冷凉但不结冻，延缓发芽 当叶片50%以上开始黄化后进行修剪、施基肥、浇冬水，进入休眠期。休眠时，放下全部草帘，关闭通风口，使棚内不能见光，保持棚内温度在0～3℃，最高温度不超过7.2℃，最低温度

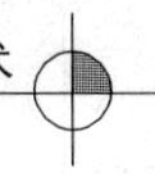

－2℃。湿度控制在60%～70%。一直到翌年发芽为止。

（二）光照调控

葡萄是喜光植物，棚膜应选用无滴膜，如膜上灰尘太多，应及时清除。采前1个月，分批开始摘除果穗基部老叶和其他部位已经发黄的衰老叶。并对留枝过密，影响果穗光照的营养蔓上幼嫩新梢适当疏去一部分，以改善葡萄果穗周边的光照条件。

七、病虫害防治

在延后栽培中，覆膜后设施内湿度大、通风差，容易发生病害，露天葡萄很少发生的霜霉病、白粉病及红蜘蛛等在日光温室葡萄上时有发生。除通过控制灌水、及时通风、降低棚内空气湿度和加强夏剪，减少采前枝叶密度、叶幕厚度等栽培措施，降低发病的环境条件外，特别要注意利用生物和化学药剂预防霜霉病、白粉病、灰霉病、黑痘病等病害。根据发病症状，针对当地发生的病害类型，参考本书第十章进行防治。但下述几点是必要的防治环节。

清扫落叶、残枝和病果，集中烧毁或深埋。冬芽开始萌动尚未吐绿时，用5波美度石硫合剂加100倍五氯酚钠液，细致喷洒葡萄枝蔓与地面，铲除越冬病菌。

萌芽前全棚喷一次3～5波美度石硫合剂，消除越冬病菌和螨类虫害。

在上年灰霉病发生较多的棚中，花前7～10天喷一次10%多抗霉素500倍液，预防灰霉病的发生。上年白粉病发生较多的棚中，花前10天喷一次多硫悬浮液。

6月中旬开始定期喷施半量式波尔多液，15天一次，连喷3～4次，可有效预防真菌病害。

扣棚前喷施一次广谱性杀菌剂；扣棚后可根据实际情况喷施，如有病害发生，白粉病用甲基硫菌灵1 000倍液进行防治，霜霉病用甲霜灵600倍液进行防治，白粉虱用蚜虱净1 000倍液进行防治，红蜘蛛用哒螨灵或螨死净3 000倍液进行防治。

（本节撰稿人：王世平）

第四节　避雨栽培

一、避雨棚的设计与建造

（一）架上简易避雨促成拱棚

利用毛竹片（竹弓）或镀锌高碳钢丝等材料建成的架上小拱棚，覆盖塑料膜，同时，将架上拱棚之间的间隙用塑料膜覆盖，并将葡萄棚架四周用塑料膜封闭，可形成简易的促成栽培棚。

1. 镀锌高碳钢丝网棚

（1）*构造*　用直径4～5毫米的高碳钢丝焊制成宽250厘米、长200厘米的网片，网格间距分别是62.5厘米和40厘米，镀锌后直接与葡萄架面连接成为拱形小棚，铺盖塑料膜后可保护棚下葡萄叶片不被雨水淋湿（图12-26）。

（2）*设置方法*　葡萄园四周以2米的间距设置倾斜40°～60°角的水泥桩，与垂直地锚连接，用2～3股的4～5毫米镀锌丝或高压输电线缆等有较强抗拉力的铅丝或电缆与水泥桩、地锚连接呈矩形框，并用4～5毫米镀锌铅丝以2米的间距通过水泥桩与地锚连接，纵横交错成网，用紧丝嵌拉紧经纬线，沿行向按2米的间距竖高于网状架面50厘米的水泥桩，并将水泥桩与架面位置的铅丝连接固定（图12-26、图12-27、图12-28）。将拱棚间的间隙用塑料膜连接、四周也用塑料膜封闭后可作为促成棚用（图12-29）。

2. 竹片避雨棚

（1）*构造*　用宽度5厘米、长度2.5～2.8米的毛竹片弯呈弓形，以40厘米左右的间距绑缚到架面，形成架面小棚，铺盖塑料膜后可保护棚下葡萄叶片不被雨水淋湿（图12-28）。

（2）*设置方法*　参照图12-27设置水泥桩和钢丝网，塑料膜覆盖如图12-29。

（二）水泥立柱钢管拱架连栋棚

用20号镀锌钢管（ϕ60毫米）作拱架、用水泥桩作立柱做成易排水、抗台风的连栋避雨棚，单栋跨度600～800厘米，造价每亩约2万

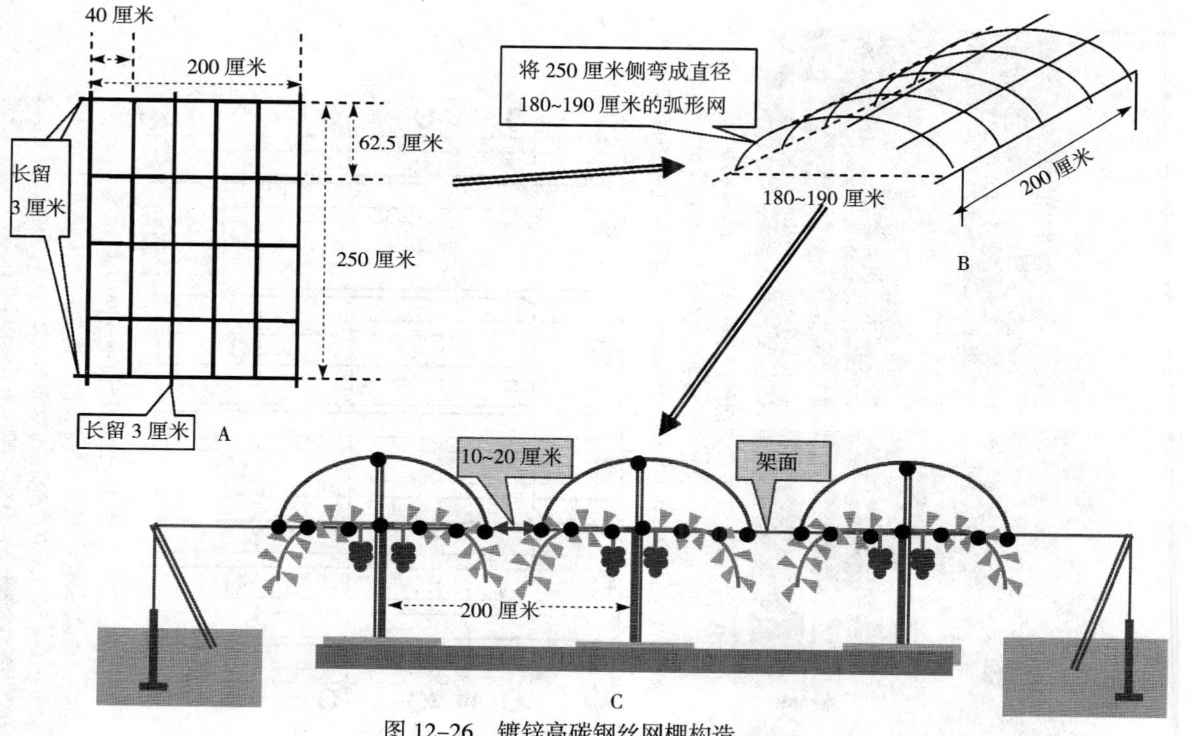

图 12-26 镀锌高碳钢丝网棚构造

A.网片规格 B.网片拱成棚的方法 C.拱棚的设置方法 ●为纵向设置的镀锌钢丝

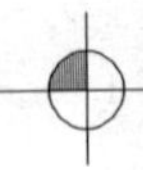

图 12-27　镀锌高碳钢丝网棚的构造与设施方法

A. 网片拱成小棚后的状况　B. 覆膜后状况　C. 覆膜后 T 形架形葡萄树的发芽状况（株距 2 米、行距 8 米）　D. 倾斜竖立的边桩状况

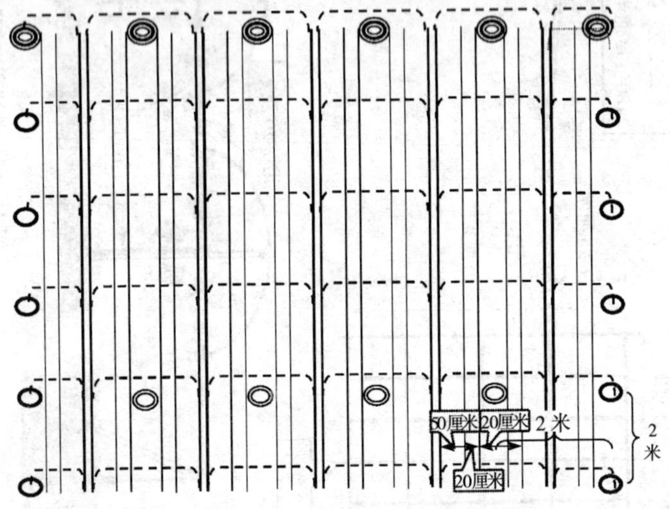

图 12-28　棚面钢丝网构成

○为高度 2.6 米、向外倾斜 45°角竖立的水泥桩，◎为高度 2.8 米、垂直竖立的水泥桩，边框为 2～3 股的 4～5 毫米镀锌钢丝或高压输电线缆，粗线为直径 4～5 毫米镀锌钢丝、细线为 2～3 毫米镀锌钢丝，适合株距 2 米、行距 8 米的栽植密度使用，架面高度 1.8 米，拱顶高度 2.3 米

图 12-29 竹片避雨棚结构

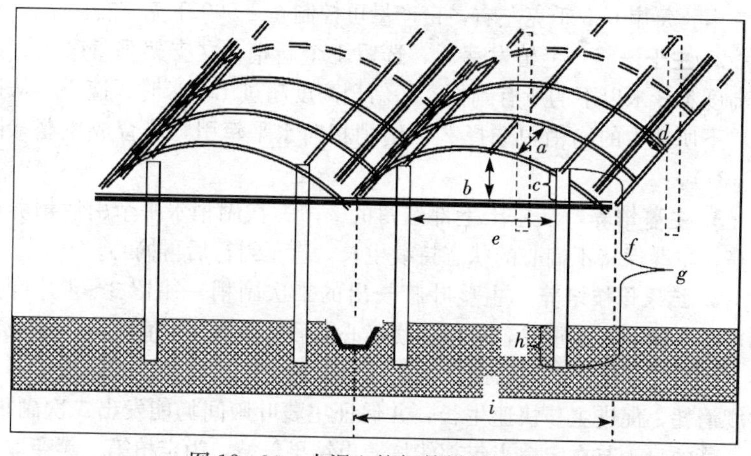

图 12-30 水泥立柱钢管拱架连栋棚

a=100 厘米 b=100～150 厘米 c=80 厘米 d=50～100 厘米

e=260～200 厘米 f=300 厘米 g=300 厘米 h=50～70 厘米 i=600～800 厘米

元，基本结构如图 12-30。这种棚抗台风能力强，在棚间滴水线下方开排水沟，铺旧棚膜可以很容易将雨水排至棚外，减少降水对棚内土壤的润湿，降低土壤湿度。

二、合理栽植

见本章第五节。

三、土壤肥水管理

见本章第五节。

四、合理整形修剪

（一）单层双臂水平龙干形（又称 T 形）

1. 树形结构 采用株距 2 米的栽培间距时，选用 T 形树形，主干高度 1.8～2.0 米，顶部配置两个对生的、长度 4 米的主蔓。主蔓上直接配置结果母枝，其配置密度为每米 10 个，单株配置 75～80 个结果母枝。每亩配置结果母枝 3 300 个，每个母枝选留新梢 1 个，每新梢留果穗 1 串，每串 0.5 千克左右，亩产量可控制在 1 500 千克左右。

2. 主干培养 定植发芽后，选留 1 个新梢，立支架垂直牵引，抹除高度 1.8 米以下的所有副梢，待新梢高度超过 1.8 米时，摘心。从摘心口下所抽生的副梢中选择 2 个副梢相向水平牵引，培育成主蔓（图 12-31）。

3. 主蔓培养 从主干上部选留的 2 个一次副梢水平牵引后培养成主蔓，主蔓保持不摘心的状态持续生长，直至封行后再摘心。

4. 结果母枝培养 主蔓叶腋长出的二次副梢一律留 3～4 片叶摘心。此次摘心非常重要，可以促使摘心点后叶腋的芽发育充分，形成花芽，供第二年结果。同时此次摘心还可以避免二次副梢生长造成的养分过度消耗，促进主蔓快速生长，并保证主蔓叶腋间均能发出二次副梢，使主蔓的每 1 节在定植当年都能培养出结果母枝，为定植第二年夺取丰产期产量奠定基础。二次副梢摘心留下的 3～4 片叶的叶腋间大体均可萌发出三次副梢，抹除基部 2～3 个三次副梢，只留第一个芽所发的三

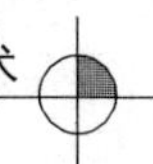

次副梢生长，适时牵引其与主蔓垂直生长，形成结果母枝。在结果母枝长度达到1米左右后留0.8～1米时摘心，摘心后所发四次副梢一律抹除。只要肥水充足，大体可以保证定植当年每米主蔓形成9～10个结果母枝（三次副梢）。

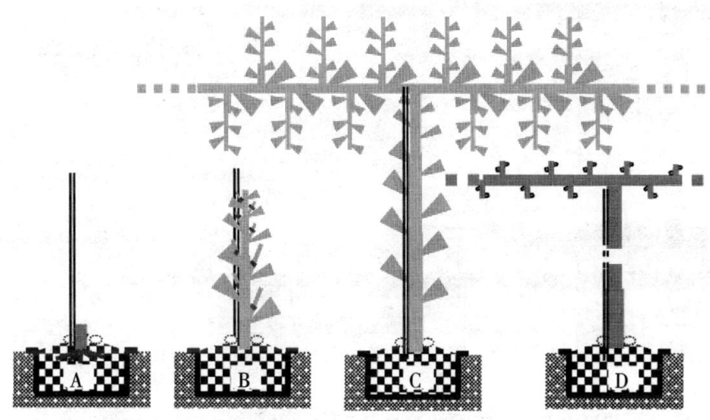

图12-31　葡萄T形整形和超短梢修剪技术示意

A. 定植后留2～3芽定干　B. 主干培养，副梢一律抹除

C. 结果母枝培养，二次副梢一律留3～4片叶摘心，三次副梢仅留1个与主干垂直牵引　D. 冬季超短梢修剪，一律留1～2芽短截

5. 结果母枝修剪　当年12月至翌年2月上旬前完成结果母枝的修剪，结果母枝一律留1～2芽短截（超短梢修剪）。对成花节位高的品种，则采用长梢与更新枝结合的修剪。即长留一个母枝（5～8芽）时，在其基部超短梢修剪一个母枝作预备枝（图12-32）。

6. 结果枝的选留和牵引　定植第二年从超短梢修剪的结果母枝上发出的新梢（结果枝），按照20厘米的间距选留、与主蔓垂直牵引、绑缚。

7. 果穗选留　定植第二年新梢一般会着生1～2个花穗，按照平均每个新梢留1穗的原则，疏除过多花穗。

（二）H形

1. 树形结构　H形树形，主干高度1.8～2.0米，顶部以主干为原

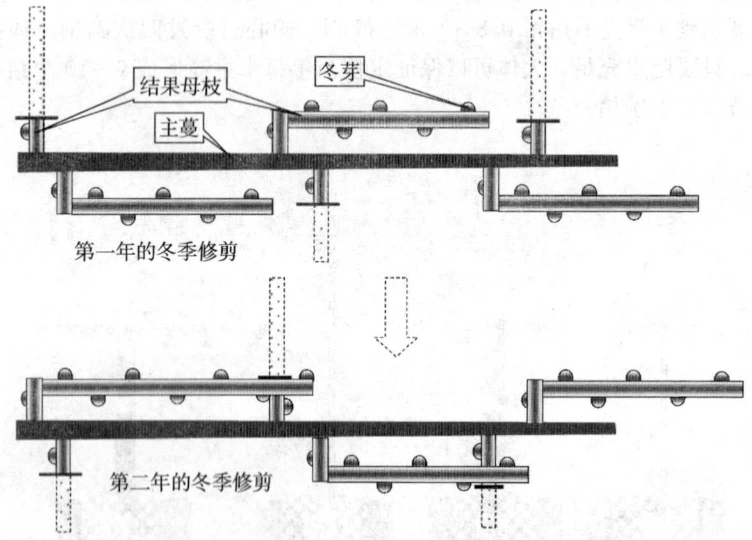

图 12-32 成花节位高的品种（红地球、美人指、意大利等）的修剪方法示意

点沿行向各培养 90～100 厘米的中心主蔓，中心主蔓两端各配置 2 个对生的主蔓，与中心主蔓垂直，在架面水平延伸，两个主蔓间距 1.8～2.0 米。主蔓上直接配置结果母枝，其配置密度为每米 10 个，在 4 米株距、8 米行距的栽培密度下，单株配置 150～160 个结果母枝。每亩配置结果母枝 3 300 个，每个母枝选留新梢 1 个，每新梢留果穗 1 串，每串 0.5 千克左右，亩产量可控制在 1 500 千克左右。

2. 主干培养 同 T 形树形结构。

3. 主蔓培养 主干长到预定高度时摘心，从主干上部选留的 2 个一次副梢沿行向水平牵引培养成中心主蔓，长度超过 1 米时摘心到90～100 厘米，选取摘心口下萌发的 2 个二次副梢，与行向垂直牵引，培养成两个水平、平行主蔓。肥水充足时主蔓可保持不摘心的状态持续生长，同时对叶腋间萌发出的三次副梢，全部留 3～4 片叶摘心，以促进花芽分化和主蔓延伸生长。

4. 结果母枝培养 主蔓叶腋长出的三次副梢一律留 3～4 片叶摘

心。此次摘心非常重要，可以促使摘心点后叶腋的芽发育充分，形成花芽，供第二年结果。同时此次摘心还可以避免三次副梢生长造成的养分过度消耗，促进主蔓快速生长，并保证主蔓叶腋间均能发出三次副梢，使主蔓的每 1 节在定植当年都能培养出结果母枝，为定植第二年夺取丰产期产量奠定基础。三次副梢摘心留下的 3～4 片叶的叶腋间大体均可萌发出四次副梢，抹除基部 2～3 个四次副梢，只留第一个芽所发的四次副梢生长，适时牵引其与主蔓垂直生长，形成结果母枝。在结果母枝（四次副梢）长度达到 1 米左右后留 0.8～1 米时摘心，摘心后所发五次副梢一律抹除。只要肥水充足，大体可以保证定植当年每米主蔓形成 9～10 个结果母枝（三次副梢）。

5. 结果母枝修剪　同 T 形树形结构。

6. 结果枝的选留和牵引　同 T 形树形结构。

7. 果穗选留　同 T 形树形结构。

H 形树形整形过程见图 12 - 33。

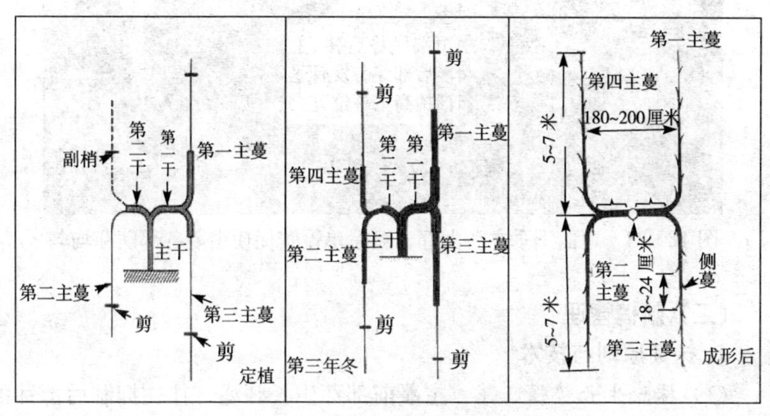

图 12 - 33　H 形树形的整形过程

五、新梢及花果管理

花期气遇到低温阴雨、高温干燥、沙尘暴等恶劣天气时，会降低坐果率，影响果穗的整齐度和形状，造成大小粒，甚至降低产量。特别是采用超短梢等重修剪的巨峰系的一些品种，即使天气状况良好坐果不良的现象也非常普遍。为此，需要加强花果穗管理，进行保花保果。此外，新梢管理与坐果关系密切，在此一并介绍。

（一）破眠剂喷涂、降低主蔓梢部位置，促进萌芽

采用大行距 T 形时，主蔓长度有时接近 4 米，甚至更长，为了促进主蔓能够均匀长出结果枝，需要在萌芽前一个月前采取降低主蔓前部位置，促使顶端优势部位后移，并结合喷涂破眠剂（破眠剂 1 号、石灰氮或单氰胺），可以保证花芽萌芽整齐。喷涂破眠剂时需要注意的是，主蔓梢部的 3～4 个芽不喷涂（图 12 - 34）。

图 12 - 34　弯曲下垂主蔓上部、喷涂单氰胺促使主蔓各部萌芽均匀

（二）新梢管理

1. 抹芽原则与技术

（1）抹除生长势强旺芽　主蔓前部芽生长旺盛，往往抑制后部芽的萌发或新梢抽生，为了平衡主蔓各部位的生长势，将顶端优势强旺的上位芽之主芽抹除，其副芽生长势较为缓和，可以平衡生长势，保证主蔓后部的萌芽能够发育成结果新梢。

（2）抹除高位芽，选留低位芽　当母枝上有多个新梢萌发时，要根据母枝所在位置的空间大小，确定留芽数量后，选留母枝中后部的具花

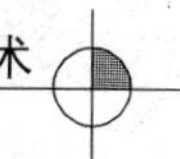

穗新梢，将母枝上部的花芽抹除，避免结果部位逐年外移（上移）。

（3）均衡定梢　在开花前2周左右，要进行最后的抹梢和定梢。根据品种的叶片大小设置新梢在架面的密度，巨峰系的品种叶片大，一般新梢间距18～22厘米。株距2米、行距8米、T形棚架整枝园的留梢量每平方米架面5～7个新梢、每亩留梢量3 200～3 500个。叶片小、果穗小的品种可适当增加留梢量。浙江嘉兴一些地方开发出了定梢绳，可以避免种植户不熟练或舍不得疏梢产生的留梢过多或密度不均匀现象，保证新梢等距离分布。

2. 扭梢　为了防止牵引、绑缚时的损伤，并改变新梢的生长方向，在新梢基部半木质化后，进行扭梢处理。具体做法是用两手的拇指和食指分别捏住新梢基部的第二和第三节，轻轻拧一下，使其受伤，新梢方向变得平缓。扭梢不可过度，受伤太重时，会影响花穗发育，甚至引起落花落果的发生。

3. 牵引与绑缚　为了尽量使每一片叶都能接受良好的光照，通过牵引、绑缚使选留的新梢能均一地分布在架面，并可避免新梢被风吹断。

牵引从生长势最强的新梢开始，弱新梢待充分伸长后再牵引。生长势弱的树，新梢短、叶片小，应尽量多留一些新梢。生长势强旺的新梢，应扭梢后再牵引、绑缚。着生方向不好的新梢，直接牵引容易折断，从新梢中部开始缓缓牵引逐渐改变方向。

牵引、绑缚时，可结合抹芽疏梢，最后确定留梢量。

4. 摘心

（1）结果枝　对巨峰系列的四倍体品种，新梢初期生长旺盛，应在开花前7～10天，摘除强旺新梢未展开的嫩叶部分，穗前成叶要有6～7片。为了促进结实坐果，开花前3天至开花始期，在穗前留8～9片叶摘心。当然，生长中庸的新梢可以不摘心。对开花前生长较弱，开花后旺盛生长的树，应推迟摘心时期，在盛花期进行主副梢摘心，可促进坐果。这样的树如果在开花前摘心，开花期间副梢会大量发生，造成坐果不足。

对巨峰、亚历山大等生长势强旺的品种，为了防止新梢生长过旺，促进结实和果粒膨大，在开花前必须摘心。约在新梢长度30～40厘米开始摘心，强旺新梢穗前留4片成叶、中庸新梢留6片成叶。

（2）副梢　强旺新梢摘心后，会在开花前发出副梢，要及时摘心，以促进结实和果粒膨大。开花前新梢生长中庸的树，盛花后副梢会长得旺盛，也要及时摘心。新梢梢端最顶部的1个副梢可以继续延伸，其后部的副梢留2～3片叶摘心。开花后10～15天，再对伸长旺盛的副梢留2～3片叶摘心。对自行停止生长的副梢可不摘心。果粒软化前2周内，副梢的重摘心会使果粒着色推迟。因此，对再发的副梢宜轻摘心或拧梢使副梢下垂，对副梢过密的部位，应等到着色开始后的第三周再疏除。

（3）主枝延长枝　主枝延长枝原则上不能拧梢，应顺势牵引使其不断延伸。但到8月上旬至9月上旬，要摘心促进充实成熟。特别是脱毒苗木，很容易过旺生长，必须摘心。主枝延长枝上的副梢一律留2～3片叶摘心。摘心后再发的副梢每隔10～15天摘心一次。

（三）保果技术

花期遇到低温或阴雨天气，影响坐果，在其他综合措施配套的基础上，可采用以下保果技术：初花期用12～25毫克/升GA_3或3～5毫克/升氯吡脲或两者混合的水溶液浸蘸或喷布花穗。需要注意的是，不同品种对GA_3和氯吡脲敏感性不同，不同发育阶段的敏感性也不同，需要在上述浓度范围内试验后大面积使用。

（四）花果管理

1. 疏穗　对生长势弱、在开花期即将停止生长的结果枝，其花穗即使保留也不能获得品质良好的果实，应及早疏除。疏穗一般在4～6片叶时进行。一个结果枝一般有2个花穗，原则上要疏除其中的一个。只要发育正常，没有畸形，穗轴粗壮，第一花穗、第二花穗都可选留。一般来说弱新梢留第一花穗，强旺新梢留第二花穗。

结果枝的花穗选留指标是强旺结果枝1新梢留2穗或2新梢留3穗；中庸新梢1新梢留1穗；弱新梢不留花穗或2～3新梢留1花穗。

2. 花穗整形　为了获得穗形整齐美观、果粒大小均一的葡萄，需对花穗进行整形。去除多余的花蕾，还可以减少养分的浪费，促进花蕾发育，减少落花落果。

（1）有核结实的花穗整形　在开花1周前，首先剪除影响穗形的歧穗，对花穗肩部的1～2个小穗，如果伸长过度，影响穗形，也可以疏除，或将小穗的顶端去除，其他小穗如果有扰乱穗形之嫌的话，只留基部的小花，顶端部分同样切除。如果花穗伸长不足，小穗过于密集，可以间疏其中一部分小穗。到开花前7天左右，选留花穗基部的12～15个小花穗（长9～10厘米，小花数300～350个）（图12-35），天然无核的夏黑等品种，整穗方法类似（图12-36）。

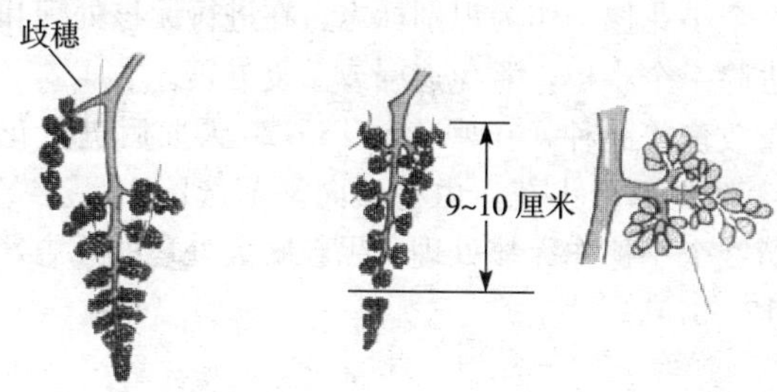

图12-35　有核结实的花穗的整形（歧穗疏除，过大小穗疏除）

图12-36　天然无核品种夏黑葡萄的整穗过程及成熟后的果穗（没有见不到光的果粒）

（2）诱导无核结实的花穗整形　无核结实大多通过赤霉素处理获得，葡萄小花对赤霉素敏感期非常短，只在开花当天至开花后3天才能诱导无核结实。葡萄花穗不同部位的小花开花早晚不同，诱导无核结实的处理效果会差异很大，没有开花的小花和开花超过 3 天的小花，均不能形成无核果粒。因此，其花穗整形也与有核结实有些区别。品种类型不同，整穗的方法也不同。

对先锋等巨峰系品种而言，首先在开花前 1 周，尽早疏除歧穗，肩部的过大过小穗也尽早疏除，在开花前 3 天至开花当天（上海避雨栽培 5 月 13～15 日），留花穗顶端 3～3.5 厘米，其余全部疏除，在花穗中上部，可留 2 个小花穗，作为识别标志，在进行无核处理和果粒膨大处理时，每次去除一个小穗，避免遗漏或重复处理。

而对蓓蕾玫瑰等品种，在盛花前 16～20 天前后进行花穗整形，首先切除花穗尖部少部分小花，由穗尖向基部选留 12～14 个小花穗后，上部的小花留 2 个小穗作无核处理和果粒膨大处理的标志，其余小穗全部疏除（图 12－37）。

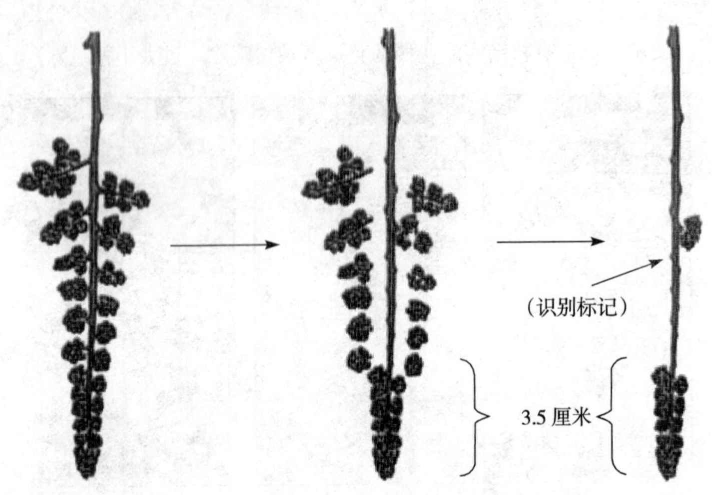

图 12－37　无核处理的整穗方式

3. 无核处理　无核葡萄食用时无吐籽的不便，深受消费者的欢迎，已经作为国外葡萄生产的常规技术，得到广泛应用。我国葡萄今后的发展方向也将是无核化生产。无核处理效果因气候、树势等而异。以下方

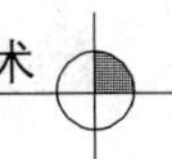

法仅供参考，大面积应用时应先作小面积试验，确定具体葡萄园的效果良好后，再行大面积的推广。常用的处理方法如下：

（1）先锋、红伊豆等巨峰系品种

①无核处理。在花穗所有花都开放后的4天内用25～50毫克/升赤霉素（GA_3）水溶液浸蘸或喷布花穗，在赤霉素中添加200毫克/升链霉素可以扩大处理的敏感期，并可提高无核率，在开花前1周至开花3天内浸蘸或喷布花穗。

②处理的注意事项。

A. 园内花穗开花早晚不同，应分批分次进行，特别是用GA_3处理时，时期要严格掌握。

B. 赤霉素的重复处理（3～4天内）或高浓度处理是穗轴硬化弯曲及果粒膨大不足的主要原因，要注意防止。当然浓度不足时又会使无核率降低，并导致成熟后果粒的脱落。

C. 为了预防灰霉病的为害，应将黏着在雌蕊柱头上的干枯花冠用软毛刷刷掉后再进行无核处理。

③果粒膨大处理。无核处理后果实无种子分泌产生的激素的刺激难以膨大，需作膨大处理。在盛花后10～15天用25～50毫克/升GA_3或3～5毫克/升氯吡脲浸蘸或喷布果穗。浸蘸后要震动果穗使果粒下部黏着的药液掉落，不然会诱发药害，果穗间的发育没有1周以上的差别时，可以一次处理，处理尽可能在药液能很快干掉的晴天进行。用氯吡脲处理时，促进果粒膨大的效果更强，切忌再提高浓度，并控制好果穗上的果粒数，不然会使果粒上色推迟或上色不良。

（2）蓓蕾玫瑰、玫瑰露等美洲种血统葡萄品种

①无核处理。在盛花前的12～14天，用100毫克/升赤霉素（GA_3）单独浸蘸或喷布花穗，也可以200毫克/升链霉素加100毫克/升GA_3溶液浸蘸或喷布花穗。

②无核处理注意事项。

A. 处理的适宜时期的判断非常重要，除了参照历年的花期外，还可用其他物候指标判断，蓓蕾玫瑰大体上的适宜时期的展叶数在12～13片，花穗的歧穗与穗轴成90°展开，花穗顶端的花蕾稍稍分开，此时

的花冠长度应在 2.0～2.2 毫米，花冠的中心部产生有微小的空洞。玫瑰露处理适宜时期的树体生长有 10～11 片展开叶，花穗的长度 3～5 厘米，花穗顶端 1.5～2.0 厘米的部分花蕾开始分离，从侧面可以看到2～3 处的间隙透过穗的另一面，花冠长度 1.8～2.0 毫米。

B. 花蕾非常小且紧密着生，浸蘸时要轻轻震动花穗，使内部的花蕾都能浸到药液。对一些坐果不良的树，蓓蕾玫瑰可以添加 3～5 毫克/升氯吡脲促进坐果。

C. 气温超过 30℃或低于 10℃，不利于药液的吸收，而处理前提高空气湿度，可促进药液的吸收，因此处理应避开中午，在早晚进行为好。

D. 无核液不能和碱性农药混用，也不能在无核处理之前 7 天至处理后 2 天使用波尔多液等碱性农药。

E. 处理后 8 小时以内遇 20 毫米以上的降水后需再次处理。

F. 在避雨设施下，处理效果更好。

G. 如果担心坐果不好时，可在盛花期再用 100 毫克/升 GA_3 处理一次。

③果粒膨大处理。蓓蕾玫瑰在盛花后 10～13 天内，用 100 毫克/升 GA_3 加 5 毫克/升氯吡脲浸蘸或喷布果穗。玫瑰露在盛花后的 8～15 天用 100 毫克/升 GA_3 或盛花 10 天后加用 3～5 毫克/升氯吡脲，浸蘸或喷布果穗。

④果粒膨大处理注意事项。

A. 药液长时间黏着在果实表面易形成药害，处理后要震动果穗抖落药液珠。

B. 添加氯吡脲后，果粒上色迟缓，应避免结实过多。

C. 玫瑰露无核果粒的膨大处理适宜时期较宽，可以选择好天气实施。

D. 处理后马上降水会降低效果，处理后 8 小时内有 10 毫米以上的降水时，要用 50～80 毫克/升 GA_3 药液再度处理。处理后的毛毛细雨，不会造成对花穗的淋洗，不影响处理效果。

(3) 玫瑰香、意大利等欧亚种葡萄品种

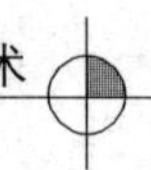

①无核处理。在开花前1周至盛花中期，用200毫克/升链霉素加50毫克/升 GA_3 溶液浸蘸或喷布花穗。

②膨大处理。盛花后的10～15天，50毫克/升 GA_3 浸蘸或喷布果穗。

4. 果穗整形　经过花穗的整形，虽然穗形已大体确定，但为了能保持更好的穗形，盛花后2周内要进一步对果穗的长度、果粒的稀密程度进行调整，使果穗能成为上下粗细一致，着粒密度均匀的圆柱体。

（1）打小穗尖　对果穗基部的小穗，如果形状不好，可疏除，对过大的小穗，可疏果剪掉小穗的顶端，使果穗的上下粗细一致，对无核处理的先锋来说，在盛花后的10～15天，果粒膨大药剂处理后，可将第一小穗着生处到穗尖的穗轴长控制到5～6厘米（图12-38），这样成熟后的果穗易于装箱销售。

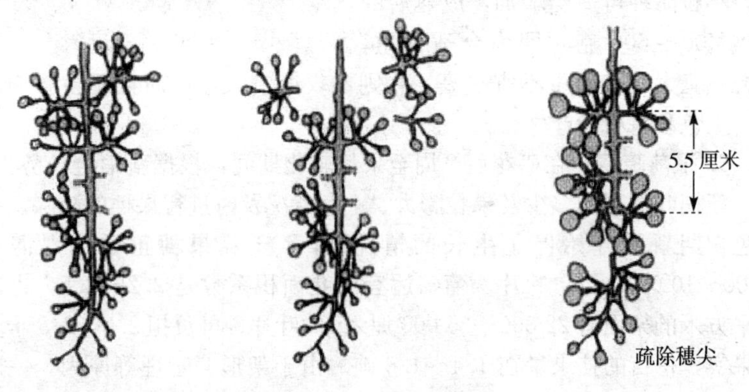

图12-38　果穗整形方式

（2）疏粒　为了能生产统一规格的果穗，及数量一致、外观美丽的果粒，需进行2次疏粒。首先在坐果后能够判断果粒发育好坏时进行第一次疏粒，选留果梗粗壮的果粒，疏除小粒、内向果粒、伤痕果粒，果穗的中部留粒要适当稀疏，而肩部和果尖部适当密些，选留果粒数，因品种而异。巨峰等大粒系品种，每穗留果40～50粒，其他果粒小的品种则可适当多留些。巨峰系品种成熟后的果穗重量调整在400～600克较好，留果粒不宜太多，否则不仅影响风味，而且对果粒大小，色泽都会有不良影响。第一次疏粒尽量在盛花后10～16天内基本完成，拖延不仅影响果粒膨大，果粉形成，而且还会由于果粒增大、粒间密着无间隙，增加疏除难度，费工费时。

第二次疏粒也即最后疏粒在果粒稍稍紧密时进行，疏除嵌入柱形果穗内侧的果粒。果粒着生太紧密或由于第二次疏粒过迟，难以疏除时，可沿穗轴由下至上螺旋状疏除一列果粒，可以维持穗形（图12-39）。适宜的着粒密度是在上色软化期，粒间紧密但可以轻微活动。最终的目标着粒数对先锋、白玫瑰香等大粒品为35～45粒，小粒品种可适当增加，成熟后的穗重400～600克时即为合适穗重，留粒不宜太多，穗重不宜过高，否则不仅影响大小，而且还会影响风味、上色和果粉的产生。

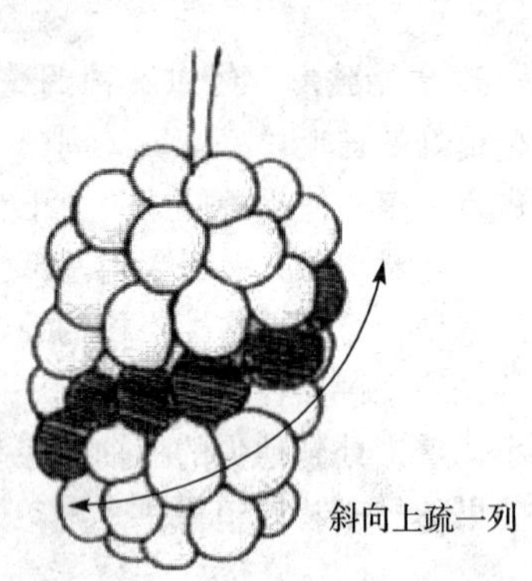

图12-39　疏粒方法

5. 采前疏穗　在盛花后2周至果粒软化期间，根据新梢生长势力，每一新梢叶面积的多少及果粒膨大、上色状况及时进行果穗的疏除。在着色初期新梢开始停止生长的情况下，1千克果穗正常成熟需要8 000～10 000厘米^{2}叶片。葡萄适宜的叶面积系数是2.2～2.5，也即每平方米的架面有22 000～25 000厘米^{2}的叶片，可负担2.0～2.5千克的果实，每亩的挂果量在1.4～1.6吨。由于架形、管理等原因，一般叶片不太能够完全合理地充满架面，也即有效叶面积难以达到理想的22 000～25 000厘米^2，因此产量控制在每亩1.3～1.5吨是合理的。

果实着色（软化）开始后，疏除叶面积不足、上色不良的果穗，虽然对留在树上的果穗的上色促进作用不大，但却可以促进糖的积累（约每周2白利度）。

六、果实采收

葡萄要适期采收，不宜过早，否则糖度不足、酸度过多，降低品

质。我国目前普遍存在葡萄早采的习惯，要坚决克服。葡萄采收的标准是果糖的固形物含量（TSS），巨峰等采收标准是TSS含量16白利度以上，滴定酸含量0.5%以下。

葡萄的采收尽量在温度较低的早上进行。采收和分级包装过程中，要尽量不破坏果面的果粉。葡萄适宜的包装方式是纸质盒子或泡沫塑料盒，提倡单穗小盒包装，再用大纸箱装，可以避免运输和销售过程的落粒。

（本节撰稿人：王世平）

第五节　根域限制栽培

一、根域限制形式

（一）露地越冬多雨栽培区

在降水1 000毫米以上的长江以南地区，土壤过高的含水量是影响葡萄品质、诱发裂果的重要原因。采用根域限制的栽培方式，根系的吸水范围被严格限制在一个很小的范围中，通过叶片的蒸腾，可以及时将根域土壤的水分含量降低，是提高品质和克服裂果的有效措施。此类地区根域限制模式可采用沟槽式和垄式。

1. 沟槽式　采用沟槽式进行根域限制，要做好根域的排水工作。挖深50厘米、宽100厘米的定植沟，在沟底再挖宽15厘米、深15厘米的排水暗渠，用厚塑料膜（温室大棚用）铺垫定植沟、排水暗渠的底部与沟壁，排水暗渠内填充毛竹、修剪硬枝、河沙与砾石（有条件时可用渗水管代替河沙与砾石），并和两侧的主排水沟连通，保证积水能及时流畅地排出。当定植沟的底侧壁用无纺布代替塑料膜铺垫时，由于无纺布具有透水性，不会积水，可以不设排水沟（图12-40）。但无纺布寿命短，2～3年后便会失去作用，会有根系突破无纺布而伸长到根域以外的土壤中。有机肥使用量每亩6～8吨，与6～8倍的熟土混匀回填沟内即可。

2. 垄式　多雨、无冻土层形成的南方地区，也可采用垄式栽培。在地面铺垫塑料膜，在其上堆积营养土成垄，将葡萄树种植其上。生长

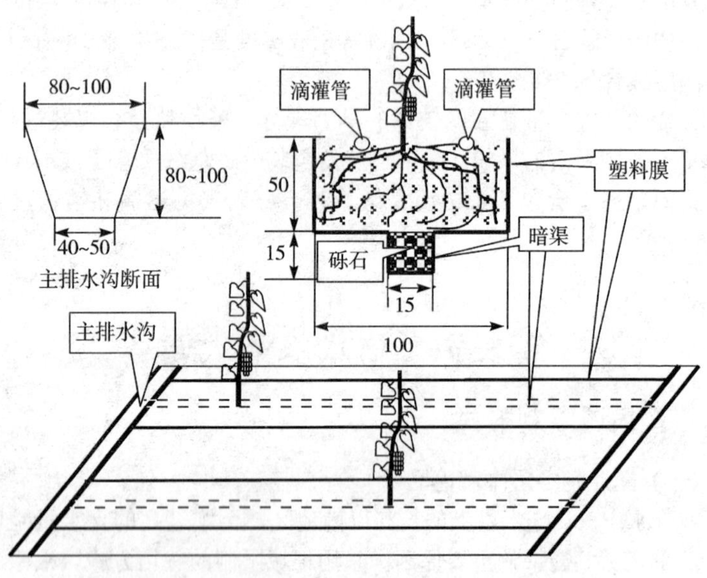

图 12-40　沟槽式根域限制栽培模式（单位：厘米）

季节在垄的表面覆盖黑色或银灰色塑料膜，保持垄内土壤水分和温度的稳定。垄的规格因栽培密度而异，行距 8 米时，其垄的规格应为上宽 100 厘米、下宽 140 厘米、高 50 厘米（图 12-41）。这种方式的优点是操作简单，但根域土壤水分变化不稳定，生长容易衰弱。因此，必须配备良好的滴灌系统。土壤培肥同沟槽式。

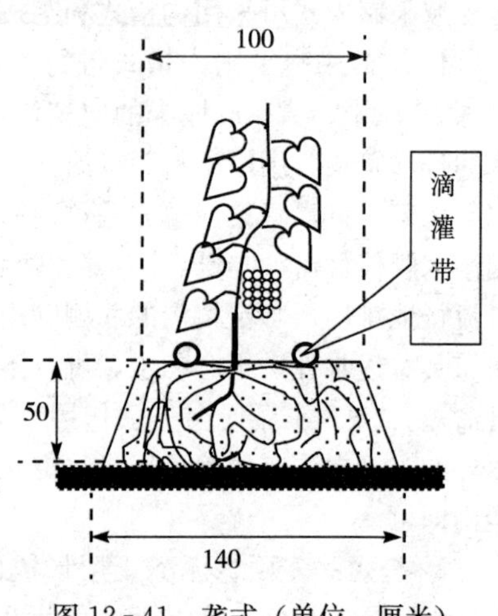

图 12-41　垄式（单位：厘米）

3. 垄槽结合式　将根域的一部分置于沟槽内，一部分以垄的方式置于地上。一般以沟槽深度 30 厘米、垄高 30 厘米为宜。沟垄规格因行距而异，行距 8 米

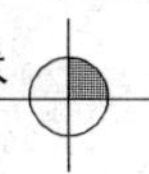

时，沟宽100厘米，垄的下宽100厘米、上宽60～80厘米（图12-42)。垄槽结合式既有沟槽式的根域水分稳定、生长中庸、果实品质好的优点，又有垄式操作简单、排水良好的长处。

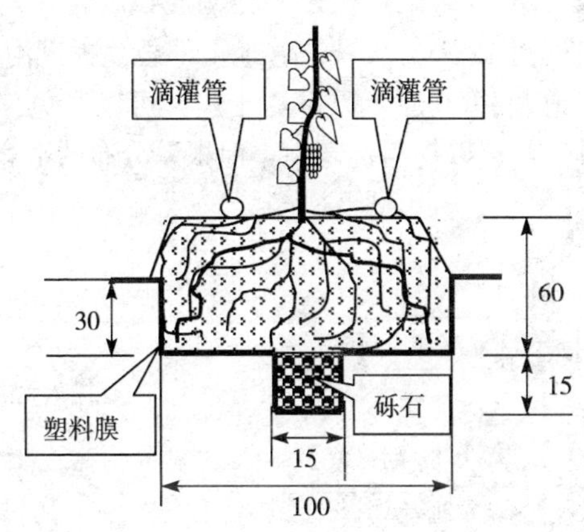

图12-42　垄槽结合式（单位：厘米）

（二）可露地越冬的少雨地区

降水低于800毫米的可露地越冬地区，土壤不结冻，根系不会受冻，但地下水位较低，不能采用垄式根域限制栽培，宜采用沟槽式栽培。

（三）北方露地越冬干旱区

土壤的极端低温高于－3℃，气温极端低温高于－15℃的可露地越冬区域，采用沟槽式根域限制栽培，可以大大减少养分、水分的渗漏损失。

（四）北方干旱寒冷、沙漠戈壁地区

北方特别是西北干旱沙漠、戈壁地区，土壤漏水漏肥严重，采用根域限制不仅可以优质高产，而且可以减少肥水渗漏，节肥节水效果极其显著，同时可以减少换土的用土量，改造1亩戈壁砾石地，用土量在40米^{3}以内，是全面改土的6%～12%，可以大大降低“造地”成本。但冬季不能露地越冬，需埋土防寒，同时冻土层厚，根系容易遭受冻害，故根域限制栽培时，要采用沟槽式的根域限制模式，必须将根域置

于地表下极端低温在－3℃以上的土层。宁夏银川地区在正常年份，地表下30厘米以下的土壤层，极端低温高于－3℃。因此，银川及类似地区的具体做法是：在地面开宽120～140厘米、深30厘米的沟，在沟底再开宽100厘米、深50厘米的沟，并在沟底设置排水沟，防止过多积水影响葡萄生长（图12-43）。秋末将地上部枝蔓拢入沟内，覆土50厘米后，根系处于地表下80厘米以下的土层，可以避免冻害发生。如采用抗寒砧木如贝达，可以提高抗寒性，但根系分布的适宜深度需要进一步研究。

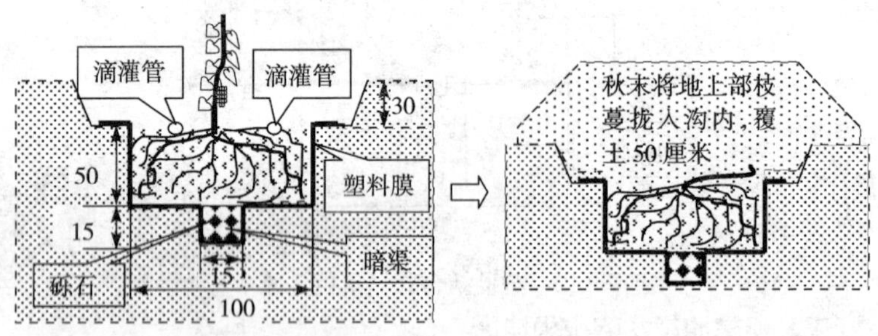

图12-43　北方干旱寒冷、沙漠戈壁地区的根域限制模式（单位：厘米）

（五）西北半干旱山地的根域限制模式

甘肃天水等北方半干旱山区，年降水远远低于地面蒸发，而且有限的降水又会顺坡流失，不只浪费了珍贵的降水，还带来了水土和肥料营养的流失。通过根域限制，集中有限的降水到葡萄根域，是半干旱山地葡萄高产优质的重要途径。半干旱山地的根域限制栽培主要是集中雨水到根域范围内，并在根域内填入贮水、保水能力强的材料，使一次降水可以长时间供给植株。适宜的模式是：在坡地沿等高线开宽100厘米、深80厘米的栽植沟，在沟的两侧壁和底部覆以地膜，防止雨水渗入根域以外的土壤。但底部要留出宽度20厘米的部分不覆膜，使部分根系能伸入地下，遇到大旱灾年时吸收深层土壤水分，保证不致干枯死亡。填入土肥混合物50厘米深度后栽植葡萄树，留出30厘米深的沟用于蓄积雨水和冬季埋土防寒。为了蓄积更多雨水，在定植沟的内侧坡面覆盖一定宽度的地膜，可以蓄积更多雨水，等于增加了自然降水量。模式如

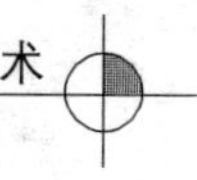

图 12-44。

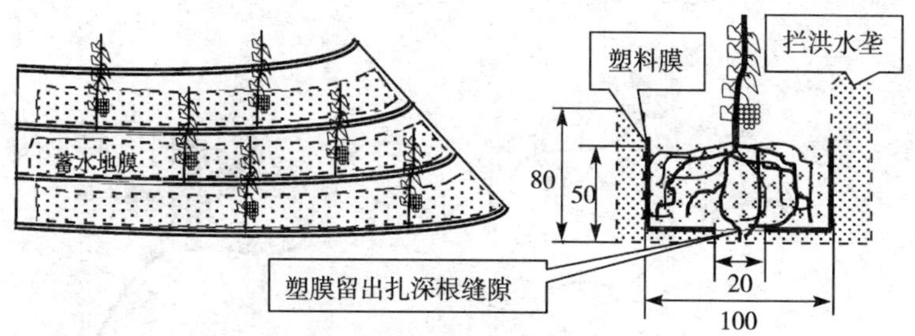

图 12-44　西北半干旱山地的根域限制模式（单位：厘米）

（六）盐碱滩涂地应用根域限制的模式

盐碱滩涂的利用是一个非常困难的课题，传统的方式是漫灌洗盐等工程措施，或栽培耐盐植物。工程措施投入极大，而耐盐植物的耐盐能力也是有限的。采用根域限制方式既可避免耗资巨大的洗盐工程，又不受作物耐盐性的限制，是一项非常有效的技术。适宜应用模式如下：采用沟槽式、垄式根域限制模式，用客土填充根域，将葡萄栽培在客土的根域中，应用滴灌技术供给营养肥水，则可以完全保证葡萄树的生长和结果不受盐碱地的影响，实现高产优质栽培。

（七）少土石质山坡地

在 20 世纪 70 年代，沙石峪曾经创造了“千里万担一亩田”的奇迹，但在目前的生产和经济条件下，这样的改造山河的工程不是现实的，而且利用方式也是不科学的。假设 1 亩地上面覆盖 50～100 厘米的土壤，每亩需要 330～660 米^3 客土。如果运用根域限制的理论进行葡萄栽培，每亩只需要 40 米^3 的客土，在 20%～25%的地面上堆砌或开沟设置根域即可，客土量为地面全面覆土的 6%～12%，而且只要有少许平坦的地面堆砌根域，让树冠延伸分布到地形不适宜耕作的陡坡或凸凹不平的区域，可以大大提高荒山、陡坡的利用率，而且可以生产出比平地品质更好的果实来。对土壤很少的石质山地可应用如下模式：在坡地的小面积平坦处，在下侧沿堆砌石块围成坑穴，内填客土和有机材料成根域（图 12-45）栽植葡萄即可。在没有灌溉条件的石质山坡地，根域内应多填充吸水能力强的有机质材料（如秸秆等），提高根域保水能力。

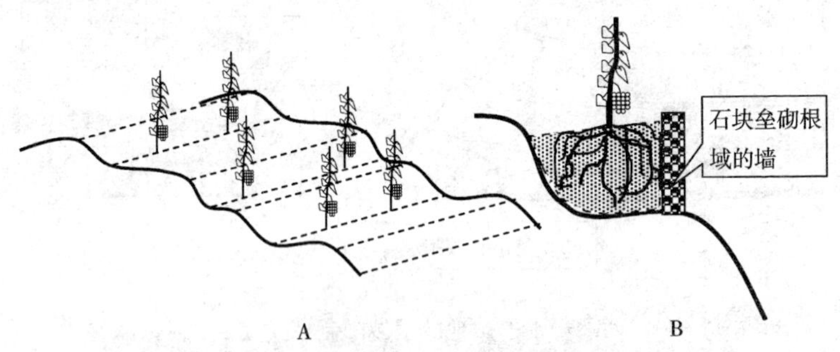

图 12-45 石质少土山地葡萄根域限制模式
A. 坡地种植示意 B. 根域围砌示意

（八）观光葡萄园中的根域限制模式

观光葡萄园的特点是游客要进入果园进行休闲游览，游客的踩踏会严重破坏土壤结构，采用根域限制的方式既可保证葡萄的根系处在一个良好土壤生长环境中，又可以留出足够的地面供游客活动（如休闲、漫步、餐饮、娱乐等）。适宜的栽培方式是沟槽式，或箱式根域限制或种养、观光结合栽培。同时可以配合景观需求作一些美化构造。也可用炭泥、沼渣或食用菌基质废料、秸秆、熏炭、稻糠等发酵物作介质进行无土栽培，或适量拌土进行拌无土栽培（拌以 1/10～1/5 的黏土，基质有机质要达到 20%以上，全氮含量达到 2%以上）。也可以用有机肥料作基质进行有机基质栽培，只进行灌水，不施用化学肥料也能满足生长发育。

二、根域限制的栽植技术

（一）栽植密度

栽植密度因树形不同而异，可露地越冬的地区，多采用具主干棚架形（推荐单层双臂水平龙干形，又称 T 形），株距 2～2.5 米，行距 8 米。埋土越冬地区，要培养斜干水平龙干形（又称厂字形），株距 4～8 米，行距 2.5～3 米。

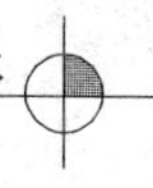

（二）根域容积

每平方米树冠投影面积 0.05～0.06 米^3，根域厚度 40～50 厘米。假设以株距 2 米，行距 8 米的间距栽植巨峰葡萄时，树冠投影面积约 16 米^2，根域容积应为 0.8～0.96 米^3，根域厚度设置为 50 厘米时，根域分布面积为 1.6～1.9 米^2，即做深 50 厘米、宽 100 厘米、长 200 厘米的槽或垄（有效容积 1.0 米^3）就可以满足树体生长和结实的要求。同样道理，如果以株距 4 米，行距 8 米的间距栽植巨峰葡萄时，树冠投影面积约 32 米^2，根域容积应为 1.6～1.86 米^3，做成 50 厘米的床面时，根域分布面积为 3.2～3.62 米^2，即做深 50 厘米、宽 100 厘米、长 400 厘米的槽或垄即可。

（三）根域土壤培肥

根域限制栽培土壤培肥非常重要，要通过大量的有机质投入，改善土壤结构，提高土壤通透性能。根据多年的实践，优质有机肥和土的混合比例为 1∶6～8。有机质含氮高时，混土比例可达 8 份，有机质含氮量低时，混土比例可降至 6 份。有机质一定要和土完全混匀，切忌分层混肥。

（四）苗木消毒

在定植前将外地购入的苗木浸没在 1 000 倍辛硫磷和 1 000 倍嘧菌酯混合液（或其他内吸性杀菌剂、杀虫剂）12～24 小时，铲除可能带入的病虫害。

（五）定植时期及定植后的管理

新购入的葡萄成品苗留 3～5 芽定干，于土壤封冻前定植，栽后充分滴灌一次（滴灌 4～5 小时），覆土越冬。也可以在翌年温室温度稳定在 10℃以上时定植，定植后充分滴灌一次（滴灌 4～5 小时）。

三、根域限制栽培的土壤肥水管理

（一）土壤培肥

根域限制栽培下，根系分布范围被严格控制在树冠投影面积的 1/5 左右，深度也被限制在 50cm 左右的范围。因此，必须提供良好的土壤环境，要施足够的有机肥，提高根域土壤有机质含量到 20%以上，含氮量提高到2.0%以上，保证良好的土壤结构。一般用优质有机肥与6～8倍量的熟土混合即可（有条件时掺入少量粗沙）。对于观光果园的根域限制栽培，可以用泥炭、珍珠岩、发酵过的蘑菇废料等配制无土基质或适量添加壤土成半无土基质进行基质栽培，也可以用有机肥料作基质进行有机基质栽培。

（二）滴灌管配置

全封闭根域限制下，根系不能伸展到根域外吸收水分，根域外的水分也不能进入根域供葡萄生长之需，而且根域内的水分也不能流失到根域外的土壤中，采用沟灌、漫灌会在根域内积水烂根，因此配置滴灌是全封闭根域限制的必备条件，一般配置2～4条滴灌带供水，孔间距20～30厘米。对于半封闭根域限制（根域底部开放，可以与地下水接通），可以采用沟灌等灌溉方式供水，但仍然以滴灌或微喷灌为佳。

（三）水分管理

根域限制栽培下，根系分布范围被严格控制在一个狭小的范围内，根系不能从根域以外的土壤吸取水分，叶片蒸腾散失的水分要通过灌水来补充，葡萄树需要时必须能立即灌水补给。因此，根域限制栽培的必备条件是要有灌溉条件。

1. 新植幼树 定植后充分滴灌一次，保证根域内土壤能够被土壤充分润湿，一般滴灌3～4小时。发芽后至气温在30°C以前，每2～3天滴灌一次，视气温高低每次滴灌1～2小时。气温超过35℃时，每天滴灌一次，视气温高低每次滴灌1～3小时。

2. 结果树 进入结果期的成龄树，不同发育阶段对水分的需求不同。以果实发育来划分葡萄的发育阶段，可以粗略分成两个阶段，即果实膨大阶段和成熟阶段。一般来说，在果粒膨大阶段，生产管理的首要目标就是促进果实膨大，相对充足的水分供给可以促进果实的膨大，但过度灌水又会诱发新梢旺长，不利于果实膨大，而果粒发育一旦进入成熟阶段，生产管理的主要目的就是促进果实的糖积累，相对干旱的水分条件有利于叶片光合产物（糖）向果实内的转运和积累。因此，根据发育的需要精确控制灌水，才能生产出高品质的果实。根域土壤干燥到怎样的程度开始补充水分对树体的营养生长和果实发育、成熟极为重要。

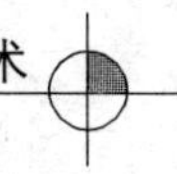

土壤的干燥程度用土壤水势来表述，必须补充水分的水势临界值被称为灌水开始点。土壤水势用水分张力计来测量。据研究，不同发育阶段采用如下的灌水开始点，营养生长和生殖生长均衡良好。萌芽前：-1.4×10^5 帕；萌芽后至果粒软化期：-5×10^4～-3×10^4 帕；果粒开始软化期至采收：-1.4×10^5 帕；果实采收后至落叶休眠前：-5×10^4 帕。灌水量以湿润根域土壤为宜，每立方米根域需要 60～80 升的水才可以润湿根域全体，每亩地需 2.4～3.2 $米^3$。水分张力计和电源联动可以进行自动灌溉。

（四）营养管理

1. 新植幼树　发芽后待新梢长至 5～10 厘米时开始补施速效肥，每 10～15 天一次，每次单株 25 克尿素或 50 克复合肥（氮、磷、钾比例为 20∶20∶20），在行内挖 5 厘米深的穴 3～5 个，将肥料埋入。或将肥料溶入灌溉水滴入更佳。随着树体营养面的扩大，补施速效肥的量可以渐次加大，但单株每次最大施肥量不能超过尿素 50 克或复合肥 100 克。全年施肥量控制在单株尿素 1 千克或复合肥 2 千克以内，每亩用量尿素 40 千克或复合肥 80 千克。

2. 结果树　结果后分别在萌芽期、坐果后、硬核期和采收后使用复合肥，单株每次用量视树势强弱施 0.2～0.3 千克，全年施肥量单株 0.8～1.2 千克，折合亩施肥量 32.8～49.2 千克。有条件的也可以将肥料溶解到灌溉水中施入。具体指标为：硬核期前浇灌含氮（N）60～80 毫克/千克的全价液肥，每周 2 次，每次浇灌的营养液量为每亩 2.4～3.2 $米^3$。硬核期后营养液浓度降低至 20～30 毫克/千克，施用量和施用次数不变。营养液施用不方便时，可以采用腐熟豆饼等长效的高含氮有机肥，每亩 100～150 千克即可，于萌芽前（避雨栽培在 3 月 20 日前后）和采收后（避雨栽培在 8 月中下旬）分 2 次施入。

（本节撰稿人：王世平）

第十三章 葡萄一年两收栽培技术

第一节 一年两收栽培的类型

葡萄的一年两收栽培是指一年生产两造（两茬、两季）葡萄的栽培模式，按照两茬葡萄果实生育期是否重叠，可分为两种栽培类型。其中一种是从萌芽到果实成熟两茬葡萄的果实生育期是不重叠的，按一茬果实生育期120～150天的早熟、中熟品种计，在露地种植的条件下，葡萄一年两收技术只能在生长期长、热资源丰富的南方热带与亚热带地区可以实现。另一种是两茬葡萄的果实生育期是重叠的，而且可以实现多茬果实生育期的重叠，在一年内实现多收，是调节葡萄产期，增加单位面积产量，促进农民增收的一种好方法。

一、夏果、冬果一年两收（两代不同堂）模式

选择在1月修剪，1月下旬至2月中旬气温稳定在10℃以上时催芽，3月下旬至4月中旬开花，6月中旬至7月上旬收夏果［第一造（茬、次、季）果］。夏果收获后施肥，恢复树势1个月后于8月中下旬修剪，同时人工去除全部叶片并催芽，5～8天后萌芽，开启当年第二个生育周期，12月中下旬收获第二茬冬果（图13-1）。

二、夏果、秋冬果一年两收（两代同堂）模式

1月中下旬修剪，2月下旬至3月中旬冷尾暖头（上一个冷空气结束）气温稳定在10℃以上时催芽，4月下旬至5月上旬开花，夏果坐稳后施肥，促进新梢生长，同时人工摘心或喷生长抑制剂促进叶片老熟和花芽分化。5～6月进行绿枝修剪，逼迫冬芽萌发并开花结第二茬（次、

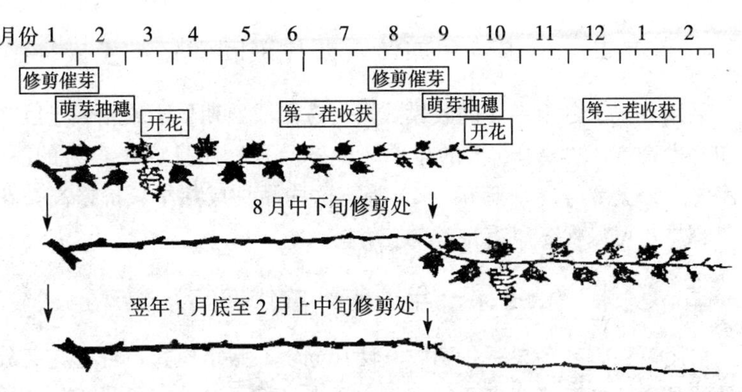

图 13-1　巨峰葡萄夏果、冬果一年两收栽培模式示意

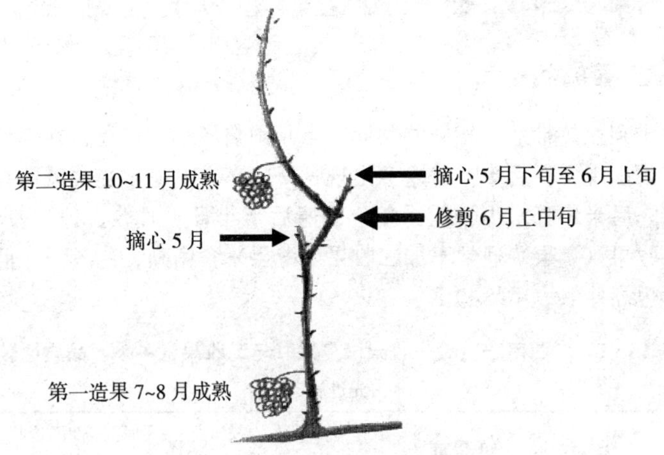

图 13-2　夏果、秋冬果一年两收模式

造）果。6 月下旬至 8 月上中旬收夏果（第一茬果）。10～11 月收第二茬秋冬果（图 13-2）。

第二节　一年两收栽培的适宜品种

品种选择适宜与否是葡萄一年两收栽培成功与否的关键。

一、夏果、冬果一年两收（两代不同堂）模式

采用夏果、冬果一年两收模式，可选用成熟期早于或相似于巨峰成熟期（生育期 120～150 天的早熟、中熟品种）而且成花容易的品种，如巨峰、户太 8 号、京亚和 8611 等。这些品种成熟早、价格高，花芽分化容易，可确保冬果有足够的花芽。

二、夏果、秋冬果一年两收（两代同堂）模式

采用夏果、秋冬果一年两收（两代同堂）栽培模式，可选花芽分化容易的品种，如巨峰、京亚、8611、温克（魏可）、意大利和美人指等。

第三节　一年两收栽培的适宜地区

一、气象条件

热带和亚热带地区气候的共同特点是雨热同季，往往在春季与夏初会有梅雨出现，在后半年普遍会出现秋旱，东南沿海常受台风危害，但总体看，后半年降水少于前半年，普遍后半年日照时数、日较差较大。葡萄一收果（夏果）通常不如二收果（冬果）含糖高、色泽深，但二收果酸度也高些（表 13 - 1）。

表 13 - 1　广西南宁巨峰一收果（夏果）与二收果（冬果）品质比较

（白先进测定）

种类	测定时间	单果重（克）	种子数（个）	色泽	可溶性固形物（%）	总酸（%）
夏果	7 月 8 日	10.15	1.40	紫红	16.88	0.67
冬果	12 月 23 日	8.79	1.98	紫黑	20.06	1.08

年平均气温 20℃以上，如在桂中桂南冬季无霜冻或初霜出现晚（12 月 20 日以后）的地区可以露地栽培夏果、冬果两收（两代不同堂）葡萄；在年平均气温 20℃以下的地区则可选用夏果、秋冬果一年两收（两代同堂）栽培模式。

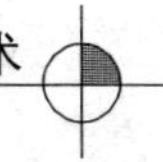

近年，南方设施避雨与设施促成结合的栽培方式广为应用，从而使南方一年两收葡萄栽培北线继续向北推移，并使南方地区成为葡萄一年两收、葡萄产期调节技术应用的重要地域。

二、土壤及灌溉环境条件

葡萄适应性广，沙土、壤土、黏土均能栽培，但宜选择排灌方便，地势相对高燥，土壤中性，远离污染源的地方栽培。

生产绿色食品的优质葡萄园必须具备的条件：土壤 pH 应为 6.0～7.5，有机质含量 3%以上。土壤重金属镉（Cd）0.3 毫克/千克以下，汞（Hg）0.25 毫克/千克以下，砷（As）25 毫克/千克以下，铅（Pb）50 毫克/千克以下，铬（Cr）120 毫克/千克以下，铜（Cu）50 毫克/千克以下。

灌溉水 pH 在 5.5～8.5，水中总汞（Hg）0.001 毫克/升以下，总镉（Cd）0.005 毫克/升以下，总砷（As）0.05 毫克/升以下，总铅（Pb）0.1 毫克/升以下，六价铬（Cr）0.1 毫克/升以下，氟化物 2.0 毫克/升以下，粪大肠杆菌 10 000 个/升。

葡萄园要求地下水位不可过高，最少要有 40～60 厘米的土层，同时排水顺畅，以利根系生长及营养吸收，减少生理病害，延长葡萄经济寿命。

第四节　一年两收栽培树体管理技术

一、夏果、冬果一年两收（两代不同堂）模式（以巨峰为例）

（一）休眠期管理

1. 冬季修剪

（1）修剪时期　1～2 月进行，伤流期到来前 15 天完成。选留优质结果母枝，要求枝蔓充分成熟；枝体曲折延伸，节间较短，节部凸出粗大，芽眼高耸饱满，鳞片紧；枝横断面较圆，木质部发达，髓部小，组织致密，无病虫害。

(2) 冬季修剪方法　棚架栽培的幼树以中长梢修剪为主，留芽10～15个。4～5年生以上的树，长势中庸的采用中短梢修剪留芽4～8个，长势旺的适当增加留芽数。剪去未成熟枝、细弱枝、病虫害枝、老蔓的残枝和留在结果母枝上的残果、果柄、卷须，在留芽前1～1.5厘米处剪断。

南方避雨栽培普遍采用Y形双篱架栽培，可选留生长充实的预备枝或上年结果枝作结果母枝，每株树留4条中长梢作结果母枝，2条短梢作预备枝，视株距和植株长势长梢留芽6～12个，短梢留芽2～3个。

(3) 绑缚　修剪完成以后将结果母枝均匀绑缚在架面上，不能有空当，注意避免和防止断蔓。

2. 肥水管理　冬季落叶后结合施基肥，基肥最好在修剪前施入。最好在涂抹或喷施破眠剂催芽前20～30天施用，每亩可施用腐熟牛粪等有机肥1吨，有机质不足的果园，可以用稻草、甘蔗渣、木薯渣混合施入。对全园实行深翻，深度20～25厘米。幼树深翻时尽量少伤根系。也可以实施免耕栽培，根据杂草生长情况及时安排用割草机在杂草还未长老前割除，尽量不用除草剂。树盘最好用稻草或其他有机物覆盖，土壤有机质要保持3%以上为好。

3. 病虫防控　以保健栽培为基础，改善葡萄园生态环境，提高葡萄园通风透光度，提高自身抗病力。

按照“预防为主，综合防治”的方针，采取冬季清园、萌动期铲除病原菌、坐果后及时套袋、发病前及时喷药预防的防治措施。

冬季清园是休眠期的一项重要工作，将葡萄园中修剪下来的枝蔓、残枝、残果、果柄等及时清理干净。然后喷施3～5波美度石硫合剂，春季芽鳞萌动未见绿期再喷一次2～3波美度石硫合剂，消灭越冬病原和害虫。

（二）生长期管理

1. 夏果（第一茬果）生长期管理

(1) 催芽　当翌春日均温稳定在10℃以上时，南宁以南地区可以在1月中下旬以后，柳州可在2月中下旬以后用葡萄破眠剂（石灰氮5倍液或单氰胺15倍液或破眠剂1号5倍液）催芽（化工店购胭脂红加

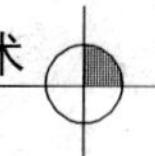

入稀释后的药液，每10千克破眠剂液加胭脂红100克使药液变红以便标记），用海绵块捆在木棍前端并用纱布捆成圆球形，吸取破眠剂后人工点湿芽眼，顶端1～2芽不点，以免顶芽先发，影响同一母枝其他部位冬芽的萌发。

桂北地区如在3月上中旬春季温度稳定回升后用破眠剂催芽也有利于一些葡萄品种的整齐萌芽。

注意事项：在催芽过程中要戴胶手套，使用时注意不要使皮肤与破眠剂直接接触；催芽后8小时内遇大雨要及时补涂；遇天旱时处理前后1天内要充分灌水，并在萌芽前应保持果园土壤湿润，最好连续3～5天每天傍晚对枝干喷水一次；使用时不能吃东西、喝饮料和抽烟。操作前后24小时内严禁饮酒或饮用含有酒精的饮料。

(2) 疏芽整梢　冬芽萌发后，根蘖萌芽全部抹除；结果母枝先抹除双芽、三芽中的边芽，留一个饱满的芽，芽萌发较稀疏的架面应保留双芽。新梢上显现花序，能区别结果枝和营养枝时开始抹梢，棚架每平方米定梢6～8条，双篱架的每米留梢10～12条，其中营养梢约占总留梢量的10%。花序以下副梢全部抹除，花序以上副梢分批及时抹除。旺盛生长的新梢可在花前扭枝，篱架花前4～5天留10～12片叶摘心，顶端留2条副梢，最顶端副梢留2～4片叶反复摘心，另一条留1～2片叶反复摘心；棚架也可以将旺长新梢引下架面下垂生长，以控制长势。营养梢选留靠近主干附近生长势中等的枝蔓，并注意控制长势。整个生长期及时分批摘除卷须，并及时绑缚新梢均匀分布架面。植株生长过旺可以连喷2～3次0.3%磷酸二氢钾或氨基酸钾＋0.05%～0.1%硼酸(砂)或氨基酸硼，每次间隔5～7天。利用激素控梢，视树势旺盛的程度可选用烯效唑等生长抑制剂喷1～2次控梢。

(3) 疏花疏果　南宁综合试验站研究结果表明，第一茬夏果控制在900～1 200千克/亩和第二茬冬果产量控制在900～1 500千克/亩，两茬果相互之间不会影响产量和质量，当单茬产量≥1 900千克/亩，对当茬果品的品质和下一茬果的花芽分化、产量质量会造成较大的影响。综合认为，为确保两茬果的产量和品质，第一茬夏果和第二茬冬果都控制在900～1 200千克/亩为最宜留果量。

花芽分化和结果量的多少密切相关，葡萄萌芽后两个月，新梢合成糖类急速增加，这段时间的糖类部分供应幼果膨大，部分供应结果枝，芽内积累足够的养分后便开始花芽分化。如果结果过多，叶片制造的养分优先供应给果实的发育，芽体得不到足够的养分，花芽分化受阻，冬果产量便受到影响。为此要特别重视在开花期和幼果期进行疏花疏果，促进养分向芽内输送，促进花芽分化。同时控好产量又是生产优质果的基本要求。因此葡萄一年两收栽培要求的疏花疏果促进花芽分化的技术，既满足了提高单位面积生产效率，又满足了生产优质葡萄的发展趋势，一举两得。

(4) 套袋　在疏果完成以后，全园喷施一次杀菌剂，待药液干后立即用专用纸袋套袋。

(5) 采收及采后管理　北回归线以南地区果实成熟期在 6 月上旬至 7 月上旬，夏果采收前着色不好的，可以打开纸袋促进着色。采后的管理要到位，7 月采果后 7～10 天喷一次磷酸二氢钾或氨基酸钾，新梢旺的要摘心控好副梢，促进花芽分化、枝条老熟和树体营养积累。

(6) 肥水管理

①施肥管理。第一次追肥在果实坐稳后开始，并以氮肥为主，要根据基肥施用情况及生长势强弱每亩可撒施复合肥（$N-P_2O_5-K_2O=15-15-15$）10～15 千克加硝酸铵钙或其他氮肥（新梢旺长的不单独加氮肥）5～10 千克；第二次追肥在花后 25～30 天依树势生长情况可每亩再施用复合肥 10 千克，棚架栽培的枝条叶数不够 20 片的可加施氮肥 5～10 千克；第三次追肥在果实开始着色时进行，每亩可施钾肥 10 千克加硫酸镁和硝酸铵钙 5 千克。要根据树势增减施肥量，树势过旺的要注意减少氮肥用量，可以把硝酸铵钙换成过磷酸钙。

如果葡萄园建在沙质土上，沙质土保水保肥能力差，则追肥要采用少量多次的方法，以免流失；采果后新芽不继续生长的可每亩撒施复合肥 5～10 千克，新梢能继续长的可不施，新梢旺长的要摘心控制或喷施烯效唑等植物生长抑制剂 1～2 次控制。

春季夏果开花期前有徒长情况时，要适当抑制生长，可以采用喷施磷酸二氢钾或氨基酸钾抑制生长；春季巨峰葡萄开花坐稳果前不能施用

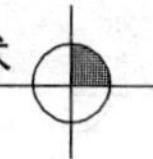

氮肥。土壤缺硼地区容易造成坐果不良，要在开花前5～6叶期开始，每隔7～8天连续喷氨基酸硼或0.1%～0.2%硼砂2～3次，提高坐果率。坐果后叶面结合喷药可喷施葡萄专用叶面肥补充营养。

②灌溉管理。葡萄萌芽前干旱要注意灌溉，特别是催芽后天旱时要灌水并连续对枝干喷水3～5天，促进萌芽。坐果后至浆果硬核末期加强肥水管理，前期春旱要注意灌溉，第一茬夏果发育期正值多雨季节，浆果上色至成熟期控制灌水，要特别注意建立良好的果园排水系统，并经常检查做到果园内不积水。葡萄受涝后根系受损，极易造成叶片枯焦，影响下茬果花芽分化，果实易患气灼病，造成重大损失。

(7) 病虫害防治

①新梢生长期至开花前。在这段时间发生和即将发生的病害有黑痘病、灰霉病和炭疽病，虫害有金龟子、透翅蛾和蓟马。在2～3叶期开始用药，可选用25%施保功2 500倍液、40%氟硅唑（福星）8 000～10 000倍液、50%速克灵800～1 000倍液、50%多菌灵800～1 000倍液、70%甲基硫菌灵1 000倍液轮换用药；开花前最好选用25%嘧菌酯悬浮剂1 500倍液喷一次。也可以在花前上述药剂加80%大森可湿性粉剂600～800倍液并视虫害发生情况加杀虫剂10%吡虫啉2 000～3 000倍液或90%敌百虫原粉800～1 000倍液混合使用。

②开花坐果至转色。这段时间是葡萄白粉病、炭疽病、白腐病和霜霉病等各种病害逐步发生时期，要密切注意观察，重点预防。着果后可选用40%施加乐（嘧霉胺）500～600倍液、45%施保克（咪鲜胺）乳剂2 000倍液、40%信生粉剂4 000～6 000倍液、50%速克灵800～1 000倍液；套袋后可选用80%大生M-45粉剂700～800倍液、78%科博可湿性粉剂600～800倍液、64%杀毒矾可湿性粉剂600～800倍液、40%信生粉剂4 000～6 000倍液、80%波尔多液（必备）400倍液等杀菌谱广的保护性农药交替使用或其他对口农药预防。

发生虫害时杀虫剂可选用速灭杀丁乳剂2 000倍液或10%吡虫啉2 000～3 000倍液混合或轮换使用。

③果实着色后至采收前。主要防治炭疽病、白腐病和霜霉病，兼防其他病害。着色初期可用45%施保克（咪鲜胺）乳剂2 000倍液预防炭

疽病；20%凯润（唑菌胺脂）1 000～1 500倍液、25%敌力脱（丙环唑）乳油7 000～10 000倍液预防炭疽病兼防白粉病。霜霉病发病初期可用66.8%霉多克800～1 000倍液液、72%霜脲氰（克露）500～600倍液、69%安克·锰锌1 000～1 500倍液、52.5%抑快净2 500倍液，或40%乙膦铝250～300倍液混配80%代森锰锌400～600倍液，或25%甲霜灵400倍液加78%科博可湿性粉剂600～800倍液喷施；白腐病发病初期混配10%世高1 500倍液喷施。

④采果后。重点防治霜霉病、褐斑病和锈病。用80%代森锰锌（大生M-45）600～800倍液，或30%氢氧化铜（绿得宝）300～400倍液，或78%波尔多液、78%科博可湿性粉剂600～800倍液；发生锈病时喷施25%粉锈灵1 500倍液或40%信生粉剂4 000～6 000倍液。

2. 冬果（第二茬果）生长期管理

(1) 夏季修剪

①修剪时间。在我国台湾葡萄主产区修剪可以持续到第二年春天，把二茬冬果延期或提早到1～5月采收，主要原因是台湾冬季气候温和，寒流灾害发生少，葡萄能安全越冬。而我国大陆初冬寒潮早而且强，容易造成二收葡萄未成熟就落叶，南宁年均温为21.8℃，低于台湾葡萄主产区0.7℃。冷空气较强而明显，11月最低温度出现过3℃，葡萄叶片7℃以下就会产生冻害。南宁地区8月30日前修剪的，其果实紫黑，可溶性固形物含量可达20%左右，甜酸适口，香气浓郁，品质极优。9月5日修剪催芽的则着色偏红，果实酸度大（可滴定酸含量达2.1%），商品性差。柳江地区在8月15～20日修剪最佳，果实蓝黑色，可溶性固形物含量达20%～21.5%，甜酸适度。最迟不要超过8月25日，其果实紫黑，可溶性固形物含量在20%左右，略偏酸。8月30日处理的果实红紫色，可溶性固形物含量在20%左右，明显偏酸，冬果不能在翌年1月10日之前充分成熟。

露地栽培实施两代不同堂二收栽培的果园，北回归线以南地区可在8月20日前后进行修剪；北回归线以北地区建议在8月15日前修剪完毕。过早修剪花芽分化不充分，花序短小；过晚可能受早霜危害，葡萄成熟度不够。

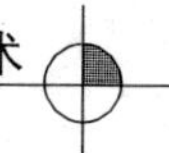

②修剪方法。冬果于8月中下旬采用当年上茬的正常结果枝或营养枝作结果母枝，修剪至芽眼饱满处，一般留芽5～11个，人工摘除全部叶片；每条结果母枝只留1个结果枝和1穗果。翌年春修剪去掉弱枝过密枝后，回剪至上年第一茬夏果结果枝，留4～9个芽作中梢修剪。

(2) *催芽*　用葡萄破眠剂（石灰氮或破眠剂1号5倍液或单氰胺15～20倍液）涂抹剪口芽催芽（每枝只点剪口一个芽），催芽后天旱时要灌水，并连续在傍晚对枝干喷水3～5次。这时正是高温时期，植株由有叶子状态一下子被修剪并去叶，枝干暴露在阳光下，如遇干旱，发芽困难，因此这次喷水很重要。

(3) *花序拉长*　第二茬冬果的生产期与第一茬夏果的生长期所遇到的环境条件是相反的，萌芽至开花结果一个是从低温到高温，一个是从高温到低温，冬果发芽至开花温度高，从萌芽至开花仅需2周（第一茬夏果是50天），花序发育期很短，开花期又恰遇高温，花序分化不完全，果梗一般较短，果粒间距较小，如果不拉长花序，果粒生长将受限制，成熟时果粒甚至互挤开裂，影响商品价值。

萌芽后5～6叶期用1～2毫克/升赤霉素全株喷雾1～2次，以促进花序伸长，小果梗展开，以便整理果穗和套袋。整个生长期及时分批摘除卷须，并及时绑缚新梢均匀分布架面。

(4) *花果管理*　在花前2～3天掐掉花序上的副穗和1～4个花序大分枝和花序尖端，保留由下往上数16～18个花序小分枝，使果穗形状成为圆柱形。坐果后至硬核前能分辨大小果时疏去小粒无核果、畸形果、病斑、伤痕和过密的果粒。为了培养品质高、外观美的产品每穗葡萄控制在350～450克，每穗粒数控制在40～50粒。疏穗时结果枝未达到12片叶的不留果，如果全部结果枝均未达10片叶，则每留一枝结果枝另安排一枝营养枝向结果枝供应营养。枝梢叶片数达15片左右，末端无法生长的留1穗果，末端仍在生长的留2穗。冬果结果枝叶片数要求比夏果增加20%左右为好，促进果实品质的提高。冬果每亩定产800～1 000千克，定2 600～3 300穗。在疏果完成以后，全园喷施一次杀菌剂，待药液干后立即用专用纸袋套袋。

(5) *肥水管理*　冬果要特别注意增施磷钾肥，促进叶片枝梢老熟；

注意钙肥的补充，并在中后期喷施含综合性微量元素的叶面肥，并注意防风防寒。

①基肥。在涂抹破眠剂催芽前5～10天施用基肥，相当第一茬夏果用量80%的腐熟粪肥，每亩加施尿素8～10千克、过磷酸钙25～30千克、硫酸钾5～8千克。如果肥水条件很好的果园也可以不施氮肥及其他化学肥料。酸性土壤可每亩增施石灰20～50千克。

②追肥。追肥时期基本与第一造夏果相同，总量上相当第一造80%左右，保证前期施用量，促进形成足够叶幕供应冬果生长。

③叶面肥。这段时间雨水多，硼易流失，注意花前叶面补充硼肥。另外，还要注意在新梢生长期喷施氨基酸钾2～3次。在中后期喷施综合性微量元素，在有出现低于7℃的寒潮来临可能之前喷抗寒抗冻剂，预防叶片受冻黄化。

④排灌。前期注意排水，果实膨大期进入旱季要特别注意灌水，否则果实偏小，影响产量和外观。

（6）病虫害防治

①修剪后至萌芽前。进行夏季清园，将葡萄园中修剪下来的枝蔓、残枝、残果、果柄等及时清理干净。催芽后芽鳞萌动未见绿期喷一次2～3波美度石硫合剂，消灭病原和害虫。

②新梢生长期至开花前。葡萄二收果发芽时温度高、湿度大特别适合霜霉病和蓟马的发生发展，一不留神就会造成冬果颗粒不收，是冬果最危险的病虫害。因此发芽前期要特别重点预防霜霉病和蓟马的为害。在2～3叶期开始用药，在雨水多、头茬发生霜霉病情况下要选用如下一种杀菌剂：50%安克（烯酰吗啉）、69%安克·锰锌1 500～2 000倍液、72%霜脲氰（克露）500～600倍液或52.5%抑快净2 500倍液并加杀虫剂10%吡虫啉2 000～3 000倍液喷1～2次。防花期灰霉病可用50%速克灵800～1 000倍液。要特别注意蓟马的发生情况，如高温干旱时蓟马为害会趋重，间隔4～5天用25%阿克泰水分散颗粒剂3 000～4 000倍液与10%吡虫啉2 000倍液轮换扑杀2～3次。为了防控灰霉病、炭疽病、霜霉病等花前最好选用25%嘧菌酯悬浮剂1 500倍液喷一次。

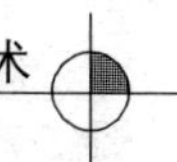

③开花坐果至转色。这段时间是葡萄霜霉病、白粉病和炭疽病等各种病害逐步发生时期，要密切注意观察，重点预防。着果后可选用45%施保克（咪鲜胺）乳剂2 000倍液、40%信生粉剂4 000～6 000倍液；套袋后可选用80%大生M-45粉剂700～800倍液、78%科博可湿性粉剂600～800倍液、64%杀毒矾可湿性粉剂600～800倍液、80%波尔多液（必备）400倍液等杀菌谱广的保护性农药交替使用或其他对口农药预防。

有棉铃虫或其他害虫时要选用其他杀虫剂扑灭。

④果实着色后至采收前。主要防治炭疽病、白粉病，兼防其他病害。着色初期可用45%施保克（咪鲜胺）乳剂2 000倍液、20%凯润（唑菌胺脂）1 000～1 500倍液、25%敌力脱（丙环唑）乳油7 000～10 000倍液预防炭疽病兼防白粉病。

二、夏果、秋冬果一年两收（两代同堂）模式促花技术

（一）适时摘心控梢促进花芽分化

实施夏果、秋冬果一年两收（两代同堂）栽培模式的在葡萄5～6月开花前后留10片叶左右第一次摘心，顶芽以外的副芽抹除，留顶端副梢4～5片叶再摘心；其上仍只留顶端一个夏芽，留2～3片叶摘心，在摘心控制和坐稳果后的肥水配合下（依生长势强弱可每亩追施复合肥10～15千克，此期，增加一些腐熟的麸饼液肥更好），顶端新梢花芽迅速分化。

（二）适时修剪促副梢冬芽萌发结果

待主梢顶端第一副梢的基部冬芽充实饱满后且没有达到半木质化时，对主梢顶端第一副梢保留2～3片叶全园统一进行短截（短截时最好在5～7个晴天后，花芽质量较好），逼二次梢冬芽萌发结果，同时灌水并每亩追施复合肥10～15千克，促使顶端短截部位的冬芽萌发，诱发二次果。一般冬芽萌出后就会有花，如无花则如前所述继续留2～3片叶摘心而后剪梢促花。

为了确保果实品质一般每条新梢只留一穗果，每穗果留40～50粒。秋冬果留穗量不宜超过第一收的夏果，产量可以定在800～1 000千克，

不宜过高，以确保翌年产量和当年果实品质。

（三）注意事项

①特别注意摘心要及时，不能等新梢长放后用剪刀短截代替摘心。

②特别需要注意统一短截时，有的第一副梢在修剪时已木质化或半木质化的，葡萄冬芽已进入休眠半休眠状态，剪后萌芽困难，萌芽不整齐，可延后剪留至第二或第三副梢饱满的冬芽，以确保出芽率和整齐度，方便管理。

③短截剪梢促放二茬花时间最好在5～7个晴天后进行，具体剪梢促花时间应根据品种生长期长短、枝梢老熟、芽眼充实饱满程度确定，夏黑葡萄在桂林最迟不超过7月10日，以保证二茬果能在11月中旬前成熟，江浙一带要适当提前。

其余肥水病虫管理可参照夏、冬果两收栽培。

三、利用二次果补救产量（以夏黑为例）

（一）控制枝梢旺长

夏黑属生长势旺品种，一收果无花或产量少时枝梢更易旺长，不利花芽形成，须采取综合措施控制枝梢旺长，增加树体养分积累，促进二收果的花芽分化。

1. 以肥控梢 在一收果很少的情况下，势必造成枝梢生长旺盛，因此，二收果坐果前不能单独施用氮肥，并需在5月连喷2～3次氨基酸钾或0.2%～0.3%磷酸二氢钾＋氨基酸硼或0.1%硼肥，每次间隔5～7天。

2. 激素控梢 视树势旺盛的程度可选用烯效唑等植物生长抑制剂等喷施1～2次，以控制新梢旺长（注意：已挂果的旺梢只喷枝梢上部，浓度适当放低）。

（二）适时诱发二次花

利用新梢顶端第一次或第二次副梢上的冬芽放二次花。具体操作方法是：新梢留8～9片叶摘心，主梢摘心后只留顶端一个夏芽副梢，其余副梢抹除。顶端长出的第一个副梢留3～4片叶摘心，其上仍只留顶端一个副梢留2～3片叶摘心。5月下旬至6月初待主梢顶端第一副梢

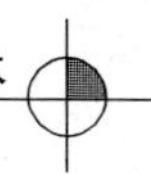

的基部冬芽充实饱满后且没有达到半木质化时，对主梢顶端第一副梢保留 2～3 片叶全园统一进行短截，同时灌水并每亩追施复合肥 10～15 千克，促使顶端短截部位的冬芽萌发，诱发二次果。若统一短截时，有些第一副梢已木质化或半木质化，这里的冬芽已进入休眠半休眠状态，剪后萌芽困难，芽不整齐，可延至第二或第三次副梢短截诱发冬芽二次果。一般情况下，夏芽一次副梢上的冬芽萌出后都会有花，如无花则如前所述继续留 2～3 片叶摘心，继续诱发冬芽结果。具体剪梢促花时间应根据枝梢老熟、芽眼充实饱满程度确定，最好在 5～7 个晴天后进行。夏黑葡萄在桂林最迟诱发二次果时间不超过 7 月 10 日，以保证二次果能在 11 月中旬前成熟。

（三）花果管理

1. 疏花疏果与套袋　花前对二收果进行疏穗，每个新梢留花序 1 个，花前疏除副穗，保留 20 个左右小花序分枝。花序以上留 3～4 片叶摘心，促进坐果。摘心后结果枝顶端留 1～2 个副梢并进行 2～3 片叶反复摘心，也可以留顶端副梢下垂自然生长。坐果后及时疏除过密果粒，使果粒不过于拥挤，每穗留果 70～80 粒，产量控制在 1 500 千克/亩以内。疏果完成以后，全园喷施一次预防白腐病、炭疽病、霜霉病等病害的杀菌剂，待药液干后立即用专用纸袋套袋。

2. 促进果实增大　自然生长情况下夏黑粒重仅 3 克左右，进行膨大处理可以提高商品价值。一般需进行 2 次处理，第一次在盛花末期用 25 毫克/升赤霉素浸花穗进行保果，7～10 天后再用 50 毫克/升赤霉素浸果穗促进膨大。

二次果坐果稳定后视树势情况补施一次肥水，施肥量视产量和树势而定，一般每亩施氮、磷、钾各含 15%的三元复合肥 10～20 千克。二次果着色前每亩施硫酸钾肥 15～20 千克。

二次果的果实膨大期往往是旱季，要在旱季来临前进行地面覆盖稻草或地膜防旱保湿，必要时还要进行淋水抗旱，保证果实生长对水分需求，有利果实膨大。

（本章撰稿人：白先进）

第十四章 葡萄采后贮运保鲜技术

葡萄是一种易腐难贮水果，市场销售时间短，很难满足人们的周年需要，因此，鲜食葡萄贮运保鲜技术的建立是亟待解决的重要问题。采后病害是葡萄腐烂的主要原因，由此造成的损失非常巨大。目前控制采后病害的主要手段是使用化学杀菌剂，但它们在葡萄中的残留毒性对人类健康存在潜在危险，已成为全社会关心的问题。此外，杀菌剂长期在某一地区使用会导致抗药菌株的产生，从而降低防治效果。因此，迫切需求引入新型、物理、无毒、高效保鲜技术，减轻或减少化学杀菌剂在采后葡萄上的应用，未来还要引入生物控制技术。

第一节 概 述

一、贮运保鲜的意义

葡萄在世界果树生产中占据重要地位，其栽培面积和产量长期位居世界水果生产首位。在我国，葡萄也是重要的果树树种，是我国果树主栽的六大树种之一，也是人们喜爱的一种生食和加工水果。就消费方式而言，世界上多数国家主要以加工为主，只有约20%的葡萄用于鲜食，而我国却以鲜食为主，占80%以上，仅有一小部分用于加工和少量出口。因而，鲜食葡萄生产就成为我国葡萄产业的主体。

我国虽是世界葡萄生产大国，但远非强国。不仅国内市场葡萄质量差，价格低，保鲜、加工跟不上，采后增值少；而且，随着加入世界贸易组织（WTO）后进口关税的大幅度下调，我国葡萄产业也面临着日益严峻的国际竞争，在采后商品化处理和低温物流方面也远远落后于世界先进水平。以2010年为例，全国鲜食葡萄保鲜贮藏的总量只有50万

吨左右，还占不到全国总产量的10%，由于产后处理水平和物流水平落后，分级无标准或不按标准进行，导致品牌无信誉，质量无保证，每年由于质量降低或霉变，导致损失高达30%～35%。流通更是我国葡萄产业发展的瓶颈，且全国葡萄流通销售网络建设也十分薄弱，葡萄销售仍以个体经营为主体，葡萄生产的分散性和社会需求高品质形成明显的反差。另一个流通存在的主要问题是冷链物流十分薄弱，我国鲜食葡萄主要以常温运输和简易保冷运输为主，占流通运输的90%以上，仅为5%～10%采用机械冷藏运输。与国际葡萄产业发达国家相比，我国葡萄产业水平较低，存在较大差距，且采后商品化处理和流通技术与体系落后，严重制约着葡萄产业的发展。

随着现代葡萄产业的发展，大量葡萄的生产集中在了有利气候、土壤及有适当灌溉的地区。这样，要使葡萄周年均衡供应国内市场并出口，参与国际国内市场大流通，就离不开现代低温物流技术的支撑与体系的保证。葡萄的生产和流通几十年来积累的证据表明，两者之间既密切相关又相互依赖，一方的发展促进着另一方的发展。所以，葡萄流通已成为目前进一步发展葡萄生产和销售以及提高经济效益的关键，流通已成为从生产到消费、从生产到市场最重要的环节，是葡萄产业的重要组成部分。目前在主产地生产的葡萄，其中80%要经过远距离运输才能进入流通领域。

为葡萄产业最初所做的任何努力，目的都是为了取得相应的经济效益。但会由于流通保鲜设施、材料和方式以及数字化控制技术满足不了葡萄的特殊要求而前功尽弃。为了保持葡萄的优良品质，从商品生产到消费之间要进行低温冷链流通保鲜，形成从生产到销售整个过程都处于低温保鲜之下，以防止葡萄新鲜度和品质的下降。目前，世界经济技术发达国家如欧美、日本特别重视低温冷链流通保鲜技术的研究，并逐步实现了葡萄全程流通保鲜体系，包括贮运方式、贮运工具、装卸工具、装载形式、包装容器和贮运保鲜材料、组织管理。信息化技术的应用和冷链流通保鲜设施、贮运保鲜材料和技术的改进，在保证高质量的葡萄进入国际国内市场大流通方面起到重要的作用。

近年来，我国每年进口30多万吨优质葡萄（多数为红地球）。从我

国的地理、气候、品种、技术等方面的优势看，我国完全具有成为世界葡萄产业强国的条件，使我国的葡萄能够大规模、高质量进入国际国内市场大流通，但为此必须采取一系列有效措施切实解决质量与流通问题。

二、鲜食葡萄质量获得的主要途径

葡萄物流保鲜需要提供高质量的葡萄产品并需使其质量得到持续保持。采前因素与调控技术决定着葡萄质量的培育，采后因素与调控技术决定着葡萄质量的保持，分级技术决定着葡萄质量的区分。通过对葡萄质量的培育和区分，有利于提供耐贮运性、抗病性高且质量一致性高的产品，再加上对葡萄质量的保持，使葡萄得到安全的物流保鲜。

（一）采前质量培育是根本

采前因素常常影响色、香、味、质、形、营养和卫生安全等鲜食葡萄质量标准，重视采前因素及调控技术可直接提高鲜食葡萄的食用价值、商品性及商品化处理水平、抗病性和耐贮运性以及货架寿命。主要涉及品种、成熟度、田间病害管理与限产、激素处理、灌水和下雨、整形与修剪、果实套袋等因素及调控技术。

（二）采后质量保持是关键

采后因素对耐贮运性和抗病性也有很大影响。维持缓慢的生命活动，从而延缓耐贮运性和抗病性的衰变，并保持葡萄的质量，才有可能延长流通期限。葡萄流通时也要控制环境条件，通过控制环境条件来科学控制葡萄耐贮运性、抗病性的发展变化并保持质量，其中包括：控制适宜的低温、湿度、气体成分，防止机械伤害和使用防腐保鲜剂处理及合理的包装等。

（三）分级技术决定质量的一致性

分级是选择产品、区分质量，为物流保鲜提供均匀一致的高质量产品。分级技术的好坏，直接决定能否进行科学的区分质量。要进行内在质量和感官质量与卫生质量的分级，为市场提供可安全流通的优质优价与按质论价的产品。

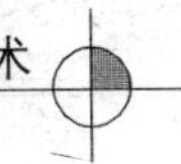

三、构成鲜食葡萄自身的质量要素

鲜食葡萄等级标准涉及的质量要素有成熟度（可溶性固形物含量）、颜色、均匀一致性、硬度、果粒大小，无萎蔫果、落果、日烧果、水渍果、小果、干果以及其他缺陷和腐烂。葡萄穗要充实，不能过紧。果梗不能干缩和脆，颜色至少是黄绿色。

简化的鲜食葡萄等级标准涉及的质量要素有：成熟度（根据品种和产地，可溶性固形物含量至少达到14%～19%，固形物/酸的比值达到20或更高，或两者结合起来考虑），无腐烂果、冻害果、日烧果、干果和虫伤果。

四、鲜食葡萄的贮运特性

葡萄在贮运期间易腐烂、脱粒、干梗、失水皱缩，损耗较大。因此贮运期间的温度、湿度、气体成分和防腐是影响贮运效果的关键因素。

葡萄生长期相对较慢，必须成熟后再收获，因为葡萄只能在树上成熟。这里成熟指的是葡萄生理发育到某一阶段，肉眼视之，果实饱满喜人；食之，味道甘美。但是，不可过熟后采摘，因为那样会使果实在收获后产生两个严重的问题：①使得果实与果梗的连接变得脆弱，会引起某些葡萄品种果粒从果柄上掉落；②更易被有害微生物侵染腐烂，雨淋或雨水过多易造成果实腐烂。

葡萄在成熟后收获，成熟的依据是整穗葡萄总的可溶性固形物的含量情况。可滴定酸和糖/酸比率作为成熟度的指标。成熟的最低质量要求因品种和生长区域不同而异。有色品种的最低着色要求也因品种和等级要求而异。分级标准是按每穗葡萄的好果率的多少进行分级，包括最低的着色、果实排列的紧密程度和分布。

葡萄是非呼吸高峰型水果，生理活动和代谢强度相对较低。在5℃时呼吸作用很低，产生的二氧化碳量为5～10毫克/（千克×小时），呼吸产生的热量为1 256～2 512千焦/（吨×天），产生的乙烯量十分低[乙烯产生量为0.01～0.1毫升/（千克×小时）]。结冰点低于－2.9℃，但是一些高含糖的葡萄品种（一般用于酿酒）其冰点低于－5℃。

收获后的葡萄穗易于失水，由此使得果梗变干和发生褐变，果粒散落，甚至果粒萎缩干皱。在贮藏和处理期间，要时刻注意灰霉菌引起的腐烂及其防治。葡萄果粒表皮蜡被对于保质作用很重要，粗放地处理和摩擦会损毁蜡被，使得表皮发亮，而不是所需要的光泽。

由于失水，果梗和葡萄十分敏感的引起质量变坏，因此，采摘后通常要立即冷藏。在田间温度下，只要几小时拖延，就会造成葡萄穗梗的严重干枯和变为棕色。此问题在气温炎热地区种植葡萄尤为严重。

灰霉菌侵害问题仅依靠迅速冷却方法无法完全消除。通常做法是葡萄包装后立即用二氧化硫熏蒸以及在贮藏期间用低剂量熏蒸。近几年，二氧化硫发生垫已经被采用，尤其用在葡萄的出口方面，当葡萄装在船上漂洋过海需要较长的保鲜时采用此方法。这种办法是将亚硫酸钠浸入或装入衬垫中，使二氧化硫在葡萄运输或销售时逐渐地挥发出来。使用二氧化硫保鲜剂不当可造成果实漂白伤害。

第二节　采前关键控制技术

贮运保鲜采前关键控制技术主要包括，了解品种贮运特性、选择适宜采收期、限制产量、防止遇雨与灌水后即采、明辨激素处理利弊以及采前和采收之前的病害防治等技术。

一、了解品种的贮运特性

不同品种的耐贮运性差异很大，目前生产上较耐贮藏的品种主要有龙眼、巨峰、玫瑰香和红提。这 4 个品种，占全国鲜食葡萄贮藏总量的 98.5%，目前发现秋黑和意大利也是比较耐贮藏的品种，这些品种可贮藏 4～7 个月；木纳格、无核白、青提、红富士和夏黑为中度耐贮藏的品种，可贮 2～3 个月。生产上由于无核品种受到人们的青睐，也是国际化的发展方向，栽培面积在不断增加，但由于其植物特征是果刷短而易引起脱粒，造成物流和长期保鲜的难度增大。在冷藏运输条件下，所有品种都可以满足中短距离运输，远距离出口多数品种也不存在太大问题。

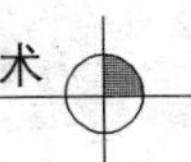

二、选择适宜采收期

在北方一般贮藏中晚熟葡萄，采收期在9月中旬到9月底，有时把握不好霜期，提前采收，使其成熟度不够，果实可溶性固形物含量低，或有时晚采遇霜影响贮藏效果。由于南方地区热资源丰富，春季温度回升早，一年四季温度较北方高，与北方成熟不一致。采收期或早于北方或晚于北方，熟后有时不采收仍在树上挂果。以露地栽培为例，巨峰葡萄在北方一般在9月中旬开始成熟，而在南方7～8月就可成熟采收；在广西人们充分利用广西南部的特殊气候条件，根据巨峰葡萄易开花的特性研究发展了一年两收栽培模式，使两收葡萄采收期延长到年底或翌年年初。南方某些地方，有时葡萄成熟后不采收仍在树上挂一段时间，虽然含糖量增加，颜色变深，口感变好，但向过熟方向发展，出现果梗果实脱水，遇雨增加霉菌侵染腐烂，造成果梗干枯和脱粒，两收葡萄还有可能遇到寒害（霜打），发生果梗干死和脱粒。北方设施延晚栽培的葡萄也存在熟后挂树晚采的情况，适度晚采对耐贮运性影响不大，过度晚采将造成物流的困难。上述这些都会影响葡萄较长期保鲜的效果。所以要根据生态条件、成熟度和栽培状态决定采取即时物流采收或延时物流采收。用于中长期保鲜的葡萄在成熟后树上挂果时间过长易过熟而产生脱粒，成熟度高时遇雨更易在树上发生裂果和腐烂，广西的二次葡萄过度晚采可遇霜冻而对葡萄贮藏效果产生不良影响。

三、限制产量

产量过高，果实可溶性固形物含量降低，含水量增加，生理进程加快，造成葡萄的耐贮运性和抗病性降低而影响贮运效果。一般红色品种应控制在1 100～1 200千克/亩，黑色品种应控制在1 300～1 500千克/亩。

四、防止遇雨与灌水后即采

在北方如山西和陕西南部和河南一些地区经常出现秋雨滞后，仅在果实成熟时开始多天连续下雨，在辽宁、河北和山东也有果实成熟时连续下雨，造成树上葡萄裂果和腐烂，能入贮的葡萄，保鲜效果也大打折扣。南方以长江三角洲地区为例，葡萄成熟期多在高温多雨的7～8月，采收时田间气温高、湿度大，葡萄带菌量也很大，特别是对葡萄贮运保鲜致命的病害灰霉病发生比较严重。同时，在这种气候和土壤条件下，葡萄果实酸度低，糖度也较低。对目前世界上能通用的二氧化硫型葡萄保鲜剂的抗药性较北方同类品种葡萄偏低。此外，还要强调采前10～15天应停止灌水，否则会大大降低果实硬度、含糖量，其耐贮性会大大降低。避雨栽培和果实套袋都有利于减轻田间病害。南方葡萄产区除注意采前控制灌水外，还要加强田间排水。要强调：采前遇大雨或暴雨，采收期应推迟1周以上；采前遇中雨，采收期应推迟5天以上；采前如遇小雨，采收期要推迟2天以上。

五、明辨激素处理的利弊

植物激素处理具有拉长果穗，增大果穗、果粒和无核化及催红（熟）作用。过分紧实的果穗易发生病害，适当拉长果穗缓减果穗过紧，有利于减轻果穗的病害，且松紧适宜的果穗易于处理、包装和食用，但试验和生产都证明，穗梗和果梗拉得太细，粗度低于2.5毫米，果穗拉得太稀松，果梗在贮藏过程易干枯死亡，这不仅在红提上得到证实，采收的巨峰也明显出现这种症状。适当增大果穗和果粒在新疆无核白上并未看到在贮藏过程的不利影响，因它也适当地增加了果梗和穗梗的粗度，但无核化可由于果刷变短而易引起脱粒影响贮藏效果。果实催红（熟）只是提高了消费者的成熟感觉而使消费者乐于购买该产品，但它对葡萄的品质和含糖量并未起到提高的作用，但可促进葡萄的落粒。一般建议贮藏用葡萄不可用催红的成熟激素，否则将极大地降低其耐贮运性，促使造成其落粒和腐烂，给贮运带来极大的困难。

六、采前和采收之前的病害防治

葡萄在长期贮藏中，引起果穗及果粒大量腐烂的侵染性病害的种类很多，但其主要的有3种：葡萄灰霉病、葡萄青霉病和葡萄褐腐病。这3种葡萄贮藏期的病害，首先是葡萄果实在田间生长期间被大量侵染潜

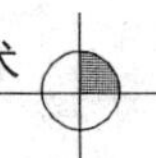

伏在果实里，造成贮藏期发病，田间使用杀菌剂，既能保护果实在田间免受病害，又能减少果实带菌，提高采后贮藏效果。微生物侵染可受4道化学防腐关控制，通常的田间农药控制属于第一道关，但第一道关可能在西北地区被忽视，因为大多数年份西北地区降水量低，田间病害轻，不存在问题。遇到少数多雨年份往往增加田间病害而使贮藏期内发生较重腐烂。第二道关是在采收之前使用食品添加剂级的采前保鲜剂，这在南方高温多雨季节、北方秋雨滞后地区和采收时偶发多雨的产地非常重要。第三道关和第四道关是必用的，即库房消毒和葡萄贮藏过程的防腐处理。这4道关科学配合可有效防止微生物造成的腐烂。葡萄是为数不多的在较长期贮运中必须使用保鲜剂的果品，如果不使用，即使温度控制多么精准也要发生霉烂。花前采取灰霉病侵染期的药剂预防，采前用食品添加剂类型药剂如葡萄采前液体保鲜剂、特克多（TBZ）浸穗等，以降低田间带菌量是非常重要的。

第三节　采后关键控制技术

采后关键控制技术主要包括把好入贮质量关，单层装箱，搞好库房和运输车辆消毒，搞好温度控制，防腐处理，调节时空生产与保鲜、选择适宜保鲜期限6个方面。

一、把好入贮质量关

选择可溶性固形物含量平均达到15%～19%以上的果穗入贮。入贮果品要求：口感好，果粒达到一定硬度，果粒大小和颜色均匀一致，每箱果实穗形、穗的大小与紧实度均匀一致，每批产品均匀一致，果梗不能干缩，颜色至少达到黄绿色，无缺陷（无萎蔫果、落果、日烧果、水渍果、小果与干果）且无腐烂。

理想果穗是松紧适宜，穗重500～700克，糖酸比≥20，可溶性固形物含量达15%～19%以上。以巨峰为例，粒重10～12克，可溶性固形物含量16%～18%以上，穗重300～500克，有该品种固有的外观特征和色泽风味。以红提为例，可溶性固形物含量16.5%以上，穗重

500～1 000 克，果穗适度松散，有该品种固有的外观特征和色泽风味。

二、单层装箱

选用纸箱、塑料箱、泡沫塑料箱或木箱均可，目前装量最低 2.5 千克，最高 10 千克，纸箱多数 4 千克之内，塑料箱 6 千克之内，泡沫箱 10 千克之内，但重要的是要单层装箱，最好采用单穗包装。采后短贮运输型即属于即时物流型的箱内衬里包装，可灵活掌握，可使用密封袋或多孔袋，或不使用塑料袋仅衬纸，但长贮葡萄时必须使用密封塑料袋。其作用是保持袋内湿度，防止葡萄失水干枯；保持包装袋内气态二氧化硫浓度达到长期防腐处理；此外，还有微气调作用。采收时要在树上整理果穗，树上分级，一次性装箱，使用单层包装箱（或单层周转箱）、单果穗包装（如用带孔塑料袋），轻采轻运。

三、库房和运输车辆消毒

葡萄贮运设施（包括机械冷藏库和运输车辆等），是葡萄贮藏病害的主要初侵染源之一，对贮运设施进行清洁和消毒可有效地减少和杀灭贮运设施中的病原微生物，减少贮藏病害的发生。因而，在每次贮运产品前必须对贮运设施进行彻底清扫，地面、货架、塑料箱等应进行清洗，以达到洁净卫生。同时要对贮运设施、贮藏用具等进行消毒杀菌处理，常用的杀菌剂及使用方法如下：

（一）高效库房消毒剂

CT 高效库房消毒剂，为粉末状，具有杀菌谱广，杀菌效力强，对金属器械腐蚀性小等特点。使用时将袋内两小袋粉剂混合均匀，按每立方米 5 克的使用量点燃，密闭熏蒸 4 小时以上。

（二）二氧化氯

该剂为无色无臭的透明液体，对细菌、真菌都有很强的杀灭和抑制作用。市售消毒用二氧化氯的浓度为 2%。

（三）过氧乙酸

过氧乙酸是一种无色、透明，具有强烈氧化作用的广谱液体杀菌剂，对真菌、细菌、病毒都有良好的杀灭作用，分解后无残留，但腐蚀

性较强。使用方法是，将市售的过氧乙酸消毒剂甲液和乙液混合后，加水配制成0.5%～0.7%的溶液，按每立方米空间500毫升的用量，倒入玻璃或陶瓷器皿中，分多点放置在冷库中，或直接在库内喷洒（注意保护操作人员的皮肤、眼睛等，也不能将药液喷洒在金属表面），密闭熏蒸。

（四）高锰酸钾和甲醛的混合液

按1∶1的重量比将高锰酸钾加入甲醛液体中，使用量为每100米^2 1千克，操作时要注意安全，迅速撤离，密闭库房48小时以上。此法适用于污染较重的老库。

（五）漂白粉溶液

贮运设施消毒常用4%漂白粉溶液喷洒，在葡萄贮藏期间结合加湿，也可喷洒漂白粉溶液。

四、搞好温度控制

（一）要有一个隔热和控温良好的贮藏库

不能在隔热层方面减少投资，防止库体漏热，减少库体的热交换，特别在我国南方地区更应加强隔热层的建造。

（二）贮前提前降低库温

在入贮前的2～3天使库温达到要求的温度。

（三）葡萄采收后及时入贮

防止在外停留时间过长，要求葡萄在采收后6小时之内，进入预冷阶段。

（四）选择适宜预冷方式

冷藏间预冷是常用的预冷方式，北方地区晚秋采收的葡萄一般预冷12～24小时，北方地区采收如遇特殊多雨年份预冷时间要加长达36～48小时；南方地区葡萄田间热和田间携带水分较高，更应增加葡萄敞口预冷时间，一般要达到24～72小时。差压预冷是理想的方法，可使葡萄预冷时间缩短60%以上，但需要特殊包装。目前隧道预冷也是理想和现实的选择。

（五）选择适宜的贮藏温度

−0.5℃±0.5℃（0～−1℃）是适宜的选择，但多数库在除霜时温度要升到1～3℃，再加上某些库在贮藏过程偶遇停电，造成不良的贮藏结果。目前贮藏库已能达到冰温控制水平（−0.5℃±0.2℃），而不同部位也不超过±0.2℃，在避免停电的情况下，易腐难贮的葡萄可延长贮期20～40天，是理想的贮藏方式。总体说，南方葡萄含糖、含酸量低于北方，南方冷库库温控制要略高于北方，并保持恒定，避免温度波动引起保鲜袋内结露。对同一冷库贮藏不同质量、不同园块的葡萄均要留出数箱葡萄以便观察贮藏质量，随时检查、随时销售。

（六）选择适宜的温度检测方法

要选择适宜的温度检测方法，如电脑多点检测、精密水银温度计检测。精度要控制在0.1℃，至少要在0.2℃。

（七）合理码垛

合理码垛，垛内外都要有利于空气通过。

（八）尽可能维持库内各个部分温度均匀一致

（九）防止库内温度骤然波动

五、防腐处理

葡萄在没有保鲜剂使用的情况下即使对温度、湿度和气体成分进行严格的控制，在不太长的贮藏期内其腐烂程度仍然是相当严重的，防腐保鲜剂的使用结合温度、湿度和气体成分的控制，才能对葡萄进行较长期的贮运保鲜，一般使用可控释放二氧化硫的亚硫酸盐作为葡萄保鲜剂。通常葡萄防腐保鲜处理有防腐保鲜剂施加、二氧化硫气体熏蒸和硫黄熏蒸3种方法。

1. 防腐保鲜剂施加 施加的防腐保鲜剂包括含亚硫酸盐的保鲜片剂小包装（纸塑或塑塑，扎眼）、颗粒剂小包装（扎眼和不扎眼）、片剂小包装（扎眼）与颗粒剂小包装组合使用。其施加方法有田间添加保鲜剂和冷库预冷后添加保鲜剂两种。干旱少雨地方，葡萄采收后，可在田间进行塑料膜（袋）衬里装箱，放入保鲜剂，敞口运入冷藏场所预冷后封袋（箱），再行冷藏；也有葡萄采收进行塑料膜（袋）衬里装箱后，

敞口运至预冷间预冷，添加保鲜剂，封袋（箱），再行冷藏。

2. 二氧化硫气体熏蒸　二氧化硫熏蒸处理包括移动式可控二氧化硫气体处理设备和固定式可控二氧化硫气体处理设施。具体熏蒸处理：第一次熏蒸以0.5%～1%二氧化硫处理20分钟，以后定期（7～8天）用0.1%～0.5%二氧化硫熏蒸20～30分钟。熏蒸结束后将残留二氧化硫回收。

一般采后立即运输进入市场的葡萄常在田间采用移动式气体熏蒸设备熏蒸，即对不衬塑料膜（袋）箱装的葡萄，在田间使用移动式可控二氧化硫气体处理设备进行熏蒸处理。一般采用直接冷藏长贮的可用固定式气体熏蒸，即将不衬塑料膜（袋）箱装葡萄码入冷库中，开始并定期用可控二氧化硫气体处理设施处理，熏蒸结束后将残留二氧化硫回收。该贮藏方法要求贮藏库人工加湿，保持高湿环境。另一种方法是对不衬塑料膜（袋）箱装葡萄，码入冷库中的塑料大帐，形成塑料大帐冷库夹套间接制冷贮藏，开始并定期用固定式气体熏蒸设施进行熏蒸处理。

3. 硫黄熏蒸　土窖和通风库入贮前，需要用10～15克/米^{3}硫黄，窖内布点燃烧密闭熏蒸杀菌一昼夜，然后通风换气，采用装筐（箱）不封袋，或在窖内堆摆，或用吊挂方法贮藏，入窖后按4克/米^{3}硫黄量熏蒸，前一个月10天熏一次，以后每月熏一次，用量为2克/米^{3}硫黄，开春3～4月，再增加到4克/米^3。

4. 组合施药　由于CT2为长贮保鲜剂，二氧化硫释放较慢，CT5为短贮粉剂，二氧化硫释放较快，根据不同气候条件进行组合，或采用单包二段释放保鲜剂。以巨峰为例，按5千克装箱为计，将南方北方地区进行比较（表14-1）。

表14-1　南方北方葡萄保鲜剂用量比较

南方高温多雨区	北京冷凉干旱区
(1) CT2 8包	CT2 10包
CT5 2包	CT5 0包
(2) CT2 10包	CT2 8包
CT5 1包	CT5 1包

六、要调节时空生产与保鲜、选择适宜的保鲜期限

各葡萄产区在调节市场（时间、空间）同时也要考虑到各产区品种与采收期的互补性，要考虑到南北方葡萄自然优势产区相互冲击，以及进口葡萄对南北方葡萄市场的冲击。我国北方多个葡萄品种可长期贮藏，长江三角洲地区种植的葡萄适宜短期保鲜贮藏与中短途保鲜运输。若做长途保鲜运输或中长期贮藏，宜选择极晚熟耐贮品种（如圣诞玫瑰等）或应用葡萄产期调节技术或一年两收技术，使中长期贮藏的葡萄成熟期从高温雨季移到深秋的相对冷凉旱季。

第四节　鲜食葡萄贮运保鲜需要的仪器设施与材料

鲜食葡萄从采收到商品化处理乃至到物流贮运保鲜需要多种仪器设施与材料，采收之前应很好准备并做好维护和维修。

一、仪器设施

（一）商品化处理仪器设施

1. 采收

（1）成熟度与质量检测仪器　成熟与质量检测包括可溶性固形物含量、含酸量、单穗重量、单粒大小、色泽、硬度和耐拉力测定等仪器设备。可溶性固形物含量采用手持测糖仪测定，整穗果穗打浆后测定；可滴定酸含量采用滴定管并用 NaOH 滴定法测定，整穗果穗打浆后测定；单穗重量采用电子秤称重法测定；单粒大小采用直径仪对比测定法测定；色泽采用比色卡测定法测定；硬度采用浆果硬度仪或质构仪测定；耐拉力采用弹簧秤测定法测定。

（2）采收梯与凳　多数葡萄园架比较低，人工站在地面就可以采收，少部分老葡萄园架较高，需准备双斜面梯或高脚凳，由人登上采收。

（3）采收剪刀　鲜食葡萄一般都由人工采收，提倡用圆头剪刀剪，

要求剪刀要锋利。

(4) 盛果箱　目前多数葡萄在田间整理、修剪、分选一次性装入贮运包装箱。

2. 装箱

(1) 纸板成型机　大型鲜食葡萄包装厂都是购进原纸板，再购入纸板成型机，根据纸箱的设计，由纸板成型机压轧出可成型纸箱的纸板。

(2) 纸箱成型机　纸板成型机压轧出可成型纸箱的纸板。通过纸箱成型机就形成了可装入鲜食葡萄的纸箱。

(3) 塑料膜衬里气调包装机　用塑料膜衬里机装塑料膜自动衬入箱内，人工将葡萄裸放，或将装入小盒或小袋的鲜食葡萄放入，箱子顶部由塑料膜密封机密封一片塑料膜，这样形成塑料膜密封环境，起到气调保鲜的作用。

(4) 纸箱封盖机　把塑料膜衬里后完全密封的箱子由纸箱封盖机自动把纸箱盖盖上，完成纸箱包装。

(5) 托盘裹包机械　为了便于机械搬运，一般要将装入鲜食葡萄的纸箱放在木制或塑料制托盘上码垛，由裹包机械把塑料网或塑料膜紧紧地裹在垛上或用加固角和打包带扎绑，使搬运更安全。

3. 分选包装线与电子秤　包装间包装是将采收的葡萄在田间直接放入采收容器内，用车辆运输到包装间内，在包装间由包装人员进行选择、修整、分级并装入运输包装或贮藏包装内。一般此项工作要在包装间内设有的分选包装线上进行。新疆农五师北疆红提公司在八十九团建有3条包装线。每条包装线分上、中、下3条传送带，每条传送带由辊轴组成，由电机带动。上层辊轴传送带传送空包装箱；下层辊轴传送带传送刚从田间运进包装间的葡萄，两边有称重台，每间隔放两台电子秤，共16个间隔，约每边可放32台电子秤，一条辊轴传送带在两边放电子秤，每条传送带两边可放64台电子秤，可同时有64位操作人员工作；中层辊轴传送带传送包装好的葡萄包装箱，传到靠近隧道预冷设备处，之后进行隧道预冷。每条包装线长24～32米、宽0.4～0.6米，横向走箱。

目前的分级为树上分级、树下分级、田间过道分级和包装间分级，分级主要以含糖量、着色、穗的松散整齐度和大小进行分级。目前新疆农六师金果葡萄产业发展有限公司在一〇一团已采用了包装间分选线分级，有5条分选线，全部为滚轮传送，发挥不同的功能。第一条分选线上层传送带传送多层空包装箱，中层传送带传送多层从田间运回的装有葡萄的田间盛果箱；第一条分选线和第二条分选线之间间隔设有小型分选台，分两层，放有不同等级的装果箱，分选人员从装有葡萄的田间盛果箱取出葡萄，手持剪刀修整，并通过着色、穗的松散整齐度和大小（重量）进行分级，装入不同等级的箱；修整分级好的不同等级的葡萄箱放入第二条分选线，由质检人员进行质检；在第二条与第三条分选线之间，设有称重台，由称重人员用电子秤称重；称重后的葡萄放在第三条和第四条分选线上，在第三条和第四条分选线之间和第四条与第五条分选线之间放有包装台，由包装人员单穗装入单穗塑料袋和小塑料盒，然后装入衬有塑料袋的纸箱或塑料箱，挽口包装后，放入托盘；托盘码垛完成后，四周放加固角并用打包带扎绑，形成托盘。

（二）预冷设备

鲜食葡萄预冷几乎全部用的是空气预冷，是采用风机循环冷空气，借助热传导与蒸发潜热来快速冷却葡萄。要有一个隔热的库体容纳产品，要有冷源（冰或机械制冷机）冷却空气，进而冷却产品。根据空气的流速和冷空气与产品的接触情况分为冷藏间预冷、差压预冷、隧道预冷3种方式。

1. 冷藏间预冷 冷藏间预冷是目前鲜食葡萄应用最普遍的预冷方式。在冷却室里，空气是通过与箱子的长轴平行的通道排出的。热量的传递是通过包装材料和通风设备的涡旋作用将冷空气渗透到葡萄里而完成的。如果以下条件得到满足将会获得令人满意的效果：第一，包装箱要对齐，以使空气通道畅通无阻；第二，通过这些通道的空气流速至少达到每秒钟0.508米；第三，可以为室内每立方米以至少每小时50米^{3}的速率提供低于1℃的空气。预冷由用普通冷库预冷和专用预冷库预冷。普通冷库建设的主要目的是进行冷藏，一般制冷量为314～419千焦/米^3，降温速度慢，一次预冷的葡萄不能太多；专用预冷库制冷量大，一般制冷量为419～1 256千焦/米^3，降温速度快，一次遇冷的葡

萄量可大幅度增加。

2. 差压预冷 在强制通风预冷中，冷空气必须从箱子一面进入，穿过葡萄从另一面排出。通常包装箱都是排好的，以保证空气在返回冷冻设备表面之前从包装箱内部穿过。如果差压预冷的空气流速达到4米/秒，其预冷所需的时间可能只有冷藏间预冷的1/8。空气流速如果高于5米/秒，就会损伤葡萄及其包装用纸。

目前新疆农六师金果葡萄产业发展有限公司在一〇一团采用了差压预冷技术，每库可同时装2个差压预冷单元，每个单元4个托盘长(4～5米)，每侧1个托盘宽（约1米），高度约2.8米。每个托盘码114箱(2×3×19箱)，每个单元一次预冷约5吨，整库一次性可预冷10吨左右。

3. 隧道预冷 隧道是用砖或金属板建成的狭长的长方体隔热房间，空气流速60～360米/分钟。这种方式冷却速度大于冷藏间预冷，配合适当的码垛，使得冷空气更易进入垛内，可得到更有效的冷却和更均匀的温度。目前，新疆农五师北疆红提公司在八十九团和九十五团建有红提葡萄隧道预冷器共两座。八十九团的隧道预冷设施长为35～50米，宽为5.6米，其中进货口3.6米宽，高度3.8米，分上下两层辊轴传送带，每层辊轴横向3个间隔，每个间隔可一次并排摆放3个0.37米的泡沫箱，传送带可调速，第一层距地面0.4米，第二层距地面2米，第一层距第二层1.6米，每层上部设有冷风机，冷风机下部距传送带1米；在九十五团帝泓果业公司隧道预冷线稍有所不同，分上下两层辊轴传送带，每层辊轴传送带分3个间隔，每个间隔可并排摆放4个0.28米宽的塑料箱，3个间隔可一次并排摆放12个0.28米宽的塑料箱；此外，葡萄箱装入隧道预冷器的过程实现了半自动化，由人工将装入葡萄的箱子放在辊轴传送带，经过一段时间平移，由胶带式传送带向上输送，再进入平移辊轴传送带进行平移，经过平移胶带传送带秤自动检重后，又进入平移辊轴传送带，如称重重量不够被推向下滑辊轴传送带排出，如重量达到继续由辊轴传送带平移一段时间进入上升与下降交叉部位，过来的葡萄箱经过定时导流器，或导入上升胶带式传送带，或导入下降辊轴式传送带，经过改变方向后，使葡萄箱竖直排列，每4个1组被推入隧道式预冷器，进行预冷。

（三）运输保鲜设备

1. 公路运输车辆 不少国家，由于高速公路的建成，采用汽车运输鲜食葡萄，比较机动灵活，因而在各采后处理工作站配备了各种类型的公路冷藏车，运输和分配葡萄产品。随着交通事业的发展，我国公路运输的冷藏车将大量用于鲜食葡萄等鲜活商品的运输。

（1）冷藏汽车 在每一辆卡车底盘上装上隔热良好的车厢，容量4～8吨。车厢外装有机械制冷设备，以维持车厢内的低温条件，也可在车厢内加冰冷却。

（2）冷藏拖车 一般为12～14米长单独的隔热车厢，并装有机械制冷设备，装载货物后，由机动车牵引运输。

（3）平板冷藏拖车 这是近代发展的一种灵活运输工具，是世界各国广泛使用的运输工具。美国国内鲜食葡萄的运输，绝大多数靠冷藏拖车和平板冷藏拖车来完成。平板冷藏拖车是一节单独的隔热车厢，车轮在车厢底部的一端，另一端挂在机动车上牵引运输。好处是经济灵活，移动方便，既可在公路上运输，亦可置火车上运输。可从产地包装场所装货，经公路、铁路运输至销地，在批发点进行批发或直送经营销售场所。减少鲜食葡萄的搬运，避免机械损伤，鲜食葡萄经受温度变化小，对保持鲜食葡萄的品质十分有利。

（4）保温车 在每一辆卡车底盘上装上隔热良好的车厢，无机械制冷设备，产品经过预冷后，装入车厢，进行短途运输。

2. 集装箱 集装箱适用于多种运输工具，可以说是一个大的包装箱，故称货箱。用集装箱运货，安全，迅速，简便，节省人力，便于操作及装卸的机械化。目前发展很快，已形成一个比较完整的体系。

（1）冷藏集装箱 有两种形式，一种是自身没有冷冻装置，只有隔热结构。该箱前壁设有冷气吸收口和排气口，由另外的制冷装置供给冷气。此多为海上运输之用，由船上冷气装置供给冷气。这种集装箱保温效能较好，自重轻，容积大，装货多。另一种是自身设有冷冻装置，无论何种运载工具，只要供给电源，箱内冷冻机就可开动，应用较为广泛。

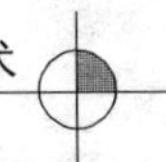

(2) 气调集装箱　是在冷藏集装箱的基础上加设气密层，改变箱内气体成分，即降低氧的浓度，增加二氧化碳浓度，保持鲜食葡萄的新鲜品质。控制气体成分是用气调机调节箱内气体，或在箱内装置液氮罐，释放氮以代替箱内空气，达到降氧的目的。

(四) 贮藏保鲜设备与精密温度计

鲜食葡萄贮藏保鲜设施的发展，对于保持这些产品的品质，保证产品的均衡上市和扩大其出口具有重要意义。随着科学技术的进步，鲜食葡萄贮藏设施越来越现代化，温度、湿度和气体成分的自动控制能力不断提高，贮藏工艺和管理技术不断改进，为保证鲜食葡萄供应的数量和质量，提高鲜食葡萄在市场的竞争能力奠定了良好的基础。

机械冷藏的优点是不受外界环境条件的影响，可以终年维持冷藏库内需要的低温。冷库内的温度、相对湿度以及空气的流通都可以控制调节，以适应产品的贮藏。机械冷藏是在一个适当设计的隔热建筑中借机械冷凝系统的作用，将库内的热传送到库外，使库内的温度降低并保持在有利于延长鲜食葡萄贮存寿命的水平。

鲜食葡萄冷藏库的设计要考虑位置的选择，库房的容量和隔热材料及防水材料的选择。冷库有土建库和组合式冷库。土建库采用的隔热材料有 3 种类型，第一种是加工成固定形状的板块，如软木和聚苯乙烯板之类；第二种是颗粒状松散的材料如珍珠岩、木屑和糠壳等；第三种是喷涂材料如聚氨酯等。防水材料有塑料薄膜、金属箔片、沥青胶剂和树脂黏胶以及油黏纸等。组合式冷库是在现场把用铝板或钢板夹层的硬质聚氨酯泡沫的标准护墙板组装起来。

冷冻机主要使用氨和氟利昂制冷剂。制冷系统主要由贮液器、膨胀阀、蒸发器、压缩机和冷凝器等几部分构成。有直接冷却和间接冷却法。

冷藏库要注重温度、湿度和通风的管理。注意选择适宜贮藏温度，维持不同部位的温度均匀一致，防止库温波动，合理码垛，空气要有适当的循环流，及时除霜和进行合理的温度检测。

按照建筑规模，可将冷库分为 5 类：大型冷藏库（冷藏容量 10 000 吨以上)、大中型冷库（冷库容量 5 000～10 000 吨)、中小型冷藏库

（冷库容量1 000～5 000吨）、小型冷库（冷库容量<1 000吨）、微型冷库（冷库容量<100吨）。在环渤海湾地区和南方地区以及其他小规模生产区域和生产形式，应主要推广应用微型、小型和中小型冷库及冷藏保鲜技术，在以新疆为代表的西北地区大规模生产的建设兵团或生产形式，应主要推广大中型和大型保鲜冷库及冷藏保鲜技术。建成的鲜食葡萄保鲜库温度的数据可多点采集、无线传输、存储、分析、自控、语音提示、声与光报警、具远程视频监控能力，实现保鲜库检测、控制与管理数字化与智能化。

要选择适宜的检测温度方法，如电脑多点检测、精密水银温度计检测。精度要控制在0.1℃，至少要在0.2℃。

二、保鲜材料

（一）防腐保鲜剂

1. 食品添加剂级葡萄采前保鲜剂 采收之前果实的病害防治是贮运保鲜过程的重要措施之一，用有效可食的食品添加剂级葡萄采前保鲜剂处理树上葡萄，可起到控制葡萄贮藏期病害和腐烂现象的发生，这在南方高温多雨季节和地区、北方秋雨滞后地区和采收时偶发多雨的产地和对二氧化硫敏感贮运时要减量使用的葡萄非常重要。

2. 鲜食葡萄贮运库房和运输车辆消毒剂 不洁净的库房和运输车辆是腐败微生物的重要来源，可使用烟熏、熏蒸和液体喷洒的方法杀灭，包括CT高效库房消毒剂、二氧化氯、过氧乙酸、高锰酸钾和甲醛的混合液和漂白粉溶液。

3. 含亚硫酸氢盐系列贮藏用缓释保鲜剂 鲜食葡萄由田间侵染的以灰霉葡萄孢菌为主的病害，在贮藏中后期会引发鲜食葡萄严重腐烂，通过使用含亚硫酸盐的保鲜片剂小包装（纸塑或塑塑，扎眼）、颗粒剂小包装（扎眼和不扎眼）、片剂小包装（扎眼）与颗粒剂小包装（不扎眼）组合使用可有效抑制和延缓病害和腐烂的发生。

4. 葡萄双控运输保鲜纸 葡萄贮运保鲜垫（纸）使用技术及其保鲜包装材料具备了抑制葡萄衰老和生理病害的双控作用，既可调控病理进程，又可调控生理进程，同时，通过对其包含保鲜剂成分采用了微胶

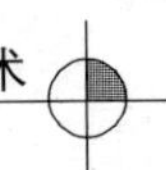

囊化技术，使其达到可控缓慢释放，具备了长期贮藏与运输保鲜的双功能作用，从而可大大改善鲜食产品质量并可保持足够的贮运期限。该技术使用方法简捷、可操作性强，适合全国鲜食葡萄的贮运保鲜应用。

目前使用的两种规格为25厘米×36厘米和30厘米×40厘米；其中每种规格又有两种类型，即二层纸和三层纸，二层纸主要用于以无核白为主的绿色葡萄贮运保鲜，三层纸主要用于以红提葡萄为主的对二氧化硫较敏感的红色葡萄。

（二）保鲜包装

1. 软包装

（1）单穗包装与小包装　预包装包括用软绵纸单穗包裹、用纸袋或果实袋单穗包装、用开孔塑料或塑料与纸或与无纺布做成的T形袋、圆底袋或方形袋单穗包装。也有以300～500克装入塑料盒、塑料盘、纸盘和泡沫塑料盘，再用自黏膜或收缩膜进行裹包。降低预冷失水萎蔫，避免机械伤害、掉粒、散穗，方便贮运和销售。

（2）运输用保鲜袋　用0.02～0.03毫米厚有孔或无孔塑料膜（袋），一般收获量小或有足够的预冷库容量，并在运输过程能保持较稳定的温度，一般采用无孔袋；在新疆兵团一般收获量比较大都采用多孔袋包装后才进行预冷，这样可有效防止结露和保鲜纸二氧化硫造成的伤害。

（3）贮藏专用保鲜袋　用0.02～0.03毫米厚无孔塑料膜（袋），长期贮藏决不能用有孔保鲜袋，否则会造成严重失水萎蔫和由于保鲜剂释放的二氧化硫气体在袋内保有量不足而造成的严重腐烂变质。

2. 硬包装　硬包装包括瓦楞纸箱、塑料箱、泡沫塑料箱和木板箱，目前常用的可装2.5千克、3.5千克、5千克、8千克和10千克的葡萄箱，还要准备木制或塑料制托盘，以便进行托盘包装，方便装卸和贮运。

第五节　鲜食葡萄贮运保鲜关键工艺技术

鲜食葡萄贮运保鲜关键工艺技术包括采前管理、采收、收贮高质量果实、分级与包装、防腐保鲜处理、冷藏与管理、冷藏运输与管理。

一、采前管理

鲜食葡萄产地环境条件应符合 NY 5087—2002 规定，鲜食葡萄生产标准应符合 NY 5086—2002 规定。应选择耐贮品种，且根据各品种葡萄贮藏特性确定贮藏期限；至少应具有 2～3 周的冷藏期限，再加上 4～5 天的室温货架寿命。选择气候凉爽，降水量较少（多雨地区采用避雨栽培，多雹地区采用防雹栽培），昼夜温差较大的山坡、丘陵、旱地沙壤土栽培。可使用生长调节剂调控或进行整形修剪、疏花疏果，培育出适合的穗形和果粒。一般果穗在 300～500 克，大穗型在 700～800 克。亩产不超过 1 500～2 000 千克。适量施用氮肥，适期多施有机肥和磷钾肥。不使用催熟、催红、催甜等激素。葡萄栽培生产中，宜果实套袋管理。在田间综合管理和防病基础上，采前应喷 1～2 次食品添加剂级防腐保鲜剂。采前 10～15 天停止灌溉，遇雨应推迟采收并及时排水。

二、采收

（一）采收成熟度

依据测定整穗葡萄的可溶性固形物含量、可滴定酸含量（或 pH）及其糖/酸比确定其采收成熟度；一般可溶性固形物含量在 14%～19%，可滴定酸含量（以酒石酸计）在 0.55%～0.7%，固酸比 20～30 为适宜采收期。部分品种葡萄具体采收成熟度理化指标见表 14－2。

表 14－2　部分品种葡萄采收成熟度理化指标

品种	可溶性固形物（%）① 不低于	总酸量（酒石酸）%② 不高于	固酸比
里扎马特	15	0.62	24.2
巨峰	14	0.58	24.1
玫瑰香	17	0.65	26.2

（续）

品种	可溶性固形物（%）[①] 不低于	总酸量（酒石酸）%[②] 不高于	固酸比
保尔加尔	17	0.60	28.3
红大粒	17	0.68	25.0
牛奶	17	0.60	28.3
意大利	17	0.65	26.2
红提	16	0.55	29.1
红鸡心	18	0.65	27.7
龙眼	16	0.57	28.1
黄金钟	16	0.55	29.0
泽香	18	0.70	25.7
吐鲁番红葡萄	19	0.65	29.2

①取样方法：随机取10穗葡萄，按每果穗上、中、下、左、右取5粒，共取50粒，压成汁。用玻璃棒搅匀，取1～2滴，按GB 12295—90中3.4测定。

②按GB 12293方法测定。

还可以根据各品种葡萄的生育期、生长积温和有色品种的着色深浅来确定其采收成熟度。

（二）采收方法

应在早晨露水干后或下午气温凉爽时采收，避免在雾天、雨天、烈日暴晒时采收。同一果园葡萄应多次采收。应选择果穗紧凑、穗形适宜，果粒均匀，且无病虫害的果实采收。人工采收应用圆头剪刀，一手握采果剪，一手提起主梗，贴近母枝处剪下，尽量带较长的主梗。轻采轻放，尽量避免机械伤害。采收同时，对果穗上的伤粒、病粒、虫粒、裂粒、日烧粒等进行剪除，并对果穗进行修整和挑选。落地果、残次果、腐烂果、沾泥果不能用于贮存。对田间经修整和挑选的葡萄，可直接放入贮藏容器或运输容器中，对未经修整和挑选的葡萄可放入采收容器中，运到包装间，进行修整和挑选处理。采收后，果实应放到阴凉处，或尽快运到包装间，避免日晒雨淋。

（三）采后运输

采后果实应轻装、轻运、轻卸，避免机械伤损。果实随采、随运，采后田间停留不应超过 2 小时，应在 6 小时内进入预冷过程或冷藏环境。

三、收贮高质量果实

葡萄卫生安全要求应符合 NY 5086—2002 中的要求。各品种葡萄的果实应达到本品种要求的穗形、紧实度、果粒大小、着色度、颜色均一性、质地（硬度）、风味及完整的果粉。果穗要求新鲜，无萎蔫、病虫害侵染、水罐子病、日烧病、机械损伤和附着水分，无裂果、小果、变色果、干果、落果和其他缺陷，无土壤及可见药物附着，保持洁净。果梗无干缩和变脆，已木质化或半木质化，呈绿色或黄绿色。

四、分级与包装

（一）分级

根据果穗形状、大小、紧实度、果粒大小、着色度、整齐度及缺陷进行分级，具体按表 14－3、表 14－4、表 14－5、表 14－6 等级标准执行。

表 14－3　标准化葡萄感官要求

项　目	指　标
果　穗	典型且完整
果　粒	大小均匀、发育良好
成熟度	充分成熟果粒≥98%
色　泽	具有本品种特有的色泽
风　味	具有本品种固有的风味
缺陷度	≤5%

表 14-4　红地球葡萄理化指标

项目名称		等　级	
		一级果	二级果
果穗基本要求		果穗完整、光洁、无异味；无病果、干缩果；果梗、果蒂发育良好并健壮、新鲜、无伤害	
果粒基本要求		发育成熟，果形端正，具有本品种固有特征	
果穗要求	大小（克）	800～1 000	500～800
	松紧度	中度松散	紧或松散
果粒要求	大小（克）	≥12.0	10.0～11.9
	色泽	全面鲜红	红至紫红
	果粉	完整	
	粒径（毫米）	≥26.0	23.0～25.9
	整齐度（≥,%）	85	
	可溶性固形物含量（≥，克/百毫升）	17	16
	果面缺陷	无	果粒缺陷≤2%
	二氧化硫伤害	无	受伤果粒≤2%
	风味	品种固有风味	

表 14-5　玫瑰香葡萄理化指标

项目名称		等　级	
		一级果	二级果
果穗基本要求		果穗完整、光洁、无异味；无病果、干缩果；果梗、果蒂发育良好并健壮、新鲜、无伤害	
果粒基本要求		发育成熟，果形端正，具有本品种固有特征	
果穗要求	大小（克）	350～500	250～350
	松紧度	果粒着生紧密	中等紧密

（续）

项目名称		等级	
		一级果	二级果
果粒要求	大小（克）	≥5.0	≥4.0
	色泽	黑紫色	紫红色
	果粉	完整	
	粒径（毫米）	≥10.0	8.0～10.0
	整齐度（≥,%）	80	
	可溶性固形物含量（≥，克/百毫升）	19.0	17.0
	果面缺陷	无	果粒缺陷≤2%
	二氧化硫伤害	无	受伤果粒≤2%
	风味	品种固有风味	

表 14-6　巨峰葡萄理化指标

项目名称		等级	
		一级果	二级果
果穗基本要求		果穗完整、光洁、无异味；无病果、干缩果；果梗、果蒂发育良好并健壮、新鲜、无伤害	
果粒基本要求		发育成熟，果形端正，具有本品种固有特征	
果穗要求	大小（克）	400～500	300～400
	松紧度	果粒着生紧密	中等紧密
果粒要求	大小（克）	≥12.0	9.0～12.0
	色泽	黑或蓝黑	红紫至紫黑
	果粉	完整	
	粒径（毫米）	≥26	22.0～26
	整齐度（≥,%）	85	
	可溶性固形物含量（≥，克/百毫升）	17	16
	果面缺陷	无	果粒缺陷≤2%
	二氧化硫伤害	无	受伤果粒≤2%
	风味	品种固有风味	

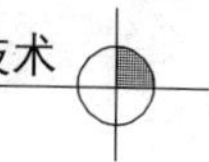

（二）包装

1. 包装场所　可分为树上与树下、田间和包装间。树上与树下：包括葡萄选择、修整、分级和包装在树上与树下进行，然后把果实直接放入运输包装和贮藏包装内。田间：采收的葡萄放在盛果容器里，人搬或用小车运到葡萄园的行间过道、空地，那里设有包装台，可在包装台上由包装人员进行修整、分级并装入运输包装或贮藏包装内。包装间：采收的葡萄直接放入采收容器内。用车辆运输到包装间内。在包装间由包装人员进行修整、选择、分级并装入运输包装或贮藏包装内。现代化包装间安装具有传送带的包装流水线。

2. 包装

（1）预包装　用软绵纸单穗包裹；用纸袋或用果实套袋单穗包装；用开孔塑料或塑料与纸或与无纺布做成T形袋、圆底袋或方形袋单穗包装。一般以300～500克装入塑料盒、塑料盘、纸盘和泡沫塑料盘，再用自黏膜或收缩膜进行裹包。

（2）短期冷藏及运输包装　一般装入5～10千克。不衬塑料膜（袋）箱装：把未经预包装或经预包装的葡萄单层放入瓦楞纸箱、塑料箱（筐）、泡沫塑料箱或木箱；塑料膜（袋）衬里箱装：用0.02～0.03毫米厚有孔或无孔塑料膜（袋）展开，衬放瓦楞纸箱、塑料箱（筐）、泡沫塑料箱或木箱后，再把未经预包装或经预包装的葡萄单层放入；托盘装箱：将葡萄包装箱摆放在托盘上，用拉伸（收缩）塑料膜或塑料网缠绕裹包或用加固角与打包带封垛。

（3）长期冷藏包装　不衬塑料膜（袋）箱装：把未经预包装的葡萄，单层直接放入瓦楞纸箱、塑料箱（筐）、泡沫塑料箱或木箱；塑料膜（袋）衬里箱装：用0.02～0.03毫米厚塑料膜（袋）展开，衬放瓦楞纸箱、塑料箱（筐）、泡沫塑料箱或木箱，再把未经预包装的葡萄单层放入。

五、防腐保鲜处理

（一）防腐保鲜剂施加

防腐保鲜剂包括含亚硫酸盐的保鲜片剂小包装（纸塑或塑塑，扎眼）、颗粒剂小包装、片剂小包装（扎眼）与颗粒剂小包装复配使用和颗粒剂条形包装。采后经预冷后运输的葡萄常使用保鲜纸，有双层保鲜纸与三层保鲜纸。

1. 田间添加保鲜剂或保鲜纸　干旱少雨地方，葡萄采收后，可在田间进行塑料膜（袋）衬里装箱，放入保鲜剂，运入冷藏场所预冷后封袋（箱），再行冷藏。在河北晋州市果农在田间把巨峰葡萄塑料膜衬里装箱，放入保鲜剂，在库外过夜，第二天早上趁凉挽口后搬入冷库贮藏。新疆等西北地区在田间或包装间将打孔塑料袋衬入箱子，装入葡萄，放上保鲜纸，封袋（箱）后入库预冷，再行冷藏运输或简易保冷运输。

2. 预冷后添加保鲜剂或保鲜纸　葡萄采收进行塑料膜（袋）衬里装箱后，运至预冷间预冷，添加保鲜剂或保鲜纸，封袋（箱），再行冷藏或冷藏运输和简易保冷运输。

（二）二氧化硫气体熏蒸

二氧化硫熏蒸处理包括移动式可控二氧化硫气体处理设备和固定式可控二氧化硫气体处理设施。具体熏蒸处理：第一次熏蒸以0.5%～1%二氧化硫处理20分钟，以后定期（7～8天）用0.1%～0.5%二氧化硫熏蒸20～30分钟。熏蒸结束后将残留二氧化硫收回。

1. 移动式气体熏蒸　对不衬塑料膜（袋）箱装的葡萄，可在田间使用移动式可控二氧化硫气体处理设备进行熏蒸处理，熏蒸结束后将残留二氧化硫收回。

2. 固定式气体熏蒸　不衬塑料膜（袋）直接冷藏：将不衬塑料膜（袋）箱装葡萄码入冷库中，开始并定期用可控二氧化硫气体处理设施处理，熏蒸结束后将残留二氧化硫收回。该贮藏方法要求贮藏库人工加湿，保持高湿环境。塑料大帐冷库夹套间接制冷贮藏：对不衬塑料膜（袋）箱装葡萄，可码入冷库的塑料大帐中，形成塑料大帐冷库夹套间接制冷贮藏，开始并定期用固定式气体熏蒸设施进行熏蒸处理，熏蒸结束后将残留二氧化硫收回。

六、冷藏与管理

（一）冷藏前准备

1. 冷库消毒　冷库消毒方法按照GB/T 8559中附录C执行。也可

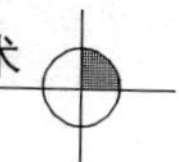

在葡萄入贮12小时之前，对库房用700～1 250毫克/升二氧化硫进行熏蒸。或用二氧化氯、臭氧等试剂消毒。

2. 冷库降温　入贮前3天，可开机降低库温，使库房温度稳定在－1～0℃。

3. 果实预冷

（1）冷藏间预冷　适合不衬塑料膜（袋）箱装或塑料膜（袋）衬里箱装葡萄，后者要求敞开袋口预冷；要求包装箱要对齐，箱口错开堆码，以使空气通道通畅无阻，箱内葡萄充分接触冷空气。通过这些通道的空气流速至少达到0.508米/秒；可为冷藏间内，以至少50米^3/小时的速率提供低于1℃的空气；冷却时间18～24小时。

（2）差压预冷　适合不衬塑料膜（袋）箱装葡萄或用多孔塑料膜（袋）衬里箱装葡萄。要求用专门设计的包装箱，并合理码垛排列，以保证空气从包装箱内顺畅穿过；空气流速应控制在4米/秒；要求在3～4小时，果实品温接近0℃。

（3）隧道预冷　适合不衬塑料膜（袋）箱装葡萄或用多孔塑料膜（袋）衬里箱装葡萄。葡萄箱单层在隧道传送带上传送，调速预冷。

4. 入贮　如果冷藏库既做预冷又做冷藏，每天果实入库量，应是库容量的10%～20%；如果设有专门预冷库预冷后再转入冷藏库，冷藏库每天入贮量不受限制。

（二）贮藏方式

1. 塑料衬里（袋）箱装冷藏葡萄　长期贮藏葡萄以田间塑料膜（袋）衬里装箱为主，放入葡萄保鲜剂，运入冷藏库，敞袋预冷后封袋贮藏。也可运入冷藏库预冷后，再放入保鲜剂封袋。塑料膜（袋）衬里箱装葡萄在冷库直接垛藏、架藏或装托盘贮藏。新疆很多地方鲜食葡萄装箱预冷后有把塑料袋套在箱外贮藏的，要求塑料袋稍大，厚度达0.025毫米。

2. 塑料大帐冷库夹套间接制冷贮藏　把不衬塑料膜（袋）箱装葡萄码入冷库的塑料大帐中，形成塑料大帐冷库夹套间接制冷贮藏。

3. 无塑料衬里（袋）直接冷藏　把不衬塑料膜（袋）箱装葡萄码入冷库，进行冷藏。

(三) 冷藏管理

1. 温度 贮藏期间，库房温度应避免较大波动，波动幅度不应超过±0.5℃。葡萄最佳冷藏品温为−1～0℃，不同品种葡萄冷藏最适温度、湿度见表14-7。

表14-7 不同品种葡萄冷藏最适温度、湿度

品种名	别名	贮藏温度（℃）	贮藏湿度（%）
玫瑰露	底拉洼	−1～0	90～95
巨峰		−1.5～0	90～95
玫瑰香	紫玫瑰香	−1～0	90～95
牛奶	宣化白葡萄、玛瑙、妈妈葡萄	−1～0	90～95
保尔加尔	白莲子	−2～0	90～95
意大利		−2～0	90～95
红大粒	黑汉、黑罕、黑汉堡	−1.5～0	90～95
新玫瑰	白浮士德	−1.5～0	90～95
伊丽莎白		−1.5～0	90～95
瓶儿葡萄		−1.5～0	90～95
粉红太妃		−1.5～0	90～95
无核白	阿克基什米什、无籽露、吐尔封	−2～0	90～95
龙眼	秋紫	−2～0	90～95
黄金钟	金后、中秋节	−1.5～0	90～95
红鸡心	紫牛奶	−1.5～0	90～95
红密	富尔马、洋红密	−2～0	90～95
粉红葡萄	西林	−1.5～0	90～95
泽香		−2～0	90～95
尼木兰格	尼木兰	−2～0	90～95
吐鲁番红葡萄		−2～0	90～95

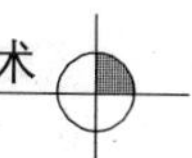

2. 湿度 贮藏期间库房最适相对湿度为90%～95%。测点的选择与测温点相同。

3. 通风换气 为确保库内空气新鲜，要利用夜间或早上库内外温差较小时进行通风换气，并要防止库内温湿度发生较大波动。

（四）出库果实检测

1. 检验规则和检验方法 同品种、同等级、同时出库的果实，可作为一个检验批次；检验单填写的项目应和货物完全相符。凡货单不符，品种、等级混淆不清者，应整理后再进行抽样，抽样方法按GB/T 8855的取样方法执行。

2. 出库果实二氧化硫残留量 果实外观无明显药物伤害症状，无变质、漂白现象，无异味。果实中二氧化硫残留量≤10毫克/千克，二氧化硫残留量测定方法按照GB/T 5009.34执行。

3. 出库质量标准 果梗新鲜翠绿，主梗和果梗90%不干枯、萎蔫，无褐变；果粒饱满，有弹性，果粒不易脱落，果刷不褐变；好果率达90%以上，品味正常，无异味；可溶性固形物保持或略低于入库时指标；总酸量允许略低于入库时指标。

（五）注意事项

出库时内外温差大，易使葡萄表面结露，为此，要求缓慢升温，以防果实劣变。更不要经常打开塑料袋口。冷藏期间的葡萄，要定期进行质量检查，发现问题及时处理；葡萄冷藏期限一般不超过4～5个月，具体贮藏期限要根据品种耐贮运性而定。

七、冷藏运输与管理

鲜食葡萄运输保鲜的管理好坏，对鲜食葡萄能否从产地成功地运输到目的地，起着非常关键的作用。鲜食葡萄是生物产品，在流通贮运中要根据其特点提供适宜的条件，管理的基本要求是：快装、快运、快卸；轻装、轻卸，防止机械伤害；防热、防冻、防晒、防淋。温度管理方面特别要注意预冷、码垛和空气循环。

（一）冷藏运输前准备

见本节六（一）冷藏前准备。

（二）运输方式

1. 无塑料衬里（袋）直接冷藏运输 把不衬塑料膜（袋）箱装葡萄放上保鲜纸，然后码入冷藏运输车辆或简易保冷运输车辆，进行机械冷藏运输或简易保冷运输。

2. 多孔塑料袋衬里箱装冷藏运输 多孔塑料袋衬里箱装冷藏运输是在树下、田间或包装间将多孔塑料袋衬入箱内，将葡萄装入并放入保鲜纸封袋（箱），然后放入冷藏库进行预冷，预冷后装入机械冷藏运输车辆或简易保冷运输车辆进行冷藏或简易保冷运输。

3. 无孔塑料袋衬里箱装冷藏运输 无孔塑料袋衬里箱装冷藏运输是在树下、田间或包装间将无孔塑料袋衬入箱内，将葡萄装入后敞口，然后放入冷藏库进行预冷，预冷后放入保鲜纸后封袋（箱），然后装入机械冷藏运输车辆或简易保冷运输车辆进行冷藏运输或简易保冷运输。

（三）运输管理

1. 安全运输、快装快运 鲜食葡萄是鲜活易腐农产品，需要优先调运，不能积压、堆积；而且在整个贮运过程中要防热、防冻、防晒、防雨淋。为了保持鲜食葡萄优良的商品价值，延长货架期，需根据各类产品的生物学特性及其采后生理指标，尽可能达到其最适的贮运条件和环境要求。对不能立即调运的产品，应在车站码头附近选择条件适宜的库房暂存、中转。

2. 精细操作、文明装卸 质地鲜嫩的鲜食葡萄需要精细操作，做到轻装轻卸，杜绝野蛮装运。应严格实施装卸责任制和破坏赔偿罚款制度，并加强职工的素质教育和商品贮运性能的宣传培训，采取必要的行政和法制手段，以保证鲜食葡萄的运输质量。

3. 环境适宜，防热防震动 在进行鲜食葡萄运输时，应根据不同品种的特性，提供适宜的温度、湿度以及气体成分等运输条件，并防止过度震动和撞击，以防止品质劣变和败坏。运输的温度过高，会引起鲜食葡萄呼吸加剧，营养物质消耗增多，病害蔓延，加速腐败变质；反之，温度过低则易产生冷害或冻害。此外，温度过高过低也易导致鲜食葡萄失重失鲜，甚至腐败变质。

4. 合理包装、科学堆码 运输过程使鲜食葡萄处于动态不平衡状

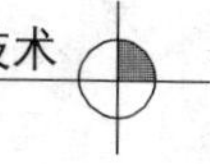

态，因此，产品必须有科学合理的包装和堆码使其稳固安全。包装材料和规格应与产品相适应，做到牢固、轻便、防潮，且利于通风降温和堆垛。一般鲜食葡萄等可用品字形、井字形装车堆码法，篓、箩、筐多用筐口对扣法使之稳固安全，且有利于通风和防止倒塌，并能经济利用空间，增加装载量。

第六节　鲜食葡萄保鲜新技术开发与应用

鲜食葡萄保鲜新技术开发与应用包括鲜食葡萄冰温保鲜技术，鲜食葡萄隧道式预冷技术，鲜食葡萄差压预冷技术，鲜食葡萄新型简化式二段释放保鲜剂应用技术，新型鲜食葡萄双控运输保鲜纸应用技术。

一、鲜食葡萄冰温保鲜技术

葡萄冰温贮藏是将葡萄贮藏在0℃至其的冻结点范围内（以果梗冰点为依据），属于非冻结保存，是冷藏和气调技术进一步的深化和潜力的进一步挖掘，是继冷藏、气调（CA）贮藏后的第三代保鲜技术。在贮藏保鲜方面，和传统的保鲜技术相比，冰温技术有以下优点：①不破坏细胞；②最大限度地抑制有害微生物的活动；③最大限度地抑制呼吸作用，延长保鲜期；④最大限度地提高葡萄等农产品的品质。

冰温保鲜库及保鲜技术应用了传感技术、控制技术、制冷技术、计算机技术和通讯技术及制造与加工手段，成库的温度控制指标：要求空库降温时间不超过12小时达到设计库温；库内温度波动不超过±0.2℃；不同部位温差不超过0.2℃；库内温度和产品品温可降到−5～0℃的冰温区段，是精准控制技术在葡萄贮藏保鲜上的科学应用。

二、鲜食葡萄隧道预冷技术

隧道是用砖或金属板建成的狭长的长方体隔热房间，空气流速60～360米/分钟。这种方式冷却速度大于冷藏间预冷，配合适当的码垛，使得冷空气更易进入垛内，可得到更有效的冷却和更均匀的温度，物品在隧道内可采取传送带方式向前运转。

三、鲜食葡萄差压预冷技术

鲜食葡萄差压预冷技术对包装容器、码垛方式和空气流速有特殊要求。盛装产品的容器要有足够的开孔，码垛要紧密，垛内要留有通道。采取措施使垛内形成负压，在垛内外之间形成压力梯度，用有一定压力的冷空气从垛外的两侧快速穿过容器内部冷却产品，然后从垛内通道引出，通常使用的流量为 0.06 米^3/（千克×分钟）。

四、新型鲜食葡萄简化式二段释放保鲜剂应用技术

葡萄保鲜剂在鲜食葡萄物流保鲜与长期保鲜中必不可少。鲜食葡萄的贮藏保鲜除控制温度、湿度外，还必须进行防腐处理。目前，常用的防腐处理措施是使用人工扎眼的小包保鲜剂，尽管使用该保鲜剂果实口味好、药剂残留低，不产生药害，常年使用效果稳定，但在实际生产中，部分地区遇上不良气候，如降水量反常多或秋雨滞后，或田间病害防治不好，或亩产量过高，或过度使用激素，使用传统保鲜剂药量显得不够，另外，由于传统保鲜剂使用时必须在保鲜剂小包装上扎透眼，增加了果农的劳动强度，并大幅度提高劳动力和贮藏成本；目前生产上另一种常用保鲜剂（粉剂）虽不扎眼，但释放较快，葡萄内残留量多，果实口感硫味浓，对人体有一定的潜在影响。因此，新型简化式二段释放保鲜剂即可解决如上实际问题。新型简化式二段释放保鲜剂，用时无需人工扎眼，采用了双面包装保鲜剂的方法，使贮藏期内前期的快速释放与后期的缓慢释放结合起来，可有效地控制贮藏过程中以灰霉病为主的贮藏病害，使鲜食葡萄得到更好的保鲜。

五、新型鲜食葡萄双控运输保鲜纸应用技术

新型鲜食葡萄双控运输纸选择阻隔覆膜层纸、定量释放层纸和隔离保护层纸 3 层复合，采用了连片多格技术，格内保鲜剂由微胶囊化技术形成缓释，结合外层 3 层复合形成双保缓释，一改过去在红提只能做到 20～40 天的中短期贮藏保鲜，可达到红提葡萄 3～4 个月的中长期贮运保鲜，已成功把运输与贮藏保鲜并轨，成为真正双用途保鲜纸。

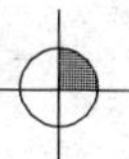

鲜食葡萄双控运输保鲜纸研制与应用是鲜食葡萄成功物流的重要保证。国家葡萄产业技术体系采后处理与加工研究室快速进行科研转化，由过去的静态保鲜为主转向动态保鲜与静态保鲜并重，成功研究出鲜食葡萄双控保鲜纸，即可保证葡萄果梗绿色，又可防止霉变，已大量应用到我国葡萄向东南亚出口和全国各地葡萄远距离流通的动态保鲜，特别在新疆、云南、辽宁、山东、河北、河南和浙江的鲜食葡萄物流中进行大量示范应用。

综上所述，由于鲜食葡萄贮藏与保鲜是一项系统的、配套的工程，只有将品种选择、栽培管理与贮藏保鲜技术要求相结合，才能取得可观的经济效益。

（本章撰稿人：张平）

第十五章 葡萄加工技术

第一节 葡 萄 酒

一、葡萄酒的定义

根据国际葡萄与葡萄酒组织的规定（OIV，1996），葡萄酒只能是破碎或未破碎的新鲜葡萄果实或葡萄汁经完全或部分酒精发酵后获得的饮料酒，其酒度不能低于8.5%（体积分数）。但是，根据气候、土壤条件、葡萄品种和一些葡萄产区特殊的质量因素或传统，在一些特定的地区，葡萄酒的最低总酒度可降低到7.0%（体积分数）。

二、葡萄酒的分类

在我国葡萄酒标准中，对葡萄酒的分类如下：①按色泽分为白葡萄酒、桃红葡萄酒、红葡萄酒；②按含糖量分为干葡萄酒、半干葡萄酒、半甜葡萄酒、甜葡萄酒；③按二氧化碳分为平静葡萄酒、低起泡葡萄酒、高起泡葡萄酒。

（一）平静葡萄酒

在20℃时，二氧化碳压力小于0.05兆帕的葡萄酒为平静葡萄酒。按酒中的含糖量和总酸可将平静葡萄酒分为：

（1）*干酒*　含糖量（以葡萄糖计）小于或等于4.0克/升或者当总糖与总酸（以酒石酸计）的差值小于或等于2.0克/升时，含糖量最高为9.0克/升的葡萄酒。

（2）*半干酒*　含糖量大于干酒，最高为12.0克/升或者总糖与总酸（以酒石酸计）的差值按干酒方法确定，含糖量最高为18.0克/升的葡萄酒。

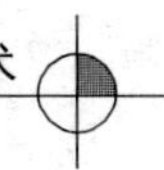

（3）半甜酒　含糖量大于半干酒，最高为 45.0 克/升的葡萄酒。

（4）甜酒　含糖量大于 45.0 克/升的葡萄酒。

（二）起泡葡萄酒

在 20℃时，二氧化碳压力等于或大于 0.05 兆帕的葡萄酒为起泡葡萄酒。起泡葡萄酒又可分为：

1. 低起泡葡萄酒　当二氧化碳压力（全部自然发酵产生）在 0.05～0.34 兆帕时，称为低起泡葡萄酒（或葡萄汽酒）。

2. 高起泡葡萄酒　当二氧化碳压力（全部自然发酵产生）大于等于 0.35 兆帕（瓶容量小于 0.25 升，二氧化碳压力等于或大于 0.3 兆帕）时，称为高起泡葡萄酒。高起泡葡萄酒按其含糖量分为：

（1）天然酒　含糖量小于或等于 12.0 克/升（允许差为 3.0 克/升）的高起泡葡萄酒。

（2）绝干酒　含糖量大于天然酒，最高到 17.0 克/升（允许差为 3.0 克/升）的高起泡葡萄酒。

（3）干酒　含糖量大于绝干酒，最高到 32.0 克/升（允许差为 3.0 克/升）的高起泡葡萄酒。

（4）半干酒　含糖量大于干酒，最高到 50.0 克/升（允许差为 3.0 克/升）的高起泡葡萄酒。

（5）甜酒　含糖量大于 50.0 克/升的高起泡葡萄酒。

当二氧化碳是部分或全部人工加入时，具有起泡葡萄酒类似物理特性的起泡葡萄酒称为葡萄汽酒。

（三）特种葡萄酒

葡萄酒标准中还将葡萄采摘或酿造工艺中使用特定方法酿成的葡萄酒归纳为特种葡萄酒，如利口葡萄酒、葡萄汽酒、产膜葡萄酒、加香葡萄酒、贵腐葡萄酒、冰葡萄酒、低醇葡萄酒、无醇葡萄酒、山葡萄酒。

三、红葡萄酒的酿造

红葡萄酒是用红葡萄带皮发酵获得的葡萄酒。在酿造过程中，酒精发酵作用和葡萄汁对葡萄果皮、果梗等固体部分的浸渍作用同时存在，前者将糖转化为酒精和其他副产物，后者将固体物质中的单宁、色素等酚类物质溶解在葡萄酒中。因此，红葡萄酒的颜色、气味、口感等与酚类物质密切相关。

（一）影响红葡萄酒质量的因素

1. 酚类物质 葡萄酒的酚类物质包括花色素苷和单宁两大类，它们使红葡萄酒具有颜色和特殊的味觉特征。新葡萄酒中的酚类物质，一方面取决于原料的质量；另一方面取决于酿造方式。

在陈酿过程中，结构不同的酚类物质会不停地发生变化。酚类物质的转化主要有3个方面：单宁聚合，小分子单宁的比例逐渐下降，聚合物的比例逐渐上升；单宁与多糖、肽等缩合；游离花色素苷逐渐消失，其中一部分逐渐与单宁结合。各种酚类物质对红葡萄酒颜色的作用不同，游离花色素苷对葡萄酒颜色的作用较小，且其含量随着酒龄的增加而逐渐下降；单宁—花色素苷复合物是决定红葡萄酒颜色的主体部分(50%左右)，而且其作用不随酒龄的变化而变化；在葡萄酒的成熟过程中，随着游离花色素苷的作用下降，聚合单宁对葡萄酒颜色的作用不断增加。

总之，新红葡萄酒的颜色主要决定于单宁—花色素苷复合物和游离花色素苷；而陈年葡萄酒的颜色则决定于单宁—花色素苷复合物和聚合单宁。

2. 浸渍作用 在传统的红葡萄酒酿造中，浸渍和发酵同时进行，浸渍强度受很多因素的影响，如破碎强度、浸渍时间、温度、酒度、二氧化硫处理、酶处理和循环等。

（1）浸渍时间 在浸渍过程中，随着葡萄汁与皮渣接触时间的增加，葡萄汁的单宁含量亦不断升高，其升高速度由快转慢。为了获得在短期内消费、色深、果香浓、单宁低的葡萄酒（新鲜葡萄酒），就必须缩短浸渍时间；相反，为了获得需长时间陈酿的葡萄酒，就应使之富含单宁，因而应延长浸渍时间。要延长浸渍时间，就必须具有品种优良、成熟度和卫生良好的原料。普通葡萄品种不能承受长时间的浸渍，因此应缩短浸渍时间。

（2）浸渍温度 温度是影响浸渍的重要因素之一。提高温度可以加

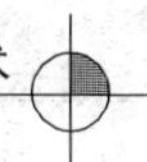

强浸渍作用。由于浸渍和发酵是同时进行的，因此对温度的控制，必须保证两个相反方面的需要，即温度不能过高，以免影响酵母菌的活动，导致发酵中止，引起细菌性病害和挥发酸的升高；同时温度又不能过低，以保证良好的浸渍效果，25～30℃可以保证以上两个方面的要求。在这一温度范围内，28～30℃有利于酿造单宁含量高、需长时间陈酿的葡萄酒，而25～27℃则适于酿造果香味浓、单宁含量相对较低的新鲜葡萄酒。浸渍温度除了影响葡萄酒颜色的深浅外，还影响颜色的稳定性。因为温度越高，色素和单宁的浸出率越大，而且稳定性色素，即单宁与色素的复合物越容易形成。

(3) 倒罐　倒罐就是将罐下部的葡萄汁循环泵送至罐上部。倒罐可以破坏发酵过程中皮渣形成的饱和层，达到加强浸渍的作用。但要使倒罐达到满意的效果，就必须在循环过程中，使葡萄汁淋洗整个皮渣表面，否则，可能形成对流，达不到倒罐的目的。循环的次数决定于很多因素，如葡萄酒的种类、原料的质量以及浸渍时间等。一般每天循环1～2次。

提高破碎强度，在浸渍过程中搅拌也可以加强浸渍作用，但同时增加了最苦最涩的单宁的浸出量。

(4) SO_2处理　SO_2在葡萄酒生产中的使用很普遍，它具有选择性抑菌、澄清、抗氧化、增酸、溶解和改善风味等作用，最主要的是防止氧化和抑制杂菌的活动。SO_2可以破坏葡萄浆果果皮细胞，从而有利于浸提果皮中的色素。对于霉变原料，SO_2处理可以破坏氧化酶或抑制其活性，使色素不被分解，从而改善葡萄酒的颜色。

(5) 酶处理　酶处理已经变成红葡萄酒酿造的常规操作，常用的是果胶酶，它可以分解果胶使色素更容易溶解到酒中，同时提高酒的澄清度。

(二) 工作程序或操作步骤

1. 红葡萄酒酿造的工艺流程　红葡萄酒酿造的工艺流程见图15-1。

2. 红葡萄酒酿造的操作要点

(1) 葡萄　要想生产出高质量的葡萄酒，必须要有高质量的葡萄浆果，在确定葡萄的采收期时必须要考虑葡萄的产量和质量，红葡萄酒酿

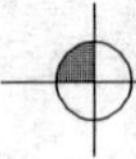

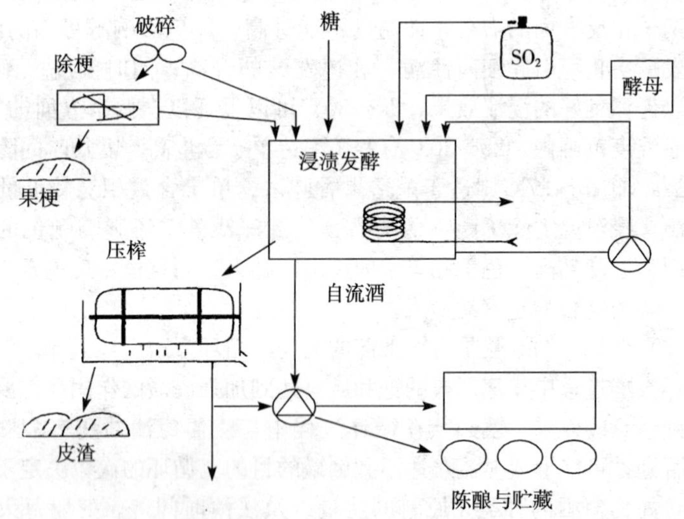

图 15-1 红葡萄酒酿造的工艺流程

（引自李华等，2006）

造用的葡萄应在完全成熟时，即色素含量最高但酸度不过低时采收。葡萄采收前 15 天不宜喷药和灌水。葡萄的采收应在晴天进行，应避免早晚的露水和中午的高温期。采收时要尽量保证浆果完好无损，防止破损和污染，最好将葡萄直接放入周转箱，尽量减少倒转的次数，箱子不要装得太满，以避免运输时上面的箱子挤压下面的葡萄。尽快将葡萄运送到酒厂并迅速进行机械处理，一般要求葡萄采收后在 24 小时内要进行机械处理。

（2）分选　通过输送带将葡萄送入除梗破碎机，在输送带上对葡萄进行拣选，除去带入的枝叶及混入的异物；去掉生青、霉烂的果穗。感染了灰霉菌的葡萄中漆酶的含量高，用这类原料酿造的葡萄酒易患棕色破败病。

（3）破碎除梗装罐　果梗中含有大量的单宁和很少量的糖酸，除梗率一般大于 70%，通过改变除梗率来决定保留在葡萄汁中单宁的量。机械处理时应尽量避免压破种子、碾碎果梗，避免葡萄固体部分本身的

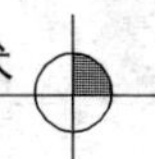

成分进入到葡萄汁中，否则，劣质单宁的含量会升高。将除梗破碎的葡萄浆装入发酵罐，装罐的同时使用二氧化硫处理。生产中使用的主要是二氧化硫含量为6%的亚硫酸，它的挥发性很强，有令人窒息的刺激性气味，使用时要尽量减少二氧化硫的挥发损失，一定要将其加入到发酵基质中并且要与发酵基质混匀。经常是边进料边加二氧化硫，进料结束进行封闭式循环，将二氧化硫与发酵基质充分混匀。装罐结束使用果胶酶和活性干酵母，果胶酶用10倍的水或果汁溶解，然后加入到发酵基质中；活性干酵母用10倍的半汁半水或50克/升的糖水（按照商品说明）在30～35℃下搅拌溶解，然后静置15分钟，待产生大量泡沫后，将其加入到发酵基质中，并且倒罐混匀。果胶酶和活性干酵母的使用最好与二氧化硫的使用间隔3～4小时，以避免二氧化硫影响酵母和果胶酶的活性。倒罐循环后应取样测糖酸，作为以后调整糖度的依据。

（4）*浸渍发酵* 红酒的浸渍发酵主要将葡萄汁中的糖在酵母的作用下转化成酒精与副产物，与此同时将固体部分的成分浸渍到发酵液中。若葡萄本身的含糖量满足不了对酒度的要求，可以在发酵启动后按照18克/升糖转化为1%酒度，人为加一部分糖。加糖时，用部分葡萄汁将糖溶解，然后加入到整罐葡萄醪中并混匀。在加糖量比较大时，尤其要注意保证糖的充分溶解，有时添加一些酒用单宁来改善葡萄酒的质量。当酸度不够时要调整酸度。为了兼顾浸渍和发酵两个过程，在此阶段将温度控制在25～30℃，生产陈酿型的葡萄酒时，控制在27～30℃；生产新鲜型的葡萄酒时，控制在25～27℃。发酵是一个强烈放热的过程，选择合适的控温方法。有些罐具有夹层冷带或米勒板，可以很方便地降温，有些用内置式的冷凝管，也有的在灌顶喷冷水降温。带皮发酵时，发酵产生的大量二氧化碳很容易将葡萄皮渣顶起来形成“帽”，一旦形成“帽”，皮渣浮在葡萄汁表面，达不到浸渍的目的，通过循罐对“帽”进行管理。有些发酵罐具有挡板，能始终将皮渣压入葡萄汁中，同样需要循罐来破坏浸渍达到的饱和层。若用旋转罐，可以通过罐体的旋转保证浸渍作用的进行。在浸渍过程中通过测相对密度来监测发酵的进程，每天2～3次，同时经常测温度和相对密度，用大量筒从取样阀取来发酵液，先测温度再测相对密度，温度只能作为参考，因为取样阀处的温度代表不了整个发酵罐的温度。测相对密度时要注意气泡的影响。随着发酵的进行，糖不断地被分解，酒度越来越高，相对密度持续降低。

(5) 分离　当浸渍至合适的颜色和口感时分离出自流酒并压榨皮渣。旋转罐可以自动排渣，再泵送至压榨机。若分离时酒精发酵尚未结束，在分离中要避免中止酒精发酵，必要时将最后一次压榨汁单独存放，一方面解决残糖问题，另一方面可以根据口味为将来的调配做好准备。

(6) 继续酒精发酵　酒精发酵时将温度控制在 18～20℃，通过测相对密度来监测发酵的进程，当相对密度降低很慢时，可通过开放式倒罐促进发酵。当相对密度降至 0.993～0.996，取样测糖，若含糖量小于 2 克/升，认为酒精发酵结束。

(7) 苹果酸乳酸发酵　苹果酸乳酸发酵是红葡萄酒酿造的必需工艺。一般苹果酸乳酸发酵在酒精发酵结束后才开始。酒精发酵后可选择转罐或者不转罐，苹果酸乳酸发酵在厌氧条件下进行，可将酒保持满罐，调整 pH 大于 3.2，温度 18～22℃，根据是否是栽培新区可选择接种人工纯种乳酸菌进行苹果酸乳酸发酵或自然起发，用纸层析法监测苹果酸和乳酸的变化，结合 D-乳酸、苹果酸、挥发酸的监测和感官分析及时判断苹果酸乳酸发酵的终点。苹果酸乳酸发酵结束，应尽快转罐并添加 50 毫克/升二氧化硫，葡萄酒进入贮藏阶段。如果不进行苹果酸乳酸发酵，酒精发酵结束将酒转入另一个清洁的容器并添加 50 毫克/升二氧化硫进行贮藏。

(8) 陈酿　贮藏陈酿时要防止氧化和微生物的侵染，贮藏又是葡萄酒逐渐趋于成熟和稳定的过程，所以，葡萄酒需要满罐密封贮藏，要合理地转罐，并保证一定的游离二氧化硫，一般应该大于 20 毫克/升。贮藏时还需要定期进行感官分析。为了保证满罐贮藏就必须经常添罐，添罐用酒应为优质、澄清、稳定的葡萄酒，一般用同品种、同酒龄的酒进行添罐，某些情况下也可以用比较陈的葡萄酒，或用充气贮藏的方法来代替满罐贮藏。一般在贮藏时进行 4 次转罐，第一次即苹果酸乳酸发酵结束后进行，如果不进行苹果酸乳酸发酵，即在贮藏后 15～21 天进行；第二次在初冬进行；第三次在翌年春天进行；第四次在盛夏进行。第一

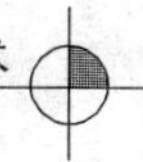

次为开放式转罐，后面几次视情况而定。贮藏的第二年中可进行1～2次转罐。干红葡萄酒贮藏时游离二氧化硫的含量应保持在20～30毫克/升，二氧化硫的补充可以结合转罐进行。干红葡萄酒经常在橡木桶中陈酿一段时间。

(9) *葡萄酒的澄清*　葡萄酒通过下胶处理能够去除酒中不稳定的胶体粒子，一般采用下胶澄清的办法。下胶就是往葡萄酒中添加亲水胶体（动物胶、鱼胶和其他下胶材料），让它和葡萄酒中的胶体物质和单宁、蛋白质以及金属复合物、某些色素、果胶质等发生絮凝反应，并将这些物质除去，使葡萄酒澄清、稳定。

由于红葡萄酒含有单宁，有利于下胶物质的沉淀，而且所使用的下胶物质对感官质量的影响较小，所以红葡萄酒的下胶较为容易，大多数下胶物质都可使用，明胶较为常用，一般用量为60～150毫克/升。

(10) *葡萄酒的冷冻处理*　对于不稳定的酒石酸氢盐，需要通过冷冻处理，才能加速除去。葡萄酒经过冷冻处理，由于除去了一部分在低温下不溶解的成分，而改善和稳定了酒的质量。

温度越低，其效果越好，但不能让酒结冰，因而冷冻温度以高于酒的冰点0.5～1.0℃为宜。

冷冻时间的确定与冷冻降温速度有关。冷冻降温速度越快，所需的冷冻时间就越短。当温度以较慢的速度降低时，酒石酸盐的结晶很慢，但却能生成较大的晶体，因而很容易过滤除去。如果降温速度很快，酒石酸的结晶也很快，但生成细小的晶体，不易过滤除去，而且酒温稍一提高，就很快溶解，所以必须保持于冷冻温度下，仔细过滤除去。冷冻时要根据条件确定冷却方法，然后根据冷却方法确定冷却时间，一般需4～5天。

冷冻方法分为人工冷冻和自然冷冻。人工冷冻也有直接冷冻和间接冷冻两种形式。直接冷冻就是在冷却罐内安装冷却蛇管和搅拌设备，对酒直接降温。间接冷冻则是把酒罐置于冷库内。这两种方法中以直接冷冻为好，可提高冷冻效率，为大多数酒厂所采用。有的酒厂为加快酒石酸盐的结晶，除了采用快速冷却外，还在冷冻过程中加入酒石酸氢盐粉末作为晶种，并在冷冻前进行预备性过滤和离心分离，除去妨碍结晶的那些胶体物质。

冷却时以适当的速度搅拌，避免局部结冰，并能促进沉淀物的形成。在保温期间，要经常检查温度回升情况，及时予以冷却。到规定时间后，保持同样的温度进行过滤。

自然冷冻是利用冬季的低温条件冷冻葡萄酒，适用于当年发酵的新酒，其方法如下：冷冻设备为不锈钢大罐，容量可根据需要确定，露天安放。将新酒于当年 11 月结合第一次换桶，直接泵入露天大罐。随着室外温度的降低，酒被自然冷冻，到翌年 3 月，天气转暖之前，结合第二次换桶，趁冷过滤除去沉淀，并转入室内贮存。

（11）过滤　过滤就是用机械方法使某一液体穿过多孔物质将该液体的固相部分与液相部分分开，对保证葡萄酒的非生物稳定性和良好的酒体有着极其重要的作用。过滤有很多方法，也有各种不同的过滤机。过滤机可以根据它们所用的过滤介质的孔径、性质、装配方式或流体流通途径进行分类。例如从粗滤至除菌过滤、滤板至硅藻土、板框过滤至加压叶滤机、垂直流至错流过滤等。

用于过滤的葡萄酒必须含有足够量的游离二氧化硫。在每次过滤前，都必须检查葡萄酒中游离二氧化硫的含量，以免氧化。对葡萄酒的过滤，可以在以下 3 个时期进行。

①粗滤。一般在第一次转罐后进行。这次过滤的目的是为了除去一些酵母、细菌、胶体和杂质，而不是为了澄清。粗滤多用层积过滤。在过滤前下胶，效果更好。

②贮藏用葡萄酒的澄清。这次过滤的目的是使葡萄酒稳定，其效果在很高程度上决定于过滤前的准备，如预滤、下胶等。这次过滤可用层积过滤或板框过滤。

葡萄酒的澄清度越好，所选用的过滤介质应越“紧实”，在选择纸板时，应先作过滤试验，以免过早堵塞或澄清不完全。

③装瓶前的过滤。这次过滤必须保证葡萄酒良好的澄清度和稳定性，以免在瓶内出现沉淀、混浊和微生物病害。因此，必须保证良好的卫生条件。这次过滤可选用除菌板或膜过滤。如果选择适当，这次过滤还可除去在其他处理中带来的硅藻土和石棉纤维等物质。

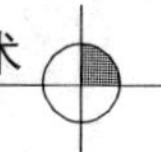

（12）装瓶　葡萄酒装瓶前进行稳定性试验。干红葡萄酒需要检验氧化稳定性、微生物稳定性、铁稳定性、酒石稳定性和色素稳定性，根据试验结果进行相应的处理，见表15-1。

表15-1　红葡萄酒的稳定性试验及处理方法

项目	稳定性试验方法	处理
微生物	微生物计数，温箱试验	下胶、过滤、离心、热处理、二氧化硫、山梨酸
氧化破败	常温半杯葡萄酒放置12～24小时	热处理、膨润土、酪蛋白、二氧化硫
铁破败	充氧或强烈通气，0℃下贮藏7天	植酸钙、亚铁氰化钾、柠檬酸、阿拉伯树胶、抗坏血酸、二氧化硫
色素沉淀	0℃下观察24小时	膨润土、下胶、过滤、冷处理、阿拉伯树胶
酒石沉淀	0℃或稍高的温度几周	冷处理、热处理、下胶、过滤、偏酒石酸、外消旋酒石酸

装瓶前，必须对葡萄酒进行感官分析、理化指标分析和稳定性试验，理化指标包括酒度、糖、酸、游离二氧化硫、总二氧化硫、干浸出物、挥发酸、铁、细菌和大肠菌群，各项指标和稳定性都合格的葡萄酒才能装瓶。葡萄酒的灌装自动化程度很高，包括上瓶—冲瓶—检查空瓶—灌装—压塞—检查—套胶帽—热缩—贴标—装箱。

四、白葡萄酒的酿造

白葡萄酒是用白葡萄汁经过酒精发酵后获得的葡萄酒，在酿造过程中一般不存在葡萄汁对葡萄固体部分的浸渍现象。干白葡萄酒的质量主要由源于葡萄品种的一类香气和源于酒精发酵的二类香气以及酚类物质的含量决定。葡萄汁以及葡萄酒的氧化对葡萄酒的质量有重要影响。

（一）影响白葡萄酒质量的因素

1. 葡萄汁和葡萄酒的氧化　在酒精发酵开始和结束以后，葡萄汁或葡萄酒的氧化都会严重影响葡萄酒的质量，氧化现象的机理可以表示为：

$$氧化底物+氧\xrightarrow{氧化酶}氧化产物$$

因此，对氧化酶及其特性的研究，对葡萄酒，特别是干白葡萄酒的酿造具有重要的指导意义。

（1）氧化酶　现已证实，与葡萄汁或葡萄酒的氧化相关的氧化酶有两种，即酪氨酸酶和漆酶。

酪氨酸酶又称为儿茶酚酶或儿茶酚氧化酶，是葡萄浆果的正常酶类，不以溶解状态存在于细胞质中，而与叶绿体等细胞器结合在一起。在取汁过程中，酪氨酸酶一部分溶解在葡萄汁中，另一部分则附着在悬浮物上，因此，对原料的破碎、压榨、澄清等处理必然会影响酪氨酸酶在葡萄汁中的含量，就可能会造成葡萄汁的氧化。此外，酪氨酸酶的含量还决定于原料品种及其成熟度。酪氨酸酶在 pH 3～5 时活性强但不稳定；在 30℃活性最强，在 55℃保持 30 分钟就会失活，其活性可被二氧化硫抑制。

漆酶不是葡萄浆果的正常酶类，它存在于受灰霉菌为害的葡萄浆果上，是灰霉菌分泌的酶类，可完全溶解在葡萄汁中。由于漆酶的氧化活性比酪氨酸酶大得多，故与正常的葡萄原料比较，受灰霉菌为害的葡萄浆果的葡萄汁或葡萄酒的氧化现象要严重得多。漆酶在 pH 3～5 时活性强且较稳定；在 30℃时较稳定，在 40～45℃时活性最大，但在 45℃时几分钟就失活，对二氧化硫有较强的抗性，所以对感染了漆酶的原料选择加热后发酵。

（2）葡萄汁的耗氧　葡萄汁的耗氧几乎完全是由于酶的作用，因为正常葡萄汁的耗氧速度为 2.98 毫克/（升×分钟），而加热致酶失活的同一葡萄汁的耗氧速度降低到 0.018 毫克/（升×分钟）。在葡萄汁的耗氧过程中，二氧化硫具有强烈的抑制作用。在 30℃时葡萄汁耗氧速度比 10℃时要快 3 倍左右，因此取汁时的温度条件对葡萄汁的氧化有重要作用。

（3）防止氧化的措施

①二氧化硫处理。由于二氧化硫处理可以使葡萄汁的耗氧停止，能有效地防止葡萄汁的氧化。其用量为 60～120 毫克/升，由原料的成熟

度、卫生状况、pH和温度等因素决定。为了得到良好的效果，二氧化硫应在取汁后立即加入葡萄汁中，并迅速与葡萄汁混合均匀。

②澄清和膨润土处理。澄清处理可因除去悬浮物而除去附着于悬浮物上面的氧化酶；膨润土由于能吸附蛋白质，所以能除掉部分溶解在葡萄汁中的氧化酶。

③在隔氧条件下处理原料。如果在原料的处理过程中防止其与空气接触，例如从破碎开始，就在充满二氧化碳的条件下对原料进行处理，虽然能防止氧化的发生，但这种隔氧条件下酿造的葡萄酒一旦与氧接触就会很快氧化，即葡萄酒本身的氧稳定性很差。实际上，氧化酶在催化氧化反应的同时，本身亦逐渐被破坏，所以，在葡萄酒酿造过程中有限的氧化，例如对正常原料进行传统工艺处理过程中的氧化，不仅不会降低葡萄酒的质量，相反会改善葡萄酒的氧稳定性。

④葡萄汁的冷处理。氧化酶的氧化活性在30℃时比在10℃时强3倍，因此，迅速降低葡萄汁的温度能防止氧化。由于冷处理虽能抑制氧化酶的活性，但不能除去氧化酶，所以，与隔氧处理的葡萄原料一样，不能获得氧稳定性。

⑤葡萄汁的热处理。在65℃时氧化酶的活性被完全抑制。可以获得完全氧稳定的葡萄酒。

2. 酚类物质　酚类物质的种类、结构及含量与葡萄汁和葡萄酒的颜色、口感以及香气和稳定性密切相关，是葡萄酒质量的决定因素之一。对于果香清爽类的干白葡萄酒，任何提高酚类物质含量的措施都会影响其质量和稳定性，因此该类葡萄酒中酚类物质含量越低越好。

（1）酵母的影响　在葡萄酒的发酵过程中，酵母会影响葡萄酒中酚类物质的含量。近年的研究结果表明，白葡萄酒中酚类物质含量受到酵母菌的影响很大。因此，选育具有优良酿酒特性，同时具有较强色素吸附能力的优选酵母菌系，是获得色浅而稳定的干白葡萄酒的有效方法。

（2）工艺的影响　对葡萄原料进行机械处理越重，对固体部分本身结构破坏越厉害、时间越长，浸渍越强，酚类物质含量越高。直接压榨获得的葡萄汁中酚类物质的含量明显低于先破碎后压榨所获葡萄汁中的含量。此外，随着压榨次数的增加，葡萄汁中酚类物质的含量亦增加。

所以，在干白葡萄酒酿造过程中应分次压榨取汁。

一些澄清剂可以降低葡萄汁或葡萄酒中酚类物质的含量，从而提高葡萄酒的质量和稳定性。交联聚乙烯吡咯烷酮（PVPP）在葡萄酒中使用效果明显，但在葡萄汁中应与皂土结合使用。

3. 干白葡萄酒的香气 品质优良的白葡萄酒不仅应具有优雅的一类香气，而且应同时具备与一类香气相协调的、优雅的二类香气。因此，在葡萄品种一定的情况下，二类香气的构成及其优雅度就成为白葡萄酒质量的重要标志之一。

（1）*原料成熟度的影响* 原料成熟度越好，葡萄酒中三碳、四碳和五碳脂肪酸含量越低，六碳、八碳和十碳脂肪酸及其乙酯含量越高。由于前者的气味让人难受而后者的气味让人愉快，所以，提高原料的成熟度可以提高葡萄酒的质量。

（2）*对葡萄汁澄清处理的影响* 在酒精发酵前对葡萄汁的澄清处理可以降低高级醇的含量，提高酯类物质的含量，特别是六碳、八碳和十碳脂肪酸乙酯的含量，从而提高葡萄酒的质量。

（3）*酵母的影响* 葡萄酒酵母能形成良好的二类香气，而尖端酵母等拟酵母易形成大量的乙酸乙酯。所以，对葡萄汁进行二氧化硫处理和使用优选酵母是很有必要的。

（4）*发酵条件的影响* 酵母的繁殖需要氧，但过多的氧影响酒精发酵的副产物，不利于葡萄酒的质量；酒精发酵的温度宜控制在15～20℃，温度过高会明显降低二类香气，温度过低容易给发酵管理带来问题；葡萄汁的酸度过高会影响发酵副产物的形成，温度越高，这一现象越明显。

（二）工作程序或操作步骤

1. 干白葡萄酒酿造的工艺流程 干白葡萄酒酿造的工艺流程见图15-2。

2. 干白葡萄酒酿造的操作要点

（1）*拣选* 选择能适应当地生态条件的优良品种，控制良好的成熟度。去掉带入的枝叶及混入的异物；必须去掉生青、霉烂的果穗，由于感染了灰霉菌的葡萄中漆酶的含量高，用这类原料酿造的葡萄酒易患棕

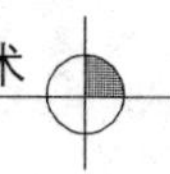

色破败病。

(2) 取汁　应尽量减少浸渍并防止氧化。所以，取汁一定迅速。有条件的可以直接压榨取汁；也可以先除梗破碎，再压榨取汁；为了充分浸提果皮中的芳香物质可以将除梗破碎的葡萄浆在5℃下进行浸渍10～20小时，然后压榨取汁。取汁后立即使用二氧化硫，可添加PVPP、膨润土，防止葡萄汁的氧化，最后压榨汁单独存放，以保证酒质。

(3) 澄清　澄清的方法很多，可以根据实际情况结合使用几种方法。常用的方法有低温自然澄清然后分离，分次澄清，过滤（酒泥过滤机）、离心，浮法澄清（果汁中加一定量的絮凝剂，然后压入惰性气体，果汁里固体部分同惰性气体结合浮到表面被清理掉，混浊部分真空过滤）等。

(4) 酒精发酵　葡萄汁的装罐量不应超过80%；温度高于15℃时接种已经活化的活性干酵母；酒精发酵过程中将温度控制在16～20℃，每天测相对密度2～3次，监测发酵的进程。若葡萄本身的含糖量满足不了酿酒的需要，在发酵刚开始时按照17克/升糖转化为1%酒度加糖，在相对密度降至1.020左右时校正加糖量。

(5) 酒精发酵结束　当相对密度降至0.993～0.996，取样测糖，若糖含量不超过2克/升，认为酒精发酵结束。

(6) 贮藏陈酿　转罐并补加适量二氧化硫，葡萄酒进入贮藏陈酿阶段。同样要保持满罐密封，合理的转罐，定期进行感官分析，干白葡萄酒的游离二氧化硫需保持在30～40毫克/升。只有在葡萄酒可能产生硫化氢味、为促进酵母菌将剩余的残糖转化为酒精或促进释放葡萄酒中的二氧化碳时，才对白葡萄酒进行通气处理。

(7) 葡萄酒的澄清、冷冻和过滤　常用鱼胶（10～25毫克/升）、酪蛋白（100～1 000毫克/升）、膨润土（250～500毫克/升或更多）进行白葡萄酒的下胶。必须在下胶以前进行试验，决定下胶材料及其用量以避免下胶过量。

装瓶前的葡萄酒，一般需要进行冷冻和适当的过滤处理。

(8) 稳定—装瓶　葡萄酒装瓶前进行稳定性试验。干白葡萄酒需要检验氧化稳定性、微生物稳定性、铁稳定性、酒石稳定性、铜稳定性和蛋白稳定性，见表15-2。其他同红葡萄酒。

表15-2 白葡萄酒的稳定性试验及处理方法

项目	稳定性试验方法	处　理
微生物	微生物计数，温箱试验	下胶、过滤、离心、热处理、二氧化硫、山梨酸
氧化破败	常温半杯葡萄酒放置12～24小时	热处理、膨润土、酪蛋白、二氧化硫
铁破败	充氧或强烈通气，0℃下贮藏7天	植酸钙、亚铁氰化钾、柠檬酸、阿拉伯树胶、抗坏血酸、二氧化硫
酒石沉淀	0℃或稍高的温度几周	冷处理、热处理、下胶、过滤、偏酒石酸、外消旋酒石酸
铜破败	光照7天，30℃温箱培养3～4周	硫化钠、亚铁氰化钾、热处理、膨润土、阿拉伯树胶
蛋白破败	加热至80℃，30分钟；加0.5克/升单宁	冷处理、热处理、膨润土

五、利口葡萄酒和甜型葡萄酒

（一）利口葡萄酒

根据OIV规定，利口葡萄酒是总酒度≥17.5%（体积分数），酒度在15%～22%（体积分数）的特种葡萄酒，根据酿造方式不同，分为高度葡萄酒和浓甜葡萄酒两大类。

1. 高度利口葡萄酒　在自然总酒度不低于12%（体积分数）的新鲜葡萄、葡萄汁或葡萄酒中加入酒精后获得的产品，但由发酵产生的酒度不得低于4%（体积分数）。

2. 浓甜利口葡萄酒　在自然总酒度不低于12%（体积分数）的新鲜葡萄、葡萄汁或葡萄酒中加入酒精和浓缩葡萄汁，或葡萄汁糖浆，或新鲜过熟葡萄汁或蜜甜尔，或它们的混合物后获得的产品，但由发酵产生的酒度不得低于4%（体积分数）。

利口酒的酒度可以通过冷冻浓缩、加入酒精、加入浓缩汁或它们的

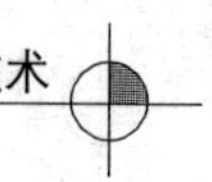

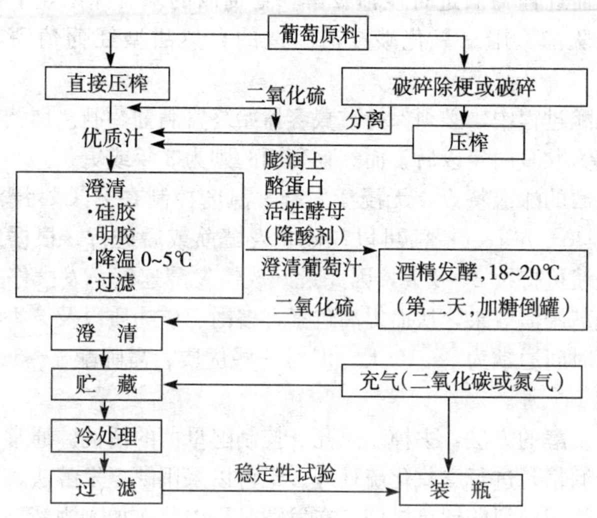

图 15-2　干白葡萄酒工艺

（引自李华等，2006）

混合物提高，所加入的酒精必须是酒度不低于 95%的葡萄精馏酒精或酒度为 52%～80%的葡萄酒精。

这一大类葡萄酒属于特种葡萄酒，包括自然甜型、加香、加强葡萄酒等。凡是人为添加酒精获得的特种葡萄酒，都称为加强葡萄酒。

加香葡萄酒是指以葡萄酒为酒基，调以一定比例的呈色、呈香、呈味物质，按照产品特点规定的工艺过程调制，并经贮藏、陈酿而成的一种具有特有芳香风味，并经常具有开胃、滋补作用的葡萄酒。对应于加香葡萄酒的是非加香葡萄酒。

（二）自然甜型葡萄酒

这类葡萄酒是用新鲜葡萄汁酿造的。在发酵结束以前加入酒精，使发酵停止，保持葡萄汁中一定的糖分，使葡萄酒具甜味。这类酒酒度为 15%～16%（体积分数），总酸 3.0～3.5 克/升（H_2SO_4），含糖 70～125 克/升。

白葡萄酒发酵时无皮渣浸渍，葡萄酒较清爽，贮藏 8～18 个月就可

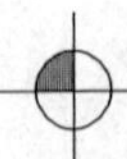

以消费；而红葡萄酒进行浸渍发酵，葡萄酒的果香味浓，干物质含量高，适于陈酿。用二氧化碳浸渍酿造的自然甜型红葡萄酒，果香味最浓。

在陈酿过程中，必须保持贮藏容器始终盛满葡萄酒。白葡萄酒的最佳消费期为贮藏两年以后，而红葡萄酒的则为3年或更长。

该类酒的酿造特点：无浸渍发酵，温度控制在25℃；浸渍发酵温度控制在30℃左右。浸渍可以在停止发酵前或后进行，根据发酵速度不同，浸渍可持续2～8天，因此最好放慢发酵速度。发酵停止后的浸渍可以提高浸渍效果，从而提高色素、多酚、矿物质以及芳香物质的含量，持续时间通常为8～15天，但对一些优质、需陈酿4～5年的酒甚至可持续1个月。

中止发酵的方法：去掉、杀死、控制酵母菌的活性。通常是冷冻离心，加入酒精，进行二氧化硫处理。也可以采用缺氮发酵法，进行高低温处理，使用山梨酸钾等措施。在发酵过程中分次加入酒精，可使酒精发酵暂时受到抑制，便于控温，延长酒精发酵时间便于产生更多的发酵副产物，尤其是甘油。

（三）蜜甜尔

蜜甜尔是在未经酒精发酵的新鲜葡萄或葡萄汁中加入酒精获得的产品。葡萄或葡萄汁的含糖量不得低于170克/升，蜜甜尔的酒度为15%～22%。不含发酵副产物。

用于生产蜜甜尔的酒精应为95%的精馏酒精或60%以上的白兰地，而且应首先在橡木桶中贮藏一年或以上。

酒精加入到葡萄中进行浸渍，即可生产红蜜甜尔；酒精加入到葡萄汁中就得到白蜜甜尔。

第二节　葡萄汁

葡萄汁是国际上仅次于橙汁和苹果汁的主流产品。葡萄汁成分非常复杂，不仅富含多种必需氨基酸和维生素，而且还含铁、钙、磷、钾等矿物质，营养价值高，味美可口。大量的流行病学资料显示，葡萄汁中

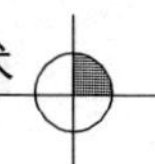

的酚类物质有利于抑制人体退化，特别是降低某些癌症和心血管及脑血管疾病的发生率和死亡率。在一项动物（仓鼠）的模型试验中，研究者发现在抑制动脉粥样硬化和改善脂质和抗氧化方面，含有同样含量多酚物质的葡萄汁比红葡萄酒或脱酒精红葡萄酒更有效。

近年来，果汁在发达国家的消耗增长很快。2006 年世界果汁的销售量为 370 亿升，人均消费量为 6 升，美国、德国及加拿大超过 40 升，我国只有 1 升左右。如今，世界上的葡萄约有 65%用于酿酒和制汁，20%用于鲜食，10%用于生产葡萄干。我国的葡萄生产则以鲜食为主，占 80%左右，仅 20%的用于酿酒或加工。

虽然在国内葡萄酿酒已经风靡一时，但是我国的葡萄汁产业是在 20 世纪 80 年代才逐渐发展起来，和世界发达国家相比仍相当落后。葡萄汁的生产和消费主要集中在意大利、法国、德国、西班牙、瑞士和英国，而中国葡萄汁生产量很少。目前国内市场上流通的葡萄汁主要依靠进口，2008 年，我国出口葡萄汁 2 872 吨，出口额为 383.1 万美元；而进口葡萄汁为 11 723 吨，进口额 2 027.9 万美元（FAO 统计数据，2011）。进口额远远高于出口额。2008 年葡萄汁出口较多的国家有意大利、阿根廷、西班牙、美国、智利和法国，意大利的出口量是 270 912 吨，中国仅为意大利的 1.06%。

如今，葡萄汁、葡萄酒等葡萄制品在我国的普及程度和受欢迎程度远不如国外其他国家，尤其是欧美国家，这与我国的葡萄汁产业发展较晚，以及重视不够等原因有关，同时，设备、工艺以及品种原料等的缺乏也是其中的重要原因。近年来，国内有多个单位从国家葡萄种质资源圃或国外引种制汁葡萄品种，进行葡萄汁生产基地的建设，显示了我国葡萄汁产业有了良好开端。随着中国经济的高速发展、人民生活条件和保健意识的不断提高，对葡萄汁的需求会不断增多，葡萄汁在国内具有巨大的潜在的市场与广阔的发展前景。

一、葡萄汁的成分和技术要求

（一）葡萄汁的成分

葡萄汁是由葡萄浆果可食部分提取出的健康饮品。其感官特性和营养价值由其化学成分和粒子大小决定，这主要取决于葡萄品种、浆果成熟度和生产过程。葡萄汁成分复杂，不仅能提供能量和营养价值，而且还具有多种生物活性。葡萄汁中主要的化学成分见表 15-3。

表 15-3　葡萄汁中主要的化学成分

（引自 Hui 等，2006）

物　质	含量范围（克/升）
水	700～850
糖类	120～250
有机酸	3.6～11.7
挥发酸	0.08～0.25
酚类物质	0.1～1
含氮物质	4～7
矿物质	0.8～3.2
维生素	0.25～0.8

葡萄汁的主要成分是水，占 81%～86%。其次是糖类，主要是葡萄糖和果糖，在葡萄汁中，葡萄糖与果糖的平均比值为 0.92～0.95。葡萄汁中主要的有机酸是酒石酸、苹果酸和柠檬酸，使得葡萄汁的 pH 很低（3.3～3.8）。较低的 pH 降低了病原体的危害，但是腐败微生物却能够在葡萄汁中生长。糖具有甜味，酸提供酸味，而糖酸比预示着葡萄汁的适口性。果汁中约 50%的可溶性含氮物质是游离氨基酸，葡萄中主要的氨基酸是脯氨酸和精氨酸。葡萄汁含脂质很贫乏，因为其仅有 1%～2%的葡萄脂质含量。最丰富的脂质类型是磷脂（65%～70%）、中性脂（15%～25%）和糖脂质（10%～15%，其在多聚不饱和脂肪酸中含量很高）。葡萄汁中的矿物质以盐的形式存在，通常钾高钠低。与脂溶性维生素相比，葡萄汁中水溶性维生素的含量较高，最丰富的是维生素 C。在脂溶性维生素中，葡萄汁仅含有少量的胡萝卜素。多聚不饱和脂肪酸和胡萝卜素参与了葡萄汁芳香的形成。

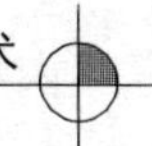

虽然葡萄汁的脂质和含氮量很低，但它们与葡萄汁感官质量的损失有关。葡萄汁加工过程中涉及氨基酸和不饱和脂肪酸的间接反应，温度越高，这些副反应越重要。其结果，氨基酸不仅参与了葡萄汁的非酶褐变，还产生出还原性的硫化氢、氨基甲酸乙酯等；不饱和脂肪酸产生醛、酮和醇等，使最终的产品带有不良的风味和口感。

另外，葡萄汁中还存在着其他一些生物活性成分，是产生葡萄汁颜色、风味和抗氧化活性的主要原因。葡萄汁中最普通的风味物质是萜烯，含量主要取决于葡萄品种，变化范围为500～1 700微克/升。主要的萜烯是单萜（C_{10}）和倍半萜烯（C_{15}），它们通常与多聚糖结合，以没有气味的糖苷形式存在，释放时需要糖苷酶的参与。葡萄汁颜色最主要的贡献者是类黄酮物质，含量范围500～3 000毫克/千克。类黄酮是一类具有同样核心结构2-苯基苯并吡喃环的物质。

花色素是葡萄皮的成分，是造成红色、蓝色或紫色的原因，其取决于分子类型、pH和连接的基团（如羟基或甲氧基）。葡萄花色素苷的含量随基因型变化很大，也受环境和农艺措施影响。花色素很不稳定，受加工条件的影响很大，如pH、温度、光、氧气、酶、抗坏血酸、类黄酮、蛋白和金属离子。黄酮醇和二氢黄酮醇稍带黄色，主要赋予白葡萄浅浅的颜色，也存在于深色葡萄中；它们仅存在于葡萄皮中，以3-葡糖苷或3-葡糖苷酸的形式存在。黄烷-3-醇是无色物质，以单体和多聚体大量存在于葡萄皮和种子中，黄烷-3-醇的多聚体形式是花色素的前体。它们不影响葡萄汁的颜色，却是造成不必要涩味的原因。

葡萄汁中的类黄酮物质，如儿茶素、表儿茶素、栎精和花色素苷已被证实具有抗氧化、消炎和抑制血小板作用，也能降低低密度脂蛋白胆固醇（LDL）氧化和对DNA的氧化损伤。但是，酚类物质也是造成葡萄汁不稳定的“潜在因素”，因为它们也参与了沉淀、褐变等的形成。酚类物质的含量和组成根据葡萄的种、品种和成熟度，以及天气、栽培措施和葡萄生长的区域而不同。葡萄汁加工中不同的方法和处理也会严重影响最终的酚类物质的组成。这包括提取的类型和接触时间，与热和酶处理一样。提取、贮藏和巴斯德灭菌期间的高温往往导致花色素苷的降解，从而引起颜色和总酚含量的下降。

（二）葡萄汁的分类和技术要求

1. 葡萄汁的分类 葡萄汁分澄清汁、混浊汁和浓缩汁3种。

（1）*澄清汁* 葡萄压榨所得汁液经采用物理化学方法将易沉淀的胶体、悬浮物去除，所得的具有原水果果肉色泽、风味、外观澄清透明的液体。

（2）*混浊汁* 压榨所得汁液经均质、脱气等特殊工艺处理，外观混浊均匀，内含果肉微粒的果汁。

（3）*浓缩汁* 用物理方法从葡萄汁中除去一定比例的天然水分制成具有果汁应有特征的制品。

2. 葡萄汁的技术要求 目前，还没有有关葡萄汁质量属性的国际贸易法规，只有食品法规中有关葡萄汁的世界标准（Codex Stan 82—1981）、浓缩葡萄汁（Codex Stan 83—1981）和美洲葡萄浓缩汁（Codex Stan 84—1981）。这些标准提供了可溶性固形物、酒精和挥发酸的含量，以及一般的感官特性。一些国家和地区有自己的葡萄汁质量法规，这些法规通常定义葡萄汁的质量属性以及能够反映所在区域葡萄典型属性的数值。

根据《浓缩葡萄汁》（SB/T 10200—1993）规定（不适用于加糖的浓缩葡萄汁），浓缩汁所获的清汁：汁液清澈透明，无杂质，无沉淀；所获得的浊汁：汁液浊混均匀状，允许有少量沉淀，但不得有杂质和明显的晶体析出。有关技术要求如下（表15-4）：

（1）*原料* 应采用新鲜、成熟的葡萄，不得使用腐烂变质及有病害的葡萄。

（2）*感官要求* 色泽：具有该品种应有的色泽，并随浓缩度的提高，色泽随之加深。组织状态：清汁（清澈，无杂质，无沉淀）、浊汁（混浊均匀，允许有微量沉淀，但不得有杂质和明显的晶体析出）。香气：具有典型的葡萄水果香。滋味：加水复原成原汁后，滋味纯正柔和，酸甜适口，无异味。杂质：不允许有肉眼可见的外来杂质，不得含有果梗、果皮及碎屑。

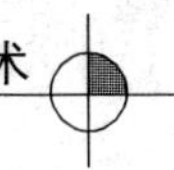

表 15-4　浓缩葡萄汁理化指标和微生物指标

指标	项目
理化指标	
可溶性固形物（%，≥）	30
以下指标均以加水复原后可溶性固形物为 15%时测定为准	
总酸（以酒石酸计,%，≥）	0.6
砷（以 As 计，毫克/千克，≤）	0.5
铅（以 Pb 计，毫克/千克，≤）	1.0
铜（以 Cu 计，毫克/千克，≤）	10.0
微生物指标	
细菌总数（个/毫升，≤）	100
大肠菌群（≤）	6
致病菌	不得检出

二、葡萄汁的生产

1863 年，Luis Pasteur 发明了著名的巴氏灭菌法或巴斯德灭菌法，开创了工业化生产无酒精果蔬汁饮料的新纪元。1869 年，美国新泽西州的一名牙科医生成功地运用了巴氏灭菌理论，以榨汁、过滤、装瓶、巴氏灭菌这一简单工艺开创了葡萄汁加工工业，并迅速发展起来。到了 20 世纪 20 年代初期，果蔬原料和含碳酸清凉饮料的消费量大大增加，到了 30 年代，果蔬原汁制造工艺的研究取得了一系列重大进展，无菌过滤工艺实现了常温下对微生物的分离，酶法澄清工艺出现并迅速投入实际应用等。20 世纪 60 年代起，发展中国家的果蔬汁饮料的产量迅速扩大，我国则于 80 年代开始生产葡萄汁。如今，在国际贸易中，多以浓缩葡萄汁进行。

（一）影响葡萄汁生产质量的因素

影响葡萄汁生产质量的因素可分为采前因素和采后因素。采前因素主要包括气候、品种、葡萄园管理措施和葡萄的成熟度，也包括一些偶然因素如病虫害和自然灾害。其中，品种尤为重要，葡萄汁的品种要求出汁率高，风味独特，糖、酸、香气和涩味成分平衡。目前世界上主要的制汁品种是格兰德（Gorda）、汤姆森无核（Thompson Seedless）和麝香葡萄（Muscat）。在美国，康克葡萄栽培最广，主要的原因是消费者已经习惯了康克葡萄典型的颜色和狐臭香气，而且这些特性在整个生产期间非常稳定。目前国内用于榨汁的品种较少，主要有巨峰、玫瑰香、玫瑰露等。近年来除了引进国外的优质制汁品种外，我国自己又新培育了一些品种，如北紫（蘡薁葡萄与玫瑰香杂交育成）、北丰（蘡薁葡萄与玫瑰香杂交育成）和北香（蘡薁葡萄与亚历山大杂交育成）等。事实上，每个因素都有各自的影响，但是要特别注意上述因素间的复杂的相互作用。通过优选气候、品种、葡萄栽培管理措施和葡萄成熟度，可实现葡萄汁的生产和质量最优化。另外，品种、施肥或灌溉等措施应能降低病虫害或自然灾害对葡萄汁质量的不利影响。

采后因素包括采收、贮藏和运输条件。由于葡萄采后会发生不良变化，所以葡萄的成熟度和采收时间至关重要。葡萄在工业成熟度时采收，原料质量和产量最高。目前，预测葡萄最佳采收时机的研究也提出了一些葡萄成熟度的感官指标（如葡萄软化度、颜色、口感等）和理化指标，其中化学指标应用最广。在化学指标中，常通过测定糖含量和葡萄汁酸度来确定葡萄的成熟度。糖酸比提供了有关葡萄汁适口性的信息，虽然因葡萄品种而有差异，一般值为10时常赋予葡萄汁清爽的口感。近来，也出现了一些测定葡萄特征风味物质（主要是芳香物质和酚类物质）的指标，如酚类成熟系数，以辅助确定葡萄的成熟度。

（二）葡萄汁的生产工艺流程

葡萄汁加工的总体工艺流程见图15-3。需要注意的是，终产品决定了使用的生产工艺，换句话说，葡萄汁、葡萄浓缩汁或葡萄汁制品的生产工艺并不唯一，而是各具特色，实际中要根据原料和产品的要求来确定最佳的生产工艺。

（三）葡萄汁生产工艺的操作要点

1. 原料的选择　选新鲜、成熟度适宜、色泽良好、无腐烂及无病虫害的果穗。未成熟果实色、香、味较差，酸味过强；过于成熟果实机

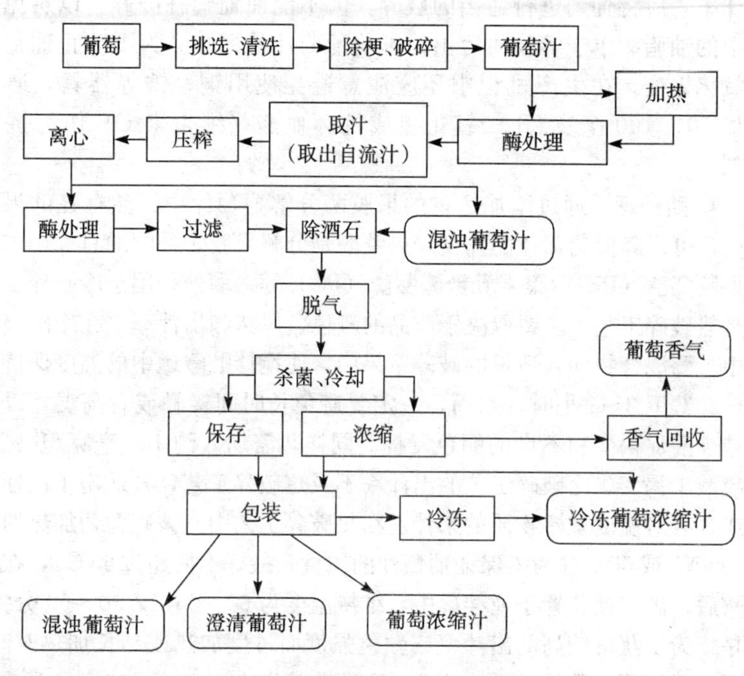

图 15-3 葡萄汁生产工艺流程

(引自 Hui 等,2006,并稍加改动)

械损伤部位易引起酵母菌繁殖,风味不正。雨天裂果、长霉果以及发酵变质的原料也不适合加工果汁。

2. 挑选、清洗 通过水洗和手工挑选除去葡萄采收期间混杂的无用无机质(泥土、石子或金属块),以及除去腐烂、有病虫害和未成熟的果穗。有机质(树皮、枝条、叶片、叶柄和果梗)则通过除梗器进行机械分离。鼓旋转通过预先设定速度,在浆果移动通过孔时将不必要的原料保留下来,收集后丢弃。葡萄用水冲洗后,通常是用氯水或 0.03% $KMnO_4$ 清洗(以降低浆果上的微生物),然后再用水冲洗干净。

3. 除梗、破碎 除梗是为了防止压榨时果梗混入果浆,在加热时溶解出大量单宁等物质使果汁色泽发黑,涩味增加。为提高葡萄汁的榨汁率，应将葡萄进行适当的破碎，但不能使葡萄籽破碎，以避免籽粒中的油脂、单宁等物质溶出，影响葡萄汁的风味。为了防止葡萄汁的氧化褐变，在生产过程中还应注意避免使用铜、铁等器具，通常添加 50～100 毫克/升二氧化硫或抗坏血酸（维生素 C）作为抗氧化剂。

4. 酶处理 通过添加适量的果胶酶分解葡萄汁中天然存在的果胶物质，可以降低葡萄汁的黏度。果胶酶是分解果胶多种酶的总称，主要有果胶酯酶（PE)、聚半乳糖醛酸酶（PG）等。酶处理用于冷破碎工艺还是热破碎工艺，主要取决于产品的颜色、风味和出汁率。在冷破碎工艺中，酶混合物加入适量的破碎浆果中，使搅拌贮藏罐中的温度保持在 15～20℃下 2～4 小时。然而，一定要避免长时间接触或者高温，以尽量减少酶促褐变和不良的颜色浸提。同样，需加入约 100 毫克/升二氧化硫减少褐变。冷破碎工艺的出汁率不及热破碎工艺，其适用于白葡萄汁或含有对温度敏感物质的果汁。在热破碎工艺中，破碎葡萄加热的温度为 60℃或 65℃（为了保证葡萄汁的质量，最好不要超过 65℃)，在加入酶后，破碎葡萄置于搅拌罐中，维持温度为 60～63℃，30～60 分钟。但是，为了获得较高的出汁率或颜色强度而过度加热或延长加热时间，将严重损坏葡萄汁的品质，往往导致葡萄汁失去清爽的风味而出现明显的“煮熟味”，而且单宁含量增加，涩味突出。此外，脂质和蜡质的过量溶解，最终导致葡萄汁浊度增加。

5. 取汁 取汁是常用于果汁生产中的一个压榨前的工序，其包括从葡萄醪中提取葡萄自流汁。高品质的自流汁占总葡萄汁的 30%～60%，主要取决于酶处理，因此是压榨容量的 2 倍。虽然自流汁可在压榨中实现，但是有专门取汁的取汁器。取汁器利用 40 目（孔径 0.425 毫米）的筛子取出 30%～50%的自流汁，剩余的葡萄渣倒入连续螺旋压榨机中。未压榨的果汁具有很高的感官质量，其通常同质量较差的压榨汁进行调配。有时，未压榨汁可单独生产，获得的产品具有更高的附加值。

6. 压榨 压榨是获得葡萄原汁的最后一步。根据压榨过程，稻壳或纸浆可用于压榨助剂，因为它们使受压块有了疏导系统，有利于葡萄

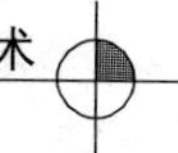

汁的排出（在酶处理时添加）。果渣压榨后，将含有5%～6%悬浮固体的压榨汁与可能具有20%～40%悬浮固体的自流汁混合在一起。复合的果汁具有大多数可溶性固形物，可通过旋转真空过滤、压力过滤器或离心除去。在大多数商业操作中，采用连续压榨方法。选择压榨机时需要记住几个特征参数，如压榨时间、流量（其同生产力有关）、能量需求、果汁产量和果汁质量。

7. 离心、酶处理　葡萄汁中会发生很多变化而影响产品外观，其中的一个变化是不溶性颗粒因重力作用的沉淀。上述不溶性固体可通过葡萄汁滗析、过滤或离心加以避免。离心后葡萄汁中残存的不溶性颗粒因为果胶的存在而很稳定，不易沉降。果胶通过两种方式作用，充当带正电荷蛋白质核心的保护外层和提高葡萄汁的黏度。因此，静电排斥作用、颗粒尺寸小以及黏度阻止了沉降，使葡萄汁具有了稳定的混浊。然而，维持果胶甲基酯酶（PME）活性将裂解果胶的甲酯，使葡萄汁自然澄清。澄清葡萄汁就是为了获得有光泽的果汁而除去所有的果汁固体。目前所用的方法称为脱胶作用，其包括利用酶处理加工葡萄汁1～2小时，温度15～30℃。同样，果胶酶促进了果胶的快速水解，实现了后来通过澄清或过滤清除固体的目的。在该阶段，所用酶的混合物（如阿拉伯聚糖酶）应主要影响侧链，以分裂果胶的绒毛区。

8. 过滤　过滤是目前用以获得葡萄汁（经脱胶后）澄清度的技术。直到近年，后处理剂如果酱、斑脱土、单宁或硅胶被用以在过滤前除去混浊。如今，膜过滤技术的改进已经取代了传统的后处理剂，因为其制造的产品具有很多优势：可连续加工；可应用自动化机械，节约了劳动力成本和时间；由于有较高的果汁回收率，提高了出汁率；不需要澄清和后处理剂；降低了罐的空间要求。

9. 除酒石　常温条件下酒石酸盐在水中溶解度很小，但刚制成的葡萄汁中酒石酸盐是过饱和的。当葡萄汁装瓶后，在贮藏、运输、销售过程中会缓慢形成晶核，进而晶体长大，结晶析出沉淀，俗称酒石。虽然酒石对人体无毒害作用，但影响葡萄汁的感官质量指标，因此应避免酒石析出。保证混浊和澄清葡萄汁物理稳定性就要除去过多的酒石酸钾和酒石酸钙。影响酒石沉淀的因素包括内部因素（如 pH 或存在抑制物质）和外部因素（如温度变化或光照）。为实现除酒石（冷稳定处理），过滤葡萄汁在管状或金属板状的热交换器中被瞬间加热至 80～85℃，迅速在另一个热交换器中冷却至－2～0℃，然后在罐中快速沉淀酒石。同时，通过向果汁加入酒石酸钙晶体充当晶核或利用连续结晶器能够加速酒石的自然沉淀。反渗透技术的反渗透膜孔尺寸（0.000 1～0.001 微米）极小，其通过除去部分果汁中的水分，更容易使酒石酸盐沉淀。另一种避免酒石沉淀的方法是降低果汁中天然产生的酒石酸盐含量，其需要离子交换树脂或电渗析设备（允许阳离子被钾交换）。

10. 脱气 氧气是破坏葡萄汁稳定的最重要化学物质，因为一旦葡萄汁被包装，氧气就参与了色素和维生素所有的腐败反应。

11. 杀菌、冷却 葡萄原汁要迅速进行高温灭菌，目的是杀灭有害微生物与钝化酶活性，以保证葡萄原汁产品质量。葡萄中存在的常见微生物是克勒克酵母属和酵母菌属的酵母。明串珠菌属、乳杆菌属，或葡糖杆菌属的乳酸菌和醋酸菌也很典型。热防腐技术是最常用的，常见的杀菌方法有两种：一种是高温或巴氏灭菌，即先将产品热灌装于容器中，密封后于蒸汽、水浴中加热或直接加热杀菌，一般在 90～95℃加热 10 分钟左右。另一种是高温瞬时杀菌，该方法对产品品质影响较小，一般采用的条件为 93℃左右保持 15～30 秒；杀菌结束后尽快冷却至 35～40℃。巴氏灭菌处理清除了有生长力的微生物细胞，钝化了非热抗性酶，且仅对果汁的感官和营养特性稍微有间接的影响。近年来，为了不断减少热对感官和营养特性的影响，新的防腐技术不断被开发出来。如高静压技术、欧姆加热技术和脉冲电场技术等。

12. 浓缩 葡萄汁浓缩是减少其体积的一种生产工序，其有助于降低成品的包装、贮藏和运输成本。目前，蒸发是葡萄汁工业中应用最广的浓缩方式。前两种技术主要用于浓缩前处理，能够降低蒸发成本和感官质量的损失。当葡萄汁被蒸发时，最好将葡萄汁尽可能地短时间加热并迅速冷却，因为减少与热的接触会降低其对风味、香气和糖的影响。降低蒸发过程中感官质量损失唯一的方法是利用一个蒸馏系统进行香气回收，该蒸馏系统可将溶解于蒸汽流出物中的挥发性物

质分离出来。回收系统一般是活化的碳柱，其可吸附风味和香气物质。

13. 包装　包装是葡萄汁生产的最后一步，其必须保证果汁稳定，以及防止外界污染一直到被消费掉。目前，灭菌包裹无菌灌装葡萄汁备受推崇，因为它们利用了高温短时间防腐系统的优势。另外，无菌果汁比利用热或冷灌装系统包装的果汁具有同样或更长的货架期。虽然玻璃瓶和金属罐仍被应用，但是趋势是应用新开发的热密封叠合纸板联合无菌灌装系统。浓缩葡萄汁在美国具有很重要的市场，其通常以金属罐冷冻浓缩汁分装。

三、葡萄汁生产和贮藏中常见的质量问题

由于葡萄原料含有可发酵糖、多酚氧化酶、易产生沉淀的蛋白质、果胶、单宁、色素、酒石酸等，在葡萄汁的生产和贮藏过程中很容易发生微生物污染、氧化变味和产生混浊和沉淀。葡萄汁产生混浊和沉淀主要有三方面原因：一是蛋白质、果胶引起雾浊；二是多酚类物质不稳定引起的混浊；三是酒石析出及葡萄果肉碎片残留引起的沉淀。在圆叶葡萄汁中发现鞣花酸可能以悬浮状态的小结晶存在并缓慢沉淀，成为二次沉淀的主要成分。不同品种葡萄汁鞣花酸含量差异很大。

有关微生物污染、葡萄汁混浊和沉淀的产生和防止方法文中论述较多，这里不再重复。重点介绍葡萄汁的氧化变色。

在葡萄汁的生产和贮藏过程中，颜色逐渐变黄、变褐，并伴随不良气味物质产生，这一变化通常称为褐变。依据发生机制，褐变分为酶促褐变和非酶褐变两类。前者主要在葡萄汁加工过程中发生，主要与酚类物质有关，果汁中黄色和褐色色素的形成受酚类物质含量、氧气的存在以及多酚氧化酶（PPO）含量的限制。葡萄汁贮藏期间或加热时发生非酶褐变，主要表现为焦糖化和美拉德反应，其中温度影响最大。焦糖化反应在糖类存在时发生，但需要较高的温度（与运输和贮藏中的温度相比）。美拉德反应是涉及还原糖与氨基酸或蛋白质间缩合的反应，该反应很早就有研究，在食品加工、烹煮，甚至贮藏期间都会发生。另外，红葡萄汁中含有大量花色素，其性质很不稳定，高 pH、光、氧、高温

等都会影响花色素的稳定性。因此，对于酶促褐变，控制多酚氧化酶、氧气和酚类物质的任何一种都可能有效防止葡萄汁加工中的褐变，如热处理钝化酶、果汁脱气、葡萄汁加入澄清剂除去酚类物质等；对于非酶褐变，尤应注意对葡萄汁贮藏条件的控制，特别是对氧气和贮藏温度的控制至关重要。

事实上，虽然传统的葡萄汁生产工艺中采用的热处理（如热破碎工艺、巴氏灭菌法等）解决了微生物污染和酶促褐变的氧化问题，但往往降低了葡萄汁的营养价值和感官质量，如使葡萄汁带有“煮熟”的味道，失去了新鲜的口感和浓郁的果香。目前，消费者对安全和营养果汁的需求已引起大量非热加工保藏技术的发展，主要包括高静压、脉冲电场、超声波、辐射、高密度二氧化碳和臭氧技术对葡萄汁防腐、花色素苷稳定性和营养价值的影响。

第三节 葡 萄 干

与其他农作物的脱水干燥相比，葡萄的干制过程需要前处理和干燥后进一步深加工，是一个相对复杂的过程。为了提高干燥速度和葡萄干的品质，人们在果实的预处理和干燥技术方面进行大量研究。综合已有研究内容及新疆葡萄干制作的经验，目前能够应用于实际生产的葡萄干制技术主要是晒干、阴干和烘房干燥两种方法。另外，干燥前的促干剂处理对于提高葡萄的干燥速度和产品质量有重要作用。

一、葡萄干的相关国家标准

国家有关葡萄干的国家标准有《地理标志产品　吐鲁番葡萄干》（GB/T 19586—2008）、《无核葡萄干》（NY/T 705—2003）、《枸杞子、葡萄干辐照杀虫工艺》、（GB/T 18525.4—2001）、《干果食品卫生标准》（GB 16325—2005）、《干果（桂圆、荔枝、葡萄干、柿饼）》（GB/T 5009.187—2003）中总酸的测定等。其中，有关吐鲁番葡萄干分级指标如表 15－5 所示，有关无核葡萄干的产品分级指标和理化和卫生指标如表 15－6 和表 15－7 所示。

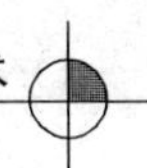

表 15-5　吐鲁番葡萄干分级指标

项目	特级	一级	二级	三级
外观	粒大、饱满	粒大、饱满	果粒大小较均匀	
滋味	具有本品种风味、无异味			
总糖（%，≥）	70	65		
水分（%，≤）	15			
果粒均匀度（%，≥）	90	80	70	60
果粒色泽度（%，≥）	95	90	80	70
破损果粒（%，≤）	1	2	3	5
霉变果粒	不得检出			
虫蛀果粒	不得检出			
致病菌（沙门氏菌、志贺氏菌、金黄色葡萄球菌）	不得检出			

表 15-6　无核葡萄干等级要求和理化指标

项目	特级	一级	二级	三级
外观	果粒饱满，具有本品固有的风味，无异味，质地柔软，大小均匀整齐，色泽一致，无虫蛀果粒		果粒较饱满，具有本品固有的风味，无异味，质地较柔软，大小基本均匀整齐，色泽基本一致，无虫蛀果粒	
主色调	翠绿色	绿色	黄绿色	黄绿色
杂质（%，≤）	0.3	0.5	1.0	1.5
劣质果粒（%，≤）	2.0	5.0	7.5	10.0
水分（%，≤）	15			

表 15-7　无核葡萄干卫生指标

项目	指标
二氧化硫（以 SO_2 计，毫克/千克，≤）	≤1 500

（续）

项目	指标
砷（以As计，毫克/千克，≤）	0.5
铅（以Pb计，毫克/千克，≤）	0.5
汞（以Hg计，毫克/千克，≤）	0.01
镉（以Cd计，毫克/千克，≤）	0.3
三唑酮（triadimefon，毫克/千克，≤）	0.5
致病菌（沙门氏菌、志贺氏菌、溶血性链球菌）	不得检出

二、葡萄干制技术

（一）澳大利亚葡萄干制技术

1. 加工流程 葡萄采摘或枝条修剪→浸渍或喷洒预处理→干燥→收集葡萄干→按质量进行分级→装箱→加工。

2. 收获系统 澳大利亚的葡萄干制方法主要有两种：一种是架晒系统，另一种是格架干燥系统。

用于架晒系统葡萄的采摘需要手工进行，并在干燥前用手放入36厘米×25厘米×18厘米的容器中。这种容器可以是浸渍罐，也可以是浸渍桶。它们一般由钢板做成，在其底部开有一些小孔，用于在浸渍完成后，排出浸渍用油类乳化剂。底部不开孔的容器，不能在浸渍过程中使用。

格架干燥系统是等葡萄在蔓上干燥至可以用机械采收时，才进行收获的。从格架上振摇下来的葡萄的最终干燥过程在架晒系统中完成。

3. 晾晒架 葡萄干燥架的长度一般为46米或92米，8～12排，高23厘米。架子是用铁丝焊接而成，宽1.2米，网孔为5厘米，每孔直径为1.4毫米。在架子上，每隔3米焊接一个高2.4～3.0米，宽1.5米的交叉架，用于支撑晾晒网。如果其上有顶棚，则另有支撑。

在架子放置葡萄时，需要在所有架子的最底层放一层黄麻布或聚

丙烯筛网用以收集散落下来的葡萄粒。摆放葡萄时，将葡萄直接从桶中倒在晾晒网上。每排每天可以摆放 10～14 桶葡萄。倒在晒网上的葡萄需要均匀地铺平，厚度约为一串葡萄。特别大、特别密实的葡萄酒串在放置时，需要从根部将其分开。在这一操作过程中剔除叶子等杂质。

4. 干燥过程　颗粒小的无核葡萄可以直接放在晾晒架上进行干燥，不需要进行预处理。颗粒较大的无核葡萄，则要在干燥前先用化学溶液进行一下预处理。这种预处通常可以用于加快干燥过程的进行。其处理方法是葡萄在一种碱液和油的混合液中进行浸泡。通常所用的葡萄浸泡油为一种商品性葡萄浸渍用油，其组成中大多数是脂肪酸乙酯和游离油酸。这些酯类和酸类与碳酸钾的水溶液进行混合和乳化。这种浸渍用溶液的标准配方为 100 升水中加入 2.4 千克碳酸钾和 1.5 升浸渍用油。经过这种处理以后，葡萄在相同条件下的平均干燥时间由未处理前的 4～5 周缩短至 8～14 天。

5. 乳化剂的使用方法

(1) *大量浸泡法*　将葡萄装入带孔的桶中，然后将其全部浸入盛有乳化油的大缸中。每天要往缸中补加一定量的乳化剂，以使其在缸中的含量保持在一个相对稳定的水平。乳化剂中的碱加量需要用 pH 试纸来测定。新鲜混合液的 pH 为 11。如果浸渍液的 pH 低于 9.5，浸渍后的葡萄就易于发酵。这时，要在浸渍液中补加一定的碳酸钾，使其 pH 增加至 10 以上。通常情况下，当雨水已使处理后的葡萄产生严重损坏时就需要这种操作。

(2) *在架子上进行喷洒*　这种方法是在葡萄上架以后，用一种多喷嘴的喷洒器在葡萄上喷洒用于前处理的乳化剂。这种操作最好在每天结束或架子装满时进行。乳化剂的使用量为每 8 000 千克葡萄喷洒 450 升处理液。

如果在葡萄放置几天以后再喷洒乳化剂会导致葡萄干燥速度很慢，而且未喷洒的葡萄在高温天气下易发生太阳灼烧损伤。在架喷洒时，葡萄摆放均匀很重要。

改良后的在架喷洒方法是，第一次喷洒 2/3 强度的标准液，4 天以后再喷洒 1/3 强度的标准液。第一次喷洒量为每 8 000 千克葡萄喷洒 450 升液体，第二次喷洒量为每 8 000 千克葡萄喷洒 360～450 升液体。

无论是浸渍处理，还是在架喷洒处理，在第一次处理后 4 天时再喷洒一次，有助于加快干燥。这时所用乳化剂强度为标准液的 1/3，喷洒量为每 8 000 千克葡萄喷洒 100 升液体。

（3）雨后处理　如果浸渍或喷洒后的葡萄在完全干燥前遭受到雨水的冲洗，必须在天气好转后用标准强度的乳化剂对受影响的面积再喷一次。

6. 格架式干燥　这种干燥方法有时也称为夏季修枝法。它是在葡萄没有成熟之前，将葡萄果实附近的叶子和枝条剪掉，从而有利于乳化剂喷洒的在蔓干燥。虽然这种做法会使鲜葡萄的产量降低 10%，但其对葡萄干的最终产量没有影响。用这种干燥法干燥的葡萄一般是用机械收获。

这种干燥法的第一步是剪掉那些在通常情况下本应在冬天剪掉的枝条。在这一步中，必须要保证葡萄藤上的叶面减少量不能大于 50%。通常情况下，干燥乳化液的喷洒要在枝条修剪完的 2 天以内进行。喷洒较晚会导致葡萄串变软，而不利于乳化剂透过到达每个葡萄粒表面。那些没有喷洒到的葡萄串也易于被太阳灼伤。

在一些条件下，特别是受到雨破坏以后，种植者总是喜欢在剪枝之前就进行喷洒。这种情况下，应在后续的 4 天内完成枝条的修剪。之后，还需按照以下步骤进行喷洒：

为了使干燥快速而均匀，必须使每串上的葡萄粒均得到彻底湿润。建议此时所用喷洒剂为其标准强度的 2/3（即在 100 升水中加入 1.7 千克碳酸钠和 1 升浸渍油）。

在两次喷洒程序中，第二次喷洒必须在第一次喷洒完后的 5 天以内进行，其强度为标准强度的 1/3（即在 100 升水中加入 0.8 千克碳酸钠和 0.5 升浸渍油）。

那些处于葡萄蔓中间而喷洒不到的少量葡萄，需要用人工采摘下来，用架晒法进行干燥。

采用这种方法，将葡萄干燥至理解水平的时间为 2～3 周。干燥结

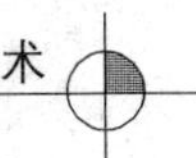

束后，最简单的收获方法是在茎秆变脆时用机械进行采收。一般在下午时分进行收获较好。机械收获的葡萄干中通常会带有一些茎秆和叶子等杂质。通过鼓风机可以将这种杂质去除。

7. 防霉控制　解决这一问题的另一种方法是用硫黄进行熏蒸。熏蒸时，要用亚麻布盖住葡萄，以尽量保持其中的气体不产生泄漏。每天需要燃烧 2 千克硫黄。如遇下雨，需在雨停之后把盖在葡萄上面的亚麻布拿开，从而防止黏在湿亚麻布和烂果上面的霉菌和果蝇发生扩散。

8. 装箱　在晾晒架上干燥好的葡萄干，可以先通过震荡的方法使其从葡萄蔓上掉落下来，同时用收集布进行收集。收集到的葡萄干可以通过装箱机进行装箱，再倒入包装棚里进行包装。

9. 按质量进行分级　每 100 克葡萄干中即使含有 100 毫克 50 微米的颗粒是尝不出来的；然而当颗粒大于 250 微米的细沙，即使其含量只有 20～30 毫克，也能感觉到。这些尘土主要来自于加工过程中、用具和空气。因此，在操作过程中需要时刻注意装葡萄的容器和操作人员脚上所带泥土不要进入葡萄浸渍液中；同时，在刮大风时要用布将葡萄盖起来。

10. 加工　对于葡萄干的加工包括从好的葡萄干中剔除茎秆、质量差的果子、粗沙和其他杂质。其操作流程一般为：先将产品通过一种较粗的筛网，以除去较大的葡萄梗；然后通过电力传送带将物质提升到较高的地方，然后落在一种旋转的机器上，通过离心力的作用除去小的轻型杂质。铁质、钢质等杂质可以通过磁铁进行去除。之后，将葡萄干放在传送带上，再进行人工挑选出坏的果子和其他肉眼可见杂质。挑选完以后，要对葡萄干进行清洗。这一过程是通过一个缓慢旋转的带网眼的转鼓来进行的。在葡萄干随着转鼓转动的同时，用水进行喷淋。同时，可以去除一些较重的杂质。

清洗机的末端有一个沥水网，以沥去清洗用水。再通过一个转子进行进一步脱水。然后再在葡萄干表面喷洒一层石蜡油或稳定的植物油，以使产品具有诱人的光泽，同时避免产品之间产生粘连。在这一过程中，还需要加入甲酸乙酯，用于防虫。

完成这一步骤之后，就可将产品进行分装和进行零售或批发。在葡萄干进行包装之前，还需要进行进一步包装，即去核。量少时，大多数包装公司并不进行去核处理，而是在初加工以后，将葡萄干送给一个集中加工者或合作的干制水果销售商进行进一步加工。去核和包装以后，用于出口的葡萄干还要在交货以前再进行一次检验。

11. 葡萄干贮存过程中的防虫措施 除在每批清理干燥的葡萄干上加入甲酸乙酯以外，贮藏过程中也要有一些必要的防虫措施。一般做法是，每隔一段时间用溴甲烷气体对包装好的产品进行烟熏。操作时，先用一层防水油布将堆码好的箱子或盒子盖起来，然后在油布下方通入甲基溴气体。其使用剂量一般为每 100 米^3 用甲基溴 2.4 千克熏 15 分钟以上。其次的前提条件是定期用一种特殊的雾化枪在贮藏库中通入除虫菊雾气，以保证库中没有昆虫。

为了防止幼虫从未加工的果实进入纸箱中包装好的干净的葡萄干中，要在未加工原料周围的地上用油脂涂一些线。这种涂抹用油脂中含有除虫菊。

（二）新疆葡萄干制技术

国内的葡萄干加工主要集中在新疆地区，特别是吐鲁番地区。根据干燥地点和所得产品不同，主要可以分为晒干和阴干两种，其中晒干主要用于生产红葡萄干或黑葡萄干，阴干主要用于生产绿葡萄干。而使用烘房烘干的很少。

1. 工艺流程

红葡萄干：葡萄→晒干→去梗→筛选→人工分选→清洗→杀菌→脱水→包装。

↑

除去杂物、黑果

绿葡萄干：葡萄→晾干→去梗→筛选→人工分选→包装。

↑

除去杂物、黑果

黄色葡萄干（熏硫葡萄干）：葡萄→熏硫→晾干（晒干）→去梗→筛选→人工分选→包装。

↑

除去杂物、黑果

2. 原料　加工所用葡萄品种最多的是无核白，其次是马奶子和少量无核紫葡萄等其他品种。当葡萄中含糖量达到20白利度以上开始采摘。葡萄在采摘前的一个月停止灌溉。葡萄在采摘前遇到下雨，要立即采摘，并及时送入晾房干制。

葡萄原料的要求：8月葡萄的糖度在20白利度以上，9月葡萄的糖度在18白利度以上即可。

原料的处理：对于红、绿葡萄干来说，在晒干和晾干时对其均不做任何处理，只需在干制过程中除去杂质和黑果、破损以及变质的果实。为了加快干燥速度和提高产品得率，在干燥前一般都要用促干剂进行处理。促干剂一般为商业化促干剂，其中主要成分是碱液和乳化剂。但是，如果葡萄的糖度低于20白利度时不建议使用促干剂，因为这种葡萄用促干处理后所得葡萄干比较干瘪，阴干的葡萄干很可能会变成黑色的。

制干比例：8月，葡萄∶葡萄干＝5～5.5∶1；9月，葡萄∶葡萄干＝4.5～5∶1。基本上葡萄干的晒干和晾干的比例葡萄∶葡萄干＝5∶1。

3. 干燥

（1）晒干　晒干主要是在水泥地板上和平整的砖地上进行。夏季温度高时，水泥地板的地面温度能够达到60～70℃，葡萄很快就可以晒干。所得葡萄干褐变严重，而成为红色葡萄干。

目前科研所和葡萄干加工厂正在试验一种新型的葡萄干燥设施，即钢丝网。它是将1米宽的不锈钢钢丝网置于支架上，将葡萄放于钢丝网上晒干，整个设施只有一层钢丝网。晒制时将预处理的葡萄放在水泥地地面或者悬空的铁纱网上，整穗葡萄只放1层，曝晒约10天之后，当有部分果粒已干时，用一空盘罩上，迅速翻转，曝晒另一面，如此反复翻晒，直到用手捻挤葡萄不出汁时，叠置阴干1周，待葡萄干含水量达15%～17%时，收集果穗，摘除果梗，堆放回软10～20天，即可送到厂家进行后处理。

（2）阴干　阴干是在荫房中自然通风干燥。常用荫房为用土砖盖成的四面通风、顶上用竹席盖顶的土坯房。房中有铁丝晾架，收回来的葡萄呈单串挂在铁丝上。荫房设在房顶或阳坡上；高 3 米、宽 4 米、长 6～8 米，用土坯砌成，四壁布满通风孔道，室内有一排木架，把成熟的葡萄一串串挂在上面，在干热风的吹拂下制成葡萄干。著名的新疆无核绿葡萄干即以此法制成，其含糖量高达 69.71%，含酸 1.4%～2.1%。葡萄的干制时间与当地的天气和温度有关，8 月将葡萄晒干和晾干所需时间约为 1 个月，而 10 月由于温度降低，则需要 40～60 天。

（3）烘干　可用烘房或隧道式干制机。初温为 45～50℃，终温为 70～75℃，终点相对湿度为 25%，干燥时间仅 18～24 小时。

4. 去梗、筛选　当葡萄粒中的水分降低至一定程度，如 13%左右，再通过适当的方法把葡萄粒从葡萄串上震落下来，进行收集，通过筛网分筛或风选后除去其中的杂叶或梗。然后用人工或色选机将同种颜色以及大小一致的葡萄干选出，同时除去黑色的葡萄干。筛选后的葡萄干再根据葡萄的颗粒大小、饱满度、色泽以及所含的杂质将葡萄干分成不同的等级，做成高、中、低档葡萄干。

5. 清洗　不论是晒干的葡萄干还是阴干的葡萄干在销售、包装之前需要对其清洗。绿色的葡萄干如果进行清洗则在后干燥时会严重褐变而改变其原有的绿色，而红葡萄干清洗后几乎观察不到颜色的变化，因此目前只对红葡萄干进行清洗。

清洗过程：红葡萄干晒干（熏硫葡萄干晒干或阴干）后→加洗涤剂清洗→清水清洗→涂抹食用油→清水清洗→沥干→晒干。

加洗涤剂的目的：用清水清洗并不能完全将葡萄干表面的杂质完全清洗干净，加入洗涤剂有利于完全除去葡萄干表面的杂质，而清洗之后的葡萄干颜色比较鲜亮、有光泽，因此可以提高葡萄干的市场价值。

涂抹食用油的目的：夏季温度较高，葡萄干容易因渗糖而发黏结块，涂抹食用油之后可以防止葡萄干渗糖而发黏结块，也可以增加葡萄干的色泽，稍微涂抹一些食用油就可以增加葡萄干的价格，因此一些葡萄干在上市时，特别是在夏季时需要涂抹食用油。

此外，清洗时可用 20%酒精清洗 5 分钟，沥干，再用冷风吹干。此法清洗、杀菌同步进行，葡萄干复水量少，效果较好。

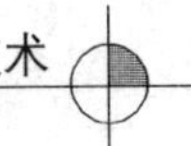

三、太阳能葡萄干燥技术与设备

太阳能烘干器中的空气是通过太阳能来加热的。在太阳能干燥过程中，太阳能可单独用于干燥或者在干燥过程中辅助使用。

（一）直接加热型太阳能烘干器

在这种烘干器中，太阳光透过一层透明的顶盖（通常是玻璃）照在待干燥的葡萄上。玻璃顶篷减少了太阳光散向周围环境中的损失，同时提高了烘干器内部的温度。

1. 柜式太阳能烘干器　带有葡萄的柜式太阳能烘干器如图 15－4 所示。这种烘干器的优点是，可以减小灰尘的污染，以及昆虫、动物和人为的干扰，从而提高干燥后产品的质量，可以达到在 3～4 天内烘干 10 千克葡萄。

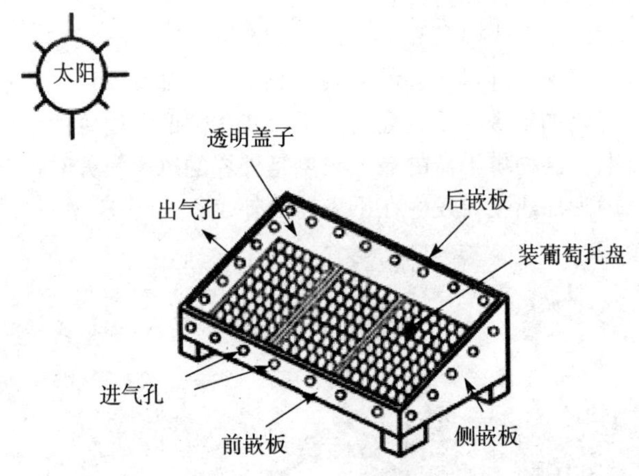

图 15－4　柜式太阳能烘干器

2. 阶梯形太阳能烘干器　图 15－5 为阶梯形太阳能烘干器，长 2 米、宽 1 米、厚 0.4 米，总表面积为 1.3 米^2。根据当地的气候条件和空气温度，这种烘干器的工作效率在 26%～65%，可在 3 天之内将葡萄降低至要求的水分含量。

3. 玻璃顶的太阳能烘干器　这种烘干器的结构如图 15－6 所示。在

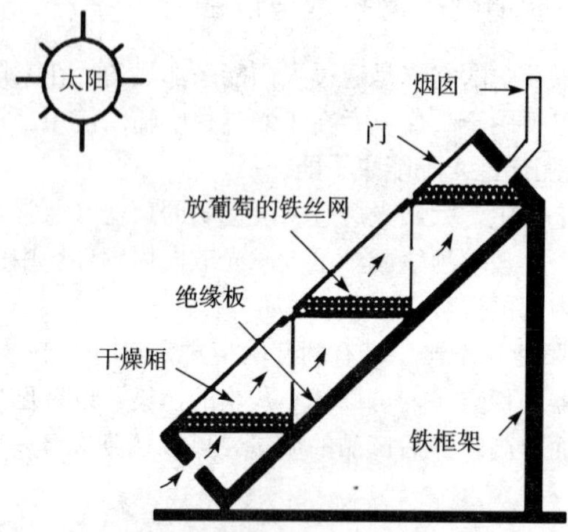

图 15－5　阶梯形太阳能烘干器

其基础上发展起来一种可折叠的太阳能烘干器，如图 15－7 所示。这种烘干器一次可以加工 100 千克葡萄。干燥器内部的温度可达室外午间温度的 2 倍以上。这种烘干器的最大缺点是外界的风速较大时，会降低室内的温度。因为加热主要发生在干燥器的外表面。

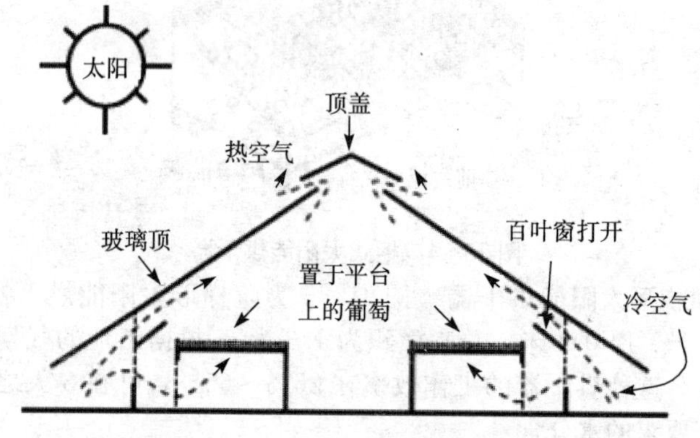

图 15－6　带玻璃顶的太阳能烘干器

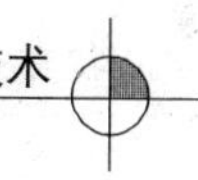

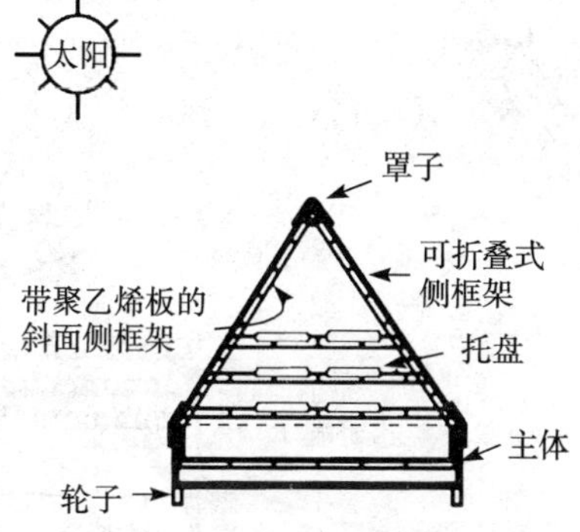

图 15-7 可折叠式太阳能烘房

(二) 间接加热式太阳能葡萄烘干器

太阳能直接加热式干燥过程有时会使葡萄表面中产生裂缝。同时，葡萄也应尽量减少阳光直射，从而避免产品颜色产生劣变。阴干和低温干燥对提高葡萄干的质量有重要作用。这里重点介绍两种间接加热式的太阳能干燥方式：自然循环式和强制循环式。

1. 自然循环式 在这种太阳能干燥设备中，空气是自然循环的。其共同的工作原理是，葡萄由于直接吸收热量或在高温下而被加热，从葡萄中蒸发出来的水分通过自然循环的空气而被带出干燥器。

(1) 间接加热式传统型太阳能干燥器 这种类型的太阳能干燥器具有一个用于加热空气的太阳能收集器，以及一个用于放置葡萄托盘的干燥室。具体形状如图 15-8 所示。这种干燥器的处理量为 25 千克/米^2，干燥一批样的时间为 7～8 天。相比而言，这种干燥器的效率较高、投资较少，是一种经济、高效的干燥器。

(2) 带烟囱的间接加热式自然对流型太阳能干燥器 这种干燥器经常被称为被动的间接加热式太阳能干燥器，结构如图 15-9 所示。这种烘干器可以在 72 小时以内将 1 千克葡萄的含水量降至 18%。

(3) 多功能自然对流型太阳能干燥器 这种干燥器主要由太阳能平板式空气加热器、可变连接器、减压增压室、干燥室和烟囱几部分构成。其结构如图 15-10 所示。这种干燥器的干燥效率在 26%～65%。

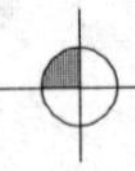

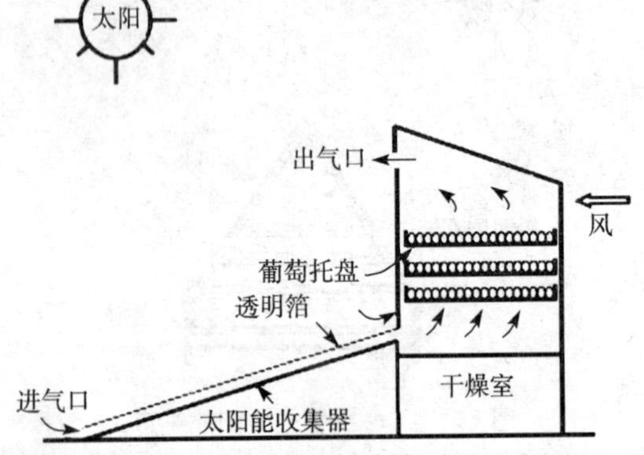

图 15-8　间接加热式传统型太阳能干燥器

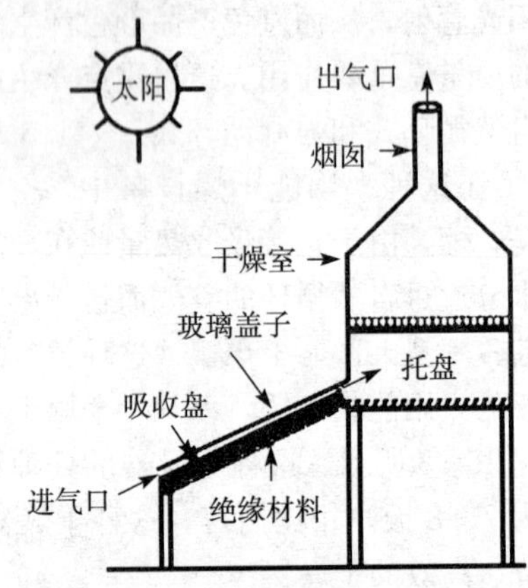

图 15-9　带烟囱的间接加热式自然对流型太阳能干燥器

用于干燥化学处理后的葡萄的时间为 4 天。

（4）带烟囱和贮热材料的间接加热式自然对流型太阳能干燥器　图 15-11 是一种用于干燥葡萄的带烟囱和贮备原料的间接加热式自然对流型太阳能干燥器。这种干燥器可以在 8 小时内将 1 千克经过化学处理过的葡萄干燥至水分含量为 18%。在 3 个不同位置的托盘上干燥 10 千

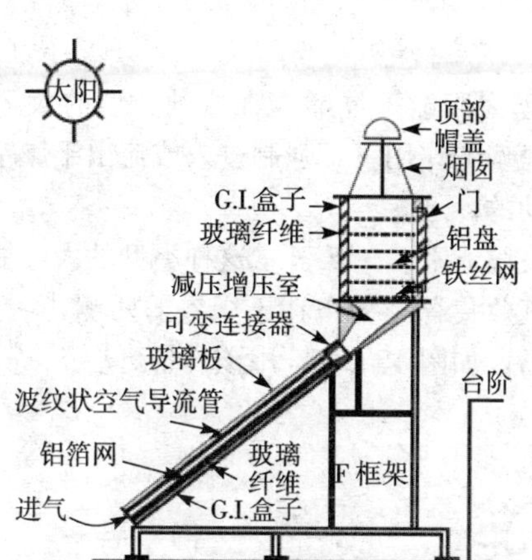

图 15-10　多功能间接加热式自然对流型太阳能干燥器

克经过化学处理过的葡萄的时间分别为 26 小时、28 小时、30 小时。太阳能加热器中用于贮存热量的材料为对热敏感的沙子，进入干燥室的空

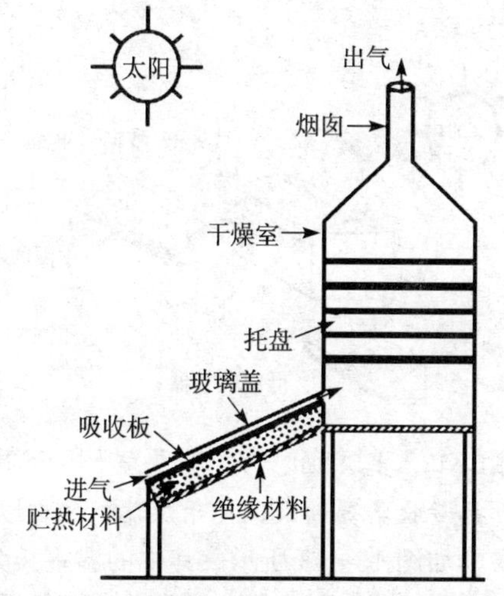

图 15-11　带烟囱和贮热材料的间接加热式自然对流型太阳能干燥器

气温度在 45.5～55.5℃。

2. 强制对流型太阳能干燥器 在这种类型的太阳能干燥器中，空气是在吹风机或风扇的作用下，强制进入或流出干燥室。吹风机或风扇是用电或机械驱动的。

（1）间接式太阳能果蔬干燥器 这种类型的太阳能干燥器具有两种不同的太阳能空气收集器，分布在干燥室的两侧，一个是低温收集器，一个是中温收集器，如图 15－12。用该设备可在 5～7 天内干燥 90 千克葡萄。

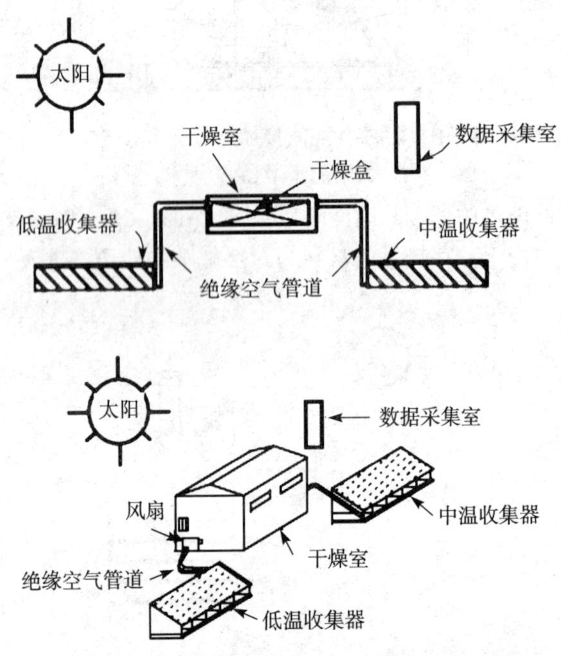

图 15－12 多层间接式太阳能果蔬干燥轮廓图

（2）用温室作热量收集器的太阳能干燥器 一种以温室作为热量收集器的太阳能干燥器如图 15－13 所示。其中的温室长为 50 米，与一个木质框架相连。干燥器的样品托盘在木质框架内部堆叠摆放。样品托盘的尺寸为 2 米×2 米，干燥棚的体积固定为 2 米^3，长度设定为 2 米。

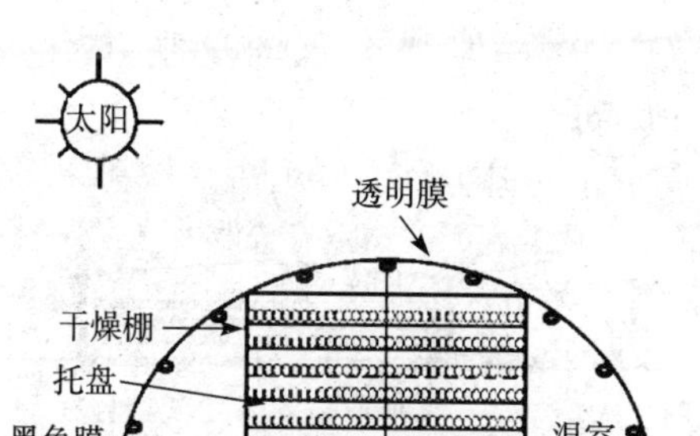

图 15－13　用温室作热量收集器的太阳能干燥器

(3) 圆顶形水果干燥器　图 15－14 所示为一种中号的间接式太阳能水果干燥器。这种干燥器中的空气循环是强制进行的。用这种干燥器可在 9～10 天内将葡萄中的水分含量去除掉 70%。

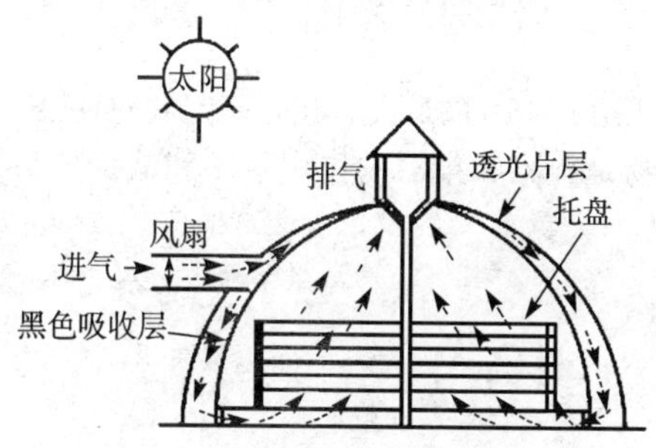

图 15－14　圆顶形水果干燥器

(4) 带整体收集器的隧道式太阳能干燥器　这种太阳能干燥器通常被用于大规模的干燥加工。这种太阳能干燥器具有一个太阳能收集器和一个隧道式干燥器。其排列如图 15－15、图 15－16 所示。葡萄呈薄层状放在隧道干燥器内部。它还可以用做多功能干燥器。根据天气条件不同，干燥时间为 4～7 天。

(5) 带挡板的平板式太阳能干燥器　图 15－17 展示的是一种带挡板的简易式太阳能平板收集器。这种系统可在气流速度为 31.3 米^3/公顷的条件下，可将葡萄的干燥时间由 800 分钟缩短至 350 分钟。在气流

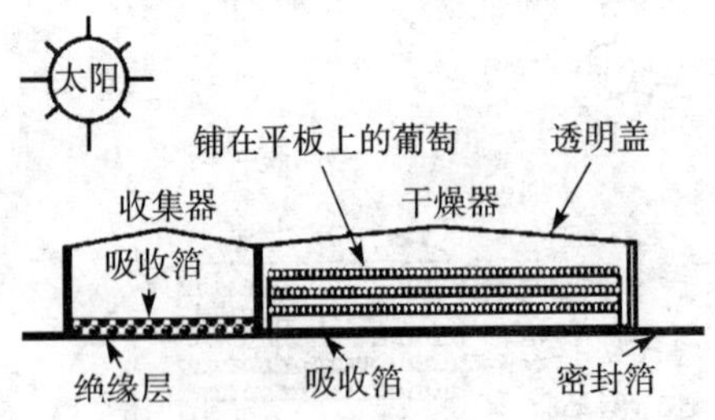

图 15－15　隧道式太阳能干燥器的侧视图

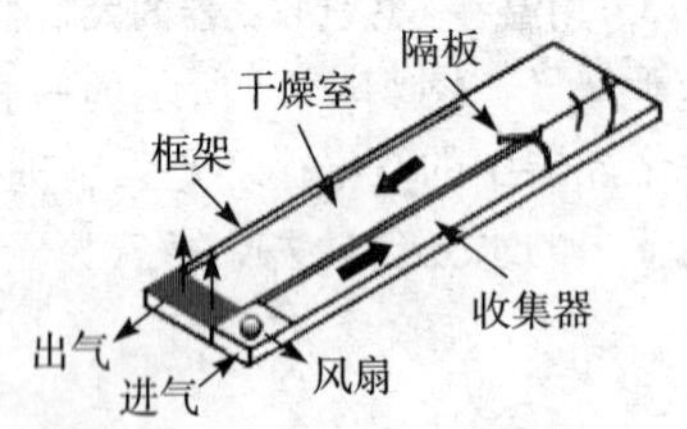

图 15－16　隧道式太阳能干燥器的俯视图

通道中装入障碍物是提高收集器的作用效率和减少葡萄干燥时间的重要措施。

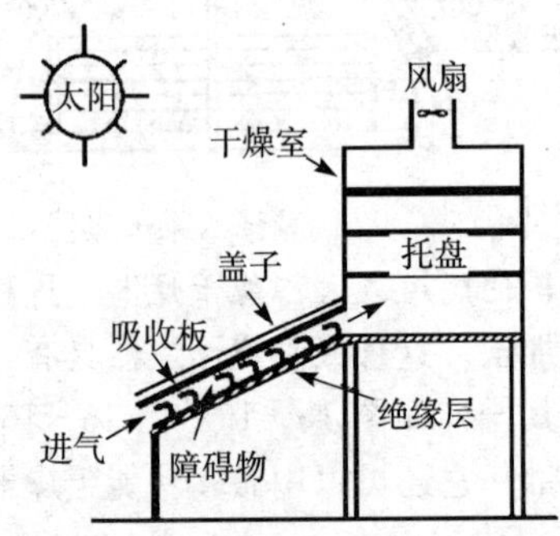

图 15－17　带障碍物的太阳能收集器

（6）多层批处理式太阳能干燥器　这种干燥器包括一个平板式的太阳能收集器、一个风扇和一个多层批处理式干燥器。具体结构如图 15－

18 所示。使葡萄达到彻底干燥所需时间为 5～6 天。有人曾用类似的干燥器在 1.5～2 天干燥了 10 千克葡萄。

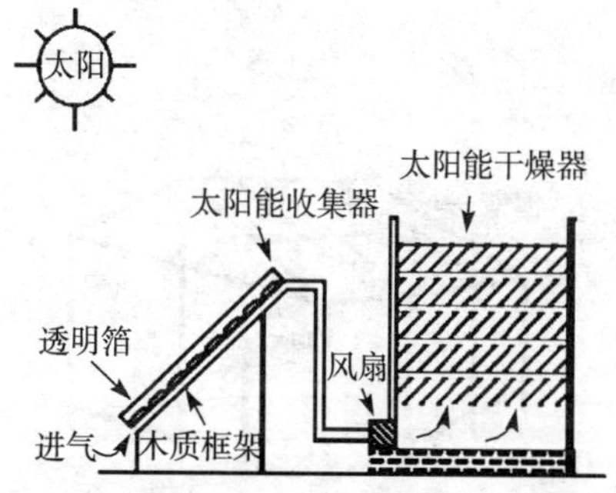

图 15 - 18　多层批处理式太阳能干燥器

（三）混合型太阳能干燥器

这种类型的干燥器包括一个太阳能加热单元和一个干燥室。其具体结构如图 15 - 19 所示。用这种干燥器得到的葡萄干质量很好。可将葡萄干燥的时间缩短 30～40 小时。

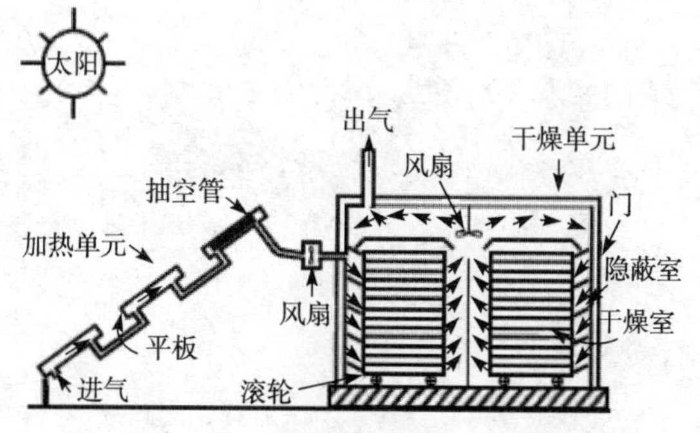

图 15 - 19　混合型太阳能干燥器

（四）混合式光电—热温室型干燥器

这种将光电—热整合在一起的温室干燥器如图 15 - 20 所示。这种干燥器的占地面积为 2.50 米×2.60 米。中心高度为 1.80 米，侧墙离地面高度为 1.05 米，顶棚倾斜角度为 30°。完熟的葡萄比未完熟葡萄的干燥速度要快一些。

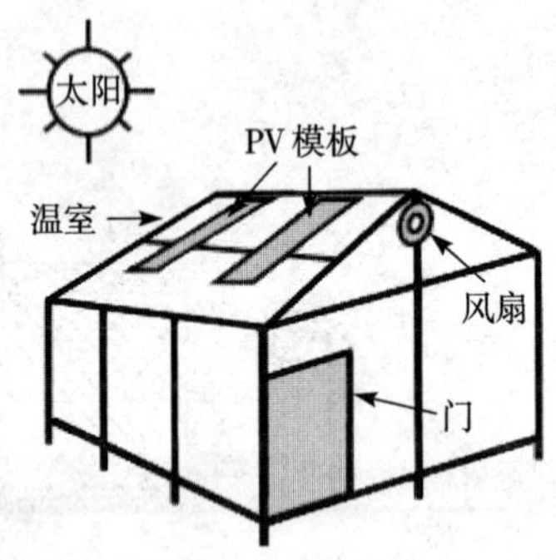

图 15-20　混合式光电—热温室干燥器

（本章撰稿人：段长青　刘延琳　刘树文　郭安鹊　师俊玲）

第十六章

我国葡萄主要产区栽培管理技术规范

第一节 东北区葡萄栽培管理技术规范

东北区是我国葡萄栽培的重要产区之一，主要包括辽宁、吉林、黑龙江和内蒙古东部等地，该区葡萄栽培面积和产量分别为 4.5 万公顷和 82.9 万吨，分别是全国总栽培面积和总产量的 9.13%和 10.44%（农业部，2009 年统计数据），其中辽宁省鲜食葡萄和设施葡萄栽培面积和产量均居全国首位。

东北区地处中纬度，几乎全在北温带范围内，气候为典型的大陆性季风气候，年平均气温 5.8℃，年平均降水量 555.8 毫米，年均蒸散量 914 毫米，平均风速 2.6 米/秒，平均相对湿度 60%，年平均日照时数 2 400小时左右。

一、适宜本区域发展的主要优良品种

（一）鲜食品种

适合本区发展的早熟品种主要有夏黑、无核白鸡心、87－1 和京亚等，中熟品种主要有巨峰、玫瑰香、藤稔、巨玫瑰和金手指等，晚熟品种主要有黄意大利和红地球等，其中晚熟品种红地球和黄意大利等在辽宁省北部地区（辽宁省葫芦岛市南票区以北）和辽宁省以北区域不能进行露地栽培。

（二）酿酒品种

适宜的酿酒品种有梅鹿辄、威代尔、华葡 1 号、北冰红和左优红等。

由于本区冬季极为寒冷，越冬防寒是本区葡萄栽培的重要栽培措施之一，因此，为提高葡萄根系的抗冻性，一般选择根系抗寒性强的贝达作为砧木。

二、园地选择与建园技术

（一）园地选择

葡萄园地的选择极其重要，是葡萄生产能否成功的关键因素之一，主要根据如下因素进行园地选择：

1. 根据土壤和环境等条件选择园址 新建葡萄园前，必须充分考虑葡萄生长对土壤和环境的需求，只有在满足葡萄生长发育所需的土壤和环境等条件的园址建园，才能生产出安全、优质的葡萄果品。

按《绿色食品 产地环境技术条件》（NY/T 391—2000）、《无公害食品 鲜食葡萄产地环境条件》（NY 5087—2002）的规定对初选园址的土壤、空气、灌溉水等进行检测，只有经过专业检测部门检验合格，方可选定园址建园。

2. 根据气候特点选择园址 建园前，还要考虑当地的气候，如当地的年平均降水量、极端低温、极端高温、最低温月份的平均温度、最高温月份的平均温度和一年内≥10℃的积温等，是否适合拟发展葡萄品种的生长发育。

3. 根据生产目的选择园址 此外，建园前还要考虑果品用途。若用于鲜食，应把葡萄园建在城市近郊或靠近批发市场或冷库附近，这样既能利用节假日举行观光采摘，又能避免长途运输，减少损失。

（二）建园技术

1. 浅沟深栽 浅沟深栽建园模式适于葡萄埋土防寒区，利于越冬时的埋土防寒作业。具体操作如下：在栽植前，按适宜行向和行距（行距至少 3 米以上）开挖定植沟，沟深宽分别为 80～100 厘米和 60～80 厘米，定植沟挖完后首先回填 30～40 厘米厚的秸秆杂草（压实后形成约 10 厘米厚的草垫），然后每亩施入腐熟有机肥5～10 米^3 与土混匀回填至与地面平，灌水沉实后形成低于两边地面约 20 厘米左右的浅沟，在浅沟内定植苗木。

定植时选用抗寒长砧木（砧木长度30厘米以上）优质嫁接苗，将苗木深栽，嫁接口比沟面高10厘米即可；或者直接深栽（定植深度20厘米左右）抗寒砧木然后高位嫁接。

2. 部分根域限制　部分根域限制建园模式可有效抑制根系水平生长，促进根系垂直生长，与传统建园模式相比，部分根域限制建园模式显著提高葡萄根系抵抗不良环境的能力。具体操作如下：在栽植前，按适宜行向和行距（辽宁兴城行距可缩减至2.5米）开挖定植沟（沟深宽分别为80～100厘米和60～80厘米），定植沟挖完后首先在沟壁两侧铺垫塑料薄膜（沟底不铺垫塑料薄膜），然后回填30～40厘米厚的秸秆杂草（压实后形成约10厘米厚的草垫），最后每亩施入腐熟有机肥5～10米^{3}与土混匀回填并灌水沉实定植苗木。

3. 完全根域限制　完全根域限制建园模式可有效解决河滩地和沙荒地等土壤漏肥漏水严重的问题。在定植前，按适宜行向和株行距开挖定植沟，定植沟一般宽60～80厘米、深80～100厘米。定植沟挖完后首先于沟底和两侧壁铺垫塑料薄膜（对于夏季雨水较多地区还需在沟底每隔1米距离在塑料薄膜上打直径10厘米左右的空洞，防止夏季积水过多），然后回填30～40厘米厚的秸秆杂草（压实后形成约10厘米厚的草垫），最后每亩施入腐熟有机肥5～10米^{3}与土混匀回填并灌水沉实定植苗木。

三、整形修剪技术

（一）整形技术

1. 高光效省力化树形和叶幕形

（1）斜干水平龙干形＋水平叶幕

①结构。主干沿行向具有向前和向旁侧两个倾斜度，与地面呈45°左右倾斜角，利于下架埋土，主干垂直高度180～200厘米，株距200～300厘米，双株定植（每定植穴定植2株）；主蔓沿与行向垂直方向水平延伸［常规建园，每定植沟定植1行（行距300～400厘米）或2行（行距600～700厘米］或顺行向方向水平延伸（部分根域限制建园，行距200～300厘米）；新梢与主蔓垂直，在主蔓两侧水平绑缚呈水平叶

幕，新梢间距 15～20 厘米，新梢长度 100～150 厘米；新梢负载量每亩 3 000 左右，每新梢 20～30 片叶。适于采取平棚架。

②整形。定植当年萌芽后每株选留 1 个生长健壮的新梢作主蔓，将其引缚到立架面和平棚架面上，当长至 2.0 米以上或 8 月初时摘心，顶端 1～2 个副梢留 5～6 片叶反复摘心，其余副梢留 1 片叶绝后摘心。冬剪时，主蔓剪截到成熟节位，一般剪口粗度 0.8 厘米以上。

第二年春萌芽前，将主干与地面呈 45°左右倾斜角沿行向倾斜绑缚；萌芽后，每条主蔓选一个健壮新梢作延长梢继续培养为主蔓，或沿与行向垂直方向水平延伸或沿顺行向水平延伸，当其爬满架后或 8 月初时摘心，控制其延伸生长，对于长势强旺的品种如夏黑、巨峰和黄意大利等可利用夏芽副梢培养为结果母枝，加快成形，一般留 6～7 片叶摘心；其余新梢保留结果水平绑缚。冬剪时，主蔓延长枝剪截到成熟节位，一般剪口粗度 0.8 厘米以上；对于利用副梢培养结果母枝的品种，主蔓上的副梢根据品种成花特性留 1～4 芽剪截进行短梢或中梢修剪；主干上 100 厘米以下结果母枝全部疏除，100 厘米以上结果母枝根据品种成花特性按同侧 15～30 厘米间距剪留，对保留结果母枝根据品种成花特性进行短截，一般剪留 1～4 芽进行短梢或中梢修剪即可，多余疏除。

第三年春萌芽前，将主干与地面呈 45°左右倾斜角沿行向倾斜绑缚；萌芽后，每一结果母枝上保留 1～2 个新梢水平绑缚，多余新梢抹除，使新梢同侧间距保持在 15～20 厘米为宜。如主蔓未爬满架，仍继续选健壮新梢作延长梢，当其爬满架后摘心，控制其延伸生长，整形修剪同上。冬剪时，主干上所有结果母枝或枝组均疏除，作为通风带；主蔓根据品种成花特性同侧每隔 15～30 厘米选留一个枝组或结果母枝，根据品种成花特性进行短截。枝组修剪采取双枝更新按照中短梢混合修剪手法进行，即上部枝梢进行中梢修剪作为结果母枝，基部枝梢进行短梢修剪作为更新枝；结果母枝修剪采取单枝更新，一般剪留 1～2 芽。以后各年主要进行枝组的培养和更新。

(2) 斜干水平龙干形＋V 形叶幕

①结构。主干沿行向具有向前和向旁侧两个倾斜度，与地面呈 45°左右倾斜角，利于下架埋土，主干垂直高度 80～100 厘米，株距 200～

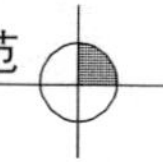

300 厘米，双株定植（每定植穴定植 2 株）；主蔓顺行向水平延伸（部分根域限制建园，行距 200～300 厘米）；新梢与主蔓垂直，在主蔓两侧绑缚倾斜呈 V 形叶幕，新梢间距 15～20 厘米，新梢长度 150 厘米左右；新梢负载量每亩 3 000 个左右，每新梢 20～30 片叶。适于采取 V 形架。

②整形。定植当年萌芽后每株选留 1 个生长健壮的新梢作主蔓，将其引缚到 V 形架第一道铁线上，当相邻植株主蔓重叠接触或 8 月初时摘心，顶端 1～2 个副梢留 5～6 片叶反复摘心，其余副梢留 1 片叶绝后摘心。冬剪时，水平主蔓剪截到成熟节位，一般剪口粗度 0.8 厘米以上。

第二年春萌芽前，将主干与地面呈 45°左右倾斜角沿行向倾斜绑缚；萌芽后，每条主蔓选一个健壮新梢作延长梢继续培养为主蔓，顺行向水平延伸，当与相邻植株主蔓重叠接触后或 8 月初时摘心，控制其延伸生长，对于长势强旺的品种如夏黑、巨峰和黄意大利等可利用夏芽副梢培养为结果母枝，加快成形，一般留 6～7 片叶摘心；其余新梢保留结果倾斜绑缚呈 V 形。冬剪时，主干上所有结果母枝或枝组均疏除，作为通风带；水平主蔓剪截到成熟节位，一般剪口粗度 0.8 厘米以上；对于利用副梢培养结果母枝的品种，主蔓上的副梢根据品种成花特性留 1～4 芽剪截进行短梢或中梢修剪。

第三年春萌芽前，将主干与地面呈 45°左右倾斜角沿行向倾斜绑缚；萌芽后，每一结果母枝上保留 1～2 个新梢，多余新梢抹除，使新梢同侧间距保持在 15～20 厘米为宜。冬剪时，水平主蔓根据品种成花特性同侧每隔 15～30 厘米选留一个枝组或结果母枝，根据品种成花特性进行短截。枝组修剪采取双枝更新，按照中短梢混合修剪手法进行，即上部枝梢进行中梢修剪作为结果母枝，基部枝梢进行短梢修剪作为更新枝；结果母枝修剪采取单枝更新，一般剪留 1～2 芽。以后各年主要进行枝组的培养和更新。

2. 老园改造技术　东北区老葡萄园大多数采取常规单龙干小棚架，株距一般 50～70 厘米，存在植株过密，新梢过短，通风透光性差，果实品质差等问题。常规单龙干小棚架老葡萄园的高光效省力化树体改造具体操作如下：隔株去株，使相邻葡萄植株株距由 50～70 厘米扩大为

100～140 厘米，新梢在主蔓两侧水平绑缚呈水平叶幕，新梢间距30～40 厘米，新梢长度 100～150 厘米，新梢负载量每亩 3 000 个左右，每新梢 20～30 片叶。

(二) 修剪技术

1. 生长季修剪（夏季修剪）

(1) 新梢绑缚　使新梢均匀摆布，利于通风透光和便于管理。新梢绑缚可采取绑梢器进行绑缚固定（绑缚速度快），也可采取尼龙线缠绕（可有效防风并节省固定铁线）或挤压（绑缚速度快）方法进行绑缚固定。

(2) 摘心或截顶　减少幼嫩叶片和新梢对营养的消耗，促进花序发育，提高坐果率。对生长势强、坐果率低的品种如巨峰等于花前 10 天左右摘心以提高坐果率；而对于坐果率高的品种如红地球等则可采取延迟摘心的措施使部分果粒脱落以达到疏粒的目的，一般于花期或花后 0～10 天摘心。

(3) 副梢管理　注意加强副梢叶片的利用，因为葡萄生长发育后期主要依靠副梢叶片进行光合。一般对于果穗以下副梢抹除，而其余副梢除顶端副梢外均留 1 片叶绝后摘心，顶端副梢当长至 7～10 片叶时留 5～7 片叶及时进行摘心；待顶端二次副梢长至 6～7 片叶时留 5～6 片叶及时摘心，同样对其余副梢留 1 片叶绝后摘心；待顶端三次副梢萌发后留 1～2 片叶反复摘心。

(4) 环割或环剥　于开花前后对主蔓或结果母枝基部环割或环剥可显著提高坐果率，增加单粒重；于果实着色前环割或环剥可显著促进果实成熟并改善果实品质。

(5) 摘老叶　可明显改善架面通风透光条件，有利于浆果着色，但不宜过早，以采收前 10 天为宜，但如果采取了利用副梢叶技术，则老叶摘除时间可提前到果实开始成熟时。

(6) 扭梢　对新梢基部进行扭梢可显著抑制新梢旺长，于开花前进行扭梢可显著提高葡萄坐果率，于幼果发育期进行扭梢可促进果实成熟和改善果实品质及促进花芽分化。

2. 休眠季修剪（冬季修剪）

(1) 短截　是葡萄冬季修剪的最主要手法，分为极短梢修剪（留 1

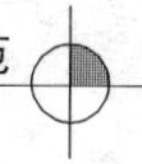

芽）、短梢修剪（留2～3芽）、中梢修剪（留4～6芽）、长梢修剪（留7～11芽）和极长梢修剪（留12芽以上）。

（2）疏剪　把整个枝蔓（包括一年和多年生枝蔓）从基部剪除的修剪方法，称为疏剪。疏剪的主要作用：①疏去过密枝，改善光照和营养物质的分配；②疏去老弱枝，留下新壮枝，以保持生长优势；③疏去过强的徒长枝，留下中庸健壮枝，以均衡树势；④疏除病虫枝，防止病虫为害和蔓延。

（3）缩剪　把二年生以上的枝蔓剪去一段留一段的剪枝方法，称为缩剪。缩剪的主要作用有：①更新转势，剪去前一段老枝，留下后面新枝，使其处于优势部位；②防止结果部位的扩大和外移；③具有疏除密枝，改善光照作用，如缩剪大枝尚有均衡树势的作用。

（4）结果母枝更新　结果母枝更新的目的在于避免结果部位逐年上升外移和造成下部光秃，修剪手法有：

①双枝更新。结果母枝按所需要长度剪截，将其下面邻近的成熟新梢留2芽短剪，作为预备枝。预备枝在翌年冬季修剪时，上一枝留做新的结果母枝，下一枝再行极短截，使其形成新的预备枝；原结果母枝于当年冬剪时被回缩掉，以后逐年采用这种方法依次进行。双枝更新要注意预备枝和结果母枝的选留，结果母枝一定要选留那发育健壮充实的枝条，而预备枝应处于结果母枝下部，以免结果部位外移。

②单枝更新。冬季修剪时不留预备枝，只留结果母枝。翌年萌芽后，选择下部良好的新梢，培养为结果母枝，冬季修剪时仅剪留枝条的下部。单枝更新的母枝剪留不能过长，一般应采取极短梢或短梢修剪，不使结果部位外移。

（5）多年生枝蔓更新　经过年年修剪，多年生枝蔓上的疙瘩、伤疤增多，影响输导组织的畅通；另外对于过分轻剪的葡萄园，下部出现光秃，结果部位外移，造成新梢细弱，果穗果粒变小，产量及品质下降，遇到这种情况就需对一些大的主蔓或侧枝进行更新。

①大更新。凡是从基部除去主蔓，进行更新的称为大更新。在大更新以前，必须积极培养从地表发出的萌蘖或从主蔓基部发出的新枝，使

其成为新蔓，当新蔓足以代替老蔓时，即可将老蔓除去。

②小更新。对侧蔓的更新称为小更新。一般在肥水管理差的情况下，侧蔓4～5年需要更新一次，一般采用回缩修剪的方法。

四、土肥水高效管理技术

（一）葡萄园土壤管理

土壤管理是葡萄园的重要工作之一，良好的土壤管理是进行葡萄健康生产的前提，也是保护环境，实现可持续发展的基础。

1. 土壤改良 由于我国土地资源紧张，人均土地面积有限，再加上我国果树的长期发展方针是“上山下滩”，大多数葡萄园的土壤条件较差，要进行正常的生产必须进行长期的、持之以恒的土壤改良。

（1）*沙荒地改良* 沙荒地土质瘠薄，有漏肥、漏水的缺点。因此，在定植之前，必须采取薄膜限根栽培对定植沟内的土壤进行改良，采取薄膜限根栽培定植模式不仅节省人工而且大大节省投资，提高肥水利用率。

（2）*盐碱地的改良* 盐碱地一般地势低洼，地下水位偏高，土壤含盐量较多，容易导致葡萄树体早衰，产量下降。盐碱地上栽植葡萄采取薄膜式起垄限根栽培配合覆盖栽培效果良好。具体做法如下：在定植前，按适宜行向和株行距开挖定植沟，定植沟一般宽100～120厘米、深30～40厘米。定植沟挖完后首先于沟底和两侧壁铺垫塑料薄膜，然后将腐熟有机肥（每公顷施入腐熟有机肥75 000～150 000千克）或商品生物有机肥（每公顷施入腐熟有机肥10 000～15 000千克）与土混匀回填起垄至比地表高30厘米处形成高于地面的栽培畦。由于起垄限根栽培土壤水分蒸发快，因此最好配合采取覆盖栽培，即在栽培畦上早春至夏天覆盖黑色地膜，夏秋覆盖麦秸、稻草、碎玉米秸或杂草等。对于盐碱特别严重的土壤需要配合采取化学改良的方法方可，如向土中施入硫酸亚铁、硫黄等物质，通过离子交换作用，能降低钠离子的饱和度和土壤盐碱性，并能改良土壤的理化性质，达到减少土壤盐分、提高土壤肥力的作用。

（3）*黏重土壤改良* 黏重土壤通透性差，比较板结，土壤中空气

少，不适宜果树根系生长。因此，重黏土地上栽植果树之前需进行土壤改良。具体做法如下：定植沟深、宽为100～120厘米×100～120厘米，要将表土与底层心土分别放在沟的两侧。回填土时，先在沟底铺上20～30厘米厚的河沙或作物秸秆，其上用表层土掺沙土与腐熟农家有机肥和适量磷肥混合填平，用心土在定植沟两侧筑成畦埂，灌水沉实后再行定植。每亩地用农家肥量为5 000～8 000千克、沙土40～50米^3、过磷酸钙100～200千克，混匀后回填较好。

（4）*被污染土壤*　一些被重金属污染的土壤，施用商品性生物有机肥，可明显减轻重金属对葡萄根系的危害。如土壤有机磷超标的土壤一般连续施用商品性生物有机肥3～4年即可取得显著效果。

2. 土壤管理制度

（1）*覆盖栽培*　覆盖栽培是一种较为先进的土壤管理方法，适于在干旱和土壤较为瘠薄的地区应用，利于保持土壤水分和增加土壤有机质。葡萄园常用的覆盖材料为地膜或麦秸、麦糠、玉米秸、稻草等。一般于春夏覆盖黑色地膜，夏秋覆盖麦秸、麦糠、玉米秸、稻草或杂草等，覆盖材料越碎越细越好。

覆草多少根据土质和草量情况而定，一般每亩平均覆干草1 500千克以上，厚度15～20厘米，上面压少量土，每年结合秋施基肥深翻。果园覆盖法具有以下几个优点：保持土壤水分，防止水土流失；增加土壤有机质；改善土壤表层环境，促进树体生长；提高果实品质；浆果生长期内采用果园覆盖措施可使水分供应均衡，防止因土壤水分剧烈变化而引起裂果；减轻浆果日烧病。覆盖栽培也有一些缺点，如葡萄树盘上覆草后根系容易上浮；另外，由于覆草后果园的杂物包括残枝落叶、病烂果等不易清理，为病虫提供了躲避场所，增加了病虫来源，因此，在病虫防治时，要对树上树下细致喷药，以防加剧病虫为害。

（2）*生草栽培*　在年降水量较多或有灌水条件的地区，可以采用生草栽培。草种用多年生牧草和禾本科植物如毛叶苕子、三叶草、黑麦草、苜蓿等或自然生草。当草高30～40厘米时，留茬8厘米左右割除，割除的草可覆盖在树盘或行间。生草一般在葡萄的行间进行。生草栽培应注意增施氮肥。

生草后由于不进行土壤耕作，所以可节省劳力。生草还可减少土壤冲刷，增加土壤有机质，改善土壤理化性状，使土壤保持良好的团粒结构。生草果园可以保证机械作业随时进行，即使是在雨后或刚灌溉的土地上，机械也能进行作业，如喷洒农药、生长季修剪、采收等，这样可以保证作业的准时，不误季节。当然，生草果园也存在和覆草管理相似的缺点，如果园不易清扫、增加病虫来源等问题，针对这些缺点，应相应地加强管理。

在具体生产中，应该根据不同地区的土壤特点、气候条件、劳动力情况和经济实力等各种因素因地制宜地灵活运用不同的土壤管理方法，以在保证土壤可持续利用的基础上最大限度地取得好的经济效益。

（二）葡萄园肥料高效利用

1. 基肥 基肥又称底肥，以有机肥料为主，同时加入适量的化肥。施用时期一般在葡萄根系第二次生长高峰前施入（据研究，兴城地区巨峰葡萄根系的第二次生长高峰出现于9月上旬至下旬）。基肥施用量根据当地土壤情况、树龄、结果多少等情况而定，一般果肥重量比为1∶2，即每亩产量1 500千克需施入优质腐熟有机肥3 000千克。基肥多采用沟施，施肥沟距主干30～50厘米，施肥沟深30～40厘米、宽20～30厘米。一般每2年一次，最好每年一次。

2. 追肥 追肥又称补肥，在生长期进行，以促进植株生长和果实发育，以化肥为主。

（1）萌芽前追肥 萌芽前追肥主要补充基肥不足，以促进发芽整齐、新梢和花序发育。埋土防寒区在出土上架整畦后进行追肥，不埋土防寒区在萌芽前半月，以速效性氮肥为主，追肥后立即灌水。追肥时注意不要碰伤枝蔓，以免引起过多伤流，浪费树体贮藏营养。对于上年已经施入足量基肥的园片本次追肥不需进行。

（2）花前追肥 萌芽、开花、坐果需要消耗大量营养物质。但在早春，根系吸收能力差，主要消耗贮藏养分。若树体营养水平较低，此时氮肥供应不足，会导致大量落花落果，影响营养生长，对树体不利，故生产上应注意这次施肥。此次追肥以氮、磷肥为主，如磷酸二铵；对落花落果严重的品种如巨峰系品种花前一般不宜施入氮肥。若树势旺，基

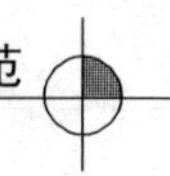

肥施入数量充足时，花前追肥可推迟至花后。

(3) *花后追肥*　花后幼果和新梢均迅速生长，需要大量的氮素营养，施肥可促进新梢正常生长，扩大叶面积，提高光合效能，利于糖类和蛋白质的形成，减少生理落果。这次追肥同样以氮磷肥为主。花前和花后肥相互补充，如花前已经追肥，花后不必追肥。

(4) *幼果生长期追肥*　幼果生长期是葡萄需肥的临界期。及时追肥不仅能促进幼果迅速发育，而且对当年花芽分化、枝叶和根系生长有良好的促进作用，对提高葡萄产量和品质亦有重要作用。此次追肥宜氮磷钾配合施用如施用硫酸钾复合肥。对于长势过旺的树体或品种此次追肥注意控制氮肥的施用。

(5) *果实生长后期即果实着色前追肥*　这次追肥主要解决果实发育和花芽分化的矛盾，而且显著促进果实糖分积累和枝条正常老熟，以磷钾肥为主，尤其重视钾肥的施用。对于晚熟品种此次追肥可与基肥结合进行。

3. 根外追肥　根外追肥又称叶面喷肥，是将肥料溶于水中，稀释到一定浓度后直接喷于植株上，通过叶片、嫩梢和幼果等吸收进入体内。主要优点是：经济、省工、肥效快，可迅速克服缺素症状。对于提高果实产量和改进品质有显著效果。但是根外追肥不能代替土壤施肥，两者各有特点，只有以土壤施肥为主、根外追肥为辅，相互补充，才能发挥施肥的最大效益。

根外追肥要注意天气变化。夏天炎热，温度过高，宜在10:00前和16:00后进行，以免喷施后水分蒸发过快，影响叶面吸收和发生药害；雨前也不宜喷施，免使肥料流失。

根据葡萄营养吸收规律和栽培生理特点，中国农业科学院果树研究所葡萄课题组研制出系列氨基酸水溶性叶面肥，喷施该系列叶面肥后可显著改善叶片质量，延缓叶片衰老；抑制光呼吸，增强光合作用，促进花芽分化，使果实成熟期显著提前，一般提前7天左右；使果实可溶性固形物含量显著增加，香味变浓，显著改善果实的耐贮运性；同时提高葡萄植株的耐高温、低温、干旱等抗性和抗病性，促进枝条成熟。不同生育期喷施不同氨基酸水溶性叶面肥，具体操作如下：展3～4片叶至花前10天，每7～10天喷施一次1 000倍氨基酸1号叶面肥，提高叶片质量；花期喷施一次1 000倍氨基酸2号（高硼）和氨基酸3号（高锌）叶面肥，提高坐果率；幼果发育期每10～15天喷施一次1 000倍氨基酸4号（高钙）叶面肥，提高果实硬度和耐贮运性；果实开始着色或软化期至成熟期，每10～15天喷施一次1 000倍氨基酸5号（高钾）叶面肥；落叶前20天左右将500倍氨基酸1号和氨基酸5号叶面肥混合喷施一次，以促进叶片养分回流。

（三）葡萄园水分高效利用

1. 灌水方法

（1）沟灌　沟灌是目前生产中采用最多的一种灌溉方式，即顺行向做灌水沟，通过管道将水引入浇灌。沟灌时的水沟宽度一般为0.6～1.0米。与漫灌相比，可节水30%左右。

（2）滴灌　滴灌是通过特制滴头点滴的方式，将水缓慢地送到作物根部的灌水方式。滴灌的应用从根本上改变了灌溉的概念，从原来的浇地变为浇树、浇根。滴灌具有如下优点：节水，提高水的利用率；减小果园空气湿度，减少病虫发生；提高劳动生产率，降低生产成本；适应性强，滴灌不用平整土地，灌水速度可快可慢，不会产生地面径流或深层渗漏，适用于任何地形和土壤类型。如果滴灌与覆盖栽培相结合，效果更佳。

滴灌的突出问题是易堵塞，严重时会使整个系统无法正常运行，因此，滴灌用水一定要作净水处理。

（3）微喷灌　为了克服滴灌设施造价高，而且滴灌带容易堵塞的问题，同时又要达到节水的目的，我国独创了微喷灌的灌溉形式。微喷灌即将滴灌带换为微喷灌带，而且对水的干净程度要求较低，不易堵塞微喷口。微喷灌带即在灌溉水带上均匀打眼即成微喷灌带。

（4）根系分区交替灌溉　根系分区交替灌溉是在植物某些生育期或全部生育期交替对部分根区进行正常灌溉，其余根区则受到人为的水分胁迫的灌溉方式，刺激根系吸收补偿功能，调节气孔保持最适开度，达到以不牺牲光合产物积累、减少奢侈蒸腾而节水高产优质的目的。试验结果表明，根系分区交替灌溉可以有效控制营养生长，修剪量下降，显

著降低用工量；同时显著改善果实品质；显著提高水分和肥料利用率，与全根区灌溉相比，根系分区交替灌溉可节水30%～40%。该灌溉方法与覆盖栽培、滴灌或微喷灌相结合效果更佳。

2. 科学灌水　葡萄的耐旱性较强，只要有充足、均匀的降雨一般不需要灌溉。但我国大部分葡萄生长区降水量分布不均匀，多集中在葡萄生长中后期，而在生长前期则干旱少雨，因此，根据具体情况，适时灌水对葡萄的正常生长十分必要。葡萄植株需水有明显的阶段特异性，从萌芽至开花对水分需求量逐渐增加，开花后至开始成熟前是需水最多的时期，幼果第一次迅速膨大期对水分胁迫最为敏感，进入成熟期后，对水分需求变少、变缓。

（1）萌芽前后至开花期　葡萄上架后，应及时灌水，此期正是葡萄开始生长和花序原基继续分化的时期，及时灌水可促进发芽率整齐和新梢健壮生长。此期使土壤湿度保持在田间持水量的65%～80%。

葡萄一般在5月下旬至6月上中旬开花。在干旱地区或雨水少时应在花前浇一次透水，此期浇水可促进葡萄开花的整齐度，促进坐果率，但在花期不宜浇水，此次水一般应在花前一周进行。

（2）坐果期　此期为葡萄的需水临界期。如水分不足，叶片和幼果争夺水分，常使幼果脱落，严重时导致根毛死亡，地上部生长明显减弱，产量显著下降。土壤湿度宜保持在田间持水量的60%～70%，此期适度干旱可使授粉受精不良的小青粒自动脱落，减少人工疏粒的用工量。

（3）果实迅速膨大期　此期既是果实迅速膨大期又是花芽大量分化期，及时灌水对果树发育和花芽分化有重要意义。土壤湿度宜保持在65%～80%，此期保持新梢梢尖呈直立生长状态为宜。

（4）浆果转色至成熟期　在干旱年份，适量灌水对保证产量和品质有好处。但在葡萄浆果成熟前应严格控制灌水，对于鲜食葡萄应于采前15～20天停止灌水。这一阶段如遇降雨，应及时排水。土壤湿度宜保持在55%～65%，此期维持基部叶片颜色略微变浅为宜，待果穗尖部果粒比上部果粒软时需要及时灌水。

（5）采果后和休眠期　采果后结合深耕施肥适当灌水，有利于根系吸收和恢复树势，并增强后期光合。冬季土壤冻结前，必须灌一次透水，冬灌不仅能保证植株安全越冬，同时对翌年生长结果也十分有利。

另外，根据不同的目的可灵活运用灌水措施，如在坐果率高的红地球等品种上，可有目的地在花期灌水，以降低其坐果率，减轻疏果量，降低劳动成本。

3. 排水 在雨量大的地区，如土壤水分过高，会引起枝蔓徒长，延迟果实成熟，降低果实品质，严重的会造成根系缺氧，抑制呼吸，引起植株死亡。因此，在果园设计时应安排好果园排水系统。排水沟应与道路建设、防风林设计等相结合，一般在主干路的一侧，与园外的总排水干渠相连接，在小区的作业道一侧设有排水支渠。如果条件允许，排水沟以暗沟为好，可方便田间作业，但在雨季应及时打开排水口，及时排水。

五、花果管理技术

花果管理是葡萄栽培管理的重要环节，主要包括坐果率调控和改善果实品质两大部分。

（一）坐果率调控

1. 提高坐果率 对于自然坐果率较低的品种如巨峰等需要采取一定措施提高坐果率，主要有如下措施：

（1）*摘心* 摘心即摘除新梢顶端，可抑制顶端生长。花前摘心，可使同化养分较多地转移到花序，促进花序的生长和花的发育，减少落花落果，提高坐果率。一般应在花前7～10天进行，在花序以上留4～6片叶摘心较为适宜。

（2）*疏花序及花穗整形*

①疏花序。葡萄的花穗有300～1 500朵小花，在开花前疏除部分小花或花序，可以集中营养，使保留下来的花发育健壮，减少自然落花落果。因此疏花是鲜食葡萄优质栽培的一项重要技术措施。疏剪花序的时间与方法应根据品种特性结合定枝进行。对于树体生长势较弱而坐果率较高的品种如玫瑰香和87-1等，当新梢的花序多少、大小能够辨别清楚时尽早进行，从而节省养分促进枝条生长及所保留的花序进一步分

化、发育；对于生长势较强，花序较大的品种如红地球等，疏花序的时间应该稍晚些，待花序能够清楚看出形状大小时进行，将位置不当、分布较密以及发育较差的弱小花序疏掉。负载量根据树体长势情况及品种确定，一般控制在亩产 1 500～2 000 千克为宜。

②花序整形。一般同疏剪花序同时进行。通过花序整形提高坐果率，使果穗紧凑、穗形美观，提高浆果的外观品质。修整花序应根据品种特性及栽培目的进行。

A. 有核品种有核结实时的花穗整形。一般于花前 7 天左右进行整穗，应及时去除歧穗、穗肩和穗尖，留果穗中部 9～10 厘米部分即可。

B. 有核品种无核处理时的花穗整形。对于巨峰系等大粒品种的无核处理，首先在花前 1 周尽早疏除歧穗和果穗肩部过大过小穗；在花前 3 天至开花当天，留花穗顶端 3～3.5 厘米，其余小穗全部疏除，在花穗中上部，可留两个小花穗，作为识别标记，在进行无核处理和膨大处理时，每次去除一个小穗，避免遗漏或重复处理。

C. 无核品种的花穗整形：对于夏黑无核等无核品种，于花前 1 周尽早疏除歧穗和花穗基部 2～3 个小穗，基部过大过小穗的顶端要切除，过密小穗要部分疏除；轻掐穗尖或不掐穗尖，由穗尖向基部选留 12～14 个小花穗即可。

(3) *花前喷施叶面肥*　萌芽、开花、坐果需要消耗大量营养物质，主要消耗贮藏养分，萌芽至开花前是消耗贮藏养分向自身制造养分过渡的关键时期，因此此期加强叶面喷肥、提高叶片质量、扩大叶面积可显著提高坐果率，一般于展叶 3～4 片开始喷施 2～3 次氨基酸 1 号叶面肥（中国农业科学院果树研究所研制）。

(4) *花期喷硼、锌肥*　硼能促进花粉粒的萌发、授粉受精和子房的发育，缺硼会使花芽分化、花粉发育和萌发受到抑制。锌在树体内参与生长素的合成，同时又是多种酶的组成成分，还是许多酶的活化剂，还可促进蛋白质代谢，增强植物的抗逆性。葡萄缺锌时，首先主副梢的先端受害。叶片变小，即小叶病。叶柄洼变宽，叶片斑状失绿，节间短。某些品种则易发生果穗稀疏，大小粒不整齐和种子少的现象。因此在花期或上年花芽分化期叶面喷施氨基酸 2 号（高硼）和氨基酸 3 号（高锌）叶面肥（中国农业科学院果树研究所研制），可有效提高坐果率，减少落花落果。一般在上年花芽分化期喷施2～3次，花期喷施1～2次。

（5）*环剥或环割* 环剥或环割可在短期内中断营养物质向下输送，保证环剥或环割带以上的枝叶、果穗获取充足营养。开花前7天环剥或环割可有效提高葡萄的坐果率。环剥宽度为4～6毫米或连续环割3～4道（环割间距2～3毫米）。切勿环剥过宽或环割过多，否则伤口不易愈合，导致枝蔓枯死。环剥后，伤口应用保护性杀菌剂涂抹，并随即用黑色塑料薄膜包扎，防止病菌感染。

2. 降低坐果率 对于坐果率过高的品种如红地球和黄意大利及无核白鸡心等需要采取一定措施降低坐果率，以节省疏花疏果用工，主要有如下措施：

（1）*延迟摘心* 将摘心时间延到花后7～10天，让新梢延长生长消耗部分营养与坐果竞争，引起一定的落花落果，可有效降低坐果率，从而显著减轻疏花疏果的工作量。

（2）*花期浇水* 花期浇水促进新梢生长，可有效降低坐果率。

（3）*坐果期适度干旱* 坐果期适度干旱可有效使授粉受精不良的小青粒自动脱落。

（二）改善果实品质

1. 果穗整形 果穗整形是提高鲜食葡萄品质的一项重要技术措施，可显著改善果穗和果粒的外观品质和提高浆果的内在质量。果穗整形就是在整花序的基础上对穗形不好的果穗进一步修整，剪去过长的副穗和穗尖的一部分以及疏除过多的支穗，可结合第一次稀果粒进行。稀果粒就是按照品种特性对果穗的要求，疏掉果穗中的畸形果、小果、病虫果以及比较密集的果粒，一般在花后2～4周进行1～2次。第一次在果粒大豆粒大小时进行，第二次在玉米粒大小时进行。稀果粒应根据品种的不同而确定相应的标准。自然平均粒重在6克以下的品种，每穗留80～100粒为宜；自然平均粒重在8～10克的品种，每穗留50～60粒；自然平均粒重大于11克以上的品种，每穗留35～40粒；红地球特殊，每穗需保留80～100粒。

2. 环剥或环割 环剥或环割可在短期内中断营养物质向下输送，保证环剥或环割带以上的枝叶、果穗获取充足营养，增大果粒、促进果实着色和提早果实成熟。在谢花后7天环剥或环割可有效增大果粒；在果实开始着色或软化期环剥或环割可有效促进果实着色和成熟。

3. 摘老叶 摘除老叶可使果穗接收更多的光照，有利于浆果着色，提高果实品质，但不宜过早，以采收前10天为宜，但如果采取了利用副梢叶技术，则老叶摘除时间可提前到果实开始成熟时。

4. 利用副梢叶 葡萄植株前期叶面积的扩大，是主梢叶面积的增加，新梢叶面积可达全年总叶面积的60%以上；生长后期（一般在坐果后）叶面积的增加，则主要是副梢叶面积的扩大，此时主梢叶片已经处于老化状态，光合作用以副梢叶片为主。因此，副梢叶面积的多少，对芽眼发育、花芽分化、新梢成熟、果实产量和品质有重要的影响。

副梢叶片的利用一般结合摘心进行，第一次摘心后顶端萌发夏芽或冬芽副梢留6～7片叶后摘心，其余萌发副梢留1片叶绝后摘心或抹除，第二次摘心后顶端萌发的夏芽或冬芽副梢留6～7片摘心，同样其余萌发副梢留1片叶绝后摘心或抹除。通过两次摘心后一个新梢上至少保留5～7片主梢叶和12～14片副梢叶。

5. 套袋 葡萄果穗套袋是提高葡萄果实外观及品质、保持果粉完整、减少葡萄病虫为害进行无公害生产的重要措施。

（1）*纸袋的选择* 葡萄专用袋的纸张应具有较大的强度，耐风吹雨淋、不易破碎，有较好的透气性和透光性，避免袋内温湿度过高；纸袋最好还要有一定的杀虫杀菌作用。不要使用未经国家注册的纸袋。果袋选择还要根据品种果实颜色进行，一般着色品种选用白色纸袋，绿黄色品种选用黄色纸袋。对于容易日烧（灼）的品种最好采取打伞栽培以减轻日烧（灼）。

（2）*套袋的时间及方法* 套袋的时间一般在葡萄开花后20～30天即生理落果后果实玉米粒大小时进行，在辽宁西部地区一般在6月下旬至7月上旬进行套袋；如为了促进果粒对钙元素的吸收，提高果实耐贮运性，可将套袋时间延迟到果实刚刚开始着色或软化时进行。套袋前首先细致喷布一次保护性杀菌剂，药剂干后及时进行套袋。

(3) *摘袋时间与方法* 摘袋应根据品种及地区确定摘袋时间，对于无色品种及果实容易着色的品种如巨峰等可以在采收前不摘袋，在采收时摘袋。但这样成熟期有所延迟，如巨峰品种成熟期延迟10天左右。红色品种如红地球一般在果实采收前15天左右进行摘袋，果实着色至成熟期昼夜温差较大的地区，可适当延迟摘袋时间或不摘袋，防止果实着色过度，达紫红或紫黑色，降低商品价值；在昼夜温差较小的地区，可适当提前进行摘袋，防止摘袋过晚果实着色不良。摘袋时首先将袋底打开，经过5～7天锻炼，再将袋全部摘除较好。

6. 叶面喷施氨基酸系列叶面微肥 通过喷施氨基酸系列微肥（中国农业科学院果树研究所葡萄课题组研制）可显著改善叶片质量提高叶片光合性能，进而促进葡萄花芽分化，提高产量和显著改善果实品质。一般于展叶3～4片时喷施1～2次氨基酸1号叶面肥，花前10天左右喷施1～2次氨基酸2号（高硼）和氨基酸3号（高锌）叶面肥，幼果发育期喷施3～4次氨基酸4号（高钙）叶面肥，果实开始成熟期喷施2～3次氨基酸5号（高钾）叶面肥。如果生产富锌或富硒等功能性保健果品可于幼果发育期喷施4～6次氨基酸硒或氨基酸锌叶面微肥。

7. 合理使用植物生长调节剂

(1) *有核品种的无核处理* 对于巨峰系等大粒品种的无核化处理，一般分两次进行，第一次于花满开（指100%花开放）前2～3天至满开后3天用12.5～50毫克/升赤霉素（GA_3）+200毫克/升链霉素浸渍花序以诱导无核；第二次于花满开后10～15天用25～50毫克/升赤霉素（GA_3）+3～5毫克/升氯吡脲（浓度不能超过5毫克/升）浸渍或喷布果穗以促进果粒膨大。

(2) *无核品种的膨大处理* 对于夏黑无核等膨大处理，也是分两次进行，第一次于花满开（指100%花开放）前2～3天至满开后3天即盛花期用25～50毫克/升赤霉素（GA_3）+200毫克/升链霉素（可不用）浸渍花序以拉长花序；第二次于花满开后10～15天用25～50毫克/升赤霉素（GA_3）+3～5毫克/升氯吡脲（氯吡脲浓度不能超过5毫克/升，可不用）浸渍或喷布果穗以促进果粒膨大。

对于火焰无核等的膨大处理，由于对赤霉素等敏感性差，一般分

2～3次处理，第一次于花满开（指100%花开放）前2～3天至满开后3天即盛花期用3～5毫克/升赤霉素（GA_3）浸渍花序以拉长花序；第二次于花满开后10～15天用3～5毫克/升赤霉素（GA_3）浸渍或喷布果穗以促进果粒膨大；第三次于第二次处理后10～15天用3～5毫克/升赤霉素（GA_3）继续浸渍或喷布果穗以促进果粒进一步膨大。

(3) 处理的注意事项　花穗开花早晚不同，应分批分次进行，特别是第一次诱导无核处理时，时期更要严格掌握。赤霉素的重复处理或高浓度处理是穗轴硬化弯曲及果粒膨大不足的主要原因，要注意防止；浓度不足时又会使无核率降低并导致成熟后果粒的脱落。为了预防灰霉病等的为害，应将黏在柱头上的干枯花冠用软毛刷刷掉后再进行无核处理。在进行果粒膨大处理时，浸穗后要震动果穗使果粒下部黏附药液掉落，防止诱发药害，同时注意果粒膨大处理最好在晴天进行。赤霉素不能和碱性农药混用，也不能在无核处理前7天至处理后2天使用波尔多液等碱性农药。

注意激素或植物生长调节剂的使用受环境影响很大，因此各地在使用前首先试验，试验成功后方可大面积推广应用。在使用激素或植物生长调节剂时还要切忌滥用或过量使用。

六、主要病虫害防控技术

(一) 病虫害防治点

1. 休眠解除至催芽期　落叶后，清理田间落叶和修剪下的枝条，集中焚烧或深埋，并喷施一次200～300倍80%的必备或1∶0.7∶100倍波尔多液等；发芽前剥除老树皮，同时喷施3～5波美度石硫合剂，而对于去年病害发生严重的葡萄园，首先喷施美安后再喷施3～5波美度石硫合剂。

2. 新梢生长期

(1) 2～3叶期　是防治红蜘蛛、绿盲蝽、毛毡病、白粉病、黑痘病的非常重要的时期。发芽前后干旱，红蜘蛛、绿盲蝽、毛毡病、白粉病是防治重点；空气湿度大，黑痘病、炭疽病、霜霉病是防治重点。

(2) 花序展露期　是防治炭疽病、黑痘病和斑衣蜡蝉的非常重要的防治点。花序展露期空气干燥，斑衣蜡蝉、红蜘蛛、绿盲蝽、毛毡病和白粉病是防治重点；空气湿度大，黑痘病、炭疽病、霜霉病是防治重点等。

（3）花序分离期　是防治灰霉病、黑痘病、炭疽病、霜霉病和穗轴褐枯病的重要防治点，是开花前最为重要的防治点。此期还是叶面喷肥防治硼、锌、铁等元素缺素症的关键时期。

（4）开花前2～4天　是灰霉病、黑痘病、炭疽病、霜霉病和穗轴褐枯病等病害的防治点。

3. 落花后至果实发育期　落花后是防治黑痘病、炭疽病和白腐病的防治点。如空气湿度过大，霜霉病和灰霉病也是防治点，巨峰系品种要注意链格孢菌对果实表皮细胞的伤害；如果空气干燥，白粉病、红蜘蛛和毛毡病是防治点。

果实发育期要注意霜霉病、炭疽病、黑痘病、白腐病、斑衣蜡蝉和叶蝉等的防治，此期还是防治缺钙等元素缺素症的关键时期。

（二）常用药剂

1. 防治虫害的常用药剂　防治红蜘蛛和毛毡病等使用杀螨剂如阿维菌素、哒螨酮和四螨嗪等；防治绿盲蝽和斑衣蜡蝉等使用杀虫剂如苦参碱、吡虫啉、高效氯氰菊酯和毒死蜱等。

2. 防治病害的常用药剂　防治白粉病常用嘧菌酯、苯醚甲环唑、氟硅唑、戊唑醇、吡唑醚菌酯、戴挫霉、甲氧基丙烯酸酯类等药剂；防治黑痘病常用波尔多液、甲氧基丙烯酸酯类、代森锰锌、嘧菌酯、烯唑醇、苯醚甲环唑、氟硅唑、戊唑醇等药剂；防治炭疽病常用波尔多液、代森锰锌、嘧菌酯、苯醚甲环唑、季铵盐类、吡唑醚菌酯、甲氧基丙烯酸酯类、戴挫霉等杀菌剂；防治霜霉病常用波尔多液、甲氧基丙烯酸酯类、代森锰锌、嘧菌酯、烯酰马啉、吡唑醚菌酯、甲霜灵和霜脲氰等杀菌剂；防治灰霉病常用波尔多液、福美双、嘧菌酯和甲氧基丙烯酸酯类等药剂；防治白腐病常用波尔多液、代森锰锌、甲氧基丙烯酸酯类、烯唑醇、嘧菌酯、苯醚甲环唑、戊唑醇、戴挫霉和氟硅唑等药剂。

（三）防治缺素症等生理病害的常用叶面肥

常用氨基酸螯合态或配合态的硼、锌、铁、锰、钙等防治缺素症效

果较好的叶面肥防治缺素引起的生理病害。

（四）农艺措施

加强肥水管理，复壮树势，提高树体抗病力，是病害防治的根本措施；加强环境控制，降低空气湿度，是病害防治的有效措施。

（本节撰稿人：刘凤之　王海波　王孝娣　魏长存）

第二节　华北区葡萄栽培管理技术规范

华北区主体葡萄产区是长城以南暖温带半湿润区和华北北部温带半干旱区；主要产区分布在山区缓坡地与山地、盐碱滩地、河系沙滩地（含河系故道）。

一、适宜本区域发展的主要优良品种

（一）欧亚种

玫瑰香、红地球、龙眼、牛奶、维多利亚、乍娜、无核白鸡心、白罗莎里奥、魏可、美人指等。

（二）欧美杂交种

巨峰、夏黑、巨玫瑰、醉金香、京亚等。

（三）酿酒品种

龙眼、玫瑰香、赤霞珠、梅鹿辄及霞多丽等。

二、园区选择与建园技术

（一）果园选址及品种配置

葡萄对土壤的适应很广，在山地、坡地、滩地和平原建园都可以获得较好的收成。葡萄喜沙质壤土，浆果成熟较其他土壤早5～10天，且着色好，风味甜。沙质土壤及微碱性土壤上，适宜选用玫瑰香等欧亚种品种；山地壤土或多石土壤，宜选择抗旱性强的东方品种群品种，如牛奶、龙眼等；在中性或微酸性山地土壤宜选择巨峰等欧美杂交种品种。

依据华北地区土地情况，宜选择山地、盐碱滩地、河滩沙地，经适度改造，建葡萄园。除大片荒坡建葡萄园外，还可在庭院、宅旁渠岸、路旁空地栽植，以节省土地资源，改善居住环境，提高农民收入为目的选择葡萄园址。

（二）园区规划

1. 区块划分　在盐碱滩、沙滩平原地区建园，有利机械使用，栽植小区可为30～50亩，以长方形为好。在山坡建园，小区面积以5～15亩为宜。山坡丘陵地建园，要重视水土保持，要修梯田栽植，长边与等高线平行。

2. 排灌系统　地势低洼葡萄园应以修建排水系统为主，要有利于排水压盐。山地葡萄园，应修建灌溉系统，以地势走向，结合道路修建井灌、渠灌或滴灌系统，在中心点修建配药池。

（三）建园

1. 栽植方式及架式选择　葡萄栽植密度根据土质和水利条件而定，一般山坡地、土壤瘠薄、水利条件差的可适当密些，可用小棚架，东西行向，行距4～6米，株距0.5～0.8米；相反平原土壤肥沃，有良好灌溉条件的地方可适当稀一些。盐碱滩地可用篱架、Y形架，南北行向，行距2.5～3米，株距一般为1～1.5米；缓坡地、平地可用平棚架，行距4～8米，株距0.5～1.0米；或利用穴植，穴距2～2.5米，穴栽2～3株。为提早结果，可以先期加大栽植密度，如有的地方株距为0.4～0.6米，每亩定植400～600株，3年后植株太密时进行逐步间伐。

2. 挖定植沟

（1）*挖沟*　土壤肥力好，长城以南地区，埋土防寒层浅的地区，定植沟宽80厘米、深60厘米；土壤肥力差，长城以北地区，埋土防寒层厚的地区，定植沟宽100厘米、深100厘米；多石山区，挖宽沟，定植沟宽120厘米、深100厘米，冷凉半干旱区深120厘米。

（2）*施基肥和回填土*　土壤肥力差，漏肥漏水严重的地区，按3层施肥和填土方法进行，即沟底垫一层玉米秸秆（厚约25厘米）；中层为有机肥＋表土（混匀），填至离沟顶30厘米；上层为心土＋有机复合肥，填至略高于地面。每亩有机肥量：羊粪3～5吨，其他粪肥可适度增加。

土壤肥力好的地区，按两层施肥和填土方法进行，即底层为有机

肥＋表土；上层为心土＋有机复合肥，填至略高于地面。每亩有肥量：羊粪2～3吨，其他粪肥适度增加。

（四）定植

1. 营养袋苗

（1）苗木准备　华北地区工厂化营养袋苗应用比较普遍。苗木要使用质量过关，无品种混杂，长势强壮，幼苗高20厘米左右，即3叶1心至5叶1心的苗木定植最佳。苗木定植前要经过一周左右的炼苗期。苗木运输时最好使用塑料中转箱。起、运苗前给幼苗浇一次透水，防止营养袋土散坨；喷施一次杀菌剂和杀虫剂，防止病菌和害虫随苗木运输传播。

（2）定植前准备　定植沟回填完毕后，在定植沟内浇透水，待水渗入土壤，土地不黏后，覆盖地膜，最好使用黑色地膜，起到保湿升地温的作用，还能抑制杂草萌发。

（3）定植　首先拉线、打点、确定定植点；定植时使用直径较营养袋稍大的打孔器在定植点上打孔，然后将苗木的塑料营养袋剥除，不要弄散土坨；将整个土坨放入定植穴内后，用园土弥合缝隙，在盐碱地上定植时，可以在定植点上撒沙，或用一块地膜覆盖，以防土壤返碱；定植后立即小水浇苗，使营养袋的土坨与园土完全结合。

2. 嫁接苗定植

（1）抗性嫁接苗　使用抗寒砧木嫁接苗，盐碱滩地不易用贝达砧，倡导使用5BB等抗盐、抗根瘤蚜的抗性砧木嫁接苗。苗木的质量对树体早期发育和进入结果期的迟早关系密切，要使用地上部枝条粗壮，芽眼饱满，充分成熟，无明显机械损伤的枝条；嫁接口愈合完全、牢固；根系完整；无检疫对象和危险病虫。

苗木在运输过程中要注意防止失水或受冻，应存放在2～5℃的沙性土中，气温在0℃以下时注意采取保温措施。

（2）苗木准备及栽前处理　按栽植计划培育或购置足够的一级嫁接苗。栽植前用ABT生根粉或清水浸泡8～12小时，修剪根系保留10～15厘米根长。在整个栽植过程中，随栽随取，保持根系湿润，避免风吹日晒。

（3）挖栽植穴　挖深 20 厘米×直径 30 厘米定植穴。

（4）栽植要求　在定植穴中间堆起 5～8 厘米高的馒头形土堆，踩实，将苗木直立放在馒头形土堆顶端，根系向四周舒展，填土压实，并在株距间开 10 厘米×15 厘米小沟，浇小水覆膜，保证土壤温湿度。

三、整形修剪技术

（一）品种与架式整形修剪方式选择

针对华北地区的主栽品种和地域环境，进行适宜架式选择和树形与修剪方式选择。

1. 玫瑰香　树势中庸，花芽分化良好，枝条成枝力中等，授粉受精一般，果穗有大小粒现象。华北地区玫瑰香葡萄主要采用小棚架、单篱架、Y 形架，在单篱架、Y 形架上使用规则扇形、自由扇形或 Y 形树形小龙干形整形方式；冬剪以短梢修剪为主，夏剪以憋冬芽或“一条龙”夏剪法为主。

2. 红地球　树势偏旺，基部花芽分化不良，枝条成枝力强，坐果率高，以 Y 形架为主；使用棚架时，多采用龙干树形，可以利用棚架宽大的架面使枝条充分生长，但也应注意花芽分化期对葡萄枝条进行平绑、弓绑。夏剪上采用“一条龙”夏剪法（中弱枝）、“两条龙”夏剪法（中强枝）。在冬季修剪上要注意结果母枝的更新，用中短梢混合修剪双枝更新。

3. 巨峰　巨峰葡萄生长势较旺，但是花芽分化较好，各地的架式有篱架也有棚架。使用篱架种植主要采用规则扇形的整形方法；棚架栽培则主要使用独龙干整形。由于巨峰容易产生落花落果，因此在开花前采用早摘心，反复摘心控制，即花序前 2～4 片叶摘心，采用“一条龙”夏剪法，促进枝条的养分回流或对健壮枝实施憋冬芽夏剪法。

（二）叶幕形及叶幕厚度（架面叶面系数）

1. 玫瑰香　单篱架规则扇形为垂直叶幕形；Y 形架为混合叶幕形。架面叶面系数 2.8～3.0（半湿润区）、3.0～3.4（半干旱区）。

2. 红地球、巨峰　Y 形架为混合叶幕形；倾斜式棚架为倾斜叶幕形或平棚架为水平叶幕形。架面叶面系数 2.2～2.4（半湿润区）、

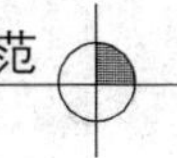

2.4～2.7（半干旱区）。

（三）修剪技术

华北地区葡萄生产目前正在由过去的粗放管理逐渐向精细管理转变，很多地区都在进行架形和树形改造，特别是单篱架的规则扇形或自由扇形改为Y形架和平棚架，小棚架改为平棚架在近几年推广面积很大，效果不错。

1. 幼树修剪技术

(1) *Y形架的培养*　蔓长到130厘米时摘心，在第一道铁丝上水平绑蔓；将靠近主干第一道铁丝的一次副梢长放到60厘米时摘心，向相反方向水平绑蔓形成双臂，其后双臂上的副梢呈V形向上绑在第二、第三道铁丝上。

(2) *夏季修剪*　及时掐除卷须，引绑到位，保持小苗直立生长。双臂上副梢的管理，能够保证叶幕层结构合理，主梢摘心后，当一次副梢长至30～40厘米时，保留5～6片叶摘心。二次副梢除最上端保留3片叶外，其余留两叶摘心。三次副梢顶端保留3片叶反复摘心，其余全部摘除。长势较弱的一次副梢保留3片叶反复摘心，作为预备枝翌年结果。

(3) *冬季修剪*　冬剪时间在休眠期进行。修剪原则是50厘米的臂上一定要保持2～3个结果母蔓，以后逐年替换。双臂上的一次副梢粗度在0.8厘米以上；粗度在0.6厘米左右的一次副梢保留2芽修剪，作为预备枝；一次副梢不能结果的，一次副梢全部贴根剪除；对于特别小的苗，保留3～5芽回缩修剪。

2. 结果植株的修剪技术　结果植株修剪，根据枝条着生部位的不同，以及枝条强弱不同，结果母枝剪留长度分为短梢修剪，3芽以下短截；中梢修剪，保留5～6芽。对于结果母枝的更新，主要采用双枝更新。双枝更新：在冬剪时，间隔20～30厘米留1个固定枝组，每枝组留2个枝，强枝采用中梢修剪作为第二年的结果母枝，弱枝采用短梢修剪作为预备枝。

(1) *冬剪方式和留芽量*

①篱架规则扇形玫瑰香（半湿润区）。使用“1、2、5、9～12”修

剪法，即每1延长米篱架留2个主蔓，每个主蔓留5个短梢结果母枝，留9～12芽，每亩留芽数4 500～6 000芽。

②棚架龙干形龙眼、红地球（半干旱区）。使用“1、2、1”修剪法，即每1延长米棚面龙干蔓，留2个短梢或超短梢，留1个中梢，龙眼亩留芽4 500～5 000芽，红地球亩留芽6 000～7 000芽；半湿润区要相应增加20%～30%留芽量。

(2) 区域品种与冬剪方式选择　红地球品种采用双枝更新，选留1/3左右中庸结果母枝；玫瑰香品种盐碱地憋冬芽夏剪法栽培区，采用单枝更新与双枝更新混合法，以短梢修剪为主；山区大棚架使用长、中、短混合修剪；巨峰与酒用葡萄采用单枝更新与双枝更新混合法，以短梢修剪为主，当年花期遇到低温阴雨天气，选留1/3左右的中梢结果枝。

(3) 夏季修剪

①依据树势确定抹芽、疏枝、留梢量的时间与方法。树势强，晚抹芽，晚疏枝，最迟至始花前，少疏枝，去旺枝，多留结果新梢；弱树势，早抹芽，早疏枝，最迟至嫩梢10～15厘米长时，注意抹芽要靠近主干，主蔓的新梢适度保留与扶持，用于结果枝组更新与主侧蔓更新，老蔓蔓龄5～7年（篱架、Y形架）或8～10年（棚架），春季注意选留萌蘖枝，用以培养新蔓、更新老蔓。

②留梢量。红地球品种半干旱区每平方米架面7～8个，半湿润区每平方米架面5～6个；棚架巨峰，半于旱区每平方米架面8～10个，半湿润区每平方米架面7～8个；篱架巨峰、玫瑰香品种半干旱区每平方米架面10～12个，半湿润区每平方米架面8～10个。

③花期摘心与副梢管理。红地球品种花后摘心，顶端留1～3个副梢，即“二条龙”夏剪法为主。按架面叶面积系数标准确定副梢留叶量。巨峰、玫瑰香花前0～5天摘心，以“一条龙”夏剪法、憋冬芽夏剪法位置。

④上色期至成熟期的夏季修剪。

A. 巨峰、玫瑰香树相指标为80%左右新梢基本停止生长，未停长的分两次去掉嫩梢、嫩叶。标准：果实上色期最大叶片直径小于4厘

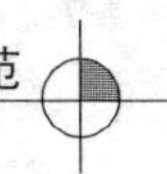

米。对巨峰要打掉基部1～3节黄化、老化叶片。

B. 红地球品种的树相指标为70%左右新梢基本停止生长，对未停止生长的分3次去掉嫩梢、嫩叶。标准：果实上色期最大叶片直径小于6厘米，对架面郁闭或成熟不良新梢，可重摘心或整枝疏除。抹掉基部1～3节老化叶片，促进枝条成熟。

四、肥水高效管理技术

（一）基肥

基肥以沟施为主，每一年施一次基肥，在植株的一侧距树干40厘米左右处，开宽30厘米、深60厘米施肥沟。主要以腐熟的优质有机肥为主。使用生鸡粪可以和羊粪、牛粪等拌匀并发酵。在盐碱地建园将有机肥、沙子、表土各1/3拌匀后施入沟内，加过磷酸钙、硫酸钾以及硫酸亚铁等一些微量元素混合回填，沟底铺垫10厘米作物秸秆，最后盖熟土、灌水沉实；在多石山地则不加沙子，其他和盐碱地一样，每亩根据产量施有机肥6～10米^3；翌年在另一边开沟施基肥。在60%～70%的叶片发黄，继而变成淡黄色时开始施肥。

（二）追肥

根据葡萄生长时期进行追肥，第一次在萌芽前进行。在多石山地，土壤瘠薄，追施以氮肥为主的催芽肥，每次每株50克左右。第二次追肥时期为果实膨大期，追施以磷钾肥为主的催果肥，每株50～100克，促进果实膨大、花芽分化和果实成熟。第三次施肥在果实开始着色时进行，以钾肥为主，结合适量的磷肥，提高果实的品质，防止果实脱落。第四次施肥是在采收后进行，以磷钾肥为主，恢复树势，促进枝条的成熟和养分的贮藏。

（三）叶面施肥

在开花前结合防病喷药进行叶面施肥，叶面喷施0.2%～0.3%硼砂溶液+0.3%磷酸二氢钾。在果实膨大和着色期间，结合病害防治，喷药时可加0.3%磷酸二氢钾喷施，另外掺加微肥和多元复合肥喷施，提高果实品质。对容易落花落果的品种，喷施的时间在花前3～5天，浓度为0.2%～0.3%硼砂（四硼酸钠）溶液可以有效提高坐果率。

（四）灌溉

华北地区葡萄种植年生长期一般灌溉4次，第一次为春季出土后，第二次为开花前，第三次为果实膨大期，第四次为埋土防寒后。在葡萄生长期，灌溉以小水为主，灌水时要控制水量，以免水量过大造成植株基部空气湿度过大，引起病害发生。采收前20～30天不浇水，可以有效提高果实品质。

五、花果管理技术

（一）负载量

华北地区位于内蒙古高原以南，秦岭淮河以北，东临渤海和黄海。属于大陆性季风气候，夏季高温，光照充足，年日照时数在2 500～3 000小时。根据光照、温度、水分的关系，华北半湿润地区葡萄的负载量应控制在1 200～1 500千克/亩，半干旱区控制在1 400～1 700千克/亩，在此范围内，生产出的果实基本可以达到优质果的水平。

（二）花穗及果穗整形

1. 花序管理

（1）*疏花* 疏除多余的花序，是节约营养、控制产量和提高品质的有效措施，通过疏掉过多的小穗、副穗和控制花序的大小来进一步调整产量。

（2）*疏花序的方法* 中庸的结果枝留一个花序，长势较弱的枝不留花序。在疏花序时要考虑结果枝和营养枝的比例关系，一般每500克果穗需有30～35片叶供应营养。

（3）*修整花序的时期及方法* 修整花序一般与疏剪花序同时进行。玫瑰香、红地球整形方法是将穗上部过大的副穗去掉，再将穗尖掐去1/4～1/3；巨峰葡萄则疏除上部1～4个花序，保留16～18个中下部花序分枝。

2. 果穗管理 结合第一次疏果进行，疏掉果穗中的畸形果、小果、病虫果以及比较密集的果粒。疏果一般在花后20天生理落果后进行1～2次。重点疏掉果穗中的偏小果和密集果，玫瑰香以100粒为宜，红地球以50～80粒为宜，巨峰以40粒左右为宜。

3. 果实套袋　套袋时要剪除小果、病果，进行定果。套袋前一天应全株喷一次广谱性杀菌剂50%多菌灵可湿性粉剂800～1 000倍液。果实袋选用白色的木浆纸袋。果实套袋时间在不同立地条件下差异很大，一般在葡萄定果后或果粒直径达到1厘米时进行。因此时正值高温季节，为避免日烧和灼伤，纸袋的下部两角的通风口要开大。除袋一般在采收前10～15天进行，先将袋下部打开成灯罩状，对果实进行锻炼，3～5天后全部去除。果穗能在袋内良好着色的，可以不去袋，保持果面良好的果粉，带袋采收。

六、主要病虫害防控技术

（一）用药原则

根据防治对象的生物学特性和为害特点，允许使用生物源农药、矿物源农药和低毒有机合成农药，禁止使用剧毒、高毒、高残留农药。

（二）禁止使用和限制使用的农药

我国禁用和限用的农药请参见附录。

（三）病害防治

1. 防治原则　综合防治为主，化学防治为辅。

2. 防治方法　在落叶后及早春萌芽前，喷施5～6波美度石硫合剂2次，杀灭越冬病菌；从5月上旬开始，喷200倍等量式波尔多液，相隔30天，连续喷施4次进行预防。预防病害发生同时要加强综合栽培技术，多施有机肥，合理留果，提高树体抗性及营养水平。

（四）主要病害

1. 霜霉病

（1）分布　在华北地区各产区均有分布，在春秋季是防病的重点时期。

（2）发病规律　病菌主要以卵孢子在病组织中随病残体在土壤中越冬。第二年环境适宜时，再由孢子囊产生游动孢子，借风雨传播，自叶背侵入，进行初次侵染。经7～12天的潜育期，在发病处产生孢囊梗及孢子囊，孢子囊萌发产生游动孢子，进行再次侵染。一个生长季可以进行多次侵染。一般情况下，在天津地区，6月即开始发病，8月下旬至

9月下旬为发病盛期。由于孢子囊及游动孢子的萌发和侵入必须在水滴中进行，并且游动孢子的最佳侵入温度是12～30℃，最适温度是18～24℃，因此，霜霉病在多雨、多雾、潮湿、冷凉的天气容易暴发；同时，地势过低、植株紧密、架面低矮、叶幕郁闭的果园有利于病害发生。

（3）防治　清除病残体，减少病原菌。秋季葡萄下架前及时清扫园内落叶，剪除病枝、病果，集中进行销毁。

加强田间管理。及时排除积水，及时整枝，合理修剪，保持架面通风透光。园区规划时，要避免在地势低洼，土壤黏重的地区建园。架面要适当高，后期要增施磷、钾、钙肥。

注意控产和果实套袋。严格控制玫瑰香的产量，在天津地区建议每亩产量控制在1 500千克以内，这就必须要求种植户进行疏花疏果工作；同时注意在葡萄转色前进行套袋，也能较好地减少病害。

（4）药剂防治　注意早期诊断、预防和控制。在未发病前喷施保护性药剂进行防治。如1∶0.5～0.7∶200波尔多液、78%科博500～600倍液、77%多宁600～800倍液。发病后可根据情况喷施内吸式杀菌剂，如70%乙膦铝锰锌500倍液、72%甲霜灵锰锌500倍液、72%克露600倍液等。

2. 白腐病

（1）分布　华北各葡萄产区均有发生。一般年份，发病率在20%左右，夏季如遇高温、多雨、高湿或雹灾，病害都会大面积发生。

（2）发病规律　病原主要以分生孢子器、菌丝体随病残体组织在土壤和枝蔓上越冬，可存活2～5年。春季适宜时间，随风、雨、飞溅的土粒传播，由伤口侵入，引起初次侵染。潜伏期3～5天后即可发病。华北地区多在6月开始发病，7～8月为高发期。高温、多雨、高湿和伤口是病害流行的重要条件。冰雹和病害发生关系密切，雹后极易引起白腐病大暴发。

（3）防治　清除病残体，减少病原菌。秋季葡萄下架前及时清扫园内落叶，剪除病枝、病果，集中进行销毁。地面可以喷施硫黄粉+五氯酚钠300倍液。葡萄出土前剥掉老皮，并喷施一遍45%代森铵400

倍液。

加强田间管理。及时排除积水，及时整枝，合理修剪，保持架面通风透光。园区规划时，严格控制负载量，适当增施农家肥，增强树势。雨季可以在田间覆盖地膜，防止雨水飞溅。

注意控产和果实套袋。严格控制玫瑰香的产量，在天津地区建议每亩产量控制在1 500千克以内，这就必须要求种植户进行疏花疏果工作；同时注意在葡萄转色前进行套袋，也能较好地减少病害。

（4）药剂防治　重点是早期预防和在暴风骤雨或冰雹后及时喷洒杀菌剂。常用药剂有50%福美双500倍液、50%白腐灵500倍液。进入雨季后，可以喷施福星（8 000倍液）＋易保（1 000倍液），对白腐病、霜霉病、炭疽病具有良好的兼治效果。

3. 炭疽病

（1）分布　在华北主要产区均有分布。

（2）发病规律　在多雨、潮湿地区发病比较普遍。在露地环境条件下，病菌主要以菌丝体在树体上潜伏于皮层内越冬，枝蔓节部周围最多。翌年5～6月后，气温回升至20℃以上时，带菌枝蔓经雨水淋湿后，形成大量孢子。形成孢子的最适宜温度为25～28℃，12℃以下、36℃以上则不形成孢子。病菌孢子借风雨传播，萌发侵染，病菌通过果皮上的小孔侵入幼果表皮细胞，经过10～20天的潜育期便可出现病斑，此为初次侵染。有部分品种病菌侵入幼果后，直至果粒开始成熟时才表现出症状。病菌也可侵入叶片、新梢、卷须等组织内，但不表现病斑，外观看不出异常表现，此为潜伏侵染，这种带菌的新梢将成为翌年的侵染源。葡萄近成熟时，遇到多雨天气进入发病盛期。病果可不断地释放分生孢子，反复进行再次侵染，引起病害的流行。

（3）防治　细致修剪，剪净病枝、病果穗及卷须；深埋落叶，及时清除病残体，进行深埋或烧毁；芽眼萌动时细致喷洒50波美度石硫合剂＋100倍五氯酚钠铲除越冬病菌。

选用无滴消雾膜覆盖设施，设施内地面全面积地膜覆盖，并注意通风排湿，降低设施内空气湿度，使空气相对湿度控制在80%以下，抑制孢子萌发，减少侵染。

合理密度，科学修剪，适量留枝，合理负载，维持健壮长势，改善田间光照条件，降低小气候的空气湿度。

果穗套袋，消除病菌对果穗的侵染。

（4）*药剂防治* 每15～20天，细致喷布一次240～200倍半量式波尔多液，保护好树体。可选用80%喷克可湿性粉剂800倍液、70%克露可湿性粉剂700～800倍液、80%炭疽福美可湿性粉剂600倍液。

4. 灰霉病

（1）*分布* 在京津冀地区有分布，保护地栽培较为严重。

（2）*发病规律* 葡萄灰霉病主要为害花序、幼果和将要成熟的果实，也可侵染果梗、新梢与幼嫩叶片。过去露地葡萄很少发生，但是目前灰霉病已发展成为葡萄的主要病害，不但为害花序、幼果，成熟果实也常因该病菌的潜伏存在，已成为贮藏、运输、销售期间引起果实腐烂的主要病害。

（3）*防治* 细致修剪，剪净病枝蔓、病果穗及病卷须，彻底清除于室（棚）外烧毁或深埋。

降低空气湿度，抑制病菌孢子萌发，减少侵染；提高地温，促进根系发育，增强树势，提高抗性；阻挡土壤中的残留病菌向空气中散发，降低发病率。

果穗套袋，消除病菌对果穗的为害。

（4）*药剂防治* 每15～20天，细致喷布一次240～200倍半量式波尔多液，保护好树体。可使用50%代森锰锌可湿性粉剂500倍液、80%喷克可湿性粉剂800倍液、80%甲基硫菌灵可湿性粉剂1 000倍液、75%百菌清可湿性粉剂600～800倍液。

5. 日烧病 日烧病是一种非侵染性生理病害。幼果膨大期强光照射和温度剧变是其发生的主要原因。果穗在缺少荫蔽的情况下，受高温、空气干燥与阳光的强辐射作用，果粒幼嫩的表皮组织水分失衡发生烧伤。或是由渗透压高的叶片向渗透压低的果穗争夺水分造成烧伤。连续阴雨天突然转晴后，受日光直射，果实易发生日烧；植株结果过多，树势衰弱，叶幕层发育不良，会加重日烧发生。2009年，华北地区大面积发生日烧病，对天津市汉沽区玫瑰香葡萄的调查，日烧病的发病率

达到70%以上。

（1）合理施肥灌水　增施有机肥，合理搭配氮磷钾和微量元素肥料。生长季节结合喷药补施钾钙。葡萄浆果期遇到高温干旱天气及时灌水，降低园内温度，减轻日烧病发生。雨后或灌水后及时中耕松土，保持土壤良好的透气性，保证根系正常生长发育。

（2）枝蔓管理　搞好疏花疏果，合理负载。夏剪时果穗附近适当多留些叶片，及时转动果穗于遮阴处。在无果穗部位，适当去掉一些叶片，适时摘心，减少幼叶数量，避免叶片过多，与果实争夺水分。

（3）果穗套袋　选择防水、白色、透气性好的葡萄专用纸袋，纸袋下部留通气孔。套袋前全园喷一次优质保护性杀菌剂，药液晾干后再开始套袋。果实采收前10天去袋。

（五）天津市汉沽区病虫害防治历

1. 11月至翌年3月休眠期　主要防治对象：黑痘病、炭疽病、霜霉病、白腐病、螨蚧类、透翅蛾、虎天牛等。

防治方法：①清除园内的枯枝、落叶、落果，架面上的绑扎物、残袋、干枯果穗等，减少病原。②在清园后喷一次5波美度石硫合剂（包括树、架、地面）。③介壳虫严重的果园，应清理葡萄主蔓基部老皮。

2. 4月伤流期至萌芽期　主要防治对象：黑痘病、炭疽病、白腐病等病菌孢子，螨蚧类。

防治方法：

①喷药关键时期，即吐茸前，喷5波美度石硫合剂，铲除多种病菌孢子和螨蚧类。

②介壳虫严重的果园，喷洒5%重柴油乳剂或3.5%煤焦油乳剂。

3. 5月新梢生长期　主要防治对象：黑痘病、霜霉病、蜱等。

防治方法：①喷78%科博500～600倍。②喷80%喷克500倍液。③喷1：0.5～0.7：200波尔多液。

4. 6月花穗分离期、开花期、坐果期　主要防治对象：黑痘病、灰霉病、霜霉病、炭疽病等。

防治方法：①开花前喷80%喷克600倍液＋50%速克灵＋10%歼灭4 000倍液。②地面喷50%福美双600～800倍液。③喷50%多菌灵

600 倍液。

5. 7 月幼果膨大期、硬核期、果实生长着色期　主要防治对象：白腐病、霜霉病、炭疽病等。

防治方法：①喷 1∶0.5～0.7∶240 波尔多液或 25%甲霜灵 500～600 倍液。②退菌特 500 倍液＋80%炭疽福美 1 000 倍液＋10%歼灭 4 000倍液。③发现霜霉时，喷 25%甲霜灵 600 倍液或烯酰吗啉 600～800 倍液。

6. 8 月果实着色期至成熟期　主要防治对象：炭疽病、白腐病、霜霉病等。

防治方法：①喷 78%科博 500～600 倍液＋喷克 500 倍液＋10%歼灭 4 000 倍液。②发现霜霉时，喷 25%甲霜灵 500～600 倍液或烯酰吗啉 600～800 倍液。

7. 9 月新梢充实期　主要防治对象：霜霉病、褐斑病、炭疽病等。

防治方法：①采果后喷 1∶1∶240 波尔多液。②喷 78%科博 500～600 倍液＋80%喷克 600 倍液。③喷 50%退菌特 500～600 倍液＋25%粉锈宁 1 500 倍液。

8. 10 月枝条成熟期至落叶期　主要防治对象：霜霉病。

防治方法：①喷 1∶1∶240 波尔多液或 80%必备 400 倍液。②喷 70%退菌特 500～600 倍液。

七、其他管理技术

（一）田间生草技术

1. 果园生草的优势　葡萄园种草可以提高土壤有机质含量，有利于土壤团粒结构的形成，提高土壤肥力；增强土壤渗透性，减少水土流失，防止土壤板结；减少病虫害为害，调节生态环境，改善果园小气候。

生草的果园，在夏秋季，园内温度低于未生草园 3～5℃，这样可避免果实、叶片因高温引起的日烧。

2. 草种选择　种植行间绿肥，要选用耐干旱、耐践踏的豆科植物，与葡萄没有相同的病虫害和需肥时期，常用的有绿豆、三叶草及黑麦

草。尤其是三叶草，产草量高，草层高度适中（一般为30厘米），木质纤维少，耐阴性强，并且可喂家畜，是理想的生草品种。苜蓿类因其抗旱性强，根系发达而不易清除，并与葡萄易争肥水，宜种植在地边、埂旁及闲散地内。

3. 播种时期与方法

（1）时期　因春季北方地区较干旱，温度高，因而春季播种易失败，而夏秋季节，雨量较大，气温凉爽，草种易发芽生根，所以夏秋（6～8月）是播种绿肥的最佳季节。

（2）方法　播种前，先把行间杂草彻底清除，然后行间种草，并保持株间清耕，篱架行间播种宽度以1.5～2米为宜。在葡萄定植两侧留足作业带和葡萄生长营养带，一般以1～1.5米为宜。播前深锄或深翻行间，并将地耧平整好，将三叶草按1千克种子搅拌20千克细沙的比例拌匀，在行间撒匀，再用菜耙轻轻一耧，或用扫帚轻扫一遍，或用锨背轻拍行间，使种子与土壤密接。播种深度以0.5～1厘米为宜，不可过深，否则不易出苗。

（3）播后管理　三叶草在播后3～5天即可出土，出苗后，及时拔除其他杂草。若逢降雨，每亩则追施尿素3～5千克，促使幼苗快长。一般初夏播种，初秋可割一次草；秋季播种，当年不割草，从第二年开始，以后每年割2茬，可连续割5～7年，把割下的草覆盖在葡萄栽植沟内，使其腐烂分解后，就是有机肥。因此，采用种草，对改善生态环境和提高产量及改善果实品质都很有意义。

（二）盐碱地覆膜滴灌技术

1. 膜下滴灌技术的优势　华北地区许多葡萄园位于退海的盐碱地上，这些地区表现为土壤含盐量高、地下水位高、土壤反盐碱速度快。为了克服盐碱危害，主要利用大水漫灌进行压盐拍碱，而大水漫灌水资源利用率低，容易造成土壤板结，破坏土壤结构。随着滴灌技术的引入，部分地区开始使用该技术，但是在盐碱滩涂果园中单独使用滴灌技术，容易造成滴灌区域盐分聚集，造成植株死亡。通过改良滴灌设备和配套技术，使用膜下滴灌，则可以解决这些问题。

2. 方法

(1) 供水装置　包括水源、水泵、流量和压力调节器、肥料混合箱、肥料注入器，使进入滴灌管道的水有一定压力。

(2) 输水管道　包括干管和支管，滴灌管直接安装在支管上，滴灌管为高压聚乙烯或聚氯烯管。将输水管道顺沟向平铺在葡萄行间。

(3) 滴水位置　设置在葡萄植株之间，减少水流对根系上方表土的冲蚀，防止影响冬季埋土防寒。

(4) 覆盖塑料薄膜　最好使用大棚或温室撤换下来的塑料薄膜，覆盖在输水管道上，注意检查薄膜是否破损，防止滴灌引起葡萄根系区域返碱。

(三) 叶面肥喷施技术

1. 叶面肥的优势　喷施叶面肥可根据葡萄不同生育阶段进行，特别是生长旺盛时期使用，具有迅速、高效、简便、吸收快的优势。此外，喷施叶面肥后，在一定条件下还可以表现出一定的防病作用，也比较有利于与喷施杀菌剂结合，提高工作效率。

2. 叶面肥的主要类型

(1) 普通叶面肥　包括常规的化肥，主要有尿素、磷酸二氢钾、硫酸钾、硼酸钠、硫酸镁等。

(2) 特效叶面肥　根据元素特性和葡萄养肥吸收情况专门配置的一些叶面肥。如硫酸亚铁、硫酸锌喷施后会发生化学变化，不易被植株吸收，因此现在大量使用螯合剂或氨基酸化合物提高其吸收率。同时，为了提高葡萄后期果实糖分积累，促进香气成分合成，在天津地区还广泛使用海藻鱼蛋白这类纯天然的有机叶面肥，在玫瑰香葡萄上应用，效果非常显著。

（本节撰稿人：田淑芬）

第三节　西北区葡萄栽培管理技术规范

西北葡萄产区主要包括干旱半干旱的新疆、宁夏、甘肃及内蒙古。本区除甘南地区外，夏季气候炎热、干燥、少雨，冬季寒冷，年降水量为50～500毫米，靠河水或井水灌溉。活动积温3 000～5 000℃，一些

地区最热气温31～34℃，吐鲁番盆地高达38℃以上。除甘南属于亚热带、塔里木盆地属于暖温带外，其余地区属于中温带。

西北区是我国最古老的葡萄产区，也是我国最大的葡萄产区。新疆的无核白、木纳格葡萄，宁夏大青葡萄，内蒙古托县葡萄都是全国著名地方品种。近几年，此区葡萄产业快速发展，在老产区保持制干、鲜食产业优势外，许多地区鲜食红地球、火焰无核、无核白鸡心，酿酒葡萄赤霞珠、梅鹿辄等品种栽培面积迅速扩大，成为我国最有发展潜力的葡萄栽培新产区。

一、适宜本区域发展的主要优良品种

（一）鲜食品种

鲜食品种有红地球、火焰无核、克瑞森无核、新郁、优无核、巨峰、早生高墨和里扎马特等。

（二）酿酒品种

酿酒品种有赤霞珠、梅鹿辄、霞多丽、贵人香、西拉和黑比诺。

（三）制干或制干鲜食兼用品种

制干或制干鲜食兼用品种有无核白、无核白鸡心、无核紫和紫香无核。

（四）制汁品种

制汁品种有康可和康拜尔。

（五）西北特色品种

西北特色品种有木纳格、马奶子、宁夏大青葡萄和甘肃大圆葡萄。

二、园地选择与建园技术

（一）园地选择

1. 园地选择的基本要求　在选择葡萄园址时，应选择便于灌溉、地势平坦、交通便利、坡度在0.8%以下的地块，避免风口地带和易于淤积冷空气、形成霜冻的低凹地。选择土质疏松的土地，含一定比例壤土的砾质土比粗沙土更适于葡萄的生长，土壤比例低的砾质戈壁，需要进行局部改良，增加土壤和有机质比例。1米深土层内总盐量低于

0.3%，其中 $NaCl<0.043\%$、$Na_2SO_4<0.075\%$、$MgSO_4<0.066\%$ 的土壤适宜葡萄生长，地下水位 2 米以下为宜，不高于 1.5 米。

2. 园地的规划

（1）条田设置及平整　在风速较大和风日较多的地区，条田面积以 100 亩以下为佳；在风速较小，大风日较少的地区，条田面积应控制在 300 亩以下。葡萄种植行的设计长度为 80～100 米。山地新建葡萄园可沿等高线形成梯田或葡萄行。

（2）渠道设置　葡萄园的灌溉渠道，一般分干渠、支渠、斗渠和农渠，均采用地面自流灌溉系统。目前生产上干渠、支渠、斗渠多用浆砌石，农渠多采用砼板或 U 形方式。斗渠以条田长边布置，农渠以短边布置，一个斗渠控制在 1 000 亩范围，一个毛渠控制 100～150 亩。有条件时可采用低压管道输水或安装滴灌系统，以节约用水，提高灌溉用水效率。

（3）防护林及道路的设置　林带设置应该遵循窄林带，小网络的原则。窄林带即主林带 4～6 行高大乔木，与主风向垂直；小网络即主林带的间距较窄，一般主林带间距为 200 米，副林带间距为 400～600 米，条田面积为 180～200 亩。

主林带株行距 2 米×2 米，副林带 1 米×4 米（双行），既有利于防风，又能产生大径材。树种一般以杨树混交林最好，可以减少病虫防治费用。

葡萄园林带以一林两路配置较好。主路一般宽为 6～8 米，支道宽 4～5 米，便于车辆通行和农田作业。

（二）建园技术

1. 栽前准备　土壤瘠薄的砾石地或黏土地，均需要客土改良。利用黏土或细沙，改良砾石地和黏土地，提高土壤的通透性又兼顾保水性，保证葡萄的正常生长发育。盐碱地需采用灌水压、排盐碱和生物改良两种方法减轻盐碱危害。

酿造葡萄一般采用篱架式栽培，鲜食多采用棚架。篱架多为南北行向，棚架一般是东西行向。定植密度按照棚架株距 0.5～1.2 米，行距 4～5 米；篱架株距 0.5～1.0 米，行距 3.0～3.5 米。

定植前做好土、肥、苗木的准备工作，定植坑一般长、宽、深 50 厘米×50 厘米×80 厘米。为提高早期产量，在 0.5～1 米株距的高密度种植时，可挖宽和深各 0.8～1.0 米的定植沟。沟底填入作物秸秆和土壤的混杂物，厚度为沟深的 1/3，中层 1/3 用腐熟的有机肥和土壤混合均匀后填入，上层 1/3 为表土。鉴于西北冬季寒冷，回填时，保留定植沟深 20～30 厘米，以利葡萄安全越冬，防止冻害。

2. 栽植时期和方法　秋季葡萄苗落叶后和第二年春季萌芽前都可以栽植。一年生苗要在旬平均气温达 10℃时进行；营养袋苗 5 月中旬定植。

栽植时将苗木根系舒展放在定植坑中，填土后轻轻提苗，使根系舒展。坑填满后，踩实并立即浇水。栽植深度一般以苗木根颈处与沟面持平为宜。定植后采用地膜覆盖。

3. 栽植后的管理　苗木萌芽后，选留 1～2 个健壮枝作为主蔓培养，待新梢长至 30 厘米左右时，设置临时性支柱，将新梢绑缚其上，使苗木利用极性加速生长，同时可以避免苗木被风吹折。生长期追施 3～4 次尿素，促进新梢生长；生长后期追施磷钾肥一次，肥料用量 20～30 克/株。副梢一般留 1～2 片叶摘心，秋季摘心，控制灌水量，喷施 1%磷酸二氢钾 2～3 次，以加速新梢成熟。秋末对未成活的苗木及时进行补栽，达到全苗。

三、整形修剪技术

（一）架势选择

目前西北葡萄生产中架式种类很多，大体上可归纳为篱架和棚架两种。

1. 篱架　篱架的架面与地面垂直或略有倾斜，沿着行向每隔一定距离设立支柱，支柱上拉铁丝。常用的篱架有单壁篱架、双壁篱架、宽顶篱架等。

（1）单壁篱架　架高 1.5～2.2 米，立柱间隔 5～6 米，行距 3～3.5 米。立柱上第一道铁丝距地面 50～60 厘米，向上每隔 40～50 厘米拉一道铁丝，共 3～4 道铁丝。篱架适于生长势较弱的葡萄品种，在酿造葡萄和部分生长势较弱的鲜食葡萄品种上有广泛应用。

(2) 双壁篱架　由两排单壁篱架组成，一般为倒梯形，基部间距50～70厘米，上部间距80～100厘米，架高1.5～2.2米，立柱上的铁丝分布与单壁篱架相同。双壁篱架葡萄苗木可在两壁中间定植，也可以双行定植，与行间形成宽窄行。葡萄的枝蔓向两壁攀缚。双壁篱架可在小面积、人工较多的情况下使用。

(3) T形或宽顶篱架　在单壁篱架支柱的顶部加60～100厘米长的横梁，在直立的支柱上拉1～2道铁丝，在横梁的两端各拉一道铁丝形成T形。这种宽顶篱架的高低和宽窄，可因葡萄品种和生长势而变化。

2. 棚架　在垂直的立柱上架横杆，横杆上拉数道铁丝，形成一个水平或倾斜状的棚面，葡萄枝蔓分布在棚面上，故称棚架。因架面大小和结构不同，可分为小棚架、大棚架、棚篱架、水平连棚架、屋脊式棚架等。

(1) 倾斜式小棚架　行距一般4～6米，每行棚架设前后两排立柱，靠近葡萄沟的为前柱或根柱，支撑葡萄梢部的为后柱或梢柱。一般前柱高1.0～1.4米，后柱高1.5～1.8米，架面拉6～8道铁丝。西北葡萄产区广泛采用这种小棚架。

小棚架也可减少一行后柱，利用横杆或粗钢丝使前后两排立柱相连，每一立柱既是本行后柱又是下一行的前柱，形成连叠式小棚架。

(2) 倾斜式大棚架　一般架长10～15米，后柱高1米，前柱高2～2.5米。这种架式适应各种复杂的地形，可充分利用空间，但成型慢，进入盛果期晚。

(3) 水平棚架　通常架高1.8～2.2米，棚面与地面大致平行，在棚顶纵横拉铁丝。由于架面高，故病害轻，适于机械作业。

(二) 整形修剪技术

1. 葡萄整形

(1) 多主蔓扇形　一般有3～4个主蔓，也有保留5～6个，几个主蔓向架面均匀牵引形成扇形。此整形方式适用于棚架整形，也可用于生长势中等或偏弱的品种进行篱架栽培。

春季定植的苗木萌芽后，选留2～3个健壮芽逐步培养成主蔓。当新梢长到40～50厘米时，进行摘心，以提高枝蔓充实度。冬剪时各留2～3芽剪截。第二年，选留4个新梢，留60～80厘米修剪，作为主蔓。第三年，每个主蔓上选留2～3个侧蔓，冬剪时，在主蔓上，每20～30厘米留一结果母枝，延长枝留长梢8～12节修剪。通过3～4年即可完成整形，进入结果期。肥水条件管理好的葡萄，可利用副梢，提前完成整形。为避免不便于下架埋土的缺点，也可采用半扇形整形，即保留2～3个向同侧倾斜的主蔓，使整行葡萄向同侧倾斜，便于下架与埋土防寒。

（2）*龙干形*　独龙干的特点是只留一个主蔓，不留侧蔓，一蔓到顶，逐年形成。双龙和多龙与独龙干基本相同，所不同的是独龙干只有一个主蔓，而双龙和多龙干有两个或三个以上的主蔓。

栽后第一年只留1个新梢，冬剪时在组织充分成熟，粗度0.8厘米处剪截。第二年仍留一个新梢，秋季在充分成熟、粗度适宜处剪截。第三年仍按上述方法剪截，形成一条主蔓。主蔓上每隔15～20厘米留一结果单位，留1～2节进行短梢或极短梢修剪。龙干形可1～2年完成整形，成形快，修剪简单，便于各项田间作业。

2. 修剪技术

（1）*夏季修剪*

①抹芽、定梢和除萌。葡萄萌芽后，将瘦弱芽、损伤芽、双生芽中的弱芽及多年生主蔓基部萌发的隐芽及时抹去。在新梢长到10～15厘米，可分辨出花序时，根据葡萄花序的多少，及时确定选留的果枝和营养枝，疏去多余的新梢。在主蔓数量正常时，对基部萌发、生长迅速的萌蘖要及时去除，减少养分消耗和干扰正常的葡萄树形。

②引缚、去卷须。葡萄出土后立即将主蔓按照树形要求绑缚固定在架面上。当新梢长到30～40厘米时，将枝条以合理角度引缚在架面上，有利于控制新梢生长，形成厚度合理均匀的叶幕层。垂直引缚能使树液流动旺盛，枝条生长势强，消耗多积累少，抽出的新梢节间长，易徒长；倾斜引缚的枝条节间较短，有利开花结果；水平引缚有利缓和长势，新梢生长发育均匀。新梢引缚一般在开花前进行，篱架栽培时，葡

萄枝蔓需多次引缚，下垂的新梢要及时向上引缚；棚架上的弱枝，可使其直立生长，中庸结果枝及发育枝，结合花前摘心，进行引缚，壮枝和徒长枝，在其基部 1～2 节处，扭梢压平即可。枝梢在引缚时，注意不能绑得过紧，否则会造成勒缢现象，使枝蔓受伤折断。在夏季管理时，要随手除去卷须。

③结果枝摘心。一般葡萄品种在花序上保留 4～6 片叶摘心为宜，但生长势过强、不易坐果的品种，可留 2～3 片叶，进行强摘心。摘心时期一般在始花期或开花前 3～5 天进行。大面积葡萄园，可在花前 5 天开始。

④发育枝摘心。发育枝摘心要根据枝条的具体情况而定。作为培养主蔓、侧蔓的发育枝，当长度达到需要的部位时即可摘心。一般主蔓的延长枝留 10～15 片叶摘心为宜，侧蔓可适当缩短，以利于整形。预备枝一般留 8～12 片叶进行摘心。

⑤副梢摘心。一般在对结果枝副梢处理时，花序以下的全部抹除，花序以上的留 1～2 片叶，反复摘心，也可留 1～2 个副梢，3～4 片叶摘心，二次副梢留一片叶摘心。

⑥剪梢和摘老叶。剪梢是将新梢顶端过长部分剪去 30 厘米以上。摘老叶在 6～7 月进行，摘去果穗以下的部分老叶片。

(2) 冬季修剪

①冬剪留芽量的确定。留芽量的多少直接影响葡萄生长发育、果实产量和品质。留芽量少，新梢生长快而粗壮，果穗少，但果实穗大粒大，品质好；留芽量多，则新梢萌发数量多，果穗多，新梢生长慢而细弱，果实穗小粒小，但产量高，品质低。架面空间大，棚架上部、欧亚种可长留，长、中、短混合修剪；架面空间小，下部、篱架、欧美杂交种可短留。

②修剪方法。包括短截、疏剪、缩剪 3 种方式。修剪时，一般在主蔓两侧，每间隔 15～30 厘米留一个结果母枝。结果性能强的品种可留 1～3 芽，结果性能较弱的品种可留 3～4 芽或长、短梢配合修剪。

③更新修剪。大更新，是将主蔓基部的萌蘖及时引绑、上架、摘心，使枝条有足够的养分可以充分成熟并具备结果能力。当新蔓能承担

其相应产量时，去除老蔓。压蔓更新，在葡萄出土后，把老蔓放入葡萄沟中事先挖好的坑内，并施入粪肥后埋土。同时，对老蔓前部枝条加强管理，及时整形，引绑上架，秋季或2～3年后，再截断老蔓。预备枝更新，可避免结果部位逐年上升外移和下部空秃，包括双枝更新和单枝更新两种。双枝更新：一个长结果母枝带一个短预备枝，长的在上部，第二年萌芽结果，形成产量；短的在下部，为预备枝，留2～3个芽短剪，在第二年能抽出2～3个发育枝。翌年冬剪时，将结果的母枝从基部剪除；对预备枝上发出的一年生枝，将位于上部的枝条留为结果母枝，位于下部的枝条，仍留2～3芽短剪，而形成枝组。年年如此方法剪留，可使枝蔓上下结果。单枝更新：只留一个结果母枝，不留预备枝，母枝起到结果及预备枝的双重作用。冬剪时，在该母枝萌发的新梢中选留一个靠近基部、发育良好的一年生枝作新的结果母枝，其余全部疏除，翌年仍这样修剪，在此部位保持一个母枝。

④其他类型枝条的修剪。延长枝，已布满架面植株的延长枝，修剪时，一般从弱枝处剪截；未布满架面植株的延长枝，去弱留强，在壮芽处剪截。丛生枝，主蔓基部的丛生枝，一般去强留弱，使弱枝变成结果母枝，增加产量；需要留为主蔓的，可选留1～2个强壮枝，培养成更新蔓。枝蔓中部、梢部的丛生枝去弱留强，长、短结合，逢三去一，见五去二。平行枝，一般在蔓的中部，出现有排骨状的密集而长势均匀的壮枝，要进行间隔疏除或重截作预备枝。徒长枝，比较强壮的枝条作更新蔓或结果母枝，不需要的可从基部剪除或重截作预备枝。背生枝，一般从主蔓或侧蔓上长出的直立而生长强壮的枝条，作预备枝可留1～2节短剪，也可疏除。

四、土肥水高效管理技术

（一）土壤管理

1. 土壤改良

（1）*沙荒砾石地改良*　西北许多葡萄园建在砾石质戈壁上。土壤以荒漠土为主，主要成分是粗沙和砾石，漏水漏肥，越冬期间，葡萄根系易受冻害，应进行土壤改良。

改良办法主要是客土改良。具体作法是在挖施肥坑时，挑拣出砾石，将黏土与有机质混合后，填入坑中。经过几年改良，逐步将葡萄根系主要分布范围的土壤改造成适宜葡萄生长发育的沙壤土。

(2) 盐碱地改良　葡萄在总盐含量小于0.3%，pH小于8.5的土壤中能够良好生长，土壤含盐碱量过高时，叶片小，生长势弱，严重时，叶片干枯死亡。

①灌水排碱洗盐。在生长期和埋土前，加大灌水量，有条件时可在丰水期或利用洪水以水压碱洗盐，减少表层土壤盐碱含量。

②土面覆盖与种植绿肥。利用杂草、绿肥覆盖可减少土壤水分蒸发，抑制盐分向上移动，另外，绿肥杂草的生长也可吸收一些土壤盐碱，降低土壤含盐量。

③中耕防盐。雨后或灌水后在葡萄株间及行间中耕松土，可以切断土壤毛细管，抑制地下盐碱上升，减少主要根系分布层土壤盐分积累。

(3) 深翻改土　深翻可以改良土壤结构，增加土壤微生物的含量和数量，提高产量与品质。一般结合秋季施有机肥进行深翻，1～2年一次。黏重土壤深翻时深度加大，一般保持60～80厘米深；沙土地可浅些，40～50厘米即可。

2. 土壤管理制度

(1) 清耕法　葡萄园中不间作，有计划地进行中耕除草。

(2) 生草法　园内不进行耕作，利用葡萄园自然生草或播种矮生禾本科、豆科等植物，每年定期收割，就地覆盖或作为绿肥埋土回田。

(3) 覆盖法　在园中利用地膜、作物秸秆等覆盖地面。

(4) 间作法　间作物要选植株矮小，生育期短，与葡萄无共同病虫害，不与葡萄产生剧烈水养竞争，有较高经济价值的作物。

(二) 肥料管理

1. 施肥时期

(1) 基肥　基肥最好每年施入一次，在秋季葡萄埋土前施入效果最好，也可以在春季葡萄出土后施入，但效果不如秋施。

(2) 追肥　追肥又称补肥，追肥的次数和时期与气候、土质、树龄

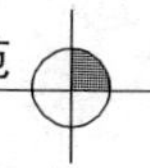

等有关。一般高温多雨或沙质土，肥料易流失，追肥的次数可增加一些；幼树追肥次数宜少不宜多；随树龄增长，结果量增多，生长势减弱时，追肥次数要逐渐增多，以调节生长和结果的矛盾。生产鲜食葡萄，每年可追肥2～4次。

①催芽肥。在葡萄芽萌发前施入，主要以氮肥为主，磷、钾肥为辅。

②花前肥。葡萄开花前施入。葡萄花期和幼果膨大期需要养分较多。特别是对弱树、老树和负载过重的大树，应加大施肥量；若树势旺盛，基肥数量又较充足时，花前追肥可推迟至花后。花前施肥能减少落果。此时主要以氮磷肥为主，辅以根外硼肥。

③膨果肥。幼果和新梢生长，需要大量的氮素营养，施肥可促进新梢正常生长，扩大叶面积，提高光合效能，有利于糖类和蛋白质的形成，促进花芽分化，提高产量和品质。此期是当年肥料管理的关键时期，以磷肥为主，氮钾肥为辅。

④成熟肥。在果粒着色前施入，可促进果粒着色和新枝成熟，为翌年结果打下良好基础，对克服"大小年"现象也有良好作用。主要以钾肥为主，氮磷肥为辅。

⑤根外追肥。又称叶面喷肥，是将肥料溶于水中，稀释到一定浓度（0.01%～1%）后直接喷于植株上，通过叶片、嫩梢和幼果等绿色部分进入植物体内。根外追肥一般在葡萄花前、花后、葡萄开始成熟期都可喷施，一般7～10天一次。种类有尿素、过磷酸钙、磷酸二氢钾等。

2. 施肥量 根据葡萄产量确定施肥量，正常情况下，每生产100千克葡萄，需要施用三要素肥料量大致为 $N=1.0$ 千克、$P_2O_5=0.6\sim0.8$ 千克、$K_2O=1.0\sim1.2$ 千克。也可根据叶诊断和测土施肥。

3. 施肥方法

（1）基肥 主要为充分腐熟的有机肥料，可适当配合化肥和1/3的园土混合均匀后施入。在秋季葡萄埋土前或春季葡萄出土后施用均可，但以秋季埋土前施用最好。穴施、沟施、环状施和放射状施均可。生产上穴施较为常用，要求施肥坑长、宽、深为60厘米×40厘米×50厘米，施肥坑距植株40～60厘米，施入后覆土10厘米，每3～4年完成一次循环。

（2）追肥　以化肥为主，也可用腐熟的有机肥。在距植株40～60厘米处，挖长60厘米、深15～20厘米的沟，施入后覆土10厘米。采用滴灌时，可根据葡萄需肥情况，选用可溶性的尿素、磷酸一铵、硫酸钾等肥料，随水施入田间。

（三）灌水管理

1. 灌水时期　根据葡萄物候期，如果土壤田间保持水量低于60%，则需要在下列时期进行灌水。

（1）萌芽水　葡萄出土后，马上进行，以促使萌芽整齐。此期因温度低，根系活动弱，灌水量可小一些。

（2）新梢生长水　新梢长至10厘米以上时进行，灌水量加大，以加速新梢生长和花器发育，增大叶面积，为开花坐果打好基础。

（3）果实膨大水　此期是葡萄需水高峰期和临界期，根据土壤含水和植株生长情况，每7～20天灌水一次。在果实成熟期及采收后要控制并减少灌水量和次数。

（4）越冬水　根据土壤质地，在埋土前7～10天进行。此期水要灌足灌透，以提高葡萄的抗寒性，使葡萄安全越冬。

西北不同地区，不同土壤条件的葡萄园灌水次数与灌水量变化很大。如吐鲁番砾质戈壁上的葡萄园，因保水力差，每隔7～8天需灌水一次，全年灌水25～30次，亩年灌水量为1 600～1 800米^3。而北疆和南疆一些黏土葡萄园，年灌水5～8次，亩年灌水量为300～600米^{3}即可满足葡萄生长发育的需求。水的管理均按前述各个时期灌水，遵循前促、后控、中间足的原则。

2. 灌水方法

（1）沟灌或畦灌　是利用葡萄的定植沟或在葡萄行间开深、宽各25～30厘米的灌水沟进行灌溉。优点是省工，水直接渗入根群。

（2）滴灌　是利用自动化灌水设备进行灌溉，是先进的灌水技术。田间毛管采用1条或间隔50～80厘米设置2条，灌水间隔3～10天，灌溉深度要求达到地下1米左右。

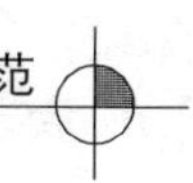

五、花果管理技术

（一）适宜的负载量

鲜食葡萄要求有良好的粒重、穗重和色泽，合理负载量一般在亩产1 500千克左右。由于产量对葡萄酒品质影响较大，亩产500～800千克的酿酒葡萄可以酿优质葡萄酒；亩产1 000千克左右的可以酿中档葡萄酒；亩产1 500千克以上的只能酿低档葡萄酒。制干葡萄对果实含糖量要求较高，制干地区只要在9月上旬以前，含糖量达到20%以上的产量即为适宜产量，吐鲁番哈密制干葡萄产量可为亩产3 000～3 500千克。

（二）花果管理

1. 花序管理

（1）*疏花序*　在开花前10天左右进行。单位面积着生花序数过多时，留下健壮的花序，摘除弱小的花序，一个结果枝上着生双穗时，应去弱留强，使花序健壮生长，保证开花坐果。

（2）*掐穗尖、除副穗、疏小粒和伤粒*　掐穗尖有改善穗形、提高果实品质的作用。操作时将花序的副穗除去，将尖端剪去1/5～1/4，做到壮穗多掐，弱穗少掐。成熟前，剪去果穗中小粒和伤粒，保持果面清洁。

2. 保花保果　葡萄生理落果是果树正常的果实自疏现象。严重落花落果，预测会导致产量不足时，要采取保花保果措施。常用增加肥水、花前摘心、控制新梢生长、合理控制产量、使用植物生长调节剂等措施，进行保花保果。

3. 果实套袋　套袋一般可在葡萄生理落果期后进行。套袋可用报纸自制，有条件时选用优质葡萄套袋专用纸袋。葡萄成熟时，可提前3～5天摘袋，也可采果时连纸袋一起剪下。

4. 赤霉素在葡萄上的应用

（1）*赤霉素在无核葡萄上的应用*　在鲜食无核葡萄上，一般使用赤霉素2～3次：第一次在花序生长到10厘米长左右、花序上的小分枝展开时，对花序喷施50～70毫克/升赤霉素，起到拉长果穗的作用；第二次在 90%花帽脱落时，喷施 100～150 毫克/升，以促进果粒膨大；第三次在第二次喷施 10 天后，喷施 50～100 毫克/升，以促进果实膨大。

（2）赤霉素在有核葡萄上的应用

①拉长果穗。开花前 5～10 天，用 5～10 毫克/升赤霉素喷洒花序，可拉长果穗，防止因坐果过多而使果粒过紧，挤压变形。

②增大果粒。单用赤霉素对葡萄果粒无明显膨大效果，但赤霉素与膨大素混合使用可以显著增大果粒。

六、主要病虫害防控技术

葡萄病虫害直接影响着葡萄的产量和品质，在防治过程中长期不合理地使用化学农药，不仅使病原、病虫产生抗药性，杀伤天敌和污染环境，还会产生果实农药残留问题。贯彻“预防为主，综合防治”的植保方针，结合葡萄病虫害发生的规律，做好预防工作，发挥各种自然因素控制病虫害的作用。在综合防治中，以农业防治为基础，合理运用化学农药防治、生物防治、物理防治等措施，经济、安全、有效地控制病虫害，以达到提高产量和品质，保护消费者健康，保护环境的目的。

西北葡萄主要病虫害有白粉病、霜霉病、灰霉病、褐斑病、根癌病、黄化病、水心病、毛毡病、介壳虫、斑叶蝉等，可参照前述病虫害防控部分进行防治。

七、葡萄低温、高温管理技术

（一）葡萄低温对策

1. 低温冻害防控技术

（1）采用抗寒砧木　由于抗寒砧可大大提高葡萄根系的抗寒力。所以，采用抗寒砧木是提高葡萄抗寒性，实现葡萄安全生产的一项重要措施。多年来，葡萄栽培最常用的砧木是山葡萄和贝达。山葡萄抗寒性强，可大量实生繁殖，但扦插生根困难，与部分品种嫁接后，因接穗增粗快，而砧木增粗慢，出现“小脚”现象。贝达砧木扦插生根容易，嫁接亲和力强，但根系抗寒力不理想，另外，因贝达易染病毒病，常见的贝达苗木多已感染严重的病毒病，对接穗品种的产量、品质有一定的影

响。近年来引进和培育的砧木品种，如河岸 2 号、河岸 3 号、山河 1 号、山河 2 号、山河 3 号、山河 4 号抗寒能力超过贝达，扦插易生根、生长势旺，与主栽品种嫁接亲和力好，可参考采用。

（2）*开深沟种植葡萄*　北疆等寒区，一般定植沟深 25～30 厘米，深沟栽植葡萄，降低了根系分布深度，有利于埋土，因而可提高葡萄的越冬安全性。

（3）*选用抗寒架式及整形修剪方法*　寒区栽培葡萄应选用易下架防寒的小棚架、篱架和棚篱架，避免选用大棚架，采用无主干多主蔓整形方式，除了延长枝外，一般以中短梢修剪为主，结果枝组 4～5 年更新，主蔓 10 年左右更新，以方便下架防寒。

2. 埋土防寒越冬　据有关资料，年平均绝对最低温在－15℃时，葡萄就需要埋土越冬。西北年平均绝对最低温，远远低于埋土标准，虽然一些地方，在某些年份葡萄不埋土也能安全越冬，但在寒冷年份则受冻严重。所以，西北葡萄必须埋土越冬。

（1）*埋土时期*　埋土时间一般在土壤封冻前 1 周为宜。过早，葡萄抗寒锻炼不足，抗寒性下降，同时因土堆内温度较高，易滋生霉菌使葡萄芽眼受害；过晚，葡萄易受冻，取土困难，土堆冻块间易出现空隙，使冷空气进入而使葡萄受冻。埋土适宜时间北疆约在 10 月中旬至 11 月初，南疆为 10 月下旬至 11 月上旬，吐鲁番为 10 月下旬至 11 月底。

（2）*埋土厚度*　埋土厚度与气候条件密切相关，一般认为自根葡萄苗根系受冻深度与冬季地温－5℃土层深度大致相符。这样，可根据当地历年地温稳定在－5℃土层深度为防寒土堆的厚度。一般埋土厚度 20～25 厘米；寒冷地区要增加埋土的防寒性能，埋土深度为 30～40 厘米。沙土地要增加埋土厚度 20%～30%，抗寒砧埋土厚度可减少 30%～40%。

（3）*埋土防寒的方法*　埋土前 10 天左右灌越冬水，将葡萄下架，拉直并按一个方向理顺枝蔓，用柳条或绳索每 1～1.5 米捆一个结，形成一条龙，完成捆蔓工作。

埋土用土壤要充分湿润、松散，不能结块，也不能含盐碱，埋土可一次完成，也可分两次进行。

埋土厚度要达到标准，厚度一致。有条件时可先在蔓上覆盖作物秸秆再覆土，以提高抗寒性。要在距葡萄植株基部60厘米外取土，防止根系冻害。

在整个越冬期间要防止鼠、野兔等危害，严禁在园内放牧。

塑料膜覆盖防寒法，近几年西北一些果园采用塑料编织袋、薄膜，覆盖在用土盖住的葡萄上，再用土培严，防寒效果良好。

3. 冻害的补救措施 葡萄植株一旦发生冻害，要因地制宜采用补救措施。

①剪去无法恢复的枝蔓，增施肥水，促使有希望萌发的枝芽得到较多的水分和营养，防止枝芽抽干，使芽萌发生长。

②严重受冻时，应减少结果量或全部疏去果穗，以恢复树势，增加新梢枝量为主要管理目标。

③提高地温，促使新根尽快发生。

（二）高温对策

1. 日烧病 高温暴晒易使葡萄发生日烧病。发病主要原因是由于果实在夏日高温期直接暴露于强烈阳光照射下，使果粒表面局部温度过高，水分失调而至烧伤，或由于渗透压高的叶片与渗透压低的果实争夺水分，而使果粒局部失水，再受高温烧伤所致。

不同的品种，日烧病发生的程度差异很大。近几年西北大量种植的红地球葡萄受害较重。环境条件与日烧病的发生也有着很大关系：篱架比棚架发病重；地下水位高、排水不良的果园发病较重；施氮肥过多的植株，叶面积大，蒸腾量大，发生日烧病也较多。

2. 防治方法

（1）避免暴晒　对易发生日烧病的品种，要加强架面管理，夏季修剪时，在果穗附近要适当留下几片叶遮阴，以免果穗直接暴晒于烈日强光下，而其他部位过多的叶片要适当除去，以免过多向果实争夺水分。

（2）注意排水　地势低洼的果园要注意雨后排水，降低地下水位。

（3）增施有机肥　增施优质的有机肥料，避免过多施用速效氮肥。

（本节撰稿人：潘明启）

第四节　华东及华南区葡萄栽培管理技术规范

华东华南地区主要包括广东省、福建省、浙江省、上海市、江苏省、安徽省及山东省（鲁南地区为主）等省、直辖市。本区地处暖温带至亚热带，季风气候显著。夏季高温多雨，冬季寒冷干燥，雨热同期。年降水量950～1 500毫米，年平均温度16～23℃。

据统计，2009年全国葡萄园面积为493.4千公顷，其中江苏省18.1千公顷，福建省5.6千公顷，上海市4.2千公顷，浙江省17.0千公顷，安徽省6.8千公顷，山东省7.3千公顷（鲁南五市：枣庄、临沂、济宁、菏泽、日照），华东华南地区占全国葡萄园总面积的12.0%；全国葡萄总产量为794.06万吨，其中江苏省27.85万吨，福建省9.88万吨，上海市7.71万吨，浙江省39.04万吨，安徽省21.40万吨，山东省19.22万吨，华东华南地区占全国总产量的15.8%。

一、适宜本区域发展的主要优良品种

（一）欧美杂交种品种

欧美杂交种品种有巨峰、藤稔、夏黑、金手指、巨玫瑰、先锋、翠峰、黄玉、醉金香、信浓乐、安芸皇后、黑峰、阳光玫瑰等。

（二）欧亚种品种

欧亚种品种有奥古斯特、矢富罗莎、维多利亚、里扎马特、玫瑰香、美人指、红罗莎里奥、白罗莎里奥、红地球、魏可、亚历山大、圣诞玫瑰、意大利等。

（三）砧木品种

砧木品种有5BB、SO4、贝达等。

二、园地选择与建园技术

（一）园地选择

1. 环境条件　选择生态条件良好，远离污染源，具有可持续发展能力的农业生产区域建园。

2. 土壤条件 选择pH 5.5～8.5（6.5～7.5最宜）之间的沙壤土和轻黏土建园，土壤疏松、土层深厚、土层肥沃，通气性、透水性、保水性良好的土壤有利于葡萄根系生长和吸收养分。

3. 水分 有充足的水源，排灌通畅，地下水位在1.2米以下，坡地栽培时选择向阳坡地。

（二）建园技术

1. 园地规划 对栽植区、道路系统、排灌系统、防护林和设施建筑等进行规划。根据地形、地块、坡向和坡度划分若干栽植区，并设置道路系统，主道贯穿全园，支道设在小区边界，与主道垂直。设置主灌渠、支渠、灌水沟3级灌溉系统，做到水自由灌溉，排水及时。防风林由主林带和副林带组成，走向与主风方向垂直，主林带由4～6行乔灌木组成，间距300～500米，副林带由2～3行乔灌木构成，间距200米。设施建筑主要包括办公室、作业室、工具房、贮藏库、日光温室、塑料大棚等。

2. 优良品种的选择 选择坐果率较高、丰产、优质、抗逆性强、适应性好、符合市场需求的优良品种，并根据不同品种成熟期，按早、中、晚熟品种一定比例进行建园栽培。

3. 苗木栽植

（1）土壤改良 过酸、过碱、贫瘠和过于黏重的土壤经改良后才可建园。

（2）栽植时间 秋冬落叶后到翌年春季，以南北行向为好。栽植前一年进行土壤深翻，深度为50～80厘米。深翻同时可加入绿肥压在土下。

（3）挖栽植沟 根据株行距挖好栽植沟，栽植沟深、宽均不小于80厘米，要求上下一样大。挖沟时，底土与表土分开，挖好后，按从下到上的顺序依次填入10～15厘米厚的有机质、10～15厘米表土、含厩肥饼肥等有机肥混合的肥土，最后填入底土，浇足水。

（4）栽植密度 根据品种特性、架式、气候因素、立地条件、栽培习惯和机械化程度确定。

（5）栽植前苗木处理 对苗木进行选择、整形和消毒。修剪时地上

部剪留3～4个饱满芽，用50波美度石硫合剂浸蘸2～3分钟，根系剪去劈伤及霉烂部分。

（6）栽植　栽植深度以原来苗床深度为准。秋季栽植时，将苗直立，使根系充分伸展，分布均匀，填土至一半时，轻轻提苗，以使根系伸展并与土壤密接，当填土与地相平时，踏实浇透水，再覆土20厘米厚。春季栽植宜浅种浅埋。

三、整形修剪技术

（一）适宜架式

1. V形架　由架柱、2根横梁和6道铁丝组成。2.5～3.0米宽的畦种一行葡萄，立一行水泥柱。柱距4米，柱长2.5米，埋入土中0.5米（如进行避雨栽培，柱长2.9米，埋入土中0.6米），两头边柱10厘米×10厘米粗，中间柱可8厘米×8厘米。纵、横距一致，柱顶成一平面。每行两头的边柱须向外倾斜30°～45°，并牵引锚石。柱上架两根横梁，下横梁60厘米长，上横梁80～100厘米长，分别扎在离地面115厘米处与150厘米处，两道横梁两头必须一致。毛竹、木棍、水泥钢筋混凝土构件、角铁、钢管等均可采用。离地面90厘米处柱两边拉两条铅丝，在两道横梁的两端离边5厘米处打孔，各拉一条铅丝。V形架夏季叶幕呈V形，葡萄生长期形成3层：下部为通风带，中部为结果带，中上部为光合带。

2. 高宽垂T形架　由架柱、一道横梁和8条铅丝组成。行距3米立一行水泥柱（或竹、木、石柱），柱距4米，柱长2.5米，埋入土中0.5米（避雨栽培柱长3米，埋入土中0.6米）。纵横距离一致，柱顶成一平面。每行两头的边柱须向外倾斜30°～45°，并牵引锚石。用2.2米长的横梁扎在离地面1.7米柱上，横梁两头及高低必须一致。毛竹、木棍、角铁、钢管均可采用。离地面1.4米柱两边拉两道铅丝，在横梁离柱20厘米、60厘米和离横梁5厘米处打孔，各拉一道铅丝，共8条铅丝。结果部位高（1.5米），叶幕宽（水平2米多），中后期发出新梢下垂。

3. 水平棚架　立柱高2米，行距5～6米，每行一排水泥柱（或竹、木、石柱），柱间距4～5米，柱长2.5米，埋入土中0.5米（避雨或促成栽培柱长2.6米，埋入土中0.6米）。行间立柱对齐，纵横距离一致，柱顶成一平面。棚架边柱3米，向外倾斜30°～45°固定，并牵引锚石，架面铁丝纵横交叉，铁丝间距离0.3～0.4米。

（二）修剪技术

1. 冬季修剪

（1）冬剪时期　从秋季自然落叶至翌年春季伤流到来之前，最迟在伤流到来前2～3周剪完。

（2）冬剪方法　冬季修剪的方法主要包括短截、疏枝和回缩。

短截是把一年生枝蔓剪去一段，留下一部分，短截部位在剪口芽以上一节的节部。

疏枝是指将一年生或多年生的整个枝蔓从基部剪除，疏枝时要在基部留5厘米短桩以防伤口侵入老枝内部。

回缩是把二年生以上的枝蔓适当回缩，以改善光照、更新复壮、延缓结果部位上移，并将枝组固定下来。

（3）修剪长度　根据剪留芽的多少，将修剪分为短梢修剪（留2～3芽）、中梢修剪（留4～6芽）和长梢修剪（留8芽以上）。生长势旺、结果枝率较低、花芽着生部位较高的品种，对其结果母枝多采用长中梢修剪；而生长势中等、结果枝率较高、花芽着生部位较低的品种，修剪多采用中短梢混合修剪。

（4）剪留量　冬季修剪时保留结果母枝的数量多少，对翌年葡萄产量、品质和植株的生长发育均有直接的影响。适宜负载量的确定通常采用下列公式计算：

单位面积结果母枝留量（个）＝计划单位面积产量（千克）/［每个母枝平均留果枝数×每果枝平均留果穗数×每果穗平均重量（千克）］

每株结果母枝留量（个）＝单位面积结果母枝留量（个）/单位面积株数

由于田间操作中可能会损伤部分芽眼，另外还要考虑到品种的萌芽率、成果枝率的问题，所以单位面积实际剪留的母枝数可以比计算出的留枝数多10％～15％。

（5）*更新修剪*　分为单枝更新和双枝更新两种方法。

单枝更新是在一个枝条上同时培养结果枝和预备枝。采用单枝更新修剪时不另留预备枝，仍对结果母枝采用长中梢修剪，春季萌芽后让结果母枝上部抽生的枝条结果，而将靠近基部抽生的枝条疏去花序培养成预备枝，冬剪时去掉上部已结过果的枝条，而将基部发育好的1～2个预备枝作为新的结果母枝，以后每年均按此种方法剪留结果母枝和更新枝。

双枝更新是留预备枝的修剪法，即选择两个相近的枝为一组，上部健壮的枝用中梢修剪法，留为结果母枝，下部枝留2～3芽短剪，作为预备枝。预备枝抽生健壮的发育枝，作为翌年的结果母枝。待翌年冬剪时，把上面已结果的枝条从基部剪掉，而对预备枝上的2个枝条，上部作结果母枝的留4～5芽修剪，而下部枝条仍留2～3芽短截，作为预备枝，以后每年照此进行修剪。

多年生老蔓的更新换代，分为全部更新和局部更新。植株全部衰老时，采用全部更新，在衰老蔓的基部附近留新蔓作为更新蔓，然后将老蔓剪去。为了不影响结果可采用局部更新，即有计划地培养侧蔓和结果母枝，并逐步缩剪老蔓，经2～3年后将老蔓从基部去除，用培养的新蔓代替其继续结果。

（6）*冬剪注意事项*　短截一年生枝时，宜在芽眼上方2～3厘米处剪截；疏剪或缩剪时，尽量避免造成过多的伤口；去除大枝时，不要造成同侧连续多个机械伤口。修剪结束后应刮剥老树皮，并彻底清园，将园内所有残枝、老叶、杂草集中到园外烧毁；翻园、清沟、保持园内外沟系畅通；喷施一次3～5波美度石硫合剂对园区内地面、树体、支架等全面进行灭菌，同时进行紧架、绑扎、上架等工作。

2. 夏季修剪

（1）*抹芽*　春天葡萄发芽以后，抹除瘦弱芽、双芽、歪芽、病虫芽。幼树抹芽疏枝的程度极轻，将容易变成劣枝位置的新梢和下部生长势强的芽或新梢进行抹芽或疏枝。成年树的抹芽程度根据冬季剪留冬芽数、萌芽的状况及枝条生长情况而定。抹芽分数次进行，第一次在展叶初期，第二次在展叶8～10片时，第三次在坐果稳定之后实施。

（2）定梢和引缚　能看到花序时，去掉过多、过密的发育枝、结果枝和弱枝，保留一定数量的健壮结果枝和营养枝。新梢长到40厘米左右时开始进行引缚，树势中庸的进行一次，幼树和树势旺的根据具体情况分两次实施。可把结果母枝先端的新梢向延长方向引缚，其余的新梢与结果母枝缚成近直角。

（3）摘心　落花落果重的品种一般在开花前5～6天进行摘心；坐果率高、果穗紧凑的品种应在花期或落花后摘心，摘心强度稍轻。一般结果枝常在花序以上5～6片叶处摘心。发育枝摘心在枝条上有8～10片叶完全伸展时进行。

（4）除卷须　在葡萄整个生长季要及时除去所有卷须。

（5）副梢处理　除去结果枝上果穗以下全部副梢，结果部位以上的留1～2片叶进行摘心；对一次副梢上抽生的二次副梢，除枝条顶端的2个保留1～2片叶摘心外，其余的二次副梢一律尽早抹除。营养枝上的副梢一般保留1～2片叶进行摘心，以后抽生的二次副梢也只保留1～2片新叶反复摘心。

四、肥水高效管理技术

（一）肥料使用

1. 肥料种类　主要包括有机肥和化肥。有机肥料主要包括粪尿肥、堆沤肥、土杂肥、饼肥等。常用化肥有氮肥、磷肥、钾肥、复合肥、微量元素肥料等。

2. 施肥时期与方法

（1）基肥　以有机肥为主，与磷钾肥混合施用。可秋施、冬施或春施，但以每年早中熟品种采收之后，晚熟品种采收之前或早秋（9月上下旬）施入最为适宜，且应在落叶前一个月完成。施用方法可采用环状施肥、沟状施肥或全园撒施等方法。大部分地区施肥量大致如下：每产100千克葡萄一年需施纯氮（N）0.5～1千克、磷（P_2O_5）0.5～1千克、钾（K_2O）0.75～1.5千克。施基肥时应注意不要伤大根，肥料经腐熟后施用，不断变换施肥部位。

（2）追肥　分根部追肥和叶面追肥。根部追肥主要以速效性化肥为

主，分别在当年栽植苗木新梢长到15厘米以上时、萌芽前、始花前一周、浆果黄豆粒大时、有色品种开始上色白色品种果粒刚有弹性时、采收后各施一次。根部追肥以沟穴或穴施为宜。叶面追肥主要以磷酸二氢钾、尿素及微量元素复合叶面肥等为主，可根据葡萄生长发育和缺素情况将肥料喷洒在树冠上。

（二）水分管理

1. 灌溉 主要有沟灌和滴灌两种方式，沟灌是在葡萄园行间开灌溉沟，滴灌是利用灌溉系统设备把灌溉水或溶于水中的化肥溶液加压、过滤，通过各级管道输送到果园，再通过滴头将水以水滴的形式不断地湿润果树根系主要分布的土壤。在萌芽期、新梢生长早期、幼果膨大期、果实采收后和休眠期各灌一次水。本地区降水较多可根据土壤水分调节灌溉。

2. 排水 主要通过行间的小排水沟、小区间的大排水沟和全园的总排水沟来排水。雨季特别是浆果上色至成熟期应加强排水。

五、花果管理技术

（一）花果管理

1. 疏穗 在葡萄开花前，根据花穗的数量和质量，疏去一部分多余的劣质花穗。开花前一周可将所有花序副穗摘除。

2. 掐穗尖 在见到开花或开花之前1～2天去除较大花序全穗1/6～1/5的穗尖。

3. 花穗整形 即去除基部过多小穗轴，可在花前一周去除花穗基部小穗，保留穗尖3～5厘米结果。可根据品种果实大小、目标穗重确定留花量。

4. 疏果粒 疏除过密果粒、小青果使果穗松紧适度。并使成熟后果穗整齐，穗形呈圆球形或圆锥形。

（二）其他技术

1. 环状剥皮 在果穗下一节的中间部用小刀或环状剥皮剪围绕枝蔓剥去3～5毫米的皮层。

2. 摘叶 果实变软时摘除一部分老叶。

3. 果实套袋 一般在葡萄生理落果（坐果后15～20天）后，其幼果似黄豆大小时进行套袋。套袋时间应在晴天，9:00～11:00和14:00～18:00为宜。套袋材料主要分专用纸袋和旧报纸自行制作纸袋。深色葡萄品种在采收前1～2周去袋，其余葡萄品种采收前不去袋。

六、主要病虫害防控技术

（一）葡萄病害防控技术

1. 清园灭菌 彻底清扫落叶、落果，及时剪除病、干病果、病穗、病梢、枯枝，刮除病老树皮等，集中烧毁。萌芽前喷3～5波美度石硫合剂，或喷10%硫酸亚铁加1%粗硫酸消灭病菌。

2. 加强栽培管理 加强夏季管理。及时整枝、去副梢、摘心、去徒长枝，防止枝蔓和叶片过于密集，使枝蔓、叶片、果穗的亩量保持合适的比例，防止枝条徒长，诱发病害。及时引绑，合理修剪，通风透光，降低空气湿度。果穗适时套袋。

3. 科学施肥 增施有机肥、多元素复合肥，防止氮肥偏多。

4. 药剂防治

（1）*葡萄黑痘病* 花前花后各喷一次波尔多液（1∶0.7∶240），以后雨前喷波尔多液预防病菌侵入，雨后及时喷杀菌剂，或交替使用杀菌剂。对黑痘病防治效果较好的杀菌剂有5%霉能灵600～900倍液、多菌灵（50%可湿性粉剂）600～800倍液、杜邦福星（40%乳油）8 000～10 000倍液、代森锰锌（70%可湿性粉剂）500～600倍液、百菌清（75%可湿性粉剂）600～800倍液、甲基硫菌灵（70%可湿性粉剂）600～800倍液等，药剂交替使用，发病严重情况可连续喷5%霉能灵2～3次，再配合其他杀菌剂。

（2）*葡萄霜霉病* 在发病前或发病初期，喷施1∶0.7∶200倍波尔多液，每隔半月连续2～3次，有很好防治效果；其他铜制剂，如科博、必备、铜大师、可杀得等。对霜霉病防治效果较好的杀菌剂有65%代森锰锌500倍液、40%乙膦铝可湿性粉300倍液、58%瑞毒霉（甲霜灵）可湿粉600～800倍液、72%杜邦克露可湿性粉600～700倍液、品润600～700倍液等，可交替使用。

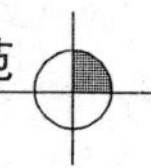

（3）*葡萄白腐病*　有效药剂有50%多菌灵800倍液、50%甲基硫菌灵可湿性粉500倍液、50%退菌特可湿性粉600倍液、70%百菌清500倍液、50%福美双可湿性粉600倍液。从6月中旬开始喷第一次药，6月底再喷一次，以后每10～15天喷一次，雨后及时喷药防治病菌侵入。各种药轮换使用。还可药液中加入0.03%～0.05%皮胶（溶化）或其他黏着剂，以提高药效。

（4）*葡萄炭疽病*　从幼果开始喷药，每半月左右喷一次药，共喷3～5次。采前15天停止喷药。葡萄萌芽前，喷40%福美双400倍液，或5波美度石硫合剂，铲除过冬菌源。有效药剂有50%退菌特800～1 000倍液、50%甲基硫菌灵800～1 000倍液、75%百菌清600～800倍液、50%多菌灵600～800倍液，都有很好杀菌效果。200倍石灰半量式波尔多液有很好保护作用，特别在雨前喷施，耐雨水冲洗，药效持久。

（5）*葡萄灰霉病*　花前花后喷2次50%多菌灵可湿粉500倍液、70%甲基硫菌灵可湿粉800倍液、速克灵1 000～1 500倍液、50%扑海因1 000～1 500倍液等。

（6）*葡萄白粉病*　在葡萄萌芽前，喷一次3～5波美度石硫合剂，开花前及幼果期各喷一次0.2～0.3波美度石硫合剂，或25%可湿性粉剂1 500倍液，或70%甲基硫菌灵可湿粉1 000倍液。6～7月发病盛期，可选用50%退菌特可湿粉600～800倍液、70%甲基硫菌灵可湿粉1 000倍液等。

（二）葡萄虫害防控技术

1. 葡萄二星叶蝉　防治方法：一是清除树下落叶及杂草，消灭越冬成虫。二是抓第一代幼虫，若虫集中发生期喷药防治，可喷2 000倍敌杀死、速灭杀丁、杀灭菊酯、功夫菊酯，5～7天连喷2次可控制全年为害。

2. 葡萄虎蛾　主要以幼虫为害葡萄叶片。防治方法：一是消灭越冬蛹，冬季翻耕挖蛹。二是捕杀幼虫。三是药剂防治。在发生最大的地区可喷2 000保速灭杀丁、蚊杀死、功夫菊酯等。

3. 葡萄金龟子　主要以成虫为害葡萄嫩梢幼叶。防治方法：一是消灭越冬虫源，秋季深耕，春季浅耕，破坏越冬场所，消灭越冬虫源。二是人工捕杀和诱杀，利用成虫的假死性，在其活动取食时进行人工捕杀；或利用成虫趋光性采用黑光灯、高压水银灯进行诱杀，同时，结合水缸接虫是消灭夜出性金龟子的有效措施。三是药剂防治，成虫对多种农药都很敏感，在成虫为害期，可喷90%敌百虫800～1 000倍液，或25%敌敌畏乳油1 000倍液。

4. 葡萄透翅蛾 主要以刚孵化的幼虫由新梢叶柄基部蛀入嫩茎内，为害髓部。防治方法：一是剪虫枝防治。结合冬季修剪，夏季枝条处理，及时剪除幼虫为害梢，集中烧毁。二是枝蔓虫洞塞药。用50%敌敌畏500倍液，浸透棉球塞入虫洞内，外口用泥土封住，或用医用注射器从虫眼注射药液。三是树上喷药。成虫羽化盛期、幼虫初孵化期，树冠喷10%歼灭2 000～3 000倍液，或20%灭扫利3 000倍液防治。

5. 葡萄根病蚜 主要为害根部。防治方法：一是严格检疫，防止从有虫疫区调运苗木接穗。对疫区苗木接穗用50%辛硫磷1 500倍液浸泡1分钟；或用溴甲烷熏蒸，在18～26℃温度下，用药32克/米^3，密闭熏蒸3小时。苗木先浸于40℃热水3～5分钟，再放入54℃热水中浸5分钟。二是药剂处理土壤。50%辛硫磷每公顷用药7.5千克，兑水30倍后与细土750千克拌和撒施树盘并深耕覆土。国外用六氯丁二烯，用药量21～25克/米^2，均匀打6个孔，将药放入孔内后踏实。

七、其他管理技术

本区域最大特点是高温多湿，有效积温高，冬季不需埋土防寒，但生长季雨水多，建议采用避雨栽培和先促成后避雨等设施栽培和高垄深沟栽培模式。

（本节撰稿人：陶建敏）

第五节　华中及西南区葡萄栽培管理技术规范

华中及西南区跨中亚热带和北亚热带两个气候带，年平均气温在

14～21℃，≥10℃的积温为4 500～7 000℃；气温由北向南递增；年降水量800～2 000毫米，降水分布由东南沿海向西北递减。地形对降水量影响显著，本区一般山地多于平地，向风坡多于背风坡。总之，本区气候温暖而湿润，是中国热量条件优越，雨水丰沛的地区；冬季气温虽较低，但并无严寒，没有明显的冬季干旱现象；春季相对多雨；夏季则高温高湿，降水充沛；秋季天气凉爽，常有干旱现象；冬夏季交替显著，具明显的亚热带季风气候特点。

本区主要的地带性土壤是红壤与黄壤，以及山地黄棕壤；本区地貌类型较多，山地、丘陵、高原、平原交错分布，总的特点是西高东低，大致可分为高山、中山和平原三部分。地势较高的山地多分布在西部，包括秦巴山地等，大部分海拔为2 000～3 000米。中部和南部的大别山地、江南丘陵和南岭山地等，除个别山峰海拔达2 000米以上外，多数在1 000米左右。长江中下游平原的洞庭湖、鄱阳湖、太湖一带，水网交错，湖泊星布。

一、适宜本区域发展的主要优良品种

（一）欧美杂交种品种

欧美杂交种品种有巨峰、藤稔、夏黑、金手指、巨玫瑰、醉金香、户太八号、涌优一号、阳光玫瑰等。

（二）欧亚种品种

欧亚种品种有夏至红、维多利亚、红宝石无核、玫瑰香、美人指、红罗莎里奥、白罗莎里奥、红地球、魏可、摩尔多瓦等。

二、园地选择与建园技术

（一）园地选择

避雨栽培以选择阳光与水源充足、排灌便利、土质肥沃疏松、交通方便、地势较高并以南北行向种植的园地为宜。土质以冲积土、壤土、黏壤土为宜，且要求土壤中无有害重金属污染、土质肥沃疏松、有机质含量在3.0%以上。

另外，为方便生产资料和产品的运输，宜选择交通便利的园地。

（二）园区规划

避雨栽培以南北方行向种植为宜。对作业区面积大小，道路，灌、排水渠系网和防风林等须统筹安排。

作业区面积大小应因地制宜，一般以面积1.4～2.0公顷为一个小区，4～6个小区为一个大区，小区南北葡萄行向长以50～80米为宜，以便于田间作业；山地以0.7～1.4公顷面积为一个小区，小区的长边应与坡面等高线平行，以有利于灌溉、排水和机械作业。

根据园地的规模大小来规划园区内的道路，面积小于3.4公顷的园地的主道宜为2.5～3米，支道宜为2～2.5米；面积大于3.4公顷的葡萄园主道宜为3～3.5米，支道宜为2.5～3米。

园地的排水沟渠应根据地理条件来进行合理规划，一般每1.5公顷需开设一条主排水渠，排水渠深为1.2～1.5米，开口面为2.0～3.0米，底宽为0.6～1.0米。园地的垄长一般以50～80米为宜。当垄长大于30米时要在垄中间开设一条横沟，一般横沟底部宽0.3～0.5米、深0.6～0.8米；开口面为1.0～1.2米。葡萄园如果采用的是管道喷雾系统，则需要在垄长中间装置好喷雾管道，一般情况下，一台喷雾泵可管理6.7～10公顷的葡萄植株。

葡萄园区一般每0.7～1.0公顷需要修建一个容量为12米^{3}的粪池，另外园区的房屋设施、石硫合剂熬制房、仓库等建筑设施也要根据园区大小规划好后再进行建造。在规划道路和排灌沟前，要根据水泥柱之间的间距（一般约5.4米）和株行距搞好规划，以提高土地利用率，避免苗木与水泥柱排列在道路上或者沟渠上。

（三）施工规范

根据不同的立地条件与土壤质地，建立了不同的栽植方式。对丘岗坡地、地下水位较低的平地，沙壤土、黄壤土，进行深挖定植沟的栽植模式；对地下水位高的田地、黏壤土，实施起垄栽培模式。

1. 深挖定植沟的栽植方式

（1）挖定植沟　按南北行向，行距2.5米，定植沟宽1.0～1.2米、深0.8～1.0米。

（2）基肥用量　一般每亩需饼肥200千克，磷肥100～150千克，

人畜粪 2 500～5 000 千克，含氮、磷、钾 6%的生物有机肥 500 千克，锯末屑或稻草 2 000 千克左右。饼肥与磷肥混合发酵。

(3) *施肥方法*　先将饼肥、磷肥、人畜粪各 50%施沟底，深翻 20 厘米左右，土与肥要拌匀，然后施入锯末屑、稻草，回填 50%的土以后，再施入饼肥、磷肥、人畜粪、有机肥各 50%。再回填剩余的土，撒入另 50%的有机肥，用旋耕机将土与肥拌匀，土壤经旋耕机打碎后，再开沟整垄，垄沟宽 50 厘米左右，垄脊与沟底落差 40 厘米左右。此项工作需在定植前一个月完成。

2. 起垄栽植模式　夏季雨水多，土壤含水量长期偏高，葡萄的中下层根因渍水缺氧易导致烂根，这样葡萄长势差，易发生病害，不能达到优质高产，特别是地势平坦、排水不畅的田块更严重，起垄栽培可克服渍水影响。

建园时，将发酵后的饼肥与磷肥、人畜粪、全部有机肥、锯末屑或稻草均匀地撒施于园地表面，用挖土机全园深翻 30～40 厘米，用旋耕机全园翻耕两遍，将土与肥拌匀。然后，从主干道开始，沿主干道方向按行距 2.5 米起垄，以垄中心线为中心，建立宽约 1.5 米、高 50～60 厘米的垄，垄边有宽约 50 厘米的垄沟，垄沟通边沟，边沟与主排水沟相通，有利及时排水。垄面较高时不耐旱，为保证水分供给，从 4 月底开始在垄面上覆盖秸秆、稻壳类或杂草等，一般 5～6 厘米厚。覆草时，必须先喷药杀菌灭虫，土壤过干时应浇水，在树干基部四周留 25～30 厘米不覆盖。

3. 苗木养护与定植　待苗木落叶后起苗，用河沙假植。苗木假植时，先铺 10～15 厘米厚的河沙，再将小苗 10～20 株/捆呈单行排列，每排列一排盖一层河沙，埋没根系上部 10 厘米左右，四周河沙厚度 50 厘米左右，浇水使河沙填满苗木根系缝隙并达到要求厚度，以后补水保持河沙湿润，假植后每 15 天左右检查一次根系是否发霉。

选择的苗木要求品种纯正、芽眼饱满、枝蔓粗壮、无检疫性病虫害。苗木定植前需修剪，保留 3～4 个饱满、健壮的芽和适宜长度的根系（15～20 厘米），用清水浸泡 3～4 小时后再对枝蔓用 3～5 波美度石硫合剂或 1%硫酸铜消毒，对根系用 50%辛硫磷 600～800 倍液浸渍 3～

5 分钟，再进行栽植，以提高苗木的成活率，减轻病虫害的发生。

苗木一般以春季栽植为宜，时间在 2～3 月，定植嫁接苗时需清除嫁接口的嫁接膜，根据原定的株行距，按行向在畦中心拉一根线，按株距做记号，然后挖浅穴，浅栽为宜，将苗木与地面呈 45°夹角斜放在穴内，根系在穴内分布均匀，先填一半土覆盖在根群上，将苗木轻轻往上提，使土壤充分进入根系间，然后培土，嫁接苗露砧 5～10 厘米，踩紧踏实，浇清水，使苗木左右对齐，横、竖、斜均成行。待下雨或漫灌后覆盖宽 1.2 米、厚 0.014 毫米的全新料黑色地膜，并打洞将苗木引出。此外，对埋施基肥过迟而肥料未充分发酵腐熟的园地，在苗木定植时须在定植穴内客土。

（四）避雨棚的架设

由于葡萄在高温高湿的环境中易感真菌性病害，因此，栽培葡萄最大的困难之一就是病害的防治。在葡萄的新梢生长、开花坐果、果实膨大期间，阴雨天气较多、温度较高、湿度较大，为害葡萄的灰霉病、炭疽病、霜霉病、白腐病、黑痘病、气灼病等病害传播快、为害重，严重影响葡萄的产量、质量和经济效益。因此，避雨栽培是葡萄生产的关键技术。

红地球葡萄避雨栽培，选择优质的棚架材料是葡萄建园的基础。一般在 4 月初开始盖膜，4 月 15 日前后完成覆膜工作。

1. 南北两头棚架设施建造 南北两头棚架设施的建造见图 16－1。

①水泥立柱规格。2 500 毫米×100 毫米×100 毫米。

②水泥撑柱规格。3 000 毫米×100 毫米×100 毫米。

③ϕ20 毫米热镀锌管，长 580 毫米，与横向 ϕ20 毫米热镀锌厚壁管焊接，柱端与 ϕ20 毫米热镀锌管横向焊接。

④ϕ20 毫米热镀锌管与立柱上 ϕ14 毫米圆钢预埋铁焊接，焊接时，尽量保持在水平线上，若地势有差异，要求尽量保持在同一条直线上。

⑤ϕ9 毫米弧形圆钢长 2 450 毫米，弯成弧形后，高 600 毫米，弦长 2 000 毫米，两端与 ϕ20 毫米热镀锌水平管焊接。

⑥ϕ9 毫米圆钢长 700 毫米斜撑，与 ϕ9 毫米弧形圆钢及 ϕ20 毫米热镀锌水平管焊接。

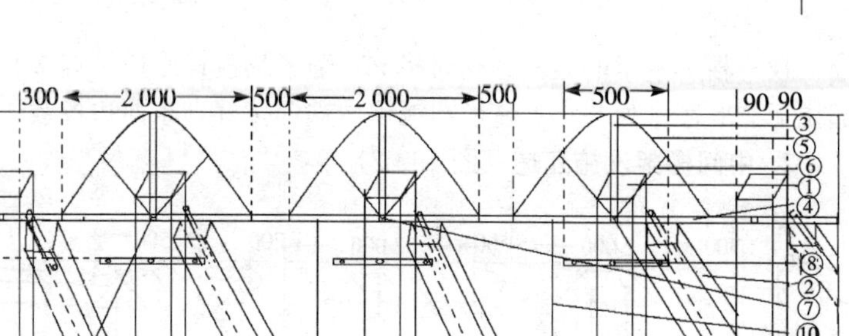

图 16-1　避雨棚架南北两头设施建造示意（单位：毫米）

⑦ϕ14 毫米预埋铁，长 100 毫米，露 20 毫米，与 ϕ20 毫米热镀锌管焊接。

⑧ϕ8 毫米预埋铁，与长 500 毫米、两端距边 5 毫米各钻一个 3 毫米的孔的 ϕ15 毫米热镀锌管焊接，在 ϕ15 毫米横端两端孔内各拉一根 ϕ20 毫米热镀锌通讯线。

⑨水泥撑柱脚下的混凝土长方体，长、宽、高规格为 400 毫米×300 毫米×500 毫米，要求预制时，长方体表面低于地面 100 毫米，保持南北立面水泥立柱均匀向外倾斜 100 毫米，柱脚埋于护脚混凝土内 100～150 毫米，并保证撑柱脚混凝土的密实。

⑩每根水泥立柱两侧 300 毫米左右，用一根 ϕ2.5 毫米热镀锌通讯线与埋于地下深 800 毫米的规格为 100 毫米×100 毫米×500 毫米以上的断水泥柱或大石头作锚石，使其牢固，防止大风吹倒避雨棚。

⑪南北两头档柱东西方向，各用双根 ϕ3.0 毫米热镀锌通讯线与地面呈 30°左右角斜拉于地下 800 毫米深、规格为 100 毫米×100 毫米×500 毫米的断水泥柱或大石块锚石上，中间用 ϕ16 毫米长 500 毫米左右的花篮螺丝连接，以便今后松隙以后紧固，南北两头东西方向超过 150 米需要增拉一组。先将东西方向 ϕ30 毫米斜拉线拉紧固定之后，再拉紧垄向通讯线，以保证 ϕ20 毫米热镀锌管平直。

⑫南北档柱东西边上一根从柱中心往 ϕ20 毫米热镀锌管尾端 1.5 米

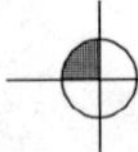

处，栽一根 2.5 米的边柱，同时将 ϕ20 毫米热镀锌厚壁管焊接在边柱顶部往下 200 毫米处与 ϕ14 毫米圆钢预埋铁焊接好，东西边各栽一根。

2. 中间棚架设施建造（图 16－2）

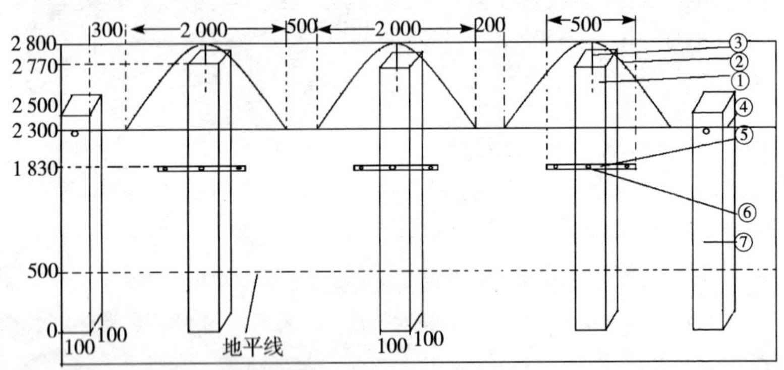

图 16－2　避雨棚架中间设施建造示意（单位：毫米）

①中间水泥柱立柱规格。2 800 毫米×100 毫米×100 毫米。

②弧形楠竹片，长 2 510 毫米、宽 30 毫米以上，竹片两端 30 毫米处各钻一个孔径 3 毫米的孔，50 毫米处各钻一个孔径 3 毫米的孔，两孔不要成直线，以免竹片破裂。

③顶部 ϕ12 毫米螺纹钢预埋铁，长 200 毫米，预埋时外露 30 毫米，顶部往下 5 毫米处钻一个孔径 3 毫米的孔，栽水泥柱时，注意孔的方向，孔对正垄向，以便拉设铁丝。

④ϕ3.0 毫米热镀锌通讯线从水泥柱顶部往下 570 毫米处，拉设一道通讯线，用 ϕ2.5 毫米热镀锌通讯线与中间水泥柱连接绞紧，形成整体，绞拉时，注意保持水泥柱垂直。

⑤顶部往下 970 毫米处的 ϕ8 毫米预埋铁焊接 ϕ15 毫米热镀锌厚壁管，长 500 毫米，距两边 5 毫米处，各钻一个 3 毫米的孔，拉设铁丝用。

⑥顶部往下 970 毫米处预埋 ϕ8 毫米预埋铁。

⑦中间边柱规格：2 500 毫米×100 毫米×100 毫米，顶部往下 200 毫米处，预埋 ϕ14 毫米圆钢，长 100 毫米，外露 20 毫米。

3. 东西两边撑柱建造（图 16 - 3）

①水泥撑柱规格。3 000 毫米×100 毫米×100 毫米，顶部预埋 ϕ12 毫米圆钢长 200 毫米，预埋时，外露 30 毫米。

②水泥立柱规格。2 500 毫米×100 毫米×100 毫米，顶部柱顶往下 200 毫米处，预埋 ϕ14 毫米圆钢，长 100 毫米，外露 20 毫米，垄中水泥柱间距 5 400 毫米，东西两边水泥立柱间距 2 700 毫米，以后建造避雨棚时，拉一根 ϕ20 毫米热镀锌通讯线，连接各避雨棚，形成整体，增强抗风能力。

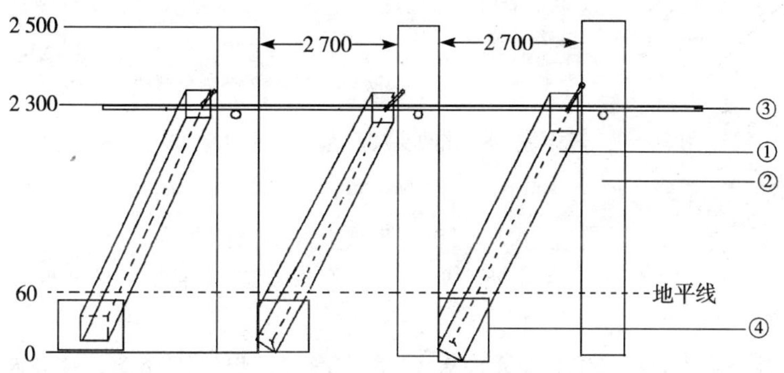

图 16 - 3 避雨棚架东西两边撑柱建造示意（单位：毫米）

③根据用户的经济条件与要求，可采用下列两种方式：

第一种，用 ϕ20 毫米热镀锌厚壁管焊接，再将 3 000 毫米撑柱焊接于 ϕ20 毫米热镀锌管上。

第二种，用 ϕ3.0 毫米以上热镀锌通讯线连接水泥立柱，在拉设通讯线时，每根水泥立柱旁串一根 ϕ10 毫米长 30 毫米热镀锌厚壁管，再将 3 000 毫米撑柱焊接于 ϕ10 毫米热镀锌管上，再将撑柱用 ϕ20 毫米通讯线与水泥立柱绞紧。

④撑柱脚长、宽、深为 400 毫米×300 毫米×500 毫米的混凝土长方体固定，混凝土长方体低于地面 100 毫米左右，预制时注意保持水泥立柱垂直和撑柱脚密实。

4. 南北两头端柱制作（图 16 - 4）

①南北端柱规格。2 500 毫米×100 毫米×100 毫米，内放四根 ϕ4

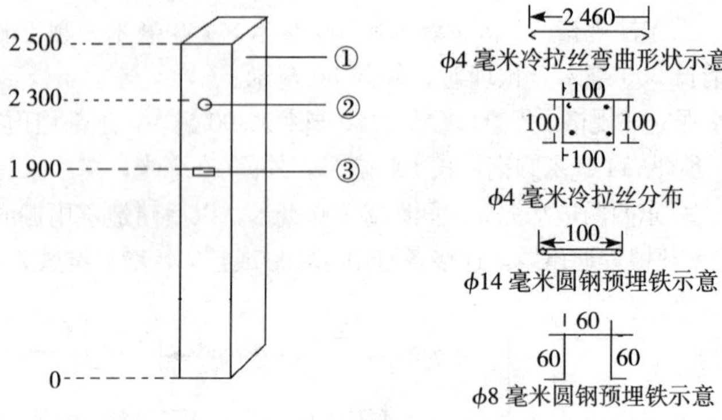

图 16－4　避雨棚架南北两头端柱制作示意（单位：毫米）

毫米冷拉丝，每根长 2 500 毫米，弯曲后长 2 460 毫米，预埋时摆放参照 16－4 形状，四周边均要有 10～15 毫米混凝土保护层。

②柱顶往下 200 毫米处，埋好 ϕ14 毫米圆钢 100 毫米长，埋入 80 毫米，外露 20 毫米。

③柱顶往下 600 毫米处埋入 ϕ8 毫米圆钢，焊接横端用，注意预埋铁与水泥柱正面平整，保证横端焊接后牢固。

5. 中间柱制作（图 16－5）

①中间柱规格。2 800 毫米×100 毫米×100 毫米。内放 4 根 ϕ4 毫米冷拉丝，弯曲后长 2 760 毫米，按照图 16－5 摆放，冷拉丝四周的混凝土保护层 10～15 毫米。

②顶部预埋。ϕ12 螺纹钢，长 200 毫米，外露 30 毫米，从预埋铁顶部往下 5 毫米处，钻一个 ϕ3 毫米的孔，预埋时，注意孔必须正对柱子的正面，以便拉线。

③从顶部往下 970 毫米处，预埋 ϕ8 毫米圆钢，焊接横档用，注意预埋铁与水泥柱正面平整，以保证焊接后的牢固。

6. 撑柱制作（图 16－6）

①撑柱规格。3 000 毫米×100 毫米×100 毫米。内放 4 根 ϕ4 毫米冷拉丝，长 3 020 毫米，两端各弯曲 30 毫米，弯成型后长 2 960 毫米。

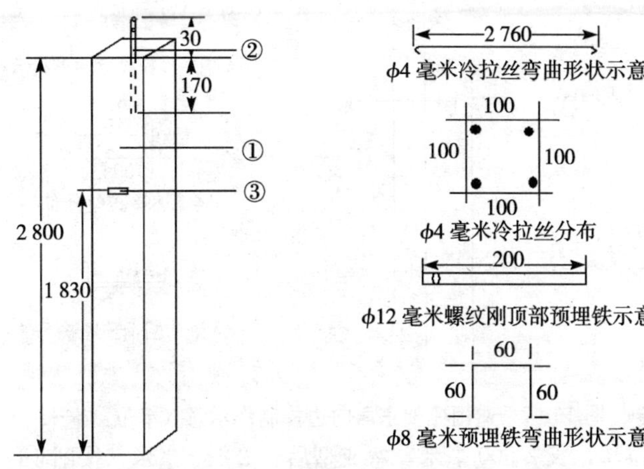

图 16-5 避雨棚架中间柱制作示意（单位：毫米）

ϕ4 毫米冷拉丝的分布如图 16-6，混凝土保护层 10～15 毫米。

②顶部预埋 ϕ12 毫米圆钢，长 200 毫米，外露 30 毫米，不需要钻孔，预埋时保证周边混凝土密实，确保预埋牢固。

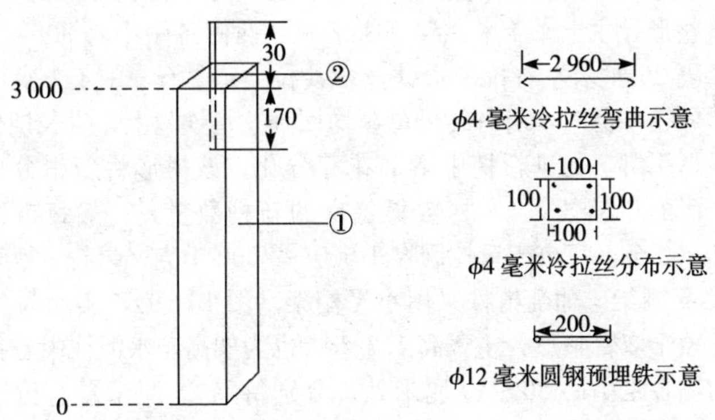

图 16-6 避雨棚架撑柱制作示意（单位：毫米）

7. 东西向边柱制作（图 16-7）

①东西边柱规格。2 500 毫米×100 毫米×100 毫米。内放 4 根 ϕ4

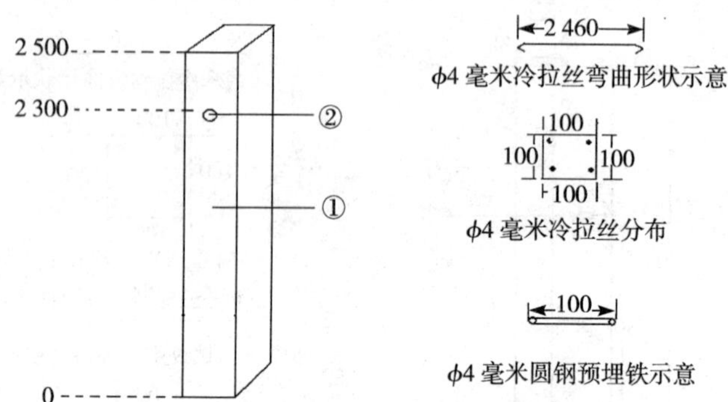

图 16－7　避雨棚架东西向边柱制作示意（单位：毫米）

毫米冷拉丝，长 2 500 毫米，弯成型后长 2 460 毫米，按图 16－7 分布，混凝土保护层 10～15 毫米。

②柱顶往下 200 毫米处，预埋 ϕ14 毫米圆钢，长 100 毫米，外露 20 毫米。

（五）架式

1. T 形架　葡萄植株采用“高、宽、垂”的 T 形树形（图 16－8），独干双臂整形，主干 1.4 米，架高 1.7 米，两侧各距中心 30～40 厘米处分别每隔 25 厘米左右拉一道铁丝，共拉 4 道铁丝；1.4 米高处拉一道铁丝，冬季修剪时，所有结果母蔓均回到这道铁丝上，生长期使每根新梢呈弓形引绑，促进新梢中下部花芽分化。该树形将新梢分成 4 个区，每个区的新梢数×4×株数得每亩的新梢数量，一般每亩留新梢 3 000～3 900 个，每亩产量控制在 1 500～2 000 千克。

2. 小平棚架　葡萄植株采用小平棚架（图 16－9），实际为 T 形架的一种，独干双臂整形，主干高 1.7 米，也为架高。水泥柱中心拉一道铁丝，两侧各距中心 30～40 厘米处，分别每隔 25 厘米左右拉一道铁丝，共拉 5 道铁丝。冬季修剪时，所有结果母蔓均回至中心铁丝上；生长期，使每根新梢呈水平分布在两侧的棚面上，以提高积累水平，促进花芽分化。一般每亩留新梢 3 000～3 200 个，每亩产量控制在 1 200～1 500千克。

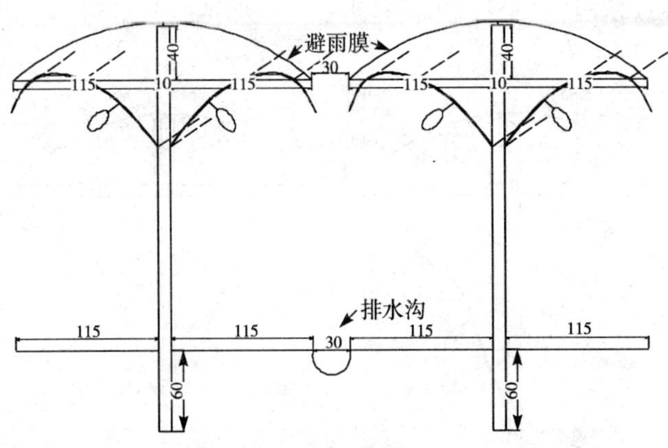

图 16-8　T 形架示意（单位：毫米）

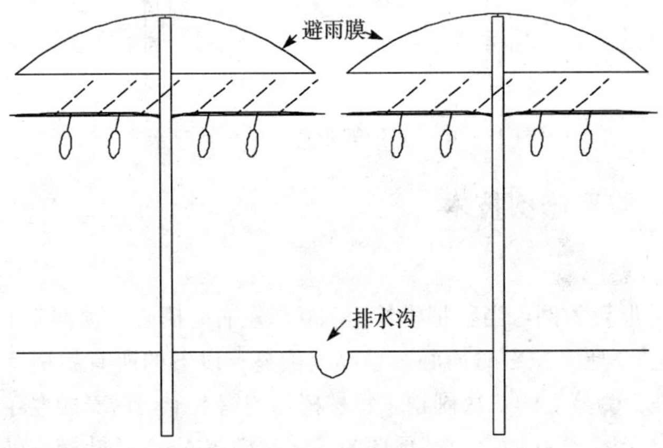

图 16-9　小平棚架示意

3. V 形架　葡萄植株采用 V 形架（图 16-10），也称为 Y 形架，实际同样为 T 形架的一种，独干双臂整形，主干高 1.0 米，在距地面 1.0 米处拉一道铁丝；往上 35 厘米左右安装一根横梁，横梁长约 50 厘米，分别在横梁的两端各拉一道铁丝，再往上 35 厘米，架一根横梁，在距中心 60 厘米处的两侧分别拉一道铁丝，共拉 5 道铁丝。冬季修剪时，所有结果母蔓均回到第一层铁丝上；生长期使所有新梢呈V形分布。一般每亩留枝3 000～3 600个，每亩产量控制在1 500～2 000千克。

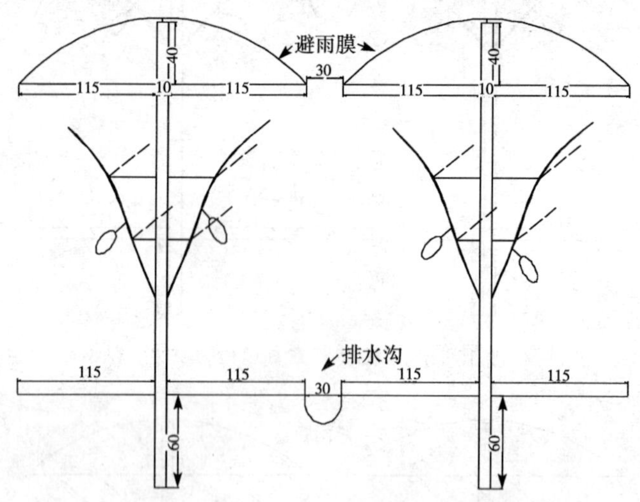

图16-10　V形架示意（单位：毫米）

三、整形修剪技术

（一）整形

以V形架为例，当新梢生长至1.0米左右时摘心，顶部2个一次副梢生长至90厘米左右时摘心，培养成侧蔓；以下的所有副梢留2片叶绝后处理。侧蔓上的二次副梢，每株树均匀留8个，培养成翌年的结果母枝，留5～7片叶摘心，其顶部的三次副梢留4～5片叶摘心外，侧蔓上其余所有二次副梢留3～4片叶绝后处理。生长势弱的，7月15日左右，达到摘心高度的树顶部留2个一次副梢，延长至90厘米摘心，培养成侧蔓，侧蔓上的二次副梢留3～5片叶绝后处理。

高、宽、垂的树形与小平棚架的树形由于均为T形，所以，仅主干摘心高度不同（前者1.4米摘心，后者1.7米摘心），其余副梢处理与V形架的副梢处理完全相同。

（二）冬季修剪

冬季修剪一般在葡萄落叶后2周开始到伤流前3周。一般冬季修剪从每年1月上旬至2月上旬为宜。过早修剪枝蔓养分未回收完毕，造成养分损失，过晚修剪树液开始流动，造成树体伤流。

针对不同架式按不同的方法进行修剪。葡萄新栽植株的修剪要根据树势的生长状况采用不同的修剪方法。成形树每株树留8个结果母枝，留4～5芽修剪。未成形而两个侧蔓粗度达到0.8厘米以上的树，剪除侧蔓上的二次副梢，留两个侧蔓作结果母枝，剪口粗度0.6厘米以上。未成形而侧蔓粗度不足0.6厘米时，从侧蔓基部剪除，由主干上的冬芽重新抽生两个侧蔓。

葡萄成年树的冬季修剪要根据树龄、树势、芽眼饱满度、枝条成熟度、邻树生长状况、确定结果母枝及芽眼数。高、宽、垂或V形架式的葡萄，第二年结果以上的树，一般每亩留1 200～1 500个结果母枝，每个结果母枝留8～10芽，每亩留10 000～15 000个有效芽。一般栽培2年以上的成年树每株树在主干分叉处的2根侧蔓基部各留4根芽眼饱满、枝条结实、粗度在0.8厘米以上的结果母枝，每根母枝留8～12芽修剪。并在侧蔓基部适当位置留2～4个更新枝并留2芽修剪。修剪时根据结果部位的情况，采用双枝更新或单枝更新方法更新，防止结果部位外移。

（三）枝梢管理

1. 抹芽定枝　葡萄新建园要做好除萌定枝工作，嫁接口以下的砧木萌芽要及时抹除，保证上部正常发芽，发芽后每株树最好保留2根新梢生长，待引绑上架后再定枝。

葡萄结果园在展叶3～4片可见花穗时，应及时抹除副芽、弱芽和位置不当的芽。对于大穗品种，应严格控制结果母枝上的带花穗的新梢数量。一个结果母枝一般留1～2个带花穗的新梢，最多不能超过4个带花穗的新梢。带花穗的新梢尽量靠近结果母枝基部，去除上部的营养枝。根据结果母枝的粗度，粗枝多留，细枝少留。每株树在主干与侧枝分叉处基部留4～8个营养枝，以便更新及保持叶果比的平衡。

新梢10～15厘米时定枝，并剪除多余的枝蔓，新梢间距15～20厘

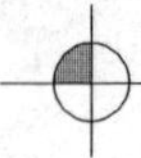

米。新梢的数量要根据不同树龄确定。

第一年结果的新园已成形树（即8个结果母枝粗度在0.6厘米以上的标准树形）每株树一般留20～24个新梢；第一年结果的新园未成形的树，应根据主侧蔓的粗度确定保留枝量，主要有3种类型：①主蔓粗度1.5厘米以上，侧蔓长80厘米，粗度1厘米以上，每株树留16～18个左右。②主蔓粗度1～1.5厘米，侧蔓0.6～1厘米，每株树留11～13个左右。③主蔓粗度0.8～1厘米，侧蔓粗度0.6厘米以下，每株树留6～8个新梢。

结果两年以上的成龄树，每株树留新梢24～26个左右，每亩留新梢3 600～3 900个。成龄树抹芽定枝时，尽量留靠近侧蔓基部的新梢，保持结果部位不外移。

抹芽定枝最好选择阴天或晴天在喷药之前完成为宜，注意，在雨天不宜做该项工作。

2. 引绑枝蔓　已结果多年的老园在4月11～20日完成枝蔓清剪工作，当新梢生长至50厘米左右时及时引绑枝蔓。保持架面通风透光，创造有利的开花坐果条件。引绑时尽量将枝蔓分布均匀。在开花前引绑完毕，否则，将严重影响坐果率。

3. 摘心　葡萄开花前后需要对主梢与副梢进行摘心处理，以促进坐果。正确处理副梢决定着当年的果实品质和翌年的花芽分化。副梢处理不及时会造成养分浪费，架面荫蔽，光照不足，坐果率低，滋生病虫。主梢和副梢的摘心时间和程度视树龄、树势及花穗的染病情况而定，一般新园和树势较弱的园可适当推迟。

坐果率高的品种开花后5～7天，新梢于花穗以上留5～6片叶摘心，坐果率低的品种开花前3～5天，于花穗以上留3～5片叶摘心，营养枝留10～12片叶摘心，视落果情况决定副梢摘心时间，当落果较重时宜适当提早，当落果较轻时宜适当推迟，每根新梢除顶部一个一次副梢留5～7片叶摘心外，其余副梢均留2片叶摘心绝后处理。

4. 去卷须　卷须不仅浪费营养和水分，而且还能卷坏叶片和果穗，扰乱树形，给绑蔓、采果、冬剪等作业带来不良影响，因此，当新梢30～50厘米时，及时摘除新梢上的卷须及花穗上的副穗。

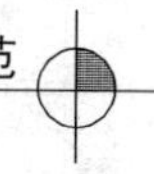

5. 除老叶　当果实开始着色时，需要充足的阳光，但此时结果母蔓基部的老叶开始变黄，丧失光合能力，为改善光照、节省养料，须及时去除老叶、黄叶与病叶。

四、土肥水高效管理技术

（一）土壤管理

1. 土壤熟化　在未耕种过的荒地，特别是沙荒地建园，由于土壤过于瘠薄，有机质和速效养分含量低，因此，最好先种植豆科牧草（绿肥），如苜蓿、紫云英和满园花萝卜等，在盛花期翻入土中，以提高土壤肥力，改良土壤结构。

2. 客土　在土壤瘠薄的山坡地或砾石地，均需进行客土才能有足够的土层保证葡萄的正常生长发育。秋季对丘岗地或板结土挖定植沟，沟底填压厚约 60 厘米的粗糙有机肥或绿肥，上填肥沃细土，灌水沉实后方行栽植。在砾石地表土较薄的情况下，同样可以挖沟，清除砾石，进行客土栽培。

3. 春翻　早春葡萄萌发前，根系开始活动，结合施肥，视情况对全园可进行浅翻垦，深度一般在 15～20 厘米。也可通过开施肥沟，达到疏松土壤的目的。这次翻垦有利提高土温，促进发根和吸收养分。

4. 覆盖　在园地进行地面覆盖地膜、秸秆、稻草、山草等，可减少地面蒸发，抑制杂草生长，防止水土流失，稳定土壤温度、湿度等，同时覆盖物经分解腐烂后成为有机肥料，可改良土壤。缺点是容易导致葡萄根系上浮，南方地区旱季应增加灌水，以防止土壤干裂造成表层断根。

5. 生草栽培　即在葡萄园的行间实行人工种草或自然生草。这是国外比较流行和采用的土壤管理方法。可以在全园进行，也可在行间生草，行内清耕。所用的草种主要有三叶草、野燕麦、紫云英、绿豆等。葡萄采用生草后，由于强大的生草根系，截留水分和肥料，常会使葡萄树根系上浮，加剧葡萄树与草争水、争肥的矛盾。因此，葡萄园生草后，要注意及时进行施肥和浇水。生草后必须在适当的时候进行刈割处理，抑制草的生长，以保证枝蔓的生长和果实的发育。在干旱地区，刈割绿肥覆盖地面并在其上培土，不仅达到增肥保水的作用，还能增加土壤有机质及有效磷、有效钾、有效镁的含量，改善土壤结构。注意：在每次割草后应增施氮肥，以补充葡萄生长的需要，避免争夺氮肥。

（二）施肥

1. 催条肥 萌芽后至4月15日前，每亩用45%硫酸钾复合肥50千克加尿素15千克。以主干为中心，两侧各撒50厘米宽，共100厘米宽，然后锄土5～10厘米深，也可离树60厘米开沟埋施。

2. 壮果肥 一般结果多，树势弱，树龄小的葡萄园应多施。一般每亩施饼肥100千克、磷肥50千克、复合肥25千克、尿素10～15千克、50%硫酸钾50千克。施肥时在距树两侧各50～60厘米以外，打洞或开沟，深度30厘米以上。施肥后土壤应保湿7～10天。在5月下旬到6月上旬，每亩用2千克复合肥（主含钾、氮和复合微量元素）兑水成800倍淋施，隔7～10天再施一次。

施完壮果肥待生理落果结束后，树势较弱，叶片偏小，叶色发黄的果园，每亩淋施尿素10千克加500～1 000千克人畜粪，尿素浓度为0.5%，人畜粪浓度为10%。

3. 着色肥 每亩用靓果肥（主含钾、复合微量元素等）2千克兑水800倍淋施，隔7～10天再淋施一次，连续2～3次。同时埋施50%硫酸钾肥50千克，每隔10天左右喷施一次氨基酸钙叶面肥。施肥后，注意土壤保湿7～10天。

4. 采后肥 葡萄结果园在果实采收结束后，离树60厘米处，埋施碳酸氢铵50千克/亩加钾肥7.5千克/亩或用尿素15千克/亩加钾肥7.5千克/亩，并加入人畜粪500～1 000千克/亩，也可淋施。

5. 基肥 葡萄基肥施用，一般在秋季进行，有利于发挥肥效、促进花芽分化。因此，秋季比较适合施用基肥。

葡萄的基肥施用技术原则：早、多、全、深。

避雨栽培应增施有机肥来提高土壤有机质含量。目前，使用广泛的有机肥主要包括：①羊粪、鸡粪，该种有机肥含肥量多且全，为热性肥料，腐熟的纯羊粪、鸡粪按1千克果1千克肥的标准进行施用，但集中施用或者施用过多会影响根系的活动。②厩肥（牛、猪圈肥），该有机

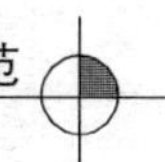

肥养分全且肥效持久，宜按 1 千克果 1～1.5 千克肥的标准施用。③人粪尿，是速效有机肥，主要含氮，不宜施用过多，否则将导致葡萄营养生长过旺、着色差、徒长、硬度低等后果。每亩结果园施用人粪尿不宜超过 500 千克，并且要同时补施磷、钙、钾等肥料。④饼肥，迟效有机肥，其含有机质最多，施用前需粉碎并加水发酵一个月。每亩用量约 200 千克。⑤堆肥，是将稻草、玉米秸秆、麦秆等作物秸秆铡碎，再加粪、水、尿素、过磷酸钙等充分混匀，上覆塑料膜沤制而成的有机肥。堆肥肥效大、有机质含量较高，每亩用量 5～6 米^3，有很好的改良土壤的能力。

施基肥时应根据所选用有机肥种类补充所缺的元素，才能减少葡萄缺素症的发生。有机肥是葡萄稳定树势、生长结果良好、优质高产的基础。当固体微生物有机肥、有机物含量超过 60%时，就具有促使有机肥转化为可吸收状态、活化土壤等重要作用。一般每亩施 25 千克左右的固体微生物有机肥，这样可以很大程度地提高土壤中有机肥的肥效。

幼年园与成年园秋施基肥时离树干 70 厘米外，挖深 40～50 厘米、宽 30～40 厘米的沟，每亩埋施人畜粪 500～1 000 千克、饼肥 200～300 千克、磷肥 100 千克、尿素 15 千克、钾肥 15～25 千克、锌肥 2 千克、硼肥 2 千克、镁肥 2 千克，施肥时要采用局部优化、沟施基肥与轮换施肥的方法。施后深翻沟底，将土与肥料充分拌匀。埋肥后土壤保湿7～10 天，此项工作在 10 月 15 日前完成为宜。

（三）水分管理

华中西南区雨水多，且多集中在春夏季，占 60%～70%，尤其在 4～6 月必须清理好排水沟，让多余的水及时排出园外。在全年的每次施肥（催条肥、壮果肥、着色肥、采后肥、基肥）之后，必须使土壤保持湿润 7～10 天，以促进肥料的分解与吸收。

葡萄果实成熟期，土壤宜适当保持干燥，有利着色与增加含糖量。一般于 7 月上中旬，对葡萄园进行充分灌溉后，在葡萄园全园覆盖银色反光膜，一方面让下的雨水从膜上排出园外；另一方面可改善园内光照，增进果实品质。

果实膨大期或其他时期，如遇干旱，必须及时抗旱，当气温超过

30℃时，必须在10:00以前或17:00以后，或在晚上进行灌溉，以减轻日烧或气烧的发生。

五、花果管理技术

（一）定花穗

在新梢30～50厘米时，摘除新梢花穗上的副穗。留花量应根据定产来确定。每一根新梢一般只留一个花穗，单株花穗不足时，可在生长旺盛的结果枝上留2个花穗。结果枝与营养枝的比例为1∶1。

根据花穗大小、发育情况确定花穗上留多少小穗轴，一般大穗少留，小穗多留，尽量保持果穗大小一致。一般大穗疏除基部4～6个小穗轴，中穗疏除基部2～4个小穗轴，小穗基部不疏。再根据花穗需留小穗轴的量，剪去穗尖，留10～15个小穗轴。同时，疏花时尽量保留花穗向外且坐果后能自然下垂的花穗。

（二）疏果保产

葡萄果粒大豆粒大小至套袋前需进行疏果定产，疏果定产应根据树龄、树势确定最佳单穗重、单穗果粒数量、单株留果量及每亩产量。为预防因疏果发生日烧、气灼等病害，疏果应选择阴天或晴天16:00以后进行，疏果定产后要尽早对果穗喷一次杀菌剂。

（三）果实套袋

疏果定产后，彻底清除烂果、病果后用10%世高1 500倍液加40%嘧霉胺800倍液或50%凯泽1 000倍液专喷果穗，待药液干后当天内套袋。

套袋时先将手伸入袋中，使袋口和整个纸袋充分伸展，使果袋下方的两个通气孔完全张开，然后将果袋从果穗下端轻轻向上套，使果穗居于果袋中央，再用果袋一边的金属丝将果袋固定在穗轴柄上，只能转动金属丝，以免扭伤果柄。套袋宜选择阴天或晴天16:00以后进行，中午高温及雨后1～2个晴天严禁套袋。

果实套袋后，由于天气、肥水、病虫害的影响，每2～3天，需要对套袋果实抽样检查。特别当在袋上可见浸湿过的斑块时是酸腐病发生的前兆，须剪除并带出园区销毁。

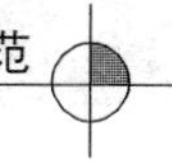

葡萄结果园应在6月上中旬拉防鸟网。

六、主要病虫害防控技术

（一）规范化防治措施

发芽前使用5波美度的石硫合剂（绒球露出，最好在绒球发绿后使用），喷洒时尽量均匀周到，枝蔓、架、田间杂物（桩、杂草等）都要喷洒药剂。

2～3叶期用30%万保露600倍液喷施植株。在避雨栽培下，霜霉病、炭疽病等大大减轻，但灰霉病会加重，因此在发芽后需要药剂预防，一般情况下用万保露保护即可，有虫害的果园，须再加用杀虫剂。多雨年份，开花前灰霉病的压力较大，应在花序展露期增加一次用药。根据不同情况，可做以下调整：①有介壳虫的果园，加用5%狂刺5 000倍液。②雨水较多年份，在花序展露期加用一次30%万保露800倍液。

花序分离期是花前最重要的防治点，对全年的防治有决定性作用，应喷施50%保倍福美双1 500倍液、40%嘧霉胺800倍液、氨基酸硼和氨基酸锌叶面肥。其中，保倍福美双是最好的广谱性杀菌剂；嘧霉胺可防治灰霉病。由于花序分离期也是补硼（防止大小粒和防止落花落果）的重要时期。阴雨天多，日照少时，将影响授粉，在花序分离至开花前使用硼肥，选用含量高，混配性好的硼肥。氨基酸锌的选用，是为了补锌等元素和营养，促进花的发育和授粉。干旱年份，灰霉病压力小，可以省去灰霉病治疗剂嘧霉胺。

开花前期用50%保倍福美双1 500倍液、50%腐霉利1 000倍液、氨基酸硼加氨基酸锌及氨基酸钙（加杀虫剂）喷施植株。花前1～2天也是葡萄病虫害的一个重要防治点，应选取广谱、内吸的药剂，结合保护剂共同使用。其中，保护剂选用保倍福美双广谱且持效长，保护花期免受病菌侵害；治疗剂选用腐霉利，针对灰霉病；补充硼、锌等营养，促进授粉和坐果。有虫害的果园，还要再加杀虫剂，如有螨类为害的果园，加用2.0%阿维菌素3 000倍液；有蓟马或绿盲蝽为害的果园，加用狂刺5 000倍液。

花期一般不用药，如出现烂花序，用50%保倍3 000倍液和50%抑霉唑3 000倍液喷花序。

葡萄80%的花谢后喷施50%保倍福美双1 500倍液、40%嘧霉胺1 000倍液和氨基酸钙（加杀虫剂）。谢花后是全年防治的重要防治点，保护剂继续选用广谱且对幼果安全的保护剂保倍福美双；治疗剂选用嘧霉胺防治残留在花梗花器上的灰霉病菌；选用吸收率高的氨基酸钙，补充果实的钙元素，增加果粒的硬度，减轻气灼和后期的裂果。注意，有粉蚧的果园，应加用狂刺5 000倍液。

葡萄花后15天喷施50%保倍福美双1 500倍液、20%苯醚甲环唑3 000倍液和氨基酸钙1 000倍液。在前次防治的基础上，继续选用综合性能好的保护剂保倍福美双预防多种病害，治疗剂选用苯醚甲环唑防治白粉病、白腐病等，且不会抑制植株生长。在套袋前再补充一次钙肥，供果实发育需要。有粉蚧的果园，加用3%苯氧威1 000倍液。

套袋前用50%保倍3 000倍液、50%抑霉唑3 000倍液和20%苯醚甲环唑3 000倍液（加杀虫剂）喷果穗或涮果穗。因为果穗套袋后，再用药很难到达果穗上。套袋前的药剂处理，是保证套袋安全的重要措施，必须能够兼顾导致烂果的杂菌、灰霉及镰刀菌和链格孢造成的烂果、干梗，还要注意蛀食果梗和果实的害虫，选用保倍持久保护果穗，治疗剂抑霉唑防治灰霉病和杂菌，苯醚甲环唑防治白粉病等。有害虫为害套袋后的果穗的，在套袋前加用5%甲维盐3 000倍液。

果实转色期用80%必备600倍液和2.5%联苯菊酯1 500倍液喷施植株。转色期是预防酸腐病的重要时期，选用必备预防酸腐病的真菌和细菌，联苯菊酯杀灭醋蝇，且残留低。有白粉病出现的果园，在套袋后加用一次50%保倍福美双1 500倍液。

果实采收前一般不用药，采收前脱袋上色的，可以用一次1.8%美铵600倍液喷施。

葡萄园落叶前才揭去薄膜的，可以不用药。建议采摘后马上全园施用一次50%保倍福美双1 500倍液。由于薄膜容易老化，在使用一个季节后透光率往往显著下降，有些甚至降至50%。因此，在实践中采收之后应尽快揭去薄膜，改善葡萄的光照。但揭膜之后葡萄就处于露天之

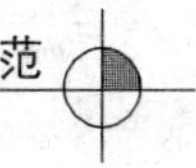

下，病害可能加重，尤其是对欧亚种葡萄。建议至少使用2次药：①采收后尽快使用一次50%保倍福美双1 500倍液。雨水多时也可用30%万保露+50%金科克4 000倍液预防。霜霉病压力大的果园，选用50%保倍3 000倍液取代保倍福美双，对霜霉病的保护时间更长。②根据揭膜时间和气候，使用1～2次铜制剂，比如波尔多液200倍液（1∶0.5～0.7∶200）或80%必备400～500倍液或30%王铜800倍液，15天左右喷施一次。

葡萄园修剪后应彻底清扫果园，把枯枝烂叶清出田外，高温堆肥或烧毁。

（二）出现病害后的防治措施

发现红地球果穗腐烂严重时，应马上摘去果袋，用50%保倍3 000倍液和50%抑霉唑3 000倍液浸果穗，浸后用抹布或海绵吸掉果穗下部的药滴，药液干后换新果袋套上。

如果园发生了酸腐病，在刚发生时马上全园施用一次2.5%联苯菊酯1 500倍液和80%必备800倍液，然后尽快剪除发病穗，不要掉到地上，要用桶和塑料袋收集后带出田外，越远越好，挖坑深埋。有醋蝇存在的果园，在全园用药后，选在没有风的晴天，用80%敌敌畏300倍液喷地面（要特别注意施药时的人身安全），醋蝇较普遍时，用50%灭蝇胺1 000倍液全园喷雾。待醋蝇全部死掉后，及时处理烂穗。随后，经常检查果园，随时发现病穗，随时清理出园，妥善处理。同时，可采用一些辅助措施，如用糖醋液加敌百虫或其他杀虫剂配成诱饵，诱杀醋蝇成虫（为使蜡蝇更好地取食诱饵，可以在诱饵上铺上破布等，以利蜡蝇停留和取食。）

果园揭膜后雾多湿度大时容易发生霜霉病，发现病害后，第一次可用50%保倍福美双1 500倍液或30%万保露800倍液加50%金科克3 000倍液施药，再摘除发病叶片；3天后用80%霜脲氰2 000倍液再喷施一遍；再过3～4天，根据情况，施用保护剂和治疗剂。注意施药一定要选择在田间叶片没有水珠时进行，否则要加大施药量。

发生溃疡病时，如果是枝干上发现病害，立即用40%氟硅唑4 000倍液加防治溃疡病的专用助剂5 000倍液处理；发现果穗上有溃疡病，用50%抑霉唑3 000倍液加防治溃疡病专用助剂5 000倍液处理，药液干后，换新袋子重新套上。

七、果实采收与分级

（一）果实的采收

葡萄采收应在浆果成熟的适期进行，这对浆果产量、品质、用途和贮运性有很大的影响。采收过早，浆果尚未充分发育，产量减少，糖分积累少，着色差，未能形成品种固有的风味和品质，鲜食乏味，贮藏也易失水、多发病。采收过晚，果皮失去光亮，甚至皱缩，果肉变软，并由于大量消耗树体养分，削弱树体抗寒越冬能力，甚至影响翌年生长和结果。

（二）采收技术

1. 采收时间 在晴天的早晨露水干后进行，此时温度较低，浆果不易灼伤。最好在阴天气温较低时采收，切忌在雨天或雨后，或炎热日照下采收，浆果易发病腐烂。

2. 采收方法 采收时一手持采果剪，一手紧握果穗梗，于贴近果枝处带果穗梗剪下，轻放在采果篮中，须保护果粉，尽量使果穗完整无损。采果篮中以盛放3～4层果穗为宜，并及时转放到果箱，随采、随装运，快速运送到选果棚，以便及时进行整修果穗和分级包装。

整个采收工作要突出“快、准、轻、稳”4个字。“快”就是采收、装箱、分选、包装等环节要迅速，尽量保持葡萄的新鲜度。“准”就是下剪位置、剔除病虫果和破损果，分级、称重要准确无误。“轻”就是要轻拿轻放，尽量不擦去果粉、不碰伤果皮、不碰掉果粒，保持果穗完整无损。“稳”就是采收时果穗要拿稳，装箱时果穗放稳，运输、贮藏时果箱堆码要稳。

3. 分级 对鲜食葡萄要力求商品性高，分级前必须对果穗进行整修，达到穗形规整美观。整修是将每一果穗中的青粒、小粒、病果、虫果、破损果、畸形果以及影响果品质量和贮藏的果粒，用疏果剪细心剪除；对超长穗、超大穗、主轴中间脱粒过多或分轴脱粒过多的稀疏穗等，要进行适当分解修饰，美化穗形。整修一般与分级结合进行，即由

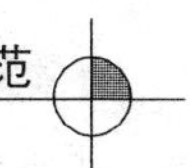

工作人员边整修、边分级，一次到位。

（本节撰稿人：杨国顺　石雪晖　刘昆玉　钟晓红　徐丰　倪建军）

第六节　酿酒葡萄栽培管理技术规范

一、适宜发展的主要优良品种

红色品种：赤霞珠、品丽珠、蛇龙珠、梅鹿辄、黑比诺、西拉、佳美、增芳德、宝石、佳利酿、法国蓝、玛瑟兰等。

白色品种：霞多丽、雷司令、意斯林、白诗南、赛美蓉、缩味浓、琼瑶浆、白比诺、米勒等。

二、园地选择与建园技术

（一）园地选择

葡萄属于喜温、喜光的植物，温度、水、光照条件是新建葡萄园的重要考虑因素，其次还须考虑一些自然灾害发生的情况，除冬季冻害、霜害、水害外，还有风害、沙尘暴、雹灾等因素，同时还要考虑葡萄园的位置。

1. 地理位置　大部分葡萄园分布在北纬20°～52°及南纬30°～45°，绝大部分在北半球。海拔高度一般在400～1 200米，沿海地区海拔较低。葡萄园位置必须远离污染源，与工厂相距20千米以上、交通主干线1千米以上。若交通主干线较近，则必须采取生物隔离或设施隔离，必须达到15米以上。周边的空气、水资源等生态环境洁净、无污染，土壤重金属含量不超标，产地环境条件必须符合无公害农产品产地环境条件要求。葡萄园位于交通便利的地方，具有公路、铁路、空运通畅的运输条件。

2. 气候条件　不同葡萄品种从萌芽开始到果实充分成熟所需≥10℃的活动积温是不同的。根据原苏联达维塔雅的研究，极早熟品种要求的活动积温是2 100～2 500℃，早熟品种2 500～2 900℃，中熟品种2 900～3 300℃，晚熟品种3 300～3 700℃，极晚熟品种则要求3 700℃以上。

3. 埋土防寒区与非埋土防寒区 多年冬季绝对平均最低温度低于－15～－14℃时应考虑葡萄越冬埋土防寒，高于－15～－14℃一般则可以露地越冬。

（二）种植规划

1. 品种规划 栽植品种应该适宜当地的生态条件，同时符合葡萄酒加工企业的酒种及质量要求。

2. 土地规划

（1）道路系统 应有一条主要道路贯穿整个葡萄园，并通往葡萄酒厂，与主道垂直设立若干条副道，还可设立与副道垂直的作业道。各种道路的宽度为：主道4米，副道3米，作业道2.0米。

（2）作业区 新建葡萄园应划分成若干个作业区。区以下还可以划分为小区，区与区之间用道路相连，区的形状按地形地势确定。区的长度和面积应根据葡萄园的大小、地形地势和使用农机具耕作的种类而定。一般区的长度应不小于50米，面积不小于5亩。小区及其周围要有道路。

（3）灌溉系统 灌溉水源自流水（河水），灌溉方式为滴灌或穴灌。需要修建引水设施。

（4）建筑 葡萄园建筑位置应设在葡萄园的下部。

3. 整形与栽植密度

（1）埋土防寒地区 倾斜式单龙蔓（厂形）、倾斜式双龙蔓，株行100～150厘米，行距250～300厘米。倾斜式单龙蔓V形，株距100～150厘米，行距300～350厘米。

（2）露地越冬地区 单干单臂形，株距80～100厘米，行距200～250厘米。单干双臂形（T形），株距120～150厘米，行距200～250厘米。单干双臂V形，株距100～150厘米，行距250～300厘米。

在土壤较肥沃、有灌溉条件、植株生长势较强的地区，栽植株行距可适当加大，反之株行距可适当减小。

（三）建园技术

1. 土地准备

（1）土地平整 土地平整分为3类。山顶平地：要求面积较大，相

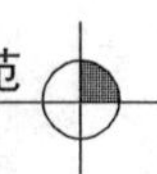

对平整。坡地梯田：在坡度较平缓的地带沿等高线修筑梯田，宽度视坡度而定，每块梯田应该平整，内侧设置排水沟；道路和沟壑两边的梯田在同一等高线上。坡地栽植带：在坡度较大的地带沿等高线修筑栽植带，宽度为120米，外高里低。相邻栽植带中线间的水平距离为150厘米，内侧设置排水沟，位于沟壑和道路两侧的栽植带应在同一等高线上。

（2）放线（打点） 为了确定每一行（株）葡萄的位置，并且便于人和机械的通行、操作。因此，放线时，必须将线拉直，放线方向视地形地势而定。

梯田（平地）：用石灰按行距200厘米进行画线。

栽植带：沿地势走向在中心位置画线，相邻栽植带中心线水平距离150厘米。

（3）挖沟（坑） 挖沟，沟深50厘米、宽50厘米，将表土层（熟土，地表约25厘米）放在左边，生土层放在右边。土壤回填时，将腐熟农家肥或每亩油渣（每株1.0～1.5千克）与表土（或行间熟土）混匀后填入沟内（下部2/3），若没有腐熟农家肥，也可以使用生粪，但必须与锌拌磷（每亩0.5千克）混匀，以防治地下虫害。

2. 苗木准备 苗木准备主要进行以下工作：

①依据国家有关检疫法规对苗木进行检疫。

②在定植时进行根系修剪，留根5～8厘米。

③一年生枝条（地上部）剪留2～3个饱满芽（图16-11）。

④用5波美度石硫合剂液浸泡1～2分钟。

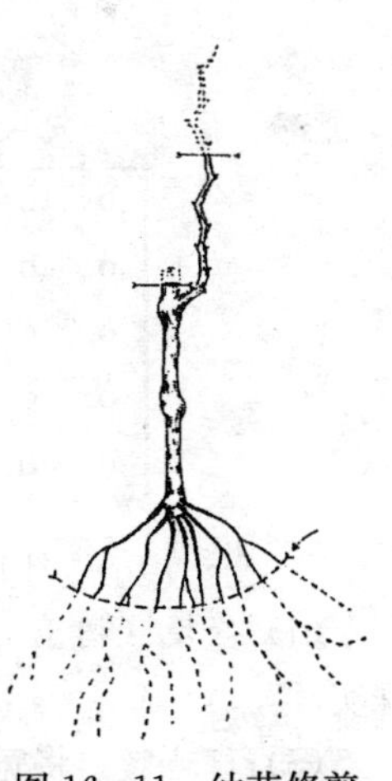

图16-11 幼苗修剪

3. 定植

（1）打桩 在每行的两端打上木桩，木桩正好位于沟的中心线上，行间木桩间距200厘米。若带状栽植，则按地形走向确定。

（2）挖定植坑　准备足够长的绳子若干条，单干双臂形地块每间隔100厘米做一标记（如涂上红漆等）。将绳子拉直固定在两端的木桩上，按照绳子上的刻度标记挖定植坑。定植坑深25厘米，直径30厘米，坑的底部做成小丘状，便于苗木根系舒展。

（3）定植　每坑放一株幼苗，紧贴绳子直立，根茎与地表等高，根系舒伸于坑内。然后填入细土，踏实，使幼苗根系与土壤密合，浇透水。再将周围的土壤填入坑面，进行培土，呈馒头状（图16-12），高于地表3厘米，且要收拾平整，以利覆膜。山顶平地、坡地梯田：按株行距100厘米×200厘米定植（图16-13）；坡地栽植带：按株行距100厘米×150厘米定植（图16-14）。

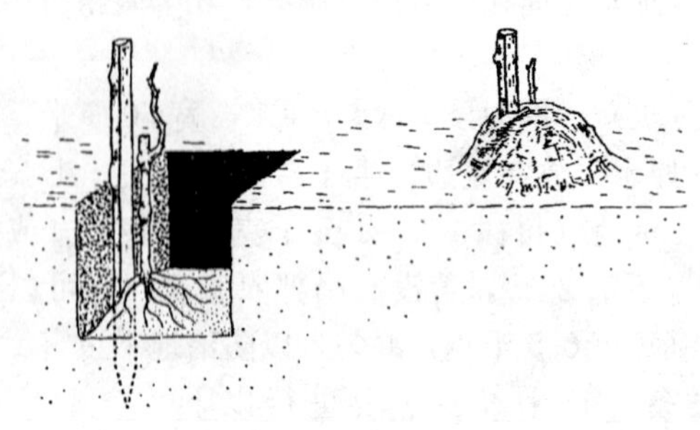

图16-12　定　植

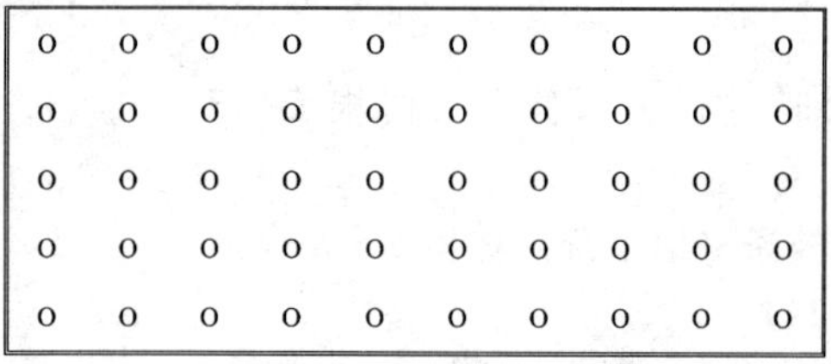

o o o o o o o o o o
o o o o o o o o o o
o o o o o o o o o o
o o o o o o o o o o
o o o o o o o o o o

图16-13　平地、坡地梯田定植模式

（4）修埂（树盘）　沿行向修树盘，宽50厘米，埂高30厘米，踩实。

（5）铺地膜　将宽60厘米的黑色地膜（在幼苗周围打洞）覆在定

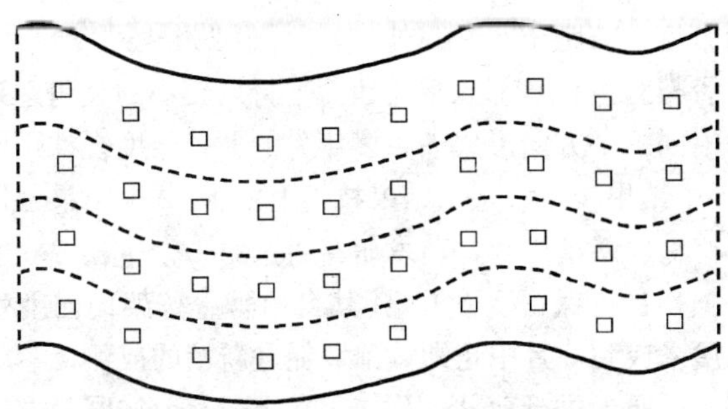

图 16-14　坡地栽植带定植模式

植带上，然后两边压实抱畦。覆膜时，地膜不宜绷得太紧，地膜的两边或周边（没有覆盖的部分）应进行化学除草。

（6）防护套　为了防止兔子等对幼苗的危害，应在每一株幼苗带上放一塑料网或其他材料的防护套。

（7）灌水　由于覆膜，5 月可不进行灌水，以利膜下地温升高，加快生根；6 月中旬后可根据天气、地墒情况每月灌水 1～2 次；8 月中旬后，除非在地墒特别低的情况下进行适量灌水，一般不再灌水，以利枝蔓老化，芽充实饱满。

（8）立杆　紧贴苗木插入一支竹竿（或木杆等），高度 1.5 米，便于苗木垂直生长。

三、整形修剪技术

（一）主要树形

1. 埋土防寒地区

（1）倾斜式单龙蔓（厂形）

①架形。单篱架。

②架柱高。230～250 厘米，其中地下 50 厘米，地上 180～200 厘米。

③架面高度。共 3 道铁丝，第一道铁丝距地面 80～100 厘米，第二道铁丝距第一道铁丝 40～45 厘米，第三道铁丝距第二道铁丝 40～45

厘米。

④栽植密度。株距100～150厘米，行距250～300厘米。

⑤基本骨架。主蔓基部几乎与地面平行以较小的夹角逐渐上扬到第一道铁丝，沿同一个方向形成一条多年生的臂，长度视株距而定。单臂上培养3～4个结果枝组，每个结果枝组上留1～2个结果母枝。

⑥整形修剪。栽植当年，苗木萌芽后选留一个生长健壮的新梢（为了防止意外损伤也可保留2个），让其自由垂直按架面向上生长，当高度超过150厘米或到8月中旬即截顶，促进新梢的成熟，冬季修剪时一年生枝保留150厘米进行剪截。第二年春季萌芽前按同一方向将一年生枝按要求斜拉绑缚于第一道铁丝，选留适量新梢垂直沿架面生长；冬季修剪时，将单臂顶端的一年生枝按中长梢修剪（长度不宜超过下一个植株），其余按一定距离进行短梢或中梢修剪（视品种而定），若为中梢修剪应在临近部位留2～3芽的预备枝。第三年春季萌芽后，选留一定量的新梢（间距10～15厘米，视品种而定）垂直沿架面绑缚；冬季修剪时按预定枝组数量进行修剪，即单臂上形成3～4个结果枝组，每个结果枝组上选留2～3个结果母枝进行短梢或中梢修剪，若为中梢修剪应在基部留2～3芽的预备枝1个，其余按4～6芽修剪。

（2）倾斜式单龙蔓V形

①架形。宽顶单篱架。

②架柱高。230～250厘米，其中地下50厘米，地上180～200厘米。

③架面高度。共两个横梁，3道5根铁丝。第一道铁丝距地面80～100厘米，固定在架柱上；第一个横梁距第一道铁丝35～40厘米，长度40～60厘米，第二道两根铁丝固定在横梁的两端；第二个横梁距第二道铁丝30～40厘米，长度80～120厘米，第三道两根铁丝固定在横梁的两端。

④栽植密度。株距100～150厘米，行距300～350厘米。

⑤基本骨架。主蔓基部几乎与地面平行以较小的夹角逐渐上扬到第一道铁丝，沿同一个方向形成一条多年生的臂，长度视株距而定。单臂上培养4～5个结果枝组，每个结果枝组上留1～2个结果母枝。

⑥整形修剪。栽植当年，苗木萌芽后选留一个生长健壮的新梢（为了防止意外损伤也可保留 2 个），让其自由垂直按架面向上生长，当高度超过 150 厘米或到 8 月中旬即截顶，促进新梢的成熟，冬季修剪时一年生枝保留 150 厘米进行剪截。第二年春季萌芽前按同一方向将一年生枝按要求斜拉绑缚于第一道铁丝，选留适量新梢沿 V 形架面向上生长；冬季修剪时，将单臂顶端的一年生枝按中长梢修剪（长度不宜超过下一个植株），其余按一定距离进行短梢或中梢修剪（视品种而定），若为中梢修剪应在临近部位留 2～3 芽的预备枝。第三年春季萌芽后，选留一定量的新梢（间距 8～10 厘米，视品种而定）沿 V 形架面绑缚；冬季修剪时按预定枝组数量进行修剪，即单臂上形成 4～5 个结果枝组，每个结果枝组上选留 2～3 个结果母枝进行短梢或中梢修剪，若为中梢修剪应在基部留 2～3 芽的预备枝 1 个，其余按4～6 芽修剪。

（3）倾斜式双龙蔓（F 形）

①架形。单篱架。

②架柱高。250～270 厘米，其中地下 50 厘米，地上 200～220 厘米。

③架面高度。共 4 道铁丝，第一道铁丝距地面 60～80 厘米，第二道铁丝距第一道铁丝 40～45 厘米，第三道铁丝距第二道铁丝 40～45 厘米，第四道铁丝距第三道铁丝 35～40 厘米。

④栽植密度。株距 100～150 厘米，行距 250～300 厘米。

⑤基本骨架。主蔓 2 个，基部几乎与地面平行以较小的夹角逐渐上扬到第一道铁丝，沿同一个方向形成两条多年生的臂，长度视株距而定，其中一个臂位于第一道铁丝，另一个臂位于第二道铁丝，每个臂上培养 2～4 个结果枝组，每个结果枝组上留1～2 个结果母枝。

⑥整形修剪。栽植当年，苗木萌芽后选留两个生长健壮的新梢（为了防止意外损伤也可保留 3 个），让其自由垂直按架面向上生长，当高度超过 150 厘米或到 8 月中旬即截顶，促进新梢的成熟，冬季修剪时选取一个一年生枝保留 150 厘米进行剪截，另一个可以超过 150 厘米。第二年春季萌芽前按同一方向将其中一个一年生枝（150 厘米长度）按要求斜拉绑缚于第一道铁丝，另一个一年生枝（超过 150 厘米长度）按要

求斜拉绑缚于第二道铁丝，选留适量新梢垂直沿架面生长；冬季修剪时，将每个单臂顶端的一年生枝按中长梢修剪（长度不宜超过下一个植株），其余按一定距离进行短梢或中梢修剪（视品种而定），若为中梢修剪应在临近部位留2～3芽的预备枝。第三年春季萌芽后，选留一定量的新梢（间距10～15厘米，视品种而定）垂直沿架面绑缚；冬季修剪时按预定枝组数量进行修剪，即每个单臂上形成2～4个结果枝组，每个结果枝组上选留2～3个结果母枝进行短梢或中梢修剪，若为中梢修剪应在基部留2～3芽的预备枝1个，其余按4～6芽修剪。

2. 露地越冬地区

(1) 单干双臂形（T形）

①架形。单篱架。

②架柱高。230～250厘米，其中地下50厘米，地上180～200厘米。

③架面高度。共3道铁丝，第一道铁丝距地面80～100厘米，第二道铁丝距第一道铁丝40～45厘米，第三道铁丝距第二道铁丝40～45厘米。

④栽植密度。株距120～150厘米，行距200～250厘米。

⑤基本骨架。一个主干，直立；两个臂，长度视株距而定，分布在第一道铁丝上，每个臂上培养2～4个结果枝组，每个结果枝组上留1～3个结果母枝。

⑥整形修剪。

A. 栽植当年，苗木萌芽后选留一个生长健壮的新梢（为了防止意外损伤也可保留2个），让其自由垂直沿架面向上生长，当高度于7月初超过120厘米可在第一道铁丝剪截，其下留两个副梢，至8月中旬剪截，当年初步形成两个臂，冬季修剪时两个臂视粗度留4～6芽修剪；第二年春季萌芽前将两个一年生臂水平绑缚于第一道铁丝，选留适量新梢垂直沿架面生长；冬季修剪时，将每个臂顶端的一年生枝按中长梢修剪（长度不宜超过1/2株距），其余按一定距离进行短梢或中梢修剪（视品种而定），若为中梢修剪应在临近部位留2～3芽的预备枝。第三年春季萌芽后，选留一定量的新梢（间距10～15厘米，视品种而定）

垂直沿架面绑缚；冬季修剪时按预定枝组数量进行修剪，即每个臂上形成 2～4 个结果枝组，每个结果枝组上选留 2～3 个结果母枝进行短梢或中梢修剪，若为中梢修剪应在基部留 2～3 芽的预备枝 1 个，其余按 4～6 芽修剪。

B. 栽植当年，苗木萌芽后选留一个生长健壮的新梢（为了防止意外损伤也可保留 2 个），让其自由垂直沿架面向上生长，新梢超过 150 厘米或 8 月中旬截顶，促进新梢的成熟，冬季修剪时一年生枝在第一道铁丝之上保留 4～6 芽（视粗度而定）修剪。第二年春季萌芽前将一年生枝沿同一方向绑缚于第一道铁丝，选留适量新梢垂直沿架面生长，其中在第一道铁丝之下必须保留一个新梢作为另一个臂培养；冬季修剪时，将上年已形成的臂顶端的一年生枝按中长梢修剪（长度不宜超过下一个植株），其余按一定距离进行短梢或中梢修剪（视品种而定），若为中梢修剪应在临近部位留 2～3 芽的预备枝；当年选留的另一个臂留4～6 芽修剪。第三年春季萌芽后，选留一定量的新梢（间距 10～15 厘米，视品种而定）垂直沿架面绑缚；冬季修剪时按预定枝组数量进行修剪，即单臂上形成 3～4 个结果枝组，每个结果枝组上选留 2～3 个结果母枝进行短梢或中梢修剪，若为中梢修剪应在基部留 2～3 芽的预备枝 1 个，其余按 4～6 芽修剪。

（2）单干双臂形 V 形

①架形。宽顶单篱架。

②架柱高。230～250 厘米，其中地下 50 厘米，地上 180～200 厘米。

③架面高度。共两个横梁，3 道 5 根铁丝。第一道铁丝距地面 80～100 厘米，固定在架柱上；第一个横梁距第一道铁丝 35～40 厘米，长度 40～60 厘米，第二道两根铁丝固定在横梁的两端；第二个横梁距第二道铁丝 30～40 厘米，长度 60～120 厘米，第三道两根铁丝固定在横梁的两端。

④栽植密度。株距 100～150 厘米，行距 250～300 厘米。

⑤基本骨架。一个主干，直立；两个臂，长度视株距而定，分布在第一道铁丝上，每个臂上培养 2～4 个结果枝组，每个结果枝组上留1～

3个结果母枝。

⑥整形修剪。

A. 栽植当年，苗木萌芽后选留一个生长健壮的新梢（为了防止意外损伤也可保留2个），让其自由垂直沿架面向上生长，当高度于7月初超过120厘米可在第一道铁丝剪截，其下留两个副梢，至8月中旬剪截，当年初步形成两个臂，冬季修剪时两个臂视粗度留4～6芽修剪；第二年春季萌芽前将两个一年生臂水平绑缚于第一道铁丝，选留适量新梢沿V形架面向上生长；冬季修剪时，将每个臂顶端的一年生枝按中长梢修剪（长度不宜超过1/2株距），其余按一定距离进行短梢或中梢修剪（视品种而定），若为中梢修剪应在临近部位留2～3芽的预备枝。第三年春季萌芽后，选留一定量的新梢（间距10～15厘米，视品种而定）沿V形架面绑缚；冬季修剪时按预定枝组数量进行修剪，即每个臂上形成2～4个结果枝组，每个结果枝组上选留2～3个结果母枝进行短梢或中梢修剪，若为中梢修剪应在基部留2～3芽的预备枝1个，其余按4～6芽修剪。

B. 栽植当年，苗木萌芽后选留一个生长健壮的新梢（为了防止意外损伤也可保留2个），让其自由垂直沿架面向上生长，新梢超过150厘米或8月中旬截顶，促进新梢的成熟，冬季修剪时一年生枝在第一道铁丝之上保留4～6芽（视粗度而定）修剪。第二年春季萌芽前将一年生枝沿同一方向绑缚于第一道铁丝，选留适量新梢垂直沿架面生长，其中在第一道铁丝之下必须保留一个新梢作为另一个臂培养；冬季修剪时，将上年已形成的臂顶端的一年生枝按中长梢修剪（长度不宜超过下一个植株），其余按一定距离进行短梢或中梢修剪（视品种而定），若为中梢修剪应在临近部位留2～3芽的预备枝；当年选留的另一个臂留4～6芽修剪。第三年春季萌芽后，选留一定量的新梢（间距10～15厘米，视品种而定）沿V形架面绑缚；冬季修剪时按预定枝组数量进行修剪，即单臂上形成3～4个结果枝组，每个结果枝组上选留2～3个结果母枝进行短梢或中梢修剪，若为中梢修剪应在基部留2～3芽的预备枝1个，其余按4～6芽修剪。

（3）单干双层双臂形（干形）

①架形。单篱架。

②架柱高。250～270 厘米，其中地下 50 厘米，地上 200～220 厘米。

③架面高度。共 4 道铁丝，第一道铁丝距地面 60～80 厘米，第二道铁丝距第一道铁丝 40～45 厘米，第三道铁丝距第二道铁丝 40～45 厘米，第四道铁丝距第三道铁丝 35～40 厘米。

④基本骨架。一个主干，直立；4 个臂，长度视株距而定，分布在第一和第二道铁丝上，每个臂上培养 2～4 个结果枝组，每个结果枝组上留 1～3 个结果母枝。

⑤栽植密度。株距 100～150 厘米，行距 250～300 厘米。

⑥整形修剪。栽植当年，苗木萌芽后选留一个生长健壮的新梢（为了防止意外损伤也可保留 2 个），让其自由垂直沿架面向上生长，在第一道铁丝之下选留两个副梢，至 8 月中旬剪截，当年初步形成第一层的两个臂，主梢高度超过 150 厘米剪截，冬季修剪时，主梢从第二道铁丝处剪截，第一层的两个臂视粗度留 4～6 芽修剪。第二年春季萌芽前，将上年主梢垂直绑缚于第二道铁丝上，紧靠第二道铁丝下选留两个新梢垂直生长，将第一层的两个一年生臂水平绑缚于第一道铁丝，选留适量新梢沿架面向上生长；冬季修剪时，将第二层的两个臂留 4～6 芽修剪；将第一层的两个臂以长度不超过株距的 1/2 剪截，按预定枝组数量进行修剪，即每个臂上形成 2～4 个结果枝组。第三年冬剪，第二层的两个臂的修剪同第二年第一层的两个臂。

（二）简约化修剪方法

1. 冬季修剪方法

（1）短梢修剪　冬剪时对一年生枝保留 1～3 芽进行剪截。

（2）中梢修剪　冬剪时对一年生枝保留 4～6 芽进行剪截。

（3）长梢修剪　冬剪时对一年生枝保留 7 芽以上进行剪截。

2. 冬季修剪注意事项

①冬剪时间应在落叶后至萌芽前 1 个月进行，埋土防寒地区应在埋土前进行。

②不同品种结果枝在结果母枝上着生的部位不同，采用的主要修剪

手段（留芽量）不同。

③留枝量（总留芽量）与产量密切相关。

④剪截后的伤口最好封蜡。

3. 机械修剪

①配置适宜的修剪机械。

②标准的整形方式。

③辅助人工修剪。

（三）生长期叶幕与果际微气候调控技术

1. 新梢（主梢）**处理**　主梢数量及长度是构成架面叶幕光合作用的主要部分，是酿酒葡萄产量和品质形成的基础，不同生态地区、不同品种在保证一定产量和品质时所需要的叶片数量不同，新梢密度要具有一定的通风透光性，当新梢长度达到足够的叶片数量时应进行截顶。

2. 副梢处理　副梢处理是传统栽培管理中最为烦琐的一项工作，针对品种特点应尽量简化副梢处理的方法，与主梢一样可考虑机械修剪的可能性。

3. 摘叶处理　在浆果成熟过程中，对新梢基部及果穗周围叶片进行摘叶处理，可以改善果际微气候，促进花色素苷及其他风味物质的形成，不同生态地区针对不同品种应考虑适宜的摘叶时间和摘叶强度。

四、土肥水高效管理技术

（一）土壤管理

葡萄园的土壤管理，就是要为根系创造适宜的生长环境。不管是采用清耕，还是生草或覆盖法，都各有其优点，各葡萄园可根据自己的具体情况，灵活选择。

1. 清耕法　是一种传统的耕作方法，每年5～9月。对果园进行中耕除草，可以起到调节土温、保墒、改善土壤通气状况等作用。但长期清耕，会破坏土壤团粒结构，恶化土壤理化性质，不利于土壤有机质的积累和土壤肥力的提高。

2. 生草法　在葡萄行间种草或种植豆科植物，如苜蓿、绿豆、豌豆等。在生长期，对草实行多次刈割，保持草高在一定限度，地面形成

较厚的草皮层。对于豆科植物，可在夏季将其翻入土壤中作绿肥，以增加土壤有机质。生草法不仅减少杂草丛生、保持土壤湿度，还能作绿肥，提高土壤肥力。但是，采用此法，通常需要施入更多的速效肥料。

3. 覆草法　在葡萄行间覆盖玉米秸、高粱秸、豆秧、稻草等，不仅可以防止杂草丛生，防止土壤中病原菌的传播，而且这些覆盖物腐烂后，可增加土壤有机质含量。它们还能降低土壤水分蒸发，在干旱地区起到保水作用。

4. 覆地膜　沿葡萄行覆盖地膜，可以提高地温，保水保肥，促进葡萄生长和发育，降低葡萄病害的发生。特别是在山区，容易缺水干旱，早春浇灌发芽水后，及时沿葡萄树行两边铺地膜，中途不揭膜，保水效果好。

5. 免耕法　指不用人工或机械进行除草，而采用除草剂除草。常用的除草剂有西玛津、扑草净、茅草枯、草甘膦、利谷隆等。对阿特拉津和2，4-滴要慎用，防止对葡萄产生药害。

（二）施肥

1. 肥料种类与施肥量　大量元素和微量元素均影响酿酒葡萄产量与品质的形成，不同土壤质地土壤养分差异较大，各地应根据土壤质地及品种要求选择肥料种类及适宜的施肥量，既要保证树体生长和果实发育正常的需要，又要防止树体旺长现象。

2. 施肥时期

（1）基肥　基肥一般在秋季果实采收后，结合秋耕培土使用。基肥主要为有机肥和部分无机肥（如磷肥），基肥必须深施，使之达到根的主要分布层。秋季施肥还有个好处就是断根的愈合能力较快。根据全年肥料的使用比例，秋季施肥量占80%～90%，追肥占10%～20%。

基肥施用方法有开沟施、池内撒施和全园撒施等。开沟施肥时沟的位置应在植株两侧，隔年交替挖沟，通常沟深60厘米，宽约50厘米，挖好后，按基肥量放在挖好的土堆内侧，立即回填，回填时土和粪充分拌匀施入沟内，并将土全部复原到沟上，然后灌水，水要灌透，以利沉实和根系愈合。

（2）追肥　在葡萄生长期内，应根据植株长势和地力多次追肥。追肥有两种途径：根部追肥和叶面追肥。追肥多用速效性肥料。

第一次追肥应在萌芽前，这次追肥应以速效氮肥为主，如尿素、碳酸氢铵、硫酸铵或腐熟的人粪尿等。

第二次追肥应在开花前，这次应以速效氮、速效磷为主，也可以适量配合使用钾肥。这次对于葡萄的开花、授粉、受精、坐果以及当年花芽分化都有良好影响，但对于落花落果严重的品种，如巨峰，花前一般不宜追施氮肥，而应在花后尽早施用。

第三次追肥应在幼果膨大期，这次追肥应以氮、磷为主，适当施用钾肥。此期的追肥又称为催粒肥，其主要作用是促进浆果迅速增大，减少小果率，促进花芽分化。这个时期葡萄根系开始旺盛生长，新梢生长又快，需要大量的养分。但是，如果植株负载量不足，新梢已出现旺长，则应控制速效氮肥的施用。

第四次追肥应在果实着色期，这次追肥应以磷钾为主，这时葡萄植株的生理生化过程进入一个转折期。随着浆果和新梢的成熟，糖类大量积累，植株对钾的吸收量大量增加。有经验的葡萄园，很重视这次施肥，在果实上色时，施入大量的含钾磷为主的草木灰或腐熟的鸡粪。

此外，在发现葡萄植株开始出现缺素症时，可进行根外追肥，但根外追肥只是土壤施肥的补充。

根部追肥，一般在距根颈40厘米左右挖深15厘米的沟或穴，施肥后覆土浇水。

（三）灌溉与排水

1. 灌溉 由于我国北方大部分地区冬春干旱，因此冬春是灌水的重点时期。根据葡萄各生育期特点，结合施肥，主要灌水时期如下：

（1）萌芽前 萌芽前10天左右，结合追肥而灌催芽水。

（2）开花前 一般无需灌溉，但此期干旱可适量浇水。

（3）幼果期 结合施肥进行灌水。此期应有充足的水分供灌水，应避免大水漫灌，以防葡萄裂果。

（4）采果后 采果后，遇秋旱时应灌水。

（5）封冻水 在葡萄埋土后土壤封冻前，利于葡萄安全越冬。

以上各灌溉时期，应根据当时的天气状况决定是否灌水或灌水量。

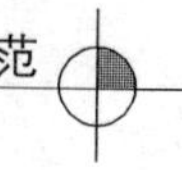

另外，灌水也要考虑土壤的性质等因素。

近年来，滴灌和渗灌技术在葡萄园推广很快，它能够节约用水；维持土壤湿度稳定，有利于葡萄的生长和发育，缺点是一次性投资较大。

2. 排水 由于我国北方大部分地区夏季雨水比较集中，降雨强度大时，就易造成园田积水，抑制根系的呼吸甚至造成根系死亡。因此，按照园田的地势和定向，每隔30～50米挖一排水明沟，进行排水。通常排水沟可与道路或防风林带结合，多数是排灌两用。

五、花果管理技术

负载量应根据不同生态地区及栽培品种确定，一般应控制在1 500千克/亩以内。

酿酒葡萄因其坐果率较高，果穗较紧凑，一般不需要采用提高坐果率的措施及花序、果穗整形。

六、主要病虫害防控技术

详见第十章。

七、其他管理技术

（一）埋土防寒技术

在冬季绝对低温低于－15℃的地方，葡萄越冬时一般需要埋土防寒。

1. 埋土防寒的时间与原则 埋土防寒的时间，一般在土壤封冻之前适时晚埋，过早、过晚埋土都不好。

埋土防寒的厚度和深度以根系周围1米范围内地表下60厘米土层内的根系不受冻为限。由于葡萄自根苗的根系一般在－5℃下受冻，所以，埋土的厚度应为当地地温稳定在－5℃的土层深度，宽度为1米加上2倍的厚度。例如，沈阳历年－5℃的地温在50厘米深度，则防寒土堆的厚度为50厘米，宽度为1米加上2×50厘米，共计2米。

沙土地葡萄园应适当加厚、加宽防寒土。

2. 埋土防寒的方法

（1）地面实埋　葡萄修剪后，将植株压倒在地面，先在植株基部垫上“枕头土”，防止基部受损，然后用土压住梢部，最后用土把整个植株埋严。也可用葡萄防寒埋藤机进行埋土，方法同上，只是个别不严实处再用人工培好，此法可大大提高工效，降低劳动强度。

需要覆盖有机物质的，先在捆好的枝蔓两侧用有机物（如杂草、秸秆等）将枝蔓挤紧，用土固定两侧，然后在枝蔓上一捆挨一捆将有机物平整覆盖，并撒些灭鼠药以防鼠害。最后用土将枝蔓连同有机物全部盖严。

注意取土沟的内壁应距防寒土堆外沿至少50厘米，以防侧冻。土壤封冻后，最好在取土沟内灌满封冻水，可防止侧冻和提高防寒土堆内地温。

（2）挖沟埋土防寒　葡萄修剪后，顺葡萄行向在距植株30～50厘米处挖浅沟，沟的大小以能放入葡萄枝蔓为度，将枝蔓顺行下架，捆好放入沟内。沟上横放秸秆，上面覆土至所需厚度和宽度，此法称为空心埋。也可以在枝蔓上直接覆土至所需厚度与宽度，此法称为实埋。这种挖沟埋土防寒法，比较费工，而且每年也损伤不少根系，目前使用较少。

（3）半埋土　在那些冬季根部容易受冻，而枝蔓不受冷害的地区，可在植株基部培高50厘米左右的土堆，防止根系受冻。枝蔓不下架，冬季也不修剪，等低温过后，在翌年早春进行修剪。此法适于胶东半岛和黄河故道等地区。

（二）抗寒栽培技术

我国西北、东北地区冬季寒冷时间较长，单靠埋土防寒仍收不到良好的效果，必须采用综合的防寒栽培技术才能达到降低管理成本、提高防寒效果的目的。其主要方法是：

①选用抗寒品种是防寒栽培的关键。观察表明，酿造品种雷司令、霞多丽等是抗寒性较强的品种。这些品种在适当的埋土条件下即可安全越冬。

②采用抗寒砧木。采用抗寒的贝达或山葡萄作砧木，可以大大减少埋土的厚度。

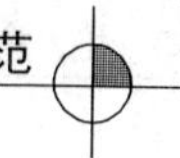

③深沟栽植时挖60～80厘米深的沟，施足底肥，深栽浅埋，逐年加厚土层，使根系深扎，以提高植株本身的抗寒能力。深沟浅埋栽植不但能增强植株的抗寒力，而且便于覆土防寒。

④尽量采用棚架整形。棚架行距大，取土带宽，而且取土时不易伤害根系。因此，北方寒冷地区栽植葡萄时应尽量采用小棚架。

⑤短梢修剪。北方地区葡萄生产期较短，在一些降温较早的年份，有的品种枝条成熟较差，因此夏季宜提早摘心，并增施磷钾肥料以促进枝条成熟和基部芽眼充实；冬季修剪采用短梢修剪，以保留最好的芽眼和成熟最好枝段的枝条。

⑥加强肥水管理。栽培上前期要增施肥水，及时摘心，而后期要喷施磷钾肥，控制氮肥和灌水，秋雨多时要注意排水防涝，从而促进枝条老熟，提高植株越冬抗寒能力。

（三）防冰雹技术

1. 规划建园时，应避开冰雹带

2. 防雹网的使用技术

（1）防雹网的选择　目前防雹网的种类有金属网（铅丝）、化学材料网（尼龙网）两种。网眼大小以网眼越小防雹效果越好，网眼边长≤1.5厘米、≥1.2厘米为适宜范围。常用的是化学材料网（尼龙网），一般分为三合一、六合一、九合一3种，其使用年限为5～10年。

（2）架设支架　根据能承载防雹网重量和冰雹冲击与节约投资的原则，支架间距与葡萄园架杆相同。

①老园支架架设。利用原架材形成，将选取好的木杆表面刮光滑，顶部锯成平面，下边削成马蹄形，然后用ϕ10～12毫米铁丝将木杆绑扎在原支架（立柱）上，木杆在支架上面留50厘米，下面留30厘米和立架紧贴，用两道铁丝将木杆和原支架绑紧不能松动，两道丝间距10～15厘米。

②新建园支架架设。架设防雹网的支架（立柱）在制作时无论是水泥柱或花岗岩石柱均较原有的长度增加60厘米，地下多埋10厘米，地上多留50厘米，以增加稳定性和承载防雹网的能力。

（3）网架架设　支架（立柱）架好后，用已备好的ϕ8～10毫米镀锌铁丝或钢丝架设网架。先架边线，葡萄园四周边线采用 $\phi8$ 毫米双股，然后从边线引横线竖线形成 2.5 米×6 米网架，网架要用紧线器拉紧。

（4）防雹网架设　网架架好后，把已备好的防雹网平铺在网架上，拉平拉紧，在中间和边缘用尼龙绳或 $\phi20$ 毫米细铁丝固定。

（5）压网　防雹网架设好后上面用尼龙绳将防雹网固定。风大的地方需用细竹竿或细木棍与铁丝网架绑紧。

（本节撰稿人：张振文）

附录　我国禁用和限用的农药

禁止生产、销售和使用的 33 种农药

中文通用名	英文通用名
甲胺磷	methamidophos
甲基对硫磷	parathion-methyl
对硫磷	parathion
久效磷	monocrotophos
磷胺	phosphamidon
六六六	BHC
滴滴涕	DDT
毒杀芬	strobane
二溴氯丙烷	dibromochloropropane
杀虫脒	chlordimeform
二溴乙烷	EDB
除草醚	nitrofen
艾氏剂	aldrin
狄氏剂	dieldrin
汞制剂	mercury compounds
砷类	arsenide compounds
铅类	plumbum compounds
敌枯双	
氟乙酰胺	fluoroacetamide
甘氟	gliftor
毒鼠强	tetramine

（续）

中文通用名	英文通用名
氟乙酸钠	Sodium fluoroacetate
毒鼠硅	silatrane
苯线磷*	fenamiphos
地虫硫磷*	fonofos
甲基硫环磷*	phosfolan-methyl
磷化钙*	calcium phosphide
磷化镁*	magnesium phosphide
磷化锌*	zinc phosphide
硫线磷*	cadusafos
蝇毒磷*	coumaphos
治螟磷*	sulfotep
特丁硫磷*	terbufos

注：1. 带有“*”的品种，自2011年10月31日停止生产，2013年10月31日起停止销售和使用。

2. 2013年10月31日之前禁止苯线磷、地虫硫磷、甲基硫环磷、硫线磷、蝇毒磷、治螟磷、特丁硫磷在蔬菜、果树、茶树、中草药材上使用。禁止特丁硫磷在甘蔗上使用。

限制使用的17种农药

中文通用名	英文通用名	禁止使用作物
甲拌磷	phorate	蔬菜、果树、茶树、中草药材
甲基异柳磷	isofenphos-methyl	蔬菜、果树、茶树、中草药材
内吸磷	demeton	蔬菜、果树、茶树、中草药材
克百威	carbofuran	蔬菜、果树、茶树、中草药材
涕灭威	aldicarb	蔬菜、果树、茶树、中草药材
灭线磷	ethoprophos	蔬菜、果树、茶树、中草药材
硫环磷	phosfolan	蔬菜、果树、茶树、中草药材

（续）

中文通用名	英文通用名	禁止使用作物
氯唑磷	isazofos	蔬菜、果树、茶树、中草药材
水胺硫磷	isocarbophos	柑橘树
灭多威	methomyl	柑橘树、苹果树、茶树、十字花科蔬菜
硫丹	endosulfan	苹果树、茶树
溴甲烷	methyl bromide	草莓、黄瓜
氧乐果	omethoate	甘蓝、柑橘树
三氯杀螨醇	dicofol	茶树
氰戊菊酯	fenvalerate	茶树
丁酰肼（比久）	daminozide	花生
氟虫腈	fitronil	除卫生用、玉米等部分旱田种子包衣剂外的其他用途

按照《农药管理条例》规定，任何农药产品都不得超出农药登记批准的使用范围使用。

主要参考文献

蔡文华，张辉，潘卫华，等. 2007. 1.5m 贴地气层内最低温度考察和贴地层逆温特征分析 [J]. 中国农业气象，28 (2)：140 - 143.

曹孜义，刘国民. 2002. 实用植物组织培养技术教程 [M]. 兰州：甘肃科学技术出版社.

曹孜义，齐与枢. 1989. 葡萄组织培养及应用 [M]. 北京：高等教育出版社.

柴寿. 1987. 巨峰葡萄栽培 [M]. 王化忠，译. 北京：中国林业出版社.

常永义. 2006. 冷凉地区红地球设施栽培迟采技术的研究 [J]. 中外葡萄与葡萄酒 (6)：22 - 24.

晁无疾. 2003. 葡萄优新品种及栽培原色图谱 [M]. 北京：中国农业出版社.

陈俊，唐晓萍，李登科，等. 2001. 四倍体葡萄新品种——早黑宝 [J]. 山西果树，86 (4)：3 - 4.

陈俊，唐晓萍，马小河，等. 2009. 早熟无核葡萄新品种——早康宝的选育 [J]. 果树学报，26 (2)：258 - 259.

陈俊，唐晓萍，马小河，等. 2007. 中晚熟葡萄新品种——秋红宝 [J]. 果农之友 (12)：11.

陈青云，李成华. 2009. 农业设施学 [M]. 北京：中国农业大学出版社.

段长青. 1990. 葡萄酒稳定性的研究 [J]. 酿酒 (2)：19 - 23.

范培格，黎盛臣，杨美容，等. 2006. 晚熟制汁葡萄新品种'北紫' [J]. 园艺学报，33 (6)：1404.

范培格，黎盛臣，杨美容，等. 2007. 优质晚熟制汁葡萄新品种'北丰' [J]. 园艺学报，34 (2)：527 - 527.

范培格，杨美容，王利军，等. 2009. 优质极早熟葡萄新品种'京蜜' [J]. 果农之友 (1)：13.

范培格，杨美容，王利军，等. 2009. 优质早熟葡萄新品种'京香玉' [J]. 果农之友 (2)：13.

傅润民.1998. 果树无病毒苗与无病毒栽培技术［M］. 北京：中国农业出版社.

高东升，王海波.2005. 果树保护地栽培新技术［M］. 北京：中国农业出版社.

高献亭，修德仁.1997. 葡萄保护地栽培与间作［M］. 北京：科学普及出版社.

贺普超.2001. 葡萄学［M］. 北京：中国农业出版社.

贺普超.1999. 葡萄学［M］. 北京：中国农业出版社.

胡繁荣.2008. 设施园艺［M］. 上海：上海交通大学出版社.

惠竹梅，李华，张振文.2004. 西北半干旱地区葡萄园生草对土壤水分的影响［J］. 干旱地区农业研究，22（4）：123-126.

贾克功，李淑君，任华中.1999. 果树日光温室栽培［M］. 北京：中国农业大学出版社.

姜桥，李奎明.1996. 榨汁工艺对葡萄汁品质的影响［J］. 食品科学，17（9）：38-42.

蒋爱丽，李世诚，金佩芳，等.2007. 胚培无核葡萄新品种——沪培1号［J］. 果农之友（5）：8.

蒋爱丽，李世诚，金佩芳，等.2008. 无核葡萄新品种——沪培2号的选育［J］. 果树学报，25（4）：618-619.

蒋爱丽，李世诚，杨天仪，等.2009. 鲜食葡萄新品种——申宝的选育［J］. 果树学报，26（6）：922-923.

蒋爱丽，李世诚，杨天仪，等.2008. 优质大粒四倍体葡萄新品种申丰［J］. 中国果树（1）：76.

蒋辉，刘东波，熊兴耀.2007. 葡萄原汁生产工艺研究进展［J］. 保鲜与加工，7（3）：15-18.

晋艳曦，许时婴，等.2001. 葡萄汁澄清工艺及机理研究进展［J］. 食品工业科技，22（4）：79-80.

孔庆山.2004. 中国葡萄志［M］. 北京：中国农业科学技术出版社.

李华.1991. 干白葡萄酒工艺研究进展［J］. 葡萄栽培与酿酒（1）：19-30.

李华.1990. 葡萄酒酿造与质量控制［M］. 杨凌：天则出版社.

李华.2006. 现代葡萄酒工艺学［M］. 西安：陕西人民出版社.

李会科，郑秋玲，赵政阳.2008. 黄土高原果园种植牧草根系特征的研究［J］.

草业学报，17（2）：92-96.
李天智.2006.日光温室晚熟葡萄延迟栽培技术［J］.甘肃农业科技（12）：43-44.
李雪霞，秦晓媛，雷顺新.2010.葡萄汁生产及研究现状［J］.广西轻工业（2）：1-3.
梁玉文，贾永华.2008.宁夏红地球葡萄延迟栽培设施结构及整形修剪技术［J］.北方园艺（11）：79-81.
刘崇怀.2006.葡萄种质资源描述规范和数据标准［M］.北京：中国农业出版社.
刘凤之，王海波.2011.设施葡萄促早栽培实用技术手册［M］.北京：中国农业出版社.
刘三军，蒯传化，刘崇怀，等.2008.大粒、极早熟优良葡萄新品系夏至红的选育［J］.河北果树（5）：11-12.
陆平波，高奇超，王跃进，等.2010.美国优质抗病制汁葡萄品种引种及加工性能研究试验初报［J］.中国农学通报，26（11）：245-249.
罗国光.2007.果树词典［M］.北京：中国农业出版社.
罗国光.2003.葡萄整形修剪与设架［M］.北京：中国农业出版社.
马承伟.2008.农业设施设计与建造［M］.北京：中国农业出版社.
马国瑞，石伟勇.2002.果树营养失调症原色图谱［M］.北京：中国农业出版社.
穆天民.2004.保护地设施学［M］.北京：中国林业出版社.
穆维松.2010.中国葡萄产业经济研究［M］.北京：中国农业大学出版社.
齐宗庆.1988.树木嫁接图说［M］.北京：中国林业出版社.
綦伟，厉恩茂，翟衡.2007.部分根区干旱对不同砧木嫁接玛瓦斯亚葡萄生长的影响［J］.中国农业科学，40（4）：794-799.
乔宪生.2004.中国葡萄及其加工品贸易现状与发展方向［J］.中国食物与营养（3）：27-31.
曲泽州.1984.果树栽培学各论［M］.北京：中国农业出版社.
沈海龙.2009.苗木培育学［M］.北京：中国林业出版社.
沈育杰，郭太君.2000.山葡萄栽培及酿酒技术［M］.北京：中国劳动社会保障出版社.
施莉莉，董秋洪，郭庆海，等.2004.链霉素在葡萄果粒中的残留分析及膨大

剂的处理效果 [J]. 植物学通报, 21 (4): 437-443.

孙福在, 赵廷昌. 2003. 冰核细菌生物学特性及其诱发植物霜冻机理与防霜应用 [J]. 生态学报, 23 (2): 336-344.

王发明. 1997. 红双味等葡萄新品种的性状及栽培技术 [J]. 葡萄栽培与酿酒 (4): 23-25.

王海波, 程存刚, 刘凤之, 等. 2007. 打破落叶果树芽休眠的措施 [J]. 中国果树 (2): 55-57.

王海波, 刘凤之, 王宝亮, 等. 2009. 落叶果树的需冷量和需热量 [J]. 中国果树 (2): 50-53.

王海波, 刘凤之, 王孝娣, 等. 2009. 设施葡萄高光效、省力化树形和叶幕形 [J]. 果农之友 (10): 36-38.

王海波, 刘凤之, 王孝娣, 等. 2007. 中国果树设施栽培的八项关键技术 [J]. 温室园艺 (2): 48-51.

王海波, 马宝军, 刘凤之, 等. 2009. 葡萄设施栽培的环境调控标准和调控技术 [J]. 中外葡萄与葡萄酒 (5): 35-39.

王海波, 马宝军, 刘凤之, 等. 2009. 葡萄设施栽培的温湿度调控标准和调控技术 [J]. 温室园艺 (3): 19-20.

王海波, 王宝亮, 刘凤之, 等. 2008. 葡萄促早栽培连年丰产关键技术 [J]. 中外葡萄与葡萄酒 (5): 25-28.

王海波, 王宝亮, 刘凤之, 等. 2009. 葡萄设施栽培高光效省力化树形和叶幕形 [J]. 温室园艺 (1): 36-39.

王海波, 王宝亮, 刘凤之, 等. 2009. 中国设施葡萄常用品种的需冷量研究 [J]. 中外葡萄与葡萄酒 (11): 20-25.

王海波, 王孝娣, 刘凤之, 等. 2010. 设施葡萄促早栽培光照调控技术 [J]. 中外葡萄与葡萄酒 (3): 33-37.

王海波, 王孝娣, 刘凤之, 等. 2009. 中国果树设施栽培的现状、问题及发展对策 [J]. 温室园艺 (8): 39-42.

王海波, 王孝娣, 刘凤之, 等. 2009. 中国设施葡萄产业现状及发展对策 [J]. 中外葡萄与葡萄酒 (9): 61-65.

王海波, 王孝娣, 刘凤之, 等. 2007. 落叶果树无休眠栽培的原理与技术体系 [J]. 果树学报 (2): 210-214.

王军, 宋润刚. 2001. 野生果树栽培及加工技术 [M]. 北京: 中国农业科学技术出版社.
王连起，昌云军.2009. 金手指葡萄品种简介［J］. 烟台果树种质资源，108（4）：30.
王世平，张才喜.2005. 葡萄设施栽培［M］. 上海：上海教育出版社.
王伟军，李延华，张兰威.2010. 葡萄汁降酸及澄清技术研究与应用现状［J］. 中国酿造（5）：16-19.
王瑛，王静爱，吴文斌，等.2002. 中国农业雹灾灾情及其季节分区［J］. 自然灾害学报，11（4）：30-36.
王志鹏，孙培博，杨春玲，等.2006. 葡萄的秋季延迟栽培技术［J］. 落叶果树（1）：34-35.
王忠跃.2009. 中国葡萄病虫害与综合防控技术［M］. 北京：中国农业出版社.
魏国增，赵海亮，王振家.2009. 葡萄延迟栽培几个调控因素的总结［J］. 中国南方果树，2009（2）：27-28.
郗荣庭.1995. 果树栽培学总论［M］. 北京：中国农业出版社.
夏丽花，张立多，林河富，等.2007. 福建省冬季果树冻（寒）害低温预报预警［J］. 中国农业气象，28（2）：221-225.
修德仁，高献亭.1998. 葡萄快速丰产图解［M］. 北京. 中国农业出版社.
修德仁，田淑芬.2010. 图解葡萄架式与整形修剪［M］. 北京：中国农业出版社.
修德仁.1991. 葡萄快速丰产［M］. 北京：农业出版社.
修德仁.1985. 葡萄早期丰产技术［M］. 北京：农业出版社.
徐海英.2007. 葡萄标准化栽培［M］. 北京：中国农业出版社.
许生.1988. 葡萄栽培技术图解［M］. 沈阳：辽宁科学技术出版社.
翟衡，宋来庆.2008. 我国葡萄产业取得的成就回顾［J］. 烟台果树（4）：7-10.
翟衡，杜金华，管雪强，等.2010. 酿酒葡萄栽培及加工技术［M］. 北京：中国农业出版社.
张乃明.2006. 设施农业理论与实践［M］. 北京：化学工业出版社.
张煜.1996. 葡萄汁、葡萄浓缩汁的发展和生产工艺［J］. 葡萄栽培与酿酒（3）：38-39，40.
张占军，赵晓玲.2009. 果树设施栽培学［M］. 北京：西北农林科技大学出版社.

郑秋玲，谭伟，马宁，等.2010. 钙对高温下巨峰葡萄叶片光合作用和叶绿素荧光的影响［J］. 中国农业科学，43（9）：1963－1968.

ANA MONTEIRO，CARLOS M LOPES. 2007. Influence of cover crop on water use and performance of vineyard in Mediterranean Portugal［J］. Agriculture, Ecosystems and Environment，121336－342.

ANDREA MQUIROGA，FEDERICO J BERLI ，DANIELA MORENO，et al. 2009. Cavagnaro ，Rube′nBottini. Abscisic Acid Sprays Significantly Increase Yield per Plant in Vineyard-Grown Wine Grape（*Vitis vinifera L.*）cv. Cabernet Sauvignon Through Increased Berry Set with No Negative Effects on Anthocyanin Content and Total Polyphenol Index of Both Juice and Wine［J］. J Plant Growth Regul，28：28－35.

BAKKALBASI E，MENTES O，ARTIK N. 2009. Food ellagitannins-occurrence, effects of processing and storage［J］. Critical Reviews in Food Science and Nutrition，49（3）：283－298.

BOZKURT H，GÖĜÜŞ F，EREN S. 1999. Nonenzymic browning reactions in boiled grape juice and its models during storage［J］. Food Chemistry，64（1）：89－93.

BUGLIONE M，LOZANO J. 2002. Nonenzymatic browning and chemical changes during grape juice storage［J］. Journal of Food Science，67（4）：1538－1543.

BURIN V M，FALCAO L D，GONZAGA L V，et al. 2010. Colour，phenolic content and antioxidant activity of grape juice［J］. Ciencia E Tecnologia De Alimentos，30（4）：1027－1032.

COOMBE B G，DRY P R. 2001. Viticulture（volume 2，practices）［M］. Adelaide（Australia）：Winetitles.

DONECHE B，RIBEREAU-GAYON P，LONVAUD A，et al. 2006. Handbook of Enology 2 volume［M］. John Wiley and Sons.

GARDE-CERDAN T，ARIAS-GIL M，MARSELLES-FONTANET A R，et al. 2007. Effects of thermal and non-thermal processing treatments on fatty acids and free amino acids of grape juice［J］. Food Control，18（5）：473－479.

HUI Y H，BARTA JÓZSEF，CANO M PILAR，et al. 20096. Handbook of

Fruits and Fruit Processing [M] . Wiley-Blackwell.

JACKSON R S. 2008. Wine science [M] . 3rd edition. San Diego (USA): Academic Press.

LEIFERT W R, ABEYWARDENA M Y. 2008. Cardioprotective actions of grape polyphenols [J] . Nutrition Research, 28 (11): 729 - 737.

LI H, GUO A, WANG H. 2008. Mechanisms of oxidative browning of wine [J] . Food Chemistry, 108 (1): 1 - 13.

PANGAVHANE D R, SAWHNEY R L, SARSAVADIA P N. 1999. Effect of various dipping pretreatment on drying kinetics of Thompson seedless grapes [J] . Journal of Food Engineering, 39: 211 - 216.

PANGAVHANE D R, SAWHNEY R L. 2002. Review of research and development work on solar dryers for grape drying [J] . Energy Conversion and Management, 43: 45 - 61.

RICHARD PIERCE BATES, MORRIS J R, PHILIP G CRANDALL. 2001. Principles and practices of small-and medium-scale fruit juice processing [M] . Food and Agriculture Organization of the United Nations.

ROGER B B, SINGLETON V L, BISSON L F. 1998. Principles and practices of winemaking [M] . Springer Us.

STEELE R. 2004. Understanding and Measuring the Shelf-life of Food [M] . Abington: Woodhead Publishing.

TIWARI B K, ODONNELL C P, CULLEN P J. 2009. Effect of non thermal processing technologies on the anthocyanin content of fruit juices [J] . Trends in Food Science & Technology, 20 (3 - 4): 137 - 145.

TIWARIB K, O'DONNELL C P, PATRAS A, et al. 2009. Anthocyanins and color degradation in ozonated grape juice [J] . Food and Chemical Toxicology, 47 (11): 2824 - 2829.

TIWARI B K, PATRAS A, BRUNTON N, et al. 2010. Effect of ultrasound processing on anthocyanins and color of red grape juice [J] . Ultrasonics Sonochemistry, 17 (3): 598 - 604.

VINSON J A, TEUFEL K, WU N. 2001. Red wine, dealcoholized red wine, and especially grape juice, inhibit atherosclerosis in a hamster model [J] . Atherosclerosis, 156 (1): 67 - 72.

图书在版编目（CIP）数据

葡萄生产配套技术手册/刘凤之，段长青主编．—北京：中国农业出版社，2012.11（2014.9重印）
（新编农技员丛书）
ISBN 978-7-109-17387-3

Ⅰ．①葡… Ⅱ．①刘…②段… Ⅲ．①葡萄栽培—技术手册 Ⅳ．①S663.1-62

中国版本图书馆CIP数据核字（2012）第274020号

中国农业出版社出版
（北京市朝阳区农展馆北路2号）
（邮政编码100125）
策划编辑 黄 宇
文字编辑 郭 科

北京中兴印刷有限公司印刷 新华书店北京发行所发行
2013年1月第1版 2014年9月北京第2次印刷

开本：850mm×1168mm 1/32 印张：17.75
字数：508千字 印数：6 001～9 000册
定价：36.00元